Untersuchungen über die Chemie und den Stoffwechsel der Polyenfettsäuren

von

E. KLENK

Herausgegeben anläßlich der Verleihung des Heinrich-Wieland-Preises 1964
an Professor Dr. Dr. h. c. Ernst Klenk
Direktor des Physiologisch-chemischen-Instituts der Universität Köln

Mit 276 Abbildungen

WALTER DE GRUYTER & CO.

VORMALS G. J. GÖSCHEN'SCHE VERLAGSHANDLUNG — J. GUTTENTAG, VERLAGSBUCHHANDLUNG — GEORG REIMER — KARL J. TRÜBNER — VEIT & COMP.

BERLIN 1967

Archiv-Nummer 5 736 661 — Satz und Druck: Franz Spiller, Berlin 36

Geleitwort

Der HEINRICH-WIELAND-Preis wurde 1964 vom Margarine-Institut für gesunde Ernährung gestiftet, um durch eine Anerkennung die wissenschaftliche Arbeit auf den Gebieten der Biochemie, Physiologie und Verwendung der Fette zur Ernährung des gesunden und kranken Menschen zu fördern.

Als ersten Träger des Preises wählte das Kuratorium für die Verleihung des Preises Herrn

PROFESSOR DR. DR. H. C. ERNST KLENK

in Würdigung seiner langjährigen und erfolgreichen Forschung auf den Gebieten der Biochemie sowie des Stoffwechsels der Fette und verwandter Substanzen.

Biochemie, Physiologie und ernährungsphysiologische Eigenschaften der Fette sind in den letzten Jahren stark in den Vordergrund des Interesses getreten.

Das Kuratorium für die Verleihung des HEINRICH-WIELAND-Preises freut sich, daß durch die Verleihung des Preises an Herrn Professor KLENK auch die Möglichkeit gegeben wurde, seine bahnbrechenden wissenschaftlichen Arbeiten auf dem Gebiet der Lipide durch Herausgabe des vorliegenden Bandes allen interessierten Kreisen zugänglich machen zu können.

KONRAD LANG

Mainz, Juli 1966

Inhaltsverzeichnis

von Beiträgen aus Hoppe-Seyler's Zeitschrift für Physiologische Chemie

Untersuchungen über Fette und Lipoide, sowie neuraminsäurehaltige Glykoproteine

(1925—1965)

von

E. Klenk

I. Cerebroside und deren Spaltprodukte

1. Über ein neues Cerebrosid des Gehirns
   Z. physiol Chemie *145*, 244 (1925)
2. Über die partiellen Spaltprodukte von Cerebron
   Z. physiol. Chemie *153*, 74 (1926)
3. Über die Nervonsäure
   Z. physiol. Chemie *157*, 283 (1926)
4. Über eine Säure $C_{24}H_{46}O_3$ aus Cerebrosiden des Gehirns
   Z. physiol. Chemie *157*, 291 (1926)
5. Über die Nervonsäure
   Z. physiol. Chemie *166*, 287 (1927)
6. Über die Oxysäuren der Cerebroside des Gehirns
   Z. physiol. Chemie *174*, 214 (1928)
7. *E. Klenk u. R. Härle.* Über das Galaktosido-sphingosin, das partielle Spaltprodukt der Cerebroside
   Z. physiol. Chemie *178*, 221 (1928)
8. Über die Cerebronsäure
   Z. physiol. Chemie *179*, 312 (1928)
9. Über Sphingosin
   Z. physiol. Chemie *185*, 169 (1929)
10. *E. Klenk u. L. Clarenz.* Über die Cerebronsäure
    Z. physiol. Chemie *257*, 268 (1939)
11. *E. Klenk u. E. Schumann.* Über das Vorkommen einer n-Hexacosensäure unter den Fettsäuren der Gehirncerebroside
    Z. physiol. Chemie *272*, 177 (1942)
12. *E. Klenk u. F. Leupold.* Über eine vereinfachte Methode zur Darstellung von phosphorfreien Cerebrosiden und über die als Spaltprodukte auftretenden Fettsäuren
    Z. physiol. Chemie *281*, 208 (1944)

13. *E. Klenk u. H. Faillard.* Zur Kenntnis der Fettsäuren der Gehirncerebroside — Die Konstitution der ungesättigten Oxysäuren —
Z. physiol. Chemie *292*, 268 (1953)

14. *E. Klenk u. H. Faillard.* Über Sphingosin
Z. physiol. Chemie *299*, 48 (1955)

II. Phosphatide

1. *E. Klenk u. H. Debuch.* The Glycerophosphatides and Sphingolipids of Brain Modern Scientific Aspects of Neurology, Edited by J. N. Cumings Edward Arnold (Publishers) LTD. London 1960 S. 255

2. Die Glycerinphosphatide des Gehirns
Biochemistry of the Nervous System, Proc. of the IV. international Congress of Biochemistry, Wien 1958 S. 146

3. *E. Klenk u. H. Debuch.* Plasmalogens
Progress in the Chemistry of Fats and other Lipids, Edited by R. T. Holman, W. O. Lundberg and T. Malkin, Vol. VI p. 3, Pergamon Press London 1963 S. 3

4. *E. Klenk u. R. Sakai.* Inositmonophosphorsäure, ein Spaltprodukt der Sojabohnenphosphatide
Z. physiol. Chemie *258*, 33 (1939)

5. *E. Klenk u. F. Rennkamp.* Über die Reindarstellung von Sphingomyelin aus Gehirn
Z. physiol. Chemie *267*, 145 (1940)

6. Eine Methode zur Darstellung der Acetalphosphatide des Gehirns und ihrer Aldehydkomponenten in Form der Dimethylacetale
Z. physiol. Chemie *281*, 25 (1944)

7. Über die höheren Aldehyde der Acetalphosphatide des Gehirns
Z. physiol. Chemie *282*, 18 (1947)

8. *E. Klenk u. H. Debuch.* Zur Frage des Vorkommens der hochungesättigten Fettsäuren C_{20} und C_{22} in den Pflanzenphosphatiden
Z. physiol. Chemie *286*, 33 (1950)

9. *E. Klenk u. P. Böhm.* Zur Kenntnis der Kephalinfraktion des Gehirns
Z. physiol. Chemie *288*, 98 (1951)

10. *E. Klenk u. E. Friedrichs.* Über den Aldehydgehalt der Glycerinphosphatide verschiedener Organe
Z. physiol. Chemie *290*, 169 (1952)

11. *E. Klenk, W. Stoffel u. H. J. Eggers.* Über die Aldehyde der Glycerinphosphatide des Skelett- und Herzmuskels
Z. physiol. Chemie *290*, 246 (1952)

12. *E. Klenk u. G. Gehrmann.* Über die Glycerinphosphatide des Rinderherzmuskels und das Vorkommen von cholinhaltigen Acetalphosphatiden
Z. physiol. Chemie *292*, 110 (1953)

13. *E. Klenk, H. Debuch u. H. Daun.* Zur Kenntnis des Gehirnlecithins
Z. physiol. Chemie *292*, 241 (1953)

14. *E. Klenk u. H. Debuch.* Zur Kenntnis der Acetalphosphatide
Z. physiol. Chemie *296*, 179 (1954)

15. *E. Klenk u. H. Debuch.* Zur Kenntnis der cholinhaltigen Plasmalogene (Acetalphosphatide) des Rinderherzmuskels
Z. physiol. Chemie *299*, 66 (1955)

16. *E. Klenk u. H. Dohmen.* Die Isolierung von Colaminkephalin aus Rinderleber
Z. physiol. Chemie *299*, 248 (1955)

17. *E. Klenk u. U. W. Hendricks.* An inositol phosphatide containing carbohydrate, isolated from human brain
Biochim. Biophys. Acta *50*, 602 (1961)

III. Lipoidosen

1. Lipoidosen
Verhandl. d. Ges. f. Verdauungs- u. Stoffwechselkrankheiten
XIV. Tagung Stuttgart 1938
Georg Thieme Verlag Leipzig 1939 S. 6

2. The pathological chemistry of the developing brain Biochemistry of the Developing Nervous System 1955 p. 397
Academic Press, New York, N. Y. 1955

3. On Gangliosides
A. M. A. Journal of Diseases of Children — Part II *97*, 711 (1959)

4. Über die Natur der Phosphatide der Milz bei der Niemann-Pickschen Krankheit
Z. physiol. Chemie *229*, 151 (1934)

5. Über die Natur der Phosphatide und anderer Lipoide des Gehirns und der Leber
Z. physiol. Chemie *235*, 24 (1935)

6. *E. Klenk u. A. Goebel.* Über die experimentelle Cerebrosidspeicherung in Milz und Leber
Deutsche Ztschr. Verdauungs- u. Stoffwechselkrankheiten *1*, 51 (1938)

7. Beiträge zur Chemie der Lipoidosen — Niemann-Picksche Krankheit und amaurotische Idiotie —
Z. physiol. Chemie *262*, 128 (1939)

8. Beiträge zur Chemie der Lipoidosen
Z. physiol. Chemie *267*, 128 (1940)

9. *E. Klenk u. F. Rennkamp.* Der Zucker im Cerebrosid der Milz bei der Gaucher-Krankheit
Z. physiol. Chemie *272*, 280 (1942)

10. Über die Ganglioside des Gehirns bei der infantilen amaurotischen Idiotie vom Typ Tay-Sachs
Ber. Chem. Gesellschaft *75*, 1632 (1942)

11. Über die Verteilung der Neuraminsäure im Gehirn bei der familiären amaurotischen Idiotie und bei der Niemann-Pickschen Krankheit (Beiträge zur Chemie der Lipoidosen)
Z. physiol. Chemie *282*, 84 (1947)

12. *E. Klenk, W. Vater u. G. Bartsch.* Über die Gangliosidspeicherung im Nervengewebe bei der infantilen amaurotischen Idiotie vom Typ Tay-Sachs und die bei der Konservierung des Materials in Formalin auftretenden Veränderungen
J. Neurochemistry *1*, 203 (1957)

13. *E. Klenk, U. Liedtke u. W. Gielen.* Das Gangliosid des Gehirns bei der infantilen amaurotischen Idiotie vom Typ Tay-Sachs
Z. physiol. Chemie *334*, 186 (1963)

14. *E. Klenk u. W. Kahlke.* Über das Vorkommen der 3.7.11.15-Tetramethyl-Hexadecansäure (Phytansäure) in den Cholesterinestern und anderen Lipoidfraktionen der Organe bei einem Krankheitsfall unbekannter Genese (Verdacht auf Heredopathia atactica polyneuritiformis [Refsum-Syndrom])
Z. physiol. Chemie *333*, 133 (1963)

IV. Ganglioside und andere Glykolipoide

1. Über die Ganglioside
Gastvorlesung am 16. 4. 1964 an der Universität Santiago de Compostela (Spanien)

2. *E. Klenk u. W. Kunau.* Über das Vorkommen des Tay-Sachs-Gangliosids in normalem menschlichen Gehirn
Acta Medica Hungarica 1965, im Druck

3. Über die Ganglioside, eine neue Gruppe von zuckerhaltigen Gehirnlipoiden
Z. physiol. Chemie *273*, 76 (1942)

4. *E. Klenk u. F. Rennkamp.* Über die Ganglioside und Cerebroside der Rindermilz
Z. physiol. Chemie *273*, 253 (1942)

5. *E. Klenk u. K. Lauenstein.* Über die zuckerhaltigen Lipoide der Formbestandteile des menschlichen Blutes
Z. physiol. Chemie *288*, 220 (1951)

6. Zur Kenntnis der Ganglioside
Z. physiol. Chemie *288*, 216 (1951)

7. *E. Klenk u. K. Lauenstein.* Über die zuckerhaltigen Lipoide des Erythrocytenstromas von Mensch und Rind
Z. physiol. Chemie *291*, 249 (1952)

8. *E. Klenk u. H. Wolter.* Über die zuckerhaltigen Lipoide des Erythrocytenstromas vom Pferde
Z. physiol. Chemie *291*, 259 (1952)

9. *E. Klenk u. K. Lauenstein.* Über die Glykolipoide und Sphingomyeline des Stromas der Pferdeerythrocyten
Z. physiol. Chemie *295*, 164 (1953)

10. *E. Klenk u. W. Gielen.* Zur Kenntnis der Ganglioside des Gehirns
Z. physiol. Chemie *319*, 283 (1960)

11. *E. Klenk u. K. Heuer.* Über die Ganglioside der Hundeerythrocyten
Deutsche Ztschr. Verdauungs- u. Stoffwechselkrankheiten *20*, 180 (1960)

12. *E. Klenk u. W. Gielen.* Über die Gehirnganglioside
Z. physiol. Chemie *323*, 126 (1961)

13. *E. Klenk u. W. Gielen.* Untersuchungen über die Konstitution der Ganglioside aus Menschengehirn und die Trennung des Gemisches in die Komponenten
Z. physiol. Chemie *326*, 144 (1961)

14. *E. Klenk u. W. Gielen.* Über ein chromatographisch einheitliches hexosaminhaltiges Gangliosid aus Menschengehirn
Z. physiol. Chemie *326*, 158 (1961)

15. *E. Klenk u. G. Padberg.* Über die Ganglioside von Pferdeerythrocyten
Z. physiol. Chemie *327*, 249 (1962)

16. *E. Klenk u. W. Gielen.* Über ein zweites hexosaminhaltiges Gangliosid aus Menschengehirn
Z. physiol. Chemie *330*, 218 (1963)

17. *E. Klenk, U. W. Hendricks u. W. Gielen.* β-D-Galaktosido-(1—3)-N-acetyl-D-galaktosamin, ein kristallisiertes Disaccharid aus menschlichen Gehirngangliosiden
Z. physiol. Chemie *330*, 140 (1962)

18. *E. Klenk u. W. Gielen.* Über ein chromatographisch einheitliches, hexosaminfreies Gangliosid aus Menschengehirn
Z. physiol. Chemie *333*, 162 (1963)

19. *E. Klenk u. W. Kunau.* Beitrag zur Konstitution der Ganglioside
Z. physiol. Chemie *335*, 275 (1964)

V. Neuraminsäure und neuraminsäurehaltige Glykoproteine

1. Chemie und Biochemie der Neuraminsäure
Angew. Chemie *68*, 349 (1956)
2. Neuraminic Acid
Ciba Foundation Symposium on the Chemistry and Biology of Mucopolysaccharides, *1958*, p. 296
3. *E. Klenk u. H. Faillard.* Neue Erkenntnisse über den Mechanismus der Zellinfektion durch Influenzavirus
Die Bedeutung der Neuraminsäure als Zellreceptor für das Influenzavirus
Forschungsber. d. Wirtschafts- u. Verkehrsministeriums Nordrhein-Westfalen Nr. 467. Westdeutscher Verlag, Köln u. Opladen 1957
4. Zur Biochemie der Hämagglutination
Angew. Chemie *72*, 482 (1960)
5. Neuraminsäure, das Spaltprodukt eines neuen Gehirnlipoids
Z. physiol. Chemie *268*, 50 (1941)
6. *E. Klenk u. H. Langerbeins.* Über die Verteilung der Neuraminsäure im Gehirn (Mit einer Mikromethode zur quantitativen Bestimmung der Substanz im Nervengewebe)
Z. physiol. Chemie *270*, 185 (1941)
7. *E. Klenk u. K. Lauenstein.* Zur Kenntnis der Kohlenhydratgruppen des Submaxillarismucins und Harnmucoproteids. Die Isolierung von Neuraminsäure als Spaltprodukt
Z. physiol. Chemie *291*, 147 (1952)
8. *E. Klenk u. H. Faillard.* Zur Kenntnis der Kohlenhydratgruppen der Mucoproteide
Z. physiol. Chemie *298*, 230 (1954)
9. *E. Klenk u. H. Faillard.* Über das Vorkommen von Neuraminsäure im Lebereiweiß bei amyloider Degeneration
Z. physiol. Chemie *299*, 191 (1955)
10. *E. Klenk, H. Faillard u. H. Lempfrid.* Über die enzymatische Wirkung von Influenzavirus
Z. physiol. Chemie *301*, 235 (1955)
11. *E. Klenk u. W. Stoffel.* Über neuraminsäurehaltige Glykoproteide des Blutserums
Z. physiol. Chemie *302*, 286 (1955)
12. *E. Klenk u. W. Stoffel.* Zur Kenntnis der Zellreceptoren für das Influenzavirus. Über das Vorkommen von Neuraminsäure im Eiweiß des Erythrocytenstromas
Z. physiol. Chemie *303*, 78 (1956)
13. *E. Klenk u. H. Faillard; F. Weygand u. H. H. Schöne.* Untersuchungen über die Konstitution der Neuraminsäure
Z. physiol. Chemie *304*, 35 (1956)

14. *E. Klenk u. G. Uhlenbruck.* Über das Vorkommen von Neuraminsäure in den Mucinen von Schweine- u. Pferde-Submaxillaris, sowie von Kuh-Colostrum
Z. physiol. Chemie *305*, 224 (1956)

15. *E. Klenk, H. Faillard u. H. Lempfrid.* Über die Natur des Zellrezeptors von Influenzavirus
Photographie u. Wissenschaft *5*, 3 (1956)

16. *E. Klenk u. G. Uhlenbruck.* Über die Abspaltung von N-Glykolylneuraminsäure (P-Sialinsäure) aus dem Schweine-Submaxillarismucin durch das „Receptor Destroying Enzyme"
Z. physiol. Chemie *307*, 266 (1957)

17. *E. Klenk u. H. Lempfrid.* Über die Natur der Zellreceptoren für das Influenzavirus
Z. physiol. Chemie *307*, 278 (1957)

18. *E. Klenk u. H. Faillard.* Isolierung von N-Acetyl-neuraminsäure aus Fetuin
Deutsche Ztschr. Verdauungs- u. Stoffwechselkrankheiten *17*, 51 (1957)

19. *F. G. Blix, A. Gottschalk u. E. Klenk.* Proposed Nomenclature in the Field of Neuraminic and Sialic acids
Nature *179*, 1088 (1957)

20. *E. Klenk u. G. Uhlenbruck.* Über ein neuraminsäurehaltiges Mucoproteid aus Rindererythrocytenstroma
Z. physiol. Chemie *311*, 227 (1958)

21. *E. Klenk u. G. Uhlenbruck.* Über die Hemmwirkung des neuraminsäurehaltigen Mucoproteids aus Rindererythrocytenstroma im Virus-Hämagglutinationstest
Z. physiol. Chemie *312*, 144 (1958)

22. *E. Klenk u. G. Uhlenbruck.* Über neuraminsäurehaltige Mucoide aus Menschenerythrocytenstroma, ein Beitrag zur Chemie der Agglutinogene
Z. physiol. Chemie *319*, 151 (1960)

VI. Chemie und Stoffwechsel der Polyenfettsäuren

1. *E. Klenk u. W. Bongard.* The constitution of the highly-unsaturated C_{20}- and C_{22}-fatty acids of brain glycerophosphatides
II. International Congress of Biochemistry, Paris 21.—27. July 1952, Res. d. Comm. p. 160

2. The Constitution of the C_{20} and C_{22} polyenoic Acids of Fish Oils and of the Glycerophosphatides of the Organs of Warm-Blooded Animals
Koninklije Vlaamse Academie voor Wetenschappen, Letteren en Schone Kunsten van Belgie 1953, p. 33

4. Über die Biogenese der C_{20}- und C_{22}-Polyensäuren bei den Säugetieren
Biochem. Problems of Lipids.
Butterworth Scientific Publ. London 1955, p. 187

5. Chemie und Stoffwechsel der Polyenfettsäuren
Experientia *17*, 199 (1961)

6. *E. Klenk* (in collaboration with *G. Fila, W. Gilgenberg, H. Ixfeld, Dr. G. Kremer, H. Müller and W. Pflüger)*. The metabolism of polyenoic fatty acids
Advances in Lipid Res. *III* im Druck. Acad. Press New York 1955

7. Über die Fettsäuren der Kephalinfraktion des Gehirns
Z. physiol. Chemie *192*, 217 (1930)

8. *E. Klenk u. O. v. Schoenebeck.* Über die hoch-ungesättigten Fettsäuren der Phosphatide aus verschiedenen Organen
Z. physiol. Chemie *194*, 191 (1931)

9. Über die Fettsäuren der ätherlöslichen Phosphatide und der Protagonfraktion des Gehirns
Z. physiol. Chemie *200*, 51 (1931)

10. Über die ungesättigten Fettsäuren der ätherlöslichen Phosphatide des Gehirns
Z. physiol. Chemie *206*, 25 (1932)

11. *E. Klenk u. O. v. Schoenebeck.* Über die Fettsäuren der Phosphatide und des Neutralfettes der Rindsleber
Z. physiol. Chemie *209*, 112 (1932)

12. *E. Klenk u. J. Dittmer.* Über die hochungesättigten Fettsäuren der Glycerinphosphatide verschiedener Organe
Z. physiol. Chemie *244*, 203 (1936)

13. *E. Klenk u. W. Bongard.* Eine Methode zur chromatographischen Trennung und quantitativen Bestimmung der beim oxydativen Ozonidabbau ungesättigten Fettsäuren gebildeten Spaltstücke
Z. physiol. Chemie *290*, 181 (1952)

13a. *E. Klenk u. W. Bongard.* Die Konstitution der ungesättigten C_{20}- und C_{22}-Fettsäuren der Glycerinphosphatide des Gehirns
Z. physiol. Chemie *291*, 104 (1952)

14. *E. Klenk u. W. Bongard.* Über die Konstitution der in den Leberölen von Seefischen (Dorsch u. Glattrochen) vorkommenden Polyensäuren
Z. physiol. Chemie *292*, 51 (1953)

15. Über die Bildung der C_{20}- und C_{22}-Polyenfettsäuren im Tierkörper
Naturwiss. *41*, 68 (1954)

16. *E. Klenk u. F. Lindlar.* Über die Dokosapolyensäuren der Glycerinphosphatide des Gehirns
Z. physiol. Chemie *299*, 74 (1955)

17. *E. Klenk u. Anita Dreike.* Über die Polyenfettsäuren der Leberphosphatide
Z. physiol. Chemie *300*, 113 (1955)

18. *E. Klenk u. F. Lindlar.* Über die Eikosapolyensäuren der Glycerinphosphatide des Gehirns
Z. physiol. Chemie *301*, 156 (1955)

19. Über die Biogenese der C_{20}- und C_{22}-Polyenfettsäuren in der Säugetierleber
Z. physiol. Chemie *302*, 268 (1955)

20. *E. Klenk u. D. Eberhagen.* Über das Vorkommen der $\Delta^{5.8.11.14.17}$-n-Eikosapentaensäure im Dorschlebertran und deren Isolierung
Z. physiol. Chemie *307*, 42 (1957)

21. *E. Klenk u. H. Brockerhoff.* Über das Vorkommen der $\Delta^{6.9.12.15}$-n-Octadecatetraensäure im Heringsöl und deren Isolierung
Z. physiol. Chemie *307*, 272 (1957)

22. *E. Klenk u. W. Montag.* Über die Eikosapolyensäuren der Glycerinphosphatide aus Rinderleber
Liebigs Ann. Chem. *604*, 4 (1957)

23. *W. Montag u. E. Klenk; H. Hayes u. R. T. Holman.* The Eicosapolyenoic Acids Occuring in the Glycerophosphatides of Beef Liver
Journ. Biol. Chemistry *227*, 53 (1957)

24. *E. Klenk u. W. Montag.* Über das Vorkommen der $\Delta^{9.12.15.18}$-n-Tetrakosatetraensäure in den Glycerinphosphatiden des Gehirns und deren Isolierung
Journ. Neurochemistry *2*, 226 (1958)

25. *E. Klenk u. W. Montag.* Über die C_{22}-Polyensäuren der Glycerinphosphatide des Gehirns
Journ. Neurochemistry *2*, 233 (1958)

26. *E. Klenk u. J. H. Tomuschat.* Über die Dokosapolyensäuren der Glycerinphosphatide aus Rinderleber
Z. physiol. Chemie *308*, 165 (1957)

27. *E. Klenk u. H. Brockerhoff.* Über die C_{18}- und C_{22}-Polyensäuren des Heringsöls
Z. physiol. Chemie *310*, 153 (1958)

28. *E. Klenk u. H. Steinbach.* Über die C_{16}-Polyensäuren des Heringsöls
Z. physiol. Chemie *316*, 31 (1959)

29. *E. Klenk u. W. Knipprath.* Über das Vorkommen einer $\Delta^{4.7.10.13}$-Hexadecatetraensäure in den Fettstoffen der Algenart Scenedesmus obliquus und deren Isolierung
Z. physiol. Chemie *317*, 243 (1959)

30. *E. Klenk u. K. Oette.* Über die Natur der in den Leberphosphatiden auftretenden C_{20}- und C_{22}-Polyensäuren bei Verabreichung von Linol- und Linolensäure an fettfrei ernährte Ratten
Z. physiol. Chemie *318*, 86 (1960)

31. *E. Klenk u. G. Kremer.* Über die Biogenese der C_{20}- und C_{22}-Leberpolyenfettsäuren bei Wirbeltieren
Z. physiol. Chemie *320*, 111 (1960)

32. *E. Klenk u. H. Mohrhauer.* Untersuchungen über den Stoffwechsel der Polyenfettsäuren bei der Ratte
Z. physiol. Chemie *320*, 218 (1960)

33. *E. Klenk u. D. Eberhagen.* Über die C_{20}- und C_{22}-Polyensäuren der Glycerinphosphatide von Rindernebennieren
Z. physiol. Chemie *322*, 258 (1960)

34. *E. Klenk, K. Oette, Jutta Köhler u. H. Schöll.* Zur Kenntnis des Stoffwechsels der Polyenfettsäuren
Z. physiol. Chemie *323*, 270 (1961)

35. *E. Klenk u. L. Brucker-Voigt.* Über die Eicosapolyensäuren des Heringsöls
Z. physiol. Chemie *324*, 1 (1961)

36. *E. Klenk u. W. Knipprath.* Über das Vorkommen der trans-Δ^3-Hexadecensäure in den Lipoiden einer Süßwasseralge (Scenedesmus Obliquus) und deren Isolierung
Z. physiol. Chemie *327*, 283 (1962)

37. *E. Klenk u. D. Eberhagen.* Über die Zusammensetzung des Fettsäuregemisches verschiedener Fischöle
Z. physiol. Chemie *328*, 180 (1962)

38. *E. Klenk u. D. Eberhagen.* Über die ungesättigten C_{16}-Fettsäuren des Meeresplanktons und das Vorkommen der $\Delta^{6.9.12.15}$-Hexadecatetraensäure
Z. physiol. Chemie *328*, 189 (1962)

39. Über die Bildung von C_{20}- und C_{22}-Polyensäuren aus $\Delta^{4.7.10.13}$-Hexadecatetraensäure bei der Ratte
Z. physiol. Chemie *331*, 50 (1963)

40. *E. Klenk, W. Knipprath, D. Eberhagen u. H. P. Koof.* Über die ungesättigten Fettsäuren der Fettstoffe von Süßwasser- und Meeresalgen
Z. physiol. Chemie *334*, 44 (1963)

41. *E. Klenk u. G. Tschöpe.* Über die Natur der in den Leberlipoiden von fettfrei ernährten Ratten vorkommenden ungesättigten Fettsäuren
Z. physiol. Chemie *334*, 193 (1963)

42. *E. Klenk u. H. Pflüger.* Über die Biogenese der $\Delta^{5.8.11}$-Eicosatriensäure bei fettfrei ernährten Ratten
Z. physiol. Chemie *335*, 53 (1963)

43. *E. Klenk u. H. Pflüger.* Über die Synthese der (8-^{14}C)cis-Δ^9-Octadecensäure
Z. physiol. Chemie *336*, 20 (1964)

VII. Verschiedenes

1. Der chemische Aufbau der Nervenzelle und der Nervenfaser
3. Coll. d. Ges. f. physiol. Chemie Mosbach/Baden 1952
Springer-Verlag Heidelberg 1953 S. 3

2. Die Lipoide im chemischen Aufbau des Nervensystems
Naturwiss. *40*, 449 (1953)

3. Die Chemie der Markreifung und das Problem der Entmarkung
Verhandl. d. Deutschen Ges. f. innere Medizin 61. Kongreß 1955
Verlag J. F. Bergmann München 1955 S. 331

4. Die materielle Grundlage für die phylogenetische Entwicklung im Reich der Organismen
Kölner Universitätsreden Nr. 27
Scherpe Verlag Krefeld 1962

Über die Fettsäuren der Kephalinfraktion des Gehirns.

(1. Mitteilung über Phosphatide.)

Von

E. Klenk.

(Aus dem physiologisch-chemischen Institut der Universität Tübingen.)

(Der Redaktion zugegangen am 18. August 1930.)

Veranlassung zur Aufnahme dieser Untersuchung war vor allem das Bedürfnis sich etwas genauer darüber zu orientieren, in welchem Maße Fettsäuren der 6-er Gruppen (C_{18} ... und C_{24} ...) am Aufbau der Gehirnphosphatide beteiligt und in wieweit neben diesen noch Fettsäuren, die andern Gruppen angehören, vorhanden sind. Es soll versucht werden die Verhältnisse nach Möglichkeit zahlenmäßig festzulegen.

Das Studium der Fettsäuren der Kephalinfraktion ist für die vorliegende Fragestellung insofern von besonderer Bedeutung, als diese Fraktion den Hauptteil des Äther- bzw. Petrolätherextrakts und damit einen wesentlichen Teil der Gesamtphosphatide des Gehirns ausmacht.

Die Fettsäuren des Gehirnkephalins waren schon wiederholt Gegenstand eingehender Untersuchungen. Während Parnas[1]), Mac Arthur und Burton[2]) nur Säuren der C_{18} ...-Gruppe vorfanden, soll nach späteren Befunden von Levene und Rolf[3]) auch noch eine Säure $C_{20}H_{32}O_2$ (Arachidonäure) darin vorkommen.

Die hier als Ausgangsmaterial benutzte Kephalinfraktion mußte der Darstellung entsprechend neben dem Hauptprodukt noch Lecithin, sowie kleine Mengen von Cerebrosiden und Sphingomyelin enthalten. Das Vorhandensein von Fettsäuren der Cerebroside und des Sphingomyelins unter dem nach der Spaltung auftretenden Säuregemisch hätte zweifellos die Lösung der Aufgabe sehr erschwert, vielleicht ganz unmöglich gemacht. Da eine restlose Abtrennung der Cerebroside und des Sphingomyelins vor der Spaltung auf einfache Weise nicht erreicht werden kann, so

---

[1]) Biochem. Z. 22, 411 (1909); ebenda 56, 17 (1913).

[2]) Amer. chem. Soc. 38, 1375 (1916).

[3]) J. of biol. Chem. 54, 91 (1922.)

wurde eine bei anderer Gelegenheit*) aufgefundene Spaltmethode angewendet, die unter so milden Bedingungen zu arbeiten gestattet, daß diese störenden Beimengungen nicht oder kaum wesentlich verändert werden. Ihre Abtrennung macht dann nach der Spaltung des Kephalins (und Lecithins) keinerlei Schwierigkeiten. Die Methode führt unmittelbar zu einer annähernden Trennung von gesättigten und ungesättigten Fettsäuren.

An gesättigten Fettsäuren war neben sehr kleinen Mengen einer niedriger molekularen Säure (Palmitinsäure?) nur Stearinsäure vorhanden (in Übereinstimmung mit den Befunden von Parnas, Mac Arthur und Burton, Levene und Rolf, deren Angaben sich allerdings auf lecithinfreies Kephalin beziehen).

Aus der Fraktion der ungesättigten Fettsäuren konnte nach vorangegangener Hydrierung Stearinsäure und Behensäure $C_{22}H_{44}O_2$ isoliert werden. Die Trennung erfolgte im wesentlichen durch fraktionierte Destillation der Methylester im Hochvakuum. Die Stearinsäure wurde aus den niederst siedenden, die Behensäure aus den höchst siedenden Anteilen gewonnen. Arachinsäure $C_{20}H_{40}O_2$, das Hydrierungsprodukt der Arachidonsäure, fehlte offenbar ganz. Sie hätte in den Zwischenfraktionen sich vorfinden müssen. Die Aufarbeitung derselben ergab aber auch wieder nur Stearinsäure und Behensäure.

Aus 20,1 g der im Hochvakuum destillierten ungesättigten Fettsäuremethylester, welchen jedoch noch Unverseifbares beigemengt war, wurden isoliert:

---

*) Die Tatsache, daß in dem den Cerebrosiden sehr nahe stehenden Sphingomyelin Phosphorsäure mit einer der beiden Hydroxylgruppen des Sphingosins ($C_{18}H_{37}NO_2$) verestert ist, führte im Hinblick auf die früher ausgesprochene Ansicht (Diese Z. **179**, 312 [1928]; **185**, 169 [1929]) über die Entstehung dieser Stoffe aus Kohlehydraten zu der Vorstellung, wonach diese Umwandlung von Kohlehydrat in Fett auf dem Weg über Phosphorsäureester erfolgt. Es lag dann nahe noch nach andern Phosphatiden zu suchen, in welchen die Phosphorsäure ebenso wie im Sphingomyelin an Körpern mit längerer aliphatischer Kohlenstoffkette (Fettsäuren) esterartig gebunden ist.

Nun hat bereits Parnas aus Kephalin durch 18stündiges Erhitzen im Autoklaven auf 110° mit Barytwasser eine phosphorreiche, ätherlösliche Säure erhalten, in welcher möglicherweise eine Verbindung der erwähnten Art vorgelegen haben konnte. Es wurde deshalb gehofft, mit Hilfe der neuen Spaltmethode auf weniger gewaltsame Weise ähnliche Verbindungen zu bekommen. Indessen enthielten die gewonnenen ätherlöslichen Spaltprodukte nur wenig Phosphor, so daß die Versuche in dieser Richtung vorläufig eingestellt wurden.

Stearinsäure ($C_{18}H_{36}O_2$)			Behensäure ($C_{22}H_{44}O_2$)		
Menge g	Schmelzpunkt	Äquival.-Gewicht	Menge g	Schmelzpunkt	Äquival.-Gewicht
0,5	67,5—68	286	1,3	78—78,5	342
1,7	67,5—68	287	0,2	78,5—79	339
1,4	68—68,5	285	1,0	76—76,5	344
1,7	67,5—68	285	0,9	73—74	336
Sa. 5,3		ber.: 284,3	Sa. 3,4		ber.: 340,4

Um Aufschluß darüber zu erhalten, wie weit die Aufteilung des Gemisches in die beiden Komponenten gelungen ist, wurde in einem andern Versuch durch Esterdestillation, Hydrierung und Abtrennung des Unverseifbaren ohne zu fraktionieren dieses Fettsäuregemisch dargestellt und durch Titration das Äquivalentgewicht bestimmt. 6,3 g der im Hochvakuum destillierten ungesättigten Methylester lieferten so 4,7 g des Fettsäuregemischs, welches auf Grund des Äquivalentgewichts von 300,25 (Mittelwert) aus 3,38 g Stearinsäure und 1,32 g Behensäure besteht. Auf 20,1 g ungesättigte Methylester umgerechnet ergeben sich dann die Werte:

10,8 g Stearinsäure und 4,2 g Behensäure.

Die im Vergleich zu den Stearinsäurewerten bedeutend bessere Ausbeute an Behensäure dürfte teils von dem geringeren Reinheitsgrad einiger Behensäurepräparate, teils aber auch davon herrühren, daß die Abtrennung der schwerer löslichen Behensäure weniger Schwierigkeiten macht als die der Stearinsäure.

Das reinste Präparat der Säure $C_{22}H_{44}O_2$, das erhalten werden konnte, schmilzt bei 79—79,5°. Die Mischprobe mit reiner, aus Erukasäure durch Hydrierung gewonnener Behensäure*) vom Schmelzp. 80—80,5° zeigte keine Depression.

Durch diese Feststellungen war das Vorkommen von Arachidonsäure im Gehirnkephalin in Frage gestellt. Levene und Rolf wollen sie in Form des in fast allen Lösungsmitteln so gut wie unlöslichen Bromierungsprodukts (Octabrom-arachinsäure) isoliert haben. Allerdings liegt lediglich nur eine CH-Bestimmung vor. Die von mir durchgeführte nähere Untersuchung dieses unlöslichen Bromkörpers ergab, daß es sich nicht um Octabrom-arachinsäure handelte, denn die Hydrierung der aus dem Bromkörper regenerierten ungesättigten Säure führte zu Behensäure, die in jeder

*) Das Vergleichspräparat verdanke ich der Freundlichkeit von Herrn Prof. Brigl.

Beziehung mit den oben erhaltenen, höchstschmelzenden Präparaten übereinstimmte.

Es sei hier auch auf eine kürzlich erschienene Arbeit von Brown[1]) hingewiesen, der die nach dem Bromierungsverfahren aus den Gesamtlipoiden des Gehirns gewonnenen hoch ungesättigten Fettsäuren für ein Gemisch von Arachidonsäure und noch höher molekularen Säuren hält. Er glaubt auf Grund seiner Untersuchungen auf das Vorhandensein einer hoch ungesättigten Säure der C_{24} . . .-Gruppe schließen zu dürfen. In der Kephalinfraktion habe ich diese Säure nicht angetroffen.

Die Zahl der Doppelbindungen in der hier aufgefundenen hoch ungesättigten Fettsäure der C_{22} . . .-Gruppe ist bis jetzt noch nicht genau festgelegt. Nach dem Bromgehalt des ursprünglichen Bromkörpers und der Jodzahl des im Hochvakuum destillierten Methylesters der Säure sind mindestens vier, möglicherweise fünf Doppelbindungen vorhanden. Es kommt demnach für die Säure die Formel $C_{22}H_{36}O_2$ oder $C_{22}H_{34}O_2$ in Betracht. Im letzten Fall würde sie dieselbe Zusammensetzung besitzen wie die von Tsujimoto[2]) in vielen Fischölen angetroffene und von ihm bereits auch näher untersuchte Clupanodonsäure. Jedenfalls stehen sich die beiden Säuren sehr nahe, sind vielleicht identisch.

Die Kephalinfraktion des Gehirns enthält demnach außer den Fettsäuren der C_{18} . . .-Gruppe in nennenswerten Mengen nur noch eine Säure (oder mehrere?) der C_{22} . . .-Gruppe. Unter diesen Umständen ließ sich die Menge der von den einzelnen Gruppen vorhandenen Fettsäuren verhältnismäßig genau bestimmen. Die gefundenen Werte sind:

Fettsäuren der C_{18} . . .-Gruppe . . .	73 %	der Gesamtfettsäuren.
„ „ C_{22} . . . „ . . .	25 %	„ „
(Palmitinsäure	2 %	„ „)?

Darstellung und Spaltung der Kephalinfraktion.

Zur Darstellung der Kephalinfraktion wurde das durch Extraktion mit kaltem Aceton von Cholesterin befreite und im Vakuum bei 40° getrocknete, gut zerriebene Gehirnpulver im Soxhletapparat unter Anwendung des Verlängerungsstückes[3]) mit Petroläther (Siedep. 30—50°) erschöpfend extrahiert und der bis zur öligen Konsistenz eingeengte Petrolätherextrakt in die 5fache Menge Alkohol eingerührt. Nach einigem Stehen goß man die überstehende klare Lösung von der ausgefällten Kephalinfraktion

[1]) J. of biol. Chem. **83**, 783 (1929).

[2]) Z. Dsch. Öl- u. Fettind. **40**, 797 (1920); Chem. Umschau a. d. Geb. d. Fette usw. **29**, 261 (1922).

[3]) Diese Z. **166**, 272 (1927).

ab und behandelte die zunächst noch mehr oder minder zähflüssige, honiggelbe Masse wiederholt mit frischem Alkohol bis sie eine plastische Beschaffenheit angenommen hatte. In dieser Form wurde die Substanz in einer braunen Flasche unter CO_2 bis zur weiteren Verarbeitung aufbewahrt.

0,0537 (0,0346) g Substanz (im Vakuum über H_2SO_4 getrocknet) gaben bei der Phosphorsäurebestimmung nach Embden[1]) 0,1517 (0,1006) g Wägekörper.

0,0214 (0,0240) g Substanz verbrauchten 3,18 (3,56) ccm n/100-H_2SO_4 (Mikro-Kjeldahl nach Pregl).

Gef. 3,16 (3,26)% P. 2,08 (2,07)% N.

Die Spaltung erfolgte durchweg nach folgendem Verfahren, das sich bereits in zahlreichen Versuchen bestens bewährt hat: Zu einer Lösung der noch alkoholfeuchten Substanz in dem 15fachen Volumen frisch destillierten Äther gibt man portionenweise innerhalb einer Stunde die 0,25fache Menge Kaliumhydroxyd, das in möglichst wenig heißem Methylalkohol (für je 10 g in der Reibschale zerkleinertes Kaliumhydroxyd etwa 20 ccm Methylalkohol) gelöst ist. Nach Zugabe der einzelnen Portionen ist jeweils kräftig zu schütteln.

Bei Verwendung eines durch Einwirkung von Luftsauerstoff weitgehend oxydierten Materials scheidet sich nach Zugabe der letzten Portionen meist eine dunkelbraune, schmierige Masse ab, die durch kräftiges Schütteln nicht wieder in Lösung zu bringen ist.

Nach kurzer Zeit beginnt die Abscheidung einer festen Substanz. Man läßt über Nacht stehen, saugt den, vor allem die gesättigten Fettsäuren enthaltenden Niederschlag ab und wäscht ihn gut mit Äther aus.

Den getrockneten Niederschlag emulgiert man, um daraus die Fettsäuren zu gewinnen, in heißem Wasser, säuert mit Salzsäure an, läßt erkalten und saugt die so gewonnene Fraktion der gesättigten Fettsäuren ab, die gut mit Wasser gewaschen und im Vakuum über Schwefelsäure getrocknet wird.

Zu dem ätherischen Filtrat gibt man in einem Scheidetrichter etwa 10%ige Salzsäure bis zur stark sauren Reaktion und dann (unter Schütteln) so viel Wasser, bis das ausgefallene Kaliumchlorid sich gerade vollständig löst. Die dabei auftretende Emulgierung beseitigt man wieder durch Zugabe von Methylalkohol. Nach Abtrennung der wäßrigen alkoholischen Schicht wird die ätherische Lösung, nachdem sie noch mit wenig Wasser gewaschen wurde (zuviel Wasser führt alsbald zur Emulgierung), zunächst unter

---

[1]) Diese Z. **113**, 138 (1921).

Atmosphärendruck, dann im Vakuum so weit wie möglich eingeengt. Den Rückstand nimmt man in dem 10 fachen Volumen (bezogen auf die Menge des Ausgangsmaterials) Aceton auf. Es bleibt hierbei eine weiße bzw. hellgelbe Substanz von den Eigenschaften des sogenannten Protagons (Cerebrosid + Sphingomyelin) ungelöst. Nach mehrstündigem Stehen im Eisschrank saugt man den Niederschlag ab und wäscht ihn mit Aceton aus. Der aus dem Filtrat nach Abdestillieren des Acetons erhaltene Rückstand wird zur Entfernung von etwas Wasser in Petroläther aufgenommen und im Scheidetrichter die wäßrige Schicht abgetrennt. Nach Abdampfen des Petroläthers (Beseitigung der letzten Reste des Lösungsmittels im CO_2-Strom) verbleibt ein Öl, das die ungesättigten Fettsäuren (offenbar teilweise in Form der Ester vorliegend) und eine beträchtliche Menge Unverseifbares enthält (Fraktion der ungesättigten Fettsäuren).

Über die in verschiedenen Versuchen erzielten Ausbeuten gibt folgende Tabelle Aufschluß.

	I	II	III	IV	V
	g	g	g	g	g
Menge des gespaltenen Materials*) . .	43	43	43	43	35
Fraktion der gesättigten Fettsäuren .	9,0	8,3	7,4	5,5	5,0
Fraktion der ungesättigen Fettsäuren (+ Unverseifbares)	17,8	16,6	17,3	19,3	15,0
Protagon	3,9	2,9	4,1	—	2,8

*) Umgerechnet auf trockene Substanz. 0,51 g des alkoholfeuchten Materials verloren beim Trocknen über Schwefelsäure im Vakuum 0,07 g an Gewicht.

Die Darstellung der Kephalinfraktion wie auch die Aufarbeitung der Spaltprodukte erfolgte so weit wie möglich unter Ausschluß der Luft, dadurch daß diese durch Kohlendioxyd verdrängt wurde.

Die Fraktion der gesättigten Fettsäuren.

Hellgelbe, feste, fast völlig phosphorfreie Substanz. Enthält noch ungesättigte Säuren beigemengt.

Um diese abzutrennen, wurde sie aus Aceton umkrystallisiert und der zusammen mit den ungesättigten Fettsäuren in der Mutterlauge verbliebene Rest der gesättigten Säuren auf dem Wege über die Bleisalze nach Varrentrapp gewonnen. Diesen Teil vereinigte man mit der aus Aceton ausgefallenen Hauptmenge.

Dann wurde durch 1 stündiges Kochen mit 5 % iger methylalkoholischer Schwefelsäure verestert, die Ester mit Petroläther unter Zugabe von Wasser ausgeschüttelt und nach Abdampfen des Petroläthers die Substanz im Hochvakuum fraktioniert.

	$Sp._{0,2\,mm\,Hg}$	Methylester		Freie Säuren				
						nach Umkrystillisation aus 90 % igem Aceton		
		Menge g	Schmelzpunkt	Menge g	Schmelzpunkt	Menge g	Schmelzpunkt	Äquiv.-Gew.
1. Fr.	140—145°	2,0	33—34°	1,9	61—62°	1,48	65—66°	275
2. Fr.	145—150°	8,9	35—36°	8,5	65—66°	6,82	68—68,5°	282
3. Fr.	150—155°	3,3	35,5—36,5°	3,1	66—67°	2,65	69—69,5°	285

0,0410 g Subst. der Fraktion 1 verbrauchten 1,49 ccm n/10-alkohol. Lauge.
0,0410 g " " " 2 " 1,455 " " " "
0,0423 g " " " 3 " 1,485 " " " "

In Fraktion 1 sind offenbar außer Stearinsäure noch niedrigere Homologen vorhanden. Ob es sich dabei um Palmitinsäure handelt, ist fraglich. Dagegen spricht der hohe Schmelzpunkt von 65—66°, während ein Gemisch dieser beiden Säuren vom Äquiv.-Gew. 275 den Schmelzpunkt 62° besitzen sollte. In den beiden andern Fraktionen liegt praktisch reine Stearinsäure vor.

Die hier vorhandenen ungesättigten Fettsäuren wurden zur näheren Untersuchung zunächst verestert und die im Hochvakuum destillierten Methylester (3,3 g; Jodzahl 72) in alkoholischer Lösung mit einem Palladium-Bariumsulfat-Katalysator[1]) hydriert. Die daraus nach der Verseifung erhaltenen freien Säuren (3,05 g) schmolzen bei 63,5—64° und hatten das Äquiv.-Gew. 285.

0,0539 g verbrauchten 1,89 ccm n/10-alkoholische Lauge.

Das Hydrierungsprodukt ist demnach in der Hauptsache Stearinsäure, und das nicht hydrierte Produkt bestand wohl vorwiegend aus Ölsäure (Ölsäure-methylester: Jodzahl ber. 85,7).

Die Fraktion der ungesättigten Fettsäuren.

Braunes, leicht bewegliches, nicht völlig phosphorfreies Öl.

Nach Veresterung mit 5 % iger methylalkoholischer Schwefelsäure, wiederholtem Ausschütteln der Ester mit Petroläther unter Zugabe von Wasser und Abdampfen des Petroläthers wurde die Substanz (29 g) im Hochvakuum fraktioniert. Die Hauptmenge

[1]) Houben-Weyl, Methoden ...., 2. Aufl. 2, 270 (1922).

ging bei 150—190° über. Es verbleibt aber ein beträchtlicher, nicht unzersetzt destillierbarer Rückstand. Die einzelnen Fraktionen wurden hydriert, die hydrierten Ester verseift und die freien Säuren dargestellt.

Die Hydrierung erfolgte durch Schütteln der alkoholischen Lösung mit Palladium-Bariumsulfat-Katalysator in einer Wasserstoffatmosphäre unter gelindem Erwärmen. Nach Abtrennung des Katalysators von der siedend heißen Lösung durch Absaugen unter Zuhilfenahme von Kieselgur wurde, ohne die Ester zu isolieren, durch Zugabe des 3 fachen Überschusses von etwa n/1-methylalkoholischer Kalilauge und 1 stündiges Kochen unter Rückfluß verseift.

Zur Gewinnung der Säuren wurde der Alkohol bis auf ein kleines Volumen abdestilliert, nach Zugabe von Wasser und verdünnter Schwefelsäure die Fettsäuren ausgeäthert, die ätherische Lösung mit Natriumsulfat getrocknet, der Äther abdestilliert und der Rückstand durch Überleiten eines Luftstromes in der Hausmannschen Schale vom Lösungsmittel vollständig befreit.

	$Sp._{0,5\,mm\,Hg}$	Methylester		Freie Säuren nach Hydrierung				
						nach Umkrystallisation aus 90%igem Aceton		
		Menge g	Jodzahl	Menge g	Schmelzpunkt	Menge g	Schmelzpunkt	Äquiv.-Gew.
1. Fr.	150—160°	2,9	110	?	59—60°	2,7	60—61°	334
. Fr.	160—165°	7,9	131	7,7	59—60°	6,9	60—61°	315
3. Fr.	165—175°	5,8	176	5,6	61—62°	5,2	63—64°	320
4. Fr.	175—190°	3,5	221	3,4	71—72°	2,9	71—72°	366

Methylester.

0,0231 g Substanz der Fraktion 1 verbrauchten 2,00 ccm n/10-Bromlösung.
0,0234 g „ „ „ 2 „ 2,42 „ „ „
0,0177 g „ „ „ 3 „ 2,46 „ „ „
0,0176 g „ „ „ 4 „ 3,065 „ „ „

Freie Säuren nach Hydrierung.

0,0515 g Subst. der Fraktion 1 verbrauchten 1,54 ccm n/10-alkohol. Lauge.
0,0472 g „ „ „ 2 „ 1,50 „ „ „ „
0,0514 g „ „ „ 3 „ 1,61 „ „ „ „
0,0595 g „ „ „ 4 „ 1,615 „ „ „ „

Die hohen Äquivalentgewichte sind verursacht durch Beimengung von mehr oder minder beträchtlichen Mengen von Unverseifbarem. Auffallend ist das starke Ansteigen der Jodzahlen mit steigendem Siedepunkt der Fraktionen. Es sind demnach die höchstmolekularen, zugleich auch die am stärksten ungesättigten Fettsäuren.

Fraktion 1. Um das Unverseifbare zu entfernen, wurde die Substanz in Äther (300 ccm) gelöst und die Säure mit etwa n/1-methylalkoholischer Kalilauge gefällt, der Niederschlag abgesaugt, daraus die Säure wieder in Freiheit gesetzt und dieses Reinigungsverfahren, wobei jedoch die Fällung mit alkoholischer Kalilauge aus siedender ätherischer Lösung der Säure erfolgte, noch einmal wiederholt. Säurefraktion: 1,87 g. Die aus wenig Aceton umkrystallisierte Substanz schmolz bei 64—65°.

0,0432 g Substanz verbr. 1,505 ccm n/10-alkoholische Lauge.
Äquiv.-Gew. Gef. 287.

Fraktion 2 und 3. Abtrennung des Unverseifbaren aus den beiden vereinigten Fraktionen 2 und 3 wie bei der Fraktion 1. 10,7 g Fettsäuren.

0,0413 g Substanz verbr. 1,38 ccm n/10-alkoholische Lauge.
Äquiv.-Gew. Gef. 300.

Die daraus dargestellten Methylester wurden durch fraktionierte Destillation im Hochvakuum wieder in 4 Fraktionen zerlegt.

	Methylester			Freie Säuren		
	$Sp._{0,2\,mm\,Hg}$	Schmelzpunkt	Menge g	Menge g	Schmelzpunkt	Äquiv.-Gewicht
a)	140—145°	35—35,5°	3,1	3,06	64—65°	289,5
b)	145—150°	37—38°	4,7	4,4	62—63°	301
c)	150—160°	43—44°	0,8			
d)	160—170°	48—49°	2,15			

0,0478 g Substanz von a) verbrauchten 1,65 ccm n/10-alkoholische Lauge.
0,0468 g „ „ b) „ 1,56 „ „ „ „

Während von a) durch fraktionierte Fällung der freien Säuren mit Magnesiumacetat aus dem zuletzt gefällten Anteil 0,5 g praktisch reine Stearinsäure vom Schmelzp. 67,5—68° und dem Äquiv.-Gew. 286 (0,0454 g Substanz verbrauchten 1,58 ccm n/10-alkoholische Lauge) erhalten werden konnte, ließ sich aus den beiden vereinigten Fraktionen c) und d), die zunächst nicht verseift wurden, durch dreimaliges Umkrystallisieren aus Methylalkohol der Methylester der Behensäure gewinnen. Glänzende Blättchen. Schmelzpunkt 52,5—53° (Schmelzpunkt von reinem Behensäuremethylester 55°). Verseifung dieses Esters ergab 1,3 g Behensäure (aus Aceton umkrystallisiert). Schmelzp. 78—78,5°. Glänzende Blättchen.

4,700 (4,154) mg Substanz gaben 13,430 (11,835) mg CO_2 und 5,39 (4,73) mg H_2O.
0,0610 g Substanz verbrauchten 1,785 ccm n/10-alkoholische Lauge.
Für $C_{22}H_{44}O_2$ Ber. 77,56 % C 13,03 % H; Äquiv.-Gew. 340,36.
Gef. 77,9 (77,7) 12,8 (12,7) 342.

Auch bei Fraktion b) wird der für Stearinsäure zu niedrige Schmelzpunkt und das zu hohe Äquivalentgewicht noch durch Beimengung von Behensäure verursacht. Die Behensäure wurde daraus durch abermalige fraktionierte Esterdestillation und 6 maligem Umkrystallisieren der höher siedenden Anteile aus Methylalkohol als Methylester isoliert. Schmelzp. 51,5—52°. Daraus 0,2 g Behensäure (aus Aceton umkrystallisiert). Schmelzp. 78,5—79°.

0,0531 g Substanz verbrauchten 1,56 ccm n/10-alkoholische Lauge
Äquiv.-Gew. Gef. 339.

Wäre unter den ungesättigten Fettsäuren des Kephalins eine Säure der C_{20}...-Gruppe in einigermaßen nennenswerten Mengen vorhanden, so hätte sie in dieser Zwischenfraktion b) so stark angereichert sein müssen, daß sie hier der Beobachtung nicht völlig hätte entgehen können.

Fraktion 4. Infolge des hohen Äquivalentgewichts von 366 wurde zunächst damit gerechnet, daß es sich hier im wesentlichen um Lignocerinsäure $C_{24}H_{48}O_2$ (Äquiv.-Gew. 368,4) handelte. Indessen führte die fraktionierte Fällung mit Lithiumacetat aus siedend heißer methylalkoholischer Lösung zu Säurefraktionen von niedrigeren Äquiv.-Gew. (345—358). Die drei ersten Fraktionen (Schmelzp. 74—75°), in welchen vor allem die höher molekulare Säure sich hätte vorfinden müssen, wurden wieder vereinigt (1,6 g), zur weiteren Reinigung in die Methylester übergeführt und diese einmal aus Methylalkohol umkrystallisiert. Schmelzp. 52—52,5°. Daraus 1,0 g Behensäure (aus Aceton umkrystallisiert). Glänzende Blättchen. Schmelzp. 76—76,5°.

0,0518 g Substanz verbrauchten 1,51 ccm n/10-alkoholische Lauge.
Äquiv.-Gew. Gef. 344.

Zur Erzielung einer noch weiter gehenden Aufteilung des ursprünglichen Säuregemisches wurde zunächst die Fraktion 1 mit den nach Schmelzpunkt und Äquivalentgewicht entsprechenden Anteilen der Fraktion 2 und 3 vereinigt. Reinigung durch fraktionierte Destillation der Methylester, ergab als niedrigst siedenden Anteil 2,1 g Methylester. Schmelzp. 36—37°. Daraus 1,7 g gut krystallisierte, praktisch reine Stearinsäure (aus Aceton umkrystallisiert). Schmelzp. 67,5—68°.

0,0435 g Substanz verbrauchten 1,515 ccm n/10-alkoholische Lauge. Äquiv.-Gew. Gef. 287.

Zwei Stearinsäurepräparate (1,4 bzw. 1,7 g) von demselben Reinheitsgrad ließen sich noch auf ähnliche Weise durch öfters wiederholte Esterdestillation unter Benützung des von Widmer[1]) empfohlenen Fraktionierkölbchens für kleine Substanzmengen aus den Zwischenfraktionen abtrennen. Schmelzp. 68—68,5°, bzw. 67,5—68°.

4,562 mg Substanz des einen Präparats gaben 12,730 mg CO_2 und 5,23 mg H_2O.

0,0495 g Substanz desselben Präparats verbrauchten 1,735 ccm n/10-alkoholische Lauge.

0,0455 g Substanz des anderen Präparats verbrauchten 1,59 ccm n/10-alkoholische Lauge.

Für $C_{18}H_{36}O_2$	Ber. 75,98 % C	12,76 % H	Äquiv.-Gew.	284,29
	Gef. 76,1 „ „	12,8 „ „	„	285
	Anderes Präparat:		„	285

Mischproben der Säuren mit Stearinsäure Merck (puriss.) vom Schmelzp. 67—67,5° zeigten keine Schmelzpunktsdepression.

Die beim Herausfraktionieren der Stearinsäure angefallenen höher siedenden Ester verarbeitete man zusammen mit den beim Umkrystallisieren der Behensäuremethylesterfraktionen in Lösung gebliebenen Anteilen wieder auf Behensäure. Es wurden so noch 0,9 g einer Säurefraktion vom Schmelzp. 73—74° erhalten.

0,0541 g Substanz verbrauchten 1,61 ccm n/10-alkoholische Lauge. Äquiv.-Gew. Gef. 336.

Die Bestimmung der in den hydrierten Fraktionen 1—4 vorhandenen Mengen von Stearinsäure und Behensäure wurde folgendermaßen vorgenommen:

6,3 g der in einem andern Versuch wie S. 223 u. 224, jedoch ohne zu fraktionieren, durch Destillation im Hochvakuum gewonnenen ungesättigten Fettsäuremethylester wurden hydriert und das Hydrierungsprodukt nochmals im Hochvakuum destilliert, um die bei der ersten Destillation etwa mit übergegangenen hochsiedenden Zersetzungsprodukte zu entfernen. Nach Verseifung erfolgte die Abtrennung des Unverseifbaren wie bei Fraktion 1 (S. 225). Die mit Mineralsäure aus den Kaliumsalzen freigemachten Fettsäuren wurden in frisch destilliertem Äther aufgenommen, die ätherische Lösung wiederholt mit Wasser gewaschen, mit Natriumsulfat getrocknet, der

[1]) Helvet. chim. Acta 7, 59 (1924). Die Destillation der hoch siedenden Ester in diesem Kölbchen war nur möglich bei Anwendung einer nicht auf einen Glasstab aufgewickelten Glasspirale.

Äther abdestilliert und die letzten Reste des Lösungsmittels durch Überleiten eines Luftstroms in einer Hausmannschen Schale entfernt. Menge des so erhaltenen Fettsäuregemisches: 4,7 g. Schmelzp. 61—62,5°.

Zur Titration wurde die pulverisierte Substanz noch im Vakuum über Schwefelsäure getrocknet.

0,0536 (0,0510) g Substanz verbrauchten 1,785 (1,70) ccm n/10-alkoholische Lauge.

Äquiv.-Gew. Gef. 300,5 (300), also Mittel: 300,25.

Dieses Äquivalentgewicht kommt einem Gemisch von 72% Stearinsäure und 28% Behensäure zu. Demnach lieferten 6,3 g der destillierten ungesättigten Methylester 4,7 g hydrierte Fettsäuren, bestehend aus: 3,38 g Stearinsäure und 1,32 g Behensäure. Die Zahlen sind allerdings nur Minimalwerte, da sowohl die Destillation als auch die Abtrennung des Unverseifbaren zu unvermeidlichen Verlusten führt.

Eine Mischprobe von Stearinsäure (Präparat Merck puriss.) vom Schmelzp. 67—67,5° und der oben isolierten Behensäure vom Schmelzp. 78,5—79° in dem berechneten Verhältnis zeigt den Schmelzp. 61—62,5°. Er stimmt also mit dem des Fettsäuregemischs genau überein.

Das Unverseifbare. Aus den ätherlöslichen Teilen der nach der Verseifung erhaltenen fettsauren Salze der Fraktion 1, 2 und 3 konnte nach nochmaligem Verseifen mit etwa n/1-methylalkoholischer Kalilauge aus der Verseifungsflüssigkeit durch Ausschütteln mit Petroläther eine stickstofffreie, neutrale Substanz gewonnen werden, die auch durch längeres Kochen mit alkoholischer Lauge sich nicht mehr verseifen ließ. Sie wurde aus Alkohol durch starkes Abkühlen umkrystallisiert. Schmelzpunkt etwa 30° (unscharf).

4,760 mg Substanz gaben 14,050 mg CO_2 und 5,67 mg H_2O.

Gef. 80,5% C 13,3% H.

Da die Einheitlichkeit der Substanz noch fraglich ist, so kann diesen Werten vorläufig noch keine größere Bedeutung zukommen.

Die Substanz ist in Äther sehr leicht, in Äthylalkohol leicht, in Methylalkohol schwer löslich. Aus einem Gemisch von Äthyl- und Methylalkohol krystallisiert sie beim langsamen Abkühlen auf 0° in dünnen, großen Blättchen aus.

In einem andern Versuch wurden 17,3 g der Fraktion der ungesättigten Fettsäuren direkt hydriert und ohne zu destillieren auf Unverseifbares verarbeitet. Die Menge des Unverseifbaren betrug 5,7 g (Menge der Fettsäuren: 10,6 g). Nach Abtrennung von 0,6 g eines in Essigester und Petroläther schwer löslichen, rein weißen Produkts vom Schmelzp. 91—93° wurde das verbleibende, fast farblose Öl im Hochvakuum bei 0,04 mm Hg destilliert. Der Hauptteil (2,6 g) ging dabei verhältnismäßig konstant bei etwa 150° über, dann stieg das Thermometer rasch an und die Menge des bis 240° gewonnenen Destillats betrug nur noch 0,5 g.

Der bei 150° übergehende Hauptteil wurde durch nochmalige fraktionierte Destillation in etwa 3 gleich große Fraktionen zerlegt, die sich in ihren Siedepunkten nicht merklich unterschieden. Farblose, wasserklare Flüssigkeiten. Alle drei Fraktionen wurden beim Abkühlen auf 0° fest. Die erste Fraktion schmolz unterhalb 10°, die zweite bei 10—12° und die dritte bei 14—16°. Löslichkeit wie oben bei der Substanz vom Schmelzp. 30°.

4,969 mg Substanz der Fraktion 2 gaben 14,155 mg CO_2 und 5,91 mg H_2O.
3,745 „ „ „ „ 3 „ 10,635 „ „ „ 4,44 „ „

2. Fr.	Gef.	77,7 % C	13,3 % H.
3. „	„	77,5 % C	13,3 % H.

Ich hoffe bald näheres über die Natur dieser Substanzen berichten zu können.

Das ätherunlösliche Bromierungsprodukt der Fraktion der ungesättigten Fettsäuren.

Eine Lösung der aus 260 g Rohkephalin gewonnenen Fraktion der ungesättigten Fettsäuren in 750 ccm Eisessig wurde portionenweise mit einem geringen Überschuß Brom, das in derselben Menge Eisessig gelöst war, unter Eiskühlung versetzt. Nach Stehen über Nacht im Eisschrank trennte man den ausgefallenen Bromkörper durch Zentrifugieren ab, wusch ihn mit Äther so lange bis er rein weiß war und bis vom Äther nichts mehr aufgenommen wurde (24 g). Die Substanz beginnt bei 200° sich zu bräunen und ist bei 260° noch nicht geschmolzen.

4,945 mg Substanz gaben 4,645 mg CO_2 und 1,44 mg H_2O.
3,244 „ „ „ 2,164 „ Brom.

Für $C_{22}H_{34}Br_{10}O_2$ (1129,47)	Ber.	23,37 % C	3,03 % H	70,75 % Br.
„ $C_{22}H_{36}Br_8O_2$ (971,65)	„	27,17	3,73	65,80
	Gef.	25,6	3,3	66,7
		[25,26	3,66 (Levene u. Rolf)]	

4 g des in 75 ccm Alkohol suspendierten Bromkörpers wurden durch 2stündiges Kochen mit 8 g Zinkstaub entbromiert. Nach Abtrennen des Zinkschlamms säuerte man die alkoholische Lösung mit verdünnter Schwefelsäure an und schüttelte die ungesättigte Fettsäure mit Petroläther aus. Petrolätherrückstand (letzte Reste des Lösungsmittels im CO_2-Strom in der Hausmannschen Schale entfernt): 1,09 g. Schwach gelb gefärbtes, leicht bewegliches Öl. Aus den Zinkrückständen konnten durch 3stündiges Auskochen mit 45 ccm Eisessig und Ausschütteln der Eisessiglösung mit Petroläther unter Zugabe von Wasser noch 0,15 g des Öls gewonnen werden. Ausbeute: 91 % der Theorie.

Die vereinigten Rohprodukte wurden nun durch $^1/_2$stündiges Kochen mit 5 %iger methylalkoholischer Schwefelsäure verestert, der Ester mit Petroläther unter Zugabe von Wasser ausgeschüttelt und nach Abdampfen des Lösungsmittels im Hochvakuum destilliert. Siedep.$_{0,06\ mm\ Hg}$ etwa 180°. 0,98 g schwach gelb gefärbtes, fast geruchloses, leicht bewegliches Öl.

0,0594 (0,0183) g Substanz verbrauchten 15,43 (4,84) ccm n/10-Br-Lösung
Für $C_{23}H_{38}O_2$ (346,30) Ber. Jodzahl 293,2
„ $C_{23}H_{36}O_2$ (344,29) „ „ 368,7
Gef. „ 329 (335).

Das in einem andern Versuch aus 12 g Bromkörper gewonnene Rohprodukt der hoch ungesättigten Säure wurde wie üblich hydriert und etwa vorhandener Ester verseift. Die Zerlegung des nach der Verseifung aus der alkoholischen Lauge auskrystallisierten fettsauren Salzes führte zu 1,41 g aus Aceton umkrystallisierter Säure. Schmelzp. 76—76,5°.

0,0575 g Substanz verbrauchten 1,715 ccm n/10-alkoholische Lauge.
Äquiv.-Gew. Gef. 335,5.

Die Hydrierung der durch Auskochen der Zinkrückstände erhaltenen Anteile ergab noch 0,49 g Säure (aus Aceton umkrystallisiert) von demselben Schmelzpunkt.

0,0496 g Substanz verbrauchten 1,46 ccm n/10-alkoholische Lauge.
Äquiv.-Gew. Gef. 339.

Zur weiteren Reinigung veresterte man die beiden vereinigten Hydrierungsprodukte (1,8 g). Der einmal aus der 40 fachen Menge Methylalkohol umkrystallisierte Ester schmolz bei 53—53,5°.

Ein Teil davon wurde verseift. Freie Säure (aus Aceton umkrystallisiert): 0,58 g. Schmelzp. 78—78,5°. Glänzende Blättchen.

0,0564 g Substanz verbrauchten 1,65 ccm n/10-alkoholische Lauge.
Äquiv.-Gew. Gef. 341.

Den andern Teil verseifte man erst nach viermaligem Umkrystallisieren, wobei der Schmelzpunkt des Esters auf 53,5—54° anstieg. Freie Säure (aus Aceton umkrystallisiert): 0,64 g. Schmelzpunkt 78,5—79°. Glänzende Blättchen.

4,591 mg Substanz gaben 13,085 mg CO_2 und 5,41 mg H_2O.
0,0584 g Substanz verbrauchten 1,71 ccm n/10-alkoholischer Lauge.
Gef. 77,7% C 13,2% H Äquiv.-Gew. 341.

Die Mischprobe mit reiner Behensäure vom Schmelzp. 80—80,5° schmilzt bei 79—79,5°, zeigt also keine Depression.

Bestimmung des Gehalts der Gesamtfettsäuren der Kephalinfraktion an Säuren der C_{18} . . .- und der C_{22} . . .-Gruppe.

Zur Bestimmung diente das in Spaltungsversuch V erhaltene Material. Die Fraktionen der gesättigten und die der ungesättigten Fettsäuren wurden getrennt aufgearbeitet.

Fraktion der gesättigten Fettsäuren.

0,0381 g Substanz verbrauchten 1,00 ccm n/10-Bromlösung.
Jodzahl. Gef. 33,3.

Durch Destillation der daraus gewonnenen Methylester im Hochvakuum: 4,6 g. Nun wurde hydriert, die Ester nach Abtrennung des Katalysators durch einstündiges Kochen mit überschüssiger alkoholischer Kalilauge verseift und die Lösung auf ein geringes Volumen eingeengt. Zur Abtrennung von etwa vorhandenen neutralen Substanzen suspendierte man dann die ausgefallenen Kalisalze, ohne vorher zu filtrieren, in Äther, saugte ab und wusch gut mit Äther nach. Weitere Verarbeitung wie S. 227 u. 228. Menge der Fettsäuren: 4,00 g. Schmelzp. 64—65°.

0,0529 (0,0562) g Substanz verbrauchten 1,875 (1,98) ccm n/10-alkoholische Lauge.
Äquiv.-Gew. Gef. 282 (284), also Mittel: 283.

Die Menge der in dieser Fraktion früher nachgewiesenen niedrigeren Homologen der Stearinsäure ist demnach so gering, daß sie sich bei der Titration kaum mehr bemerkbar macht. Unter der Annahme, daß es sich um Palmitinsäure handelt, sind hier vorhanden:

0,2 g Palmitinsäure und 3,8 g Stearinsäure.

Fraktion der ungesättigten Fettsäuren. Für die Bestimmung wurden von den insgesamt 15 g dieser Fraktion 4,13 g verwendet.

0,0252 g Substanz verbrauchten 3,10 ccm n/10-Bromlösung.
Jodzahl. Gef. 156.

Um einwandfreie Werte zu bekommen, mußte hier so weit wie möglich verhindert werden, daß ein Teil der hoch ungesättigten Säure infolge Oxydation und Polymerisation sich der Bestimmung entzog und dadurch des Verhältnis sich zugunsten der offenbar viel schwächer ungesättigten und deshalb weniger leicht veränderlichen Säuren der C_{18}...-Gruppe verschob. Das Öl wurde aus diesem Grunde direkt hydriert. Die Hydrierung, die zunächst sehr glatt verlief, machte gegen Ende einige Schwierigkeiten. Um vollständige Sättigung zu erzielen, mußte unter Erneuerung des Katalysators über 10 Stunden geschüttelt werden. Nach Abtrennung des Katalysators und Abdampfen des Lösungsmittels wurde das Hydrierungsprodukt durch einstündiges Kochen mit methylalkoholischer Schwefelsäure verestert und die durch Ausschütteln mit Petroläther gewonnene Substanz im Hochvakuum destilliert. Menge des Destillats: 3,16 g. Verseifung und Abtrennung der neutralen Substanzen erfolgte wieder wie oben, nur daß hier noch eine Fällung der Säure aus ätherischer Lösung mit alkoholischer Kalilauge vorgenommen wurde, um die völlige Entfernung der nicht unbeträchtlichen Menge der neutralen Substanzen zu gewährleisten. Menge des Säuregemischs: 2,12 g. Schmelzp. 61—62,5°.

0,0514 (0,0500) g Substanz verbrauchten 1,68 (1,64) ccm n/10-alkoholische Lauge

Äquiv.-Gew. Gef. 306 (305), also Mittel: 305,5.

Demnach liefern 15 g des Ausgangsmateriales 7,7 g hydriertes Fettsäuregemisch, bestehend aus:

4,8 g Stearinsäure und 2,9 g Behensäure.

Zusammenstellung des Resultats. 35 g der Kephalinfraktion ergaben:

	Palmitinsäure (?) $C_{16}H_{32}O_2$ g	Stearinsäure $C_{18}H_{36}O_2$ g	Behensäure $C_{22}H_{44}O_2$ g
Fraktion d. ges. Fettsäuren (4,0 g)	0,2	3,8	—
Fraktion d. unges. Fettsäuren (7,7 g)	—	4,8	2,9
insgesamt (11,7 g)	0,2	8,6	2,9

Es handelt sich hier um Minimalwerte, da eine kleinere Menge Fettsäuren der Bestimmung sich entzieht. Indessen dürften die Zahlen die Mengenverhältnisse der einzelnen Fettsäuregruppen in der untersuchten Kephalinfraktion mit befriedigender Genauigkeit wiedergeben.

Der Notgemeinschaft der deutschen Wissenschaft danke ich für die bereitgestellten Mittel.

Über die hoch-ungesättigten Fettsäuren der Phosphatide aus verschiedenen Organen.

(2. Mitteilung über Phosphatide.[1])

Von

E. Klenk und **O. v. Schoenebeck.**

(Aus dem physiologisch-chemischen Institut der Universität Tübingen.)

(Der Redaktion zugegangen am 10. Dezember 1930.)

Vor kurzem[1]) berichtete der eine von uns über das Vorkommen einer hoch-ungesättigten Fettsäure der C_{22}...-Gruppe in der Cephalinfraktion des Gehirns. Wir haben inzwischen die Untersuchungen in dieser Richtung weiter ausgedehnt. Da derselbe Gegenstand zur Zeit auch von anderen Seiten (P. Müller[2]), Brown und Ault[3]), Turner[4]) bearbeitet wird, so möchten wir hier in vorläufiger Form die bis jetzt vorliegenden Ergebnisse kurz mitteilen.

Es wurde festgestellt, daß diese oder eine ähnliche Fettsäure der C_{22}...-Gruppe auch in der Lecithinfraktion des Gehirns, außerdem in den Phosphatiden der Rindsleber vorhanden ist. Die Abtrennung der hoch-ungesättigten Fettsäuren von den auf die übliche Weise dargestellten Gesamtfettsäuren erfolgte mit Hilfe der Lithiumsalz–Acetonmethode nach Tsujimoto[5]) Die Fettsäuren wurden sodann in die Methylester übergeführt und im Hochvakuum fraktioniert destilliert. Die höchst siedenden Fraktionen waren in beiden Fällen am stärksten ungesättigt (Fr. aus Gehirnlecithin: Jz. 280; Fr. aus Leberphosphatiden: Jz. 249). Sie wurden hydriert. Die Verseifung der 2—3 mal aus Methylalkohol umkrystallisierten Methylester (Schmelzp. 51,5—52° bzw. 52°) führte zu Behensäure. Glänzende Blättchen. Schmelzpunkt 79—79,5° bzw. 80,5—80,8°. Die Mischprobe mit aus

[1]) 1. Mitteilung: Diese Z. **192**, 217 (1930).
[2]) Arch. f. exper. Path. **147**, 219, 235, 240 (1930).
[3]) J. of biol. Chem. **89**, 167 (1930).
[4]) Biochemic. J. **24**, 1327 (1930).
[5]) Journ. Chem. Ind. Tokio **23**, 272 (1920).

Erucasäure durch Hydrierung gewonnener Behensäure (Schmelzpunkt 80,5—81°) zeigte keine Schmelzpunktsdepression.

	Für $C_{22}H_{44}O_2$		Äquiv.-Gew.
Ber.	77,56% C	13,03% H	340,36
Gef.	77,6	12,9	340 (aus Gehirnlecithin)
	77,3	13,0	342; 340 (aus Leberphosphatiden).

Die Mengen dieser hoch-ungesättigten Fettsäuren, unter welchen offenbar die Säuren der C_{22}...-Gruppe vorherrschen, ist nicht unbeträchtlich. Aus 27 g Gesamtfettsäuren der Leberphosphatide wurden 10,5 g hoch-ungesättigte Fettsäuren erhalten. Destillation der Methylester im Hochvakuum ergab dann: 1. Fr.: 0,77 g, Jz. 143; 2. Fr.: 4,20 g, Jz. 222; 3. Fr.: 4,15 g, Jz. 249.

Durch Bromierung der hoch-ungesättigten Fettsäuren aus Leberphosphatiden bekommt man neben größeren Mengen ätherlöslichen Produkten auch einen ätherunlöslichen Bromkörper. Nach seinen Eigenschaften und der elementaren Zusammensetzung (gef. 24,7% C, 3,5% H, 68,2% Br; für $C_{20}H_{32}Br_8O_2$ ber. 25,43% C, 3,42% H, 67,76% Br) zeigt er weitgehende Übereinstimmung mit ähnlichen Substanzen, die schon vielfach aus Phosphatiden von verschiedenen Organen, insbesondere der Leber, gewonnen wurden und die allgemein als Bromierungsprodukt einer Säure $C_{20}H_{32}O_2$ (Arachidonsäure) angesprochen werden. Indessen führte die Entbromierung unseres Bromkörpers und nachfolgende katalytische Hydrierung zu einem Säuregemisch, aus welchem durch Reinigung über den Methylester Behensäure vom Schmelzp. 79° und dem Äquivalentgewicht 339,5 isoliert wurde.

Die Angaben über das Vorkommen einer Säure $C_{20}H_{32}O_2$ (Arachidonsäure), die im wesentlichen auf die Schwerlöslichkeit des Bromierungsprodukts in Äther oder anderen Lösungsmitteln und auf die Elementaranalyse des letzteren sich gründen, dürften demnach mit Vorsicht aufzunehmen sein. Es spricht alles dafür, daß hoch-ungesättigte Fettsäuren der C_{22}...-Gruppe in den Phosphatiden tierischen Ursprungs weit verbreitet sind. So haben wir ihr Vorhandensein auch im Eilecithin durch Abtrennung einer Säure von den Eigenschaften der Behensäure (Schmelzp. 80—81°, Äquiv.-Gew. 339; 338) aus den hydrierten hoch-ungesättigten Fettsäuren nachgewiesen.

Inwieweit in den untersuchten Fällen neben den Säuren der C_{22}...-Gruppe auch noch hoch-ungesättigte Fettsäuren mit niederer Kohlenstoffzahl, insbesondere solche der C_{20}...-Gruppe vorkommen, bedarf noch der weiteren Aufklärung.

Über die Fettsäuren der ätherlöslichen Phosphatide und der Protagonfraktion des Gehirns.

(3. Mitteilung über Phosphatide.)[1]

Von

E. Klenk.

Mit 1 Figur im Text.

(Aus dem physiologisch-chemischen Institut der Universität Tübingen.)

(Der Redaktion zugegangen am 5. Juni 1931.)

In Fortführung der Arbeiten über die Fettsäuren der lipoiden Gehirnstoffe, die sich bisher auf einzelne, chemisch mehr oder minder wohl definierte Lipoidfraktionen beschränkten, wurde nun der Versuch gemacht, durch möglichst vollständige Erfassung der Gesamtfettsäuren einen allgemeineren Überblick über die nicht ganz einfach liegenden Verhältnisse zu gewinnen. Schon aus rein methodischen Gründen war es zweckmäßig, die Fettsäuren der ätherlöslichen Phosphatide und die des ätherunlöslichen, sogenannten Protagons getrennt voneinander zu untersuchen. Gewisse Schwierigkeiten, die diesem Arbeitsplan durch die Tatsache entgegenstanden, daß die Rohfraktion der ätherlöslichen Phosphatide infolge Löslichkeitsbeeinflussung größere Mengen von Protagon enthält, ließen sich überwinden durch Spaltung dieser Rohfraktion nach einem früher beschriebenen Verfahren, das unter so milden Bedingungen zu arbeiten gestattet, daß dabei das vorhandene Protagon nicht oder ganz unwesentlich verändert wird und dann von den Spaltprodukten leicht so gut wie quantitativ abgetrennt werden kann.

---

[1]) 2. Mitt.: Diese Z. **194**, 191 (1931).

Die Fraktion der gesättigten Fettsäuren von den ätherlöslichen Phosphatiden erwies sich als ein Gemisch von Palmitin- und Stearinsäure. Durch fraktionierte Destillation der Methylester im Hochvakuum mit Hilfe eines für den vorliegenden Zweck eigens konstruierten Apparats mit gut wirkender Fraktionierkolonne, ließ sich die Anwesenheit von selbst nur kleinen Mengen höher- oder niedrigermolekularen Säuren ausschließen.

Eine wesentlich kompliziertere Zusammensetzung zeigte dagegen die Fraktion der ungesättigten Fettsäuren, deren Menge etwa zwei Drittel der aus den ätherlöslichen Phosphatiden erhaltenen Gesamtfettsäuren ausmachte. Nach den bei der Untersuchung der Kephalin-[1]) sowie der Lecithinfraktion[2]) gemachten Erfahrungen mußte hier neben den Fettsäuren der C_{18}...-Gruppe vor allem noch eine hoch ungesättigte Fettsäure der C_{22}...-Gruppe vorhanden sein. Nachdem das Gemisch katalytisch hydriert war, ließ sich aber durch fraktionierte Destillation der Methylester mit Hilfe des erwähnten Fraktionierapparats außer der zu erwartenden Stearin- und Behensäure ($C_{22}H_{44}O_2$) noch Palmitin- und n-Eikosansäure ($C_{20}H_{40}O_2$) isolieren. Letztere konnte, trotzdem sie nur in verhältnismäßig kleinen Mengen vorkommt, in reiner Form erhalten werden. Während die Anwesenheit der unbedeutenden Menge von Palmitinsäure sich durch die unvollkommene Abtrennung der gesättigten Säuren erklären dürfte, muß die n-Eikosansäure durch Hydrierung einer entsprechenden ungesättigten Säure entstanden sein, da — wie oben schon erwähnt — unter den gesättigten Säuren sich solche mit mehr als 18 C-Atomen auch nicht spurenweise vorfinden. Über den Grad der Ungesättigtheit lassen sich noch keine genaueren Angaben machen, doch spricht manches dafür, daß es sich ebenso wie bei der Säure der C_{22}...-Gruppe um eine höhere ungesättigte Fettsäure handelt.

Da bei der Untersuchung der Kephalinfraktion sich keinerlei Anzeichen dafür ergaben, daß darin eine ungesättigte Säure der C_{20}...-Gruppe vorkommt, so könnte man versucht sein, die Säure ausschließlich als Spaltprodukt des Lecithins aufzufassen. Es scheint mir aber wahrscheinlicher, daß es mit Hilfe der damaligen noch recht unvollkommenen Fraktionierungsmethode nicht möglich war, kleinere Mengen von C_{20}...-Säure in einem Gemisch,

---

[1]) Diese Z. **192**, 217 (1930).
[2]) Diese Z. **194**, 191 (1931).

das der Hauptsache nach aus C_{18}...- und C_{22}...-Säuren bestand, aufzufinden.

Im Protagon muß der Hauptteil der Fettsäuren in amidartiger Bindung und daher in schwer abspaltbarer Form vorliegen, da es im wesentlichen ein Gemisch von Cerebrosiden und Sphingomyelinen ist. Nachdem W. Merz[1]) aus Gehirnprotagon ein ätherunlösliches Phosphatid vom Typ des Lecithins isoliert hat, ist aber anzunehmen, daß darin auch esterartig gebundene und daher leicht abspaltbare Fettsäuren vorhanden sind. Es sollte deshalb versucht werden, diese beiden Gruppen von Fettsäuren getrennt zu erfassen.

Der durch kurze Vorbehandlung mit methylalkoholischer Lauge abgespaltene und wohl vorwiegend esterartig gebundene Teil der Fettsäuren ist gering. Er beträgt nur ein Sechstel der Gesamtfettsäuren des Protagons. Die Hauptbestandteile sind Palmitin- und Stearinsäure. Außerdem ließ sich noch Nervonsäure ($C_{24}H_{46}O_2$) nachweisen. Es ist fraglich, ob diese ursprünglich ebenfalls in esterartiger Bindung vorlag. Wahrscheinlich ist sie in Form eines leicht löslichen unvollständigen Spaltprodukts der Cerebroside oder Sphingomyeline in die vorliegende Fraktion mit hineingegangen und daraus im Verlauf der weiteren Verarbeitung frei gemacht worden. Besonders hervorzuheben ist, daß diese Fraktion die Gesamtmenge der Palmitinsäure des Protagons enthält.

Der amidartig gebundene Teil der Fettsäuren besteht vorwiegend aus den als Spaltprodukte der Cerebroside wohl bekannten 4 Fettsäuren der C_{24}...-Gruppe (Cerebronsäure, Lignocerinsäure, Oxynervonsäure und Nervonsäure). Im übrigen ließ sich nur noch das Vorhandensein von Stearinsäure zweifelsfrei feststellen. Insbesondere fehlt Palmitinsäure völlig. Es besteht aber die Möglichkeit, daß neben der Nervonsäure in wesentlich kleineren Mengen noch eine ähnliche, jedoch höher molekulare Säure vorkommt. Sieht man von diesem letzten nicht genügend geklärten Punkt ab, so finden sich in dieser Fraktion ausschließlich die als Spaltprodukte der Cerebroside und der Sphingomyeline erkannten Fettsäuren.

Die folgende Zusammenstellung gibt einen Überblick über die erhaltenen Resultate und enthält die Mengen der einzelnen Fettsäuregruppen in annähernder Schätzung.

---

[1]) Diese Z. **196**, 10 (1931).

1880 g von von Cholesterin befreitem Gehirnpulver (Menschengehirn) ergaben:

Menge der freien Säuren

	ätherlösliche Phosphatide (398,5 g)*)		Protagon (340 g)		Gesamtmenge	
	Frakt. d. gesättigt. Fetts.**) g	Frakt. d. ungesättigten Fetts.**) g	Frakt. d. esterartig geb. Fetts.**) g	Frakt. d. amidartig geb. Fetts. g	g	Proz. der Gesamtfettsäuren
C_{16}	13,9	4,1	6,4		24,4	8
C_{18}	37,1	69,1	8,8	11,9	126,9	42
C_{20}		15,2			15,2	5
C_{22}		34,6			34,6	12
C_{24}			4,1	93,7	97,8	33
Cerebronsäure .				35,0		
Lignocerinsäure				11,0		
Oxynervonsäure				19,3		
Nervonsäure . .			4,1	28,4		
					298,9	

*) Nach Abzug des zurückgewonnenen Protagons.
**) Aus Methylester berechnet.

Als Hauptergebnis ist das Vorhandensein einer ununterbrochenen Reihe von paarigen Fettsäuren mit 16 bis 24 gliedriger C-Kette hervorzuheben. Ebenso bemerkenswert aber ist, daß unter diesen jene der C_{18}...- und C_{24}...-Gruppe eine schon durch die Menge ihres Vorkommens deutlich ausgeprägte Sonderstellung einnehmen. Dieses auffällige Hervortreten von zwei Säuregruppen mit einer C-Zahl, die ein Vielfaches von 6 ist, rührt zu einem beträchtlichen Teil von dem sehr reichlichen Vorhandensein der ausschließlich nur solche Säuren enthaltenden Cerebroside und Sphingomyeline im Gehirn her, und dürfte somit im wesentlichen mit der von mir angenommenen besonderen Art der Entstehung dieser Körper aus Zucker*) in Zusammenhang zu bringen sein.

*) Diese Ansicht ist früher [Diese Z. **185**, 169 (1929)] für die Cerebroside näher begründet worden. Nachdem W. Merz [Diese Z. **193**, 59 (1930)] bei den Sphingomyelinen in bezug auf die Fettsäuren analoge Verhältnisse angetroffen hat, ist mit Rücksicht auf die sehr nahe Verwandtschaft mit den Cerebrosiden für diese Gruppe von Phosphatiden dieselbe Art der Entstehung anzunehmen.

Was die Fettsäuren der C_{20}...- und C_{22}...-Gruppe betrifft, so werden diese zweifellos im Stoffwechsel irgendwie mit jenen der C_{24}...-Gruppe verknüpft sein. Man faßt sie wohl am besten als durch β-Oxydation und eventuell gleichzeitige Dehydrierung entstandene Abbauprodukte der C_{24}...-Säuren auf. Während diese wahrscheinlich ausschließlich Spaltprodukte der Cerebroside und Sphingomyeline sind, beschränkt sich das Vorkommen jener auf die ätherlöslichen Phosphatide Lecithin und Kephalin. Es ergibt sich so eine beachtenswerte Beziehung zwischen diesen beiden so verschiedenartigen Hauptklassen von lipoiden Gehirnstoffen.

Gewinnung des Ausgangsmaterials.

1880 g trockenes Gehirnpulver (Menschengehirn), welches durch Acetonextraktion von Cholesterin*) befreit war, wurde in einem großen Soxhletapparat unter Benutzung des Verlängerungsstücks[1]) mit frisch destilliertem Äther erschöpfend extrahiert und der ätherische Extrakt auf ein Volumen von genau 2 Liter eingeengt.

2 ccm davon gaben 0,3755 g Trockenrückstand.

Daher Gesamtmenge des Ätherextrakts (I): 375,5 g.

Das Protagon wurde auf die übliche Weise aus dem mit Äther vorbehandelten Gehirnpulver durch öfteres Auskochen mit 85 % igem Alkohol gewonnen. Die noch alkoholfeuchte Substanz suspendierte man zur Entfernung des vorhandenen ätherlöslichen Materials in viel Äther (etwa 10 Liter), schüttelte mehrere Stunden, heberte nach eintägigem Stehen die überstehende, vollkommen klare Lösung ab und vervollständigte schließlich die Trennung durch Zentrifugieren. Menge des so gewonnenen Protagons: 267 g.

Aus der ätherischen Lösung und dem alkoholischen Filtrat konnten durch Abdestillieren des Lösungsmittels (die alkoholische Lösung im Vakuum) noch insgesamt 96 g ätherlösliches Material (II) erhalten werden.

Ätherlösliche Phosphatide.

Die Hauptfraktion (I) und das bei der Protagondarstellung gewonnene Material (II) wurden zunächst getrennt aufgearbeitet. Die Spaltung erfolgte nach der früher beschriebenen Methode[2])

*) Menge des Rohcholesterins: 333 g.

[1]) Diese Z. **166**, 272 (1927).

[2]) Diese Z. **192**, 221 (1930).

mit konzentrierter methylalkoholischer Kalilauge in ätherischer Lösung (Volumen der Hauptfraktion 3 Liter an Stelle der nach Vorschrift erforderlichen 5 Liter). Es wurden erhalten:

	I g	II g
Fraktion der gesättigten Fettsäuren	64,4	4
Fraktion der ungesätt. Fettsäuren (+ Unverseifbares)	175	37,5
Protagon	48	25

Das Phosphatid II verhielt sich infolge des ungewöhnlich hohen Gehalts an protagonartigen Substanzen insofern etwas abweichend, als ein Teil des Protagons unter der Fraktion der gesättigten Fettsäuren sich vorfand. Die Abtrennung erfolgte durch Umlösen aus Aceton und Behandeln der Abscheidung mit Äther. Die Fettsäuren erhielt man aus der Aceton- und Ätherlösung.

In der Fraktion der gesättigten Fettsäuren von I waren noch beträchtliche Mengen von ungesättigten Säuren und in der Fraktion der ungesättigten Fettsäuren von II noch bedeutendere Mengen von gesättigten Säuren vorhanden, so daß in diesen beiden Fällen eine weitergehende Abtrennung von gesättigten und ungesättigten Säuren mit Hilfe der Bleisalz–Äther-Methode vorgenommen wurde.

Gesättigte Fettsäuren. Gesamtmenge aus I und II: 56,8 g. Sie wurden durch Kochen mit methylalkoholischer Schwefelsäure unter Rückfluß verestert, der Ester durch Ausschütteln mit Petroläther gewonnen und eine kleinere Probe, ohne zu fraktionieren, im Hochvakuum destilliert. Daraus freie Säure. Schmelzp. 60 bis 61,5°. Äquiv.-Gew. 277,0 bzw. 275,0. Mittel 276.

0,0457 (0,0484) g Substanz verbrauchten 1,65 (1,76) ccm n/10-alkoholische Lauge.

Die wieder veresterte Substanz wurde mit der Hauptmenge vereinigt und das Estergemisch im Hochvakuum fraktioniert destilliert.

Die Konstruktion des für die Trennung der Estergemische benützten Fraktionierapparats ergibt sich aus nebenstehender Zeichnung. In dem weiten Rohr *A* befindet sich eine an den Enden zugeschmolzene Glasspirale von der Weite, daß sie noch etwa 2,5 mm von der Wandung des Rohres absteht. An das weitere Rohr *A* ist ein etwas engeres *B* angeschmolzen und zwar so, daß es noch etwa 3 mm in das weitere hineinragt. Es wird damit erreicht, daß das in *B* gebildete Kondensat auf die Spirale auftropft und an dieser entlang in den Kolben zurückfließt. Das Rohr *A* ist mit einem gut isolierenden elektrisch heizbaren Mantel umgeben. Man heizt so stark, daß die Temperatur etwa 10° unter dem Siedepunkt des Destillats liegt.

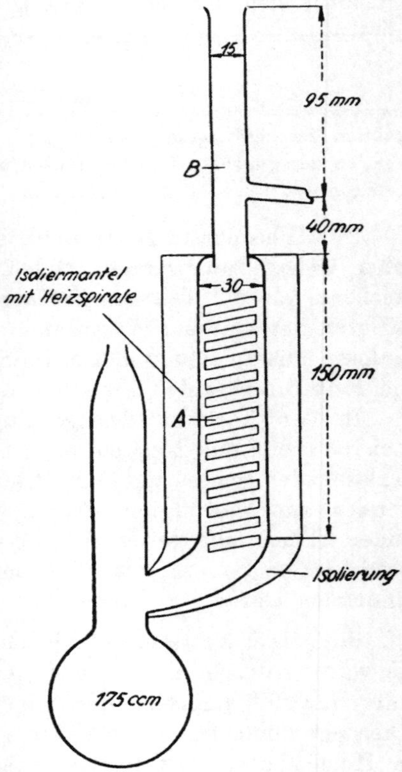

Es sei darauf hingewiesen, daß inzwischen Jantzen und Tiedcke[1]) einen für denselben Zweck geeigneten Apparat beschrieben haben, welcher dem vorliegenden an Wirksamkeit überlegen sein dürfte. Der hier beschriebene Apparat wird aber auch in Zukunft noch von Nutzen sein können für den Fall, daß nur verhältnismäßig kleine Materialmengen zur Verfügung stehen, wie das bei physiologisch-chemischen Arbeiten die Regel ist. Die Fraktionierung ist hier noch mit einer Menge von 5—10 g durchführbar. Für den Gang der Fraktionierung war vor allem der Schmelzpunkt des Destillats wegleitend, der nach dem Erscheinen der Arbeit von Jantzen und Tiedcke mit Hilfe des dort angegebenen sogenannten Analysators, ohne die Destillation zu unterbrechen, dauernd kontrolliert werden konnte.

Wie das in folgender Tabelle zusammengestellte Ergebnis zeigt, ließen sich auf diese Weise aus dem Fettsäuregemisch reine Palmitinsäure [(1 + 2) a] und reine Stearinsäure (4 bzw. 5) abtrennen. Um die der Menge nach zurücktretende Palmitinsäure in befriedigendem Reinheitsgrad zu erhalten, war allerdings eine nochmalige Destillation der beiden vereinigten, niederstsiedenden Fraktionen (1 und 2) nötig. Da Fraktion (1 + 2) a der niederstsiedende, Fraktion 5 der höchstsiedende Anteil ist, so sind also weder höher noch niedriger molekulare Säuren vorhanden.

Die zur näheren Charakterisierung der einzelnen Fraktionen dargestellten freien Säuren wurden jeweils durch Verseifung von 1—2 g des Esters mit dem 4—6 fachen Überschuß n/2—n/1-methyl-

---

[1]) J. prakt. Chem. 127, 277 (1930).

	Methylester		Freie Säuren				Äquiv.-Gew.	
					Nach Umkrystallisation aus Aceton			
	Menge g	Schmelzp.	Schmelzp.	Äquiv.-Gew.	Schmelzp.	Äquiv.-Gew.	ber. f.	Schmelzp.
rakt. 1	5,1	24—25°	55,5—56,5°	258				
2	10,8	26—27°						
3	18,4	30—31°					$C_{18}H_{36}O_2$	
4	14,7	36—37°	68,5—69°		68,5—69°	286	284,3	69,2°
5	4,7	35—36°	67,5—68°		68,5—69°	286		

Nochmalige Destillation der vereinigten Frakt. 1 und 2.

	Methylester		Freie Säuren			Äquiv.-Gew.	
				Nach Umkrystallisation aus Aceton			
	Menge g	Schmelzp.	Schmelzp.	Schmelzp.	Äquiv.-Gew.	ber. f.	Schmelzp.
rakt. 1 + 2a	2,83	25,5—26,5°	60—60,5°	61,5—62°	254	$C_{16}H_{32}O_2$	
b	3,35	26 —26,5°	60—60,5°	61—61,5°	257	256,3	62—62,5°
c	2,96	25,5—26°					

0,0449 g Subst. (1) verbr. 1,74 ccm n/10-alkohol. Natronlauge.
0,0492 g „ (4) „ 1,72 ccm „ „
0,0475 g „ (5) „ 1,66 ccm „ „
0,0469 g „ (1 + 2a) „ 1,85 ccm „ „
0,0484 g „ (1 + 2b) „ 1,885 ccm „ „

alkoholischer Kalilauge gewonnen. Nach 1 stündigem Kochen unter Rückfluß destillierte man den Methylalkohol ab, bis das Kaliumsalz noch während des Kochens in meist glänzenden Blättchen ausfiel, fügte unter Schütteln etwa 100 ccm Äther hinzu und filtrierte nach etwa $^1/_2$ stündigem Stehen das Kaliumsalz ab. Dieses wurde durch Schütteln mit Mineralsäure und reinem, frisch destilliertem Äther zerlegt, die ätherische Lösung wiederholt mit Wasser geschüttelt und mit Natriumsulfat getrocknet. Nach dem Verjagen des Äthers trocknete man die fein zerstoßene Säure noch im Vakuum über Schwefelsäure.

Das Äquivalentgewicht der so dargestellten Substanz stimmte regelmäßig — vorausgesetzt, daß es sich um eine einigermaßen einheitliche Säure handelte — mit dem des aus Aceton umkrystallisierten Produkts überein. Der Schmelzpunkt lag dagegen meist 0,5—1° niedriger. Die nähere Charakterisierung der einzelnen Fraktionen durch Darstellung der freien Säure erschien notwendig, da der Schmelzpunkt bei diesen mit dem Reinheitsgrad viel stärker variiert als bei den Methylestern, wo nur sehr kleine, unter Umständen kaum bemerkbare Schmelzpunktsdepressionen auftreten.

Die Gesamtmenge der Fraktionen 1—5 ist 53,7 g. Aus dem in der Vorprobe ermittelten Äquivalentgewicht (276) des Säuregemisches ergibt sich die Zusammensetzung*):

Menge der Methylester.

C_{16} . . .	14,7 g
C_{18} . . .	39,0 g.

Ungesättigte Fettsäuren. Die Substanzen hatten folgende Jodzahlen:

Fraktion der ungesättigten Fettsäuren von I 150
Aus der Fraktion der gesättigten Fettsäuren von I mit Hilfe der Bleisalz-Äther-Methode (18,5 g) 122
Aus der Fraktion der ungesättigten Fettsäuren von II mit Hilfe der Bleisalz-Äther-Methode (21,5 g) 140

0,0217 g verbr. 2,58 ccm n/10-Bromlösung [n. Rosenmund u. Kuhnhenn[1])]
0,0306 g „ 2,95 „ „
0,0253 g „ 2,78 „ „

Sie wurden in alkoholischer Lösung portionenweise mit Palladium–Bariumsulfat-Katalysator[2]) unter gelindem Erwärmen hydriert. Nach Abtrennung des Katalysators fügte man zu den vereinigten Lösungen 50 g in Alkohol gelöstes Kaliumhydroxyd, kochte zur Verseifung etwa vorhandenen Esters 1 Stunde unter Rückfluß und saugte den beim Stehen im Eisschrank reichlich aufgetretenen Niederschlag von fettsauren Salzen ab. Nachdem ihm durch Behandlung mit Äther das Unverseifbare entzogen war, wurden auf die übliche Weise die freien Säuren erhalten und diese in die Methylester übergeführt.

---

*) Die Berechnung erfolgt nach der Formel:

$$x = M \cdot \frac{A_1}{A_3} \cdot \frac{A_2 - A_3}{A_2 - A_1}.$$

x = Menge des niedriger molekularen Esters (bzw. Säure).
M = „ „ Estergemisches (bzw. Säuregemisches).
A_1 = Äquivalentgewicht des niedriger molekularen Esters (bzw. Säure).
A_2 = „ „ höher „ „ („ „).
A_3 = „ „ Estergemisches (bzw. Säuregemisches).
Also im vorliegenden Fall:

$$x = 53{,}7 \cdot \frac{270{,}3}{290} \cdot \frac{298{,}3 - 290}{298{,}3 - 270{,}3}.$$

[1]) Z. für Unters. der Nahrungs- u. Genußmittel **46**, 154 (1923). Vgl. dazu auch E. Klenk, Diese Z. **145**, 248 (1925).

[2]) Houben-Weyl, Methoden . . ., 2. Aufl., **2**, 270 (1922).

Bei der zur Entfernung des Unverseifbaren notwendigen Behandlung mit Äther gingen noch kleinere Mengen von fettsauren Salzen in Lösung. Sie konnten der ätherischen Lösung durch Ausschütteln mit Wasser entzogen werden. Desgleichen enthielt auch das alkoholische Filtrat einen kleineren Teil der Seifen gelöst. Sie wurden durch starkes Einengen der Lösung im Vakuum und Zufügen von Äther, wobei gleichzeitig das hier reichlich vorhandene Unverseifbare in Lösung ging, zur Abscheidung gebracht. Die hier gewonnenen Anteile von Fettsäuren erwiesen sich als noch nicht völlig hydriert. Die vollständige Absättigung mit Wasserstoff gelang erst nach der Reinigung durch Destillation der Methylester im Hochvakuum.

Gesamtmenge: 136 g Methylester. Das aus einer kleineren Probe der Methylester nach der Destillation derselben im Hochvakuum dargestellte Säuregemisch hatte den Schmelzp. 60—61°. Äquivalentgewicht 300 bzw. 301.

0,0537 (0,0521) g Substanz verbrauchten 1,86 (1,80) ccm n/10-alkoholische Lauge.

Die Substanz wurde wieder verestert, mit der Hauptmenge vereinigt und das Estergemisch unter Anwendung des Destillierapparats im Hochvakuum fraktioniert.

	Menge in g	Schmp. in °		Menge in g	Schmp. in °		Menge in g	Schmp. in °	
Fr. 1	14,4	32—33	Fr. 11	2,7	25—26				Fr. I
			12	2,6	27—28				} II
			13	7,0	35—37				
			1 R	1,9					
2	30,9	36—36,5							III
3	30,3	37,5—38							} IV
4	20,8	43—44	41	6,4	37—38				
			42	5,6	42—43	Fr. 421	3,4	43—43,5	V
						422	1,9	44,5—45	VI
						42R			} VII
			43	3,5	43—44				
			44	3,4	47—48				
			4 R						
5	5,8	48,5—49							VIII
6	17,9	50,5—51							IX
7	9,3	51,5—52							X

Wie aus der obenstehenden Tabelle schon zu entnehmen ist, wurden die Fraktionen 12, 13, 1 R; Fraktionen 3, 41; Fraktionen 42 R, 43, 44, 4 R vereinigt und es ergaben sich so insgesamt 10 Fraktionen (I—X).

	Methylester		Freie Säuren				Äquiv.-Gew. ber. für	Schmp.
					Aus Aceton umkrystallisiert			
	Menge g	Schmp. in °	Schmp. in °	Äquiv.-Gew.	Schmp. in °	Äquiv.-Gew.		
I	2,7	25—25,5	55—56	260	57—57,5		$C_{16}H_{32}O_2$	
II	11,5	34,5—35	63,5—64	279			256,3	62—62,5
III	30,9	35—36	67—67,5	284	67,5—68	284	$C_{18}H_{36}O_2$	
IV	36,7	37,5—38	63,5—64	288,5*)			284,3	69,2
V	3,4	43—43,5	70,5—71	305				
VI	1,9	44,5—45	71,5—72	314,5	72,5—73	314	$C_{20}H_{40}O_2$	
VII	8,6	44,5—45	70,5—71	329			312,4	74,8—75
VIII	5,8	48,5—49	71—71,5	329	73,5—74	331		
IX	17,9	50,5—51	77,5—78	338	78,5—79	340, 338	$C_{22}H_{44}O_2$	
X	9,3	51,5—52	76,5—77	342	76,5—77	341	340,4	80—80,5

*) Mittelwert von 288 und 289.

0,0487 g Subst. (I) verbr. 1,875 ccm n/10-alkohol. Lauge.
0,0584 g „ (II) „ 2,09 ccm „ „ „
0,0488 g „ (III) „ 1,72 ccm „ „ „
0,0478 g „ (III umkryst.) 1,685 ccm n/10-alkohol. Lauge.
0,0657 (0,0560) g Subst. (IV) verbr. 2,28 (1,935) ccm n/10-alkohol. Lauge.
0,0571 g Subst. (V) „ 1,87 ccm „ „ „
0,0500 g „ (VI) „ 1,59 ccm „ „ „
0,0584 g „ (VI umkryst.) 1,86 ccm „ „ „
0,0599 g „ (VII) verbr. 1,82 ccm „ „ „
0,0560 g „ (VIII) „ 1,70 ccm „ „ „
0,0556 g „ (VIII umkryst.) 1,68 ccm „ „ „
0,0585 g „ (IX) verbr. 1,73 ccm „ „ „
0,0545 (0,0552) g (IX umkryst.) verbr. 1,605 (1,635) n/10-alkoh. Lauge.
0,0578 g Subst. (X) verbr. 1,69 ccm n/10-alkohol. Lauge.
0,0565 g „ (X umkryst.) verbr. 1,655 ccm n/10-alkohol. Lauge.

In Fr. III bzw. IX handelt es sich um Stearin- bzw. Behensäure von befriedigendem Reinheitsgrad.

Es kann auch nicht zweifelhaft sein, daß in der Fraktion VI in der Hauptsache n-Eikosansäure vorliegt. Ein Präparat von noch größerer Reinheit wurde aus Fr. V erhalten durch sehr häufiges Umkrystallisieren des Methylesters aus Methylalkohol. Schmelzpunkt des Esters 44,5—45°. Die Verseifung führte zu einer Säure, die aus Aceton umkrystallisiert (0,8 g) bei 74,5—75° schmolz, was nach Jantzen und Tiedcke der Schmelzpunkt der reinen n-Eikosansäure ist. Glänzende Blättchen.

4,824 mg Substanz gaben 13,555 mg CO_2 und 5,62 mg H_2O.
0,0581 g „ verbr. 1,875 ccm n/10-alkoholische Lauge.

Für $C_{20}H_{40}O_2$ Ber.	C 76,85 %	H 12,91 %	Äquiv.-Gew.	312,3.
Gef.	76,6	13,0	„ „	310

Die Mischprobe mit n-Eikosansäure*) (Schmelzp. 74,5—75°) schmilzt unverändert bei 74,5—75°. Die Säure gibt dagegen sowohl mit Stearinsäure als auch mit Behensäure sehr deutliche Schmelzpunktsdepressionen. Ein Gemisch von Stearinsäure und Behensäure zu gleichen Teilen schmilzt bei 65,5—66°. Die Einheitlichkeit muß demnach als gesichert gelten.

Die Fraktion I, welche die niedrigstmolekulare Säure enthält, ist nach Schmelzpunkt und Äquivalentgewicht im wesentlichen Palmitinsäure, der noch kleinere Mengen von Stearinsäure beigemengt sind. Andererseits besteht die Fr. X, in welcher die höchstmolekulare Säure vorhanden sein muß, noch so gut wie ausschließlich aus Behensäure. Mit Rücksicht auf das für Behensäure stimmende Äquivalentgewicht dürften trotz des etwas zu niedrigen Schmelzpunkts höher molekulare Säuren nicht vorkommen.

Die nachfolgende auf Grund des Äquivalentgewichts der einzelnen Fraktionen durchgeführte Berechnung der Zusammensetzung erfolgte unter der Voraussetzung, daß unpaarige Fettsäuren völlig fehlen und daß demnach Fr. II ein Gemisch von Palmitin- und Stearinsäure, Fraktion IV u. V von Stearin- und n-Eikosansäure, Fraktion VII und VIII von n-Eikosan- und Behensäure ist.

Menge der Methylester.

	I g	II g	III g	IV g	V g	VI g	VII g	VIII g	IX g	X g	Summe in g
C_{16}	2,31	2,01									4,3
C_{18}	0,39	9,49	30,9	30,89	0,84						72,5
C_{20}				5,81	2,56	1,9	3,33	2,25			15,9
C_{22}							5,27	3,55	17,9	9,3	36,0
											128,7

Protagon.

Gesamtmenge: 340 g (einschließlich des aus den ätherlöslichen Phosphatiden I und II gewonnenen Materials). Davon wurden 100 g auf Fettsäuren verarbeitet.

Zur Abspaltung der esterartig gebundenen Fettsäuren wurde das Protagon in 700 ccm n/2-methylalkoholischer Kalilauge fein suspendiert und eine Stunde unter Rückfluß gekocht. Nach Ab-

*) Aus Erucasäure (Kahlbaum) durch Schmelzen mit Alkalihydroxyd dargestellt.

kühlen in Eis saugte man den Niederschlag ab (Filtrat B_1), löste ihn in 500 ccm heißem Eisessig, fügte dasselbe Volumen Aceton hinzu und trennte die nach Abkülen in Eis fast vollständig wieder ausgefallene Substanz ab (Filtrat B_2). Sie wurde nun in Äther fein suspendiert, nach etwa halbstündigem Stehen abgesaugt (Filtrat B_3) und getrocknet. Menge: 78 g. Es handelt sich hier um den bei der Alkalibehandlung nicht oder nur wenig veränderten Teil (A) des Protagons.

Esterartig gebundene Fettsäuren. Die durch Alkalibehandlung abgespaltenen Fettsäuren waren in den Filtraten B_1—B_3 gelöst und wurden daraus nach Abdampfen des Lösungsmittels uud Ansäuern durch Aufnehmen in Äther gewonnen. Störende, vor allem beim Waschen der ätherischen Lösung mit Wasser sich unangenehm bemerkbar machende Beimengungen beseitigte man durch Veresterung mit methylalkoholischer Schwefelsäure und Ausschütteln der Ester mit Petroläther, trennte nach dem Verseifen das etwa noch vorhandene Unverseifbare ab und stellte schließlich wieder die Methylester dar. Menge: 6,8 g. Sie wurden im Hochvakuum fraktioniert destilliert (Claisenkolben).

	Methylester			Freie Säuren	
	Menge g	Schmelzp. in °	Jodzahl	Schmelzp. in °	Äquiv.-Gew.
Frakt. 1	0,99	26—26,5	fast völlig gesättigt	56,5—57	263
2	2,00	26—26,5	desgl.	55 —56	267
3	1,56	31—32	9,7	60 —61	280
4	1,66	flüssig	48,0	73,5—74*)	345*)

*) Die Angaben beziehen sich auf die hydrierte Substanz.

0,0733 g Substanz (3) verbrauchten 0,56 ccm n/10-Bromlösung.
0,0457 g „ (4) „ 1,72 ccm „
0,0507 g „ (1) „ 1,93 ccm n/10-alkoholische Lauge.
0,0558 g „ (2) „ 2,09 ccm „ „
0,0470 g „ (3) „ 1,68 ccm „ „
0,0572 g „ (4) „ 1,66 ccm „ „

Die Fraktionen 1—3 sind demnach Gemische von Palmitin- und Stearinsäure, und zwar ist Fraktion 1 vorwiegend Palmitin-, Fraktion 3 vorwiegend Stearinsäure. Möglicherweise ist vor allem in Fraktion 3 auch noch etwas Ölsäure vorhanden.

Fraktion 4 wurde vor der Verseifung hydriert. Schmelzpunkt und Äquivalentgewicht des hydrierten Säuregemisches sind in die obige Tabelle aufgenommen. Veresterung und dreimaliges Umkrystallisieren des Esters aus Methylalkohol führte zu einem Produkt vom Schmelzp. 57—58°. Daraus freie Säure (aus Aceton umkrystallisiert): 0,74 g. Schmelzp. 80—80,5°. Glänzende Blättchen.

0,0583 g Substanz verbrauchten 1,57 ccm n/10-alkoholische Lauge.

Äquiv.-Gew. für $C_{24}H_{48}O_2$ Ber. 368,4 Gef. 372

Es handelt sich hier um Lignocerinsäure und in der ursprünglichen, nicht hydrierten Fraktion dürfte ein Gemisch von C_{18}···- und C_{24}···-Säuren (hauptsächlich Stearin- und Nervonsäure) vorgelegen haben.

Für den in esterartiger Bindung vorhandenen Teil der Fettsäuren ergibt sich so folgende Zusammensetzung:

Menge der Methylester.

	1 g	2 g	3 g	4 g	in 100 g Protagon g	in 340 g Protagon g
C_{16}······	0,72	1,16	0,20		2,08	6,7
C_{18}······	0,27	0,84	1,36	0,37	2,84	9,2
C_{24}······				1,29	1,29	4,3
					6,21	20,2

Amidartig gebundene Fettsäuren. Sie wurden aus dem mit Alkali vorbehandelten Protagon (A) durch Spaltung mit der 30 fachen Menge 10%iger methylalkoholischer Schwefelsäure nach der für die Spaltung der Cerebroside üblichen Methode gewonnen. Mit Hilfe des früher ausgearbeiteten Verfahrens[1]) erhielt man folgende 4 Hauptfraktionen:

	Menge g	Jodzahl
Cerebronsäurefraktion (1)	7,8	gesättigt
Lignocerinsäurefraktion (2)	5,4	„
Oxynervonsäurefraktion (3)	7,6	49,5
Nervonsäurefraktion (4)	11,2	51,6

0,0500 g Substanz (3) verbrauchten 1,95 ccm n/10-Bromlösung.
0,0680 g „ (4) „ 2,765 ccm „

[1]) Thierfelder u. Klenk, Chemie der Cerebroside und Phosphatide, Berlin, Springer, 1930, S. 38.

Cerebronsäurefraktion. Schmelzp. 99—100°. Die fraktionierte Fällung mit Lithiumacetat ergab die Abwesenheit von Lignocerinsäure. Die wieder vereinigten Fraktionen wurden aus Aceton umkrystallisiert. Schmelzp. 100—101°, welches der Schmelzpunkt der reinen Cerebronsäure ist.

Die Substanz enthielt noch eine Spur Asche.

5,190 mg Substanz gaben 14,205 mg CO_2, 5,79 mg H_2O u. 0,010 mg = 0,19% Asche.

Für $C_{24}H_{48}O_3$ Ber.	C 74,93%	H 12,58%	
Gef.	„ 74,8	„ 12,5	(für aschefreie Substanz).

Lignocerinsäurefraktion.*) Sie enthielt noch etwas Cerebronsäure, die durch Fällung mit Lithiumacetat abgetrennt wurde. Menge der Cerebronsäure: 0,57 g. Schmelzp. 100—101°.

Danach verblieben noch 3,87 g Säuregemisch vom Äquivalentgewicht 351.

0,0502 g Substanz verbrauchten 1,43 ccm n/10-alkoholische Lauge.

Das für Lignocerinsäure zu niedrige Äquivalentgewicht rührte von einer Beimengung von Stearinsäure her. Um diese zu entfernen, wurde die Säure verestert und der Ester dreimal aus Methylalkohol umkrystallisiert. 2,55 g. Schmelzp. 57—58°. Daraus freie Säure (aus Aceton umkrystallisiert). 2,00 g. Schmelzpunkt 80—80,5°. Glänzende Blättchen.

0,0612 g Substanz verbrauchten 1,66 ccm n/10-alkoholische Lauge.

Äquiv.-Gew. für $C_{24}H_{48}O_2$ Ber. 368,4 Gef. 369.

Durch fraktionierte Destillation des aus den methylalkoholischen Mutterlaugen erhaltenen Estergemisches wurde als leichtest siedende Fraktion die Stearinsäure erhalten. Menge des Esters: 0,3 g. Schmelzp. 36—37°. Daraus freie Säure (aus Aceton umkrystallisiert). Schmelzp. 66,5—67°.

0,0529 g Substanz verbrauchten 1,845 ccm n/10-alkoholische Lauge.

Äquiv.-Gew. für $C_{18}H_{36}O_2$ Ber. 284,3 Gef. 287.

---

*) Die Trennung von Cerebronsäure und Lignocerinsäure erfolgte hier nach Verfahren a durch Fällung der Cerebronsäure mit alkoholischer KOH-Lauge aus der ätherischen Lösung des Estergemisches. Dieses Trennungsverfahren scheint zu schlechten Resultaten zu führen, wenn wie im vorliegenden Fall die Cerebronsäure vorherrscht. In solchen Fällen dürfte das Verfahren b (Trennung mit Hilfe von Magnesiumacetat) anzuwenden sein, während bei Vorherrschen von Lignocerinsäure das Verfahren a bessere Resultate liefert.

Aus dem Äquivalentgewicht 351 des ursprünglichen Säuregemisches (3,87 g) ergibt sich die Zusammensetzung:

Stearinsäure: 0,63 g
Lignocerinsäure: 3,24 g

Oxynervonsäurefraktion. Zur näheren Charakterisierung wurde die Substanz hydriert. Schmelzp. des Hydrierungsprodukts 99—100°. Durch fraktionierte Fällung mit Lithiumacetat ergab sich die Abwesenheit von Lignocerinsäure. Die wieder vereinigten Fraktionen krystallisierte man aus Aceton um. Schmelzp. 100—101°.

Die Substanz war noch nicht vollkommen aschefrei.

5,081 mg Substanz gaben 13,900 mg CO_2, 5,69 mg H_2O und 0,015 mg = 0,29 % Asche.

Für $C_{24}H_{48}O_3$ Ber. C 74,93 % H 12,58 %
Gef. „ 74,9 „ 12,6 (für aschefreie Subst.)

Es liegt also Cerebronsäure vor. Die für die Oxynervonsäure zu niedrige Jodzahl (gef. 49,5; ber. 66,4) der ursprünglichen Fraktion rührt daher in Übereinstimmung mit den früher gemachten Erfahrungen von einer Beimengung von Cerebronsäure her.

Aus der Jodzahl ergibt sich die Zusammensetzung:

Cerebronsäure: 1,93 g
Oxynervonsäure: 5,67 g

Nervonsäurefraktion. Die fraktionierte Destillation der Methylester im Hochvakuum mit Hilfe des Fraktionierapparats ergab:

	Methylester			Freie Säuren			
						Aus Aceton umkryst.	
	Menge g	Schmelzp.	Jodzahl	Schmelzp.	Äquiv.-Gew.	Schmelzp.	Äquiv.-Gew.
Frakt. 1	1,8	34—34,5°	fast völlig gesättigt	64—64,5°	284	68—68,5°	286
2	1,05	33,5—34	17,9	64—64,5	298	68—68,5	285
3	1,1	flüssig*)	39,4	52—52,5	327		
4	3,2	flüssig	63,2				
5	2,7	„	63,2				
6	0,9	„	61,3				

*) Mit Krystallen durchsetzt.

0,0570 g Substanz (2) verbrauchten 0,805 ccm n/10-Bromlösung
0,0338 g „ (3) „ 1,05 ccm „ „

0,0578 g	Substanz (4)	verbrauchten	2,88 ccm	n/10-Bromlösung
0,0486 g	„ (5)	„	2,40 ccm	„ „
0,0500 g	„ (6)	„	2,43 ccm	„ „
0,0524 g	„ (1)	verbraucht.	1,845 ccm	n/10-alkohol. Lauge
0,0489 g	„ (1) umkryst.	„	1,71 ccm	„ „ „
0,0547 g	„ (2)	„	1,84 ccm	„ „ „
0,0505 g	„ (2) umkryst.	„	1,77 ccm	„ „ „
0,0548 g	„ (3)	„	1,675 ccm	„ „ „
0,0520 g	„ (3) umkryst.	„	1,79 ccm	„ „ „

Fraktion 1 ist Stearinsäure. In Fraktion 2 dürfte der Stearinsäure bereits etwas Nervonsäure beigemengt sein, die beim Umkrystallisieren infolge ihrer größeren Löslichkeit in der Mutterlauge verbleibt. In Fraktion 3 ist diese Säure schon in größeren Mengen vorhanden. Nachdem die Fraktion hydriert war, führte wiederholtes Umkrystallisieren des Estergemisches aus Methanol zu Lignocerinsäuremethylester. 0,35 g. Schmelzp. 57—57,5°. Daraus freie Säure. Schmelzp. 81—81,5°.

0,0582 g Substanz verbrauchten 1,565 ccm n/10-alkoholische Lauge.
Äquiv.-Gew. Gef. 372.

In den Fraktionen 4—6 lag nach Jodzahl und der näheren Charakterisierung durch die Hydrierungsprodukte im wesentlichen Nervonsäure (J. Z. für $C_{25}H_{48}O_2$ berechnet: 66,7) vor, wenn auch, wie die folgende Zusammenstellung der von den hydrierten Säuren erhaltenen Daten zeigt, die Anwesenheit von kleineren Mengen einer noch höher molekularen Säure nicht ganz auszuschließen ist. Es erscheint aber auch möglich, daß die etwas zu hohen Äquivalentgewichte durch schwer zu entfernende Beimengungen anderer Art verursacht sind. In diesem Sinne spricht vor allem der trotz des hohen Äquivalentgewichts relativ niedrige C-Wert der Fraktion 6a. Auch krystallisieren die Fraktionen 6 nicht in den charakteristischen Blättchen wie Fraktion 4 bzw. 5. Sie zeigen vielmehr ein kreidiges Aussehen.

Hydrierte Säuren von 4—6 (aus Aceton umkrystallisiert).

	Schmelzp.	Äquiv.-Gewicht
Frakt. 4	80,5—81°	373
5	79,5—80	377/375
6	79 —79,5	383

0,0608 g Substanz (4) verbrauchten 1,625 ccm n/10-alkoholische Lauge.
0,0631 (0,0562) g Subst. (5) verbr. 1,675 (1,50) ccm n/10-alkohol. Lauge.
0,0514 g Substanz (6) verbrauchten 1,34 ccm n/10-alkoholische Lauge.

Die fraktionierte Fällung von Fraktion 6 mit Magnesiumacetat aus heißer alkoholischer Lösung ergab:

6a. 0,17 g. Schmelzp. 80—81°.

4,726 mg Substanz gaben 13,535 mg CO_2 u. 5,56 mg H_2O.
0,0591 g Substanz verbrauchten 1,51 ccm n/10-alkoholische Lauge.

$C_{24}H_{48}O_2$	Ber.	C 78,18%	H 13,13%,	Äquiv.-Gew. 368,5.
$C_{26}H_{52}O_2$	Ber.	„ 78,71	„ 13,22	„ 396,5
	Gef.	„ 78,1	„ 13,2	„ 391

6b. 0,22 g. Schmelzp. 80—81°. Äquiv.-Gew. Gef. 383.

0,0591 g Substanz verbrauchten 1,545 ccm n/10-alkoholische Lauge

Auf Grund der Jodzahl ergibt sich für die Nervonsäurefraktion die Zusammensetzung:

Stearinsäure: 2,86 g
Nervonsäure: 8,34 g

Für die amidartig gebundenen Fettsäuren ergeben sich so folgende Werte:

Menge der freien Säuren.

	Cerebronsäurefraktion g	Lignocerinsäurefraktion g	Oxynervonsäurefraktion g	Nervonsäurefraktion g	in 100 g Protagon g	in 340 g Protagon g
Stearinsäure . . .		0,63		2,86	3,49	11,9
Cerebronsäure. .	7,8	0,57	1,39		10,30	35,0
Lignocerinsäure.		3,24			3,24	11,0
Oxynervonsäure.			5,67		5,67	19,3
Nervonsäure. . .				8,34	8,34	28,4
					31,04	105,6

Der Forschungsgemeinschaft der deutschen Wissenschaft danke ich ergebenst für die zur Verfügung gestellten Mittel.

Über die ungesättigten Fettsäuren der ätherlöslichen Phosphatide des Gehirns.

(4. Mitteilung über Phosphatide.)[1]

Von

E. Klenk.

(Aus dem physiologisch-chemischen Institut der Universität Tübingen.)

(Der Redaktion zugegangen am 25. Januar 1932.)

In den früheren Mitteilungen wurde berichtet, daß unter den ungesättigten Fettsäuren der ätherlöslichen Gehirnphosphatide (Lecithin und Cephalin) Säuren der C_{18}...-, C_{20}...- und C_{22}...-Gruppen nebeneinander sich vorfinden. Der Nachweis konnte durch Isolierung der entsprechenden gesättigten Säuren aus dem hydrierten Fettsäuregemisch erbracht werden. Im folgenden sollen nun die den einzelnen Gruppen angehörenden Fettsäuren noch etwas genauer charakterisiert werden.

Die darüber bis jetzt vorliegenden Angaben, die sich vor allem auf das Cephalin beziehen, sind noch sehr lückenhaft und widersprechen sich vielfach. Nach älteren Untersuchungen von Cousin[2]) und Parnas[3]) ist die einzige ungesättigte Fettsäure, die in diesem Phosphatid in größeren Mengen vorkommt, Linolsäure ($C_{18}H_{32}O_2$). Demgegenüber haben Mac Arthur und Burton[4]) und vor allem Levene und Rolf[5]) das Vorhandensein von mindestens zwei verschiedenen ungesättigten Fettsäuren festgestellt: Ölsäure und eine durch ihr ätherunlösliches Bromadditionsprodukt charakterisierte ungesättigte Fettsäure. Mac Arthur und Burton sprachen diesen ätherunlöslichen Bromkörper als das Octobromid einer Säure $C_{18}H_{28}O_2$, Levene und Rolf als das Octobromid der Arachidonsäure $C_{20}H_{32}O_2$ an. Nach eigenen Befunden[6]) handelt es sich hier jedoch in der Hauptsache um das Bromid einer Säure

---

1) 3. Mitteilung. Diese Z. 200, 51 (1931).
2) J. Pharmac. et Chim. (6) 24, 101 (1906).
3) Biochem. Z. 22, 411 (1909).
4) J. Am. Chem. Soc. 38, 1375 (1916).
5) J. of biol. Chem. 54, 91 (1922).
6) Diese Z. 192, 217 (1930).

der C_{22} . . . -Gruppe, für welche die Formeln $C_{22}H_{34}O_2$ und $C_{22}H_{36}O_2$ zur Diskussion stehen.

Im Gehirnlecithin haben Levene und Rolf[1]) dieselben ungesättigten Fettsäuren wie im Gehirncephalin angetroffen.

Mit Hilfe der von Tsujimoto[2]) für die Abtrennung der hoch ungesättigten Fettsäuren der Lebertrane ausgearbeiteten Lithiumsalz-Acetonmethode und Twitchells[3]) bewährter Bleisalz-Alkoholmethode, mit welcher man die gesättigten Säuren abtrennen kann, wurden zunächst eine Fraktion der hoch ungesättigten und eine solche der schwach ungesättigten Fettsäuren dargestellt. Eine Trennung der Fettsäuren mit verschiedener Kohlenstoffzahl ließ sich dann durch fraktionierte Destillation der Methylester erreichen. Für den vorliegenden Fall erwies sich der Fraktionierapparat von Jantzen und Tiedcke[4]) mit seiner ausgezeichnet wirksamen, etwa 50 cm langen Fraktionierkolonne als besonders geeignet. Er gestattet bei guter Fraktionierwirkung ein verhältnismäßig rasches Destillieren, wodurch die bei höheren Temperaturen unvermeidliche Polymerisierung der hoch ungesättigten Fettsäuren nach Möglichkeit verhindert wird. Es war so schon durch einmalige Destillation eine befriedigende Abtrennung der Säuren der C_{18} . . .- und C_{22} . . .-Gruppen zu erzielen. Eine leidliche Herausfraktionierung der Säuren der C_{20} . . .-Gruppe, deren Menge nur verhältnismäßig gering ist, gelang jedoch erst durch eine nochmalige Destillation der erhaltenen Zwischenfraktionen.

Für die Beurteilung der mittleren Ungesättigtheit der den einzelnen Gruppen angehörenden Fettsäuren seien hier die Jodzahlen der in Betracht kommenden Fraktionen und die der Jodzahl jeweils entsprechenden Zahl der durchschnittlich im Molekül vorhandenen Doppelbindungen angeführt.

	Fraktion der hoch ungesättigten Fettsäuren		Fraktion der schwach ungesättigten Fettsäuren	
	Jodzahl	Zahl der Doppelbindungen	Jodzahl	Zahl der Doppelbindungen
C_{18} . . .	96,5	1,13	92 (korr.)	1,07
C_{20} . . .	249	3,14	153	1,94
C_{22} . . .	324	4,42	260	3,56

[1]) J. of biol. Chem. 54, 99 (1922).

[2]) A. Grün, Analyse der Fette und Wachse, Berlin, J. Springer, S. 245 (1925).

[3]) A. Grün, Analyse usw., S. 221 (1925).

[4]) J. prakt. Chem. 127, 277 (1930).

Die weitere Untersuchung ergab, daß die Fraktionen, welche die Fettsäuren der C_{18}...-Gruppe enthalten, so gut wie ausschließlich aus Ölsäure bestehen. Darauf weisen auch schon die angeführten Jodzahlen der beiden Fraktionen hin. Möglicherweise kommen noch sehr kleine Mengen von höher ungesättigten Fettsäuren dieser Gruppe vor. Man erhält nämlich beim Bromieren der Hauptfraktion (Jodzahl 92, korr.), die beim Hydrieren und Verseifen zu reiner Stearinsäure führte, spurenweise einen ätherunlöslichen Bromkörper, dessen Bromgehalt ungefähr dem eines Hexabromids entspricht. Die Menge ist jedoch so gering, daß ein weiterer Beweis für das Vorliegen einer Säure der C_{18}...-Gruppe gefordert werden muß. Er war aber infolge der sehr kleinen Substanzmengen nicht zu erbringen.

Von den Fettsäuren der C_{20}...-Gruppe konnten zwei einzelne Individuen isoliert und näher charakterisiert werden. Die eine der beiden Säuren besitzt die Formel $C_{20}H_{38}O_2$ und schmilzt bei 20^0. Sie ist wahrscheinlich identisch mit der von Bull[1]) aus Dorschlebertran isolierten und der Ölsäurereihe angehörenden Gadoleinsäure (Schmelzp. $24{,}5^0$). Die andere, durch ihren ätherunlöslichen Bromkörper charakterisierte Säure besitzt die Formel $C_{20}H_{32}O_2$ und ist wohl identisch mit der von Hartley[2]) aus den Leberlipoiden von Säugetieren isolierten hoch ungesättigten Arachidonsäure, die auch ein fast regelmäßiger Bestandteil der Lebertranfettsäuren darstellt. Die Frage, ob daneben noch andere Fettsäuren vorhanden sind, muß offen gelassen werden.

Was die Fettsäuren der C_{22}...-Gruppe betrifft, so handelt es sich hier, wie aus den hohen Jodzahlen der beiden Fraktionen hervorgeht, vorwiegend um sehr hoch ungesättigte Fettsäuren. Beim Bromieren erhält man aus diesen Fraktionen einen ätherunlöslichen Bromkörper, dessen Bromgehalt dem eines Dekabromids sehr nahe kommt. Die diesem Bromkörper zugrunde liegende Säure hat demnach die Formel $C_{22}H_{34}O_2$. Sie ist wohl identisch mit der Clupanodonsäure[3]) der Lebertrane. Neben dieser sind zweifellos in kleineren Mengen auch noch Fettsäuren mit weniger als 5 Doppelbindungen vorhanden. Über ihre Natur kann

---

1) Ber. chem. Ges. **39**, 3570 (1906).

2) J. of Physiol. **38**, 353 (1909).

3) Tsujimoto, Chem. Umschau auf dem Gebiet der Fette usw. **29**, 261 (1922).

noch nichts Näheres ausgesagt werden. Versuche zur Abtrennung einer Fettsäure der Ölsäurereihe blieben ergebnislos.

Es ist eine gewiß bedeutungsvolle Tatsache, daß die für die Leberöle der Fische so charakteristischen ungesättigten Fettsäuren der C_{20}...- und C_{22}...-Gruppen auch bei den landlebenden Säugetieren anzutreffen sind, und zwar als offenbar regelmäßige Bestandteile der Phosphatide vom Typ des Lecithins und Cephalins.

Gewinnung des Ausgangsmaterials.

Die Fettsäuren wurden, wie früher beschrieben[1]), aus dem Ätherextrakt des von Cholesterin befreiten Gehirnpulvers (Menschengehirn) gewonnen. Die Menge der verarbeiteten ätherlöslichen Phosphatide betrug 1019 g (1250 g Trockenrückstand des Ätherextraktes —231 g zurückgewonnenes Protagon).

Die bei der Spaltung anfallende Fraktion der ungesättigten Fettsäuren wurde zur Verseifung etwa vorhandener Ester mit methylalkoholischer Kalilauge unter Rückfluß 1 Stunde gekocht. Die wieder abgeschiedenen und durch Ausschütteln mit Petroläther zurück erhaltenen Säuren löste man dann in Aceton und trennte nach Tsujimoto mit Hilfe von 10%igem wäßrigen Lithiumhydroxyd die schwach ungesättigten Fettsäuren als schwer lösliche Lithiumsalze ab. In Lösung verblieben die Lithiumsalze der hoch ungesättigten Fettsäuren zusammen mit dem Unverseifbaren. Nach Abdestillieren des Acetons (gegen Ende unter vermindertem Druck) zerlegte man die Lithiumsalze durch Zugabe von Mineralsäure, nahm die Substanz in Petroläther auf und destillierte den Petroläther ab. Es verblieben 197 g eines braunen Öls.

Die durch Zerlegung der schwer löslichen Lithiumsalze gewonnene Fettsäurefraktion enthielt noch kleinere Mengen von gesättigten Fettsäuren, die nach der Methode von Twitchell durch Fällung mit Bleiacetat aus alkoholischer Lösung abgetrennt wurden. Die Menge der so erhaltenen schwach ungesättigten Fettsäuren betrug etwas über 200 g.

Die Bleifällung war stark gefärbt. Sie löste sich teilweise in Äther. Die Zerlegung der ätherunlöslichen Bleisalze ergab 25 g gesättigte Fettsäuren. Aus der ätherischen Lösung wurde nach Entfernung des Bleis durch Schütteln mit verdünnter Salpetersäure eine nicht destillierbare, schwarzbraune Masse von pechartiger Beschaffenheit erhalten (20 g). Obgleich alle Operationen so weit wie möglich unter Ausschluß von Luft in einer Kohlendioxydatmosphäre

[1]) Diese Z. 200, 55 (1931).

vorgenommen wurden, so handelte es sich hier doch wahrscheinlich um durch Einwirkung von Luftsauerstoff entstandene Zersetzungsprodukte der ungesättigten Fettsäuren.

Eine weitere Menge von hoch ungesättigten (21 g) und schwach ungesättigten (35 g) Fettsäuren konnte durch Aufarbeitung der ursprünglichen Fraktion der gesättigten Fettsäuren erhalten werden. Ihre Abtrennung erfolgte wie oben durch kombinierte Anwendung der Methoden von Tsujimoto und Twitchell. Jedoch wurde der Hauptteil der gesättigten Fettsäuren durch Auskrystallisieren aus Aceton vorher entfernt.

A. Die Fraktion der hoch ungesättigten Fettsäuren.

Die auf die übliche Weise durch Kochen mit methylalkoholischer Schwefelsäure und Ausschütteln mit Petroläther dargestellten Methylester wurden bei einem Druck von 0,4—0,6 mm Hg im Apparat von Jantzen und Tiedcke fraktioniert destilliert. Die zur Regulierung der Abflußgeschwindigkeit des Destillats dienende Capillare wurde so weit gewählt, daß in der Minute 25—30 Tropfen übergingen. Zum Auffangen des Destillats verwendete man Einschmelzröhrchen, die unmittelbar nach dem Wechsel der Vorlage und Verdrängen der Luft durch Kohlendioxyd zugeschmolzen wurden.

	Methylester		Hydrierte Säuren					Äquiv.-Gew. ber.	Schmelzpunkt °C
	Menge g	Jodzahl	Menge (aus 0,5 bzw. 1,0 g Ester) g	Schmelzpunkt °C	Äquiv.-Gew.	Aus Aceton umkrystallisiert Schmelzpunkt °C	Aus Aceton umkrystallisiert Äquiv.-Gew.		
1	9,5	73,3	0,36	57	271	64 —64,5	279	$C_{18}H_{36}O_2$	
2	9,7	96,5	0,41	65	285	67 —67,5	285	284,3	69,2
3	10,3	125	0,42	65	288	65 —65,5	290		
4	10,6	169	0,42	63	301	64 —64,5	302	$C_{20}H_{40}O_2$	
5	10,7	244	0,94*)	65		69 —69,5	316	312,3	74,8—75
6	12,0	280	0,41	70	322	70,5—71	328		
7	10,8	303	0,90*)			77 —77,5	335		
8	11,7	323	0,92*)	78		79,5—80	338,5	$C_{22}H_{44}O_2$	
9	10,6	324	0,43	79	338	80 —80,5	340	340,4	80—80,5
10	12,5	301	0,45	79	341	78,5—79	341		
11	2,9	254	0,58*)	75		77 —77,5	342		

In den mit *) bezeichneten Fällen wurden für die Hydrierung 1,0 g Ester verwendet.

1. **0,0369 g Substanz verbrauchten** 2,13 ccm n/10-Bromlösung (nach Rosenmund und Kuhnhenn[1]).

	0,0420 g	**Substanz**	**verbrauchten**	**1,55 ccm n/10-alkoholische Lauge.**
	0,0430 g	„ (umkryst.)	„	1,54 ccm n/10-alkoholische Lauge.
2.	0,0325 g	„	„	2,47 ccm n/10-Bromlösung.
	0,0436 g	„	„	1,53 ccm n/10-alkoholische Lauge.
	0,0456 g	„ (umkryst.)	„	1,60 ccm n/10-alkoholische Lauge.
3.	0,0264 g	„	„	2,60 ccm n/10-Bromlösung.
	0,0450 g	„	„	1,56 ccm n/10-alkoholische Lauge.
	0,0446 g	„ (umkryst.)	„	1,535 ccm n/10-alkoholische Lauge.
4.	0,0321 g	„	„	4,28 ccm n/10-Bromlösung.
	0,0439 g	„	„	1,455 ccm n/10-alkoholische Lauge.
	0,0429 g	„ (umkryst.)	„	1,42 ccm n/10-alkoholische Lauge.
5.	0,0235 g	„	„	4,51 ccm n/10-Bromlösung.
	0,0471 g	„ (umkryst.)	„	1,49 ccm n/10-alkoholische Lauge.
6.	0,0209 g	„	„	4,61 ccm n/10-Bromlösung.
	0,0445 g	„	„	1,38 ccm n/10-alkoholische Lauge.
	0,0454 g	„ (umkryst.)	„	1,385 ccm n/10-alkoholische Lauge.
7.	0,0448 g	„	„	10,68 ccm n/10-Bromlösung.
	0,0502 g	„ (umkryst.)	„	1,50 ccm n/10-alkoholische Lauge.
8.	0,0371 g	„	„	9,43 ccm n/10-Bromlösung.
	0,0489 g	„ (umkryst.)	„	1,445 ccm n/10-alkoholische Lauge.
9.	0,0333 g	„	„	8,51 ccm n/10-Bromlösung.
	0,0492 g	„	„	1,455 ccm n/10-alkoholische Lauge.
	0,0505 g	„ (umkryst.)	„	1,485 ccm n/10-alkoholische Lauge.
10.	0,0366 g	„	„	8,68 ccm n/10-Bromlösung.
	0,0467 g	„	„	1,37 ccm n/10-alkoholische Lauge.
	0,0507 g	„ (umkryst.)	„	1,485 ccm n/10-alkoholische Lauge.
11.	0,0352 g	„	„	7,04 ccm n/10-Bromlösung.
	0,0499 g	„ (umkryst.)	„	1,46 ccm n/10-alkoholische Lauge.

Die durch ein in die siedende Flüssigkeit eintauchendes Thermometer während der Destillation gemessenen Temperaturen waren 190—250°. Die Ester gingen als dünnflüssige, etwas gelb gefärbte Öle über. Durch nachfolgende Destillation des in der Apparatur zurückgebliebenen Anteils im Claisenkolben wurden durch Steigerung der Badtemperatur über 300°, wobei starke Zersetzung eintrat, noch zwei weitere Fraktionen (15,0 und 11,6 g) erhalten. Es waren dickflüssige, braungelbe Öle, von welchen das erste nach einiger Zeit völlig erstarrte. Wahrscheinlich handelte es sich hier um Cholesterin. Destillationsrückstand 57 g.

Die Hydrierung der von jeder Fraktion entnommenen Probe erfolgte in alkoholischer Lösung unter Verwendung eines Palladium-Bariumsulfat-Katalysators. Nach Abtrennung des Kataly-

[1]) Z. für Untersuchung der Nahrungs- und Genußmittel **46**, 154 (1923); vgl. diese Z. **145**, 248 (1925).

sators wurde der Alkohol abdestilliert und aus dem zurückbleibenden Ester auf die übliche Weise[1]) die Säure gewonnen.

Auf Grund von früheren Befunden[2]) war vor allem in den ersten Fraktionen mit der Anwesenheit von Unverseifbarem zu rechnen. Im vorliegenden Fall scheinen nur die Fraktionen 1 und 11 etwas davon zu enthalten. Es fehlt in den Fraktionen 2—10, da hier durchaus normale Ausbeuten an hydrierter Säure erzielt wurden. Das Unverseifbare verblieb vorwiegend im Destillationsrückstand bzw. in dem bei einer Badtemperatur über 300° unter starker Zersetzung übergehenden Fraktionen. Daß der Hauptteil des hier anzutreffenden Unverseifbaren nicht destillierbar ist, wurde von uns schon wiederholt beobachtet. Dies steht in einem gewissen Widerspruch mit den älteren Befunden. Die ganze Frage bedarf noch der weiteren Bearbeitung.

Das niedrige Äquivalentgewicht von Fraktion 1 ist wohl auf die Anwesenheit von Palmitinsäure zurückzuführen. Dadurch erklärt sich auch die verhältnismäßig niedrige Jodzahl.

Die C_{18}...-Säuren. Die mittlere Ungesättigtheit dieser Säuren ergibt sich aus der Jodzahl von Fraktion 2. Sie stimmt nahezu überein mit der von der entsprechenden Fraktion (vereinigte Fraktionen 5—9) der schwach ungesättigten Fettsäuren. Ebenso wie dort, muß es sich vorwiegend um einfach ungesättigte Fettsäuren (Ölsäure) handeln.

Die C_{20}...-Säuren. Diese Säuren sind in der Fraktion 5 am stärksten angereichert. Sie wurde mit einer entsprechenden Fraktion (10 g, Jodzahl 245/239. Hydrierte Säure, Schmelzp. 68,5 bis 69°; Äquiv.-Gew. 319), die man bei einer zweiten Aufarbeitung von 850 g Phosphatiden erhalten hatte, vereinigt und in einem für die Destillation von kleineren Substanzmengen geeigneten Apparat[1]) noch einmal fraktioniert.

	Methylester		Hydrierte Säuren				
						Aus Aceton umkrystallisiert	
	Menge g	Jodzahl	Menge (aus 0,5 g Ester) g	Schmelzpunkt °C	Äquiv.-Gew.	Schmelzpunkt °C	Äquiv.-Gew.
5_1	2,3	198	0,43	64,5	301		
5_2	3,0	223	0,40	70,5	308	72,5—73	311
5_3	3,6	249	0,46	71	312	72,5—73	311
5_4	3,5	262	0,44	70	320	71 —71,5	317
5_5	2,0						

[1]) Diese Z. 200, 57 (1931). [2]) Diese Z. 192, 228 (1930).

Die Fraktionen gingen bei einem Druck von 0,4 mm Hg zwischen 160 und 180° über.

5_1.	0,0229 g	Substanz verbrauchten	3,58	ccm	n/10-Bromlösung.
	0,0487 g	„ „	1,62	ccm	n/10-alkoholische Lauge.
5_2.	0,0234 g	„ „	4,115	ccm	n/10-Bromlösung.
	0,0509 g	„ „	1,655	ccm	n/10-alkoholische Lauge.
	0,0481 g	„ (umkryst.) „	1,545	ccm	n/10-alkoholische Lauge.
5_3.	0,0315 g	„ „	6,18	ccm	n/10-Bromlösung.
	0,0502 g	„ „	1,61	ccm	n/10-alkoholische Lauge.
	0,0496 g	„ (umkryst.) „	1,595	ccm	n/10-alkoholische Lauge.
5_4.	0,0274 g	„ „	5,66	ccm	n/10-Bromlösung.
	0,0498 g	„ „	1,555	ccm	n/10-alkoholische Lauge.
	0,0512 g	„ (umkryst.) „	1,615	ccm	n/10-alkoholische Lauge.

Auch durch diese zweite Fraktionierung ist eine restlose Abtrennung der den anderen Gruppen angehörenden Säuren noch nicht geglückt. Immerhin liegt im Hydrierungsprodukt der Fraktion 5_3 (und 5_2) nahezu reine n-Eikosansäure vor, so daß für die Beurteilung der mittleren Ungesättigtheit dieser C_{20} . . .-Säuren die Jodzahl dieser Fraktion als maßgebend angesehen werden darf.

Zur weiteren Charakterisierung der Säuren dieser Gruppe wurden 2,5 g der Fraktion 5_2 in Petroläther gelöst und zu der stark gekühlten Lösung tropfenweise Brom bis zur bleibenden Gelbfärbung gegeben. Nach etwa $^1/_2$stündigem Stehen zentrifugierte man den Niederschlag ab, wusch ihn zunächst mit Petroläther, dann mit Äther so lange, bis der Niederschlag rein weiß war und der Äther nichts mehr aufnahm. Menge des ätherunlöslichen Bromkörpers: 1,6 g. Schmelzp. 240° unter Zersetzung. Schmelzpunkt des Octobromids von Arachidonsäuremethylester (aus Leberphosphatiden dargestellt) 242° unter Zersetzung.

3,000 mg Substanz gaben 1,994 mg Brom.

$C_{21}H_{34}Br_8O_2$ (957,65) Ber. Br 66,77% Gef. Br 66,5%

Da das Ausgangsmaterial auch sehr kleine Mengen anderer Säuren als solche der C_{20} . . .-Gruppe enthielt, so war noch genauer zu prüfen, ob dem Bromkörper in der Tat eine Säure der C_{20} . . .-Gruppe zugrunde lag. Es wurden deshalb 1,5 g des Bromkörpers, die man in Alkohol suspendierte, mit Hilfe von Zinkstaub entbromt und der im Vakuum stark eingeengten alkoholischen Lösung durch Ansäuern und Ausschütteln mit Petroläther der regenerierte Ester entzogen. Nach Verjagen des Petroläthers (die letzten Reste wurden im Kohlendioxydstrom unter gelindem Erwärmen beseitigt) verblieben 0,39 g eines leicht flüssigen, farblosen Öls.

0,0192 g Substanz verbrauchten 4,55 ccm n/10-Bromlösung.

$C_{21}H_{34}O_2$ (318,3) Ber. Jodzahl 319,0
Gef. „ 301

0,37 g davon wurden hydriert. Freie Säure 0,31 g, Schmelzpunkt 71,5—72°.

0,0468 g Substanz verbrauchten 1,49 ccm n/10-alkoholische Lauge.
Äquiv.-Gew. Gef. 314

Die aus Aceton umkrystallisierte Substanz (0,24 g) schmolz bei 73—73,5°. Glänzende Blättchen. Eine Mischprobe mit n-Eikosansäure (Schmelzp. 74,5—75°) schmolz bei 74—74,5°.

4,943 mg Substanz ergaben 13,940 mg CO_2 und 5,620 mg H_2O.
0,0496 g „ verbrauchten 1,58 ccm n/10-alkoholische Lauge.

$C_{20}H_{40}O_2$	Ber.	C 76,85%	H 12,91%	Äquiv.-Gew. 312,3
	Gef.	„ 76,9	„ 12,7	„ 314

Es liegt hier demnach nahezu reine n-Eikosansäure vor.

Die Menge des bei der Bromierung aus den vereinigten ätherischen Lösungen nach Entfernung des freien Broms durch Ausschütteln mit einer angesäuerten Arsenitlösung erhaltenen Bromkörpers betrug 2,69 g. Substanz von wachsartiger Beschaffenheit. Durch Umkrystallisieren aus viel Alkohol erhielt man 0,7 g eines rein weißen, festen Pulvers. Schmelzpunkt unscharf bei 130°.

2,908 mg Substanz ergaben 1,895 mg Brom.
Gef. Br 65,2%

Die Substanz ist wohl nicht einheitlich. Möglicherweise liegen Gemische von verschiedenen Polybromiden (Hexa- und Octobromiden) vor.

Menge des aus den vereinigten petrolätherischen Lösungen (nach Entfernung des freien Broms wie oben) gewonnenen Bromierungsprodukts 2,50 g. Zähflüssiges Öl.

Die C_{22}...-Säuren. Sie herrschen der Menge nach vor. Die mittlere Ungesättigtheit ergibt sich aus der Jodzahl von Fraktion 9, die bei der Hydrierung und Verseifung reine Behensäure (n-Docosansäure) liefert.

1,0 g der Fraktion 9 wurden wie oben bromiert. Menge des ätherunlöslichen Bromkörpers 1,35 g. Die Substanz verkohlt bei Temperaturen zwischen 200 und 270° ohne zu schmelzen und unterscheidet sich so deutlich von dem entsprechenden Bromkörper der C_{20}...-Gruppe. Sie zeigt demnach dasselbe Verhalten wie das Dekabromid der Clupanodonsäure bzw. deren Ester.

3,130 mg Substanz gaben 2,166 mg Brom.

$C_{23}H_{36}Br_{10}O_2$	(1143,49)	Ber.	Br 69,90%
$C_{23}H_{38}Br_8O_2$	(985,66)	„	„ 64,87
		Gef.	„ 69,2

Menge des aus der petrolätherischen Lösung erhaltenen Produkts 1,11 g. Aus einer Lösung dieser Substanz in einem Gemisch von Alkohol und Äther schieden sich beim langsamen Verdunsten des Äthers 0,8 g eines festen Bromkörpers ab. Schmelzpunkt unscharf bei 135° unter Braunfärbung.

3,320 mg Substanz gaben 2,273 mg Brom und 0,003 mg Asche.
Für aschefreie Substanz Gef. Br 68,5%

Die Substanz ist wohl ebensowenig einheitlich wie die entsprechende der C_{20} . . .-Gruppe. Über ähnliche Produkte haben vor kurzem Rudy und Page[1]) berichtet.

Menge des aus der petrolätherischen Lösung erhaltenen Produkts 0,52 g. Zähflüssiges Öl.

Die vorliegenden Feststellungen machen es notwendig noch einmal auf die Frage zurückzukommen, ob Levene und Rolf bei ihren Untersuchungen über die Fettsäuren von Cephalin und von Lecithin des Gehirns bereits das oben isolierte Octobromid einer Säure der C_{20} . . .-Gruppe (Arachidonsäure), in Händen hatten. Diese Frage ist zu verneinen. Nach der Art der Darstellung muß es sich bei ihren ätherunlöslichen Bromkörpern im wesentlichen um das Dekabromid der Säure $C_{22}H_{34}O_2$ gehandelt haben, dem noch kleinere Mengen von den Bromiden der niedriger molekularen, hoch ungesättigten Säuren beigemengt waren. Dafür spricht auch das Verhalten ihrer Substanzen beim Erhitzen, denn sie sintern bei 250°, ohne zu schmelzen, beim weiteren Erhitzen tritt Verkohlung ein. Dieses Verhalten ist für das Dekabromid der Clupanodonsäure charakteristisch, während das Octobromid der Arachidonsäure aus Leberphosphatiden nach den Angaben von Levene und Simms[2]) bei 245° unter Zersetzung schmilzt.

B. Die Fraktion der schwach ungesättigten Fettsäuren.

Die durch Kochen mit methylalkoholischer Schwefelsäure und Ausschütteln mit Petroläther dargestellten Methylester wurden wie bei A im Apparat von Jantzen und Tiedcke destilliert (0,5—0,7 mm Hg), jedoch unter Anwendung einer etwas engeren Capillare, so daß nur 15—20 Tropfen Destillat in der Minute übergingen.

---

[1]) Naturw. 1931, 774.
[2]) J. of biol. Chem. 51, 285 (1922).

	Methylester		Hydrierte Säuren							
	Menge	Jodzahl	Menge (aus 0,5 g Ester)	Schmelzpunkt	Äquiv.-Gew.	Aus Aceton umkrystallisiert: Schmelzpunkt	Aus Aceton umkrystallisiert: Äquiv.-Gew.	Äquiv.-Gew. ber.	Schmelzpunkt
	g		g	°C		°C			°C
1	12,9	66	0,41	58	273	66,5—67			
2	14,1	78	0,44	64	278	68 —68,5	281		
3	14,3	81	0,44	64	279	68,5—69	282		
4	13,8	87	0.47	68	281/285				
5	12,8	87							
6	13,6	90						$C_{18}H_{36}O_2$	
7	13,5	89	} 0,43	68,5	283	69 —69,5	285	284,3	69,2
8	14,2	88							
9	14,3	92							
10	13,7	95	0,43	68	287/286				
11	14,0	98	0,47	66,5	287				
12	13,4	112	0,44	64	292				
13	12,9	140	0,46	63,5	301			$C_{20}H_{40}O_2$	
14	13,0	187	0,45	64,5	315	69,5—70	316	312,3	74,8—75
15	11,9	214	0,47	69	322				
16	11,9	226	0,44	73,5	332			$C_{22}H_{44}O_2$	
17	7,7	260	0,43	78	340	78 —78,5	340	340,4	80—80,5
18	12,9	219	0,40	74,5	347	75,5—76	345		
19	3,8	183	0,35	75	354	77,5—78	360		

1. 0,0221 g Substanz verbrauchten 1,15 ccm n/10-Bromlösung.
0,0480 g „ „ 1,76 ccm n/10-alkoholische Lauge.
2. 0,0214 g „ „ 1,315 ccm n/10-Bromlö sung.
0,0451 g „ „ 1,62 ccm n/10-alkoholische Lauge.
0,0500 g „ (umkryst.) „ 1,78 ccm n/10-alkoholische Lauge.
3. 0,0232 g „ „ 1,475 ccm n/10-Bromlösung.
0,0450 g „ „ 1,615 ccm n/10-alkoholische Lauge.
0,0506 g „ (umkryst.) „ 1,795 ccm n/10-alkoholische Lauge.
4. 0,0237 g „ „ 1,625 ccm n/10-Bromlösung.
0,0543 (0,0489) g Substanz verbrauchten 1,935 (1,715) ccm n/10-alkoholische Lauge.
5. 0,0251 g Substanz verbrauchten 1,73 ccm n/10-Bromlösung.
6. 0,0197 g „ „ 1,40 ccm n/10-Bromlösung.
7. 0,0202 g „ „ 1,42 ccm n/10-Bromlösung.
8. 0,0245 g „ „ 1,70 ccm n/10-Bromlösung.
9. 0,0210 g „ „ 1,53 ccm n/10-Bromlösung.
5—9. 0,0526 g „ „ 1,86 ccm n/10-alkoholische Lauge.
0,0539 g „ (umkryst.) „ 1,89 ccm n/10-alkoholische Lauge.
10. 0,0204 g „ „ 1,525 ccm n/10-Bromlösung.
0,0582 (0,0488) g Substanz verbrauchten 2,03 (1,705) ccm n/10-alkoholische Lauge.
11. 0,0291 g Substanz verbrauchten 2,245 ccm n/10-Bromlösung.
0,0388 g „ „ 1,35 ccm n/10-alkoholische Lauge

12.	0,0252 g	Substanz verbrauchten	2,225 ccm	n/10-Bromlösung.
	0,0465 g	„ „	1,595 ccm	n/10-alkoholische Lauge.
13.	0,0197 g	„ „	2,18 ccm	n/10-Bromlösung.
	0,0435 g	„ „	1,445 ccm	n/10-alkoholische Lauge.
14.	0,0231 g	„ „	3,395 ccm	n/10-Bromlösung.
	0,0465 g	„ „	1,475 ccm	n/10-alkoholische Lauge.
	0,0471 g	„ (umkryst.) „	1,49 ccm	n/10-alkoholische Lauge.
15.	0,0226 g	„ „	3,81 ccm	n/10-Bromlösung.
	0,0405 g	„ „	1,255 ccm	n/10-alkoholische Lauge.
16.	0,0300 g	„ „	5,335 ccm	n/10-Bromlösung.
	0,0469 g	„ „	1,415 ccm	n/10-alkoholische Lauge.
17.	0,0119 g	„ „	2,435 ccm	n/10-Bromlösung.
	0,0463 g	„ „	1,36 ccm	n/10-alkoholische Lauge.
	0,0524 g	„ (umkryst.) „	1,54 ccm	n/10-alkoholische Lauge.
18.	0,0354 g	„ „	6,095 ccm	n/10-Bromlösung.
	0,0471 g	„ „	1,355 ccm	n/10-alkoholische Lauge.
	0,0518 g	„ (umkryst.) „	1,50 ccm	n/10-alkoholische Lauge.
19.	0,0170 g	„ „	2,45 ccm	n/10-Bromlösung.
	0,0539 g	„ „	1,525 ccm	n/10-alkoholische Lauge.
	0,0570 g	„ (umkryst.) „	1,585 ccm	n/10-alkoholische Lauge.

Die während der Destillation im Siedekolben gemessenen Temperaturen waren 185—260°. Die in der Apparatur zurückgebliebenen Anteile wurden anschließend im Claisenkolben weiterdestilliert, wobei man durch Steigerung der Badtemperatur bis auf 300° noch die Fraktionen 18 und 19 erhielt. Dabei war bereits stärkere Zersetzung zu bemerken. Destillationsrückstand 20 g. Die Fraktionen 1—18 sind dünnflüssige, farblose (2—12) oder nur ganz schwach gelb gefärbte (1 und 13—18) Öle. Fraktion 19 ist ein dickflüssiges, stark gelb gefärbtes Öl.

Die niedrige Jodzahl und das niedrige Äquivalentgewicht der ersten Fraktionen ist wohl auf die Anwesenheit von etwas Palmitinsäure zurückzuführen.

Die C_{18}...-Säuren. Jodzahl der vereinigten Fraktionen 5 bis 9:89/89.

0,0318 (0,0298) g Substanz verbrauchten 2,22 (2,10) ccm n/10-Bromlösung.

Es mußte hier noch mit der Anwesenheit von geringen Mengen von gesättigten Fettsäuren gerechnet werden. Sie wurden nach der neuen Methode von Bertram[1]) quantitativ bestimmt.

5 g Ester gaben 0,158 g gesättigte Fettsäuren. Gef. 3,3%

Mit Rücksicht darauf erhöht sich die Jodzahl der Methylester von den ungesättigten Fettsäuren dieser Gruppe von 89 auf 92. Auch die so korrigierte Jodzahl stimmt noch nahezu überein mit der des Ölsäuremethylesters (85,7).

---

[1]) Z. dtsch. Öl- und Fettind. 45, 733 (1925).

Durch Bromieren von 1,0 g Ester wurden 0,005 g eines ätherunlöslichen Bromkörpers erhalten. Schmelzp. 240° unter Zers.

2,974 mg Substanz gaben 1,927 mg Brom.

$C_{19}H_{32}Br_6O_2$ (771,8)	Ber.	Br	62,1%
$C_{19}H_{30}Br_8O_2$ (929,6)	„	„	68,8
	Gef.	„	64,8

Der Schmelzpunkt dieser Substanz liegt auffallenderweise dem des Octobromids vom Arachidonsäuremethylester sehr nahe. Die Möglichkeit, daß im wesentlichen dieses Octobromid vorliegt, ist nicht ganz auszuschließen, obgleich die Hydrierung und Verseifung des ursprünglichen Esters zu Stearinsäure von sehr hohem Reinheitsgrad führte. Eine Entscheidung wäre nur durch Entbromen des Bromkörpers und Hydrierung der regenerierten ungesättigten Säure zu erbringen. Infolge der sehr kleinen Substanzmengen, die bei der Bromierung anfallen, mußte darauf verzichtet werden.

Menge des aus der ätherischen Lösung gewonnenen Bromierungsprodukts 0,005 g.

Zur Isolierung der Ölsäure wurden 3,4 g der aus dem Ester dargestellten freien Säure in 50 ccm heißem Alkohol gelöst und 0,7 g Bleiacetat, das ebenfalls in Alkohol gelöst war, zugefügt. Nach 1 tägigem Stehen bei Zimmertemperatur saugte man die ausgefallenen Bleisalze ab.

Menge der aus dem Bleiniederschlag gewonnenen Säure 0,76 g. Mit Krystallen durchsetztes Öl. Die Substanz enthielt offenbar neben den gesättigten Fettsäuren noch viel Ölsäure.

Menge der aus der alkoholischen Lösung zurückgewonnenen Säure 2,6 g. Öl, das beim Abkühlen in Eis krystallin erstarrt. Schmelzp. 5—6°. Die Säure löste man nun wieder in wenig Alkohol und fügte alkoholische Kalilauge bis zur stark alkalischen Reaktion zu (Gesamtvolumen nach Zugabe der Lauge etwa 15 ccm). Das nach starkem Abkühlen in einer Kältemischung ausfallende Kaliumsalz wurde abgesaugt, mit wenig, gut gekühltem Alkohol gewaschen und die aus dem Kaliumsalz zurückerhaltene freie Säure (1,6 g) im Vakuum unter stark vermindertem Druck (0,4 mm Hg) destilliert. Hauptfraktion 1,1 g (Vorlauf 0,4 g). Farbloses Öl. Erstarrt beim Abkühlen in Eis krystallin. Schmelzpunkt 9—9,5°. Reine Ölsäure schmilzt bei 12°.

0,0492 g Substanz verbrauchten 3,53 ccm n/10-Bromlösung.
0,0699 g „ „ 2,485 ccm n/10-alkoholische Lauge.

$C_{18}H_{34}O_2$	Ber.	Jodzahl	89,9	Äquiv.-Gew.	282,3
	Gef.	„	91	„	281

Die C_{20}...-Säuren. Diese Säuren sind in der Fraktion 14 am stärksten angereichert. Sie wurde mit einer entsprechenden anderen Fraktion (11,3 g, Jodzahl 175. Hydrierte Säure, Schmelzpunkt 67—67,5°, Äquiv.-Gew. 309), die man bei einer zweiten Aufarbeitung von 850 g Phosphatiden erhalten hatte, vereinigt und in dem kleineren Fraktionierapparat (vgl. bei A.) noch einmal destilliert.

	Methylester		Hydrierte Säuren				
	Menge g	Jodzahl	Menge (aus 0,5 g Ester) g	Schmelzp. °C	Äquiv.-Gew.	Aus Aceton umkryst. Schmelzp. °C	Aus Aceton umkryst. Äquiv.-Gew.
14_1	4,8	141	0,46	65	302	68 —68,5	303
14_2	6,7	153	0,46	68	309	71 —71,5	309
14_3	6,1	163	0,46	69	316	70,5—71	314

14_1. 0,0290 g Substanz verbrauchten 3,22 ccm n/10-Bromlösung.
0,0471 g „ „ 1,555 ccm n/10-alkoholische Lauge.
0,0428 g „ (umkryst.) „ 1,415 ccm n/10-alkoholische Lauge.
14_2. 0,0389 g „ „ 4,685 ccm n/10-Bromlösung.
0,0493 g „ „ 1,595 ccm n/10-alkoholische Lauge.
0,0477 g „ (umkryst.) „ 1,545 ccm n/10-alkoholische Lauge.
14_3. 0,0319 g „ „ 4,09 ccm n/10-Bromlösung.
0,0478 g „ „ 1,515 ccm n/10-alkoholische Lauge.
0,0424 g „ (umkryst.) „ 1,35 ccm n/10-alkoholische Lauge.

Die Fraktionen gingen zwischen 180 und 185° (0,6 mm Hg) über. Für die Beurteilung der mittleren Ungesättigtheit der Fettsäuren dieser Gruppe wurde die Jodzahl der Fraktion 14_2 als maßgebend angesehen. Diese Fraktion enthält allerdings immer noch kleinere Mengen von anderen Säuren als solche der C_{20}...-Gruppe (hauptsächlich Ölsäure, etwa 10%) beigemengt. Doch war mit den kleinen Substanzmengen eine weitergehende Fraktionierung nicht mehr durchzuführen.

Die Säure $C_{20}H_{38}O_2$ wurde aus der Fraktion 14_3 (5,5 g) durch Verseifung mit der 6fachen Menge etwa n/1-alkoholischer Kalilauge gewonnen, wobei sie nach dem Abkühlen der Lösung auf 5° als Kaliumsalz ausfiel. Das Salz wurde abfiltriert, mit wenig kaltem Alkohol gewaschen, in Wasser gelöst und die durch Ansäuern freigemachte Fettsäure mit Petroläther ausgeschüttelt. Petrolätherrückstand 1,4 g. Jodzahl 94.

0,0419 g Substanz verbrauchten 3,095 ccm n/10-Bromlösung.

Zur weiteren Reinigung löste man die Säure wieder in 15 ccm alkoholischer Kalilauge, saugte das beim Abkühlen auf 5° in Blättchen auskrystallisierende Kaliumsalz ab und zerlegte das Salz wie oben. Freie Säure (letzte Reste des Petroläthers im Kohlendioxydstrom unter gelindem Erwärmen entfernt) 0,9 g. Farbloses Öl, das in mäßig geheiztem Zimmer krystallin erstarrt. Schmelzp. 19,5—20°. Schmelzpunkt der Gadoleinsäure (umkrystallisiert) 24,5°.

0,0312 (0,0414) g Substanz verbrauchten 1,97 (2,64) ccm n/10-Bromlösung.
0,0495 g Substanz verbrauchten 1,595 ccm n/10-alkoholische Lauge.

$C_{20}H_{38}O_2$	Ber.	Jodzahl	81,8	Äquiv.-Gew.	310,3
	Gef.	„	80/81	„	310

0,3 g wurden hydriert. Menge der hydrierten Säure 0,3 g. Schmelzp. 73—73,5°. Äquiv.-Gew. 312 (0,0409 g Substanz verbrauchten 1,31 ccm n/10-alkoholische Lauge). Die aus Aceton umkrystallisierte Säure (0,24 g) schmolz bei 74,5—75°. Glänzende Blättchen. Eine Mischprobe mit n-Eikosansäure (Schmelzp. 74,5 bis 75°) zeigte keine Schmelzpunktsdepression.

4,749 mg Substanz gaben 13,420 mg CO_2 und 5,390 mg H_2O.
0,0504 g „ verbrauchten 1,61 ccm n/10-alkoholische Lauge.

$C_{20}H_{40}O_2$	Ber.	C 76,85%	H 12,91%	Äquiv.-Gew.	312,3
	Gef.	„ 77,1	„ 12,7	„	313

Über die Lage der Doppelbindung dieser ungesättigten Säure ist noch nichts Näheres bekannt. Es spricht aber manches dafür, daß sie, von der endständigen Methylgruppe aus gerechnet, zwischen dem 9. und 10. C-Atom liegt, ebenso wie in der Ölsäure bzw. Nervonsäure ($C_{24}H_{46}O_2$).

Die Jodzahlen der Fraktionen 14_2 und 14_3 weisen darauf hin, daß neben der einfach ungesättigten auch beträchtliche Mengen von höher ungesättigten Fettsäuren vorhanden sind. Um sie näher zu charakterisieren, wurde 1,0 g der Fraktion 14_2 auf die übliche Weise bromiert. Menge des ätherunlöslichen Bromkörpers 0,7 g. Schmelzp. 240° unter Zersetzung.

3,448 mg Substanz gaben 2,270 mg Brom. Gef. Br 65,8%

Der Bromgehalt ist für das Octobromid des Arachidonsäuremethylesters etwas zu niedrig. Indessen ist aus dem Schmelzpunkt zu schließen, daß es sich vorwiegend um den Bromkörper dieser Säure (bzw. deren Ester) handelt.

Menge des aus der ätherischen Lösung gewonnenen Produkts 0,4 g. Umkrystallisieren aus Alkohol ergab 0,3 g eines bei 145° schmelzenden Körpers.

3,386 mg Substanz gaben 2,216 mg Brom.
Gef. Br 65,4%

Menge des aus der petrolätherischen Lösung gewonnenen öligen Produkts 1,5 g.

Die C_{22}...-Säuren. Die mittlere Ungesättigtheit dieser Säuren ergibt sich aus der Jodzahl der Fraktion 17..

1,0 g dieser Fraktion wurde bromiert. Menge des ätherunlöslichen Bromkörpers 0,9 g. Schmelzp. 260° unter Zersetzung.

3,383 mg Substanz gaben 2,273 mg Br. Gef. Br 67,2 %.

Es dürfte hier wohl ein Gemisch des Dekabromids des Clupanodonsäuremethylesters mit andern Polybromiden (Octobromid, Hexabromid) vorliegen.

Menge des aus der ätherischen Lösung gewonnenen Produkts 1,1 g.
Menge des aus der petrolätherischen Lösung gewonnenen Produkts 0,9 g.

Nachdem unter den C_{20}...-Säuren eine einfach ungesättigte Fettsäure angetroffen wurde, war damit zu rechnen, daß sich eine entsprechende Säure auch hier vorfindet. Es konnte jedoch aus der Fraktion 17 durch Verseifung mit alkoholischer Kalilauge und Abkühlung der Lösung auf 0° kein schwer lösliches Kaliumsalz abgeschieden werden.

Auch in der Fraktion der gesättigten Fettsäuren (Jodzahl 9,7/10,1) wurde nach einer solchen Säure vergeblich gesucht. Man löste die Säuren aus Aceton um, veresterte die aus den Acetonmutterlaugen erhaltenen Anteile und destillierte die Ester unter stark vermindertem Druck in dem kleineren Fraktionierapparat (vgl. bei A). Dabei wurden als höchst siedende Fraktion 2,8 g eines schwach gelb gefärbten Öls mit der relativ hohen Jodzahl 54 (0,0366 g Substanz verbrauchten 1,57 ccm n/10-Bromlösung) erhalten. Die Jodzahlen der niederer siedenden Fraktionen lagen zwischen 3, 6 und 19,7. Die Verseifung des Esters von der Jodzahl 54 und die zur weiteren Abtrennung der gesättigten Fettsäuren vorgenommene fraktionierte Fällung der Säuren mit Lithiumhydroxyd aus methylalkoholischer Lösung führte zu einer Substanz von der Jodzahl 61 (0,0559 g Substanz verbrauchten 2,675 ccm n/10-Bromlösung). Schmelzpunkt sehr unscharf 30—45°. Die Hydrierung ergab ein Säuregemisch vom Schmelzpunkt 65—66° und dem Äquiv.-Gew. 306 (0,0462 g Substanz verbrauchten 1,51 ccm n/10-alkoholische Lauge).

Es ist demnach zwar gelungen eine Fettsäurefraktion, die höhere Homologe der Ölsäure enthielt, abzutrennen; indessen ist es zweifelhaft, ob darunter eine Säure der C_{22}...-Gruppe sich befindet.

Die Fraktionen 18 und 19 enthalten noch höhermolekulare Säuren in kleinen Mengen. Das starke Abfallen der Jodzahlen zeigt, daß diese nur schwach ungesättigt sind. Es handelt sich hier wahrscheinlich um die C_{24}...-Säuren (Nervonsäure) der Cerebroside und Sphingomyeline. Ihre Menge ist aber in Anbetracht der großen Menge des aufgearbeiteten Materials sehr klein und macht wohl kaum 1% der Gesamtfettsäuren aus.

An der Darstellung des Ausgangsmaterials hat sich Herr Dr. H. Lutz beteiligt. Für seine Hilfe danke ich ihm bestens. Die Untersuchung wurde ausgeführt mit Mitteln, welche die Notgemeinschaft der Deutschen Wissenschaft zur Verfügung gestellt hat, wofür ich ebenfalls meinen ergebensten Dank ausspreche.

Über die Fettsäuren der Phosphatide und des Neutralfettes der Rindsleber.

(5. Mitteilung über Phosphatide.)[1])

Von

E. Klenk und O. v. Schoenebeck.

(Aus dem physiologisch-chemischen Institut der Universität Tübingen.)

(Der Redaktion zugegangen am 23. Mai 1932.)

Nachdem es sich herausgestellt hat, daß die ätherlöslichen Gehirnphosphatide neben den allgemein verbreiteten Säuren der C_{16}...- und C_{18}...-Gruppen noch beträchtliche Mengen der für die meisten Lebertrane so charakteristischen ungesättigten Fettsäuren der C_{20}...- und C_{22}...-Gruppen enthalten, war es von einigem Interesse zu prüfen, wie die Verhältnisse bei den Phosphatiden der Säugetierleber liegen. Allem Anschein nach wird ein umfassender Vergleich der Fettstoffe der Lebern von verschiedenen Wirbeltierklassen und der darin vorkommenden Fettsäuren zu Ergebnissen führen, die unsere Kenntnis des Fettstoffwechsels der höheren Tiere in wesentlichen Punkten erweitern.

Außerdem sollte die Untersuchung auch noch einen Beitrag liefern zu der Frage, ob in der Leber, wie heute fast allgemein angenommen wird, eine Dehydrierung der Fettsäuren zu höher ungesättigten erfolgt. Experimentelle Belege hierfür hat zum ersten Mal Leathes[2]) beigebracht. Er hat dann die Anschauung entwickelt, daß es sich um eine Dehydrierung (Desaturation) der Fettsäuren des Nahrungs- und Depotfettes handelt, die auf diese Weise von der Leber für den weiteren oxydativen Abbau in anderen Organen vorbereitet werden sollen.*)

Die nach dem schon früher beschriebenen Verfahren[1]) erfolgte Aufarbeitung der Fettsäuren aus 1800 g Leberphosphatiden (acetonfeuchtes Material) bzw. 50 kg Rindsleber führte zu folgendem Ergebnis:

---

[1]) 4. Mitteilung: Diese Z. **206**, 25 (1932). [2]) Lancet **1909**, I, 593.

*) Ein Überblick über den heutigen Stand des Problems findet sich in einer neueren Arbeit von Bloor u. Snider [J. of biol. Chem. 87, 399 (1930)].

Methylester	Frakt. der gesättigten Fettsäuren	Fraktion der schwach ungesättigten Fettsäuren			Fraktion der hoch ungesättigten Fettsäuren		
	Menge g	Menge g	Jodzahl	Mittlerer Grad der Ungesättigtheit*)	Menge g	Jodzahl	Mittlerer Grad der Ungesättigtheit*)
C_{14}					Spur		
C_{16}	75	12	**)		16	***)	
C_{18}	163	81	115	1,3	83	151	1,7
C_{20}		10	} 207		100	253	3,2
C_{22}		10			53	302	4,1
C_{24}	2						

*) Ausgedrückt durch die Zahl der durchschnittlich im Molekül vorhandenen Doppelbindungen. **) Vorwiegend Palmitinsäure.
***) Vermutlich ungesättigt, jedoch nicht genauer charakterisiert.

Die für die Menge der C_{20}...- und C_{22}...-Säuren gefundenen Werte sind wahrscheinlich zu niedrig, da die hoch ungesättigten Säuren bei der Destillation sich teilweise polymerisieren. Auch sind bei diesen leicht oxydierbaren Substanzen Verluste durch Sauerstoffeinwirkung kaum zu vermeiden, obgleich bei der Aufarbeitung alle Operationen so weit wie möglich unter Luftausschluß in einer Kohlendioxydatmosphäre ausgeführt wurden.

Vor kurzem haben Guha, Hilditch und Lovern[1]) Angaben über die quantitative Zusammensetzung der Fettsäuren einer ganzen Reihe von Fischleberölen gemacht. Zum Vergleich entnehmen wir dieser Arbeit zwei Einzelbeispiele, welche für die in der Hauptsache aus Triglyceriden bestehenden und wenig Unverseifbares enthaltenden Lebertrane charakteristisch sind, und stellen ihnen die entsprechenden für die Phosphatide der Rindsleber gefundenen Zahlen gegenüber (Tabelle nächste Seite).

Die unter den gesättigten Fettsäuren, neben Palmitin- und Stearinsäure, in sehr kleinen Mengen angetroffene höher molekulare Säure (wahrscheinlich Lignocerinsäure) muß als Spaltprodukt eines sphingomyelinartigen Phosphatids†) aufgefaßt werden, das nur unvollständig entfernt wurde.

[1]) Biochemic. J. 24, 266 (1930).

†) Sphingomyelin wurde von Levene [J. of biol. Chem. 24, 69 (1916)] aus Leber isoliert. Über die Natur der Fettsäuren war noch nichts bekannt. Nach unseren Befunden dürfte es sich vor allem um Lignoceryl-sphingomyelin handeln. Möglicherweise ist das von Thannhauser u. Fränkel [Diese Z. 203, 183 (1931)] im sogenannten Unverseifbaren der Leber aufgefundene Lignoceryl-sphingosin ein partielles Spaltprodukt dieses Phosphatids, was auch von Thannhauser und Fränkel neben anderen Möglichkeiten bereits in Betracht gezogen wurde.

	Phosphatide der Rindsleber			Dorschlebertran (schottisch)			Lebertran einer Rochenart (Raia maculata)		
	Frakt. d. gesätt. (festen) Fettsäuren	Frakt. d. ungesättigten (flüssigen) Fettsäuren		Gesättigte Fettsäuren	Ungesättigte Fettsäuren		Gesättigte Fettsäuren	Ungesättigte Fettsäuren	
	Menge %*)	Menge %	Mittl. Grad der Ungesättigtheit	Menge %	Menge %	Mittl. Grad der Ungesättigtheit	Menge %	Menge %	Mittl. Grad der Ungesättigtheit
C_{14} . . .		Spur		3,5	0,5		4	Spur	
C_{16} . . .	12,5	5	vgl.	10	15,5	1,0	14	10,5	1,0
C_{18} . . .	27	27	obige		25	1,45		20,5	1,65
C_{20} . . .		18	Tab.		31,5	3,05		32,5	3,65
C_{22} . . .		10,5			14	3,2		18,5	4,75
C_{24} . . .	Spur								

*) % der Gesamtfettsäuren.

Was die Natur der den einzelnen Gruppen angehörenden ungesättigten Säuren betrifft, so lassen sich über die der C_{16} . . .-Gruppe, deren Vorkommen bis zu einem gewissen Grad wahrscheinlich, aber keineswegs gesichert ist, noch keine genaueren Angaben machen. Unter den Säuren der C_{18} . . .-Gruppe konnten Öl- und Linolsäure festgestellt werden. Letztere ist nach dem Schmelzpunkt ihres gut krystallisierten Tetrabromids mit der pflanzlichen Linolsäure identisch. Unter den Säuren der C_{20} . . .- und C_{22} . . .-Gruppen dürften Arachidonsäure ($C_{20}H_{32}O_2$) und Clupanodonsäure ($C_{22}H_{34}O_2$) oder eine Isomere vorherrschen. Es befinden sich darunter aber auch noch nicht näher charakterisierte schwächer ungesättigte Fettsäuren.

Über das Vorkommen von hoch ungesättigten Fettsäuren der C_{22} . . .-Gruppe in den Leberphosphatiden haben wir in einer vorläufigen Mitteilung[1]) bereits kurz berichtet. Das Vorkommen von Arachidonsäure ist schon lange bekannt. Sie wurde zuerst von Hartley[2]) in den Gesamtlipoiden der Schweineleber und dann von Levene und Simms[3]) im Lecithin der Rindsleber nachgewiesen. Auf Grund der erwähnten eigenen Befunde war die Richtigkeit dieser Angaben aber wieder zweifelhaft geworden und bedurfte der weiteren Bestätigung.

Ölsäure war bis jetzt in einigermaßen reinem Zustande noch nicht isoliert, doch konnte an ihrem Vorkommen im Leberlecithin nach den Befunden von

[1]) Diese Z. **194**, 191 (1931). [2]) J. of Physiol. **38**, 353 (1909).
[3]) J. of biol. Chem. **48**, 185 (1921); **51**, 285 (1922).

Levene und Simms kaum gezweifelt werden. Bei den Untersuchungen von Levene und Simms haben sich keine Anhaltspunkte für das Vorkommen von Linolsäure ergeben [dagegen hat sie Hartley unter den Gesamtfettsäuren der Schweineleber und Turner[1]) unter den der Schafleber vorgefunden].

Die Fettsäuren stimmen also im großen Ganzen überein mit den der ätherlöslichen Gehirnphosphatide. Immerhin sind auch deutliche Unterschiede festzustellen. Während bei den Leberphosphatiden die Menge der C_{22} . . .-Säuren wesentlich kleiner ist als die der C_{20} . . .-Säuren, ist bei den Gehirnphosphatiden das Verhältnis gerade umgekehrt. Außerdem finden sich in den Leberphosphatiden neben der Ölsäure noch beträchtliche Mengen von höher ungesättigten Fettsäuren der C_{18} . . .-Gruppe, vor allem Linolsäure. In den Gehirnphosphatiden sind dagegen derartige Säuren nicht oder nur spurenweise vorhanden.

Da die Säugetierleber außer den Phosphatiden auch Neutralfett enthält, dessen Menge allerdings normalerweise klein ist gegenüber derjenigen der Fischleber, so haben wir in unserem speziellen Fall auch von diesem Neutralfett nach völliger Abtrennung der Phosphatide die Zusammensetzung der Fettsäuren ermittelt. Genauere Angaben darüber lagen bis jetzt noch nicht vor (vgl. Theis[2]), sowie Bloor und Snider.[3]) Dem Ergebnis sei zum Vergleich die Zusammensetzung des Rindfettes (Depotfettes) nach Banks und Hilditch[4]) beigefügt.

Methylester	Leberfett (256 g)						Depotfett *)	
	Fraktion der gesättigten (festen) Fettsäuren		Fraktion der ungesättigten (flüssigen) Fettsäuren				Frakt. der gesättigt. (festen) Fettsäur.	Frakt. der ungesättigt. (flüssigen) Fettsäuren
	Menge g	Menge %	Menge g	Menge %	Jodzahl	Mittlerer Grad der Ungesättigtheit	Menge %	Menge %
C_{14} . . .	Spur	Spur	Spur	Spur			1,19	4,89
C_{16} . . .	44	25	15	9	**)		27,32	
C_{18} . . .	35	20	65	37	114	1,3	21,17 (+4,34% Ölsäure)	40,24
C_{20} . . .	} Spur	} Spur	14	8	200	2,5	Spur	
C_{22} . . .			2	1	270	3,7		

*) Mittelwerte aus 4 Proben verschiedener Herkunft.
**) Palmitinsäure und vielleicht eine ungesättigte Fettsäure $C_{16}H_{30}O_2$ (Palmitolsäure oder Zoomarinsäure der Lebertrane ?).

[1]) Biochemic. J. 24, 1327 (1930). [2]) J. of biol. Chem. 76, 107 (1928).
[3]) J. of biol. Chem. 87, 399 (1930). [4]) Biochemic. J. 25, 1168 (1931).

Demnach enthält das Leberfett ebenfalls ungesättigte (und zwar vorwiegend höher ungesättigte) Fettsäuren der C_{20}...- und C_{22}...-Gruppen. Ihre Menge ist aber geringer als bei den Phosphatiden, so daß die Zusammensetzung sich der des Depotfettes nähert. Diese größere Ähnlichkeit mit dem Depotfett macht sich auch bei den gesättigten Fettsäuren bemerkbar. So ist in den Phosphatiden die Menge der Stearinsäure größer als die der Palmitinsäure. Beim Leberfett dagegen ist das Verhältnis wie im Depotfett zugunsten der Palmitinsäure verschoben.

Die Anschauung von Leathes über die besondere Funktion der Leber im Fettstoffwechsel setzt voraus, daß eine Einwanderung von Depot-(oder Nahrungs)fett in die Leber nicht nur unter abnormen, sondern auch unter physiologischen Bedingungen erfolgt. Diese Annahme scheint berechtigt und auch die hier festgestellte Zusammensetzung des Leberfettes steht damit durchaus im Einklang. Gegen die weitere Annahme einer in der Leber erfolgenden Dehydrierung (Desaturation) der Fettsäuren des eingewanderten Fetts, welche vor allem durch die auffallend hohen Jodzahlen der Fettsäuren der Leberlipoide gegenüber den des Depot- und Nahrungsfettes begründet wird, ist aber einzuwenden, daß nach den vorliegenden Befunden die hohen Jodzahlen in erster Linie von hoch ungesättigten Fettsäuren der C_{20}...- und C_{22}...-Gruppen herrühren. Diese werden jedoch gewiß nicht durch Dehydrierung der Fettsäuren des Depot- und Nahrungsfettes entstehen, die so gut wie ausschließlich C_{16}...- und C_{18}...-Säuren sind.

Es ist noch darauf hinzuweisen, daß überall wo bis jetzt bei den Wirbeltieren mehrfach ungesättigte Fettsäuren in nennenswerten Mengen vorgefunden und näher untersucht wurden, sie wie hier den C_{18}...-, C_{20}...- und C_{22}...-Gruppen angehörten. Regelmäßig sind alle drei Gruppen nebeneinander vorhanden, wobei in den typischen Fällen die C_{20}...- und C_{22}...-Säuren vorherrschen, unter Umständen so weitgehend, daß demgegenüber die Menge der C_{18}...-Säuren verschwindend klein ist.*) Sie unterscheiden sich so in sehr charakteristischer Weise von den

*) Das Depotfett der landlebenden Säugetiere enthält normalerweise nur sehr geringe Mengen von mehrfach ungesättigten Fettsäuren. Enthält das Futter des Tieres jedoch reichliche Mengen von stark ungesättigten pflanzlichen Ölen, so reichert sich im Depotfett Linolsäure an, so daß dann unter den mehrfach ungesättigten Fettsäuren die C_{18}...-Säuren gegenüber den C_{20}... und C_{22}...-Säuren vorherrschen.

mehrfach ungesättigten Fettsäuren pflanzlichen Ursprungs, wo es sich durchweg um Säuren der C_{18}...-Gruppe handelt.*)

Darstellung des Ausgangsmaterials.

Zur Verarbeitung kamen insgesamt 50 kg frische Rindsleber. Sie wurde durch eine Fleischhackmaschine getrieben und der Organbrei mit der 1,5fachen Menge Aceton gut durchmischt. Nach 24stündigem Stehen saugte man auf einer großen Nutsche ab, extrahierte das jetzt bereits weitgehend entwässerte Material mit kaltem Aceton in einem großen Soxhletapparat unter Benutzung des Verlängerungsstückes[1]), wobei Neutralfett und Cholesterin, aber auch ein beträchtlicher Teil der Phosphatide in Lösung gingen.

Die Acetonlösung wurde soweit wie möglich eingeengt, das Fett in Petroläther aufgenommen und die wäßrige Schicht im Scheidetrichter abgetrennt. Aus der stark eingeengten petrolätherischen Lösung ließ sich durch Fällung mit Aceton und mehrfacher Wiederholung des Verfahrens der größere Teil der in Lösung verbliebenen Phosphatide abtrennen.

Die Hauptmenge der Phosphatide erhielt man durch erschöpfendes Auskochen des nach der Acetonextraktion im Vakuum unter gelindem Erwärmen getrockneten Organpulvers mit einem Gemisch von Chloroform und Methylalkohol (1 : 1). Den nach möglichst weitgehendem Abdampfen des Lösungsmittels (gegen Ende im Vakuum) verbliebenen Rückstand löste man in wenig Äther auf, engte wieder etwas ein und fällte die Phosphatide mit Aceton.

Bei einem kleineren Teil des Materials wurde so vorgegangen, daß man zunächst mit Äther im Soxhletapparat und dann mit Alkohol erschöpfend extrahierte. Die weitere Aufarbeitung der Extrakte erfolgte wie oben.

Gesamtmenge der so gewonnenen Phosphatide (acetonfeuchtes Material) 1800 g.

Zur Darstellung des Neutralfettes wurde das aus den Aceton-Äther- bzw. Aceton-Petrolätherlösungen erhaltene Material vereinigt, und die letzten Reste der Phosphatide nach Bloor und Snider[2]) (Fällung mit Calciumchlorid aus einer Lösung des Fettes in wasserfreiem Aceton) abgetrennt. Menge des völlig phosphorfreien Materials 278 g.

---

*) Soweit ersichtlich, ist bis jetzt nur ein Ausnahmefall bekannt: das Fett gewisser Meeresalgen, das nach Tsujimoto [Chem. Umschau **32**, 125 (1925)] hoch ungesättigte Fettsäuren der C_{22}...-Gruppe ($C_{22}H_{34}O_2$ bzw. $C_{22}H_{36}O_2$) enthält.

[1]) Diese Z. **166**, 272 (1927). [2]) J. of biol. Chem. **87**. 399 (1930).

Die Untersuchung der Fettsäuren erfolgte in enger Anlehnung an das bei den ätherlöslichen Gehirnphosphatiden benutzte Verfahren.[1])

Die Leberphosphatide.

Zur Spaltung löste man die Phosphatide in Portionen von 100—200 g in dem doppelten Volumen heißen Alkohols, fügte das 2,5—3fache Volumen etwa 3 n-alkoholischer Kalilauge hinzu und kochte 2 Stunden unter Rückfluß.*) Die Luft wurde durch einen mäßigen Wasserstoffstrom aus der Apparatur verdrängt. Die nach dem Ansäuern mit verdünnter Salzsäure durch Ausschütteln mit Äther gewonnenen und durch nochmaliges Aufnehmen in Petroläther von Wasser und Alkohol befreiten Fettsäuren zerlegte man durch kombinierte Anwendung von Tsujimotos Lithiumsalz-Acetonmethode[2]) und Twitchells Bleisalz-Alkoholmethode[3]) in die Fraktionen der gesättigten, der schwach ungesättigten und der hoch ungesättigten Fettsäuren.

Bei dieser Aufarbeitung des Fettsäuregemisches ließen sich geringe Mengen (etwa 13 g) eines in Äther und heißem Aceton sehr schwer löslichen Phosphatides von sphingomyelinartigem Charakter abtrennen. Die aus Alkohol und Pyridin umkrystallisierte, weiße Substanz (3,5 g) schmolz bei 156—157°, begann jedoch schon bei 80° zu sintern (Übergang in den flüssig-krystallinen Zustand). Die Molischsche Probe war negativ. Die Substanz enthielt also keine Cerebroside.

22,8 (36,5) mg Subst.: 3,57 (5,60) ccm n/100-Säure (Mikrokjeldahl nach Pregl). — 30,0 mg Subst.: 89,4 mg Strychninphosphormolybdat (nach Embden).

Gef. N 2,19 (2,15) P 3,34 P : N = 1 : 1,49.

1,0 g wurden mit methylalkoholischer Schwefelsäure gespalten.[4]) Menge der Fettsäureester 0,43 g. Davon hatten sich 0,29 g beim Abkühlen ausgeschieden (Schmelzp. 55°). Der Rest wurde durch Ausschütteln mit Petroläther gewonnen. Der Hauptteil wurde wiederholt aus Methylalkohol umkrystallisiert und verseift. Freie Säure (aus Aceton umkrystallisiert) 0,14 g. Schmelzp. 79,5—80°. Glänzende Blättchen.

57,2 mg Subst.: 1,58 ccm n/10-alkoholische Lauge.

$C_{24}H_{48}O_2$ Äquiv.-Gew. Ber. 368,4 Gef. 362.

---

*) Die für die ätherlöslichen Gehirnphosphatide ausgearbeitete Spaltmethode bietet hier keine Vorteile, da das Material zum Unterschied von den Gehirnphosphatiden sich in heißem Alkohol leicht löst und protagonartige Substanzen nur in sehr geringen Mengen vorhanden sind.

[1]) Diese Z. **200**, 51 (1931); **206**, 25 (1932).

[2]) A. Grün, Analyse d. Fette u. Wachse. J. Springer, Berlin 1925, S. 245.

[3]) Ebenda, S. 221.

[4]) Thierfelder u. Klenk, Die Chemie der Cerebroside und Phosphatide. J. Springer, Berlin 1930, S. 19.

Menge des Sphingosinsulfats (Rohprodukt) 0,44 g. Die aus Methylalkohol umkrystallisierte Substanz schmolz bei 220° unter Zersetzung. Für die aus Cerebrosiden gewonnenen Produkte findet man meist einen etwas höheren Zersetzungspunkt (240—250°).

Das Phosphatid war demnach keineswegs einheitlich. In der Hauptsache dürften Lignoceryl-sphingomyelin und partielle Spaltprodukte desselben vorgelegen haben.

Die Fraktion der gesättigten Fettsäuren.

244 g. Die Methylester wurden im Apparat von Jantzen und Tiedcke[1]) bei einem Druck von 0,6—1,0 mm Hg fraktioniert destilliert.

	Methylester		Freie Säuren						
	Menge	Schmp.	Menge aus 1,0 g Ester	Schmp.	Äquiv.-Gew.	aus Aceton umkrystallisiert Schmp.	aus Aceton umkrystallisiert Äquiv.-Gew.	Schmp.	Äquiv.-Gew.
	g	°C	g	°C		°C		°C	ber.
1	24,3	24,5	0,87	59	257	60	258	62,5 ($C_{16}H_{32}O_2$)	256,3 ($C_{16}H_{32}O_2$)
2	35,7	26	0,82	56	260				
3	13,1	29	0,83	57	267	58,5	277		
4	11,9	29	0,88	58,5	270				
5	14,5	34	0,87	65,5	273				
6	17,9	37	0,89	68	282				
7	22,1	38,5	0,91	69	280/283	70	283	69,2 ($C_{18}H_{36}O_2$)	284,3 ($C_{18}H_{36}O_2$)
8	25,3	38,5							
9	27,4	38,5							
10	28,7	39							
11	8,3	39	—	70	286	70	282		
12	11,4	36	0,78	63,5	294	64	308		

1	2	3	4	5	6	7	11	12
Einwage, mg Substanz*)								
32,2 (57,0)	42,4	60,1 (39,9)	61,4	41,5	53,1	50,4 / 59,1 (34,4)	47,5 (57,6)	53,3 (55,5)
Verbrauch, ccm n/10-alkoholischer Lauge								
1,25 (2,21)	1,63	2,25 (1,44)	2,28	1,52	1,89	1,80 / 2,09 (1,22)	1,66 (2,04)	1,81 (1,80)

*) Die eingeklammerten Zahlen beziehen sich auf die aus Aceton umkrystallisierte Substanz.

Die durch ein in die siedende Flüssigkeit eintauchendes Thermometer während der Destillation gemessenen Temperaturen waren 174—185°. Fraktion 12 wurde durch Destillation des in der Apparatur verbliebenen Rückstandes im Claissenkolben erhalten. Rückstand 8,6 g.

[1]) J. prakt. Chem. 127, 277 (1930).

Fraktion 1 war so gut wie reine Palmitinsäure. Um festzustellen, ob noch eine niedriger molekulare Säure beigemischt ist, wurden durch nochmalige Destillation des Esters in einem für kleinere Mengen geeigneten Apparat[1]) als niedrigst siedender Anteil 1,5 g abfraktioniert. Daraus freie Säure, Schmelzp. 59°. Äquiv.-Gew. 255 (52,4 mg Substanz verbrauchten 2,06 ccm n/10-alkoholische Lauge). Niedriger molekulare Säuren waren demnach nicht vorhanden.

In Fraktion 7—11 handelte es sich um Stearinsäure. Fraktion 12 (J.-Z. 9,2; 74,7 mg Substanz verbrauchten 0,53 ccm n/10-Bromlösung) enthielt außer Stearinsäure offenbar noch eine höher molekulare Säure. Diese Fraktion wurde deshalb noch weiter untersucht und die Hauptmenge des Stearinsäuremethylesters durch Destillation abfraktioniert. Der Rückstand (2,1 g) schmolz bei 43°. J.-Z. 18 (59,0 mg Substanz verbrauchten 0,86 ccm n/10-Bromlösung). Daraus freie Säure, Schmelzp. 66,5°, Äquiv.-Gew. 325 (39,4 mg Substanz verbrauchten 1,215 ccm n/10-alkoholische Lauge). Der daraus wieder dargestellte und wiederholt aus Methylalkohol umkrystallisierte Methylester schmolz bei 54—55°. Daraus freie Säure, Schmelzp. 76,5°.

43,8 mg Subst.: 1,175 ccm n/10-alkoholische Lauge.

$C_{24}H_{48}O_2$ Äquiv.-Gew. Ber. 368,4 Gef. 372.

Menge der Methylester in Gramm (annähernde Schätzung auf Grund des Äquivalentgewichts der einzelnen Fraktionen).

	1	2	3	4	5	6	7	8	9	10	11	12	Summe
C_{16} ...	24,3	30,56	7,79	5,78	5,52	1,34							75,3
C_{18} ...		5,14	5,31	6,12	8,98	16,56	22,1	25,3	27,4	28,7	8,3	9,35	163,3
C_{24} ...												2,05	2,1

Die Fraktion der schwach ungesättigten Fettsäuren.

132 g. Die Methylester wurden im Apparat von Jantzen und Tiedcke bei 0,7—0,9 mm Hg fraktioniert destilliert (Tab. nächste Seite.)

Die während der Destillation im Siedekolben gemessenen Temperaturen waren 172—250°. Fraktion 9 und 10 wurden durch Destillation des in der Apparatur verbliebenen Rückstandes im Claissenkolben erhalten. Rückstand 5,6 g.

[1]) Diese Z. 200, 57 (1931).

Die Fraktionen 1—9 waren leicht flüssige, farblose oder nur schwach gelb gefärbte Öle. Fraktion 10 war ein dickflüssiges, stark gefärbtes Öl, das beim längeren Stehen teilweise erstarrte. Sie dürfte wohl in der Hauptsache aus Zersetzungsprodukten und Cholesterin bestanden haben.

	Methylester		Hydrierte Säuren						
	Menge g	Jodzahl	Menge aus 1,0 g Ester g	Schmp. °C	Äquiv.-Gew.	aus Aceton umkrystallisiert Schmp. °C	aus Aceton umkrystallisiert Äquiv.-Gew.	Schmp. °C	Äquiv.-Gew. ber.
1	12,3	52	0,78	52	262	58,5	275	$C_{16}H_{32}O_2$ 62,5	256,3
2	12,0	83	0,83	64	282				
3	12,7	98	0,87	68	281				
4	12,4	108	0,90	69	285				
5	14,0	115	0,95	70	284	70	287	$C_{18}H_{36}O_2$ 69,2	284,3
6	14,1	118	0,90	69,5	284				
7	13,8	132	0,88	67	288				
8	7,4	183/176	0,83	65	296/300				
9	14,1	207	0,73	68	329/333	71	324	$C_{20}H_{40}O_2$ 74,8—75,1	312,4
10	2,4	144/144						$C_{22}H_{44}O_2$ 80—80,5	340,4

1	2	3	4	5	6	7	8	9	10
Einwage, mg Substanz									
36,2	41,4	49,1	42,3	34,9	35,1	35,3	34,7/34,6	35,7	25,4/26,2
ccm n/10-Bromlösung									
1,49	2,70	3,79	3,59	3,16	3,26	3,69	5,00/4,79	5,83	2,89/2,98
Einwage, mg Substanz									
58,9 (51,4)	40,8	34,1	61,5	63,5 (58,5)	30,4	38,8	62,4/53,5	49,8/51,0 (44,3)	
Verbrauch, ccm n/10-alkoholische Lauge									
2,25 (1,87)	1,45	1,22	2,16	2,24 (2,04)	1,07	1,35	2,11/1,78	1,51/1,53 (1,37)	

Die C_{16}...-Säuren. Fraktion 1 enthielt nach den vorliegenden Daten beträchtliche Mengen C_{16}...-Säuren. Die niedrige Jodzahl spricht dafür, daß es sich um Palmitinsäure handelte, doch ist auch das Vorhandensein von entsprechenden ungesättigten Fettsäuren nicht ganz auszuschließen.

Die C_{18}...-Säuren. Fraktion 4, 5 und 6 wurden vereinigt und 1,0 g davon bromiert. Ätherunlöslicher Bromkörper 0,06 g, Schmelzp. 234° unter Zersetzung.

Zur genaueren Charakterisierung der Säuren wurden 18,5 g

Ester mit 100 ccm etwa 1 n-alkoholischer Kalilauge verseift und das beim Abkühlen der Lösung auf —10° ausgefallene Kaliumsalz der Ölsäure abgesaugt. Daraus erhielt man 7,2 g freie Säure. Die Substanz enthielt noch eine geringe Menge Stearinsäure, die nach Twitchell durch Fällung mit Bleiacetat aus alkoholischer Lösung abgetrennt wurde. Es verblieben noch 5,5 g Ölsäure, die man durch Umkrystallisieren des Bariumsalzes aus 5% Alkohol enthaltendem Benzol weiter reinigte. Schließlich destillierte man die Säure (3,4 g) unter stark vermindertem Druck. Vorlauf 0,5 g. Hauptfraktion 2,1 g. Farbloses Öl, das beim Abkühlen in Eis krystallin erstarrte. Schmelzp. 9,5°. Reine Ölsäure schmilzt bei 12°.

95,7 mg Subst.: 3,37 ccm n/10-alkoholische Lauge. — 33,0 mg Subst.: 2,48 ccm n/10-Bromlösung.

$C_{18}H_{34}O_2$	Äquiv.-Gew.	Ber. 282,3	Jodzahl 89,9
		Gef. 284	95

Der aus dem Filtrat des abgeschiedenen ölsauren Kaliums durch Ansäuern und Ausschütteln mit Petroläther gewonnene Anteil wurde bromiert.

a) Ätherunlöslicher Bromkörper 0,71 g. Schmelzp. 230° unter Zersetzung.

3,202 mg Subst.: 2,038 mg Brom. Gef. Br 63,6.

0,59 g davon entbromte man und hydrierte anschließend die regenerierte Säure. 0,17 g. Schmelzp. 64°. Äquiv.-Gew. 297 (34,0 g Substanz verbrauchten 1,145 ccm n/10-alkoholischer Lauge). Die aus Aceton umkrystallisierte Substanz schmolz bei 65°. Eine Mischprobe mit Stearinsäure (Mischungsverhältnis 1:1) zeigte den Schmelzp. 63°. Es trat also eine deutliche Depression auf.

39,9 mg Subst.: 1,335 ccm n/10-alkoholische Lauge.
Äquiv.-Gew. 299.

Der aus der Säure dargestellte und aus Methylalkohol umkrystallisierte Methylester schmolz bei 43,5° (Schmelzpunkt des Stearinsäuremethylesters 39°, Schmelzpunkt des Methylesters der n-Eicosansäure 44,5—45°).

Demnach dürfte hier ein Gemisch von Stearinsäure und n-Eicosansäure vorgelegen haben, und der ätherunlösliche Bromkörper bestand offenbar zur Hälfte aus dem Octobromid der Arachidonsäure, obgleich die ursprünglichen Fraktionen 4, 5 und 6 bei der Hydrierung Stearinsäure von sehr hohem Reinheitsgrad ergaben..

b) Ätherlöslicher Bromkörper 3,65 g. Man löste in 2—3 ccm Essigester und fügte 15—20 ccm heißes Benzin (Siedep. 70—80°)

hinzu. Beim Abkühlen fiel das gut krystallisierte, jedoch noch nicht völlig reine Tetrabromid der Linolsäure aus (1,3 g). Schmelzpunkt 114⁰ (ohne völlig klar durchzuschmelzen). Zur weiteren Reinigung wurde ein Teil der Substanz wieder in Essigester aufgenommen, vom Ungelösten abfiltriert und wie oben das Tetrabromid zurückerhalten Schmelzp. 113,5—114⁰. Das Tetrabromid der Linolsäure schmilzt bei 114⁰.

2,965 mg Subst.: 1,582 mg Brom.

$C_{18}H_{32}Br_4O_2$ (600,03) Ber. Br 53,28 Gef. Br 53,4.

Durch Entbromen von 1,0 g des noch nicht ganz reinen Tetrabromids wurden 0,4 g Linolsäure erhalten.

26,4 mg Subst.: 3,825 ccm n/10-Bromlösung.

$C_{18}H_{32}O_2$ Jodzahl Ber. 181 Gef. 184.

Die Hydrierung ergab reine Stearinsäure. 0,35 g. Schmelzpunkt 69—69,5⁰. Äquiv.-Gew. 287 (45,7 mg Substanz verbrauchten 1,595 ccm n/10-alkoholischer Lauge). Schmelzpunkt der aus Aceton umkrystallisierten Säure 69,5—69,7⁰.

44,6 mg Subst.: 1,57 ccm n/10-alkoholische Lauge.
Äquiv.-Gew. 284.

Die C_{20} . . .- und C_{22} . . .- Säuren, die vor allem in Fraktion 9 vorhanden waren, wurden nicht näher untersucht.

Menge der Methylester in g.

	1	2	3	4	5	6	7	8	9	Summe
C_{16} . . .	9,59	0,90	1,32							11,8
C_{18} . . .	2,71	11,10	11,38	12,4	14,0	14,1	11,88	3,62		81,4
C_{20} . . .							1,92	3,78	4,36	10,1
C_{22} . . .									9,74	9,7

Die Fraktion der hoch ungesättigten Fettsäuren.

Da ursprünglich befürchtet wurde, daß während der mehrere Stunden dauernden fraktionierten Destillation im Apparat von Jantzen und Tiedcke eine weitgehende Polymerisierung der hoch ungesättigten Fettsäuren erfolge, erschien es zweckmäßig, zur vorläufigen Orientierung zunächst das hydrierte Fettsäuregemisch in die Komponenten zu zerlegen. Ein Teil der auf die übliche Weise hergestellten Methylester (entsprechend 152 g hoch ungesättigter Säuren) wurde deshalb (zur Entfernung von den Palladiumkatalysator vergiftenden Beimengungen) in kleinen Portionen, ohne zu fraktionieren, bei stark vermindertem Druck im Claissenkolben destilliert, das Estergemisch hydriert und die hydrierten Ester im Apparat von Jantzen und Tiedcke unter Verwendung einer engen Capillare (6—10 Tropfen Destillat in der Minute durchlassend) bei 0,4—0,6 mm Hg fraktioniert.

	Methylester		Freie Säuren						
						aus Aceton umkrystallisiert			
	Menge g	Schmp. °C	Menge aus 1,5 g Ester g	Schmp. °C	Äquiv.-Gew.	Schmp. °C	Äquiv.-Gew.	Schmp. °C	Äquiv.-Gew. ber.
								$C_{16}H_{32}O_2$	
1	11,3	flüssig	1,01	56	271			62,5	256,3
2	9,6	32	1,20	65	278			$C_{18}H_{36}O_2$	
3	28,1	33	1,25	66,5	286	67,5	288	69,2	284,3
4	17,1	39	1,18	64	295			$C_{20}H_{40}O_2$	
5	17,9	42	1,25	72	307	74	311	74,8—75,1	312,4
6	31,5	45	1,25	72	311/309	72	313		
7	8,1	47	1,30	71	325/326			$C_{22}H_{44}O_2$	
8	10,4	52	1,35	79	337	79	338	80—80,5	340,4
9	10,5	52	1,30	80	343	80	340		
10	2,3	50,5	0,92	80	340/338	80,5	340		

1	2	3	4	5	6	7	8	9	10
Einwage, mg Substanz									
50,0	50,5	50,5 (52,0)	53,5	51,2 (52,5)	29,8/30,0 (50,8)	32,9/30,0	52,8 (53,4)	50,9 (52,0)	30,5/51,4 (50,0)
Verbrauch, ccm n/10-alkoholische Lauge									
1,85	1,83	1,77 (1,81)	1,82	1,67 (1,69)	0,96/0,97 (1,62)	1,01/0,92	1,57 (1,58)	1,48 (1,53)	0,90/1,52 (1,47)

Die während der Destillation im Siedekolben gemessenen Temperaturen waren 160—230°. Die Fraktionen 8, 9 und 10 wurden durch Destillation des in der Apparatur verbliebenen Rückstandes in dem kleineren Fraktionierapparat gewonnen. Rückstand 5,25 g.

Fraktion 1 war offenbar in der Hauptsache Palmitinsäure. Doch konnte auch durch nochmalige fraktionierte Destillation von 6,5 g Ester die reine Säure nicht gewonnen werden. Aus der niedrigst siedenden Fraktion (0,93 g) wurde eine Säure vom Schmelzp. 49—50° erhalten.

56,8 mg Subst.: 2,28 ccm n/10-alkoholische Lauge.

Äquiv.-Gew. 249.

Wahrscheinlich war hier der Palmitinsäure noch eine geringe Menge einer niedriger molekularen Säure (Myristinsäure) beigemischt.

Fraktion 3 war nahezu reine Stearinsäure. Fraktion 5 und 6 n-Eicosansäure. Von Fraktion 5 wurden 5 g des Esters 7 mal aus Methylalkohol umkrystallisiert. Schmelzp. 45,5°. Die daraus erhaltene aus Aceton umkrystallisierte freie Säure schmolz bei 75,1°. Eine Mischprobe mit n-Eicosansäure (Schmelzp. 75°) zeigte keine Schmelzpunktsdepression (Mischungsverhältnis 1:1).

53,3 mg Subst.: 1,72 ccm n/10-alkoholische Lauge.

Äquiv.-Gew. 310.

Fraktion 9 und 10 waren n-Docosansäure (Behensäure). Höher molekulare Säuren fehlen.

Menge der Methylester in g.

	1	2	3	4	5	6	7	8	8	10	Summe
C_{14} . . .	Spur										Spur
C_{16} . . .	4,90	1,93									6,8
C_{18} . . .	6,40	7,67	28,1	10,35	3,10						55,6
C_{20} . . .				6,75	14,80	31,5	4,15				57,2
C_{22} . . .							3,95	10,4	10,5	2,3	27,2

Der andere Teil der Methylester (entsprechend 135 g hoch ungesättigter Säuren) wurde ohne vorangehende Hydrierung im Apparat von Jantzen und Tiedcke unter Anwendung einer weiteren Capillare (20—30 Tropfen Destillat in der Minute durchlassend) bei 0,5—0,9 mm Hg fraktioniert destilliert.

	Methylester		Hydrierte Säuren						
	Menge	Jodzahl	Menge aus 1,0 g Ester	Schmp.	Äquiv.-Gew.	aus Aceton umkrystallisiert		Schmp.	Äquiv.-Gew.
						Schmp.	Äquiv.-Gew.		
	g		g	°C		°C	Gew.	°C	ber.
1	6,5	165						$C_{18}H_{36}O_2$	
2	9,6	151	0,66	66,5	281	68	283	69,2	284,3
3	11,3	165	0,75	65	280				
4	4,9	172	0,79	64	292	64	290		
5	10,6	211	0,79	64	302				
6	11,5	229	0,89	70	308	72	309	$C_{20}H_{40}O_2$	
7	11,8	253	0,86	73	308	75	312	74,8—75,1	312,4
8	11,2	248	0,85	70,5	319	71,5	316		
9	10,3	276	0,95	70,5	328	71,5	322		
10	5,7	302	0,78	75,5	340	77	336	$C_{22}H_{44}O_2$	
11	11,5	266	0,75	79	355	80,5	339	80—80,5	340,4
12	6,7	203							

1	2	3	4	5	6	7	8	9	10	11	12
Einwage, mg Substanz											
25,4	41,2	28,0	32,1	20,3	25,8	31,7	31,0	20,3	13,4	14,2	23,5
ccm n/10-Bromlösung											
3,24	4,88	3,63	4,34	3,37	4,63	6,31	6,06	4,42	3,19	2,98	3,76
Einwage, mg Substanz											
	36,7 (20,6)	43,7	41,2 (54,7)	46,1	42,4 (24,9)	25,8 (35,2)	32,4 (58,8)	42,3 (34,9)	46,5 (32,6)	35,1 (30,1)	
Verbrauch, ccm n/10-alkoh. Lauge											
	1,31 (0,73)	1,56	1,42 (1,89)	1,53	1,38 (0,81)	0,84 (1,13)	1,02 (1,86)	1,29 (1,09)	1,365 (0,97)	0,99 (0,89)	

Die während der Destillation im Siedekolben gemessenen Temperaturen waren 170—250°. Die Fraktionen 11 und 12 wurden durch Destillation des in der Apparatur zurückgebliebenen Rückstandes im Claissenkolben erhalten. Rückstand 10,4 g.

Die Fraktionen 1—11 waren leicht flüssige, etwas gelb gefärbte Öle. Fraktion 12 war ein stark gelb gefärbtes, dickflüssiges Öl, das beim längeren Stehen teilweise erstarrte. Sie dürfte wohl in der Hauptsache aus Cholesterin und Zersetzungsprodukten bestanden haben.

Die C_{16}...-Säuren. Nach der vorangegangenen Untersuchung des hydrierten Säuregemisches mußten Säuren der C_{16}...-Gruppe in Fraktion 1 sich vorfinden. Die hohe Jodzahl dieser Fraktion macht es sehr wahrscheinlich, daß es sich um ungesättigte Säuren und nicht um Palmitinsäure handelte. Indessen waren endgültige Beweise dafür nicht beizubringen.

Bei einem Hydrierungsversuch nahm der Ester, wahrscheinlich infolge des Vorhandenseins einer den Katalysator vergiftenden Verunreinigung, nur sehr wenig Wasserstoff auf. Die Bestimmung der Verseifungszahl ergab den Wert 223 (0,5440 g Substanz verbrauchten 4,34 ccm n/2-alkoholische Lauge), der ungefähr der Verseifungszahl des Myristinsäure- bzw. Palmitinsäuremethylesters entspricht (berechnet 232 bzw. 207). Die aus dem Ester durch Verseifung und Abtrennung von etwa vorhandenen unverseiften Produkten erhaltene freie Säure (flüssig) zeigte aber auffallenderweise das sehr hohe Äquiv.-Gew. von 309 (19,5 mg Substanz verbrauchten 0,63 ccm n/10-alkoholische Lauge).

Die C_{18}...-Säuren. Da Fraktion 2 bei der Hydrierung zu nahezu reiner Stearinsäure führte, ergibt sich der mittlere Grad der Ungesättigtheit der C_{18}...-Säuren aus der Jodzahl dieser Fraktion.

1,0 g Ester wurden bromiert. a) Ätherunlöslicher Bromkörper. 0,1 g. Schmelzp. 236—237° unter Zersetzung.

3,320 mg Subst.: 2,199 mg Brom. Gef. Br 66,2.

b) Ätherlöslicher Bromkörper. Die Menge war gering.

c) Petrolätherlöslicher Bromkörper. 1,90 g. Gelbes, zähflüssiges Öl. Entbromen und Verseifen führte zu 0,85 g ungesättigter Säure.

50,9 mg Subst.: 4,92 ccm n/10-Br-Lösung. Jodzahl 123.

In einem anderen Versuch wurde die aus 5,4 g Ester gewonnene freie Säure bromiert. a) Ätherunlöslicher Bromkörper. 1,05 g. Schmelzp. 230—233° unter Zersetzung. Die Entbromung und Hydrierung führte zu einer Säure (0,23 g) vom Schmelzp. 64,5° bzw. (nach Umkrystallisieren aus Aceton) 65°.

34,7 mg Subst.: 1,17 ccm n/10-alkoholische Lauge. — 37,6 mg Subst. (umkrystallisiert): 1,24 ccm n/10-alkoholische Lauge.

Äquiv.-Gew. 296 bzw. 303.

Demnach sind die ätherunlöslichen Bromkörper Polybromidgemische von C_{18}...- und C_{20}...-Säuren.

b) Ätherlöslicher Bromkörper (Tetrabromid der Linolsäure). 0,33 g. Schmelzp. 110°. Die Substanz wurde aus wenig Essigester enthaltendem Benzin (Siedep. 70—80°) umkrystallisiert. Nadeln. Schmelzp. 114,5—115°.

3,332 mg Subst.: 1,795 mg Br und 0,012 mg Asche.

Gef. Br 53,9 Asche 0,36.

Die Versuche zeigen, daß trotz der relativ hohen Jodzahl Ölsäure der Hauptbestandteil der Fraktion 2 war. Die hohe Jodzahl ist nur zu einem kleineren Teil auf die Anwesenheit von Linolsäure, im wesentlichen auf noch höher ungesättigte Fettsäuren (darunter auch Arachidonsäure) zurückzuführen.

Die C_{20}...-Säuren. Der mittlere Grad der Ungesättigtheit dieser Säuren ergibt sich aus der Jodzahl der Fraktion 7, die bei der Hydrierung zu n-Eicosansäure von hohem Reinheitsgrad führte.

1,0 g dieser Fraktion wurden bromiert. a) Ätherunlöslicher Bromkörper. 0,93 g. Schmelzp. 242° unter Zersetzung. Nach Brown[1]) schmilzt das Octobromid des Arachidonsäure-methylesters bei 232°, doch waren dem Präparat von Brown sehr wahrscheinlich noch entsprechende Bromkörper von Säuren der C_{22}...-Gruppe beigemengt.

3,000 mg Subst.: 2,029 mg Br.

$C_{21}H_{34}Br_8O_2$ (957,65)	Ber.	Br 66,77
$C_{21}H_{32}Br_{10}O_2$ (1115,48)	„	„ 71,61
	Gef.	„ 67,6.

[1]) J. of biol. Chem. 80, 455 (1928).

Der Bromgehalt ist für das Octobromid des Arachidonsäure-methylesters etwas zu hoch. Ein völlig reines Produkt lag also auch hier nicht vor. Doch kann der zu hohe Bromgehalt nicht durch eine Beimengung von Polybromiden der C_{22}...-Säuren verursacht sein.

b) Ätherlöslicher Bromkörper. 1,53 g. Feste Substanz. Die Entbromung und Verseifung führte zu 0,40 g Säure.

47,0 mg Subst.: 8,07 ccm n/10-Bromlösung.
Jodzahl 219.

c) Petrolätherlöslicher Bromkörper. Dunkles, zähflüssiges Öl. Die Entbromung und Verseifung führte zu 0,28 g Säure.

33,5 mg Subst.: 4,75 ccm n/10-Bromlösung.
Jodzahl 181.

Die C_{22}...-Säuren. Für die Beurteilung des mittleren Grades der Ungesättigtheit muß die Jodzahl der Fraktion 10 als maßgebend angesehen werden. Die Jodzahl von Fraktion 11 würde ein falsches Bild geben, da sie offenbar durch Zersetzungsprodukte stark herabgedrückt ist. Auch das hohe Äquivalentgewicht der nicht umkrystallisierten Säure ist darauf zurückzuführen, daß diese noch nicht völlig entfernt waren.

Je 1,0 g Ester von Fraktion 10 und 11 wurden bromiert. a) Ätherunlöslicher Bromkörper. 0,75 bzw. 0,87 g. Schmelzp. 246 bzw. 247° unter Zersetzung. Das Dekabromid des Clupanodonsäuremethylesters verkohlt beim Erhitzen im Röhrchen bei 200 bis 270° ohne zu schmelzen.

3,161 mg Subst. (Fraktion 10): 2,168 mg Br. — 3,031 mg Subst. (Fraktion 11): 2,085 mg Br.

$C_{23}H_{38}Br_8O_2$ (985,66)	Ber.	Br	64,87
$C_{23}H_{36}Br_{10}O_2$ (1143,49)	„	„	69,90
	Gef.	„	68,6; 68,8.

Offenbar handelte es sich im wesentlichen um das Dekabromid des Clupanodonsäure-methylesters. Das verschiedene Verhalten beim Erhitzen im Röhrchen dürfte wohl auf die Beimengung eines Octobromids zurückzuführen sein. Indessen ist auch die Möglichkeit des Vorkommens einer der Clupanodonsäure isomeren hoch ungesättigten Säure in Betracht zu ziehen.

b) Ätherlöslicher Bromkörper (vereinigte Produkte von Fraktion 10 und 11). 3 g. Feste Substanz. Die Entbromung und Verseifung führte zu 0,86 g Säure.

34,5 mg Subst.: 5,63 ccm n/10-Bromlösung.
Jodzahl 207.

c) Petrolätherlöslicher Bromkörper (vereinigte Produkte von Fraktion 10 und 11). 1,15 g. Dunkles, zähflüssiges Öl.

Menge der Methylester in g.

	1	2	3	4	5	6	7	8	9	10	11	Summe
C_{16} . . .	6,5	1,05	1,60									9,2
C_{18} . . .		8,55	9,70	3,46	3,70	1,66						27,1
C_{20} . . .				1,44	6,90	9,84	11,8	8,36	4,46			42,8
C_{22} . . .								2,84	5,84	5,7	11,5	25,9

Das Leberfett.

Rotbraunes Öl, das beim längeren Stehen teilweise erstarrt.

52,2 mg Subst.: 3,66 ccm n/10-Bromlösung. — 34,5 mg Subst.: 0,21 ccm n/10-alkoholische Lauge (Indicator Alkaliblau).

Jodzahl 89 Säurezahl 34.

Der relativ hohe Gehalt des Leberfettes an freien Fettsäuren wurde schon von Bloor und Snider[1]) beobachtet. Wie der folgende Versuch zeigt, sind die freien Fettsäuren etwas stärker ungesättigt, als das ursprüngliche Fett.

10 g des Fettes löste man in der 5-fachen Menge Alkohol, machte mit alkoholischer Lauge genau neutral, entfernte nach Zugabe von etwas Wasser das Fett durch wiederholtes Ausschütteln mit Petroläther und gewann aus der wäßrig-alkoholischen Lösung nach dem Ansäuern durch Ausschütteln mit Petroläther die freien Säuren. 1,33 g. Stark gefärbtes Öl, das beim längeren Stehen teilweise erstarrt.

42,2 mg Subst.: 3,71 ccm n/10-Bromlösung.

Jodzahl 111.

256 g des Leberfettes wurden mit alkoholischer Lauge verseift und der Lösung durch Ausschütteln mit Petroläther das Unverseifbare entzogen. Menge des Unverseifbaren 6,5 g. Es handelte sich hauptsächlich um Cholesterin.

Die Fettsäuren (228 g) zerlegte man mit Hilfe der Bleisalz-Alkoholmethode in eine Fraktion der gesättigten (festen) und eine solche der ungesättigten (flüssigen) Säuren.

Die Fraktion der gesättigten Fettsäuren.

80 g. Die Methylester wurden im Apparat von Jantzen und Tiedcke bei 0,7—1,0 mm Hg fraktioniert destilliert.

---

[1]) J. of biol. Chem. 87, 399 (1930).

	Methylester			Freie Säuren						
	Menge	Schmp.	Jodzahl	Menge aus 1,0 g Ester	Schmp.	Äquiv.-Gew.	aus Aceton umkrystallisiert Schmp.	aus Aceton umkrystallisiert Äquiv.-Gew.	Schmp.	Äquiv.-Gew.
	g	°C		g	°C		°C	Gew.	°C	ber.
									$C_{16}H_{32}O_2$	
1	9,7	24,5	2,7	0,83	57	251	60	254	62,5	256,3
2	9,1	26,5	2,4	0,83	61	256				
3	10,0	27	3,7	0,85	61	260	62	255		
4	9,2	25,5	5,5	0,90	59	262				
5	9,0	26,5	7,3	0,80	55	267				
6	6,5	30	12	0,80	59	276				
7	5,8	35	16	0,77	66	281				
8	5,3	36	16	0,88	67	283			$C_{18}H_{36}O_2$	
9	7,2	36	16	0,87	68	288	69	282	69,2	284,3
10	3,6	36	16	0,93	68	288				
11	3,0	33	19	0,78	63	289	64	293		

1	2	3	4	5	6	7	8	9	10	11
Einwage, mg Substanz										
76,5	78,0	78,2	81,0	93,9	71,7	98,3	75,6	76,9	82,1	95,9
ccm n/10-Bromlösung										
0,16	0,15	0,23	0,35	0,54	0,65	1,19	0,95	0,96	1,03	1,41
Einwage, mg Substanz										
51,7 (46,6)	52,8	53,5 (52,7)	55,9	58,2	60,2	54,9	56,8	58,8 (52,5)	48,0	54,7 (64,0)
Verbrauch, ccm n/10-alkoholische Lauge										
2,06 (1,84)	2,06	2,06 (2,06)	2,14	2,18	2,18	1,95	2,01	2,05 (1,86)	1,67	1,85 (2,19)

Die während der Destillation im Siedekolben gemessenen Temperaturen waren 168—180°. Die Fraktionen 9, 10 und 11 wurden durch Destillation des in der Apparatur verbliebenen Rückstandes im Claissenkolben erhalten. Rückstand 1,6 g.

An gesättigten Fettsäuren sind demnach Palmitin- und Stearinsäure vorhanden. Die Anwesenheit von Spuren niedriger und höher molekularer Säuren ist wahrscheinlich.

Menge der Methylester in g.

	1	2	3	4	5	6	7	8	9	10	11	Summe
C_{14}	9,7 (C14 + C16)											Spur
C_{16}		9,1	10,0	7,18	5,34	1,80	0,63					43,8
C_{18}				2,02	3,66	4,70	5,17	5,3	7,2	3,6	3,0 (C18 + Höher molek. Säuren)	34,7
Höher molek. Säuren												Spur

Die Fraktion der ungesättigten Fettsäuren.

137 g. Dunkelbraunes Öl. Jodzahl 124 (60,4 mg Substanz verbrauchten 5,91 ccm n/10-Bromlösung). Die Methylester wurden im Apparat von Jantzen und Tiedcke bei 0,4—0,7 mm Hg fraktioniert destilliert.

	Methylester		Hydrierte Säuren						
	Menge	Jodzahl	Menge aus 1,0 g Ester	Schmp.	Äquiv.-Gew.	aus Aceton umkrystallisiert Schmp.	aus Aceton umkrystallisiert Äquiv.-Gew.	Schmp.	Äquiv.-Gew.
	g		g	⁰ C		⁰ C		⁰ C	ber.
								$C_{16}H_{32}O_2$	
1	9,5	55/54	—	47	253	54	263	62,5	256,3
2	9,2	87	0,83	60	271	65	279	$C_{18}H_{36}O_2$	
3	9,9	104	0,83	66	279	69	283	69,2	284,3
4	9,9	113	0,82	68	285	69	288		
5	9,3	114	0,85	69,5	286	70	288		
6	9,6	121	0,84	69,5	286	69,5	288		
7	9,5	125	0,78	70	284	70	287		
8	9,6	134	0,92	67	291	67	290		
9	7,2	168	0,89	64	291	65	299	$C_{20}H_{40}O_2$	
10	5,2	200	0,89	71	309	73	314	74,8—75,1	312,4
								$C_{22}H_{44}O_2$	
11	7,1	229	0,72	70	320	71	320	80—80,5	340,4

1	2	3	4	5	6	7	8	9	10	11
Einwage, mg Substanz										
41,6/48,0	33,7	41,7	41,2	41,3	42,6	41,8	42,4	42,6	43,0	42,8
ccm n/10-Bromlösung										
1,81/2,06	2,31	3,41	3,68	3,71	4,05	4,13	4,49	5,62	6,78	7,71
Einwage, mg Substanz										
30,3 (30,2)	30,2 (40,2)	29,7 (43,7)	28,2 (40,1)	33,1 (42,9)	48,5 (40,8)	27,8 (40,7)	30,2 (40,3)	30,4 (45,6)	28,5 (49,6)	31,1 (41,2)
Verbrauch, ccm n/10-alkoholischer Lauge										
1,20 (1,15)	1,12 (1,44)	1,07 (1,54)	0,99 (1,39)	1,16 (1,49)	1,69 (1,42)	0,98 (1,42)	1,04 (1,39)	1,05 (1,53)	0,92 (1,58)	0,97 (1,29)

Die während der Destillation im Siedekolben gemessenen Temperaturen waren 185—295⁰. Die Menge des in der Apparatur verbliebenen festen Rückstandes betrug 39 g. Er enthielt Cholesterin, das bei der Abtrennung des Unverseifbaren durch Ausschütteln mit Petroläther nur unvollständig entfernt worden war, außerdem wahrscheinlich Polymerisations- und Oxydationsprodukte der hoch ungesättigten Fettsäuren. Ein Destillationsversuch im

Claissenkolben führte zu keiner weiteren Esterfraktion. Es trat sehr starke Zersetzung ein.

Die Fraktionen 1—9 waren farblose, Fraktionen 10 und 11 etwas gelb gefärbte, leicht flüssige Öle.

Die C_{16}...-Säuren. Fraktion 1 bestand offenbar vorwiegend aus Säuren dieser Gruppe. Darunter dürfte sich auch eine ungesättigte Säure (Palmitolsäure oder Zoomarinsäure der Lebertrane) befinden. Ein Versuch, sie zu isolieren blieb jedoch ohne Erfolg.

8,4 g des Methylesters verseifte man mit etwa 3 n-methylalkoholischer Kalilauge, engte stark ein und behandelte den Rückstand zur Entfernung von etwa vorhandenem Unverseiften mit Äther. Menge des aus den ungelösten Kalisalzen gewonnenen Säuregemisches 5,7 g. Daraus mit Hilfe der Bleisalz-Alkoholmethode abgetrennt 2,5 g feste Säuren. Schmelzp. 43⁰.

53,0 mg Subst.: 0,63 ccm n/10-Bromlösung. — 65,5 mg Subst.: 2,64 ccm n/10-alkoholische Lauge.

$C_{14}H_{28}O_2$	Äquiv.-Gew.	Ber.	228,3	
$C_{16}H_{32}O_2$	„	„	256,3	
		Gef.	248	Jodzahl 15.

Es scheint hier ein Gemisch von C_{16}...-Säuren (vor allem Palmitinsäure) mit niedriger molekularen Säuren (wahrscheinlich Myristinsäure) vorzuliegen, wobei die Palmitinsäure vorherrscht.

Die Menge der flüssigen Säuren betrug 3,0 g.

23,6 (43,2) mg Subst.: 1,28 (2,39) ccm n/10-Bromlösung. — 42,0 mg Subst.: 1,71 ccm n/10-alkoholische Lauge.

$C_{16}H_{30}O_2$	Ber.	Jodzahl	99,8	Äquiv.-Gew.	254,3
	Gef.	„	69 (70)	„	245.

Ein beträchtlicher Teil der ungesättigten Säuren befand sich als Kalisalz in der bei der Abtrennung des Unverseifbaren erhaltenen ätherischen Lösung. Auch daraus ließ sich keine einheitliche und wohldefinierte Substanz gewinnen.

Die C_{18}.-Säuren. Sie wurden nicht näher untersucht.

Die C_{20}...-Säuren. Die hydrierte Säure von Fraktion 10 gab mit n-Eicosansäure (Schmelzp. 75⁰), im Verhältnis 1:1 gemischt, keine Schmelzpunktsdepression (Schmelzpunkt der Mischprobe 73,5⁰). Dagegen ergab die Mischprobe mit n-Docosansäure (Schmelzpunkt 80—80,5⁰) deutliche Depression (Schmelzpunkt der Mischprobe 71⁰, Mischungsverhältnis 1 : 1).

1,0 g des Methylesters wurden bromiert. Ätherunlöslicher Bromkörper. 0,48 g. Schmelzp. 233—234⁰ unter Zersetzung. Es handelte sich also wohl im wesentlichen um das Octobromid des Arachidonsäure-methylesters.

Die C_{22}...-Säuren. Ihre Menge ist gering. Eine völlige Abtrennung von den C_{20}...-Säuren war deshalb nicht möglich. Daß sie aber nicht ganz fehlen, ergibt sich eindeutig aus den Kennzahlen der Fraktion 11. Auf Grund dieser Kennzahlen errechnet sich für die C_{22}...-Säuren die Jodzahl 270.

Menge der Methylester in g

	1	2	3	4	5	6	7	8	9	10	11	Summe
C_{14}												Spur
C_{16}	} 9,5	4,14	1,73									15,3
C_{18}		5,06	8,17	9,9	9,3	9,6	9,5	7,15	5,36	0,58		64,6
C_{20}								2,45	1,84	4,62	5,06	14,0
C_{22}											2,04	2,0

Der Notgemeinschaft der Deutschen Wissenschaft danken wir ergebenst für die zur Verfügung gestellten Mittel und für die Gewährung eines Forschungsstipendiums.

Über die hochungesättigten Fettsäuren der Glycerinphosphatide verschiedener Organe.

[13. Mitteilung über Phosphatide[1].]

Von

E. Klenk und **J. Dittmer.**

(Aus dem Physiologisch-chemischen Institut der Universität Tübingen.)

(Der Schriftleitung zugegangen am 28. September 1936.)

Nach Beobachtungen von R. H. Snider und W. R. Bloor[2]) sowie von W. C. Ault und J. B. Brown[3]), die sich auf die Phosphatide der Leber bzw. der Nebennieren beziehen, scheinen die hochungesättigten C_{22}...-Säuren im Gegensatz zu den hochungesättigten C_{20}...-Säuren nicht regelmäßig in den Organphosphatiden vorzukommen. Dies steht in einem gewissen Widerspruch zu den im hiesigen Laboratorium gemachten Erfahrungen. In keinem der darauf untersuchten Glycerinphosphatidpräparate haben wir sie vermißt. Die abweichenden Ergebnisse haben uns zu einer weiteren Bearbeitung der Frage veranlaßt.

Nachdem die von E. Klenk und O. v. Schönebeck[4]) in bezug auf die Leberphosphatide gemachten Feststellungen durch Untersuchungen von E. Irving und J. A. B. Smith[5]) bestätigt worden sind, dürfte eine Stellungnahme zu den Bemerkungen von Snider und Bloor sich erübrigen. Was die eigenen Beobachtungen betrifft, so fand sich die geringste Menge C_{22}...-Säuren in den Phosphatiden des Herzmuskels [E. Klenk und F. Ditt[6])]. Während die ungesättigten C_{20}...-Säuren 14% der flüssigen Fettsäuren ausmachten, betrug der für die C_{22}...-Säuren gefundene Wert nur 1%. Es wurde aber seinerzeit dazu bemerkt, daß der letzte Wert wahrscheinlich zu niedrig ist, da hier bei der fraktionierten Destillation der Gesamtmenge der ungesättigten Fettsäuren wegen des stark ungesättigten Charakters und des hohen Siedepunkts wahrscheinlich bedeutende Verluste durch

1) 12. Mitteilung: Diese Z. **235**, 24 (1935).
2) J. of Biol. Chem. **99**, 555 (1932/33).
3) J. of Biol. Chem. **107**, 607 (1934).
4) Diese Z. **209**, 112 (1932).
5) Biochemic. J. **29**, 1358 (1935).
6) Diese Z. **226**, 213 (1934).

Polymerisation eintreten. Um die Gruppe der C_{22}...-Säuren vollständiger zu erfassen, sind wir deshalb jetzt wieder so wie früher vorgegangen und haben zunächst mit der Lithiumsalz–Aceton-Methode die Fraktion der hochungesättigten Fettsäuren dargestellt, diese hydriert und erst nach der Hydrierung das Estergemisch der fraktionierten Destillation unterworfen.

In entsprechender Weise wurden auch noch die Glycerinphosphatide der Milz und der Nebennieren untersucht. In den Nebennierenphosphatiden haben Ault und Brown nur die hochungesättigten C_{20}...-Säuren (Arachidonsäure $C_{20}H_{32}O_2$) angetroffen. Die C_{22}...-Säuren sollen nicht oder doch nur spurenweise vorhanden sein. Über die Phosphatide der Milz lagen bis jetzt noch keinerlei Angaben vor.

Herzmuskel vom Rinde.

Die Darstellung der Glycerinphosphatide, die Spaltung derselben und die Gewinnung der hochungesättigten Fettsäuren erfolgte nach E. Klenk und O. v. Schönebeck[4]). Aus 7,5 kg der frischen Organe wurden 101,5 g Glycerinphosphatide und daraus wieder 49,0 g Gesamtfettsäuren und schließlich 9,0 g hochungesättigte Fettsäuren erhalten. Zur Entfernung gewisser Beimengungen, die bei der Hydrierung den Katalysator vergiften, wurde das Säuregemisch durch Kochen mit methylalkoholischer Schwefelsäure verestert und die Methylester ohne zu fraktionieren in einem Claisenkolben möglichst rasch destilliert. Menge des Destillats: 8,3 g. Jodzahl 230 (31,7 mg Subst.: 5,75 ccm n/10-Bromlösung).

Die Ester wurden nun hydriert und in dem vor kurzem beschriebenen Apparat [E. Klenk[7])] fraktioniert destilliert:

	Methylester		Freie Säuren					
	Menge in g	Schmelzp. in °	Schmelzp. in °	Äquiv.-Gew.	aus Aceton umkrystallisiert Schmelzp. in °	aus Aceton umkrystallisiert Äquiv.-Gew.	Schmelzp. in °	Äquiv.-Gew. ber.
1	0,86	25	61,5	282			$C_{18}H_{36}O_2$	
2	0,88	34,5	62	290			69,2	284,3
3	0,89	37	64	295				
4	0,92	38	65,5	300				
5	0,93	40	67,5	304			$C_{20}H_{40}O_2$	
6	0,90	43	72	312	73,5	314	74,8—75,1	312,4
7	0,57	44	72	316	72	317		
8	0,48	44,5	70,5	322	70,5—71	320	$C_{22}H_{44}O_2$	
9*)	0,60	unscharf	71	334	72,5	332	80—80,5	340,4

*) Erhalten durch nachfolgende Destillation des in der Apparatur verbliebenen Rückstands im Claisenkolben.

[7]) Diese Z. **242**, 250 (1936).

1	2	3	4	5	6	7	8	9
Einwage, mg Substanz.								
31,1	28,6	30,9	33,5	33,7	38,0 (30,2)	30,3 (44,5)	29,2 (32,5)	29,7 (35,9)
Verbrauch, ccm n/10-alkoholische Kalilauge.								
1,102	0,987	1,049	1,117	1,109	1,218 (0,960)	0,960 (1,420)	0,907 (1,017)	0,889 (1,11)

Menge der Methylester in g.

	1	2	3	4	5	6	7	8	9	Summe in g	Summe in %
C_{16}	0,07									0,07	1
C_{18}	0,79	0,71	0,55	0,41	0,28					2,74	39
C_{20}		0,17	0,34	0,51	0,65	0,90	0,50	0,32	0,14	3,53	50
C_{22}							0,07	0,16	0,46	0,69	10

Aus Fr. 6 erhielt man durch 4maliges Umkrystallisieren aus Methylalkohol einen Ester vom Schmelzp. 45—45,5°. Verseifung führte zu praktisch reiner Eicosansäure. Schmelzp. 74,5°.

83,1 mg Subst.: 2,659 ccm n/10-alkoholische Lauge.

Äquiv.-Gew. Gef. 312.

In entsprechender Weise wurde aus Fr. 9 eine allerdings noch keineswegs reine Behensäure erhalten. Schmelzpunkt des Methylesters: 49°. Schmelzpunkt der freien Säure 75,5°.

24,8 mg Subst.: 0,731 ccm n/10-alkoholische Lauge.

Äquiv.-Gew. Gef. 339.

Ein Produkt von höherem Reinheitsgrad erhielten wir dagegen ausgehend von einer bei der früheren Untersuchung[6]) aus einer wesentlich größeren Menge von Glycerinphosphatiden gewonnenen Esterfraktion. Die damals bei der fraktionierten Destillation der flüssigen Fettsäuren erhaltene Fr. 12 (Jodzahl 220) wurde hydriert und in unserem Apparat nochmals fraktioniert destilliert. Der zuletzt übergehende Anteil (0,84 g) schmolz nach 4maligem Umkrystallisieren aus Methylalkohol bei 51—51,5°, die aus dem Methylester in Freiheit gesetzte und aus Aceton umkrystallisierte Säure bei 79—80°. Eine Mischprobe mit reiner Behensäure zeigte keine Schmelzpunktsdepression.

47,1 mg Subst.: 1,418 ccm n/10-alkoholische Lauge.

Äquiv.-Gew. Gef. 340.

Rindermilz.

Die Aufarbeitung von 5,5 kg des frischen Organs führte zu 83,0 g Glycerinphosphatiden (Menge des völlig phosphorfrei gemachten Neutralfetts 15,0 g), 31,9 g Gesamtfettsäuren und 8,4 g hochungesättigten Fettsäuren.

Die Menge der durch Vakuumdestillation gereinigten Methylester betrug nur noch 5,2 g. Jodzahl 251 (24,4 mg Subst.: 4,82 ccm n/10-Bromlösung). Nach der Hydrierung wurden die Methylester wiederum wie oben fraktioniert destilliert:

	Methylester		Freie Säuren			
	Menge in g	Schmelzp. in °	Schmelzp. in °	Äquiv.-Gew.	aus Aceton umkrystallisiert Schmelzp.	aus Aceton umkrystallisiert Äquiv.-Gew.
1	0,44	36	61	295	66	301
2	0,41	38	63,5	302	67	305
3	0,51	40,5	68	305	70	308
4	0,71	41	69,5	307	71,5—72	310
5	0,74	43	70	311	70,5—71	313
6	0,95	45	69	315	69,5	321
7*)	0,62	46	72	323	74	328

1	2	3	4	5	6	7
Einwage, mg Substanz.						
29,9 (46,5)	41,2 (40,0)	41,8 (31,0)	38,8 (40,4)	45,4 (40,5)	44,5 (46,6)	32,5 (31,8)
Verbrauch, ccm n/10-alkoholische Kalilauge.						
1,015 (1,[illegible]42)	1,366 (1,311)	1,37 (1,005)	1,265 (1,297)	1,459 (1,293)	1,415 (1,451)	1,005 (0,969)

Menge der Methylester in g.

	1	2	3	4	5	6	7	Summe in g	Summe in %
C_{18}	0,27	0,15	0,13	0,14				0,69	16
C_{20}	0,17	0,26	0,38	0,57	0,74	0,88	0,38	3,38	77
C_{22}						0,07	0,24	0,31	7

Die Methylester von Fr. 4 bzw. 7 zeigten nach 4maligem Umkrystallisieren aus Methylalkohol den Schmelzp. 44 bzw. 50°. Die Verseifung führte zu annähernd reiner Eicosan- bzw. Behensäure vom Schmelzp. 73,5 bzw. 78°.

49,2 bzw. 43,1 mg Subst.: 1,579 bzw. 1,275 ccm n/10-alkoholische Lauge.

Äquiv.-Gew. Gef. 312 bzw. 338.

Mischproben mit reiner Eicosan- bzw. Behensäure zeigten keine Schmelzpunktsdepression.

*) Vgl. Anmerkung *) auf S. 204.

Nebennieren.

Das Phosphatidpräparat wurde uns freundlicherweise von der I. G. Farbenindustrie zur Verfügung gestellt. Es handelte sich um den Alkohol-Äther-Extrakt der Organe. Das Präparat wurde von uns wieder in Äther gelöst, die Lösung stark eingeengt und die Phosphatide alsdann mit Aceton gefällt. Aus 40 g Phosphatid wurden 14,0 g Gesamtfettsäuren und 3,8 g hochungesättigte Fettsäuren erhalten. Menge der durch Vakuumdestillation gereinigten Methylester 3,0 g. Jodzahl 212 (53,1 mg Subst.: 8,85 ccm n/10-Bromlösung). Sie wurden hydriert und wie oben fraktioniert destilliert:

	Methylester		Freie Säuren			
					aus Aceton umkrystallisiert	
	Menge in g	Schmelzp. in °	Schmelzp. in °	Äquiv.-Gew.	Schmelzp. in °	Äquiv.-Gew.
1	0,55	36	62,5	300	65,5	304
2	0,65	40,5	69	307	70	309
3	0,58	43	72	315	73	312
4	0,36	43,5	71	316	71	319
5	0,23	43,5	69	323	70	322
6*)	0,27	unscharf	70	333	71,5	330

1	2	3	4	5	6
Einwage, mg Substanz.					
56,4 (43,8)	44,5 (43,1)	37,9 (41,7)	39,7 (41,7)	32,4 (43,7)	31,6 (31,7)
Verbrauch, ccm n/10-alkoholische Kalilauge.					
1,882 (1,475)	1,451 (1,397)	1,205 (1,335)	1,257 (1,308)	1,003 (1,362)	0,950 (0,961)

Menge der Methylester in g.

	1	2	3	4	5	6	Summe	
							g	%
C_{18}	0,24	0,12					0,36	14
C_{20}	0,31	0,53	0,58	0,31	0,14	0,07	1,94	73
C_{22}				0,05	0,09	0,20	0,34	13

Da nur verhältnismäßig wenig Material zur Verfügung stand, konnte hier eine einigermaßen einheitliche Behensäure nicht herausfraktioniert werden. Nach dem obigen Fraktionierergebnis kann aber ihr Vorhandensein nicht bezweifelt werden.

*) Vgl. Anmerkung *) auf S. 204.

Ergebnis.

Hochungesättigte C_{22} ...-Säuren wurden neben den C_{20} ...-Säuren in den Glycerinphosphatiden des Herzmuskels, der Milz und der Nebennieren nachgewiesen. Ihre Menge ist in allen drei Fällen beträchtlich geringer als die der C_{20} ...-Säuren.

Man hat also guten Grund, anzunehmen, daß die Glycerinphosphatide aller Organe regelmäßig die C_{20} ...- und C_{22} ...-Säuren nebeneinander enthalten. Jedenfalls ist noch in keinem einzigen Fall der einwandfreie Beweis für das alleinige Vorkommen von nur einer der beiden Säuregruppen erbracht worden. Die Verhältnisse liegen ähnlich wie bei den Triglyceriden der Fische und anderer Kaltblüter, wo, wie aus einem umfangreichen Tatsachenmaterial hervorgeht, ebenfalls das gleichzeitige Vorkommen von beiden Fettsäuregruppen nebeneinander als feste Regel gelten kann.

Die Untersuchung wurde durchgeführt mit Unterstützung der Deutschen Forschungsgemeinschaft, die dem einen von uns (J. Dittmer) ein Forschungsstipendium gewährte.

Berichtigung.

Die in Bd. 243, S. 57 erschienene Arbeit von Giri „Über Frauenmilch-Phosphatase" ist in das Verzeichnis der Autorennamen fälschlicherweise nicht unter G, sondern unter K mit dem Vornamen Kramadhati aufgenommen worden.

Eine Methode zur chromatographischen Trennung und quantitativen Bestimmung der beim oxydativen Ozonidabbau ungesättigter Fettsäuren gebildeten Spaltstücke

Von

E. Klenk und **W. Bongard** *

Aus dem Physiologisch-chemischen Institut der Universität Köln

(Der Redaktion zugegangen am 8. März 1952)

Über die Konstitution der im Tierreich weit verbreiteten, hochungesättigten Fettsäuren ist bis jetzt nur wenig bekannt. Dies erklärt sich einerseits dadurch, daß es sich fast regelmäßig um ein äußerst komplexes Substanzgemisch handelt, aus welchem sich einheitliche Verbindungen, wenn überhaupt, so doch nur mit größten Schwierigkeiten isolieren lassen, und andererseits aber auch durch die geringe Leistungsfähigkeit der bisher zur Konstitutionsermittlung dienenden Methoden. Als Vorarbeit zu einer umfassenderen Untersuchungsreihe haben wir uns mit dem zuletzt genannten Problem etwas näher beschäftigt.

Im Fall der einfachen, ungesättigten Fettsäuren hat sich die Harriessche Methode der Ozonidspaltung gut bewährt. Nach der neuerdings von Asinger[1] verbesserten Methode erhält man aus Ölsäure die Abbausäuren in einer Ausbeute von etwa 90%. Bei den natürlichen Polyensäuren ist jedoch die Ozonidspaltung insofern unbefriedigend, als sich dabei das darin so häufig vorkommende $:CH \cdot CH_2 \cdot CH:$ Mittelstück der Erfassung entzieht. Nach Erdmann und Mitarbeitern[2] zerfällt die bei dem üblichen Abbau als Zwischenprodukt zu erwartende Formylessigsäure, $CHO \cdot CH_2 \cdot COOH$, sehr leicht in Acetaldehyd und CO_2. Beim Abbau der Linolensäure erhielten sie, obwohl sorgfältig danach gesucht wurde, Malonsäure kaum mehr als spurenweise. Später wurde deshalb bei Untersuchungen dieser Art[3] von vornherein auf die Isolierung der Malonsäure verzichtet und die beim Verkochen des Ozonids mit Wasser auftretenden Zersetzungsprodukte (Acetaldehyd, CO_2) bestimmt und daraus auf das Vorhandensein des obigen Mittelstücks geschlossen.

Wir haben demgegenüber nach einer Methode gesucht, mit welcher es gelingt, auf dem Wege des oxydativen Ozonid-Abbaus dieses Mittelstück in Form von Malonsäure zu fassen. Für die ersten orientierenden Versuche wurde Dihydromuconsäure, $COOH \cdot CH_2 \cdot CH : CH \cdot CH_2 \cdot COOH$, als Modellsubstanz gewählt. Völlig unbrauchbar erwies sich in diesem Fall die Methode von Asinger[1]. Malonsäure wurde nur in einer Ausbeute von 7% erhalten. Wesentlich bessere Ergebnisse wurden

---

* Auszug aus der Dissertat. von W. Bongard, Köln 1952.

[1] Fr. Asinger, Ber. dtsch. chem. Ges. **75**, 656 [1942].

[2] E. Erdmann, F. Bedford u. F. Raspe, Ber. dtsch. chem. Ges. **42**, 1334 [1909].

[3] C. L. Arcus u. I. Smedley-MacLean, Biochem. J. **37**, 1 [1943].

mit dem neuerdings von Ziegler und Mitarbeitern[4] angewendeten Verfahren der Ozonidspaltung mit Peressigsäure erzielt. Es zeigte sich, daß die Spaltung zweckmäßigerweise bei möglichst niedriger Temperatur durchgeführt wird. Bei 50° betrug die Ausbeute 50%, bei 30° dagegen 67%. Anscheinend wird bei höherer Temperatur die Zersetzung der hypothetischen Formylessigsäure so stark beschleunigt, daß ein größerer Teil derselben sich der Stabilisierung zu Malonsäure entzieht. Jedenfalls konnten wir feststellen, daß die einmal gebildete Malonsäure dem Angriff der oxydierenden Agenzien widersteht. Um die etwas unbequeme Darstellung der Peressigsäure zu umgehen, wurden auch mit bestem Erfolg Spaltungsversuche mit Eisessig, dem etwas Perhydrol zugefügt war, ausgeführt. Die Ausbeute konnte dadurch noch auf 80% gesteigert werden.

Zweifellos sind bei der Dihydromuconsäure die Voraussetzungen für die Entstehung der Malonsäure besonders günstig. Es wurde deshalb mit der letzten Methode auch die Ozonidspaltung von 1.4-Dihydrobenzol

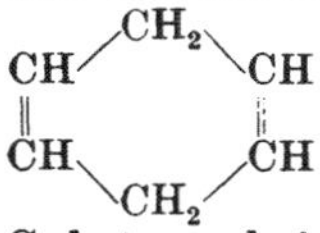

ausgeführt, das im Idealfall ebenso wie die Dihydromuconsäure vollständig in Malonsäure übergehen müßte. Wie zu erwarten, war hier die Ausbeute niedriger. Sie betrug 50%. Es ist aber möglich, daß sich ein Teil der Substanz beim Durchleiten des ozonhaltigen Sauerstoffs infolge ihrer großen Flüchtigkeit der Reaktion entzogen hat. Soweit ersichtlich, ist beim Ozonidabbau von Polyenen hier zum erstenmal Malonsäure in nennenswerten Mengen erhalten worden.

Für die nähere Untersuchung des Säuregemisches, welches bei diesem Abbau aus den natürlichen Polyensäuren anfällt, schien ein chromatographisches Verfahren besonders geeignet. Methoden zur chromatographischen Trennung der niederen Fettsäuren sind schon von verschiedenen Seiten beschrieben worden. In unseren Händen hat sich die Verteilungschromatographie von Moyle, Baldwin und Scarisbrick[5], welches die Monocarbonsäuren C_2—C_9 zu trennen gestattet, bestens bewährt. Sie verwenden als stationäre Phase mit Phosphatpuffer von verschiedenem p_H getränktes Kieselsäuregel und eluieren mit 1,10 und 30% Butanol enthaltendem Chloroform. Nicht reproduzieren ließ sich allerdings die Trennung der Säuren C_6—C_9 mit ihrer Säule III. Es zeigte sich aber, daß die Trennschärfe ihrer Säule II durch Abänderung des Verhältnisses Gelmenge/Phosphatpuffer sich erhöhen läßt, so daß damit auf die Säule III verzichtet werden konnte.

Wir fanden, daß sich in ähnlicher Weise auch die Dicarbonsäuren leicht und vollständig voneinander trennen lassen. Durch Ausarbeiten einer neuen Säule C und Verwendung der von Isherwood[6] für die

[4] K. Ziegler u. H. Wilms, Liebigs Ann. Chem. **567**, 1 [1950]; H. Wilms, Liebigs Ann. Chem. **567**, 96 [1950]; K. Ziegler, W. Hechelhammer, H. D. Wagner u. H. Wilms, Liebigs Ann. Chem. **567**, 99 [1950].

[5] V. Moyle, E. Baldwin u. R. Scarisbrick, Biochem. J. **43**, 308 [1948].

[6] F. A. Isherwood, Biochem J. **40**, 688 [1946].

Trennung einiger Fruchtsäuren angegebenen Rohrfüllung (wobei die Heber-Apparatur von Moyle und Mitarbeitern sich als praktischer erweist als die Isherwoodsche Apparatur), gelingt die Trennung aller Glieder C_2—C_{12}. Es zeigte sich außerdem, daß dieselben Säulen, welche sich für die Trennung der Mono- bzw. Dicarbonsäuren eignen, auch für die Trennung der beim Abbau der Methylester der Polyensäuren als Endstücke auftretenden Monomethylester der Dicarbonsäuren C_2—C_7, C_9 brauchbar sind. Benötigt werden insgesamt vier verschiedene Säulen, deren Anwendungsbereich aus der Tab. 1 ersichtlich ist.

Tab. 1. Verwendungsbereich der Säulen A—D.

Säule	Butanolgehalt Vol %	Mos*	Dis**	Mme***
A	1	C_9, C_6		C_9, C_7
Phosphatpuffer	10	C_5		C_6
$p_H > 11$	30	C_4		—
B	1	C_4	C_{12}, C_{11}	C_6, C_5
Phosphatpuffer	10	C_3	C_{10}	C_4
$p_H = 6{,}95$	30	C_2	C_9	—
C	5	—	C_9, C_8	
Phosphatpuffer	10	C_2	—	
$p_H = 5{,}9$	20	—	C_7	
	30	—	C_6	
D	1	C_2	—	C_3
0,5-*n*. H_2SO_4	3	—	C_6	C_2
	5		C_5	—
	10		C_4, C_3	
	20		C_2	

* Mos = Monocarbonsäure; ** Dis = Dicarbonsäure; *** Mme = Dicarbonsäure-monomethylester.

Sind Mono- und Dicarbonsäuren im Gemisch nebeneinander vorhanden, so stören sich diese gegenseitig nicht, falls die Dicarbonsäuren C_{10} und C_{11} fehlen, was wohl meistens zutreffen dürfte. Die letzteren werden gleichzeitig mit Propionsäure bzw. Buttersäure eluiert. Schwieriger wird die Trennung, wenn im Gemisch außerdem noch Monomethylester der Dicarbonsäuren vorhanden sind. Diese laufen in der Regel gleichzeitig mit einer Monocarbonsäure durch die Säule, so daß nur die Mengen beider Komponenten zusammen bestimmbar sind. Die Zusammensetzung des Gemischs läßt sich aber auch in diesem Fall dadurch genau ermitteln, daß man eine Probe verseift und die Chromatogramme der Säuregemische vor und nach der Verseifung miteinander vergleicht. Die Chromatographie zahlreicher künstlich zusammengesetzter Gemische ergab, daß ihre Zusammensetzung mit durchaus befriedigender Genauigkeit festgestellt werden kann.

Um bei der Konstitutionsermittlung der Polyensäuren von vornherein Endstücke und Mittelstücke unterscheiden zu können, wird zweckmäßigerweise der Methylester ozonisiert. Die Bestimmung der

Dicarbonsäuren im anfallenden Säuregemisch (Monocarbonsäuren, Dicarbonsäuren und deren Halbester), ergibt die Mittelstücke. Zur Ermittlung der Endstücke ist noch eine Analyse des nach der Verseifung erhaltenen Säuregemisches erforderlich. Nach Abzug des aus den Mittelstücken stammenden Anteils erhält man die den Endstücken entsprechenden Mono- und Dicarbonsäuren. Um etwaige Verluste bei der Verseifung zu vermeiden, kann selbstverständlich auch die freie Fettsäure noch dem Ozonidabbau unterworfen und das anfallende Säuregemisch (Mono- und Dicarbonsäuren) direkt chromatographiert werden. Bei der Einfachheit des Verfahrens ist dieses Vorgehen unter Umständen von Vorteil.

Die Leistungsfähigkeit der hier ausgearbeiteten Methode wurde am Beispiel der Ölsäure und Linolsäure mit folgendem Ergebnis geprüft.

Tab. 2. Ozonidabbau der Methylester ungesättigter Fettsäuren. Menge der Abbausäuren in Mol. pro Mol. Fettsäuremethylester.

	Ölsäure		Linolsäure I		Linolsäure II	
	Mos	Dis	Mos	Dis	Mos	Dis
Mittelstück: C_3				0,35		0,30
Endstücke: C_3			0,112		0,068	
C_6	0,06		0,58		0,84	
C_9	0,87	0,95	0,197	0,89	0,035	0,92
C_3—C_9	0,93		0,889		0,943	

Wie Tab. 2 zeigt, werden die zu erwartenden Spaltstücke nahezu quantitativ erfaßt. Nur bei der Malonsäure ist ein beträchtlicher Verlust festzustellen, so daß die gefundene Menge kaum mehr als 30% der Theorie entspricht.

Wie die obigen Beispiele zeigen, eignet sich die Methode auch vorzüglich zur Prüfung der ungesättigten Fettsäuren auf Einheitlichkeit. Selbst kleine Beimengungen von anderen ungesättigten Fettsäuren sind noch gut festzustellen. Ein gewisser Nachteil ist, daß die Ozonidspaltung mit H_2O_2 in Eisessig-Lösung vorgenommen wird. Damit muß von vornherein auf den Nachweis von Essigsäure als Spaltstück verzichtet werden. Da dieser Fall jedoch nur selten vorkommt (es sei denn, daß Essigsäure als Zersetzungsprodukt der Malonsäure bzw. Formylessigsäure auftritt), glaubten wir diesen Nachteil gegenüber den offensichtlichen Vorzügen der Methode in Kauf nehmen zu können, um so mehr, als die Anwesenheit der großen Menge Essigsäure, wie ein Versuch ergab, den Nachweis von Propionsäure nicht nennenswert stört.

Es sei noch besonders hervorgehoben, daß die Bestimmung in kurzer Zeit und mit geringen Substanzmengen ausgeführt werden kann. Für eine vollständige Analyse sind nicht mehr als 100 mg des Spaltgemisches erforderlich. Die Methode hat bei der Konstitutionsermittlung der hochungesättigten C_{20}- und C_{22}-Fettsäuren der Glycerinphosphatide, worüber wir in Kürze berichten werden, bereits gute Dienste geleistet.

Ozonidspaltung der $\Delta^{\beta:\gamma}$ Dihydromuconsäure

1. Nach Asinger[1]: Im Anschluß an die Spaltung des Ozonids mit Ag_2O wird der Ag-Niederschlag abfiltriert, die Lösung eingeengt und nach dem Ansäuern mit HCl die Malonsäure mit Äther extrahiert. Aus 1 g Dihydromuconsäure 0,1 g gelb gefärbte, feste Substanz. Schmp. 121—124°. Ausb. 7% der Theorie.

2. Nach Raspe[7]: Die Spaltung des Ozonids von 1 g Dihydromuconsäure durch 70-stdg. Schütteln mit Wasser bei Zimmertemperatur und Nachoxydation mit Luftsauerstoff (Filtrierpapier, das mit der wäßrigen Lösung der Spaltprodukte getränkt ist, wird 4 Tage an der Luft aufgehängt) und nachfolgende Extraktion mit Äther ergibt 0,775 g einer gefärbten, schmierigen Substanz, die nach der chromatographischen Bestimmung (siehe weiter unten) 0,216 g Malonsäure enthält. Ausb. 15% der Theorie.

Ähnliche unbefriedigende Ergebnisse wurden auch bei einer Reihe von Versuchen erzielt, bei welchen die Nachoxydation nach Düll[8] mit CrO_3, $KMnO_4$ bzw. H_2O_2 bei alkalischer Reaktion erfolgte.

3. Nach Wilms[4]: 1 g Dihydromuconsäure in 30 ccm Eisessig und 10 ccm Methylacetat gelöst und bei —5° ozonisiert. Lösungsmittel im Vakuum entfernt, Ozonid in 4 ccm Peressigsäure und 6 ccm Eisessig gelöst und über Nacht im Thermostat auf 50° erwärmt. Zur Zerstörung der überschüssigen Persäure wird dann 10 Min. gekocht und im Vakuum zur Trockne gebracht. Nach Aufnehmen in wenig Wasser Lösungsmittel wieder im Vakuumexsiccator entfernt. 0,773 g weiße, kristallisierte Substanz. Schmp. 129—130°. Ausb. 53% der Theorie.

Führt man die Spaltung des Ozonids in entsprechender Weise bei 39 bzw. 30° aus, so steigt die Ausbeute auf 60 bzw. 67% der Theorie. Schmp. 128 bzw. 130°.

4. Spaltung mit Eisessig und Perhydrol: Ozonisation der Substanz wie bei 3. Ozonid in Eisessig gelöst und nach Zugabe von 4 ccm Perhydrol während 40 Stdn. im Thermostaten auf 35° erwärmt. Zum Schluß wird zur Zerstörung der gebildeten Peressigsäure kurz aufgekocht und wie bei 3. weiter behandelt. Ausb. 80% d. Th.; Schmp. 128—129°.

Führt man die Spaltung des Ozonids in entsprechender Weise bei 50° durch, so sinkt die Ausbeute auf 65% der Theorie. Spaltung durch 40-stdg. Schütteln bei Zimmertemperatur ergibt schmieriges Produkt (Schmp. 100—120°). Ausb. 67% der Theorie.

Ozonidspaltung von 1.4-Dihydrobenzol

Ausgangsmaterial aus Chinit durch Wasserabspaltung mit $KHSO_4$ dargestellt. Beigemischtes 1.2-Dihydrobenzol durch Addition von Maleinsäureanhydrid abgetrennt. Sdp. 88.5°.

0,8 g Subst. in 15 ccm Eisessig und 35 ccm Methylacetat bei —65° ozonisiert. Gasstrom weitmöglichst abgedrosselt, da Entweichen von Substanz am Geruch bemerkbar. Lösung vorsichtig im Vakuum auf die Hälfte eingeengt und nach Zugabe von 10 ccm Eisessig und 4 ccm Perhydrol 36 Stdn. auf 35° erwärmt. Weitere Behandlung wie oben bei 3. 1,75 g schmieriger Rückstand mit einem Gehalt von 1,05 g Malonsäure (chromatographisch bestimmt). Nach Abpressen auf Ton Schmp. 128—129°. Ausb. 50% der Theorie.

Beschreibung der chromatographischen Methode

Reagenzien: 1. Silicagel, dargestellt nach Isherwood[6]. Von der gegebenen Vorschrift wurde nur insofern abgewichen als wir zum Auswaschen des Gels anstelle von Äthanol Methanol verwendet haben.

2. Pufferlösungen. Als Stammlösungen sind 2-*m.* Lösungen von KH_2PO_4, K_2HPO_4 und K_3PO_4 hergestellt worden. Letztere Lösung wird aus K_2HPO_4 und KOH gewonnen. Die 2-*m.* KH_2PO_4-Lösung darf nicht unter 30° abkühlen, da sonst Kristallisation eintritt.

---

[7] F. Raspe, Dissertat. Halle 1909.
[8] H. Düll, Dissertat. Freiburg 1933.

Lösung A: 2,5 Vol. K_2HPO_4 + 3,5 Vol. K_3PO_4
Lösung B: 2 Vol. K_2HPO_4 + 1 Vol. KH_2PO_4
Lösung C: 3 Vol. K_2HPO_4 + 7 Vol. KH_2PO_4 p_H 5,9
Lösung D: 0,5-*n*. H_2SO_4.

3. Eluiermittel. Für Säule A und B: 1-, 10-, 30-Vol.-% Butanol enthaltendes Chloroform. — Für Säule C: 1-, 5-, 10-, 20- und 30% Butanol-Chloroform. Sämtliche Lösungen werden mit 2-*m*. K_2HPO_4 äquilibriert und durch ein trockenes Filter filtriert.

Für Säule D: 1-, 3-, 5-, 10- und 20% Butanol-Chloroform. Die Lösungen werden mit 0.5-*n*. H_2SO_4 äquilibriert und wie oben filtriert. Die Phosphatpuffer sind nur etwa 3 Wochen haltbar.

Zur Herstellung der Säulen A, B, C und D werden 3 g Silicagel und 4 ccm der entsprechenden Pufferlösung im glasierten Mörser homogen zerrieben. Im übrigen verfährt man nach der von Moyle und Mitarbb.[5] gegebenen Vorschrift. Auch das Beschicken der Säule mit dem zu analysierenden Säuregemisch und das Auffangen des Eluats in Portionen von je 5 ccm erfolgt in derselben Weise wie dort beschrieben. Jede der aus dem Hebergefäß ausfließenden Fraktionen wird mit *n*/100-methanolischer KOH unter Durchleiten von N_2 oder CO_2-freier Luft titriert (Indikator Phenolphthalein oder Kresolrot). Bei der Titration mit äthanolischer Lauge muß zur Probe vorher Wasser oder noch besser Methanol zugefügt werden, da sonst die Kaliumsalze der Säuren ausfallen, wodurch ein genaues Titrieren unmöglich gemacht wird. Die Eluierung beginnt bei jeder Analyse mit 1% Butanol-Chloroform. Sobald bei der Titration der Blindwert 0,02—0,06 ccm *n*/100-KOH wieder erreicht ist, wird im allgemeinen zur Eluierung mit dem Lösungsmittel von höherem Butanolgehalt übergegangen.

Aus einem Diagramm, in welchem als Abszisse die Nummern der aufeinanderfolgenden Fraktionen und als Ordinate der jeweilige Verbrauch an *n*/100-KOH abgetragen ist, ergibt sich die Menge der eluierten Säure aus dem Gesamtverbrauch an *n*/100-KOH der betreffenden Fraktionen. Dabei muß von jedem einzelnen Titrationswert der entsprechende Blindwert abgezogen werden.

a) Die niederen Fettsäuren (Mos)

Vor kurzem berichteten Bueding und Yale[9], daß die Methode von Moyle und Mitarbb.[5] zur Trennung der Monocarbonsäuren versagt. Nach unseren Erfahrungen ist die Beschaffenheit des Silicagels für das Gelingen der Trennung von ausschlaggebender Bedeutung. Von 3 Gelproben, die wir aus käuflichem Wasserglas dargestellt haben, erwies sich eine Probe als nicht brauchbar. Wir vermuten, daß in diesem Fall das Gel nicht mit der nötigen Sorgfalt ausgewaschen wurde. Jedes neu dargestellte Präparat muß deshalb auf seine Verwendbarkeit zur Herstellung einer Säule von guter Trennwirkung besonders geprüft werden. Die Präparate sind unbegrenzt haltbar. Es empfiehlt sich größere Mengen darzustellen. Ein Präparat, das den Anforderungen nicht entspricht, ist zu verwerfen.

Die hier verwendeten Säulen A und B unterscheiden sich von den Säulen II und I nach Moyle und Mitarbb. nur dadurch, daß die Pufferlösung dem Silicagel in etwas größeren Mengen (4 ccm Pufferlösung auf 3 g Silicagel, anstelle von 3 ccm auf 3 g) zugegeben wird. Dadurch verbessert man die Trennschärfe der Säule A. Es ist möglich, mit dieser Säule auch Pelargonsäure und Capronsäure scharf zu trennen, wofür nach der ursprünglichen Vorschrift eine dritte Säule mit einer noch stärker alkalischen Phosphatpufferlösung benötigt wird. Mit Hilfe dieser Säule III konnten wir bei den Monocarbonsäuren C_6—C_9 überhaupt keinen Trenneffekt erzielen.

Die Analyse eines Gemisches von je 2,08 mg Pelargonsäure, 3,60 mg Capronsäure, 2,02 mg Isovaleriansäure, 1,49 mg Buttersäure, 1,88 mg Propionsäure und 3,72 mg Essigsäure, die in 1 ccm 1% Butanol-Chloroform gelöst waren, mit Säule A bzw. B hatte die in Abb. 1 und 2 dargestellten Ergebnisse.

---

[9] E. Bueding u. H. W. Yale, J. biol. Chemistry **193**, 411 [1951].

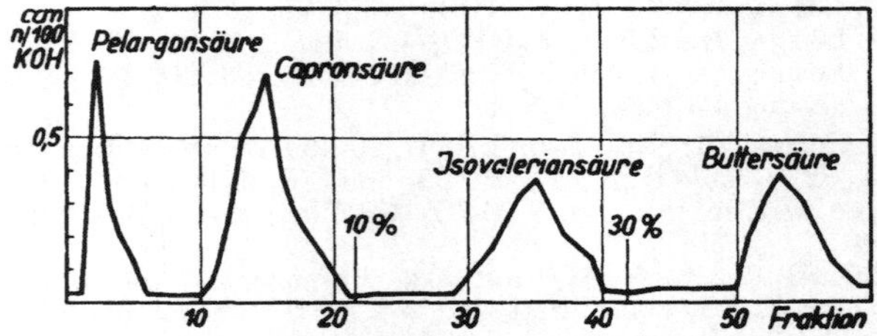

Abb. 1. Trennwirkung von Säule A.
Wiedergefundene Mengen: C_9 97%, C_6 97%, C_5 100%, C_4 93%.

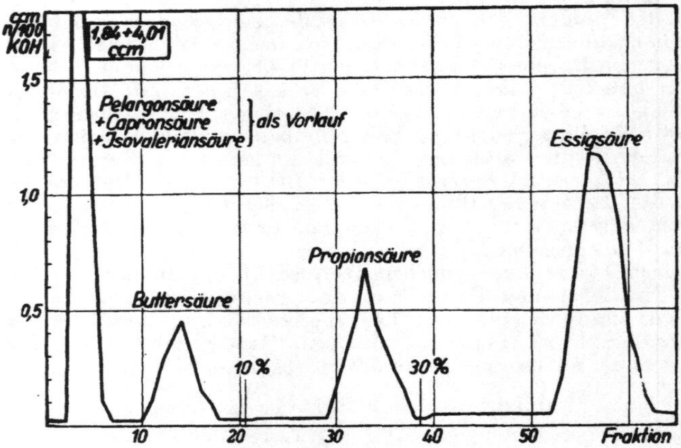

Abb. 2. Trennwirkung von Säule B.
Wiedergefundene Mengen: $C_9 + C_6 + C_5$ 103%, C_4 97,5%, C_3 98,5%, C_2 98%.

b) Die Dicarbonsäuren (Dis)

Testsubstanzen. Oxalsäure (C_2), Merck p. A. Schmp. 101°. — Malonsäure (C_3), aus Malonester gewonnen. Schmp. 131°. — Bernsteinsäure (C_4), Merck. Schmp. 185°. — Glutarsäure (C_5), dargestellt aus Adipinsäure über Cyclopentanon und Oxydation desselben mit HNO_3[10]. Verwendet wurde das Rohprodukt vom Schmp. 90° (reine Glutarsäure Schmp. 96°). Auf die schwierige Entfernung der letzten Spuren von beigemengter Bernsteinsäure wurde verzichtet. — Adipinsäure (C_6), Bayerwerke, Leverkusen. Aus heißem Wasser umkristallisiert. Schmp. 151°. — Pimelinsäure (C_7), Industriepräparat. Schmp. 104°. — Korksäure (C_8), dargestellt aus Ölsäure durch Oxydation mit HNO_3 bei Gegenwart von Ammoniumvanadat[11]. Die Substanz wurde in Abweichung von der gegebenen Vorschrift aus den wäßrigen Mutterlaugen nach Abtrennung der ausgefallenen Azelainsäure durch Abdampfen im Vakuum mit Hilfe einer Wasserdampfstrahlpumpe bis zur Trockne gewonnen. Der Rückstand wurde in siedendem Benzol suspendiert und durch Zutropfen von Methanol gelöst. Beim Abkühlen der heiß filtrierten Lösung im Kühlschrank fiel reine Korksäure aus. Schmp. 140—141°. —

[10] P. W. Clutterbuck u. H. S. Raper, Biochem. J. **19**, 393 [1925].
[11] EP 524163 u. AP 2203680 Du Pont de Nemours, Chem. Zbl. **1941** II, 113; **1941** I, 117.

Azelainsäure (C_9), dargestellt aus Azelainsäuremonomethylester (siehe unten) durch Verseifung. Schmp. 106°. — Sebacinsäure (C_{10}), Riedel de Haën. Schmp. 126—128° (reine Sebacinsäure Schmp. 134°). Die chromatographische Analyse ergab folgende Zusammensetzung: C_{10} 92,5%, C_{12} 7,5%. — Nonandicarbonsäure (C_{11}), Industriepräparat. Schmp. 98° (reine C_{11}-Dicarbonsäure Schmp. 110°). Die chromatographische Analyse ergab folgende Zusammensetzung: C_{10} 32,7%, C_{11} 61,7%, C_{12} 5,6%. — Decandicarbonsäure (C_{12}), Industriepräparat. Schmp. 124° (reine C_{12}-Dicarbonsäure Schmp. 126°). Die chromatographische Analyse ergab: C_{11} 7,5%, C_{12} 92,5%. — Tetradecandicarbonsäure (C_{16}). Schmp. 124,5°. Dieses Präparat verdanken wir der Freundlichkeit von Herrn Professor Ziegler, Mülheim (Ruhr).

Die chromatographische Trennung von Dicarbonsäuregemischen wurde zunächst mit Citronensäure-Phosphatpuffer von verschiedenem p_H (p_H 4, 5, 6 und 7)

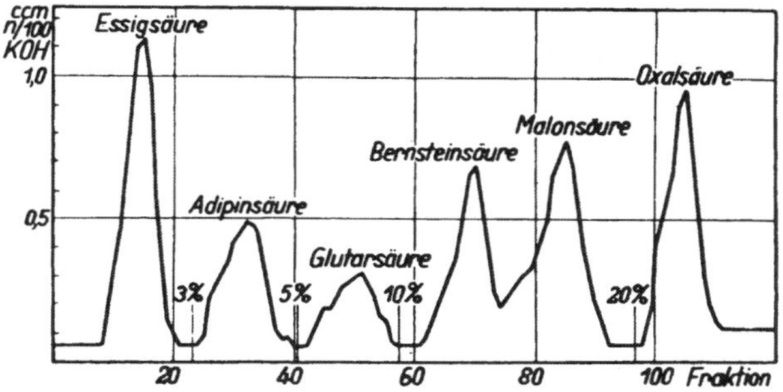

Abb. 3. Trennwirkung von Säule D.

Mos: 3,64 mg C_2; Dis: 2,52 mg C_6, 1,45 mg C_5, 2,18 mg C_4, 3,14 mg C_3, 3,06 mg C_2 in 1 ccm Butanol-Chloroform gelöst.

Wiedergefundene Mengen: Mos: C_2 100%; Dis: C_6 99%, C_5 102%, C_4 101%, C_3 99,5%, C_2 98%.

versucht. Damit konnte zwar eine streng spezifische Eluierung der Glieder C_4—C_9 erreicht werden, jedoch war die wiedergefundene Menge der einzelnen Komponenten des Gemischs unbefriedigend, und außerdem wurde mit 30% Butanol-Choroform bereits die Citronensäure des Puffers eluiert. Noch ungünstiger erwies sich eine mit einer Pufferlösung von Kaliumbiphthalat vom $p_H = 5,2$ hergestellte Säule. Hier stiegen die Blindwerte mit steigendem Butanolgehalt des Eluiermittels von 0,24—1,25 ccm n/100-KOH an.

Zur Trennung der ersten Glieder dieser homologen Reihe wurde deshalb auf eine von Isherwood[6] beschriebene Säule zurückgegriffen und zu deren Füllung ein mit 0,5-n. H_2SO_4 getränktes Silicagel verwendet. Eine Steigerung der Trennwirkung dieser Säule konnte dadurch erzielt werden, daß die Eluierung auch hier mit Chloroform von steigendem Butanolgehalt vorgenommen wurde, während Isherwood zu diesem Zweck nur eine einzige Butanolkonzentration verwendet hat. Dadurch wird auch die Identifizierung der eluierten Säuren wesentlich erleichtert. Auf diese Weise gelingt die Trennung der Dicarbonsäuren C_2—C_6 (Abb. 3).

Es wurde dann weiter geprüft, ob für die Trennung der höheren Glieder die für die Analyse der Monocarbonsäuren verwendeten Säulen A und B brauchbar sind. Da sich dabei zeigte, daß die Säule B eine Trennung der Dicarbonsäuren C_9—C_{12} (Abb. 4) gestattet, wurde nun das für die Trennung der Dicarbonsäuren C_6—C_9 geeignetste p_H des Phosphatpuffers ermittelt. Bei p_H 5,2 blieb die Trennung von C_8 und C_9 aus, während bei p_H 6,5 die Säuren zwar gut getrennt, aber erst bei zu hoher Butanolkonzentration austreten. Dagegen war mit einer Pufferlösung vom p_H 5,9 das Ergebnis voll befriedigend (Abb. 5).

Da die Pufferwirkung dieser ziemlich sauren Phosphatlösung nach der sauren Seite hin verhältnismäßig gering ist, muß bei der Säule C auf genaue p_H-Einstellung ganz besonders geachtet werden; auch ist bei Benützung eines neuen Silicagelpräparates gerade bei dieser Säule eine Überprüfung der Trennwirkung mit Testsäuren von besonderer Wichtigkeit. Hier ist außerdem darauf zu achten, daß

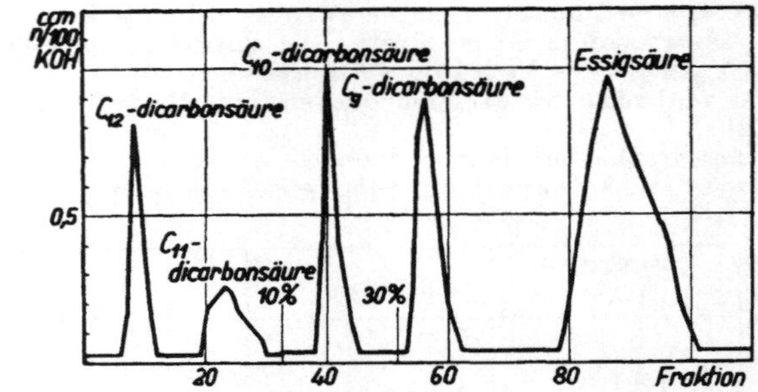

Abb. 4. Trennwirkung von Säule B.

Dis: 2,22 mg C_{12}, 1,66 mg C_{11}, 2,62 mg C_{10}, 3,30 mg C_9; Mos: 6,46 mg C_2.
Wiedergefundene Mengen: Dis: C_{12} 101%, C_{11} 95,5%, C_{10} 104%, C_9 97%. Mos: C_2 103%.

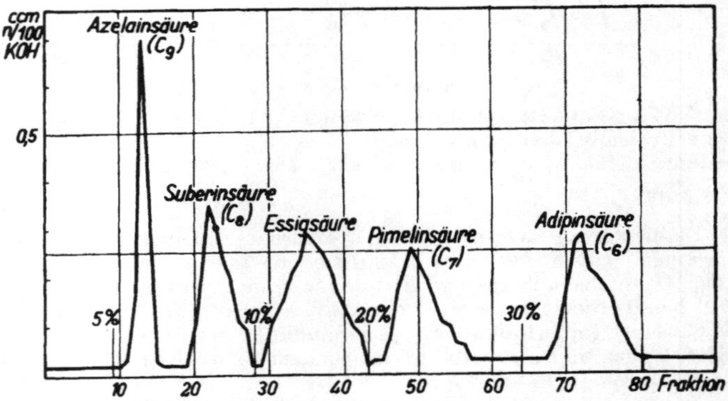

Abb. 5. Trennwirkung von Säule C.

Dis: 1,036 mg C_9, 1,208 mg C_8, 1,048 mg C_7, 1,224 mg C_6; Mos: 1,288 mg C_2.
Wiedergefundene Mengen: Dis: C_9 98,5%, C_8 100,5%, C_7 99%, C_6 90%; Mos: C_2 97%.

die Wirksamkeit der Säule durch einen großen Überschuß von Essigsäure gestört wird, während die Säulen A, B und D dagegen ziemlich unempfindlich sind.

c) Die Dicarbonsäuren-monomethylester (Mme)

Testsubstanzen, Oxalsäure-monomethylester (C_2). Dargestellt aus dem Dimethylester der Säure nach dem für den Äthylester angegebenen Verfahren[12]. Aufbewahrung in Form des Kaliumsalzes. Bei Bedarf wird das Salz in wenig Wasser gelöst und nach dem Ansäuern mit HCl der Halbester ausgeäthert und im Vakuum destilliert. Sdp.$_{10}$ 109°. Die chromatographische Analyse ergibt 90% Monoester.

---

[12] F. Adickes, W. Brunnert u. O. Lücker J. prakt. Chem. **130**, 164 [1931].

Die durch Disproportionierung entstandene freie Oxalsäure kann dabei ebenfalls mitbestimmt werden. Die Substanz zersetzt sich sehr rasch unter Abscheidung von fester Oxalsäure. Sie ist nach 10 Tagen völlig durchkristallisiert. — Malonsäuremonomethylester (C_3), dargestellt aus dem Dimethylester nach dem für den Äthylester angegebenen Verfahren[13]. Aufbewahrung in Form des Kaliumsalzes. Daraus flüssiger Halbester Sdp.$_{25}$ 143°. Zersetzt sich ebenfalls, jedoch langsamer als der Halbester der Oxalsäure, unter Kristallabscheidung. — Bernsteinsäuremonomethylester (C_4), dargestellt aus Bernsteinsäureanhydrid[14]. Sdp.$_{20}$ 152°. Schmp. 58° (aus CS_2 umkristallisiert). — Bernsteinsäuremonoäthyl-

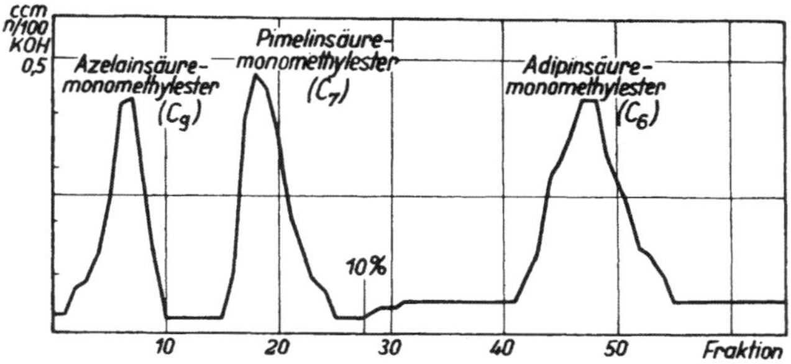

Abb. 6. Trennwirkung der Säule A.

3,20 mg C_9, 3,68 mg C_7, 4,10 mg C_6, 5,78 mg C_5 und 4,04 mg C_4 in 2 ccm 1% Butanol-Chloroform. Wiedergefundene Mengen: C_9 100%, C_7 99%, C_6 101%. C_5 und C_4 von der Säule zurückgehalten.

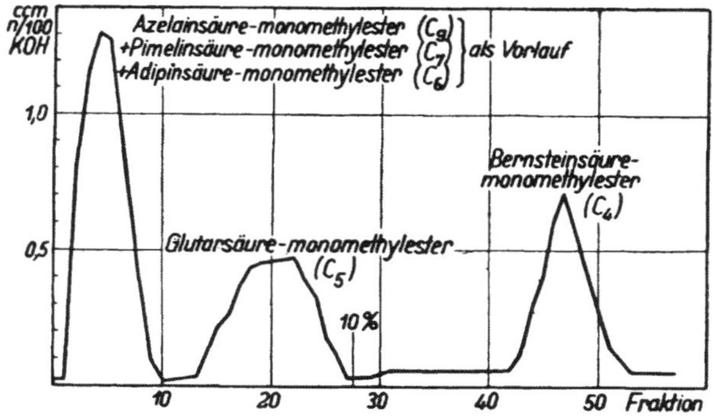

Abb. 7. Trennwirkung der Säule B.

Auf die Säule gebrachte Mengen wie Abb. 6. Wiedergefundene Mengen: $C_9 + C_7 + C_6$ 103%, C_5 97% und C_4 99%.

ester, dargestellt wie der Methylester. Sdp.$_4$ 126,5—128°. — Glutarsäuremonomethylester (C_5), dargestellt über das Säureanhyrid[10]. Sdp.$_{12}$ 148—150°. — Adipinsäure-monomethylester (C_6), dargestellt durch 5-stdg. Erhitzen des Dimethylesters mit etwas mehr als der theoretischen Menge der freien Säure auf 250—270°[15]. Sdp.$_{12}$ 162—165°. Ein Versuch, den Halbester durch partielle Ver-

[13] M. Freund, Ber. dtsch. chem. Ges. **17**, 780 [1884].

[14] W. A. Bone, J. J. Sudborough u. C. H. Sprankling, J. chem. Soc. [London] **85**, 539 [1904].

[15] E. Fourneau u. S. Sabetay, Bull. Soc. chim. France (IV) **43**, 861 [1928].

seifung des Di-esters mit der berechneten Menge KOH darzustellen, gelang nicht. — Pimelinsäure-monomethylester (C_7), dargestellt aus dem Di-ester durch partielle Verseifung mit Natriumalkoholat [16]. Sdp.$_{17}$ 178—180°. — Azelainsäure-

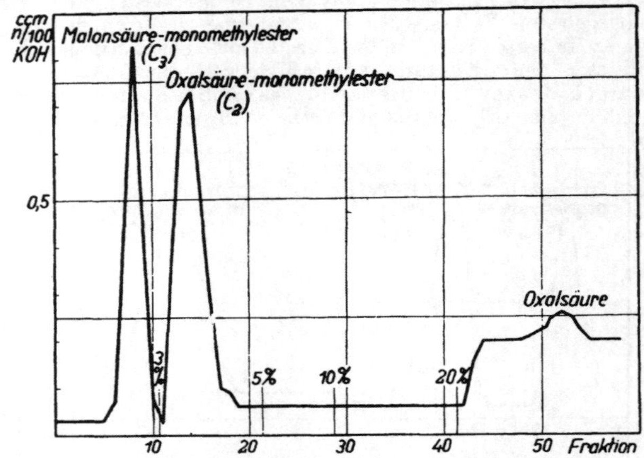

Abb. 8. Trennwirkung der Säule D.

1,91 mg C_3 und 2,69 mg C_2 in 1 ccm 1% Butanol-Chloroform. Wiedergefundene Mengen: C_3 108%, C_2 90,5%, freie Oxalsäure (durch Disproportionierung entstanden) 4,6%.

monomethylester (C_9), dargestellt aus Ölsäuremethylester durch Ozonidspaltung (siehe unten). Sdp.$_3$ 155—163°. Das Präparat enthält noch kleine Mengen Pelargonsäure.

Säule D gibt mit 20% Butanol-Chloroform einen sehr hohen Blindwert, was bei der Berechnung der Oxalsäurewerte berücksichtigt werden muß. Mit der Säule C werden die Halbester der Malonsäure und der Oxalsäure durch 1—30% Butanol-Chloroform nicht eluiert.

In entsprechender Weise lassen sich auch Gemische von Monomethylester und -äthylester der Dicarbonsäuren voneinander trennen. Dabei erscheint der Monoäthylester der Bernsteinsäure an derselben Stelle wie der Monomethylester der Glutarsäure (Abb. 9).

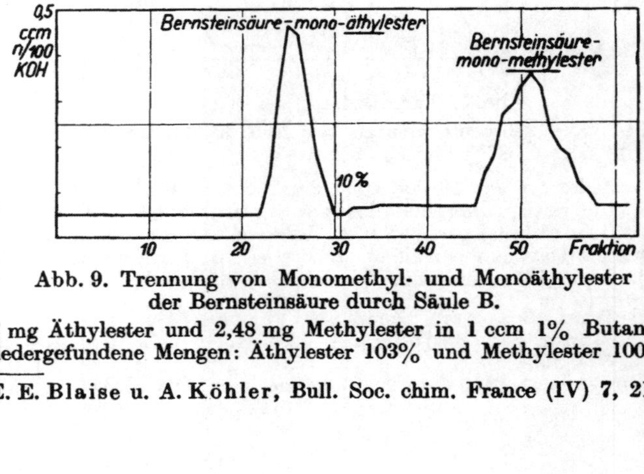

Abb. 9. Trennung von Monomethyl- und Monoäthylester der Bernsteinsäure durch Säule B.

2,27 mg Äthylester und 2,48 mg Methylester in 1 ccm 1% Butanol-Chloroform. Wiedergefundene Mengen: Äthylester 103% und Methylester 100%.

[16] E. E. Blaise u. A. Köhler, Bull. Soc. chim. France (IV) 7, 216 [1910].

d) Kombinationen von Mos, Dis und Mme

Als nicht trennbar haben sich herausgestellt: Pelargonsäure und Azelainsäure-monomethylester — Capronsäure und Pimelinsäure-monomethylester —

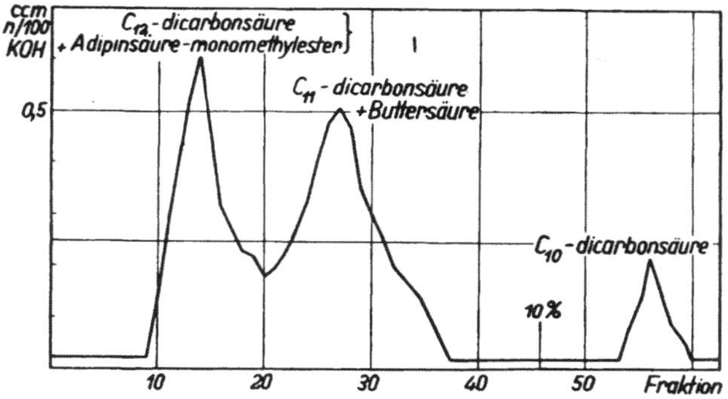

Abb. 10. Trennwirkung der Säule B für Buttersäure, C_{10}—C_{12}-Dicarbonsäuren und Adipinsäure-monomethylester.

2,044 mg C_{12}-Dis.*, 1,3536 mg C_{11} Dis.*, 0,6344 mg C_{10}-Dis.*, 2,556 mg Buttersäure und 2,66 mg Adipinsäure-monomethylester in 1 ccm 1% Butanol-Chloroform. Wiedergefundene Mengen: C_{12}-Dis. + Adipinsäure-monomethylester 94%, C_{11}-Dis. + Buttersäure 104%, C_{10}-Dis. 100%.

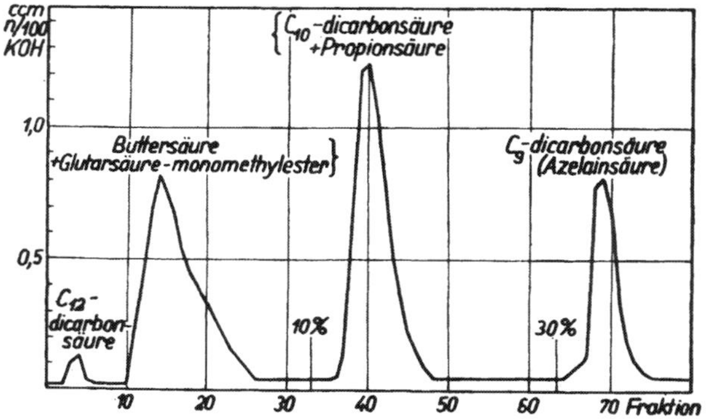

Abb. 11. Trennwirkung der Säule B für Propionsäure, Buttersäure, C_9-, C_{10}-, C_{12}-Dicarbonsäuren und Glutarsäure-monomethylester.

2,65 mg Propionsäure, 2,82 mg Buttersäure, 2,58 mg Azelainsäure, 2,368 mg C_{10}-Dis. und 0,192 mg C_{12}-Dis. Wiedergefundene Mengen: C_{12}-Dis. 100%, Buttersäure + Glutarsäure-monomethylester 97,5%, C_{10}-Dis. + Propionsäure 99%, Azelainsäure 101%.

Isovaleriansäure und Adipinsäure-monomethylester — Buttersäure und Glutarsäure-monomethylester — Propionsäure und Bernsteinsäure-monomethylester. Auch einige andere Kombinationen machen bei der Analyse gewisse Schwierigkeiten. Zu den schwierigsten gehören 3 besonders zusammengestellte Fälle (Abb. 10—12), aus welchen sich auch die Grenzen für die Leistungsfähigkeit der Methode ergeben.

* Auf reine Säure umgerechnet (siehe S. 187—188).

Wie das Beispiel der Abb. 12 zeigt, werden Propionsäure, Azelainsäure und Bernsteinsäure-monomethylester nacheinander eluiert, ohne daß die Minima des entsprechenden Teils der Kurve auf den Blindwert heruntergehen, während bei Abwesenheit des Bernsteinsäure-monomethylesters die beiden anderen Komponenten scharf voneinander zu trennen sind (Abb. 11).

Bei Vorliegen eines Säuregemischs, welches neben den Mono- und Dicarbonsäuren noch die Halbester der letzteren enthält, wird demnach in vielen Fällen zur vollständigen Analyse auch noch ein Chromatogramm des verseiften Säuregemischs nötig sein. Nicht zu differenzieren sind dann nur noch Propionsäure und C_{10}-Dicarbonsäure (Abb. 11) bzw. Buttersäure und C_{11}-Dicarbonsäure (Abb. 10), und

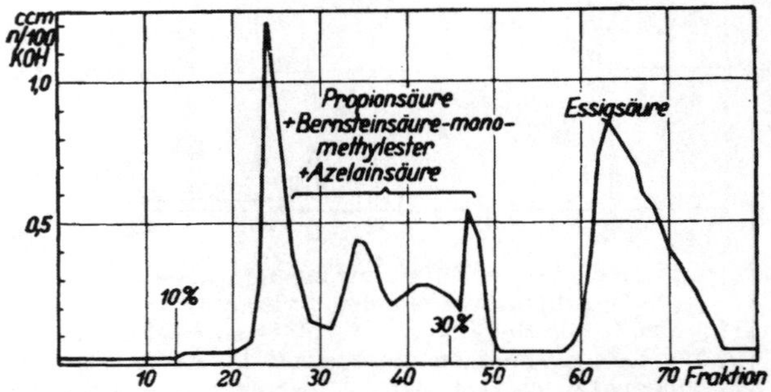

Abb. 12. Trennwirkung der Säule B für Essigsäure, Propionsäure, Azelainsäure und Bernsteinsäure-monomethylester.

4,14 mg Essigsäure, 2,76 mg Propionsäure, 2,46 mg Azelainsäure und 2,58 mg Bernsteinsäure-monomethylester in 1 ccm 1% Butanol-Chloroform. Wiedergefundene Mengen: Propionsäure + Azelainsäure + Bernsteinsäure-monomethylester 100%, Essigsäure 102,5%.

zwar nur in jenen sehr seltenen Fällen, bei welchen die beiden Dicarbonsäuren nicht als Endstücke sondern als Mittelstücke der ungesättigten Fettsäuren auftreten.

Die Ozonidspaltung von ungesättigten Fettsäuren und die Analyse der Spaltstücke

Ölsäure. Zur Verwendung kam ein besonders sorgfältig gereinigtes Produkt. Der Methylester aus 250 g käuflicher Ölsäure wurde bei 0,1—0,15 mm Hg über einer elektrisch beheizten Füllkörperkolonne (Höhe 105 cm, Durchmesser 6 cm) fraktioniert destilliert, die Fraktionen der C_{18}-Säuren (Jodzahl 91—97) vereinigt und nach der Verseifung die freie Säure durch Tiefkühlkristallisation nach dem Verfahren von Shinowara und Brown[17] weiter gereinigt, wobei noch kleinere Mengen von gesättigten und höher ungesättigten Säuren abgetrennt wurden. Ausb. 28,5 g. Jodz. 90. Die Hydrierung einer Probe ergab reine Stearinsäure Schmp. 69,5°. Äquiv.-Gew. $C_{18}H_{36}O_2$ ber. 284, gef. 283,2.

1. 7 g Ölsäuremethylester in 40 ccm Methylacetat bei —20° ozonisiert. Nach vorsichtigem Abdampfen des Lösungsmittels Rückstand in 20 ccm Eisessig aufgenommen, 8 ccm Perhydrol zugegeben und Lösung 48 Stdn. bei 35° stehen gelassen. Trennung der Spaltstücke nach Abdampfen des Lösungsmittels durch fraktionierte Destillation im Vakuum. Pelargonsäure $Sdp._3$ 123—126°. Menge 3,1 g, einschließlich eines geringen Vorlaufs (84% d. Th.). Azelainsäure-monomethylester $Sdp._3$ 155—163°. Ausb. 4,2 g (89% d. Th.).

[17] J. B. Brown u. G. Y. Shinowara, J. Amer. chem. Soc. 59, 6 [1937].

2. 400 mg Ölsäuremethylester in 20 ccm Eisessig und 5 ccm Methylacetat bei 0° ozonisiert. Nach 40-stdg. Stehenlassen bei 35° und kurzem Aufkochen Lösungsmittel abdestilliert, Rückstand in Chloroform gelöst und auf 100 ccm aufgefüllt. 1 ccm davon mit Säule A chromatographiert (Abb. 13). 25 ccm davon mit alkoholischer Lauge neutralisiert, im Vakuum Lösungsmittel entfernt, Rückstand mit

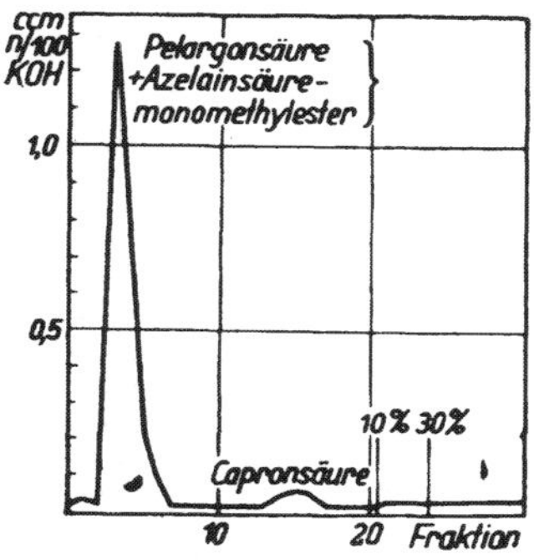

Abb. 13. Trennung der Spaltstücke des Ölsäureesters (entspr. 4 mg) mit Säule A.

Gefundene Mengen: Pelargonsäure + Azelainsäure-monomethylester 2,41 ccm $n/100$-KOH = 1,78 Mol.*. — Capronsäure 0,10 ccm $n/100$-KOH = 0,074 Mol.

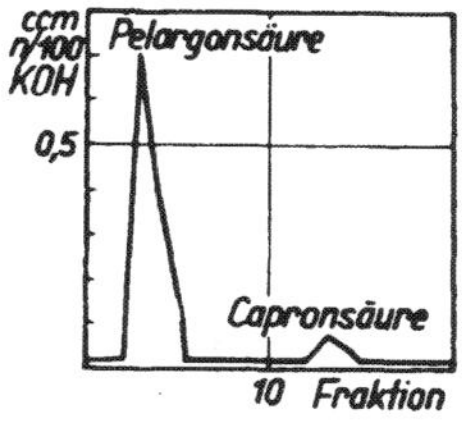

Abb. 14

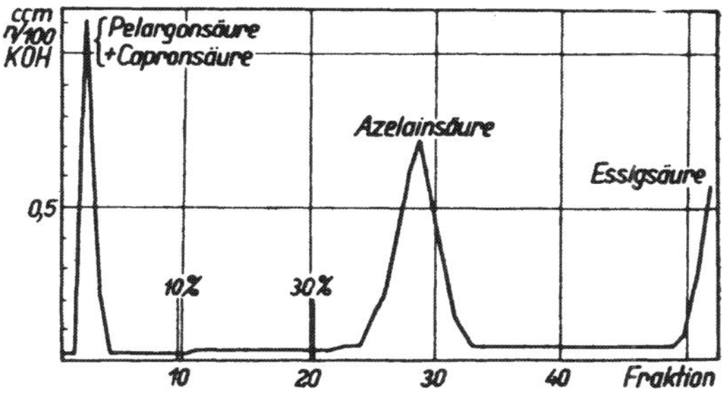

Abb. 15

Abb. 14. Trennung der verseiften Spaltstücke des Ölsäureesters (entsprechend 4 mg) mit Säule A.

Gefundene Mengen: Pelargonsäure 1,17 ccm $n/100$-KOH = 0,87 Mol, Capronsäure 0,08 ccm $n/100$-KOH = 0,06 Mol.

Abb. 15. Trennung der verseiften Spaltstücke des Ölsäureesters (entsprechend 4 mg) mit Säule B.

Gefundene Mengen: Pelargonsäure + Capronsäure 1,30 ccm $n/100$-KOH = 0,96 Mol, Azelainsäure 2,56 ccm $n/100$-KOH = 0,95 Mol.

ca. $n/2$-methylalkoholischer Lauge durch ½-stdg. Kochen unter Rückfluß verseift, Lösungsmittel im Vakuum entfernt, Rückstand in wenig Wasser gelöst, mit HCl angesäuert und freie Säure ausgeäthert. Ätherrückstand in Chloroform gelöst und auf 25 ccm aufgefüllt. Je 1 ccm davon mit Säule A und B chromatographiert (Abb. 14 u. 15).

Linolsäure. Zur Untersuchung kamen 2 Linolsäurepräparate, von welchen das eine (I) durch Tiefkühlkristallisation aus Sojaöl, das andere (II) dagegen auf dem alten Weg über das Tetrabromid aus Sesamöl dargestellt worden war. In beiden Fällen wurde versucht, ein möglichst reines Präparat zu erhalten.

---

* Pro Mol Fettsäuremethylester.

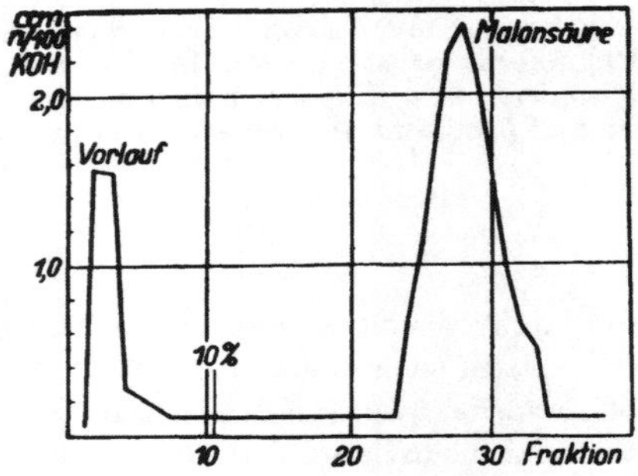

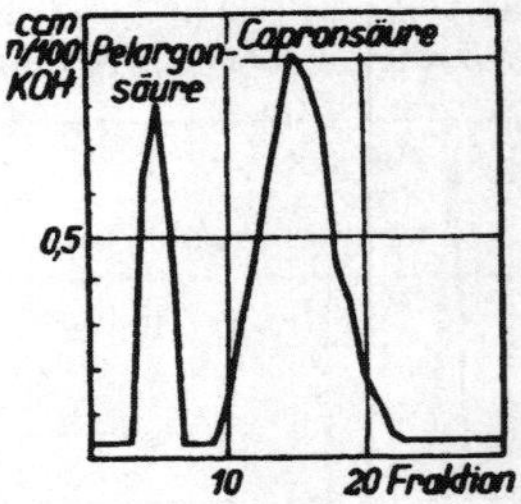

Abb. 16 Abb. 17

Abb. 16. Trennung der Spaltstücke des Linolsäureesters I (entspr. 53,83 mg) durch Säule D.

Gefundene Menge: Malonsäure 12,9 ccm $n/100$-KOH = 0,35 Mol.

Abb. 17. Trennung der verseiften Spaltprodukte des Linolsäureesters I (entspr. 26,91 mg) durch Säule A.

Gefundene Mengen: Pelargonsäure 1,80 ccm $n/100$-KOH = 0,197 Mol, Capronsäure 5,48 ccm $n/100$-KOH = 0,58 Mol.

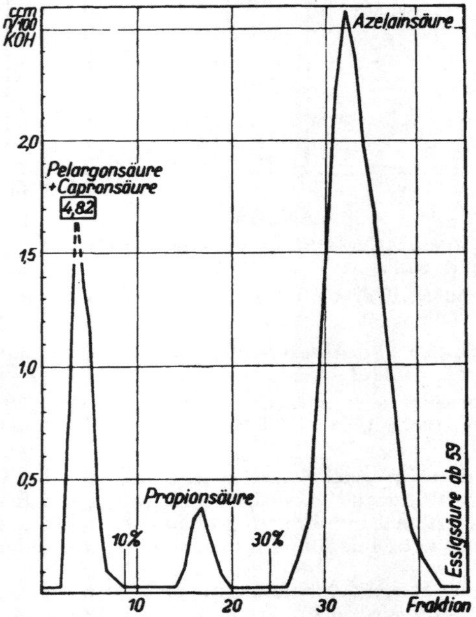

Abb. 18. Trennung der verseiften Spaltprodukte des Linolsäureesters I (entsprechend 26,91 mg) durch Säule B.

Gefundene Mengen: Pelargonsäure + Capronsäure 7,35 ccm $n/100$-KOH = 0,805 Mol, Propionsäure 1,03 ccm $n/100$-KOH = 0,112 Mol, Azelainsäure 16,3 ccm $n/100$-KOH = 0,89 Mol.

I. 500 g Gesamtfettsäuren gaben durch Ausfrieren bei —15 und —25° 160 g einer Linolsäurefraktion, deren Methylester wie oben beim Ölsäureester fraktioniert destilliert wurde. Fraktion der C_{18}-Säuren vereinigt und daraus gewonnene freie Säure bei Temperaturen von —15° bis —55° aus Acetonlösung fraktioniert kristallisiert und auf diese Weise beigemengte Ölsäure und Linolensäure abgetrennt[18]. Daraus Methylester dargestellt. Ausb. 45 g $C_{19}H_{34}O_2$ Jodzahl ber.: 172; gef.: 159.

1,346 g des Esters in 30 ccm Eisessig und 5 ccm Methylacetat bei —5° ozonisiert und Lösung mit 15 ccm Eisessig verdünnt. Nach Zugabe von 10 ccm Perhydrol 60 Stdn. bei 35° stehen gelassen und nach kurzem Aufkochen das Lösungsmittel bei 40° Wasserbadtemperatur über einer kleinen, mit Glasspiralen gefüllten Kolonne vorsichtig im Vakuum abdestilliert. Der in der Kolonnenfüllung und im

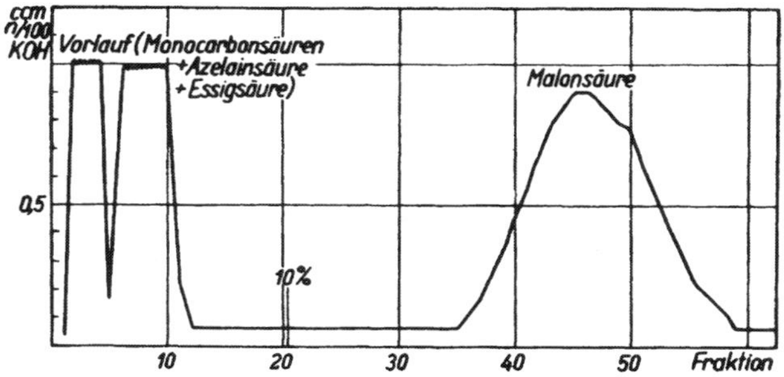

Abb. 19. Trennung der Spaltprodukte des Linolsäureesters II (entsprechend 51,92 mg) durch Säule D.
Gefundene Menge: Malonsäure 10,56 ccm $n/100$-KOH = 0,30 Mol.

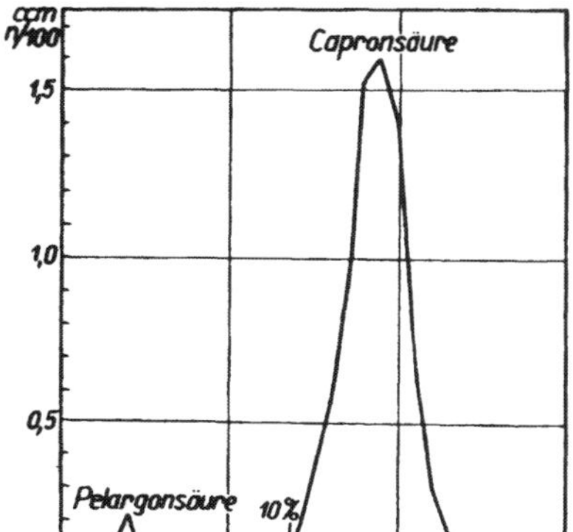

Abb. 20. Trennung der verseiften Spaltprodukte des Linolsäureesters II (entspr. 25,96 mg) durch Säule A.

Gefundene Mengen: Pelargonsäure 0,303 ccm $n/100$-KOH = 0,035 Mol, Capronsäure 7,40 ccm $n/100$-KOH = 0,84 Mol.

Kolben verbliebene Rückstand wurde in Chloroform gelöst und auf 25 ccm aufgefüllt. Davon 1 ccm mit Säule D chromatographiert (Abb. 16). Von dieser Lösung 5 ccm, wie bei Ölsäuremethylester beschrieben, verseift. Ausgeätherte Säuren in Chloroform gelöst und auf 10 ccm aufgefüllt. Davon je 1 ccm durch Säule A und B chromatographiert (Abb. 17 und 18).

II. Fällung des Tetrabromids aus einer gut gekühlten Lösung der Gesamtfettsäuren in Ligroin mit elementarem Brom. Niederschlag aus Ligroin, dann wiederholt aus Eisessig und wieder aus Ligroin (Entfärbung mit Tierkohle) umkristallisiert.

[18] J. B. Brown u. J. Frankel, J. Amer. chem. Soc. **63**, 1483 [1941]; J. S. Frankel, W. Stoneburner u. J. B. Brown, J. Amer. chem. Soc. **65**, 259 [1943].

Schmp. 115°. Entbromung mit Zinkstaub in kochendem Methanol. Nach beendeter Reaktion mit methylalkoholischer Schwefelsäure (ohne das Zink abzufiltrieren) 1 Stde. unter Rückfluß gekocht. Der mit Petroläther ausgeschüttelte Linolsäuremethylester wird schließlich im Vakuum destilliert. $Sdp._{10}$ 207°. Jodz. gef.: 162.

1,298 g des Esters wie oben ozonisiert und das Ozonid mit 6 ccm Perhydrol gespalten. Weiterbehandlung wie bei I.

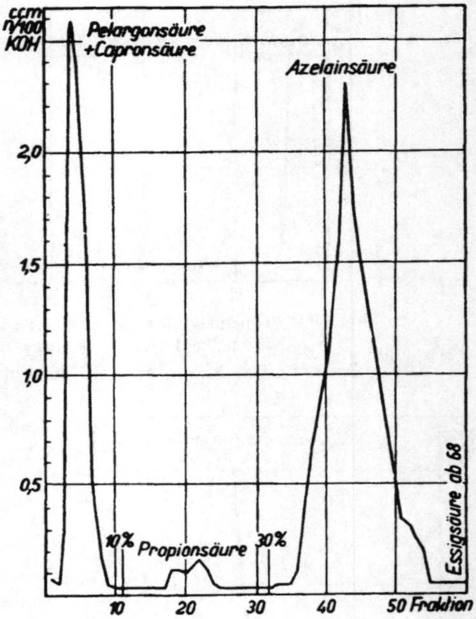

Abb. 21. Trennung der verseiften Spaltprodukte des Linolsäureesters II (entspr. 25,96 mg) durch Säule B.

Gefundene Mengen: Pelargonsäure + Capronsäure 7,59 ccm $n/100$-KOH = 0,86 Mol, Propionsäure 0,60 ccm $n/100$-KOH = 0,068 Mol, Azelainsäure 16,24 ccm $n/100$-KOH = 0,92 Mol.

Wie aus dem letzten Versuch hervorgeht, sind auch kleine Mengen von Propionsäure im Spaltgemisch noch einwandfrei festzustellen, obgleich Eisessig als Lösungsmittel zur Verwendung kommt. Um etwaige Verluste von Propionsäure bei dem Verfahren festzustellen, wurden zu 50 ccm Eisessig 83,5 mg Propionsäure zugegeben und unter denselben Bedingungen wie oben der Eisessig bei einer Wasserbadtemperatur unter 40° unter Verwendung einer kleinen, mit kleinen Glasspiralen gefüllten Kolonne im Vakuum vorsichtig abdestilliert. Kolonneninhalt- und Kolbenrückstand in Chloroform gelöst, auf 25 ccm aufgefüllt und 1 ccm davon chromatographiert. Wiedergefundene Menge Propionsäure 3,79 ccm $n/100$-KOH, entspr. 2,80 mg oder 84% der eingebrachten Menge.

Der Deutschen Forschungsgemeinschaft danken wir für die bereitgestellten Mittel, ebenso dem „Fonds der Chemie" für die Gewährung einer Ausbildungsbeihilfe an den einen von uns (W. B.).

Zusammenfassung

Es wird ein Verfahren zur oxydativen Ozonidspaltung von ungesättigten Verbindungen beschrieben, bei welchem die $:CH \cdot CH_2 \cdot CH:$ Gruppierung in Form von Malonsäure gefaßt werden kann.

Die hier erstmals durchgeführte Ozonidspaltung von $\Delta^{\beta:\gamma}$-Dihydromuconsäure und 1.4-Dihydrobenzol lieferte nach diesem Verfahren Malonsäure in einer Ausbeute von 80 bzw. 50% der Theorie.

Es wurde eine chromatographische Methode zur qualitativen und quantitativen Bestimmung der Zusammensetzung des beim oxydativen Ozonidabbau der ungesättigten Fettsäuren bzw. deren Methylester auftretenden Säuregemisches (niedere Fettsäuren, Dicarbonsäuren und deren Halbester) ausgearbeitet. Die Methode eignet sich vor allem auch zur Konstitutionsaufklärung der natürlichen Polyensäuren, bei welchen Mittelstücke und Endstücke erfaßt werden.

Die Brauchbarkeit der Methode wurde am Beispiel der Ölsäure und Linolsäure geprüft.

Die Konstitution der ungesättigten C_{20}- und C_{22}-Fettsäuren der Glycerinphosphatide des Gehirns*

Von

E. Klenk und W. Bongard

Aus dem Physiologisch-chemischen Institut der Universität Köln

(Der Schriftleitung zugegangen am 10. Juni 1952)

Ungesättigte C_{20}- und C_{22}-Fettsäuren kommen in den Glycerinphosphatiden des Gehirns in einer Menge von etwa 30% der Gesamtfettsäuren vor[1]. Sie sind vorwiegend hochungesättigt und unterscheiden sich von den entsprechenden Säuren der Glycerinphosphatide vieler anderer Organe dadurch, daß unter ihnen die durch einen besonders hohen Ungesättigtheitsgrad ausgezeichnete Gruppe der C_{22}-Säuren vorherrscht. Aus dem offensichtlich sehr komplex zusammengesetzten Säuregemisch sind von dem einen von uns[2] schon vor längerer Zeit 3 verschiedene Säuren isoliert und näher charakterisiert worden: 1. eine *n*-Eikosensäure $C_{20}H_{38}O_2$ vom Schmp. 20°; 2. eine *n*-Eikosatetraensäure (Arachidonsäure) $C_{20}H_{32}O_2$, deren Oktabromidmethylester bei 240° unter Zersetzung schmilzt; 3. eine *n*-Dokosapentaensäure, deren Dekabromidmethylester beim Erhitzen zwischen 200 und 270° ohne zu schmelzen verkohlt und von welcher angenommen wurde, daß sie der Clupanodonsäure der Fischöle nahe steht oder mit ihr identisch ist. Es sprach aber alles dafür, daß daneben auch noch andere ungesättigte C_{22}-Säuren mit weniger als 5 Doppelbindungen vorkommen. Eine Monoensäure konnte jedoch nicht aufgefunden werden.

Zur Konstitutionsermittlung verwendeten wir ein vor kurzem ausgearbeitetes Verfahren[3]. Auf die Isolierung einzelner wohldefinierter Polyensäuren wurde vorläufig verzichtet und die Untersuchung auf die durch Esterdestillation getrennten Fraktionen der C_{20}- und C_{22}-Säuren beschränkt.

Da nach Farmer und van den Heuvel[4] die hochungesättigten Fettsäuren der Fischöle bei der üblichen fraktionierten Vakuumdestillation der Ester weitgehende Veränderungen erleiden, haben wir den Angaben dieser Autoren entsprechend die Trennung der durch Tiefkühlkristallisation nach Shinowara und Brown[5] gewonnenen hochungesättigten C_{20}- und C_{22}-Säuren durch die sehr viel schonendere Molekulardestillation versucht. Trotz oftmaliger Wiederholung der Destillation konnte eine nennenswerte Trennung auf diesem Wege nicht erzielt werden.

---

* Auszug aus der Dissertation von W. Bongard, Köln 1952.

[1] E. Klenk, diese Z. **200**, 51 [1931].

[2] E. Klenk, diese Z. **206**, 25 [1932].

[3] E. Klenk u. W. Bongard, diese Z. **290**, 181 [1952].

[4] E. H. Farmer u. F. A. van den Heuvel, J. chem. Soc. [London] **1938**, 427; J. Soc. chem. Ind. **57**, 24 T [1938].

[5] G. Y. Shinowara u. J. B. Brown, J. biol. Chemistry **134**, 331 [1940].

Es wurde deshalb wieder auf die alte Methode der fraktionierten Destillation unter möglichst niedrigem Druck (10^{-3} mm Hg am Kopf der Kolonne) zurückgegriffen. Um die dabei etwa eintretenden Veränderungen festzustellen, haben wir außer den so gewonnenen beiden Fraktionen der C_{20}- und C_{22}-Säuren (II und III) auch das ursprüngliche durch Molekulardestillation gewonnene Gemisch der C_{20}- + C_{22}-Säuren (I) in die Untersuchung mit einbezogen und auch von ihm die Zusammensetzung des bei der Ozonidspaltung auftretenden Säuregemischs ermittelt.

In Tab. 1 ist das Ergebnis zusammengestellt.

Tab. 1. Zusammensetzung des bei der Ozonidspaltung auftretenden Gemisches der Abbausäuren in Mol pro Mol Polyensäuren.

		I. Gemisch C_{20} + C_{22}-Säuren		II. C_{20}-Säuren		III. C_{22}-Säuren	
		Mono-säuren	Di-säuren	Mono-säuren	Di-säuren	Mono-säuren	Di-säuren
Mittelstücke	C_2	—	—	—	—	—	0,03
	C_3	—	2,28*	—	1,3	—	2,3
	C_4	—	—	—	—	—	0,04
Endstücke	C_3	0,30	—	—	—	0,43	—
	C_4	—	0,23	—	—	—	0,35
	C_5	—	0,21	—	0,68	—	0,03
	C_6	0,31	—	0,57	—	0,34	—
	C_7	—	0,34	—	—	—	0,41
	C_9	0,21	0,13	0,33	—	0,14	—
	C_{11}	—	0,04	—	0,22	—	—

* Außerdem fanden sich beim Abbau der Methylester 0,04 Mol Bernsteinsäure, 0,05 Mol Glutarsäure und eine Spur Azelainsäure. Ihr Vorhandensein erklärt sich zum mindesten teilweise dadurch, daß den Methylestern noch kleine Mengen freier Säuren beigemengt waren.

Wie Tab. 1 zeigt, stimmen die Abbausäuren des aus dem durch Molekulardestillation gewonnenen Gemischs der C_{20}- + C_{22}-Säuren (I) und der isolierten C_{20}- bzw. C_{22}-Fraktionen (II bzw. III) nahezu vollständig überein. Nicht aufgefunden wurde allerdings bei letzteren die bei I nachgewiesene C_9-Dicarbonsäure (Azelainsäure). Dies ist aber ohne Zweifel auf das Vorhandensein kleiner Mengen von Ölsäure in I zurückzuführen. Nennenswerte Veränderungen in der Konstitution der Polyensäuren können demnach während der fraktionierten Destillation der Methylester nicht eingetreten sein. Mit Lovern[6] sind wir der Auffassung, daß die Angaben von Farmer und van den Heuvel, wonach bei der Destillation durch Hitzeeinwirkung Hexaensäureester unter Verlust einer Doppelbindung in Pentaensäureester übergeht, nicht genügend fundiert sind.

[6] J. A. Lovern, Department of scientific and industrial Research. Food investigation, special report Nr. 51, London 1942, S. 18.

Beim Abbau der Methylester wurde in allen 3 Fällen (I, II und III) als praktisch einzige freie Dicarbonsäure Malonsäure (Ausbeute über 50% der Theorie) angetroffen. Man wird daraus den Schluß ziehen dürfen, daß die hier vorkommenden Polyensäuren dem Divinylmethantypus angehören. Polyensäuren anderer Art sind nur bei den C_{22}-Säuren in geringen Mengen (3—4%) vorhanden, denn hier fanden sich außer Malonsäure (2, 3 Mol) noch kleine Mengen (0,03—0,04 Mol) Oxal- und Bernsteinsäure. Diese andersartigen Polyensäuren sind wohl mit gutem Grund als Kunstprodukte anzusprechen, welche bei der Verseifung aus den Polyensäuren vom Divinylmethantypus durch Alkaliisomerisierung nach dem folgenden Formelschema sich gebildet haben:

$$:CH{\cdot}CH_2{\cdot}CH:CH{\cdot}CH_2{\cdot}CH: \longrightarrow :CH{\cdot}CH:CH{\cdot}CH_2{\cdot}CH_2{\cdot}CH:$$

Was die beim Abbau auftretenden Monocarbonsäuren betrifft, so erhielt man aus den C_{20}-Säuren nur Capron- und Pelargonsäure, aus den C_{22}-Säuren dagegen Propion-, Capron- und Pelargonsäure, so daß, von der endständigen Methylgruppe aus gerechnet, bei den C_{20}-Säuren die ersten Doppelbindungen an derselben Stelle sich befinden wie in der Linol- und in der Ölsäure, bei den C_{22}-Säuren dagegen an derselben Stelle wie in Linolen-, Linol- und Ölsäure. Hierzu ist allerdings zu bemerken, daß mit Hilfe der angewandten chromatographischen Methode die Pelargonsäure sich von etwa vorhandenen höheren oder niedrigeren Homologen nicht mehr scharf trennen läßt. Jedoch spricht die Natur der gleichzeitig noch auftretenden und einwandfrei identifizierten Dicarbonsäuren dafür, daß hier in der Tat Pelargonsäure vorgelegen hat. Nicht in Einklang zu bringen mit dem auf Grund der vorliegenden Ergebnisse anzunehmenden Aufbauprinzip ist die bei den C_{22}-Säuren als Endstück in sehr kleinen Mengen entstandene Glutarsäure. Es kann aber kaum ein Zweifel bestehen, daß sie aus C_{20}-Säuren stammt, welche der C_{22}-Fraktion noch spurenweise beigemengt waren.

Den obigen analytischen Befunden entsprechend, können 4 verschiedene C_{20}- und 6 verschiedene C_{22}-Säuren vorliegen. Es handelt sich dabei um folgende ungesättigte Säuren:

Die C_{20}-Säuren

a) Pelargonsäure (C_9) + C_{11}-Dicarbonsäure = Δ^{11}-Monoensäure
b) Capronsäure (C_6) + Malonsäure (C_3) + C_{11}-Dicarbonsäure = $\Delta^{11.14}$-Diensäure
c) Pelargonsäure + 2 Malonsäure + Glutarsäure (C_5) = $\Delta^{5.8.11}$-Triensäure
d) Capronsäure + 3 Malonsäure + Glutarsäure = $\Delta^{5.8.11.14}$-Tetraensäure

Die C_{22}-Säuren

e) Pelargonsäure + 2 Malonsäure + Pimelinsäure (C_7) = $\Delta^{7.10.13}$-Triensäure
f) Pelargonsäure + 3 Malonsäure + Bernsteinsäure (C_4) = $\Delta^{4.7.10.13}$-Tetraensäure
g) Capronsäure + 3 Malonsäure + Pimelinsäure = $\Delta^{7.10.13.16}$-Tetraensäure

h) Capronsäure + 4 Malonsäure + Bernsteinsäure = $\Delta^{4.7.10.13.16}$-Pentaensäure
i) Propionsäure (C_3) + 4 Malonsäure + Pimelinsäure = $\Delta^{7.10.13.16.19}$-Pentaensäure
k) Propionsäure + 5 Malonsäure + Bernsteinsäure = $\Delta^{4.7.10.13.16.19}$-Hexaensäure

Möglicherweise fehlt die eine oder andere der aufgeführten Säuren. Sicher vorhanden ist unter den C_{20}-Säuren die schon früher isolierte Monoensäure vom Schmp. 20° und die Tetraensäure, welche in derselben Arbeit als Oktabromid näher charakterisiert wurde. Die eine ist nach den vorliegenden Befunden Δ^{11}-Eikosensäure, die andere dagegen die unter dem Namen Arachidonsäure wohlbekannte $\Delta^{5.8.11.14}$-Eikosatetraensäure[7]. Auch die spektrophotometrische Analyse weist auf das Vorkommen einer Tetraensäure hin. Nach der Zusammensetzung des Gemischs der Abbausäuren müssen in dieser Säurefraktion die einzelnen Komponenten in folgendem Verhältnis vorhanden sein: a + b = 22%; a + c = 33%; b + d = 57%; c + d = 68%. Daraus ergibt sich, daß außer der Monoen- und der Tetraensäure auch die Triensäure im Gemisch vorkommt, und zwar in einer Menge von mindestens 11%.

Von den C_{22}-Säuren ist bis jetzt noch keine einzige in auch nur einigermaßen reiner Form isoliert worden. Auf Grund der spektrophotometrischen Analyse kann das Vorhandensein der Hexaensäure als gesichert gelten. Dem früher aus dieser Fraktion gewonnenen ätherunlöslichen Bromkörper, dessen Bromgehalt ungefähr einem Dekabromid entsprach, liegt demnach keine einheitliche Pentaensäure (Clupanodonsäure) zugrunde. Es spricht alles dafür, daß es sich dort um ein sehr komplexes Gemisch der Bromkörper von Hexaen-, Pentaen-, Tetraen- und wohl auch Triensäure gehandelt hat.

Darstellung des Ausgangsmaterials

Glycerinphosphatide mit 10-facher Menge 4-proz. methanolischer Salzsäure gespalten, Gemisch von Fettsäureester und Dimethylacetalen bei 0,1 mm Hg destilliert und mit *n*/2-methanolischer Natronlauge verseift. Nach Absaugen der beim Abkühlen als schwerlösliche Seifen ausfallenden gesättigten Fettsäuren und Abtrennung der Dimethylacetale durch Ausschütteln mit Petroläther[8] verdünnte man die alkoholische Lösung mit Wasser und schüttelte die mit Salzsäure in Freiheit gesetzten ungesättigten Fettsäuren mit Äther-Petroläther aus. Ausbeute aus 548 g Phosphatiden 37,6 g Dimethylacetale (Rohprodukt) und 179 g ungesättigte Fettsäuren. Jodz. 149 (Mittelwert von 5 Ansätzen).

Zur Gewinnung der hochungesättigten Fettsäuren wurde die Substanz in der 10—15-fachen Menge Aceton gelöst und die schwach ungesättigten Fettsäuren durch Ausfrieren bei —20 bis —65° abgetrennt. Um gut abtrennbare Niederschläge zu erhalten, ließ man den Hauptteil der Säuren bei —20 bis —35° auskristallisieren, engte das Filtrat soweit ein, daß eine etwa 10—15-proz. Lösung entstand und kühlte jetzt erst auf 65° ab. Als Kältebad verwendete man ein zur Hälfte mit Aceton gefülltes Dewargefäß, in welchem man durch Auflösen von Trockeneis die gewünschte Temperatur erzeugte. Mit Hilfe eines Glasfrittenfiltrierstäbchens saugte man die

---

[7] C. L. Arcus u. I. Smedley-MacLean, Biochem. J. 37, 1 [1943].
[8] Einzelheiten s. F. Leupold, diese Z. 285, 182 [1950].

Lösung vom Niederschlag ab. Der Niederschlag wurde mit vorgekühltem Aceton gut ausgewaschen. Aus den Zwischenfraktionen ließen sich durch wiederholtes Umkristallisieren weitere Mengen hochungesättigter Fettsäuren gewinnen. Sie wurden mit der Hauptmenge vereinigt und in die Ester übergeführt. Ausb. 48 g. Jodzahl 270. Bei einem anderen Ansatz aus 370 g ungesättigten Fettsäuren 98 g Methylester. Jodz. 245.

Zum Vergleich wurde auch die Trennung mit Hilfe der Lithiumsalz-Aceton-Methode von Tsujimoto durchgeführt. Aus 44 g Fettsäuren (Jodz. 132) wurden 13,5 g hochungesättigte Fettsäuren (Jodz. 241) erhalten.

Bei beiden Verfahren ist die Trennung keineswegs vollständig. Jedoch verdient die Ausfriermethode den Vorzug, da die Gefahr der Veränderung der hochungesättigten Verbindungen geringer ist. Außerdem sind die mit Hilfe der Lithiumsalz-Aceton-Methode gewonnenen hochungesättigten Fettsäuren noch mit Acetonkondensationsprodukten verunreinigt, was sich deutlich an dem terpenartigen Geruch bemerkbar macht.

Zur Molekulardestillation der Ester wurde die Glasapparatur der Firma Leybold-Köln verwendet. Sie wurde für unsere Zwecke in der Weise umgebaut, daß man die Luftkühlung durch eine Wasserkühlung und die elektrische Innenflächenbeheizung durch eine Flüssigkeitsbeheizung (Höppler-Thermostaten) ersetzte. Durch die letzte Maßnahme wurde auch das Thermoelement überflüssig, welches durch seine ungünstige Lage die Bildung eines gut ablaufenden Films auf der Heizfläche verhindert. Für das Gelingen einer einwandfreien Destillation ist es wesentlich, daß die Substanz völlig gleichmäßig auf die Heizfläche fließt und daß die Zuflußgeschwindigkeit genau regulierbar ist, was durch Einbau eines Stiftventils erreicht werden konnte.

Es wurden insgesamt 7 Destillationen ausgeführt, wobei man jeweils Destillat und nicht destillierten Anteil gesondert auffing und Zwischenfraktionen mit gleicher Jodzahl wieder vereinigte. Aus 48 g Methylester (Jodz. 270) wurden auf diese Weise als höchstungesättigte Fraktion 15,5 g Methylester (I), Jodz. 312, $n_D^{20} = 1.4859$, erhalten. Als niedriger siedende (bei 80 bzw. 82°) Fraktionen wurden 8 g Ester, Jodz. 258 bzw. 6 g Ester, Jodz. 279 bzw. 6,4 g Ester, Jodz. 298, als höher siedende Fraktionen 7 g Ester, Jodz. 158 (bei 130° nicht destilliert) bzw. 4,5 g Ester, Jodz. 294 (bei 120° nicht destilliert) abgetrennt.

Die Hydrierung einer kleinen Probe von I führte zu einer Säure vom Schmp. 70°, Äquiv.-Gew. 329. Aus viel Aceton umkristallisiert. Schmp. 76°, Äquiv.-Gew. 338. Es handelt sich demnach um ein Gemisch von C_{20}- und C_{22}-Säuren, dem auch noch kleine Mengen C_{18}-Säuren beigemengt sein können.

Zur fraktionierten Vakuumdestillation ($2 \cdot 10^{-3}$ mm Hg am Kopf der Kolonne) des Estergemischs wurde eine mit kleinen Drahtnetzsätteln gefüllte Kolonne (Höhe 50 cm, ∅ 3,5 cm) verwendet. Rückfluß durch aufgesetzten Kühlfinger. Abnahme des Destillats durch eine mit kleinem Trichter endende Kapillare, die unterhalb des Kühlfingers am Kopf der Kolonne eingeschmolzen ist. Destilliert wurden die durch Molekulardestillation vorgereinigten Methylester der im 2. Ansatz gewonnenen hochungesättigten Fettsäuren, welche man mit den aus dem 1. Ansatz stammenden obigen Fraktionen (außer Fr. I) vereinigte. Gesamtmenge 113 g. Jodz. 259. Die Destillation erfolgte in 2 Portionen von je 30 g und 83 g. Es wurden bei der ersten Portion 9 Fraktionen (a_1—a_9) von etwa 3 g, bei der zweiten Portion 12 Fraktionen (b_1—b_{12}) von etwa 6 g abgenommen. Der Abfluß war so reguliert, daß in 1 Stde. je 3 g Destillat anfielen. Zur Gewinnung der reinen C_{20}-Fraktionen wurden die Fraktionen a_3—a_5 und b_4—b_6, welche bereits vorwiegend aus C_{20}-Säuren bestanden, noch einmal mit dem in Tab. 2 dargestellten Ergebnis fraktioniert destilliert.

Wie die Tab. 2 zeigt, haben in Fr. c_4(II) praktisch reine C_{20}-Säuren vorgelegen, $n_D^{20} = 1,4756$.

Tab. 2. Fraktionierte Destillation der vereinigten Fr. a_3—a_5 und b_4—b_6.

	Methylester		Hydrierte Säuren				$C_{20}H_{40}O_2$	
					aus Aceton umkrist.			
	Menge g	Jodz.	Schmp.	Äquiv.-Gew.	Schmp.	Äquiv.-Gew.	Schmp.	Äquiv.-Gew.
c_1	3,40	223	69°	303,3	72°	307,8		
c_2	3,56	234	72°	307,5	74°	310,3		
c_3	3,69	240	73°	309,3	74°	310,5		
c_4	3,82	248	74,5°	311,7	74,5°	311,8	75,2°	312,6
c_5	3,92	246	72,5°	314,0	74°	315,2		
c_6	3,70	248	71°	316,8	73°	317,9		
c_7	1,84	256	70°	318,5	69,5°	322,2		

Praktisch reine C_{22}-Säuren lagen bereits in den Fr. a_7, a_8 und a_9 (Jodz. 318,5; 321,5 und 320,5) vor. Hydrierte Säuren. Schmp. 77°, 78° und 78,5°. Äquiv.-Gew. 341,3; 340,9; 342,2. Aus Aceton umkristallisiert, Schmp. 78°, 78° und 78,5°. Äquiv.-Gew. 339,1; 340,8 und 341,9. Zur weiteren Untersuchung kam die Fr. a_8 (III), $n_D^{20} = 1.4873$. Die Mischprobe der hydrierten Säure a_8 mit *n*-Dokosansäure gab keine Depression. Dagegen schmolz eine Mischprobe mit der hydrierten Säure c_4(II) bei 69,5°, zeigt also deutliche Depression.

Die Ozonidspaltung und die chromatographische Analyse des Gemischs der Abbausäuren

Das Gemisch der C_{20}- + C_{22}-Säuren. 0,794 g Ester I (Mol.-Gew. 334*) nach Klenk und Bongard[3] ozonisiert, Lösung kurz aufgekocht, Lösungsmittel im Vakuum vorsichtig abgedampft, Rückstand in 1% Butanol-Chloroform gelöst und auf 25 ccm aufgefüllt. Je 1 ccm (entspr. 31,76 mg Ester) davon mit Säule A, B und D chromatographiert (Abb. 1—3).

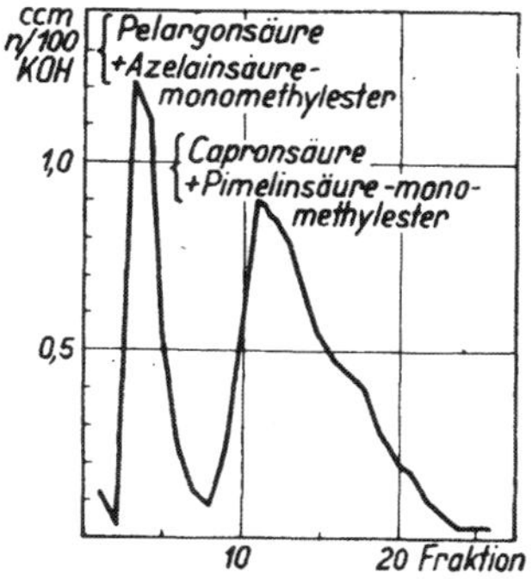

Abb. 1. Säule A. 1% (3—8)**: 3,32—6·0,03 = 3,14 ccm *n*/100-KOH, gef. 0,33 Mol Pelargonsäure + Azelainsäure-monoester. — 1% (9—24): 6,55—15·0,03 = 6,10 ccm *n*/100-KOH, gef. 0,64 Mol Capronsäure + Pimelinsäure-monoester.

* Ber. aus Jodzahl (entspr. 4,0 Doppelbindungen) und dem Äquiv.-Gew. der hydrierten Säuren.

** Butanolgehalt des Chloroforms. Die in Klammern gesetzten Zahlen geben die Nummern der Fraktionen an.

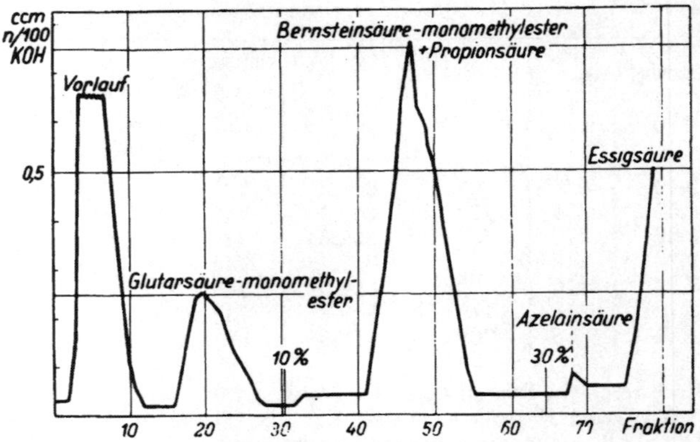

Abb. 2. Säule B. 1% (3—10): nicht titrierter Vorlauf. — 1% (17—26): 1,66—10·0,02 = 1,46 ccm n/100-KOH, gef. 0,154 Mol. Glutarsäure-monoester. — 10% (42—54): 5,36—13·0,04 = 4,84 ccm n/100-KOH, gef. 0,51 Mol Propionsäure + Bernsteinsäure-monoester. — 30% (68): Spur Azelainsäure. — 30% (ab 76): nicht titrierte Essigsäure.

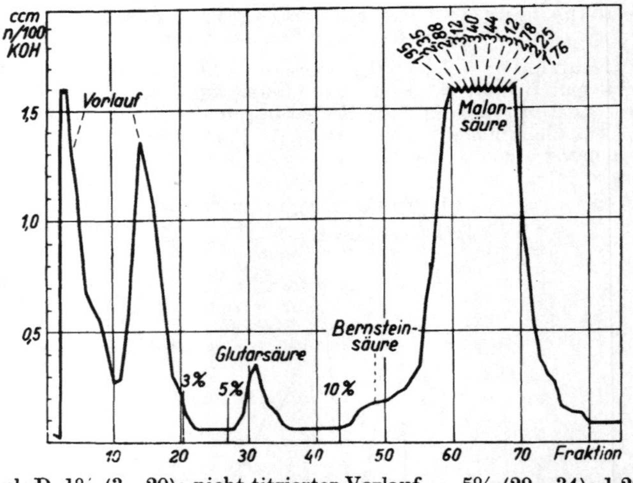

Abb. 3. Säule D. 1% (3—20): nicht titrierter Vorlauf. — 5% (29—34): 1,26—6·0,06 = 0,90 ccm n/100-KOH, gef. 0,047 Mol Glutarsäure. — 10% (46—53): 1,48—8·0,08 = 0,84 ccm n/100-KOH, gef. 0,044 Mol Bernsteinsäure. — 10% (54—79): 35,72—26·0,08 = 33,64 ccm n/100-KOH, gef. 1,77 Mol Malonsäure.

Außerdem wurden 1,95 g der aus dem Estergemisch I durch Verseifung mit etwa n/2-alkohol. Natronlauge gewonnenen freien Säuren* (aus Lösung nach dem Ansäuern mit Petroläther ausgeschüttelt) in der üblichen Weise gespalten, Rückstand in 1% Butanol-Chloroform gelöst und auf 100 ccm aufgefüllt. Je 1 ccm davon (entspr. 19,5 mg Fettsäuren) mit Säulen A, B und D chromatographiert (Abb. 4—6).

* Mol.-Gew. 320.

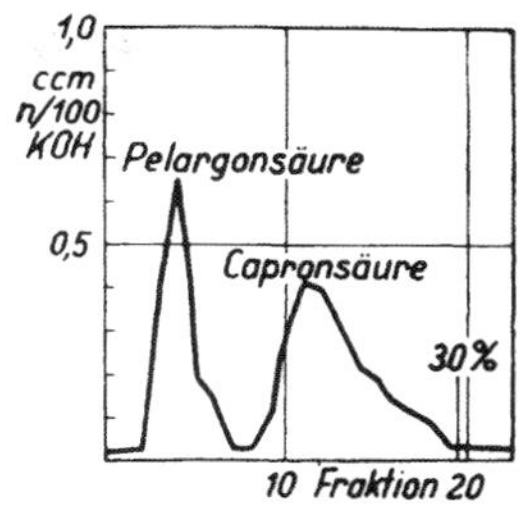

Abb. 4. Säule A. 1% (3—6): 1,40—4·0,02 = 1,32 ccm n/100-KOH, gef. 0,217 Mol Pelargonsäure — 1% (9—18): 2,226—10·0,03 = 1,926 ccm n/100-KOH, gef. 0,317 Mol Capronsäure — 30% (ab 19): keine Säure eluiert.

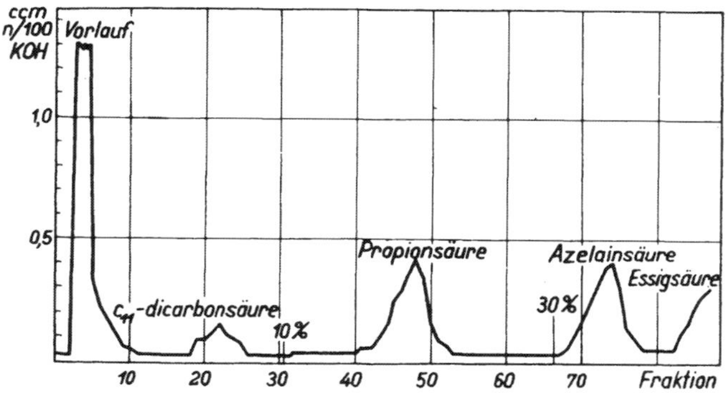

Abb. 5. Säule B. 1% (3—8): nicht titrierter Vorlauf. — 1% (19—25): 0,73—7·0,03 = 0,52 ccm n/100-KOH, gef. 0,043 Mol C_{11}-Dis. — 10% (43—52): 2,24—10·0,04 = 1,84 ccm n/100-KOH, gef. 0,301 Mol Propionsäure. — 30% (69—77): 2,20—9·0,06 = 1,66 ccm n/100-KOH, gef. 0,136 Mol Azelainsäure.

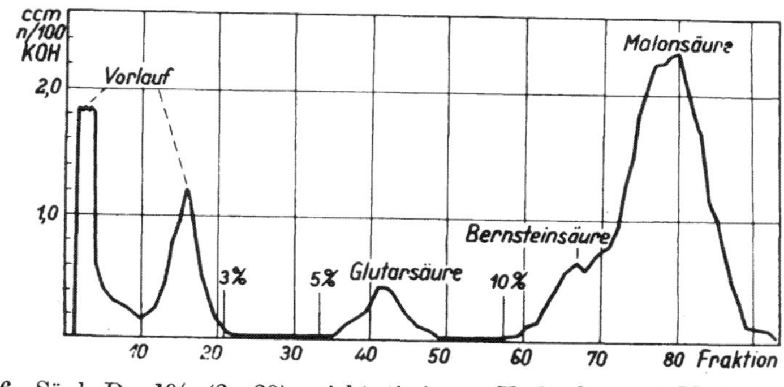

Abb. 6. Säule D. 1% (2—20): nicht titrierter Vorlauf mit 2 Maxima. — 5% (36—48): 3,10—13·0,04 = 2,58 ccm n/100-KOH, gef. 0,212 Mol Glutarsäure. — 10% (60—$^1/_2$ 68): 3,34—9·0,06 = 2,80 ccm n/100-KOH, gef. 0,23 Mol Bernsteinsäure. — 10% ($^1/_2$ 68—92): 29,13—24·0,06 = 27,69 ccm n/100-KOH, gef. 2,28 Mol Malonsäure.

Zur Chromatographie mit Säule C wurden — um die Essigsäure möglichst weitgehend zu entfernen — 10 ccm der Lösung zur Trockne gebracht, der Rückstand im Vakuum im siedenden Wasserbad etwa 1 Stde. erhitzt, wieder in 1% Butanol-Chloroform gelöst, auf 10 ccm aufgefüllt und 1 ccm (entspr. 19,5 mg Säure) davon auf die Säule gebracht (Abb. 7).

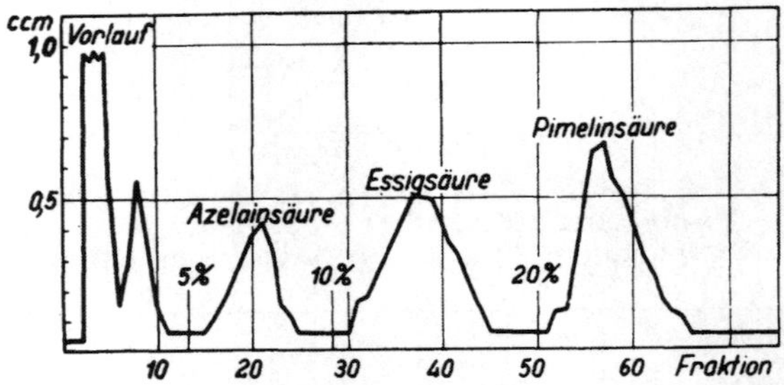

Abb. 7. Säule C. 1% (3—9): nicht titrierter Vorlauf. — 5% (16—24): 2,21—9·0,06 = 1,67 ccm *n*/100-KOH, gef. 0,137 Mol Azelainsäure. — 10% (31—44): noch etwas Essigsäure. — 20% (52—65): 4,87—14·0,05 = 4,17 ccm *n*/100-KOH, gef. 0,342 Mol Pimelinsäure.

Zur präparativen Isolierung der Dicarbonsäuren chromatographierte man die Gesamtmenge der noch vorhandenen Lösung mit einer größeren Säule D (Querschnitt des Rohres, Füllung und durchlaufende Fraktionn 20-fach vergrößert). Bei der Titration von je 5 ccm jeder Fraktion ergab sich keine so eindeutige Titrationskurve wie im Fall der kleineren Säule. Jedoch konnte aus den Fraktionen mit 5% Butanol-Chloroform durch Abdampfen des Lösungsmittels und Nachwaschen des Rückstands mit Chloroform Bernsteinsäure vom Schmp. 180—181° (reine Säure, Schmp. 185°) und aus den Fraktionen mit 10% Butanol-Chloroform reine Malonsäure vom Schmp. 132° erhalten werden. Aus den Fraktionen mit 1% Butanol-Chloroform wurde durch nochmalige Chromatographie mit einer kleineren Säule D reine Glutarsäure vom Schmp. 95—96° und mit der Säule C Pimelinsäure vom Schmp. 101—102° (reine Säure, Schmp. 104°; Mischprobe zeigte keine Depression) gewonnen.

Die C_{20}-Säuren. Abbausäuren von 0,402 g Ester II* in 1% Butanol-Chloroform aufgenommen und auf 50 ccm aufgefüllt. Je 1 ccm (entspr. 8,04 mg Ester) davon mit Säulen A und D, 2 ccm (entspr. 16,08 g Ester) davon mit Säule B chromatographiert (Abb. 8—10).

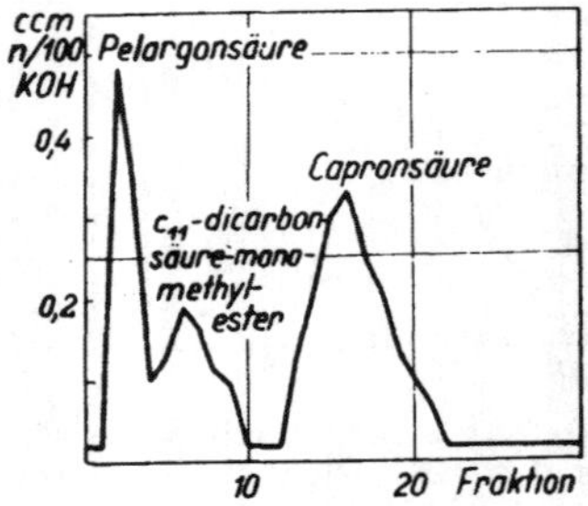

Abb. 8. Säule A. 1% (2—9): 1,60—8·0,02 = 1,44 ccm *n*/100-KOH, gef. 0,57 Mol Pelargonsäure + C_{11}-Dicarbonsäure. — 1% (13—21): 1,75—9·0,02 = 1,57 ccm *n*/100-KOH, gef. 0,63 Mol Capronsäure. — 10% und 30% nichts eluiert.

* Mol.-Gew. 320.

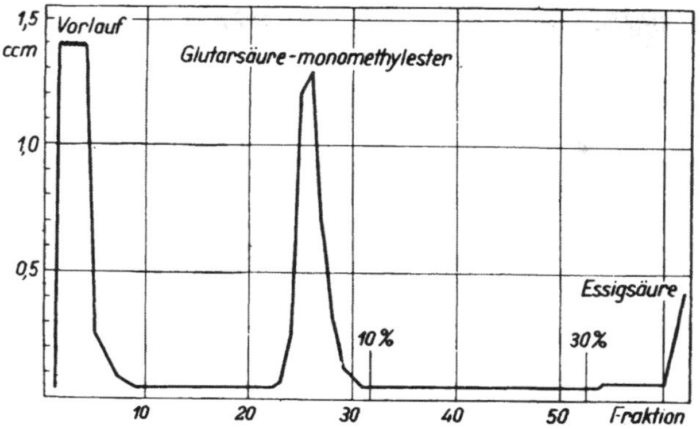

Abb. 9. Säule B. 1% (2—7): nicht titrierter Vorlauf. — 1% (23—30): 4,13—8·0,05 = 3,73 ccm $n/100$-KOH, gef. 0,74 Mol Glutarsäure-monoester, 10%: nichts eluiert. — 30% (ab 61): nicht titrierte Essigsäure.

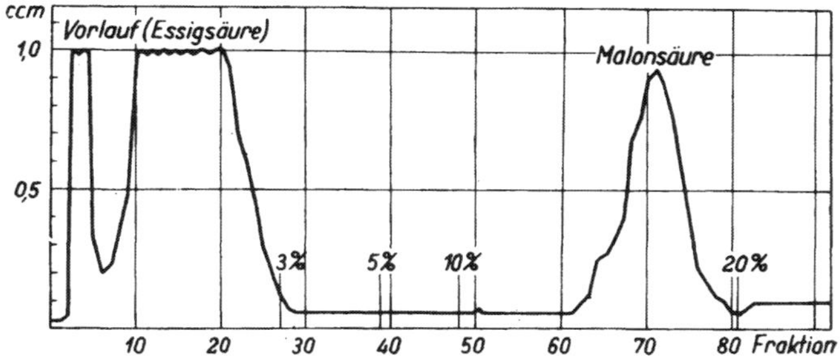

Abb. 10. Säule D. 1% (2—5, 8—27): nicht titrierter Vorlauf. — 3% und 5%: nichts eluiert. — 10% (62—79): 7,96—18 0,06 = 6,88 ccm $n/100$-KOH, gef. 1,38 Mol Malonsäure. — 20%: nichts eluiert.

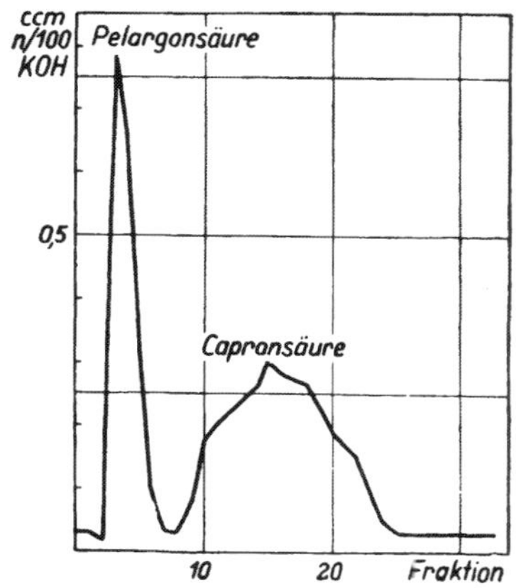

Abb. 11. Säule A. 1% (3—6): 1,87—4·0,03 = 1,75 ccm $n/100$ KOH, gef. 0,33 Mol Pelargonsäure. — 1% (9—23): 3,12—15·0,03 = 2.67 ccm $n/100$-KOH, gef. 0,51 Mol Capronsäure.

Verseifung der Spaltprodukte aus 25 ccm der Lösung und Extraktion der mit Phosphorsäure in Freiheit gesetzten Säuren im Lindschen Apparat führte zu einem Säuregemisch von folgender Zusammensetzung: 0,34 Mol Pelargonsäure, 0,58 Mol Capronsäure, 0,22 Mol C_{11}-Dicarbonsäure, 0,35 Mol Glutarsäure und 0,88 Mol Malonsäure. Demnach waren bei dieser Methode der Aufarbeitung beträchtliche Verluste der wasserlöslichen Dicarbonsäuren (Malonsäure und Glutarsäure) eingetreten. Es wurde deshalb auch hier wieder wie bei dem Gemisch der C_{20}- + C_{22}-Säuren vorgegangen und die aus 0,420 g Ester II gewonnenen freien Polyensäuren ozonisiert. Abbausäuren in 1% Butanol-Chloroform aufgenommen und auf 50 ccm aufgefüllt. Je 2 ccm (entspr. 16,8 mg Ester) mit Säule A und B, und 1 ccm (entspr. 8,4 mg Ester) mit Säule D chromatographiert (Abb. 11—13).

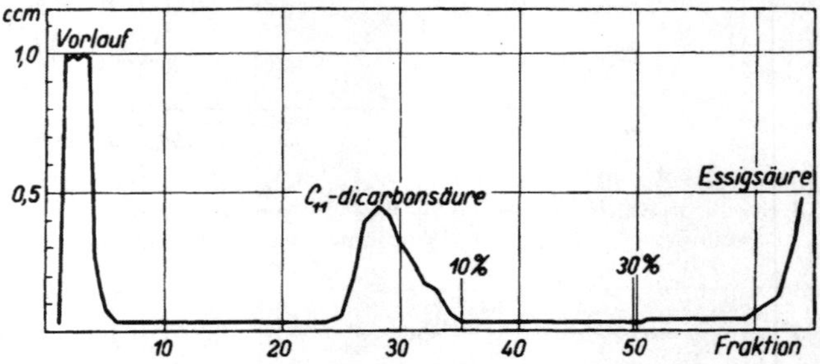

Abb. 12. Säule B. 1% (2—5): nicht titrierter Vorlauf. — 1% (25—34): [2,44—10·0,03 = 2,14 ccm n/100-KOH, gef. 0,20 Mol C_{11}-Dicarbonsäure. — 10%: nichts eluiert. — 30% (ab 61): nicht titrierte Essigsäure.

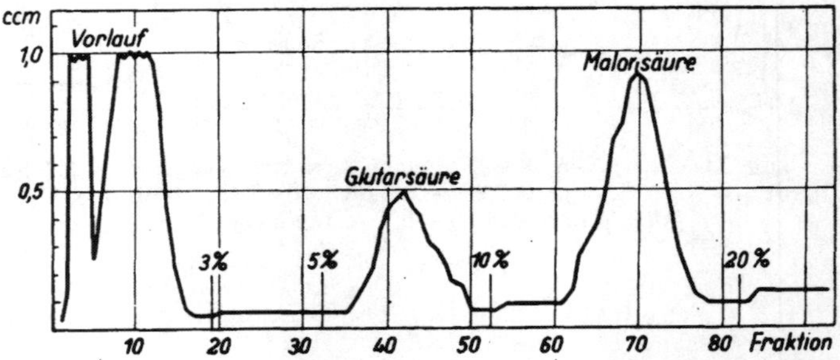

Abb. 13. Säule D. 1% (2—4 und 5—16): Nicht titrierter Vorlauf. — 3%: nichts eluiert. — 5% (36—49): 4,19—14·0,07 = 3,21 ccm n/100-KOH, gef. 0,62 Mol Glutarsäure. — 10% (62—77): 7.95—16·0,10 = 6,35 ccm n/100-KOH, gef. 1,21 Mol Malonsäure. — 20%: nichts eluiert.

Versuch zur Trennung der Ester in stärker und schwächer gesättigte Anteile: 2,4 g Ester II in etwa 10 ccm Aceton gelöst, auf —60° abgekühlt, nach 4 Stdn. Niederschlag abgetrennt: 0,40 g Jodz. 211. Aus Aceton zurückgewonnener Anteil: 1,96 g. Jodz. 259. Nach diesem Ergebnis kann in dem Gemisch nicht sehr viel *n*-Eikosensäureester vorhanden sein. Die Menge ist jedenfalls wesentlich geringer als 22%, so daß daraus auch auf das Vorhandensein der Diensäure geschlossen werden muß.

Die C_{22}-Säuren. 0,552 g Ester III (Mol.-Gew. 346) ozonisiert, Abbausäuren in 1% Butanol-Chloroform gelöst und auf 25 ccm aufgefüllt. Je 1 ccm (entspr. 22,08 mg Ester) davon mit Säulen A, B und D chromatographiert (Abb. 14—16).

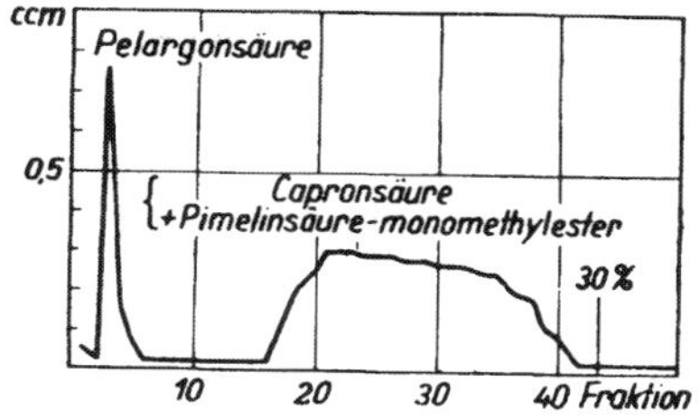

Abb. 14. Säule A. 1% (3—5): 0,998—3·0,015 = 0,953 ccm n/100-KOH, gef. 0,148 Mol Pelargonsäure. — 1% (17—41): 5,77—25·0,015 = 5,395 ccm n/100-KOH, gef. 0,84 Mol Capronsäure + Pimelinsäure-monoester. — 10% u. 30%: nichts eluiert.

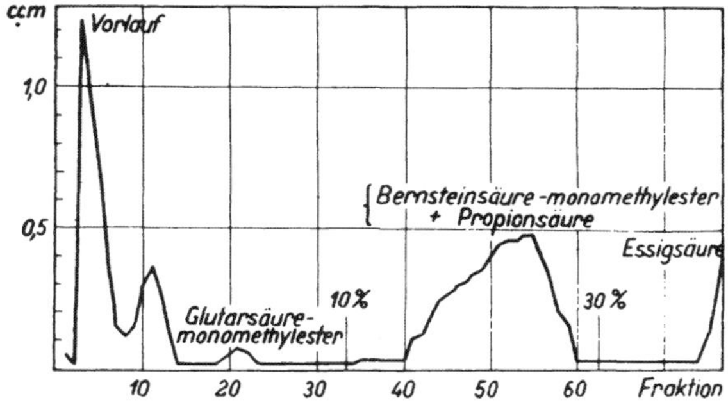

Abb. 15. Säule B. 1% (3—13): Vorlauf. — 1% (18—23): Spur Glutarsäure-monoester. — 10% (41—59): 6,04—20·0,03 = 5,44 ccm n/100-KOH, gef. 0,84 Mol Propionsaure + Bernsteinsäure-monoester. — 30% (ab 72): nicht titrierte Essigsäure.

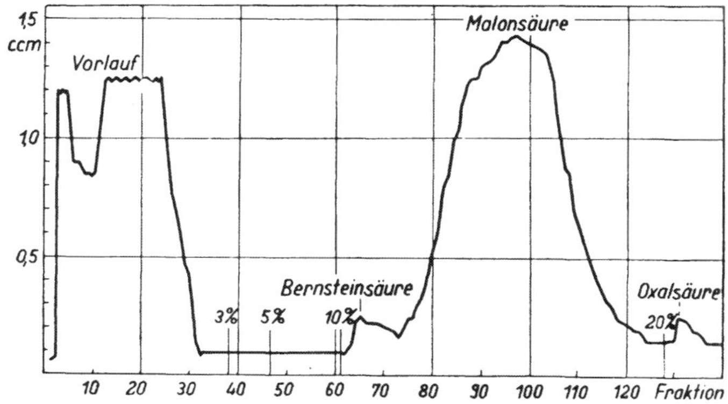

Abb. 16. Säule D. 1% (3—30): nicht titrierter Vorlauf. — 3% u. 5%: nichts eluiert. 10% (64—73): 2,14—10·0,15 = 0,64 ccm n/100 KOH, gef. 0,048 Mol Bernsteinsäure. — 10% (74—122): 40,45—49·0,15 = 33,1 ccm n/100-KOH, gef. 2,58 Mol Malonsäure. — 20% (131—136): 1,33—6·0,15 = 0,43 ccm n/100-KOH gef. 0,033 Mol Oxalsäure.

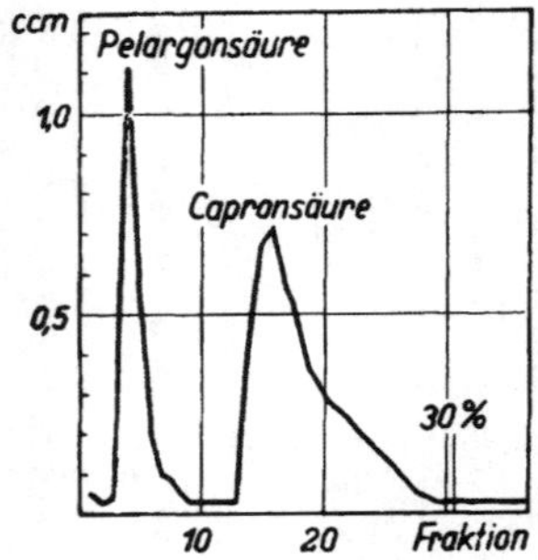

Abb. 17. Säule A. 1% (4—8): 1,95—5·0,03 = 1,80 ccm n/100-KOH, gef. 0,148 Mol Pelargonsäure. — 1% (14—26): 4,56—13·0,03 = 4,17 ccm n/100-KOH, gef. 0,344 Mol Capronsäure. — 30% : nichts eluiert.

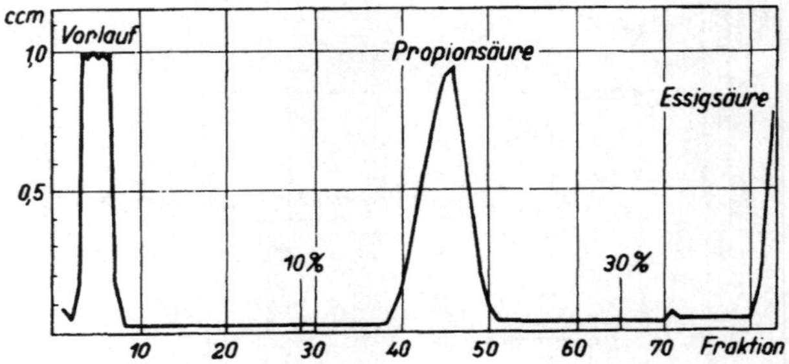

Abb. 18. Säule B. 1% (3—9): nicht titrierter Vorlauf. — 10% (39—50): 5,75—12·0,04 = 5,27 ccm n/100-KOH, gef. 0,43 Mol Propionsäure. — 30% (ab 80): nicht titrierte Essigsäure.

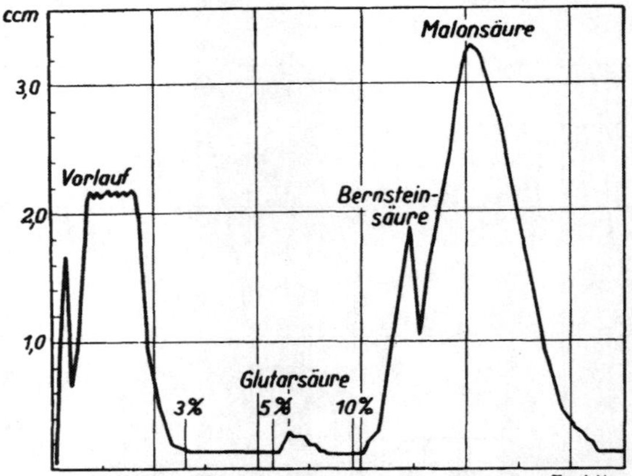

Abb. 19. Säule D. 1% (2—23): nicht titrierter Vorlauf (hauptsächlich Essigsäure). — 3%: nichts eluiert. — 5% (45—51): 1,62—7·0,13 = 0,71 ccm n/100-KOH gef. 0,029 Mol Glutarsäure. — 10% (61—½ 71): 9,91—11·0,13 = 8,48 ccm n/100-KOH, gef. 0,35 Mol Bernsteinsäure. — 10% (½ 71—104): 58,65—33·0,13 = 54,36 ccm n/100-KOH, gef. 2,25 Mol Malonsäure.

0,502 g der aus Ester III durch Verseifung gewonnenen freien Polyensäuren (Mol.-Gew. 332) ozonisiert, Abbausäuren in 1% Butanol-Chloroform gelöst und auf 25 ccm aufgefüllt. Je 2 ccm (entspr. 40,16 mg Säure) davon mit Säulen A, B und D chromatographiert (Abb. 17—19).

Zur Chromatographie mit Säule C wurde wie oben bei dem Gemisch der C_{20}- + C_{22}-Säuren die Essigsäure möglichst vollständig entfernt. Rückstand in 1% Butanol-Chloroform aufgenommen und wieder auf das ursprüngliche Volumen gebracht. 1 ccm (entspr. 20,08 mg Säure) davon chromatographiert (Abb. 20).

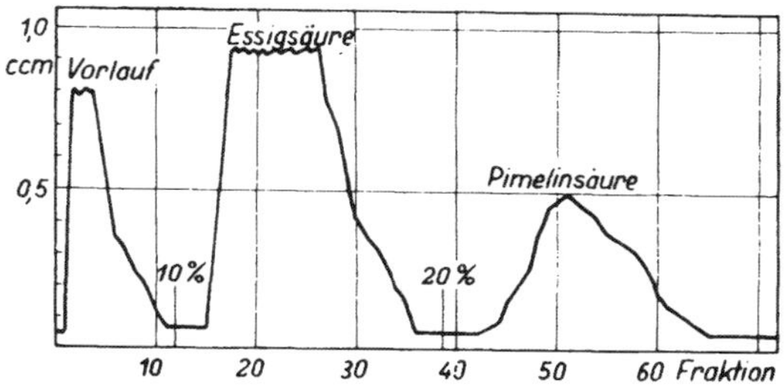

Abb. 20. Säule C. 1% (2—10): nicht titrierter Vorlauf. — 10% (16—35): nicht titrierte Essigsäure. — 20% (43—64): 6,15—22·0,06 = 4,83 cm n/100 KOH, gef. 0,41 Mol Pimelinsäure.

Die spektrophotometrische Analyse

30,2 mg Ester I, 23,4 mg Ester II und 23,5 mg Ester III nach Holman und Burr[9] mit KOH-Glykol bei 180° isomerisiert. Lösung im 100-ccm-Meßkolben mit Methanol aufgefüllt, nach Stehenlassen über Nacht im Eisschrank filtriert. Infolge äußerer Umstände konnte die Messung erst 50 Stdn. nach der Isomerisierung vorgenommen werden. Zur Messung Lösung nochmals 1:10 verdünnt. Vergleichslösung: 5 ccm KOH-Glykol mit Methanol auf 100 ccm aufgefüllt und ebenfall 1:10 verdünnt.

Zum Vergleich wurde auch die Absorption der nicht isomerisierten Ester gemessen. Zu diesem Zweck löste man 81,6 mg Ester I, 58,9 mg Ester II und 59,1 mg Ester III in Methanol und füllte mit Methanol auf 100 ccm auf, Vergleichslösung: reines Methanol.

Die Absorptionsmaxima lagen bei allen 3 Substanzen übereinstimmend bei 235, 271, 301, 352 und 377 mμ. In der Literatur sind folgende Werte angegeben: Dien 235 mμ, Trien 268—270 mμ, Tetraen 300—301 mμ, Pentaen 345—347,5 mμ, Hexaen 372—375 mμ.

Tab. 3. Extinktionswerte.

	235 mμ		271 mμ		301 mμ		352 mμ		377 mμ	
	D-Wert	$E^{1\%}_{1\,cm}$	D-Wert	$E^{1\%}_{1\,cm}$	D-Wert	$E^{1\%}_{1\,cm}$	D-Wert	$E^{1\%}_{1\,cm}$	D-Wert	$E^{1\%}_{1\,cm}$
nicht isomerisierte Ester I	1	24,5	18	9,1	36,5	5,4	78,5	1,3	91,5	0,5
II	4,5	22,9	68	2,9	88,5	0,9	98	0,2	99,5	0,04
III	0	—	11,5	15,9	71	2,5	95	0,4	97,5	0,2
isomerisierte Säuren I	2	563	2,8	514	6,5	393	26	194	45	115
II	5	556	6	522	19	308	95	9	96,5	6
III	6	520	6	520	13	377	31	217	48,5	134

Die Untersuchung wurde durch Mittel der Deutschen Forschungsgemeinschaft unterstützt.

[9] R. T. Holman u. G. O. Burr, Arch. Bioch. 19, 474 [1948].

Zusammenfassung

Aus den Glycerinphosphatiden des Gehirns wurden durch Tiefkühlkristallisation und Molekulardestillation der Ester die hochungesättigten Fettsäuren dargestellt und durch anschließende fraktionierte Esterdestillation im Vakuum die C_{20}- und C_{22}-Säuren voneinander getrennt.

Zur Konstitutionsaufklärung der Fettsäuren kam ein neu ausgearbeitetes Verfahren der oxydativen Ozonidspaltung und der chromatographischen Analyse des dabei auftretenden Gemischs der Abbausäuren zur Anwendung.

Unter den Abbauprodukten der Ester wurde bei allen Fraktionen als praktisch einzige freie Dicarbonsäure Malonsäure in einer Ausbeute von über 50% d. Th. erhalten, woraus hervorgeht, daß so gut wie ausschließlich Polyensäuren vom Divinylmethantypus vorliegen. Nur bei den C_{22}-Säuren wurde das Vorhandensein von Polyensäuren anderer Art in sehr kleinen Mengen beobachtet, welche jedoch während der Isolierung durch Isomerisierung entstanden sein dürften.

Als Endstücke wurden nachgewiesen: bei den C_{20}-Säuren Capronsäure (0,57 Mol) und Pelargonsäure (0,33 Mol) sowie Glutarsäure (0,68 Mol) und C_{11}-Dicarbonsäure (0,22 Mol); bei den C_{22}-Säuren Propionsäure (0,43 Mol), Capronsäure (0,34 Mol) und Pelargonsäure (0,14 Mol) sowie Bernsteinsäure (0,35 Mol) und Pimelinsäure (0,41 Mol).

Nach dem vorliegenden Ergebnis können im Gemisch 4 verschiedene C_{20}- und 6 verschiedene C_{22}-Säuren vorkommen. Die Konstitution dieser Säuren wird angegeben. Es wäre möglich, daß die eine oder andere von ihnen ganz fehlt.

Die Befunde werden durch eine spektrophotometrische Analyse der isomerisierten Säuren ergänzt. Es konnte auf diese Weise das Vorhandensein einer C_{20}-Tetraensäure und einer C_{22}-Hexaensäure bestätigt werden.

Über die Konstitution der in den Leberölen von Seefischen (Dorsch und Glattrochen) vorkommenden Polyensäuren

Von

E. Klenk und W. Bongard

Aus dem Physiologisch-chemischen Institut der Universität Köln

(Der Schriftleitung zugegangen am 26. November 1952)

Während die Polyensäuren der pflanzlichen Fette fast ausschließlich C_{18}-Säuren sind, kommen in den Fischtranen C_{16}-, C_{18}-, C_{20}- und C_{22}-Polyensäuren nebeneinander vor, wobei im Gemisch die C_{20}- und C_{22}-Säuren regelmäßig vorherrschen. Ein weiterer wesentlicher Unterschied scheint auch insofern zu bestehen, als die Polyensäuren pflanzlichen Ursprungs mit wenigen Ausnahmen dem Divinylmethantypus angehören, während nach unseren bisherigen Kenntnissen bei den Polyensäuren der Seefischöle die Kohlenstoffkette außer der Divinylmethangruppierung —CH:CH·CH_2·CH:CH— noch die Divinyläthangruppierung zu enthalten scheint[1].

Ähnlich wie bei den Fischtranen finden sich auch in den Glycerinphosphatiden der Säugetierorgane C_{20}- und C_{22}-Polyensäuren in reichlichen Mengen. Von diesen ist die Arachidonsäure $C_{20}H_{32}O_2$ am eingehendsten untersucht. Nach Smedley-MacLean[2] hat sie die Konstitution einer $\Delta^{5,8,11,14}n$-Eikosatetraensäure. Es handelt sich demnach ebenso wie bei den Polyensäuren pflanzlichen Ursprungs um eine Säure vom Divinylmethantypus. Vor kurzem haben wir[3] am Beispiel der Glycerinphosphatide des Gehirns gezeigt, daß alle anderen die Arachidonsäure noch begleitenden C_{20}- und vor allem auch alle C_{22}-Säuren nach demselben Typus gebaut sind. Aus diesen Befunden müßte geschlossen werden, daß die Polyensäuren der Fischtrane eigenartigerweise sich auch von den entsprechenden Säuren der Glycerinphosphatide durch das Vorhandensein der Divinyläthangruppierung unterscheiden.

Die vorliegende Untersuchung sollte zunächst nur einen Überblick darüber geben, in welchem Ausmaße diese Gruppierung in den Polyensäuren der Fischtrane vorkommt. Wir haben die Frage am Beispiel des käuflichen Dorschlebertrans (Medizinallebertran) und eines uns von Dr. Lovern, Aberdeen, in freundlicher Weise zur Verfügung gestellten Glattrochenlebertrans (Blue Skate) geprüft. Um eine etwaige Isomerisierung der hochungesättigten Fettsäuren durch Alkali-Einwirkung bei der Verseifung zu vermeiden, wurde das Öl als solches der oxydativen Ozonidspaltung nach Klenk und Bongard[4] unterworfen. Bei diesem

---

[1] Siehe dazu T. P. Hilditch, The chemical constitution of natural fats 2nd ed. London 1949, S. 432 u. ff.

[2] C. L. Arcus u. I. Smedley-MacLean, Biochem. J. 37, 1 [1943].

[3] E. Klenk u. W. Bongard, diese Z. 291, 104 [1952].

[4] E. Klenk u. W. Bongard, diese Z. 290, 181 [1952].

Verfahren wird aus der Divinylmethangruppierung Malonsäure herausgespalten, welche in einer Ausbeute von etwa 50% der Theorie anfällt. Aus der Divinyläthangruppierung wird in entsprechender Weise Bernsteinsäure gebildet. Nach allen mit dieser Methode bisher gemachten Erfahrungen muß diese Dicarbonsäure dabei in praktisch 100-proz. Ausbeute zu erhalten sein.

Die bei der Spaltung auftretenden freien Dicarbonsäuren lassen sich den übrigen Reaktionsprodukten infolge ihrer Wasserlöslichkeit leicht entziehen. Die fraktionierte Feindestillation einer größeren Menge des so erhaltenen Rohprodukts in Form der Methylester ergab, daß es in der Hauptsache aus Malonsäure bestand und daß andere Dicarbonsäuren nicht oder höchstens spurenweise vorhanden sind. Was insbesondere die Bernsteinsäure betrifft, so wurde sie im Falle des Dorschlebertrans überhaupt nicht aufgefunden. Beim Rochenlebertran konnte die Säure zwar chromatographisch im Destillationsrückstand nachgewiesen und identifiziert werden, jedoch machte sie nur 1,3% der gefundenen Malonsäuremenge aus. Mit Rücksicht darauf, daß die Bernsteinsäure nahezu quantitativ, die Malonsäure dagegen nur in einer Ausbeute von etwa 50% der Theorie anfällt, ergibt sich, daß in den Polyensäuren dieses Leberöls durchschnittlich auf 100 Divinylmethangruppierungen nur etwa 0,6 Divinyläthangruppierungen kommen. Es wäre aber auch möglich, daß die sehr kleine Menge Bernsteinsäure überhaupt nicht von einer Divinyläthangruppierung, sondern von dem Endstück einer Polyensäure stammt und durch geringfügige Verseifung der beim Abbau entstandenen Triglyceridkomponenten während der Aufarbeitung abgespalten wurde.

Wie sich bei einem kleineren Ansatz mit Rochenlebertran herausstellte, lassen sich die freien Dicarbonsäuren auch durch direkte chromatographische Analyse des ursprünglichen Gemischs sämtlicher Abbausäuren bestimmen. Es fand sich wieder als einzige freie Dicarbonsäure Malonsäure in einer Menge von 28% des Öls. Die spurenweise vorkommende Bernsteinsäure war jedoch auf diesem Wege nicht zu erfassen.

Die vorliegenden Befunde zeigen, daß die Polyensäuren der Seefischöle, wenigstens in den beiden hier untersuchten, willkürlich herausgegriffenen Fällen, den Polyensäuren der meisten Pflanzenöle sowie den der Glycerinphosphatide tierischen Ursprungs darin gleichen, daß es sich ebenfalls ausschließlich oder so gut wie ausschließlich um Säuren vom Divinylmethantypus handelt. Wenn bei der Konstitutionsaufklärung einzelner, aus den Ölen isolierter Polyensäuren durch oxydativen Abbau der Ester wiederholt das Auftreten von Bernsteinsäure in größeren oder kleineren Mengen beobachtet wurde, so dürfte dies möglicherweise darauf zurückzuführen sein, daß während der Isolierung durch unvorsichtige Alkali-Einwirkung eine teilweise Isomerisierung erfolgte, bei welcher zusammen mit konjugierten Doppelbindungen auch die Divinyläthangruppierung entstehen könnte.

Außer den Dicarbonsäuren haben wir auch die aus dem Rochenleberöl abgespaltenen Monocarbonsäuren näher untersucht. Das durch Wasserdampfdestillation gewonnene Säuregemisch wurde durch fraktionierte Feindestillation der Ester in die Komponenten zerlegt. Das Estergemisch hatte folgende Zusammensetzung: Propionsäure (C_3) 8.5, Capronsäure (C_6) 8.4, Önanthsäure (C_7) 22.4, Pelargonsäure (C_9) 47.6 und Undecansäure (C_{11}) 13,1%. Das entspricht einer molaren Zusammensetzung von C_3 14,6%, C_6 9,8%, C_7 23,3%, C_9 42,0% und C_{11} 10,3%. Weitere Schlußfolgerungen können daraus erst nach einer noch eingehenderen Untersuchung der ungesättigten Fettsäuren gezogen werden.

Dorschlebertran

30 g Leberöl (Jodz. 142) wurden in 150 ccm Methylacetat gelöst und bei −10° bis zur Sättigung ozonisiert. Nach Zugabe von 400 ccm Eisessig spaltete man das Ozonid anschließend mit 50 ccm Perhydrol durch 5-tägiges Stehenlassen im Wasserbadthermostaten bei 35°. Um etwa vorhandene Peressigsäure zu zerstören, kochte man kurz auf und destillierte das Lösungsmittel in einem auf 40° erwärmten Wasserbad unter Benützung einer kleinen Füllkörperkolonne unter vermindertem Druck (etwa 20 mm Hg) vorsichtig ab. Der ölige Rückstand wurde in Äther aufgenommen und wiederholt mit Wasser ausgeschüttelt. Die im Vakuum stark eingeengte wäßrige Lösung wurde schließlich in gefrorenem Zustand im evakuierten Exsiccator über Schwefelsäure zur Trockne gebracht. 7,6 g weiße, kristalline, noch etwas klebrige Substanz. Die daraus durch Umsetzung mit Diazomethan gewonnenen Methylester wurden mit Hilfe einer 60 cm langen Drehbandkolonne* bei einem konstanten Druck von 19 mm Hg fraktioniert destilliert (Tab. 1).

Tab. 1. Fraktionierte Destillation der Methylester der Dicarbonsäurefraktion des Dorschlebertrans.

Fr.	Sdp. (19 mm Hg)	Menge, g	n_D^{20}
1	80°	0,98	1,4132
2	,,	2,34	1,4132
3	,,	2,06	1,4132
4	,,	1,33	1,4134

Die Gesamtmenge des Destillats ging bei völlig konstantem Siedepunkt (80°) über. Die zum Vergleich dargestellten Malon- bzw. Bernsteinsäuredimethylester zeigten folgende Konstanten: $Sdp._{20}$ 82° bzw. $Sdp._{17}$ 92°, n_D^{20} 1,4132 bzw. 1.4186.

Fr. 3 wurde durch Kochen mit etwas mehr als der berechneten Menge Natriumhydroxyd in Methanol verseift. Nach Verjagen des Methanols löste man den Rückstand in Wasser, goß die Lösung zur Entfernung der Natriumionen durch eine mit 8 g eines Kationenaustauschers (Lewatit C) gefüllte Glasröhre und wusch mit Wasser bis zur neutralen Reaktion des Durchflusses nach. Die Lösung wurde in gefrorenem Zustand im evakuierten Exsiccator über Schwefelsäure zur Trockne gebracht. Als Rückstand verblieb reine Malonsäure (Schmp. 132°) in theoretischer Ausbeute.

Aus dem Destillationsrückstand (R_1) wurden durch Verseifung und Entfernung der Natriumionen mit Hilfe des Kationenaustauschers in entsprechender

* Modell der Fa. E. Haage, Mülheim-Ruhr.

Weise wie oben 1,28 g eines braunen dickflüssigen Rückstands gewonnen. Durch chromatographische Analyse konnten in diesem Rückstand noch 0,17 g Malonsäure, jedoch keine Bernsteinsäure nachgewiesen werden (Abb. 1).

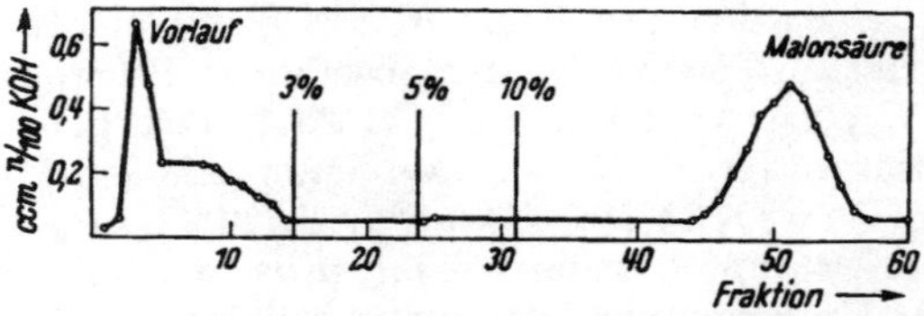

Abb. 1. Trennung des verseiften Destillationsrückstands R_1 (9,72 mg) durch Säule D. 1% (1—14): Vorlauf; 10% (31—44) keine Bernsteinsäure; (45—56): 3,245 — 12 · 0,06 = 2,525 ccm n/100-KOH, gef.: 1,31 mg Malonsäure.

Die Gesamtmenge der aus 30 g Dorschleberöl abgespaltenen Malonsäure beträgt demnach 5,45 g (Menge der Fr. 1—4: 6,71 g Ester oder 5,28 g Säure) oder 18% des Öls.

Rochenlebertran

Die Dicarbonsäuren. a) 20 g Leberöl* (Jodz. 165) wurden wie oben ozonisiert und weiter verarbeitet, 7 g Dicarbonsäurefraktion (Rohprodukt). Schmp. 105 bis 112°. Das Ergebnis der fraktionierten Esterdestillation (Drehbandkolonne) bei einem konstanten Druck von 20 mm Hg zeigt Tab. 2.

Tab. 2. Fraktionierte Destillation der Methylester der Dicarbonsäurefraktion des Rochenlebertrans.

	Methylester			freie Säure		
	Sdp. (20 mm Hg)	Menge, g	n_D^{20}	Menge, g gef.	Menge, g ber.	Schmp.
Fr. 1	81°	0,09	1,4145	0,06	0,07	133°
2	82°	0,94	1,4129	0,73	0,74	134°
3	82°	2,14	1,4125	1,68	1,68	134°
4	82°	1,48	1,4125	1,12	1,17	134°
Rückst.		0,9	1,4209	0,83		

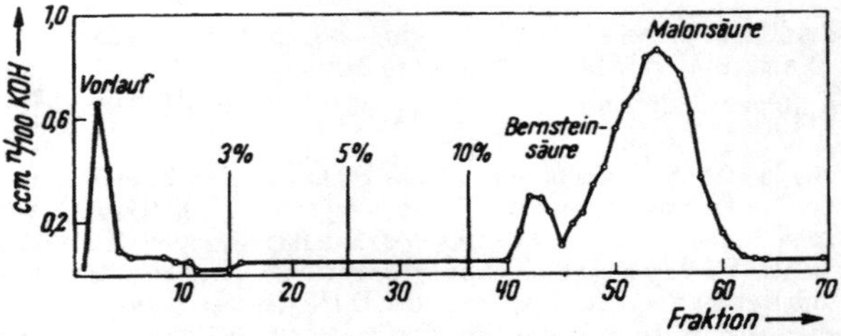

Abb. 2. Chromatographische Trennung des verseiften Destillationsrückstands R_2 (7,77 mg) durch Säule D.
1% (2—11): Vorlauf; 10% (41—45): 1,075 — 5 · 0,05 = 0,825 ccm n/100 KOH, gef. 0,485 mg Bernsteinsäure; (46—61): 7,87 — 16 · 0,05 = 7,07 ccm n/100-KOH, gef. 3,68 mg Malonsäure.

* Lebertran von einer Glattrochenart (Blue Skate).

Durch chromatographische Analyse konnten in dem verseiften Destillationsrückstand (R_2) 394 mg Malonsäure und 52 mg Bernsteinsäure nachgewiesen werden (Abb. 2).

Die Gesamtmenge der aus 20 g Rochenleberöl abgespaltenen freien Dicarbonsäuren betrug demnach 3,99 g Malonsäure und 0,5 g Bernsteinsäure oder 20% bzw. 0,25% des Öls.

Das Vorhandensein von Malonsäure und sehr kleiner Mengen Bernsteinsäure in R_2 konnte auch papierchromatographisch festgestellt werden (Abb. 3).

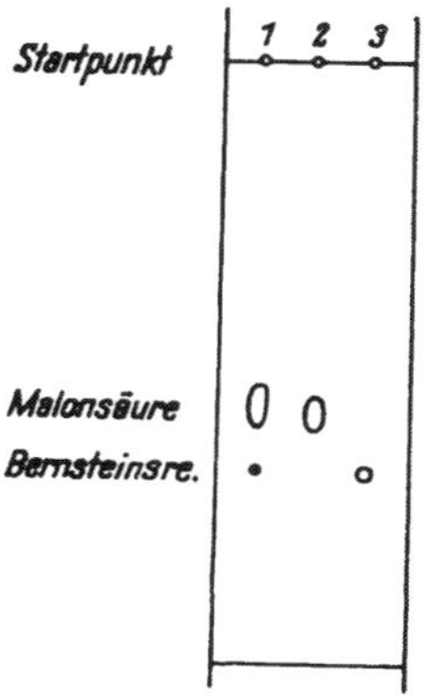

Abb. 3. Papierchromatogramm des verseiften Destillationsrückstands R_2.

Gemisch von 5 Vol.-Tln. Butanol und 1 Vol.-Tl. Eisessig, mit 10 Vol.-Tln. Wasser ausgeschüttelt. Laufzeit 22 Stunden. Papier: Schleicher & Schüll 2043b. Färbung mit Bromphenolblau. 1 Rückstand; 2 Malonsäure; 3 Bernsteinsäure.

b) Auch durch direkte chromatographische Analyse des ursprünglichen Gemischs sämtlicher Abbausäuren ließ sich zeigen, daß Malonsäure darin praktisch als einzige freie Dicarbonsäure vorkommt.

1,26 g Öl in 40 ccm Methylacetat bei —10° ozonisiert. Spaltung des Ozonids nach Zugabe von 50 ccm Eisessig mit 10 ccm Perhydrol. Abdampfungsrückstand in Butanol-Chloroform gelöst und auf 50 ccm aufgefüllt. 1 ccm davon (entsprechend 25,27 mg Leberöl) chromatographiert (Abb. 4). Das Vorhandensein der sehr kleinen Menge Bernsteinsäure ist im Chromatogramm nicht einwandfrei erkennbar.

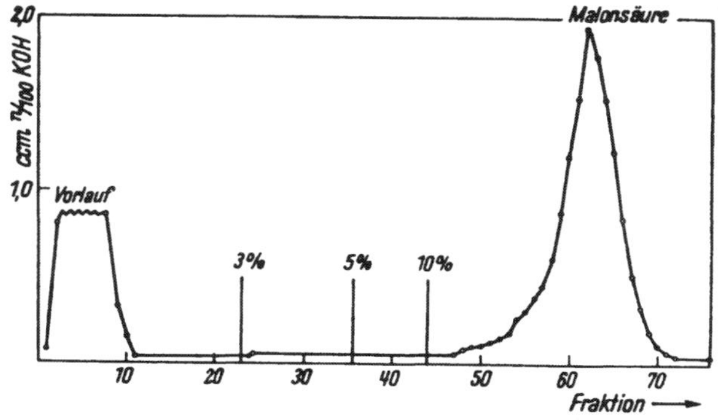

Abb. 4. Chromatographische Trennung des Gemischs der Abbausäuren des Rochenleberöls (entspr. 25,27 mg) durch Säule D.

1% (1—11): Vorlauf; 10% (48—70): 14, 92 — 23·0,05 = 13,77 ccm n/100-KOH, gef. 7,16 mg Malonsäure oder 28% des Leberöls.

Tab. 3. Zusammensetzung des Monocarbonsäuregemisches.

	7	8	9	10	11	12	13	14
C_3	0,412	0,514	0,113					
C_6		0,090	0,177	1,199	0,559			
C_7						1,334	1,004	0,401
C_9								0,302
C_{11}								
Menge i. g	0,502	0,604	0,290	1,199	0,559	1,334	1,004	0,703
n_D^{20}	1,3735**	1,3816	1,3955	1,4075	1,4075	1,4115	1,4115	1,4159
n_D^{40}								

** Propionsäure-methylester n_D^{20} 1,3771, Essigsäure-methylester n_D^{20} 1,3594. Zur Berechnung wurde angenommen, daß die Fr. 7 ein Gemisch dieser beiden Ester ist.

Die Monocarbonsäuren. Von dem aus der ätherischen Lösung nach Ausschütteln der Dicarbonsäuren mit Wasser gewonnenen Spaltgemisch wurden die neben den Glyceridkomponenten hier noch vorhandenen Monocarbonsäuren durch Wasserdampfdestillation abgetrennt und die großen Mengen Destillat nach dem Neutralisieren mit Kalilauge auf dem Wasserbad bis annähernd zur Trockne gebracht. Die mit Salzsäure in Freiheit gesetzten Säuren schüttelte man mit Äther aus und veresterte die Säuren mit Diazomethan. Um etwaige Verluste an Propion- und Buttersäuremethylester zu vermeiden, wurden die Ester aus der ätherischen Lösung durch Abdestillieren des Lösungsmittels über einer gut wirksamen Füllkörperkolonne gewonnen.

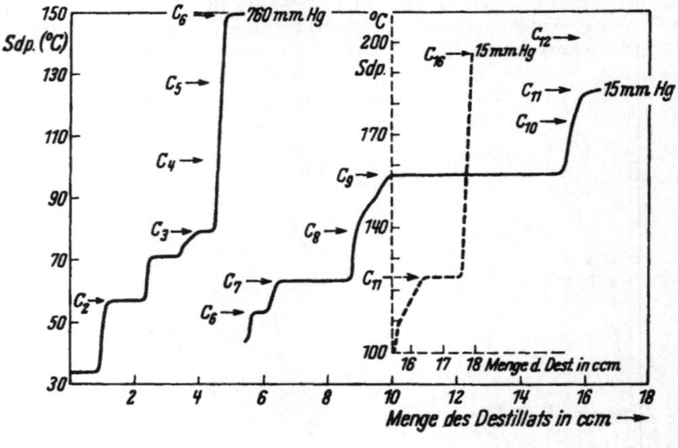

Abb. 5. Siedepunktskurve des Gemischs der Monocarbonsäuren-methylester. Der gestrichelte Kurvenzug für die über 100° (15 mm Hg) übergehenden Anteile ist in ein zweites Koordinatensystem (gestrichelt) eingezeichnet. Die Pfeile zeigen die, in der Literatur angegebenen Siedepunkte der Methylester der Monocarbonsäuren C_2—C_6 bei 760 mm Hg und C_6—C_{11} bzw. C_{16} bei 15 mm Hg an.

Menge der Methylester in g*.

15	16	17	18	19	20	21	Summe g	Summe %
							1,04	8,5
							1,03	8,4
							2,74	22,4
1,634	1,750	1,166	0,815	0,182			5,85	47,6
				0,094	1,460	0,062	1,62	13,1
1,634	1,750	1,166	0,815	0,276	1,460	0,310	12,28	100
1,4218	1,4218	1,4218	1,4218	1,4240	1,4283			
					1,4206	1,4232+		

* Berechnet aus den Brechungsindices und den Gewichten der einzelnen Fraktionen.

\+ Palmitinsäure-methylester n_D^{40} 1,4330.

In einem zweiten Ansatz wurde in entsprechender Weise aus 55 g Rochenleberöl, wobei man jedoch auf die vorherige Abtrennung der Dicarbonsäuren verzichtete, noch eine weitere Menge der Monocarbonsäure-methylester dargestellt.

Man vereinigte die aus den beiden Ansätzen erhaltenen Produkte und zerlegte sie zunächst durch Destillation mit einem gewöhnlichen Claisen-Aufsatz in zwei Fraktionen, von welchen die erste (A) bei Normaldruck bis 150° und die zweite (B) im Vakuum bei etwa 15 mm Hg ebenfalls bis etwa 150° überging. Die Fraktion A wurde anschließend mit der Drehbandkolonne ebenfalls bei Normaldruck destilliert. Nachdem zu dem geringen Destillationsrückstand die Fr. B hinzugegossen war, wurde die Destillation bei einem konstanten Druck von 15 mm Hg fortgesetzt. Um die letzten Anteile überzutreiben, wurde die Destillation gegen Ende nochmals unterbrochen. Nach Zugabe von 3 g reinem Palmitinsäure-methylester als Schiebeflüssigkeit und Zurückgießen des über 100° übergegangenen Destillats in den Destillationskolben wurde schließlich so lange weiterdestilliert, bis der zugefügte Palmitinsäure-methylester überging. Wie die in Abb. 5 dargestellte Siedepunktskurve zeigt, sind außer dem aus Äther (Sdp. 34°), Essigsäuremethylester (Sdp. 57°) und etwas Hexan* (Sdp. 71°) bestehenden Vorlauf (Fr. 1—6) die Methylester folgender Monocarbonsäuren vorhanden: Propionsäure (C_3), Capronsäure (C_6), Önanthsäure (C_7), Pelargonsäure (C_9) und Undecansäure (C_{11}).

Die Untersuchung wurde durch Mittel der Deutschen Forschungsgemeinschaft unterstützt.

Zusammenfassung

Mit Hilfe einer vor kurzem ausgearbeiteten Methode der oxydativen Ozonidspaltung von Polyenen wurde aus dem Lebertran des Dorsches und dem einer Glattrochenart (Blue Skate) als einzige oder so gut wie einzige Dicarbonsäure Malonsäure in einer Ausbeute von 18—28% des Ausgangsmaterials erhalten. Bernsteinsäure konnte beim Dorschlebertran überhaupt nicht, beim Rochenlebertran nur spurenweise nachgewiesen werden.

---

* Der als Lösungsmittel verwendete Äther enthielt noch spurenweise niedrig siedende Kohlenwasserstoffe.

Es wird daraus geschlossen, daß im Gegensatz zu der bisherigen Auffassung die Polyensäuren der Fischtrane, wenigstens in den hier untersuchten beiden Fällen, dem Divinylmethantypus angehören.

Das beim Abbau des Rochenlebertrans anfallende Monocarbonsäuregemisch zeigte folgende molare Zusammensetzung: Propionsäure 14,6%, Capronsäure 9,8%, Önanthsäure 23,3%, Pelargonsäure 42,0% und Undecansäure 10,3%.

Über die Dokosapolyensäuren der Glycerinphosphatide des Gehirns

Von

E. Klenk und F. Lindlar

Aus dem Physiologisch-Chemischen Institut der Universität Köln

(Der Schriftleitung zugegangen am 16. Oktober 1954)

Über die Konstitution der in den Glycerinphosphatiden des Gehirns vorkommenden ungesättigten C_{20}- und C_{22}-Fettsäuren berichteten vor kurzem Klenk und Bongard[1]. Die Untersuchung der C_{22}-Säuren ergab, daß es sich um ein ziemlich komplexes Gemisch von verschiedenen Polyensäuren handelt. Nach den damaligen Befunden muß mit dem Vorhandensein der Säuren I—VI gerechnet werden.

I $\Delta^{7,10,13}$-Triensäure	IV $\Delta^{4,7,10,13,16}$-Pentaensäure
II $\Delta^{4,7,10,13}$-Tetraensäure	V $\Delta^{7,10,13,16,19}$-Pentaensäure
III $\Delta^{7,10,13,16}$-Tetraensäure	VI $\Delta^{4,7,10,13,16,19}$-Hexaensäure

Es war jedoch nicht auszuschließen, daß die eine oder andere dieser Polyensäuren ganz fehlt. Nur das Vorhandensein der Hexaensäure konnte auf Grund des UV-Absorptionsspektrums des mit Alkali isomerisierten Säuregemischs als gesichert gelten.

In Fortführung dieser Arbeiten haben wir nun den Versuch gemacht, das vorliegende Polyensäuregemisch durch Gegenstromverteilung in die einzelnen Komponenten zu zerlegen. Wenn uns zunächst auch nur eine einfachere Apparatur[2] zur Verfügung stand, so konnten wir doch mit Hilfe des von Ahrens und Craig[3] für die Trennung von Öl-, Linol- und Linolensäure ausgearbeiteten Verfahrens bereits eine einigermaßen befriedigende Trennwirkung erzielen. Es ließen sich 2 verschiedene Säurefraktionen gewinnen, von welchen die eine vorwiegend aus der Hexaensäure VI und die andere aus der Tetraensäure III bestand. Die nähere Charakterisierung der Säuren erfolgte durch das nach Alkaliisomerisierung auftretende UV-Absorptionsspektrum und zum anderen durch oxydative Ozonidspaltung mit anschließender chromatographischer Analyse des Gemischs der Abbausäuren nach der Methode von Klenk und Bongard[4], wobei jedoch nur die niederen Dicarbonsäuren des Ge-

Beim Abbau des Hexaensäurepräparats fanden sich Malonsäure und Bernsteinsäure als einzige Dicarbonsäuren. Es fehlten vor allem Glutarsäure und Pimelinsäure. Beim Abbau des Methylesters ging die Menge der freien Bernsteinsäure bis auf einen geringen Betrag zurück, nicht dagegen die der Malonsäure, womit die Lage der ersten Doppelbindung in Stellung 4 bewiesen ist. Für die hier vorliegende Hexaensäure dürfte demnach die Konstitution VI als weitgehend gesichert gelten.

Das gewonnene Tetraensäurepräparat, welches auf Grund des UV-Spektrums der isomerisierten Säure völlig frei von Pentaen- und Hexaensäure war, gab beim Ozonidabbau außer der üblichen Menge Malonsäure nur sehr kleine Mengen Bernsteinsäure und Glutarsäure, wohl aber Pimelinsäure in reichlichen Mengen (über 70% der Theorie). Der hier vorliegenden Tetraensäure dürfte demnach die Konstitution III zukommen. Die Tetraensäure II ist nach diesen Befunden, wenn überhaupt, so jedenfalls nur in sehr kleinen Mengen vorhanden.

Eine weitgehende Anreicherung der übrigen Komponenten des Polyensäuregemischs ist vorläufig noch nicht gelungen. Eine der erhaltenen anderen Säurefraktionen war auf Grund des UV-Spektrums nach der Isomerisierung völlig hexaensäurefrei. Das Spektrum zeigte aber die für Pentaensäuren charakteristischen Maxima bei 328 und 346 mμ, so daß damit auch das Vorkommen einer Pentaensäure als gesichert anzusehen ist. Das beim Ozonidabbau erhaltene Ergebnis spricht dafür, daß ihr die Konstitution IV zukommt.

Außerdem ergaben sich noch gewisse Anhaltspunkte für das Vorhandensein einer Triensäure. Die bei der Gegenstromverteilung am schnellsten wandernde Fraktion zeigte nach der Isomerisierung das UV-Spektrum einer mit Tetraensäure verunreinigten Triensäure. Es muß aber noch dahingestellt bleiben, ob hier die Triensäure von der Konstitution I vorgelegen hat.

Die vollständige Aufteilung des C_{22}-Polyensäuregemischs in die einzelnen Komponenten wird dadurch wesentlich erschwert, daß es in der Regel noch mit C_{20}-Säuren in Mengen von wenigstens einigen Prozenten verunreinigt ist, deren restlose Abtrennung durch vorangehende fraktionierte Vakuumdestillation der Ester nur mit sehr großen Verlusten möglich wäre. Da diese Verunreinigungen teilweise nahezu denselben Verteilungskoeffizienten besitzen wie die eine oder andere der C_{22}-Säuren, so können sie sich bei der Gegenstromverteilung unter Umständen ungünstig auf die Reindarstellung der betreffenden C_{22}-Säure auswirken, besonders dann, wenn diese nicht zu den Hauptkomponenten des Gemischs gehört.

Aus gegebenem Anlaß sei noch darauf hingewiesen, daß die C_{22}-Polyensäuren erstmals von dem einen von uns (E. K.)[5] in den Organ-

[5] E. Klenk, diese Z. **192**, 217 [1930]; **200**, 51 [1931]; **206**, 25 [1932]. — Siehe auch E. Klenk u. O. v. Schoenebeck, diese Z. **194**, 191 [1931]; **209**, 112 [1932]. — E. Klenk u. F. Ditt, diese Z. **226**, 213 [1934]. — E. Klenk u. J. Dittmer, diese Z. **244**, 203 [1936].

phosphatiden aufgefunden wurden. Nachdem das reichliche Vorkommen der Dokosahexaensäure in den Gehirnphosphatiden im Kölner Institut festgestellt war[1, 6], ist es vor kurzem auch Hammond und Lundberg[7] gelungen, diese Säure aus demselben Ausgangsmaterial zu isolieren. Eine Dokosapentaensäure isolierten schon im Jahre 1951 Herb, Witnauer und Riemenschneider[8] aus den Lipoiden der Nebennieren. Die Konstitutionsaufklärung ist bis jetzt in keinem der beiden Fälle ausgeführt worden.

Beschreibung der Versuche

Die Gegenstromverteilung

Als Ausgangssubstanzen dienten die bei anderer Gelegenheit[1] aus den hochungesättigten Fettsäuren der Gehirnphosphatide durch fraktionierte Vakuumdestillation der Ester gewonnenen C_{22}-Polyensäuren. Es standen 2 Präparate zur

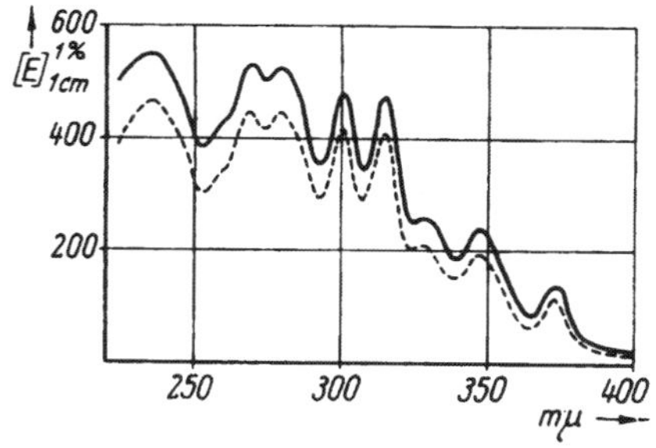

Abb. 1. UV-Spektren der isomerisierten Polyensäuregemische a) und b) a) - - - -, b) ——.

Verfügung, von welchen das eine (a: Jodz. 308) noch über 10%, das andere (b: Jodz. 323) sicher weniger als 10% C_{20}-Polyensäuren beigemengt enthielt. Von beiden Präparaten wurde eine kleine Probe mit Alkali isomerisiert und das UV-Absorptionsspektrum aufgenommen (s. Abb. 1.).

Die Ausführung der Bestimmung erfolgte in Anlehnung an Holman und Burr[9] auf folgende Weise: 1 mg Substanz in 0,5 ccm 23-proz. KOH-Glykol 8 Min. bei 180° erhitzt, Lösung nach sofortigem Abkühlen in 50-ccm-Meßkolben mit absolutem, aldehydfreiem Methanol übergespült und bis zur Marke aufgefüllt. Messung der UV-Absorption im Unicam SP. 500 Quarz-Spectrophotometer. Um vergleichbare Werte zu erhalten, wurde bei allen anderen Bestimmungen ebenso verfahren.

Die Gegenstromverteilung führte man in dem Apparat von Hecker, Größe 3 (Volumen der unteren Phase 10 ccm) mit 36 Elementen aus. Lösungsmittel wie von Ahrens und Craig angegeben: 1. *n*-Heptan (Sdp. etwa 97°) als Oberphase. 2. Gemisch von Acetonitril-Eisessig-Methanol (1:1:1 Vol. Tle.) als Unterphase. Vor der Verwendung wurden beide Phasen durch Schütteln im Scheidetrichter äquilibriert.

Im folgenden wird nur der Verteilungsgang für Präparat a) näher beschrieben. 1,56 g der freien Säure wurden in 40 ccm oberer Phase gelöst und diese Lösung gleichmäßig auf die ersten 4 Elemente des Apparates verteilt. Anschließend ließ man 200 obere Phasen über die 35 unteren Phasen (die 36. Zelle diente zur Ent-

[6] Siehe auch Vortrag auf dem 2. intern. Kongreß für Biochemie in Paris 22.—29. Juli 1952. Résumés des communications, S. 160.

[7] E. G. Hammond u. W. O. Lundberg, J. Amer. Oil Chemists' Soc. **30**, 438 [1953].

[8] S. F. Herb, L. P. Witnauer u. R. W. Riemenschneider, J. Amer. Oil Chemists' Soc. **28**, 505 [1951].

[9] R. T. Holman u. G. O. Burr, Arch. Biochemistry **19**, 474 [1948].

nahme) hinweglaufen, wonach sich in den unteren Phasen (Fr. 1—35) keine Substanz mehr vorfand. Um die Verteilung des Substanzgemischs in den oberen Phasen (Fr. 36—235) zu ermitteln, entnahm man jeder 4. Fraktion jeweils eine Probe von 2 ccm und bestimmte den Brom-Verbrauch in Anlehnung an die Methode von Rosenmund und Kuhnhenn[10] (s. Abb. 2.).

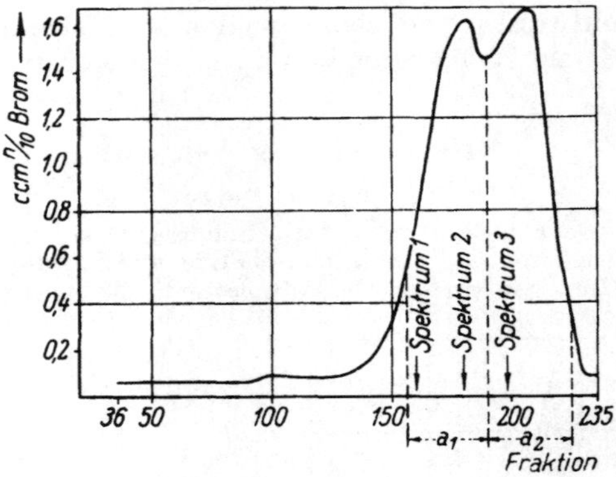

Abb. 2. Verteilungskurve von a).

Zur Kontrolle des erzielten Trenneffektes wurde außerdem von den Fraktionen 158, 178 und 198 in einem Eindampfgerät[11] das Lösungsmittel entfernt und von jeder der 3 Proben nach Isomerisierung das UV-Spektrum aufgenommen (s. Abb. 3).

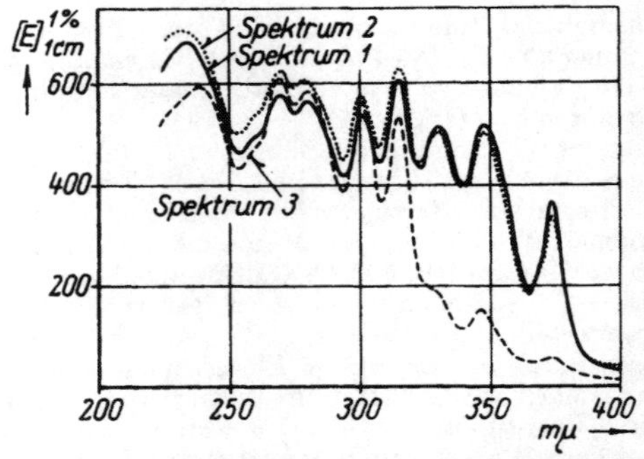

Abb. 3. UV-Spektren der isomerisierten Fraktionen 158, 178 und 198.

Nachdem sich so ergeben hatte, daß zwischen den Fraktionen 178 und 198 der Hexaensäuregehalt stark ab-, der Tetraensäuregehalt dagegen stark zunimmt, wurden nun die Fraktionen 156—190, ebenso die Fraktionen 191—224 getrennt weiter behandelt und als a_1 und a_2, wie aus Abb. 4—6 ersichtlich, durch wiederholte Verteilung in dem Apparat in weitere Unterfraktionen zerlegt.

---

[10] K. W. Rosenmund u. W. Kuhnhenn, Z. Unters. Nahrungs- u. Genußmittel **46**, 154 [1923].

[11] E. Hecker u. P. Karlson, Chem.-Ing.-Techn. **1953**, 397.

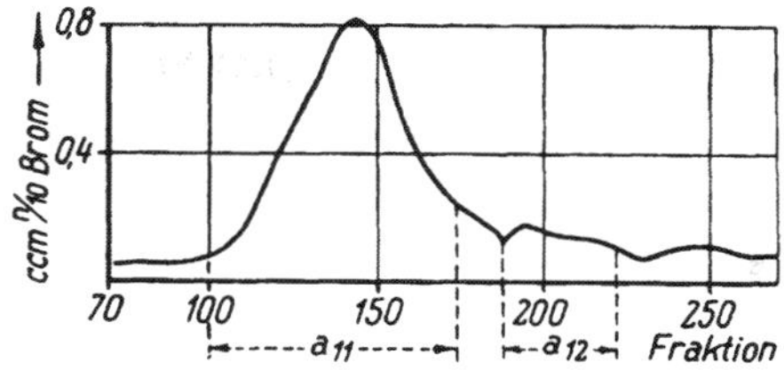

Abb. 4. Verteilungskurve von a_1.

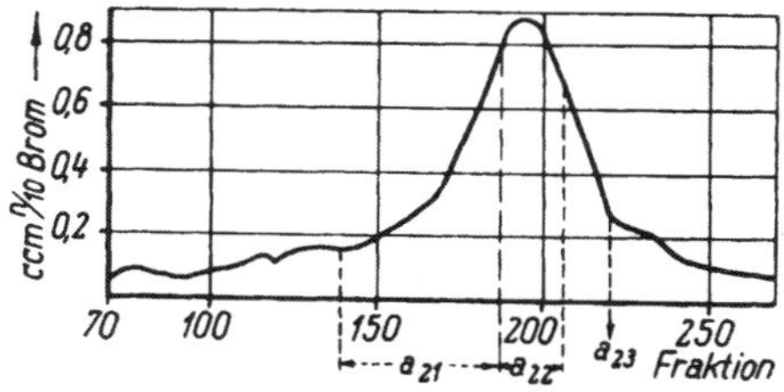

Abb. 5. Verteilungskurve von a_2.

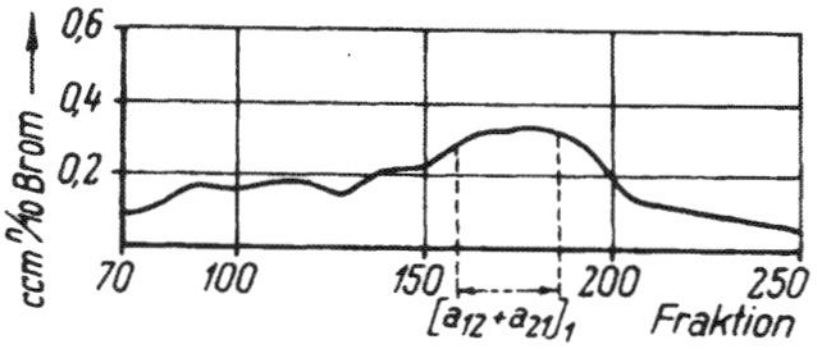

Abb. 6. Verteilungskurve von $a_{12}+a_{21}$.

Es wurden so schließlich folgende Säurefraktionen erhalten: $a_{1\,1}$ = Hexaensäure; $[a_{1\,2} + a_{2\,1}]_1$ = Pentaensäurefraktion; $a_{2\,2}$ = Tetraensäure; $a_{2\,3}$ = Triensäurefraktion (Fr. 220, Abb. 5).

Die Hexaensäure

Aus äußeren Gründen konnte die in der oberen Phase gelöste Substanz $a_{1\,1}$ erst nach 2 Mon. langer Aufbewahrung weiter verarbeitet werden. Ausb. 0,25 g eines dünnflüssigen, klaren, ganz schwach gelb gefärbten Öls. Jodz. 402 ($C_{22}H_{32}O_2$ ber. 464). UV-Spektrum der isomerisierten Substanz siehe Abb. 7.

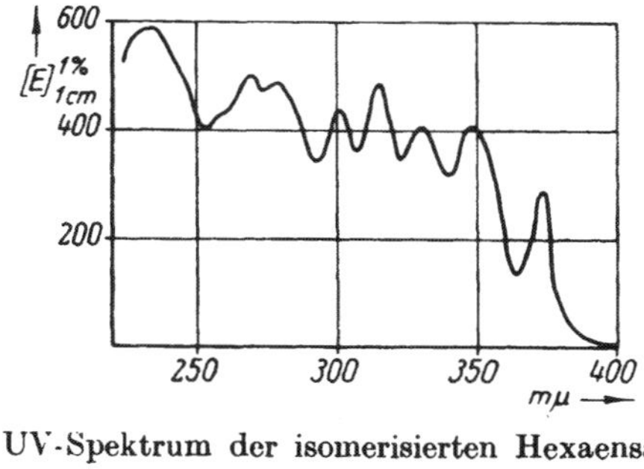

Abb. 7. UV-Spektrum der isomerisierten Hexaensäure $a_{1\,1}$.

Die Hydrierung einer Probe führte zur Behensäure vom Schmp. 81°. Äquiv.-Gew. 340—347 ($C_{22}H_{44}O_2$ ber. 340,4). Die niedrige Jodzahl dürfte auf eine teilweise Autoxydation während des langen Stehens der Lösung vor der Aufarbeitung zurückzuführen sein. Außerdem mußten die Jodzahlbestimmungen mit sehr geringen Einwaagen (1—3 mg) ausgeführt werden. Es erscheint möglich (hier wie bei allen weiteren Bestimmungen), daß unter diesen Bedingungen eine völlig quantitative Anlagerung von Halogen an die Doppelbindungen nicht mehr erfolgt.

Bei einem anderen Ansatz mit dem Polyensäuregemisch b als Ausgangsprodukt, wo die Aufarbeitung auf ähnliche Weise, jedoch in einem Zuge erfolgte, wurde eine Hexaensäure $b_{1\,1}$ von wesentlich höherer Jodzahl erhalten. Ausb. etwa 25% des Ausgangsproduktes. Jodz. 441. UV-Spektrum siehe Abb. 8.

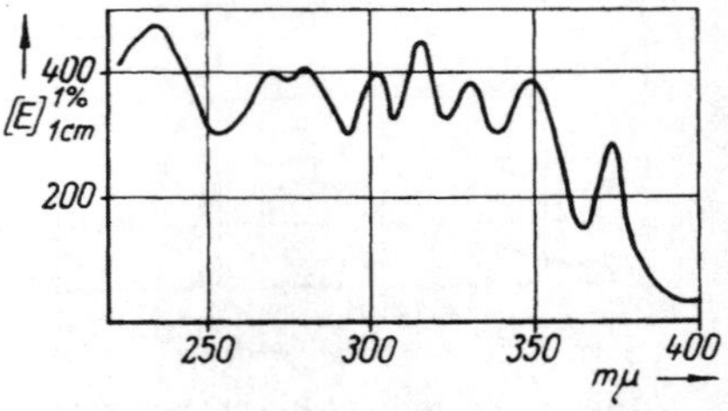

Abb. 8. UV-Spektrum der isomerisierten Hexaensäure $b_{1\,1}$.

Ozonidspaltung. 1. Methylester. 137 mg Ester von $a_{1\,1}$ wurden nach Klenk und Bongard[4] ozonisiert und oxydativ gespalten, Lösung kurz aufgekocht, Lösungsmittel im Vak. abgedampft, Rückstand in 1% Butanol-Chloroform gelöst und auf 10 ccm aufgefüllt. 1 ccm, entspr. 13,7 mg Ester, mit Säule D chromatographiert (Abb. 9).

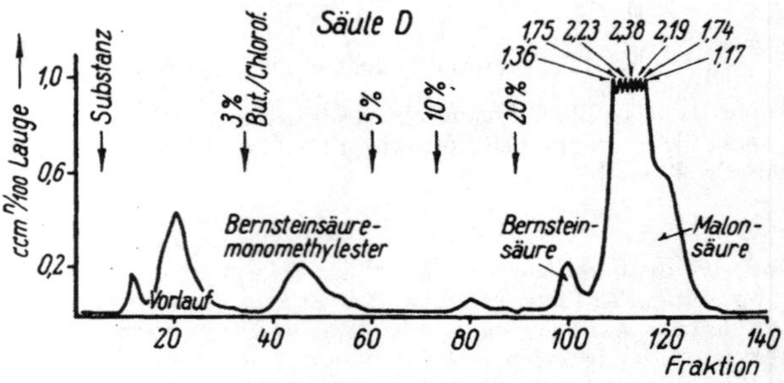

Abb. 9. Chromatogramm der Abbausäuren des Methylesters $a_{1\,1}$. 1% (9—34): Vorlauf. — 3% (38—60): 1,81 ccm n/100-KOH, gef. 0,45 Mol Bernsteinsäuremonomethylester. — 10% (76—89): Spur Glutarsäure. — 20% (96—103): 0,96 ccm n/100-KOH, gef. 0,12 Mol Bernsteinsäure und (104—131): 19,35 ccm n/100-KOH, gef. 2,42 Mol Malonsäure.

2. Freie Säure. 98 mg der Säure $b_{1\,1}$, wie unter 1. behandelt, nur daß man hier den Rückstand mit Petroläther behandelte, die ungelöst bleibenden Dicarbonsäuren in 1% Butanol-Chloroform löste und auf 10 ccm auffüllte. 1 ccm, entspr. 9,8 mg Säure, mit Säule D chromatographiert (Abb. 10).

Jede einzelne der oben chromatographisch abgetrennten Dicarbonsäuren wurde anschließend noch papierchromatographisch identifiziert bzw. auf Reinheit geprüft. Zu diesem Zweck vereinigte man die entsprechenden Fraktionen des Durchlaufs nach der Titration, brachte durch Abdampfen des Lösungsmittels im Vak.

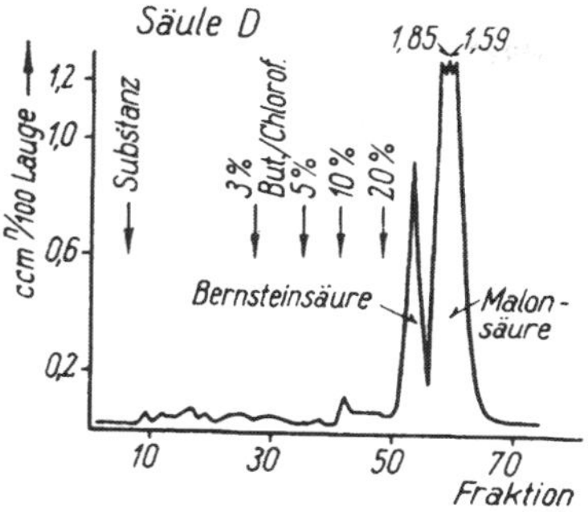

Abb. 10. Chromatogramm der Abbaudicarbonsäuren von $b_{1\,1}$ (freie Säure). — 10% (41—49): Spur Glutarsäure. — 20% (50 bis 56): 3,28 ccm $n/100$-KOH, gef. 0,55 Mol Bernsteinsäure und (57—68): 10,77 ccm $n/100$-KOH, gef. 1,81 Mol Malonsäure.

zur Trockne, löste den Rückstand in möglichst wenig Wasser und führte die Alkalisalze durch Kationenaustauscher unter Verwendung einer kleinen, sehr engen Säule in die freien Säuren über. Zur Papierchromatographie wurde die Lösung noch bis zur passenden Konzentration (1—2%) eingeengt. Bei späteren Versuchen setzte man noch einfacher die Säure durch Zugabe der errechneten Menge $n/5$-H_2SO_4 aus den Alkalisalzen in Freiheit und brachte diese Lösung direkt auf das Papier.

Abb. 11 zeigt das Papierchromatogramm der Abbaudicarbonsäuren von $b_{1\,1}$. Demnach enthalten die Fraktionen 51—56 reine Bernsteinsäure, die Fraktionen 57—68 Malonsäure, der jedoch noch eine Spur Bernsteinsäure beigemengt war. Bei Versuch 1 erwiesen sich die Fraktionen 96—103 bzw. 104—131 (Abb. 9) als reine Bernsteinsäure bzw. Malonsäure mit einer Spur Bernsteinsäure.

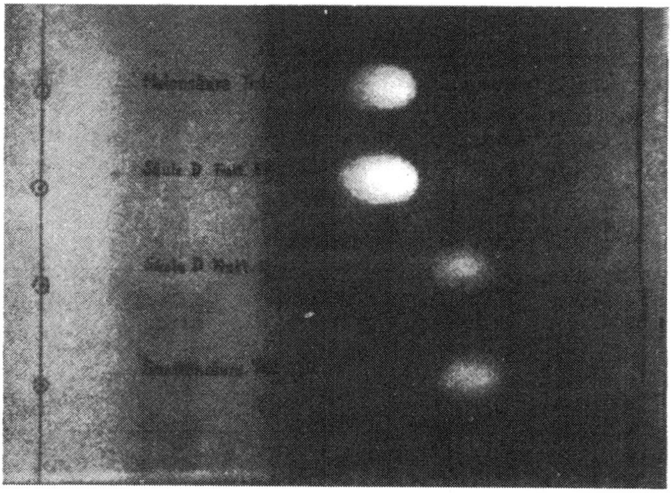

Abb. 11. Papierchromatogramm der Frakt. 50—56 und 57—68 von den Abbaudicarbonsäuren $b_{1\,1}$ (vgl. Abb. 10). Lösungsmittel: Eisessig-Butanol-Wasser 1:5:10, aufsteigend, Papier: Schleicher & Schüll 2043b. Färbung mit Bromphenolblau (modifiziert nach Lugg u. Overell[12]).

[12] J. W. H. Lugg u. B. T. Overell, Nature [London] **160**, 87 [1947].

Zur Charakterisierung des Bernsteinsäuremonomethylesters der Fraktionen 39—58 von Versuch 1 wurde die Substanz verseift und die freie Säure wieder papierchromatographisch als Bernsteinsäure identifiziert. Die Anwesenheit von etwas freier Bernsteinsäure unter den Abbausäuren des Esters der Hexaensäure dürfte im wesentlichen auf die Labilität des Bernsteinsäuremonoesters zurückzuführen sein. Unter den Bedingungen der Ozonidspaltung erscheint eine teilweise hydrolytische Spaltung des Monoesters durchaus möglich. Andererseits enthält die Hexaensäure kleine Mengen Isomere mit konjugierten Doppelbindungen, aus welchen ein Teil dieser freien Bernsteinsäure ebenfalls entstanden sein könnte.

Die Pentaensäurefraktion

0,1 g eines dünnflüssigen, farblosen Öls $[a_{1\ 2}+a_{2\ 1}]_1$. Jodz. 311 ($C_{22}H_{34}O_2$ ber. 385; $C_{22}H_{36}O_2$ ber. 306). UV-Spektrum der isomerisierten Substanz siehe Abb. 12.

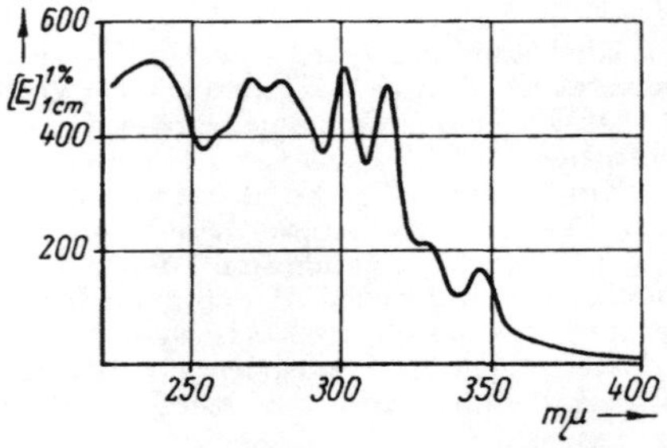

Abb. 12. UV-Spektrum der Pentaensäurefraktion.

84,6 mg freie Säure wurden wie oben unter 1. ozonisiert und, wie beschrieben, weiterbehandelt. 1 ccm, entspr. 8,46 mg, mit Säule D chromatographiert (Abb. 13).

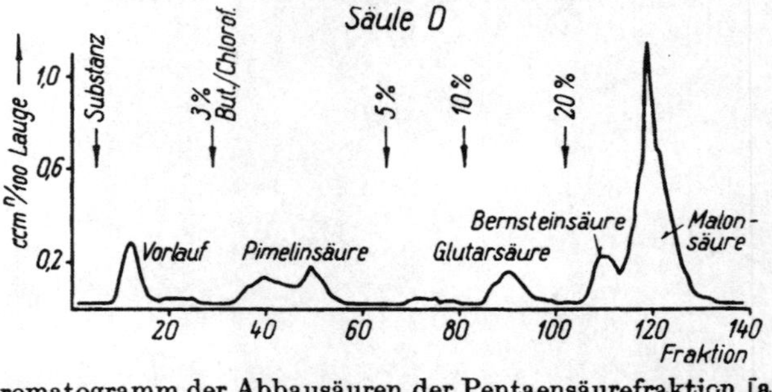

Abb. 13. Chromatogramm der Abbausäuren der Pentaensäurefraktion $[a_{1\ 2}+a_{2\ 1}]_1$. 1% (9—26): Vorlauf. — 3% (34—55): 1,79 ccm n/100-KOH, gef. 0,35 Mol Pimelinsäure. — 10% (85—100): 0,975 ccm n/100-KOH, gef. 0,19 Mol Glutarsäure. — 20% (105—113): 1,155 ccm n/100-KOH, gef. 0,23 Mol Bernsteinsäure und (114—133): 6,63 ccm n/100-KOH, gef. 1,30 Mol Malonsäure.

Bei der papierchromatographischen Identifizierung erwiesen sich die Substanzen von Frakt. 34—55 bzw. 85—100 bzw. 105—113 bzw. 114—133 als reine Pimelinsäure bzw. Glutarsäure bzw. Bernsteinsäure bzw. Malonsäure.

Offensichtlich liegt hier noch ein sehr komplexes Säuregemisch vor, das nur aus Tetraen- und Pentaensäure besteht, wie aus dem UV-Spektrum (Abb. 12) zu schließen ist. Es kann mit großer Wahrscheinlichkeit angenommen werden, daß die unter den Abbausäuren nachgewiesene Glutarsäure von Arachidonsäure ($C_{20}H_{32}O_2$) stammt, die den Hauptteil der als Verunreinigung im Ausgangsmaterial vorhandenen C_{20}-Polyensäuren bildet, und die sich, wie erwartet werden kann, in der vorliegenden Fraktion bei der Gegenstromverteilung stark angereichert hat. Außerdem enthält die Pentaensäurefraktion ohne Zweifel die Tetraensäure III, welche bei der Spaltung Pimelinsäure ergibt. Wie schon früher gefunden wurde, ist in den Glycerinphosphatiden des Gehirns keine C_{20}-Pentaensäure. Es ergibt sich daraus, daß die hier nachgewiesene Pentaensäure der C_{22}-Gruppe angehört. Von den zur Diskussion stehenden 6 verschiedenen C_{22}-Polyensäuren (I—VI) geben beim Abbau nur die Säuren II, IV und VI Bernsteinsäure. Da in der vorliegenden Pentaensäurefraktion die Säure VI fehlt (siehe UV-Spektrum), und da außerdem das Vorkommen der Säure II in nennenswerten Mengen mit Sicherheit auszuschließen ist (siehe unten), so kann die hier gefundene Bernsteinsäure nur aus der Pentaensäure stammen, welcher demnach die Konstitution IV zukommt. Die Pentaensäurefraktion enthält diese Säure nach dem Ergebnis des Ozonidabbaus in einer Menge von 20—30%. Aus der spezif. Extinktion der Fraktion ($[E]_{1\,cm}^{1\%}$ = 160) bei 346 mμ s. Abb. 12) errechnet sich der Wert von 32%, wenn man für die reine Säure $[E]_{1\,cm}^{1\%}$ = 500 als wahrscheinliche spezifische Extinktion annimmt. Ohne Zweifel ist diese Säure in dem Ausgangsmaterial noch in wesentlich kleineren Mengen vorhanden.

Die Tetraensäure

0,28 g eines dünnflüssigen, farblosen Öls ($a_{2\,2}$). Jodz. 283 ($C_{22}H_{36}O_2$ ber. 306). UV-Spektrum der isomerisierten Substanz siehe Abb. 14. Die Hydrierung einer Probe führte zur Behensäure vom Schmp. 80°. Äquiv.-Gew. 338—340. 180 mg freie Säure wurden wie oben unter 1. ozonisiert und, wie beschrieben, weiter behandelt. 1 ccm, entspr. 18 mg, mit Säule D chromatographiert (Abb. 15.).

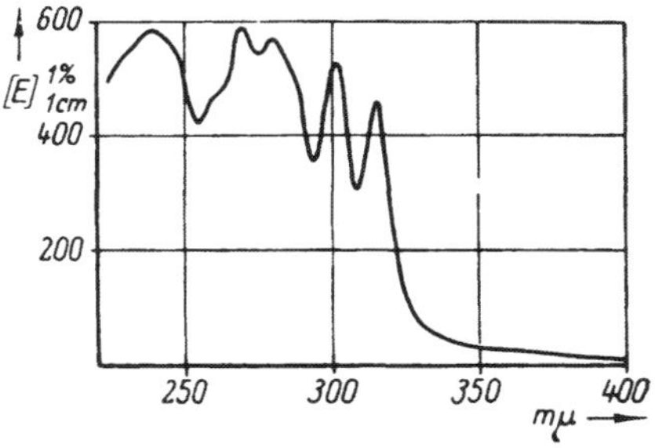

Abb. 14. UV-Spektrum der Tetraensäure.

Die Silicagelpräparate verschiedener Darstellung zeigen in ihrem Verhalten große Unterschiede bei der Säulenchromatographie der höheren Dicarbonsäuren. Im vorliegenden Fall verteilt sich die Pimelinsäure auf einen sehr großen Bereich (Frakt. 28—88). Auch ein künstliches Gemisch von Pimelinsäure, Glutarsäure, Bernsteinsäure und Malonsäure von ähnlicher Zusammensetzung gibt das gleiche Chromatogramm wie hier. Papierchromatographisch ließen sich die Fraktionen 28—57, 58—75 und 76—88 als Pimelinsäure identifizieren. Frakt. 92—98 erwiesen sich als Glutarsäure mit einer Spur Pimelinsäure, Frakt. 103—106 als reine Bernsteinsäure und Frakt. 107—114 als reine Malonsäure.

Es liegt demnach hier die Tetraensäure III in einem Reinheitsgrad von etwa 80% vor. Als Verunreinigungen dürften wahrscheinlich Arachidonsäure (etwa 5%) und möglicherweise die Tetraensäure II (etwa 10%) sowie eine Triensäure vorhanden sein.

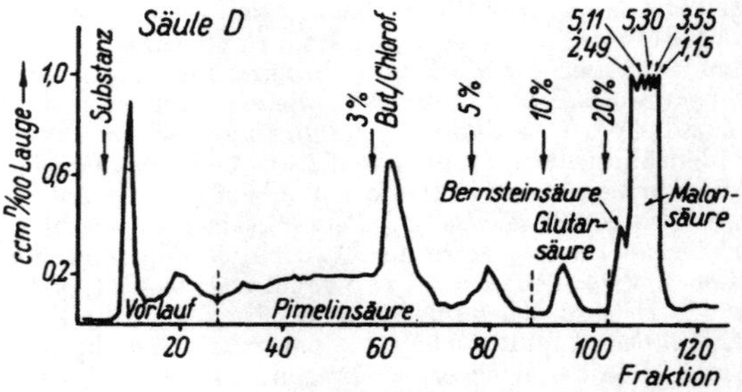

Abb. 15. Chromatogramm der Abbausäuren der Tetraensäure ($a_{2\ 2}$). 1% (8—27): Vorlauf und (28—57): 3,56 ccm *n*/100-KOH, gef. 0,33 Mol Pimelinsäure. — 3% (58—75): 3,47 ccm *n*/100-KOH, gef. 0,32 Mol Pimelinsäure. — 5% (76—88): 0,883 ccm *n*/100-KOH, gef. 0,08 Mol Pimelinsäure. Insgesamt 0,73 Mol Pimelinsäure. — 10% (92—98): 0,575 ccm *n*/100-KOH, gef. 0,05 Mol Glutarsäure. — 20% (103 bis 106): 0,974 ccm *n*/100-KOH, gef. 0,09 Mol Bernsteinsäure und (107—114): 16,18 ccm *n*/100-KOH, gef. 1,49 Mol Malonsäure.

Die Triensäurefraktion

Einige mg eines dünnflüssigen, farblosen Öls ($a_{2\ 3}$). UV-Spektrum der isomerisierten Substanz siehe Abb. 16.

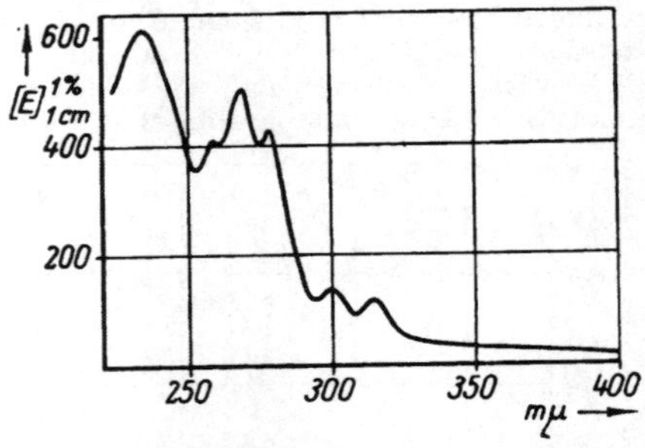

Abb. 16. UV-Spektrum der Triensäurefraktion.

Die Fraktion enthält auf Grund des UV-Spektrums 20—25% Tetraensäure und sicher noch einige % Diensäure, so daß der tatsächliche Triensäuregehalt mit 60—70% angenommen werden darf. Wegen der zu kleinen Substanzmenge unterblieben weitere Untersuchungen.

Die Untersuchung wurde durch Mittel der Deutschen Forschungsgemeinschaft und des Verbands der chemischen Industrie, Fonds der Chemie, unterstützt.

Zusammenfassung

Durch Gegenstromverteilung konnten aus dem C_{22}-Polyensäuregemisch der Glycerinphosphatide des Gehirns in reichlichen Mengen die $\Delta^{7,10,13,16}$-Dokosatetraensäure und die $\Delta^{4,7,10,13,16,19}$-Dokosahexaensäure isoliert werden. Nachgewiesen wurde außerdem das Vorhandensein der $\Delta^{4,7,10,13,16}$-Dokosapentaensäure und mit einiger Wahrscheinlichkeit das Vorkommen einer Dokosatriensäure, beide in kleineren Mengen.

Summary

Considerable quantities of $\Delta^{4,10,13,16}$-docosatetraenic acid and $\Delta^{4,7,10,13,16,19}$-docosahexaenic acid have been isolated by counter-current distribution from the mixture of C_{22}-polyenecarboxylic acids from the glycerol phosphatides of the brain. The presence of small quantities of $\Delta^{4,7,10,13,16}$-docosapentaenic acid, and probably also of a docosatrienic acid, were detected in addition.

Über die Polyenfettsäuren der Leberphosphatide

Von

E. Klenk und **Anita Dreike**

Aus dem Physiologisch-chemischen Institut der Universität Köln

(Der Schriftleitung zugegangen am 14. Januar 1955)

Die bisherige Untersuchung[1,2] der C_{20}- und C_{22}-Polyensäuren der Glycerinphosphatide des Gehirns (Mensch) hat ergeben, daß es sich hier um ein sehr komplexes Säuregemisch handelt, daß aber die Doppelbindungen in der Kohlenstoffkette der einzelnen Komponenten durchweg in der Divinylmethangruppierung angeordnet sind. Außerdem ließen die Befunde darauf schließen, daß, von der endständigen Methylgruppe aus gerechnet, die erste Doppelbindung in allen diesen Säuren in Stellung 3, 6 oder 9, also an derselben Stelle wie in Linolensäure, Linolsäure oder Ölsäure sich befindet. Bis jetzt konnte das Vorhandensein einer Polyensäure vom Linolensäuretyp* ($\Delta^{4.7.10.13.16.19}$-Dokosahexaensäure) und von drei verschiedenen Vertretern vom Linolsäuretyp** ($\Delta^{5.8.11.14}$-Eikosatetraensäure, $\Delta^{7.10.13.16}$-Dokosatetraensäure und $\Delta^{4.7.10.13.16}$-Dokosapentaensäure) sichergestellt werden.

Um der hier erkennbar werdenden Eigenart im chemischen Aufbau dieser im Tierreich sehr verbreiteten Polyensäuren weiter nachzugehen, haben wir jetzt die Untersuchung auch auf die Polyensäuren der Leberphosphatide (Rind) ausgedehnt, in welchen sie den Hauptanteil der ungesättigten Fettsäuren ausmachen. Schon vor längerer Zeit[3] konnte gezeigt werden, daß unter diesen ebenfalls C_{20}- und C_{22}-Polyensäuren nebeneinander vorkommen. Jedoch fanden sich in nachweisbaren Mengen auch C_{18}-Polyensäuren, welche in den Gehirnphosphatiden fast vollständig fehlten.

Wir haben zunächst eine größere Menge (53 g) des Gemischs der C_{20}- und C_{22}-Polyensäuren, von welchen die C_{18}-Säuren durch fraktionierte Esterdestillation so vollständig wie möglich abgetrennt waren, durch Ozonidspaltung nach der Methode von Klenk und Bongard[4] abgebaut. Nach Trennung der Abbausäuren in die Monocarbonsäuren

---

* d. h. Polyensäuren, in welchen sich die erste Doppelbindung, von der endständigen Methylgruppe aus gerechnet, ebenso wie in der Linolensäure in Stellung 3 befindet.

** d. h. Polyensäuren, in welchen sich die erste Doppelbindung, von der endständigen Methylgruppe aus gerechnet, ebenso wie in der Linolsäure in Stellung 6 befindet.

[1] E. Klenk u. W. Bongard, diese Z. **291**, 104 [1952].
[2] E. Klenk u. F. Lindlar, diese Z. **299**, 74 [1955].
[3] E. Klenk u. O. v. Schoenebeck, diese Z. **209**, 112 [1932].
[4] E. Klenk u. W. Bongard, diese Z. **290**, 181 [1952].

und Dicarbonsäuren wurde die Zusammensetzung der beiden Fraktionen durch fraktionierte Destillation der Ester in einer Drehbandkolonne festgestellt (siehe Tab. 1).

Tab. 1. Zusammensetzung der Abbausäuren aus den C_{20}- und C_{22}-Polyensäuren der Leberphosphatide.

Monocarbonsäuren	in % der Gesamtmenge	Dicarbonsäuren	in % der Gesamtmenge
Propionsäure (C_3)	28	Malonsäure (C_3)	49
Capronsäure (C_6)	61	Bernsteinsäure (C_4)	4
Pelargonsäure (C_9)	11	Glutarsäure (C_5)	20
		Pimelinsäure (C_7)	18
		Korksäure (C_8)	9
		Sebacinsäure (C_{10})	Spur
		Undecandisäure (C_{11})	Spur

Während bei den Polyensäuren der Gehirnphosphatide das Vorhandensein der in Tab. 1 aufgeführten drei Monocarbonsäuren (Propionsäure, Capronsäure und Pelargonsäure) im Gemisch der Abbausäuren bisher nur mit einer mikroanalytischen Methode (chromatographisch) nachgewiesen wurde, sind diese im vorliegenden Fall auf präparativem Wege isoliert und genauer identifiziert worden. Es haben sich keinerlei Anhaltspunkte für das Auftreten von anderen Homologen (Buttersäure, Valeriansäure, Caprylsäure oder Önanthsäure) in irgendwie faßbaren Mengen ergeben. Indessen muß die Frage, ob unter den Abbausäuren nicht auch Essigsäure oder Ameisensäure sich befindet, vorläufig noch offen bleiben, da die Spaltung des Ozonids in Eisessig als Lösungsmittel ausgeführt wurde. Im übrigen kommt einem eventuellen Nachweis von Essigsäure für die Konstitutionsaufklärung dieser Polyensäuren mit Divinylmethanstruktur nur eine untergeordnete Bedeutung zu, da sie als Decarboxylierungsprodukt der Malonsäure beim Ozonidabbau in jedem Fall zu erwarten ist.

Anschließend haben wir wieder wie üblich das Polyensäuregemisch durch fraktionierte Esterdestillation im Hochvakuum in die C_{18}-, C_{20}- und C_{22}-Fraktionen zerlegt und bei jeder dieser 3 Fraktionen den Ozonid-

Tab. 2. Zusammensetzung der Abbaudicarbonsäuren in Mol pro Mol Polyensäuren.

Abbaudicarbonsäuren	C_{18}	C_{20}	C_{22}	
			I	II
C_3	0,36	1,18	2,05	1,74
C_4	—	0,06(?)	0,08	0,11
C_5	—	0,44	0,04	0,11
C_7	—	—	**	0,73
C_8	—	+(0,2—0,4*)	—	—
C_9	+(1,0*)	—	—	—

* die Zahlen sind geschätzt (eine quantitative Bestimmung wurde nicht durchgeführt).
** nicht bestimmt.

abbau durchgeführt. Wir beschränkten uns auf eine genauere Untersuchung der Abbaudicarbonsäuren (siehe Tab. 2).

Wie Tab. 2 zeigt, wurden aus den C_{18}-Säuren nur 2 Dicarbonsäuren und zwar Malonsäure und Azelainsäure erhalten. Die UV-Absorptionskurve nach der Alkaliisomerisierung läßt den Schluß zu, daß der Hauptsache nach Linolsäure (in Übereinstimmung mit früheren[3] Befunden) mit einer kleinen Beimengung von Linolensäure vorgelegen hat.

Unter den Abbaudicarbonsäuren der C_{20}-Polyensäuren fand sich außer der Malonsäure nur Glutarsäure und Korksäure in nennenswerten Mengen. Während die chromatographische Analyse für das Vorhandensein von kleineren Mengen Bernsteinsäure sprach, ließ sich die betreffende Fraktion papierchromatographisch nicht einwandfrei als Bernsteinsäure identifizieren. Es erscheint deshalb fraglich, ob hier reine Bernsteinsäure vorgelegen hat, um so mehr als bei einer anderen C_{20}-Polyensäurefraktion, die noch nicht frei von C_{18}-Polyensäuren war, diese Säure unter den Abbaudicarbonsäuren kaum mehr als spurenweise (etwa 1%) angetroffen wurde. Sie dürfte teils von partiell isomerisierten Polyensäuren, teils von geringen Verunreinigungen mit C_{22}-Polyensäuren stammen.

Beim Ozonidabbau des Methylesters fand sich wie immer nur Malonsäure als einzige freie Dicarbonsäure, so daß an der Divinylmethanstruktur dieser Polyensäuren auch im vorliegenden Fall nicht zu zweifeln ist. Auf Grund der UV-Absorptionskurve des mit Alkali isomerisierten Polyensäuregemisches handelt es sich um ein sehr komplexes Gemisch von Pentaen-, Tetraen-, Trien- und möglicherweise auch Diensäuren. Mit einiger Wahrscheinlichkeit kann nach den vorliegenden Befunden auf das Vorhandensein folgender C_{20}-Polyensäuren geschlossen werden : $\Delta^{5.8.11.14.17}$-Eikosapentaensäure, $\Delta^{5.8.11.14}$- und $\Delta^{8.11.14.17}$-Eikosatetraensäure sowie $\Delta^{5.8.11}$- und $\Delta^{8.11.14}$-Eikosatriensäure. Eine Entscheidung der Frage, ob eine oder die andere der obigen Tetraensäuren bzw. Triensäuren fehlt, kann vorläufig noch nicht getroffen werden.

Es sei besonders darauf hingewiesen, daß das Säuregemisch auch noch kleine Mengen Polyensäuren enthält, in welchen wenigstens 2 Doppelbindungen in Konjugation sich befinden. Dies geht aus der im Dienbereich (238 mμ) feststellbaren geringen UV-Absorption des nicht isomerisierten Polyensäuregemischs hervor. Ihre Menge ist aber nicht höher als 5% der Gesamtsäuren und man hat guten Grund anzunehmen, daß sie aus den Säuren mit Divinylmethanstruktur durch Isomerisierung im Verlauf der Aufarbeitung entstanden sind.

Die hier angetroffenen C_{20}-Polyensäuren unterscheiden sich in mancherlei Hinsicht von den entsprechenden Säuren der Gehirnphosphatide. In den letzteren fehlt vor allem die Pentaensäure. Es besteht auch insofern ein Unterschied, als unter den Abbausäuren derselben keine Korksäure vorgefunden wurde, so daß in den Gehirnphosphatiden sowohl die $\Delta^{8.11.14.17}$-Eikosatetraensäure als auch die $\Delta^{8.11.14}$-Eikosatriensäure fehlt, während in den Leberphosphatiden zum mindesten eine von diesen beiden Polyensäuren vorhanden sein dürfte.

Was nun die C_{22}-Polyensäuren betrifft, so fanden sich unter den Abbausäuren auffallend große Mengen Pimelinsäure und nur verhältnismäßig kleine Mengen Bernsteinsäure. Da in der UV-Absorptionskurve das Hexaenmaximum (373 mμ) nur schwach, die Pentaenmaxima (327 u. 346 mμ) dagegen sehr stark ausgeprägt sind, ist die in den Gehirnphosphatiden in so reichlichen Mengen vorkommende $\Delta^{4.7.10.13.16.19}$-Dokosahexaensäure in den Leberphosphatiden nur in sehr viel kleineren Mengen vorhanden. Dafür kommt aber in den letzteren die $\Delta^{7.10.13.16.19}$-Dokosapentaensäure, welche in den Gehirnphosphatiden anscheinend überhaupt ganz fehlt[2], offensichtlich in beträchtlichen Mengen vor. Auch das Vorhandensein von weniger hoch ungesättigten C_{22}-Polyensäuren ist sehr wahrscheinlich. Jedoch kann auf Grund der vorliegenden Daten noch nicht entschieden werden, um welche es sich handelt.

Die unter den Abbaudicarbonsäuren nachgewiesene Glutarsäure darf mit ziemlicher Wahrscheinlichkeit auf eine Verunreinigung des Ausgangsmaterials mit C_{20}-Polyensäuren zurückgeführt werden. Dafür spricht vor allem auch der Befund, daß von den beiden untersuchten C_{22}-Polyensäurefraktionen das unreinere Präparat II auch eine merklich größere Menge Glutarsäure (0,11 Mol) ergab als das reinere Präparat I (0,04 Mol).

Die Menge der Polyensäuren, in welchen wenigstens 2 Doppelbindungen in Konjugation sich befinden, ist in der C_{22}-Fraktion wesentlich höher als in der C_{20}-Fraktion. Im Dienbereich beträgt die UV-Absorption der nicht isomerisierten Säuren schon nahezu 20% des Wertes, der nach der vollständigen Isomerisierung erhalten wird, so daß vielleicht auch nahezu 20% der C_{22}-Säuren im Laufe der Aufarbeitung partiell isomerisiert wurden. Wenn dadurch die Konstitutionsaufklärung trotzdem nicht wesentlich gestört wird, so ist dies darauf zurückzuführen, daß von den durchschnittlich 4—5 Doppelbindungen im Molekül im großen Ganzen nur eine ihre ursprüngliche Lage verändert. Im übrigen haben wir bei anderen Aufarbeitungen C_{22}-Polyensäurepräparate erhalten, in welchen der wie oben berechnete Isomerisierungsgrad weniger als 10% betrug, so daß es ohne Zweifel möglich ist, diese Art der spontanen partiellen Isomerisierung durch möglichst schonende Aufarbeitung weitgehend zu vermeiden.

Nach dem Ergebnis unserer Untersuchung darf mit gutem Grund angenommen werden, daß den C_{20}- und C_{22}-Polyensäuren der Leberphosphatide (Rind) ebenso wie denen der Gehirnphosphatide (Mensch) Divinylmethanstruktur zukommt. Wenn auch die einzelnen Komponenten des Gemischs keineswegs mit denen der Gehirnphosphatide identisch sind, so gehören sie doch ebenfalls vorwiegend oder ausschließlich dem Linol- und Linolensäuretyp an. Das Vorhandensein von kleinen Mengen Polyensäuren vom Ölsäuretyp ist nicht auszuschließen. Diese Frage bedarf jedoch noch einer weiteren Klärung.

Beschreibung der Versuche

Darstellung des Ausgangsmaterials

Als Ausgangsmaterial dienten die ätherlöslichen Glycerinphosphatide (1285 g), welche aus 50 kg frischer Rindsleber durch aufeinander folgende Extraktion[5] mit Aceton und einem Gemisch von Tetrachlorkohlenstoff-Methanol (1:3 Vol-Tle.) gewonnen worden waren. Nach Spaltung der Phosphatide durch 2-stdg. Kochen mit der 15-fachen Menge 10-proz. methanolischer Schwefelsäure unter Rückfluß, Verseifung der Fettsäuremethylester (760 g) mit der 30-fachen Menge n/2-methanol. Natronlauge, Abtrennung der auskristallisierenden Seifen der vorwiegend gesättigten Fettsäuren (218 g freie Säuren) und des Unverseifbaren erhielt man aus der Fraktion der ungesättigten Fettsäuren (420 g), wie früher beschrieben[1], die hochungesättigten Fettsäuren durch Ausfrieren der vorwiegend schwach ungesättigten Fettsäuren bei -20^0, -40^0 und -70^0. Menge der hochungesättigten Fettsäuren 220 g, Jodz. 250.

Die daraus gewonnenen Methylester wurden anschließend unter Benützung von 1060 mm bzw. 750 mm hohen mit kleinen Drahtnetzsätteln gefüllten Kolonnen (∅ 40 bzw. 29 mm) in 2 Einzelportionen von etwa 125 bzw. 85 g im Hochvak. (10^{-4} mm, am Kopf der Kolonne gemessen) fraktioniert destilliert. Mit Ausnahme der Fr. 1, die schwach gelb gefärbt war, gingen die Ester als leicht bewegliche, farblose Öle über. In Tab. 3 ist das Ergebnis von einer der beiden Destillationen (kleinere Menge) zusammengestellt.

Tab. 3. Fraktionierte Destillation des Gemischs der Polyensäuremethylester.

	1	2	3	4	5	6	7	8	9**	10**	11**
Methylester Menge in g	7,8	9,55	8,9	7,6	9,0	6,0	3,5	1,0	10,0	6,0	2,5
Jodz.						247	254	251			
hydrierte Säuren Schmp. ^{0}C*			64 (66)	69 (71)	70 (74)	72 (74,5)	71 (73,5)				
Äquiv.-Gew.*			294 (296)	301 (306)	310 (312)	312 (312)	310 (310)				

* die in Klammern gesetzten Zahlen enthalten die Werte für die aus Aceton umkristallisierten Säuren. ** die Fr. 9–11 wurden ohne Kolben aus der Kolonne herausdestilliert. Destillationsrückstand etwa 8 g.

Die Abbausäuren des Gemischs der C_{20}- und C_{22}-Polyensäuren

Von jedem der beiden Ansätze vereinigte man diejenigen Fraktionen, von welchen die hydrierten Säuren ein Äquiv.-Gew. von 312 ($C_{20}H_{40}O_2$ ber. 312,4) und darüber hatten. Es wurden so insgesamt 70,5 g Methylester der C_{20}- und C_{22}-Polyensäuren erhalten. Jodz. 265. Hydrierte Säure, Schmp. 71 bzw. 72^0 nach dem Umkristallisieren aus Aceton. Äquiv.-Gew. 326 bzw. 328.

Mit 53 g des aus den Methylestern gewonnenen Säuregemischs wurde in Einzelportionen von etwa 10 g die Ozonidspaltung nach Klenk und Bongard[4] durchgeführt. Im Anschluß an die Spaltung destillierte man der Vorschrift entsprechend das Lösungsmittel im Vakuum vorsichtig über eine mit Glasspiralen gefüllte Kolonne ab. Wie die spätere Aufarbeitung ergab, enthielt das abdestillierte Lösungsmittel (Eisessig und etwas Essigester) nahezu die Gesamtmenge der gebildeten Propionsäure. Dem öligen Destillationsrückstand entzog man die Mono-

[5] E. Klenk u. E. Friedrichs, diese Z. **290**, 169 [1952].

carbonsäuren durch sorgfältige Behandlung mit Petroläther, der seinerseits wieder zur Entfernung der kleinen Mengen in Lösung gegangener Dicarbonsäuren noch wiederholt mit etwas Wasser ausgeschüttelt wurde.

Die Monocarbonsäuren. 12 g eines stark riechenden, farblosen Öls. Nach Veresterung mit Diazomethan wurden die Methylester mit einer Drehbandkolonne* zunächst bei Normaldruck, anschließend bei konstantem vermindertem Druck (15 mm und 7 mm Hg) fraktioniert destilliert (Tab. 4). Wie die in Abb. 1 dargestellte Siedepunktskurve zeigt, sind außer dem aus Äther (Sdp. 34°), Essigester (Sdp. 57°) und möglicherweise etwas Petroläther bestehenden Vorlauf nur die Methylester von Capronsäure (C_6) und Pelargonsäure (C_9) vorhanden.

Tab. 4. Fraktionierte Destillation der Monocarbonsäuremethylester.

	Sdp. °C	mm Hg	Menge in g	n_D^{20}	Zusammensetzung. Menge der Methylester in g C_6	C_9
Vorlauf	76—125	753	0,6	—		
1.	125—137	,,	0,1	1,4019		
2.	137—145	,,	0,31	1,4040	0,31	
3.	145—146	,,	0,34	1,4051	0,34	
4.	146—146,5	,,	0,81	1,4050	0,81	
5.	146,5—147,5	,,	0,88	1,4050	0,88	
6.	147,5—148	,,	0,88	1,4050	0,88	
7.	148	,,	0,50	1,4055	0,485	0,015
8.	57—97	15	0,41	1,4135	0,205	0,205
9.	97—98	,,	0,16	1,4194	0,019	0,141
10.	98—120	,,	0,43	1,4268		0,345
11.	110—125	7	0,52	1,4540		
Gesamtmenge der Methylester in g					3,929	0,706
Gesamtmenge der freien Säuren in g					3,51	0,65

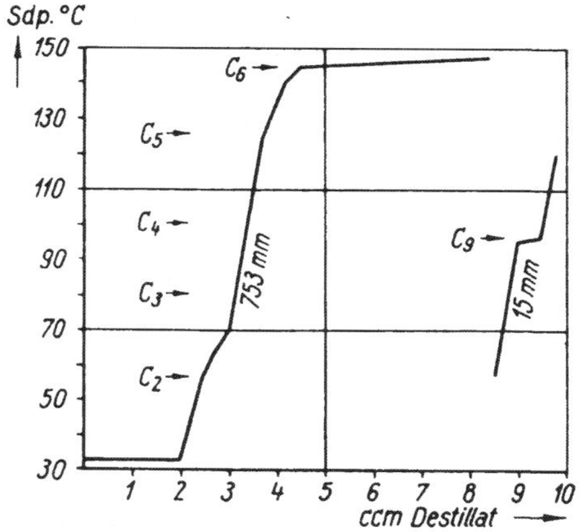

Abb. 1. Siedepunktskurve der Monocarbonsäuremethylester aus den C_{20}- und C_{22}-Polyensäuren.

Die Berechnung der Zusammensetzung der Fr. 7—10 erfolgt aus den Brechungsexponenten unter der Annahme, daß die Fr. 7—9 ein Gemisch von Capron-

* Modell der Fa. E. Haage, Mülheim-Ruhr.

säuremethylester (n_D^{20} 1,4050) und Pelargonsäuremethylester (n_D^{20} 1,4214, Beilstein), die Fr. 10 ein Gemisch von Pelargonsäuremethylester und der Substanz von Fr. 11 (n_D^{20} 1,4540) ist.

Zur papierchromatographischen Identifizierung wurde von den einzelnen Fraktionen eine kleine Probe mit Natronlauge verseift und die mit verd. Schwefelsäure in Freiheit gesetzten Fettsäuren durch Ausschütteln mit Äther gewonnen. Papierchromatographie der Säuren in Form der Ammonsalze nach Reid und Lederer[6]. Mobile Phase: mit 3-*n*. wäßr. Ammoniak äquilibriertes, frisch destilliertes Butanol. Papier: Schleicher & Schüll 2043b. Laufzeit: 24 Stdn. absteigend.

Tab. 5. Fraktionierte Destillation der Propionsäureäthylesterfraktion.

	Sdp. °C	Menge g	n_D^{20}	Propionsäureäthylester Menge in g
Vorlauf	—75	5,16		
1.	75—77	3,33	1,3768	
2.	77—95	0,8	1,3805	0,37
3.	95—97	0,91	1,3855	0,91
4.	97—99	0,71	1,3875	0,61
5.	99—112	0,72	1,3975	0,35
Gesamtmenge des Äthylesters in g				2,24
Gesamtmenge der freien Säure in g				1,63

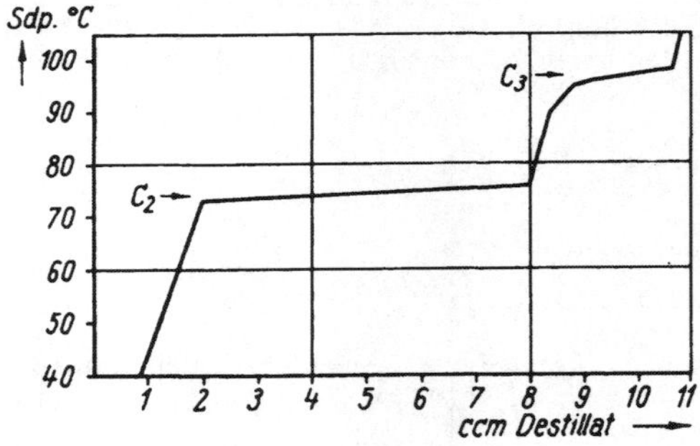

Abb. 2. Siedepunktskurve der Propionsäureäthylesterfraktion.

Färbung: Bromkresolpurpur in alkohol. Formalinlösung, p_H 5,0. Es fand sich im Vorlauf, ebenso in Fr. 2 u. 3 nur Capronsäure, in Fr. 8—10 Capronsäure und Pelargonsäure. Auch in Fr. 11 war neben Pelargonsäure noch eine Spur Capronsäure nachzuweisen.

Um die in den abdestillierten Eisessig übergegangene Propionsäure zu gewinnen, wurden die Säuren nach der üblichen Methode[7] in die Äthylester übergeführt. Unter Verwendung einer 750 mm hohen, mit kleinen Drahtnetzsätteln gefüllten Kolonne (⌀ 29 mm) mit verspiegeltem Vakuummantel destillierte man den Hauptteil des Essigsäure-Äthylesters vorsichtig ab und fraktionierte schließlich den Rückstand (etwa 15 ccm) nach Zugabe von einigen ccm Ligroin (Sdp. über 100°) als Schiebeflüssigkeit mit Hilfe der Drehbandkolonne (Tab. 5 und Abb. 2).

Die aus Fr. 4 gewonnene Säure war papierchromatographisch einheitlich und mit Propionsäure identisch. Der Propionsäureäthylestergehalt der einzelnen Frak-

[6] R. L. Reid u. M. Lederer, Biochem. J. 50, 60 [1951].
[7] Siehe Gattermann, Die Praxis des org. Chemikers, 30. Aufl., S. 142.

tionen wurde aus den Brechungsexponenten errechnet unter der Annahme, daß Fr. 2 ein Gemisch von Essigsäureäthylester (n_D^{20} 1,3768) und Propionsäureäthylester (n_D^{20} 1,3855), die Fr. 4 und 5 ein Gemisch von Propionsäureäthylester und des als Schiebeflüssigkeit verwendeten Ligroins (n_D^{20} 1,4094) ist.

Es wurden demnach an Monocarbonsäuren erhalten: Propionsäure 1,63 g, Capronsäure 3,51 g und Pelargonsäure 0,65 g. Die Ausbeute beträgt nur etwa 30—50% der Theorie. Wahrscheinlich ist ein großer Teil der leicht flüchtigen Propionsäure bei der Aufarbeitung verloren gegangen.

Die Dicarbonsäuren. 66 g einer gelblich weißen, noch etwas schmierigen festen Substanz. Etwa 12 g davon wurden mit einer ätherischen Diazomethanlösung verestert. Nach dem Abdestillieren des Äthers auf etwa die Hälfte des ursprünglichen Volumens entfernte man die noch vorhandenen Peroxyde durch Ausschütteln der äther. Lösung der Ester mit einer wäßr. Eisen(II)-sulfatlösung. Anschließend wurden die Ester mit einer Drehbandkolonne im Vak. bei einem konstanten Druck von 1,7 mm fraktioniert destilliert (Tab. 6).

Tab. 6. Fraktionierte Destillation der Dicarbonsäuredimethylester aus den C_{20}- und C_{22}-Polyensäuren.

	Sdp. °C	Menge g	n_D^{20}	Zusammensetzung. Menge der Methylester in g				
				C_3	C_4	C_5	C_7	C_8
1.	72—78	0,50	1,4137	0,50				
2.	78—79	0,85	1,4125	0,85				
3.	79—80	0,61	1,4128	0,61				
4.	80—81	0,37	1,4128	0,37				
5.	81—91	0,28	1,4130	0,27	0,01			
6.	92—95	0,24	1,4144	0,192	0,034	0,014		
7.	95—100	0,31	1,4175	0,15	0,062	0,096		
8.	100—102	0,47	1,4213		0,113	0,357		
9.	102—118	0,50	1,4231			0,50		
10.	119—125	0,28	1,4258			0,135	0,145	
11.	125—127	0,34	1,4283				0,34	
12.	127—135	0,99	1,4312				0,49	0,50
Gesamtmenge der Methylester in g				2,942	0,219	1,102	0,975	0,50
Gesamtmenge der freien Säuren in g				2,32	0,18	0,91	0,83	0,43
in % der Gesamtsäuren				49	4	20	18	9

Die Zusammensetzung der Fr. 5, 10 und 12 wurde aus den Brechungsexponenten errechnet, wobei die Fr. 5 als ein Gemisch von Malonsäuredimethylester (n_D^{20} 1,4128) und Bernsteinsäuredimethylester (n_D^{20} 1,4186, Beilstein), die Fr. 10 als ein Gemisch von Glutarsäuredimethylester (n_D^{20} 1,4231) und Pimelinsäuredimethylester (n_D^{20} 1,4283) und die Fr. 12 als ein Gemisch von Pimelinsäuredimethylester und Korksäuredimethylester (n_D^{20} 1,4341, Beilstein) angenommen wurde. Die Zusammensetzung der Fr. 6—8 bestimmte man dagegen durch chromatographische Analyse mit Säule D.

Wie die Siedepunktskurve (Abb. 3) zeigt, ist trotz der Verwendung der hochwirksamen Drehbandkolonne eine scharfe Trennung des Gemischs in die einzelnen Komponenten nur teilweise gelungen. Es wurden deshalb einzelne der Fraktionen in die freien Säuren übergeführt (Verseifung der Ester mit Natronlauge und Entfernung der Natriumionen mit dem Kationenaustauscher [Lewatit CNO]) und diese nach Lugg und Overell[8] papierchromatographisch geprüft (Lösungsmittel: Butanol : Eisessig : Wasser = 5 : 1 : 10; Papier: Schleicher & Schüll 2043 b. Laufzeit: 8—9 Stdn. aufsteigend; Färbung: Bromphenolblau in 95-proz. Äthanol, p_H 5,2). Dabei erwies sich Fr. 3 als reine Malonsäure, Fr. 5 als Gemisch von Malonsäure und Bernsteinsäure, Fr. 6 u. 7 als Gemisch von Malonsäure, Bernsteinsäure und Glutarsäure, Fr. 8 als Gemisch von Bernsteinsäure und Glutarsäure mit einer Spur Malonsäure, Fr. 9 als Glutarsäure, Fr. 10 als Glutarsäure und Pimelinsäure und Fr. 11 als Pimelinsäure.

Zur weiteren Charakterisierung wurden die in Fr. 11 und 12 enthaltenen höheren Dicarbonsäuren auch als solche isoliert. Die freie Säure aus Fr. 11 schmolz unscharf bei 95°. Durch wiederholte Sublimation im Vak. bei 150° wurde eine Säure vom Schmp. 101° erhalten. Sie gab mit reiner Pimelinsäure (Schmp. 104°) keine

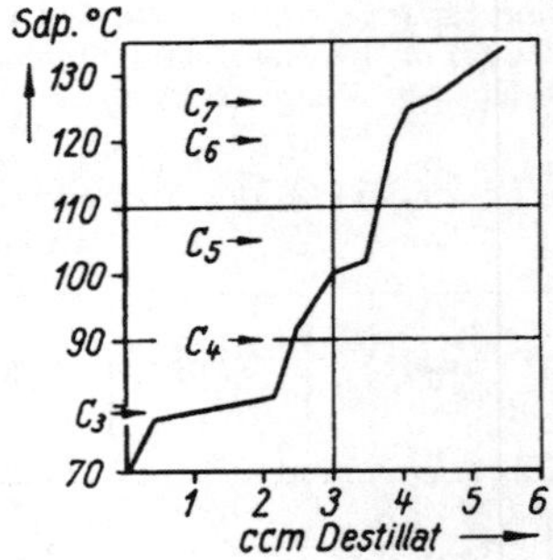

Abb. 3. Siedepunktskurve der Abbaudicarbonsäuredimethylester aus den C_{20}- und C_{22}-Polyensäuren.

Schmelzpunktsdepression. Die freie Säure aus Fr. 12 schmolz unscharf bei 105°. Nach Umkristallisation aus Wasser, Schmp. 132° (Schmp. reiner Korksäure 140°).

$C_8H_{14}O_4$	Ber. C 55,16,	H 8,10,	Äquiv.-Gew. 87
	Gef. C 56,1,	H 8,2,	Äquiv.-Gew. 86.

Es lag hier offensichtlich eine noch nicht ganz reine Korksäure vor. Ein wesentlich reineres Produkt konnte aus dem ursprünglichen Gemisch der Abbaudicarbonsäuren (17 g) durch mehrfaches Umkristallisieren aus wenig Wasser erhalten werden. Die noch einmal durch Sublimation im Vak. bei 150° gereinigte Säure (etwa 0,2 g) schmolz bei 137° und gab mit reiner Korksäure keine Schmelzpunktsdepression. Dieses Präparat enthielt, wie die papierchromatographische Prüfung ergab, außer Korksäure noch eine Spur Sebacinsäure (C_{10}) und Undecandisäure (C_{11}).

Destillationsrückstand. Durch Destillation im kleinen Claisenkolben erhielt man 0,8 g. Die daraus erhaltene freie Säure erwies sich papierchromatographisch als eine mit etwas Sebacinsäure verunreinigte Korksäure. Die hier noch vorgefundene Korksäure wurde bei der Berechnung der Zusammensetzung des Dicarbonsäuregemischs nicht berücksichtigt, da der Destillationsrückstand außer den Dicarbonsäuren noch beträchtliche Mengen andersartiger Substanzen (Zersetzungsprodukte) enthielt.

Die C_{18}-Polyensäuren

Die bei der fraktionierten Destillation der Methylester des Polyensäuregemisches zuerst übergehenden, vorwiegend die C_{18}-Säuren enthaltenden Fraktionen wurden vereinigt (49 g) und in derselben Weise noch einmal fraktioniert destilliert (750 mm hohe Fraktionierkolonne mit versilbertem Vakuummantel, 10^{-4} mm Hg), wobei man 7 Fraktionen in Mengen von je etwa 5 g auffing. Von diesen wurde nur jede zweite Fraktion näher untersucht (Tab. 7).

---

[8] J. W. H. Lugg u. B. T. Overell, Nature (London) **160**, 87 [1947].

Tab. 7. Fraktionierte Destillation der C_{18}-Polyensäuremethylester.

	Methylester		hydrierte freie Säuren					
					aus Aceton umkr.			
	Menge g	Jodz.	Schmp. °C	Äquiv.-Gew.	Schmp. °C	Äquiv.-Gew.	Schmp. °C	Äquiv.-Gew.
1.	3,3	120	45	302	54	280		
3.	6,4	149	67	287	68	285	$C_{18}H_{36}O_2$	
5.	5,2	154	69	288	69	284	70	284,4
7.	4,6	168	68	294	68	289		

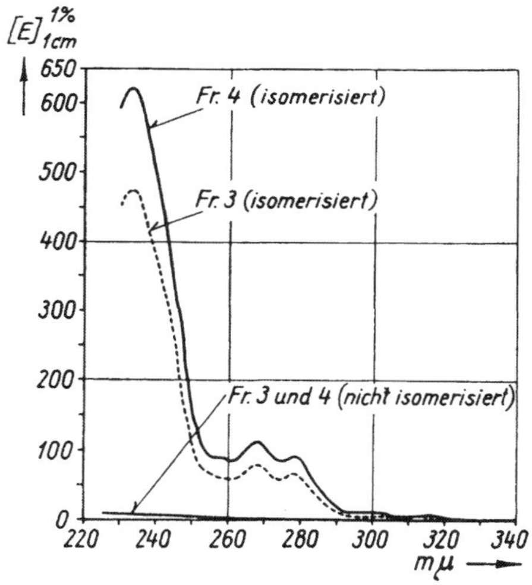

Abb. 4. UV-Absorptionskurven der C_{18}-Polyensäure-methylester (Fr. 3 u. 4 von Tab. 7) vor und nach der Isomerisierung.

Die UV-Absorptionskurven vor und nach der Alkaliisomerisierung (Durchführung der Isomerisierung wie früher[2] beschrieben) der Fr. 3 u. 4 zeigt die Abb. 4. Die in der Kurve der Fr. 4 im Tetraenbereich (300 u. 315 $m\mu$) gerade noch andeutungsweise erkennbaren Maxima dürften auf Spuren von beigemengten C_{20}-Polyen-

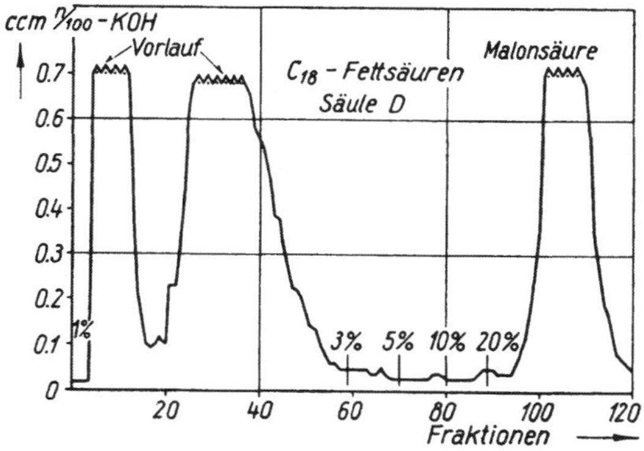

Abb. 5. Chromatographische Trennung des Gemischs der Abbausäuren der C_{18}-Polyensäuremethylester (entspr. 48,5 mg) durch Säule D.

1% (3—59): Vorlauf; 20% (96—119): 9,75 ccm n/100-KOH, gef. 0,30 Mol. Malonsäure.

säuren zurückzuführen sein. Für die weitere Untersuchung verwendete man deshalb Fr. 3. 0,6066 g Ester wurden nach Klenk und Bongard[4] über das Ozonid abgebaut. Rückstand in 25 ccm 1-proz. Butanol-Chloroform gelöst und 2 ccm (entspr. 48,5 mg Ester) davon mit Säule D chromatographiert (Abb. 5).

Die Säure aus Fr. 69—119 (Abb. 5) war papierchromatographisch[8] einheitlich und mit Malonsäure identisch.

Außerdem wurden 1,194 g der aus Fr. 3 gewonnenen freien C_{18}-Polyensäuren der Ozonidspaltung unterworfen und aus dem Gemisch der Abbaudicarbonsäuren die Monocarbonsäuren mit Petroläther entfernt. Als unlöslicher Rückstand verblieben 0,92 g Dicarbonsäuren. Nach der papierchromatographischen Prüfung[8] lag ein Gemisch von Malonsäure und einer höheren Dicarbonsäure vor, die auf gleicher Höhe mit Azelainsäure wanderte. Es fehlten Bernsteinsäure, Glutarsäure und die nächst höheren Homologen. Durch mehrmaliges Umkristallisieren aus Wasser, Ligroin (Sdp. 110—130°) und wieder Wasser erhielt man Azelainsäure vom Schmp. 104°. Keine Schmelzpunktsdepression mit reiner Azelainsäure (Schmp. 105°).

$C_9H_{16}O_4$ Äquiv.-Gew. ber. 94,1, gef. 94,6 (94,5)

Papierchromatographisch[9] war die Säure einheitlich und mit Azelainsäure identisch.

Aus der wäßr. Mutterlauge wurden durch Gefriertrocknung 0,43 g eines etwas klebrigen, festen Rückstands erhalten, in welchem 0,121 g Malonsäure oder 0,36 Mol pro Mol C_{18}-Polyensäure enthalten waren (chromatographisch[4] mit Säule D bestimmt). Die Menge der Azelainsäure berechnet sich dementsprechend zu 0,92—0,12 = 0,80 g oder 1 Mol pro Mol C_{18}-Polyensäure.

Die C_{20}-Polyensäuren

35 g der bei der ersten Destillation herausfraktionierten Ester der C_{20}-Polyensäuren wurden unter Verwendung der 750 mm hohen Kolonne mit versilbertem Vakuummantel noch einmal fraktioniert destilliert, wobei man insgesamt 7 Fraktionen auffing, von welchen man nur die Fr. 3—7 näher untersuchte (Tab. 8).

Tab. 8. Fraktionierte Destillation der C_{20}-Polyensäuremethylester.

	Methylester		hydrierte freie Säuren				Schmp. °C	Äquiv.-Gew.
					aus Aceton umkr.			
	Menge g	Jodz.	Schmp. °C	Äquiv.-Gew.	Schmp. °C	Äquiv.-Gew.		
3.	4,6	237	66	298	67	297		
4.	5,0	237	72	303	71	305	$C_{20}H_{40}O_2$	
5.	2,9	269	74	312	74	311,5	74	312,4
6.	4,1	270	71	315	73	312		
7.	2,6	248	72	312	73	312		

Die folgenden Untersuchungen wurden mit Fr. 5 ausgeführt. Abb. 6 zeigt die UV-Absorptionskurve vor und nach der Alkaliisomerisierung.

Ozonidspaltung des Methylesters: Die Abbausäuren von 0,4138 g Ester wurden in 25 ccm 1-proz. Butanol-Chloroform gelöst und 1 ccm (entspr. 16,54 mg Ester) davon mit Säule D chromatographiert (Abb. 7).

Ozonidspaltung der freien Polyensäure: Die Abbausäuren von 0,469 g der aus dem Ester in der üblichen Weise gewonnenen Polyensäuren (Mol.-Gew. 304, ber. aus der Jodzahl) wurden in 25 ccm 1-proz. Butanol-Chloroform gelöst und 1 ccm (entspr. 18,75 mg Polyensäuren) davon mit Säule D chromatographiert (Abb. 8).

[9] E. Klenk u. H. Faillard, diese Z. **292**, 268 [1953].

Papierchromatographisch[8] wurden Fr. 83—101 (Abb. 8) als Glutarsäure, Fr. 121—136 als Malonsäure identifiziert. Die papierchromatographische Identifizierung der Bernsteinsäure (Fr. 110—120) war nicht möglich. Es konnte überhaupt keine, auf dem Papier wandernde Säure sichtbar gemacht werden. Die Unregelmäßigkeit im Chromatogramm (Abb. 8), welche sich dadurch äußert, daß der großen

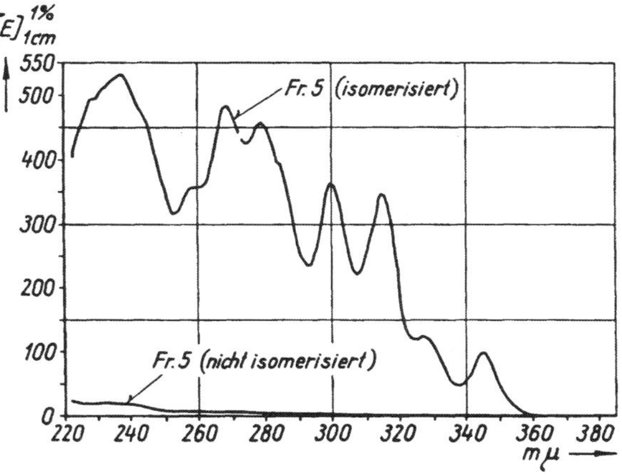

Abb. 6. UV-Absorptionskurve der C_{20}-Polyensäuremethylester vor und nach der Alkaliisomerisierung.

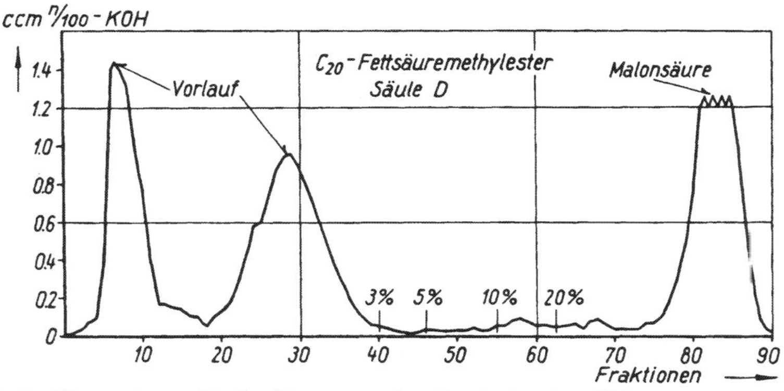

Abb. 7. Chromatographische Trennung des Gemischs der Abbausäuren aus den C_{20}-Polyensäuremethylestern (entspr. 16,54 mg Ester) durch Säule D. 1% (1—40): Vorlauf; 20% (70—91): 12,6 ccm n/100-KOH, gef. 1,21 Mol Malonsäure.

Glutarsäurezacke noch eine kleine Vorzacke vorausgeht, ist nicht geklärt. Dem Papierchromatogramm entsprechend handelt es sich ebenfalls um Glutarsäure. Da sowohl durch 3-proz. als auch durch 5-proz. Butanol-Chloroform keine Säure eluiert wird, darf geschlossen werden, daß Pimelinsäure und Adipinsäure im Gemisch der Abbausäuren fehlen.

Zum einwandfreien Nachweis der Bernsteinsäure und der höheren Dicarbonsäuren stand keine reine C_{20}-Polyensäure mehr zur Verfügung. Für die weiteren Versuche wurde deshalb eine C_{20}-Polyensäurefraktion verwendet, die noch nicht frei von C_{18}-Polyensäure war. Aus dem Gemisch der Abbausäuren von 8,7 g dieser unreinen C_{20}-Polyensäurefraktion erhielt man nach Abtrennung der Monocarbonsäuren mit Petroläther 7,22 g Dicarbonsäuren. Die daraus wie oben (siehe Dicarbonsäuren aus C_{20}- und C_{22}-Polyensäuren) erhaltenen Methylester (4,9 g) wurden wieder mit Hilfe der Drehbandkolonne bei einem konstanten Druck von 16 mm fraktioniert destilliert (Tab. 9).

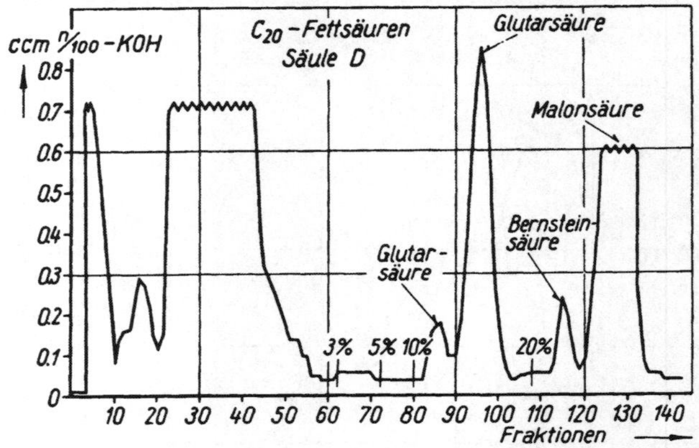

Abb. 8. Chromatographische Trennung des Gemischs der Abbausäuren aus den C_{20}-Polyensäuren (entspr. 18,75 mg Säuren) durch Säule D. 1 % (1—60): Vorlauf; 10% (83—101): 5,385 ccm n/100-KOH, gef. 0,436 Mol Glutarsäure; 20% (110—120): 0,798 ccm n/100-KOH, gef. 0,06 Mol Bernsteinsäure; (121—136): 14,49 ccm n/100-KOH, gef. 1,18 Mol Malonsäure.

Tab. 9. Fraktionierte Destillation der Dicarbonsäuremethylester aus der unreinen C_{20}-Polyensäurefraktion.

	Sdp. °C	Menge g	n_D^{20}	Zusammensetzung. Menge der Methylester in g	
				C_4	C_8
1.	76—80	1,0	1,4129		
2.	80—99	0,62	1,4138	0,023	
3.	99—104	0,38	1,4197	0,0124	
4.	104—126	0,43	1,4225	0,0142	
5.	126—138	0,25	1,4250		0,045
6.	138—140	0,47	1,4311		0,343
7.	140—145	0,45	1,4350		0,294
Rückstand		0,74	1,4386		
Gesamtmenge in g		4,34		0,050	0,682
in % der Gesamtmenge		100		1	15

Fr. 3: die nach der Verseifung des Esters mit Hilfe eines Kationenaustauschers (Lewatit CNO) erhaltene freie Säure schmolz bei etwa 80°. Die chromatographische Analyse mit Säule D ergab folgende Zusammensetzung: Malonsäure 31,1%, Bernsteinsäure 3,3% und Glutarsäure 65,4%. Hier konnte die Bernsteinsäure ebenso wie die beiden anderen Säuren einwandfrei papierchromatographisch[8] identifiziert werden. Unter der Annahme, daß in Fr. 2 und 4 der Bernsteinsäuregehalt ebenso groß ist wie in der Fr. 3, ergeben sich die Werte der Tab. 9. — Fr. 6: Die nach der Verseifung des Esters mit Schwefelsäure in Freiheit gesetzte und durch

Ausschütteln mit Äther gewonnene freie Säure schmolz bei 115°. Zur weiteren Reinigung suspendierte man die Säure nach Day, Conn und Stevenson[10] in wenig heißem Benzol und gab gerade soviel Alkohol hinzu, daß sich alles löste. Die beim Stehen im Kühlschrank auskristallisierte Säure (Schmp. 132°) wurde nochmals aus

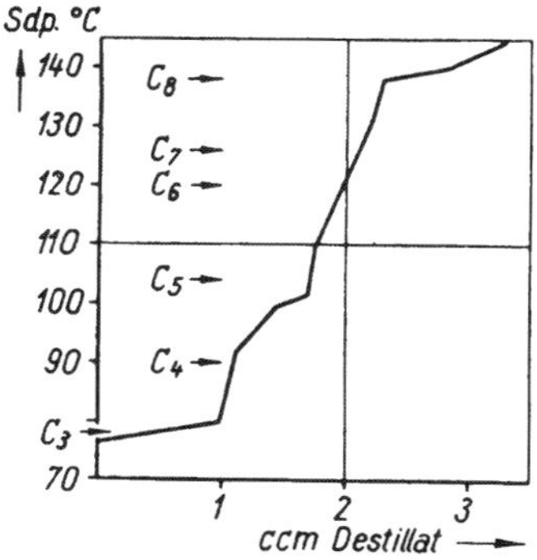

Abb. 9. Siedepunktskurve (16 mm) der Dicarbonsäuremethylester der unreinen C_{20}-Polyensäurefraktion.

Wasser umkristallisiert. Schmp. 137°. Keine Schmelzpunktsdepression mit reiner Korksäure (Schmp. 140°).

$C_8H_{14}O_4$ Ber. C 55,16% H 8,11 Gef. C 55,76 H 8,17.

Auf Grund der papierchromatographischen Prüfung[9] handelt es sich um eine mit Spuren Azelainsäure verunreinigte Korksäure. — Fr. 7: Freie Säure, Schmp. 113°. Nach Umkristallisation aus Benzol-Alkohol, Schmp. 135°. Keine Schmelzpunktsdepression mit reiner Korksäure. Auch hier konnten papierchromatographisch außer Korksäure noch kleine Mengen Azelainsäure nachgewiesen werden. — Die Menge der in den einzelnen Fraktionen vorhandenen Korksäure wurde aus den Brechungsexponenten unter der Annahme berechnet, daß Fr. 5 u. 6 ein Gemisch von Glutarsäuredimethylester (n_D^{20} 1,4231) und Korksäuredimethylester (n_D^{20} 1,4341), Fr. 7 ein Gemisch von Korksäure-dimethylester und Azelainsäure-dimethylester (n_D^{20} 1,4367, Beilstein) ist.

Die C_{22}-Polyensäuren

5 g der bei einer anderen Aufarbeitung herausfraktionierten Ester der C_{22}-Polyensäuren wurden unter Zugabe von etwa 50 g Paraffinöl von geeignetem Siede-

Tab. 10. Fraktionierte Destillation der C_{22}-Polyensäuremethylester.

	freie Säuren		hydrierte Säuren				Schmp. °C Äquiv.-Gew.
	Menge g	Jodz.	Schmp. °C	Äquiv.-Gew.	aus Aceton umkr. Schmp.	aus Aceton umkr. Äquiv.-Gew.	
1.	0,28	275	73	318	76	322	
2.	0,51	288	71	327	73	341	
3.	0,65	311	72	335	76	340	$C_{22}H_{44}O_2$
4.	0,65	318	76	338	79	342	80 340,4
5.	0,61	325	79	341	80	341	
6.	0,68	270					
7.	0,37	248	74	352	79	365	

[10] J. N. E. Day, G. A. R. Conn u. A. Stevenson, J. chem. Soc. [London] 117, 639 [1920].

punktsintervall mit Hilfe der 750 mm hohen Kolonne mit versilbertem Vakuummantel noch einmal fraktioniert destilliert. Die Säuren gewann man von jeder Fraktion durch Verseifung und Abtrennung des Unverseifbaren (Paraffinöl) zurück und charakterisierte sie in der üblichen Weise (Tab. 10).

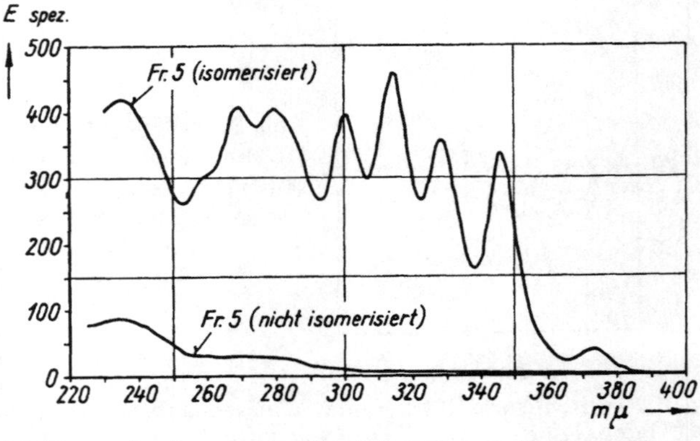

Abb. 10. UV-Absorptionskurven der C_{22}-Polyensäuremethylester (I) vor und nach der Alkaliisomerisierung.

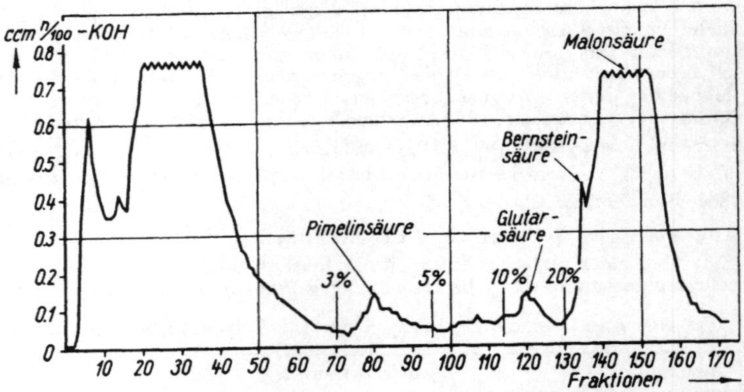

Abb. 11. Chromatographische Trennung des Gemischs der Abbausäuren aus den C_{22}-Polyensäuren (I) (entspr. 20,6 mg Säuren) durch Säule D. 1% (1—65): Vorlauf; 3% (76—91): 0,623 ccm *n*/100-KOH, gef. 0,05 Mol Pimelinsäure; 10% (115—125): 0,442 ccm *n*/100-KOH, gef. 0,035 Mol Glutarsäure; 20% (130—137): 0,97 ccm *n*/100-KOH, gef. 0,08 Mol Bernsteinsäure; (138—166): 25,6 ccm *n*/100-KOH, gef. 2,05 Mol Malonsäure.

Die folgenden Untersuchungen wurden mit Fr. 5 (I) und, da ihre Menge für die vollständige Untersuchung nicht ausreichte, mit der etwas unreineren Fr. 4 ausgeführt. Die Abb. 10 zeigt die UV-Absorptionskurve vor und nach der Alkaliisomerisierung.

Ozonidspaltung der C_{22}-Polyensäuren. Die Abbausäuren von 0,206 g Polyensäuren I (Mol.-Gew. 331) wurden in 10 ccm 1-proz. Butanol-Chloroform gelöst und 1 ccm (entspr. 20,6 mg Säuren) davon mit Säule D chromatographiert (Abb. 11).

Die Fraktionen der Pimelinsäure (67—91, Abb. 11), der Glutarsäure (115 bis 125) und der Bernsteinsäure (130—137) erwiesen sich papierchromatographisch[8] als einheitlich. In der Malonsäurefraktion (138—166) dagegen fanden sich bei der papierchromatographischen Prüfung neben der Malonsäure noch Spuren Bernsteinsäure.

Eine quantitative Bestimmung der Pimelinsäure war beim vorliegenden Ansatz nicht möglich, da der Hauptteil der Pimelinsäure nach unseren Erfahrungen bei Verwendung der Säule D sich zusammen mit den Monocarbonsäuren im Vorlauf befindet und ein geeignetes Silicagelpräparat, das die scharfe Trennung der

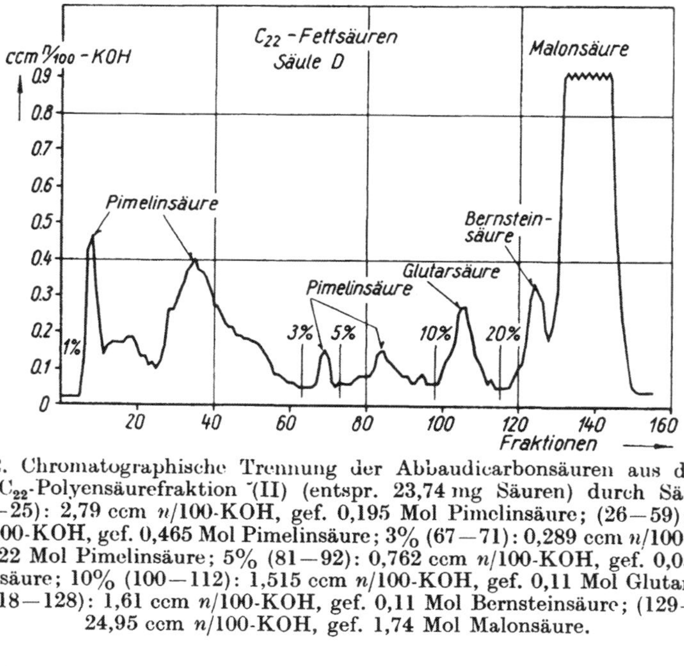

Abb. 12. Chromatographische Trennung der Abbaudicarbonsäuren aus der unreinen C_{22}-Polyensäurefraktion (II) (entspr. 23,74 mg Säuren) durch Säule D. 1% (5—25): 2,79 ccm n/100-KOH, gef. 0,195 Mol Pimelinsäure; (26—59): 6,675 ccm n/100-KOH, gef. 0,465 Mol Pimelinsäure; 3% (67—71): 0,289 ccm n/100-KOH, gef. 0,022 Mol Pimelinsäure; 5% (81—92): 0,762 ccm n/100-KOH, gef. 0,053 Mol Pimelinsäure; 10% (100—112): 1,515 ccm n/100-KOH, gef. 0,11 Mol Glutarsäure; 20% (118—128): 1,61 ccm n/100-KOH, gef. 0,11 Mol Bernsteinsäure; (129—150): 24,95 ccm n/100-KOH, gef. 1,74 Mol Malonsäure.

höheren Dicarbonsäuren mit den Pufferlösungen der Säule B oder C gestattet, nicht zur Verfügung stand. Derselbe Versuch wurde deshalb noch einmal wiederholt, wobei jedoch als Ausgangsmaterial eine C_{22}-Polyensäure aus Fr. 4 u. 5 (II)* verwendet wurde und wo aus dem Gemisch der Abbausäuren die Monocarbonsäuren mit Petroläther entfernt worden waren. Die so erhaltenen Abbaudicarbonsäuren aus 0,2374 g C_{22}-Polyensäuren (II) wurden in 10 ccm 1-proz. Butanol-Chloroform gelöst und 1 ccm (entspr. 23,74 mg Säuren) davon mit Säule D chromatographiert (Abb. 12).

Sämtliche Pimelinsäurefraktionen (Abb. 12, 5—25, 26—59, 67—71 und 81 bis 92) wurden papierchromatographisch als reine Pimelinsäure identifiziert und zwar sowohl nach der Methode von Lugg und Overell[8], mit welcher man die Abwesenheit von niedrigeren Homologen, als auch nach der Methode von Klenk und Faillard[9], mit welcher man die Abwesenheit von höheren Homologen feststellte.

Zur präparativen Isolierung der Pimelinsäure wurden schließlich die Abbaudicarbonsäuren von weiteren 0,24 g C_{22}-Polyensäuren (II) in Äther gelöst und die

* Die Hauptmenge besteht aus Fr. 4.

niedrigen Dicarbonsäuren wiederholt mit Wasser ausgeschüttelt. Die aus der äther. Lösung gewonnene Säure kristallisierte man aus Benzol um. Weiße, feste Substanz; Schmp. 85° (unscharf). Bei der papierchromatographischen Prüfung fand sich Pimelinsäure mit einer Beimengung von Spuren Malonsäure, Bernsteinsäure und Glutarsäure. Die weitere Reinigung durch Sublimieren im Vak. bei 150° und nochmalige Umkristallisation aus Benzol führte zu einer Pimelinsäure vom Schmp. 97 bis 98°. Keine Schmelzpunktsdepression mit reiner Pimelinsäure (Schmp. 105°). Papierchromatographisch[8] erwies sich die Substanz als einheitlich und mit Pimelinsäure identisch.

Die Untersuchung wurde durch Mittel der Deutschen Forschungsgemeinschaft und des Verbands der Chemischen Industrie, Fonds für Chemie, unterstützt.

Zusammenfassung

Durch oxydative Ozonidspaltung des Gemischs der C_{20}- und C_{22}-Polyensäuren der Leberphosphatide erhielt man als einzige Monocarbonsäuren Propionsäure, Capronsäure und Pelargonsäure.

Ebenso wurden die beim Abbau auftretenden Dicarbonsäuren bestimmt, und zwar sowohl die vom Gemisch der C_{20}- und C_{22}-Säuren wie auch die von den durch Hochvakuumdestillation der Methylester herausfraktionierten C_{18}-, C_{20}- und C_{22}-Säuren.

Das Abbauergebnis und die UV-Absorptionskurven nach der Alkaliisomerisierung der 3 Polyensäurefraktionen spricht dafür, daß unter anderen folgende einzelne Komponenten vorhanden sind:

C_{18}: Linolsäure und Linolensäure.

C_{20}: $\Delta^{5.8.11}$- und $\Delta^{8.11.14}$-Eikosatriensäure; $\Delta^{5.8.11.14}$- und $\Delta^{8.11.14.17}$-Eikosatetraensäure; $\Delta^{5.8.11.14.17}$-Eikosapentaensäure. Von den Trien- und Tetraensäuren kann eine oder die andere fehlen. Das Vorkommen von Diensäuren ist nicht auszuschließen.

C_{22}: $\Delta^{7.10.13.16.19}$-Dokosapentaensäure, $\Delta^{4.7.10.13.16.19}$-Dokosahexaensäure. Auch das Vorkommen von weniger hoch ungesättigten C_{22}-Säuren ist sehr wahrscheinlich.

Die vorliegenden experimentellen Befunde stehen in Übereinstimmung mit der Annahme, daß allen C_{20}- und C_{22}-Polyensäuren der Leberphosphatide, ebenso wie denen der Glycerinphosphatide des Gehirns, Divinylmethanstruktur zukommt und daß es sich ausschließlich oder jedenfalls vorwiegend um solche vom Linol- und Linolensäuretyp handelt.

Summary

The only monocarboxylic acids obtained by oxidative ozonolysis of the mixed C_{20}- and C_{22}-polyene acids of the liver phosphatides were propionic, caproic and pelargonic acids.

The dicarboxylic acids obtained by degradation were also determined, these being the acids from the mixed C_{20}- and C_{22}- acids as well as those from the C_{18}-, C_{20}- and C_{22}- acids obtained by high vacuum fractionation of the methyl esters.

The results of degradation and the UV-absorption curves after alkaline isomerization of the three polyene acid fractions seem to indicate that the following individual constituents are present amongst others:

C_{18}, linoleic and linolenic acids.

C_{20}, $\Delta^{5.8.11}$- and $\Delta^{8.11.14}$-eicosatrienoic acids; $\Delta^{5.8.11.14}$- and $\Delta^{8.11.14.17}$-eicosatetraenoic acids; $\Delta^{5.8.11.14.17}$-eicosapentaenoic acid. One or other of the triene or tetraene acids may be absent. The occurrence of diene acids cannot be excluded.

C_{22}, $\Delta^{7.10.13.16.19}$-docosapentaenoic acid; $\Delta^{4.7.10.13.16.19}$-docosahexaenoic acid. The occuience of less highly unsaturated C_{22}- acids is also very probable.

The present experimental results are in agreement with the assumption that all C_{20}- and C_{22}- polyene acids of the liver phosphatides, similarly to those of the glycerophosphatides of the brain, possess the divinylmethane structure and that they are exclusively or in any case predominantly of the linoleic and linolenic acid type.

Über die Eikosapolyensäuren der Glycerinphosphatide des Gehirns

Von

E. Klenk und **F. Lindlar**

Aus dem Physiologisch-chemischen Institut der Universität Köln

(Der Schriftleitung zugegangen am 13. Mai 1955)

Nach den früheren[1] Untersuchungsergebnissen ist damit zu rechnen, daß 3 verschiedene Eikosapolyensäuren in den Glycerinphosphatiden des Gehirns vorkommen. Es handelt sich um folgende Säuren: $\Delta^{11.14}$-Eikosadiensäure (I), $\Delta^{5.8.11}$-Eikosatriensäure (II) und $\Delta^{5.8.11.14}$-Eikosatetraensäure (III). Von diesen kann jedoch nur das Vorhandensein der Tetraensäure als gesichert angesehen werden.

Wir haben nun in ähnlicher Weise wie bei der Dokosapolyensäurefraktion[2] das Säuregemisch durch Gegenstromverteilung in die Komponenten zerlegt. Da uns jetzt eine größere, 200-stufige vollautomatische Apparatur zur Verfügung stand, konnte auch eine entsprechend schärfere Trennung erzielt werden. Es gelang, außer der in verhältnismäßig großen Mengen vorhandenen Tetraensäure eine tetraenfreie Triensäurefraktion und eine nahezu trienfreie Diensäurefraktion zu erhalten. Von jeder dieser 3 Säurefraktionen wurde die Lage der Doppelbindungen wie üblich durch oxydativen Ozonidabbau mit anschließender chromatographischer Analyse des Gemischs der Abbausäuren nach der Methode von Klenk und Bongard[3] bestimmt, wobei jedoch nur die Dicarbonsäuren des Gemischs erfaßt wurden.

Beim Abbau der Tetraensäure erhielten wir außer größeren Mengen Glutarsäure (0,7 Mol) und Malonsäure (1,5 Mol) nur noch kleinere Mengen Bernsteinsäure (0,09 Mol). Höhere Dicarbonsäuren fehlen vollständig. Da beim Abbau des Methylesters der Tetraensäure nur noch Malonsäure in unverändert großen Mengen (1,6 Mol) auftrat und die Menge der freien Glutarsäure bis auf einen geringen Betrag (0,07 Mol) zurückging, kann kaum ein Zweifel bestehen, daß hier der Hauptsache nach die Säure III (Arachidonsäure) vorlag. Eine ähnliche pentaenfreie Eikosatetraensäure, deren Konstitution jedoch nicht aufgeklärt wurde, ist vor kurzem von Herb u. a.[4] aus Nebennierenlipoiden gewonnen worden.

---

[1] E. Klenk u. W. Bongard, diese Z. **291**, 104 [1952].
[2] E. Klenk u. F. Lindlar, diese Z. **299**, 74 [1955].
[3] E. Klenk u. W. Bongard, diese Z. **290**, 181 [1952].
[4] S. F. Herb, R. W. Riemenschneider u. J. Donaldson, J. Amer. Oil Chemists' Soc. **28**, 55 [1951].

Die Triensäure ergab beim Abbau außer Glutarsäure (0,3 Mol) und Malonsäure (0,8 Mol) noch beträchtliche Mengen Korksäure (0,5 Mol). Bei der seiner Zeit[1] durchgeführten chromatographischen Analyse der Abbausäuren des ursprünglichen C_{20}-Polyensäuregemischs hat sich die hier aufgefundene Korksäure der Beobachtung entzogen. Offensichtlich war sie unter den Abbausäuren nur in so kleinen Mengen vorhanden, daß sie neben den großen Mengen der anderen Dicarbonsäuren nicht mehr einwandfrei erfaßt werden konnte. Auf Grund der früheren Befunde, wonach allen C_{20}- und C_{22}-Polyensäuren der Gehirnphosphatide Divinylmethanstruktur zukommt, handelt es sich bei der vorliegenden Triensäurefraktion um ein Gemisch der Säure II und der $\Delta^{8,11,14}$-Eikosatriensäure.

Die praktisch reine Diensäure konnte nur in geringen Mengen erhalten werden. Die Substanzmenge reichte zur Charakterisierung als C_{20}-Säure durch Überführung in die Arachinsäure (*n*-Eikosansäure) aus. Zum Ozonidabbau mußte jedoch eine unreinere Fraktion verwendet werden. Unter den Abbausäuren fanden sich außer Malonsäure, neben etwas Azelain- und Korksäure, nur C_{11}-Dicarbonsäure in nennenswerten Mengen. Es fehlten Glutar- und Bernsteinsäure. Dieses Abbauergebnis macht es sehr wahrscheinlich, daß der Eikosadiensäure, deren Vorkommen jetzt als bewiesen angesehen werden muß, die Struktur I zukommt.

Beschreibung der Versuche

Die Gegenstromverteilung

Als Ausgangsprodukt für unsere Versuche diente eine C_{20}-Polyensäurefraktion, die aus dem Gemisch der hochungesättigten Fettsäuren der Glycerinphosphatide des Gehirns durch Hochvakuumdestillation der Methylester in einer gut wirksamen Kolonne herausfraktioniert worden war. Es standen insgesamt 6 g Methylester dieser Fraktion zur Verfügung. Jodz. 243 (246). Durch Hydrierung und Verseifung einer kleinen Probe wurde daraus reine Arachinsäure erhalten. Schmp. 74,2—75°. Äquiv.-Gew. gef. 312,7 (313,2) ($C_{20}H_{40}O_2$ ber. 312,5). UV-Spektrum des isomerisierten Polyensäuregemischs (ca. 1 mg Methylester, 0,5 ccm 23-proz. KOH-Glykol, 8 Min. bei 180° erhitzt); siehe Abb. 1.

Die Trennung des Gemischs durch Gegenstromverteilung nach dem Verfahren von Craig wurde in der 200-stufigen, vollautomatischen Apparatur von F. A. v. Metzsch[5] (Volumen der oberen und der unteren Phase je 25 ccm) ausgeführt. Lösungsmittel wie früher[2]. 3 g der freien Säuren (a) löste man in 125 ccm oberer Phase, verteilte diese gleichmäßig auf 5 Elemente und ließ nun 357 obere Phasen über 193 untere Phasen hinweglaufen, wonach sich in den unteren Phasen (Fr. 1—193) keine Substanz mehr vorfand. Abb. 2 zeigt die wie früher[2] ermittelte Verteilungskurve. Um die Säurefraktionen gegeneinander abzugrenzen, wurden von einzelnen Fraktionen Proben entnommen, von der daraus erhaltenen Polyensäure nach Alkaliisomerisierung das UV-Spektrum aufgenommen und dem so erhaltenen Ergebnis entsprechend die Fraktionen, wie aus Tab. 1 ersichtlich, vereinigt. Tab. 1 gibt einen Überblick über die nach der Verteilung erhaltenen Säurefraktionen. UV-Spektrum der isomerisierten Säuren a_2, a_3 und a_4 siehe Abb. 11, 3 u. 4.

---

[5] F. A. v. Metzsch, Chemie-Ing.-Techn. **25**, 66 [1953].

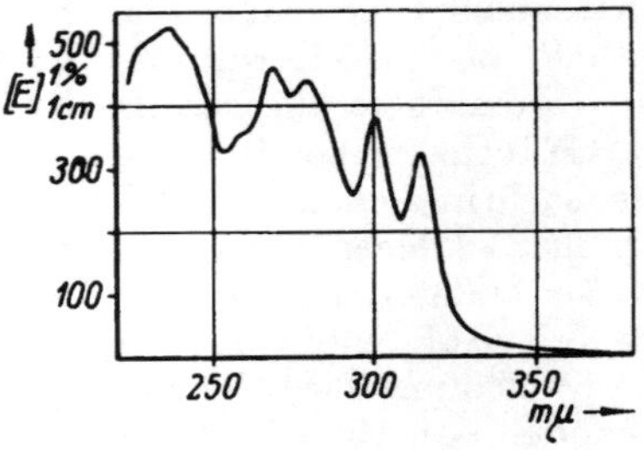

Abb. 1. UV-Spektrum des isomerisierten C_{20}-Polyensäuregemischs.

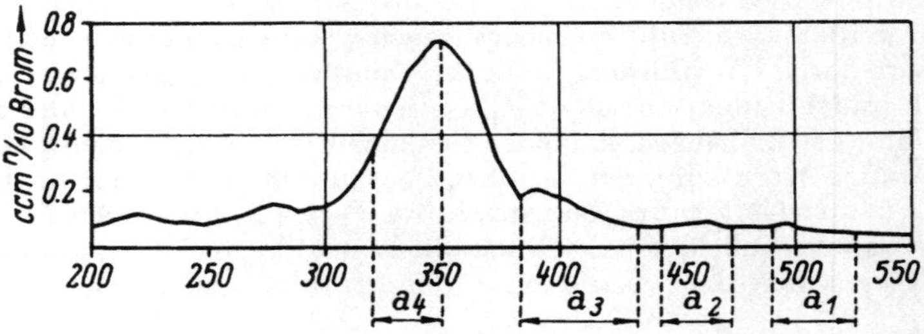

Abb. 2. Verteilungskurve des Gemisches der C_{20}-Polyensäuren (a).

Tab. 1. Überblick über die bei der Verteilung erhaltenen Säurefraktionen.

	vereinigte Fraktionen	Menge der Fettsäuren in g*	Zusammensetzung, auf Grund der UV-Spektren der isomerisierten Säuren geschätzt
	193—290	0,04	Tetraensäure, mit etwas C_{22}-Pentaen- und Hexaensäure verunreinigt
	297—320	0,25	Tetraensäure $\left([E]_{1\,cm}^{1\%}\right.$ bei 301 mμ : 642)
a_4	321—350	0,80	Tetraensäure $\left([E]_{1\,cm}^{1\%}\right.$ bei 301 mμ : 741)
	351—382	0,60	Tetraensäure $\left([E]_{1\,cm}^{1\%}\right.$ bei 301 mμ : 580)
a_3	383—434	0,30	Triensäure, mit ca. 15% Tetraensäure verunreinigt
a_2	443—474	0,20	Diensäure, mit Spur Triensäure verunreinigt
a_1	491—526	< 0,10	Monoensäure

* Zur Entfernung des den Fettsäuren in geringen Mengen beigemengten Hahnfetts wurden die einzelnen Fraktionen in methanol. Natronlauge gelöst, das Fett mit Petroläther ausgeschüttelt und die Fettsäuren aus den Seifen in der üblichen Weise zurückgewonnen.

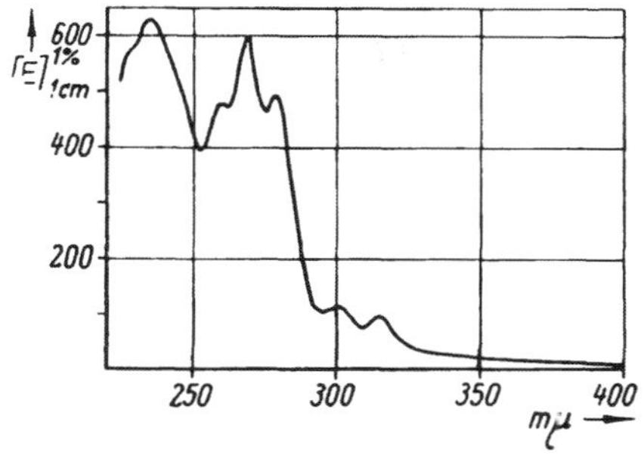

Abb. 3. UV-Spektrum der Fraktion a_3 nach der Alkaliisomerisierung.

Zur Gewinnung der tetraenfreien Triensäure wurde die Fraktion a_3 noch einmal verteilt und daraus die Säure a_{33} erhalten.

Die Tetraensäure

Zur näheren Untersuchung kam die Substanz a_4. Dünnflüssiges, klares, schwach gelb gefärbtes Öl. Jodz. gef. 305 (310) ($C_{20}H_{32}O_2$ ber. 333,5). Die zu niedrige Jodzahl dürfte im wesentlichen auf die zu niedrigen Einwagen und die leichte Autoxydation dieser Substanzen zurückzuführen sein (siehe darüber[2]). Die Hydrierung einer kleinen Probe führte zu Arachinsäure. Schmp. 74,8—75,2°. Äquiv.-Gew. gef. 312,0 (316,1). Mischprobe mit authent. Arachinsäure (Schmp. 74,5°) führte zu keiner Schmelzpunktsdepression. UV-Spektrum einer nicht isomerisierten und einer isomerisierten Probe der Tetraensäure siehe Abb. 4.

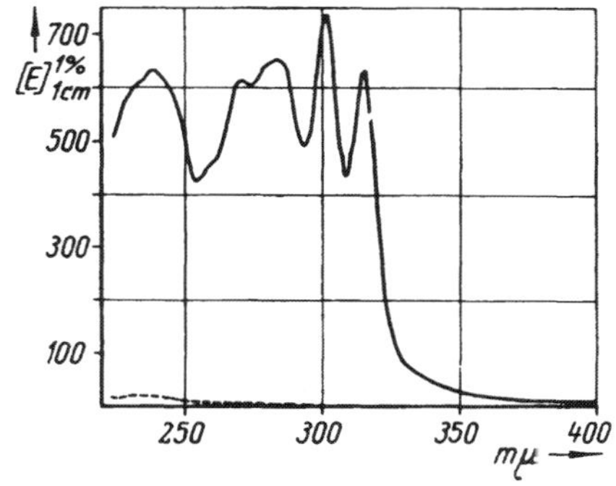

Abb. 4. UV-Spektrum der Tetraensäure (a_4). —·— isomerisierte Probe; ----- nicht isomerisierte Probe.

Ozonidspaltung.

1. Freie Säure: 107 mg Substanz nach Klenk und Bongard[3] ozonisiert und oxydativ gespalten. Lösung kurz aufgekocht, Lösungsmittel i. Vak. abgedampft, Rückstand zur Entfernung der Monocarbonsäuren mehrmals gut mit Petroläther ausgeschüttelt, die ungelöst bleibenden Dicarbonsäuren in 1-proz. Butanol-Chloroform gelöst und auf 10 ccm aufgefüllt. 1 ccm, entspr. 10,7 mg Säure, mit Säule D chromatographiert (Abb. 5).

Jede der säulenchromatographisch abgetrennten Dicarbonsäuren wurde ebenso wie früher[2] auch hier wieder nach Lugg und Overell papierchromatographisch identifiziert. Fr. 59—82 erwiesen sich dabei als reine Glutarsäure, Fr. 96—104 als Bernsteinsäure mit etwas Glutarsäure und Fr. 105—129 als reine Malonsäure.

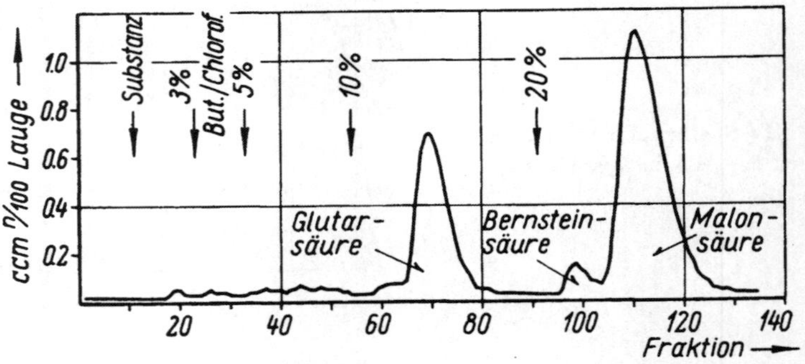

Abb. 5. Chromatogramm der Abbaudicarbonsäuren der freien Tetraensäure a_4. 10% (59—82): 4,94 ccm n/100-KOH, gef. 0,70 Mol Glutarsäure. 20% (96—104): 0,64 ccm n/100-KOH, gef. 0,09 Mol Bernsteinsäure und (105—129): 10,38 ccm n/100-KOH, gef. 1,48 Mol Malonsäure.

2. Methylester: 114 mg Ester wurden wie unter 1. behandelt, nur daß hier das Ausschütteln der Monocarbonsäuren mit Petroläther unterblieb. 1 ccm entspr. 11,4 mg Ester, mit Säule D chromatographiert.

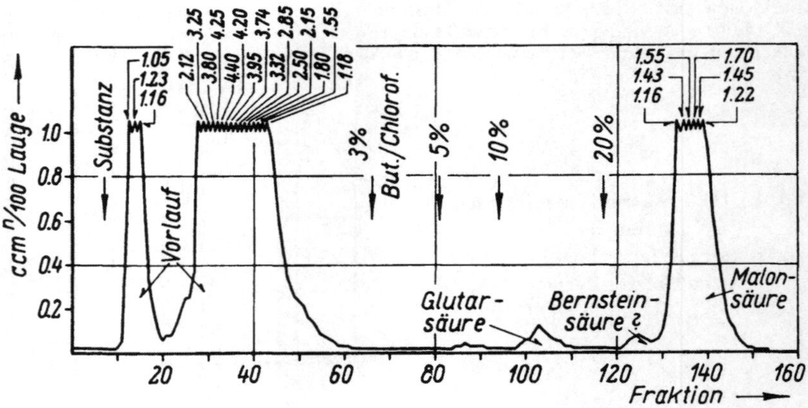

Abb. 6. Chromatogramm der Abbausäuren des Tetraensäure-methylesters von a_4. 1%(11—61): Vorlauf. — 10%(99—110): 0,52 ccm n/100-KOH, gef. 0,07 Mol Glutarsäure. — 20%(122—128): 0,25 ccm n/100-KOH, gef. 0,04 Mol Bernsteinsäure(?) und (129—148): 11,17 ccm n/100-KOH, gef. 1,56 Mol Malonsäure.

Papierchromatographisch war Fr. 99—110 reine Glutarsäure, Fr. 129—148 reine Malonsäure. Eine Identifizierung der kleinen Mengen der Fr. 122—128 war nicht möglich. Zum Nachweis des im Vorlauf vorhandenen Glutarsäure-monomethylesters wurde die aus Fr. 11—61 nach Abdampfen des Lösungsmittels gewonnene Substanz mit einem geringen Überschuß von wäßr. n/10-NaOH verseift und die mit einem Kationenaustauscher (Lewatit CNO) in Freiheit gesetzte Säure papierchromatographisch als Glutarsäure identifiziert.

Die Triensäurefraktion

161 mg (a_{33}) eines dünnflüssigen, klaren, fast farblosen Öls. Jodz. 224 (226) ($C_{20}H_{34}O_2$ ber. 248,5). Die Hydrierung einer Probe führte zu Arachinsäure. Schmp. 74—74,2°. Äquiv.-Gew. gef. 310,0 (310,9). Auch hier gab die Mischprobe mit authent. Arachinsäure keine Schmelzpunktsdepression. UV-Spektrum der alkaliisomerisierten Triensäure siehe Abb. 7.

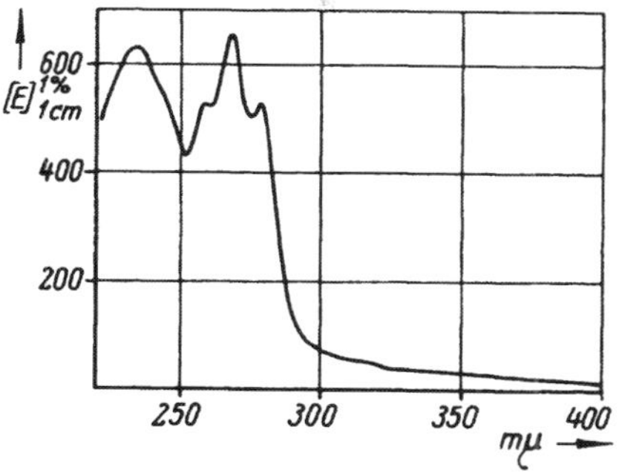

Abb. 7. UV-Spektrum der alkaliisomerisierten Triensäure a_{33}.

51 mg freie Säure wurden ozonisiert und wie oben unter 1. weiter behandelt. 2 ccm, entspr. 10,2 mg Säure, mit Säule D chromatographiert (Abb. 8).

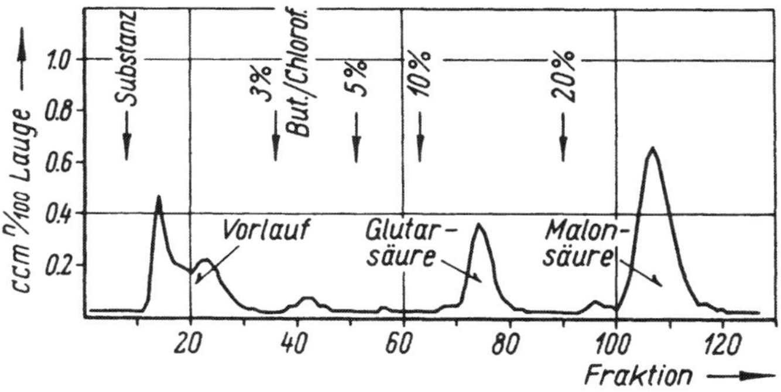

Abb. 8. Chromatogramm der Abbaudicarbonsäuren der freien Triensäure (a_{33}). 1% (12—32): 3,63 ccm n/100-KOH, gef. 0,54 Mol Dicarbonsäuren. — 10% (67—82): 2,01 ccm n/100-KOH, gef. 0,30 Mol Glutarsäure. — 20% (101—120): 5,35 ccm n/100-KOH, gef. 0,80 Mol Malonsäure.

Papierchromatographisch waren Fr. 67—82 reine Glutarsäure, Fr. 101—120 reine Malonsäure. Zur Identifizierung der im Vorlauf (Fr. 12—32) befindlichen höheren Dicarbonsäuren wurde wie folgt verfahren: die in 8 ccm Butanol-Chloroform gelösten, für die Chromatographie nicht verwendeten Dicarbonsäuren neutralisierte man mit methanol. Lauge und brachte die Lösung zur Trockne. Aus dem Rückstand wurden die Säuren mit Schwefelsäure in Freiheit gesetzt und mit Äther ausgeschüttelt. Nach Rückgewinnung der Substanz aus der äther. Lösung kristallisierte man sie aus wenig Wasser um und erhielt auf diese Weise einige mg einer rein weißen Dicarbonsäure. Schmp. 132,3—133,7°. Eine Mischprobe mit authent. Korksäure (Schmp. 140°) ergab keine Schmelzpunktsdepression. Papierchromatographisch verhielt sich die Substanz wie Korksäure. Höhere und niedrigere Homologe fehlten (siehe Abb. 9).

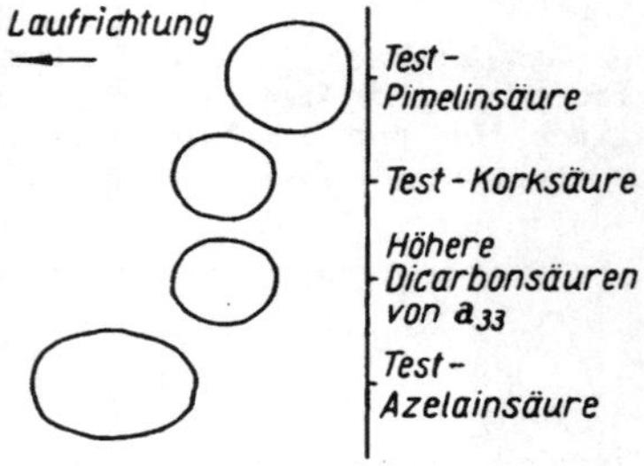

Abb. 9. Papierchromatogramm der Ammoniumsalze der höheren Abbaudicarbonsäuren aus der Triensäure (a_{33}) nach Klenk und Faillard[6]. Lösungsmittel: Butanol, mit demselben Vol. 3-*n*/wäßr. Ammoniak äquilibriert. Papier: Schleicher & Schüll 2043b. Laufzeit: 7 Tage absteigend (im Durchlauf). Färbung: Bromkresolpurpur in alkohol. Formalinlösung vom p_H 5,0.

Die Diensäure

180 mg a_2 eines dünnflüssigen, klaren, schwach gelblichen Öls. Jodz. 138 (139) ($C_{20}H_3O_2$ ber. 164,6). Die Hydrierung (Gesamtmenge) führte zu einer praktisch reinen Arachinsäure. Schmp. 71,3—71,7°. Mischprobe mit authent. Arachinsäure ergab keine Schmelzpunktsdepression. Äquiv.-Gew. 310,5. UV-Spektrum der isomerisierten Diensäure siehe Abb. 11.

Ein anderes, weniger reines Präparat (b_2) dieser Diensäure wurde aus dem Gemisch der schwach-ungesättigten Fettsäuren der Gehirnphosphatide durch fraktionierte Vakuumdestillation der Methylester und anschließender Gegenstromverteilung der herausdestillierten C_{20}-Säuren [Jodz. 122 (124). Hydrierte freie Säure: Schmp. 73,7—73,8°. Äquiv.-Gew. gef. 312,1 (311,1)] gewonnen, wobei außer der Diensäure (b_2) noch eine reine Eikosensäure (b_1) vom Schmp. 19,4—20° anfiel. Die letztere ist identisch mit der schon früher von dem einen von uns (E. K.[7]) aus den Gehirnphosphatiden isolierten C_{20}-Monoensäure. Verteilungskurve siehe Abb. 10.

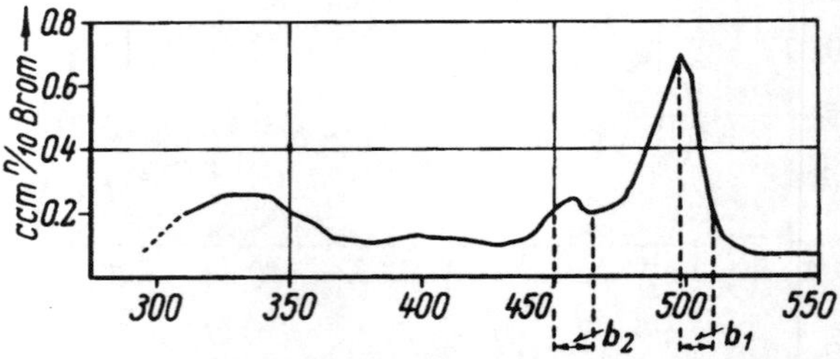

Abb. 10. Verteilungskurve des Gemischs der schwach ungesättigten Fettsäuren der Gehirnphosphatide.

Aus 4,6 g des Gemischs der C_{20}-Säuren (b) wurden 0,26 g der Diensäurefraktion (b_2) als dünnflüssiges, klares, schwach gelbliches Öl erhalten. Jodz. 131 (134). Die Hydrierung einer Probe führte zu einer nicht ganz reinen Arachinsäure. Schmp. 67,0—67,3°. Äquiv.-Gew. 304,5 (306). Die Mischprobe mit Stearinsäure ergab eine starke, die mit authent. Arachinsäure dagegen keine Schmelzpunktsdepression. UV-Spektrum der isomerisierten Diensäure siehe Abb. 11.

105 mg freier Säure (b_2) wurden ozonisiert und wie oben unter 1. weiter behandelt. 1 ccm, entspr. 10,5 mg Säure, mit Säule D chromatographiert (Abb. 12).

Die papierchromatographische Prüfung nach Klenk und Faillard (Methode siehe unter Triensäure) ergab, daß es sich bei Fr. 10—18 um C_{11}-Dicarbonsäure

[6] E. Klenk u. H. Faillard, diese Z. **292**, 268 [1953].
[7] E. Klenk, diese Z. **206**, 25 [1932].

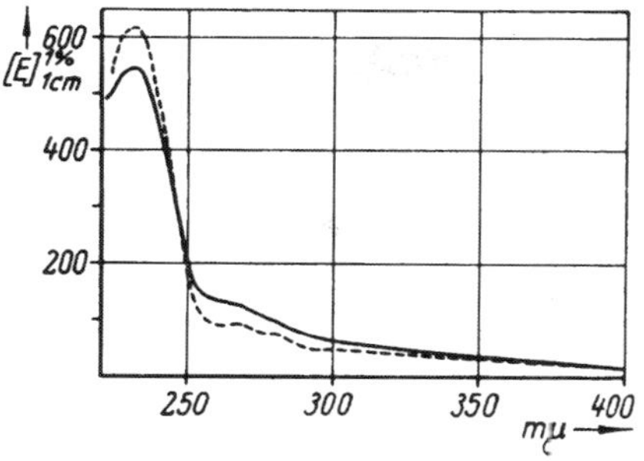

Abb. 11. UV-Spektrum der alkaliisomerisierten Eikosadiensäure. a_2 ------ und b_2 ———.

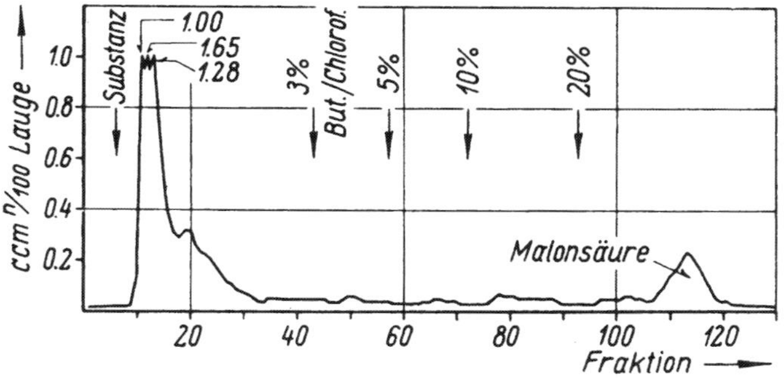

Abb. 12. Chromatogramm der Abbaudicarbonsäuren der freien Diensäure (b_2). 1% (10—18): 5,53 ccm n/100-KOH, gef. 0,81 Mol Dicarbonsäuren und (19—32): 1,61 ccm n/100-KOH, gef. 0,24 Mol Dicarbonsäuren. 20% (107—121): 1,33 ccm n/100-KOH, gef. 0,20 Mol Malonsäure.

neben wenig Korksäure und Spuren Azelainsäure, bei Fr. 19—32 um Korksäure mit Spuren höherer Dicarbonsäuren handelt. Bei der papierchromatographischen Identifizierung nach Lugg und Overell (siehe dazu[2]) erwies sich Fr. 107—121 als reine Malonsäure.

Der Versuch zur Isolierung der C_{11}-Dicarbonsäure aus dem für die Säulenchromatographie nicht verwendeten Teil der Butanol-Chloroform-Lösung (9 ccm) nach der Methode, die zur Isolierung der Korksäure (siehe oben) verwendet worden war, führte zu 60 mg einer noch etwas schmierigen Substanz, die nach Umkristallisation aus einer heißen wäßrig-alkohol. Lösung bei 93,5—94° schmolz. Eine Mischprobe mit einer authent. C_{11}-Dicarbonsäure (Schmp. 108,5°) zeigte keine Schmelzpunktsdepression. Papierchromatographisch verhielt sich die Substanz wie reine C_{11}-Dicarbonsäure (Abb. 13). Es kann mit großer Wahrscheinlichkeit angenom-

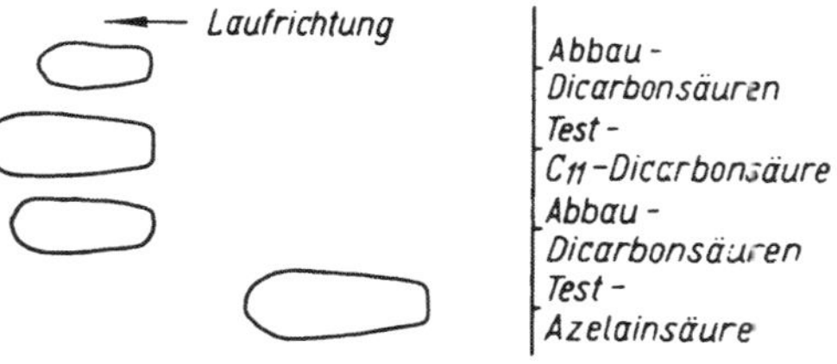

Abb. 13. Papierchromatogramm der Ammoniumsalze der höheren Abbaudicarbonsäuren (Schmp. 93,5—94°) aus dem Eikosadiensäurepräparat b_2 nach Klenk und Faillard. Lösungsmittel usw. wie Abb. 9.

men werden, daß die neben der C_{11}-Dicarbonsäure in kleinen Mengen vorkommende Korksäure aus Triensäurebeimengungen, die Azelainsäure dagegen aus der als Verunreinigung in der Diensäurefraktion vorhandenen C_{18}-Säure stammt.

Die aus dem Präparat b außer der Diensäure noch in größeren Mengen gewonnene Eikosensäure (b_1) lieferte beim Ozonidabbau ebenfalls C_{11}-Dicarbonsäure (Schmp. 105—106°, Äquiv.-Gew. 110 (113); $C_{11}H_{20}O_4$ ber. 108,1). Demnach handelt es sich hier um die Δ^{11}-Eikosensäure.

Die Untersuchung wurde durch Mittel der Deutschen Forschungsgemeinschaft und des Verbands der chemischen Industrie, Fonds der Chemie, unterstützt.

Zusammenfassung

Das Gemisch der C_{20}-Polyensäuren aus den Glycerinphosphatiden des Gehirns wurde durch Gegenstromverteilung in die Komponenten zerlegt und von den letzteren die Konstitutionsaufklärung durch Ozonidabbau durchgeführt. Es wurden erhalten: $\Delta^{5.8.11.14}$-Eikosatetraensäure (Arachidonsäure), ein Gemisch von $\Delta^{5.8.11}$- und $\Delta^{8.11.14}$-Eikosatriensäure sowie $\Delta^{11.14}$-Eikosadiensäure.

Summary

The mixture of C_{20}-polyene acids from the glycerophosphatides of the brain was separated into its components by counter-current distribution and the constitution of the components elucidated by means of ozonolysis. $\Delta^{5.8.11.14}$-Eicosatetraenoic acid (arachidonic acid), a mixture of $\Delta^{5.8.11}$- and $\Delta^{8.11.14}$-eicosatrienoic acid, and $\Delta^{11.14}$-eicosadienoic acid were obtained.

Über die Biogenese der C_{20}- und C_{22}-Polyenfettsäuren in der Säugetierleber

Von

E. Klenk

Aus dem Physiologisch-Chemischen Institut der Universität Köln

(Der Schriftleitung zugegangen am 23. September 1955)

Nach einer von Smedley-MacLean[1] aufgestellten Hypothese entsteht die Arachidonsäure ($\Delta^{5.8.11.14}$-Eikosatetraensäure) im Tierkörper aus Linolsäure durch Verlängerung der Kohlenstoffkette auf der Seite der Carboxylgruppe um 2 Kohlenstoffatome. Die Doppelbindungen in Stellung 11 und 14 der Arachidonsäure würden demnach den beiden Doppelbindungen der Linolsäure ($\Delta^{9.12}$-Octadecadiensäure) entsprechen. Durch die Auffindung von zahlreichen anderen C_{20}- und C_{22}-Polyensäuren, welche die Arachidonsäure stets in beträchtlichen Mengen begleiten und welche nach unseren Feststellungen[2] ausschließlich oder doch vorwiegend dem Linol- bzw. Linolensäuretyp* angehören, wurde diese Hypothese auf eine breitere experimentelle Grundlage gestellt. Sie läßt sich dahin erweitern, daß alle Polyensäuren dieser Art in entsprechender Weise wie oben die Arachidonsäure sowohl aus Linol- wie auch aus Linolensäure durch Verlängerung der C-Kette um 2 bzw. 4 weitere Glieder entstehen und daß die Einführung neuer Doppelbindungen im Divinylmethanrhythmus in Richtung auf die Carboxylgruppe zu erfolgt.

Da nach Bernhard und Schönheimer[3] die in den Organlipoiden vorkommende Linol- und Linolensäure ausschließlich exogenen Ursprungs sind, erschien die Möglichkeit gegeben, die Richtigkeit dieser Hypothese dadurch experimentell zu prüfen, daß man den Einbau von Acetat, das mit ^{14}C markiert war, in diese C_{20}- und C_{22}-Polyensäuren studierte und die Verteilung des isotopen Kohlenstoffs in der C-Kette

---

* D. h. Polyensäuren mit Divinylmethanstruktur, in welchen die ersten Doppelbindungen, von der endständigen Methylgruppe aus gerechnet, an derselben Stelle wie in Linol- und Linolensäure sich befinden (siehe dazu E. Klenk, Coll. intern. sur les problèmes biochimiques des lipides. Konink. Vlaamse Academie v. Wetenschappen, Letteren en Schone Kunsten van Belgie, Brüssel, S. 33 [1952].)

[1] L. C. A. Nunn u. I. Smedley-MacLean, Biochem. J. **32**, 2178 [1938]; D. E. Dolby, L. C. A. Nunn u. I. Smedley-MacLean, Biochem. J. **34**, 1422 [1940].

[2] a) E. Klenk u. W. Bongard, diese Z. **291**, 104 [1952]; b) E. Klenk u. F. Lindlar, diese Z. **299**, 74 [1955]; **301**, 156 [1955]; c) E. Klenk u. A. Dreike, diese Z. **300**, 113 [1955].

[3] K. Bernhard u. R. Schönheimer, J. biol. Chemistry **133**, 707 [1940].

feststellte. Mit einiger Wahrscheinlichkeit durfte angenommen werden, daß die Leber an einer derartigen Reaktion in erster Linie beteiligt ist, um so mehr als die C_{20}- und C_{22}-Polyensäuren in den Phosphatiden dieses Organs in sehr reichlichen Mengen anzutreffen sind.

Die Versuche wurden in der Weise ausgeführt, daß man das markierte Acetat ($CH_3 \cdot {}^{14}CO_2Na$) Ratten mit Schlundsonde verabreichte (Vers. 1—3) oder daß man Leberschnitte in einer Ringerlösung, welcher das markierte Acetat zugegeben war, bebrütete (Vers. 4). Nach Abbau des aus den Leberlipoiden gewonnenen Polyensäuregemischs durch Ozonidspaltung nach der Methode von Klenk und Bongard[4] wurden die niederen Abbaudicarbonsäuren chromatographisch herausfraktioniert. Schließlich bestimmte man in diesen den Gehalt an markiertem Kohlenstoff.

Da beim Abbau der C_{20}- und C_{22}-Polyensäuren des Linol- bzw. Linolensäuretyps die Glutarsäure von dem Carboxylende der C_{20}-Säuren ($\Delta^{5.8.11.14}$-Eikosatetraensäure, $\Delta^{5.8.11.14.17}$-Eikosapentaensäure), die Bernsteinsäure von dem Carboxylende der C_{22}-Säuren ($\Delta^{4.7.10.13.16}$-Dokosapentaensäure, $\Delta^{4.7.10.13.16.19}$-Dokosahexaensäure) stammt, müssen — unter der Voraussetzung, daß die Polyensäuren aus Linol- bzw. Linolensäure, der obigen Hypothese entsprechend, durch Einbau von Acetat entstehen — diese beiden Dicarbonsäuren den Kohlenstoff des eingebauten Acetats enthalten und deshalb radioaktiv sein. Im Gegensatz dazu darf die Malonsäure keine Aktivität besitzen, da in ihr ausschließlich die Kohlenstoffatome 4—18 (von der endständigen Methylgruppe aus gerechnet), also nur Kohlenstoffatome der für den Aufbau verwendeten exogenen Linol- bzw. Linolensäure enthalten sind. Das Ergebnis ist in der Tab. 1 zusammengestellt.

Tab. 1. Einbau von ^{14}C-Acetat in die C_{20}- und C_{22}-Polyensäuren der Leberlipoide. Radioaktivität der Abbaudicarbonsäuren.

	Menge der aufgearb. Leber in g	Polyensäuren der Leberlipoide		Glutarsäure		Bernsteinsäure		Malonsäure	
		mg	Jodz.	Ausb. in Mol/Mol Polyens.	Imp./Min./mg	Ausb. in Mol/Mol Polyens.	Imp./Min./mg	Ausb. in Mol/Mol Polyens.	Imp./Min./mg
1	8,4	102	—	(a) 0,25	609	0,18	350	1,21	14
				(b) 0,23	464	0,15	186	0,89	1
2	16,2	240	226	0,28	1290	0,12	618	0,73	50
3	21,8	284	240	0,21	2975	0,07	2390	1,07	60
4	7,2	100	226	0,24	971	0,15	633	0,71	49

In allen Ansätzen zeigte die Bernsteinsäure und die Glutarsäure starke Aktivität. Die Aktivität der Malonsäure war sehr viel geringer. Allerdings war sie nur in einem der Ansätze (Vers. 1b) praktisch gleich Null. Die beim Abbau auftretenden höheren Dicarbonsäuren, die bei der hier angewandten Methode meist nur als Gemische anfielen, besaßen

[4] E. Klenk u. W. Bongard, diese Z. **290**, 181 [1952].

immer eine besonders hohe Aktivität, obgleich erwartet werden sollte, daß wenigstens eine der Komponenten dieses Gemisches, die Azelainsäure, als Abbausäure von Linol- und Linolensäure radioinaktiv ist. In einem der Ansätze (Vers. 4), wo eine reine Pimelinsäure erhalten wurde, übertraf die Aktivität dieser Säure diejenige der Glutarsäure um nahezu das 5fache (4680 gegenüber 971 Imp./Min./mg). Die isolierte Pimelinsäure dürfte wohl im wesentlichen ein Spaltprodukt der $\Delta^{7.10.13.16.19}$-Dokosapentaensäure und der $\Delta^{7.10.13.16}$-Dokosatetraensäure sein, die erstere konnte vor kurzem[2c] in den Phosphatiden der Rinderleber, die letztere[2b] in den Gehirnphosphatiden nachgewiesen werden.

Die vorliegenden Untersuchungsergebnisse können gewiß als starke Stütze für die Richtigkeit der obigen Hypothese aufgefaßt werden. Es soll aber nicht übersehen werden, daß die Malonsäure eine zwar geringe, aber doch deutlich feststellbare Aktivität zeigte. Alle Versuche, eine völlig inaktive Substanz zu gewinnen, sind mißlungen (mit Ausnahme von Versuch 1b). Die geringe Aktivität der Malonsäure könnte darauf zurückzuführen sein, daß Auf- und Abbau nebeneinander herlaufen und daß der Abbau zu einem kleinen Betrag über die C_{18}-Stufe hinausführt, so daß beim nachfolgenden Wiederaufbau auch die C-Atome 18, 16 usw., von der endständigen Methylgruppe aus gezählt, radioaktiv werden könnten. Andererseits muß auch meines Erachtens mit der Möglichkeit gerechnet werden, daß eine oder die andere der im Gemisch in kleineren Mengen vorhandenen Polyensäuren, ebenso wie die gesättigten und einfach ungesättigten Fettsäuren, vollständig aus Acetat aufgebaut wird. Jedenfalls ist es nach den ausgeführten Versuchen weniger wahrscheinlich, daß die geringe Aktivität der Malonsäure einfach nur von einer spurenweise vorhandenen radioaktiven Verunreinigung herrührt.

Nach Widmer und Holman[5] synthetisiert die Ratte Arachidonsäure aus Linolsäure (jedoch nicht aus Linolensäure), außerdem Hexaensäure aus Linolensäure (jedoch nicht aus Linolsäure). Reiser[6] fand, daß die Verabreichung von Linolsäure an legende Hühner, die mit einer fettfreien Grundnahrung gefüttert wurden, zu einer Vermehrung der Dien- und Pentaensäuren sowie möglicherweise der Tetraensäuren, daß aber die Verabreichung von Linolensäure zu einer Anreicherung aller Polyensäuren von 2—6 Doppelbindungen im Neutralfett und den Phosphatiden der Eier führt.

Diese Befunde stehen in befriedigender Übereinstimmung mit der Auffassung, nach welcher aus Linolsäure C_{20}- und C_{22}-Polyensäuren vom Linolsäuretyp und aus Linolensäure solche vom Linolensäuretyp gebildet werden. In den Organphosphatiden fanden wir[2] außer Arachidonsäure und anderen Tetraensäuren in der Tat auch eine Pentaensäure vom Linolsäuretyp ($\Delta^{4.7.10.13.16}$-Dokosapentaensäure), dagegen keine Hexaensäure dieses Typs. Andererseits ist die einzige in den Phospha-

[5] C. Widmer jr. u. R. T. Holman, Arch. Biochemistry **25**, 1 [1950].
[6] R. Reiser, J. Nutrition **40**, 429 [1950]; **44**, 159 [1951].

tiden angetroffene Hexaensäure eine Säure vom Linolensäuretyp ($\Delta^{4.7.10.13.16.19}$-Dokosahexaensäure), die demnach nur aus Linolensäure und nicht aus Linolsäure gebildet werden dürfte.

Über das Ergebnis von einigen der in dieser Untersuchungsreihe ausgeführten Versuche habe ich[7] schon vor einiger Zeit kurz berichtet. Gleichzeitig damit erschien auch eine Arbeit von Mead u. a.[8] mit ähnlicher Problemstellung, in welcher allerdings noch von der Annahme ausgegangen wurde, daß die Arachidonsäure die einzige derartige Polyensäure ist. Die in dieser letzten Arbeit mit ganz anderer Methodik erzielten Befunde stimmen, soweit es sich um die Bildung der Arachidonsäure handelt, in den wesentlichsten Punkten mit den vorliegenden Feststellungen überein.

Bechreibung der Versuche

Für die Versuche wurden nahezu ausgewachsene Ratten verwendet. Sie waren 3—4 Monate lang mit Brot, Hafer und Möhren ernährt worden. In den Versuchen 1—3 wurde das markierte Acetat ($CH_3 \cdot {}^{14}CO_2Na$) in einer verdünnten wäßr. Lösung durch Schlundsonde verabreicht, und zwar bei Versuchen 1 und 2 die Gesamtmenge in einer einzigen Portion (0,5 ccm), bei Versuch 3 dagegen jedem Tier in 3 gleich großen Portionen (je 0,5 ccm) innerhalb von 24 Stdn. in Abständen von 6 bzw. 18 Stdn. Die Tiere tötete man bei Versuch 1 und 2 nach 2 Stdn., bei Versuch 3 6 Stdn. nach Verabreichung der letzten Portion durch Ausbluten. Die möglichst rasch herauspräparierten und gut zerkleinerten Lebern wurden bis zur weiteren Verarbeitung unter Aceton in einer gut verschlossenen, mit Kohlendioxyd gefüllten Flasche aufbewahrt.

Bei Versuch 4 wurden frische Leberschnitte mit etwa dem 10fachen Volumen Ringerlösung[9], welche das radioaktive Acetat enthielt, 6 Stdn. bei 37° geschüttelt. Das durch Zentrifugieren abgetrennte und gut zerkleinerte Lebergewebe bewahrte man wieder wie oben bis zur weiteren Verarbeitung unter Aceton, in einer mit Kohlendioxyd gefüllten Flasche auf.

Die Gewinnung der Fettsäuren

Nach der Entwässerung mit Aceton wurde das Material in einem kleinen Soxhletapparat mit Aceton extrahiert und anschließend wiederholt mit Chloroform-Methanol (1:3 Vol.-Tle.) ausgekocht. Die Extrakte brachte man im Vak. zur Trockne, nahm die vereinigten Rückstände in Äther auf, zentrifugierte die unlöslichen Anteile ab und spaltete die nach Abdampfen des Äthers verbleibenden Lipoide mit dem 15fachen Volumen 5-proz. methanolischer Salzsäure durch 3stdg. Kochen unter Rückfluß. Die durch Ausschütteln mit Petroläther gewonnenen Fettsäuremethylester wurden mit $n/2$-methanol. Natronlauge verseift und nach Abtrennung des Unverseifbaren die daraus gewonnenen freien Säuren durch Tiefkühlkristallisation in die zwei Fraktionen der gesättigten + schwachungesättigten Fettsäuren einerseits und die der hochungesättigten Fettsäuren andererseits getrennt, wobei man die erste Fraktion bei —70° aus einer etwa 10-proz. Acetonlösung ausfror und zum Absaugen der Lösung von dem Niederschlag ein kleines Filterstäbchen (umgekehrte Filtration) benützte. Die Fraktion der hochungesättigten Fettsäuren gewann man aus dem Filtrat durch Abdampfen des Acetons im Vakuum. Die Ergebnisse sind in Tab. 2 zusammengestellt. Abb. 1 zeigt die Ultraviolettspektren der mit Alkali isomerisierten hochungesättigten Fettsäuren.

---

[7] E. Klenk, Naturwissenschaften **41**, 68 [1954].

[8] J. F. Mead, G. Steinberg u. D. H. Howton, J. biol. Chemistry **205**, 683 [1953].

[9] Nach H. A. Krebs u. K. Henseleit, diese Z. **210**, 33 [1932].

Tab. 2. **Ausbeuten bei der Aufarbeitung der Lebern.**

	1.	2.	3.	4.
Zahl der Ratten	1	2	3	1**
Menge des eingesetzten $CH_3 \cdot {}^{14}CO_2Na$*	0,13mC	0,18mC	0,60mC	0,09mC
Frischleber, Menge	8,4 g	16,2 g	21,8 g	7,2 g
Methylester, Menge	300 mg	590 mg	810 mg	200 mg
Unverseifbares, Menge	30 mg	40 mg	140 mg	20 mg
Gesättigte + schwachungesättigte Fettsäuren, Menge	150 mg	300 mg	230 mg	90 mg
Hochungesättigte Fettsäuren, Menge	102 mg	240 mg	284 mg	100 mg
Hochungesättigte Fettsäuren, Jodzahl	—	226	240	225

* 1 mC = 78 mg Acetat. ** Leberschnitte.

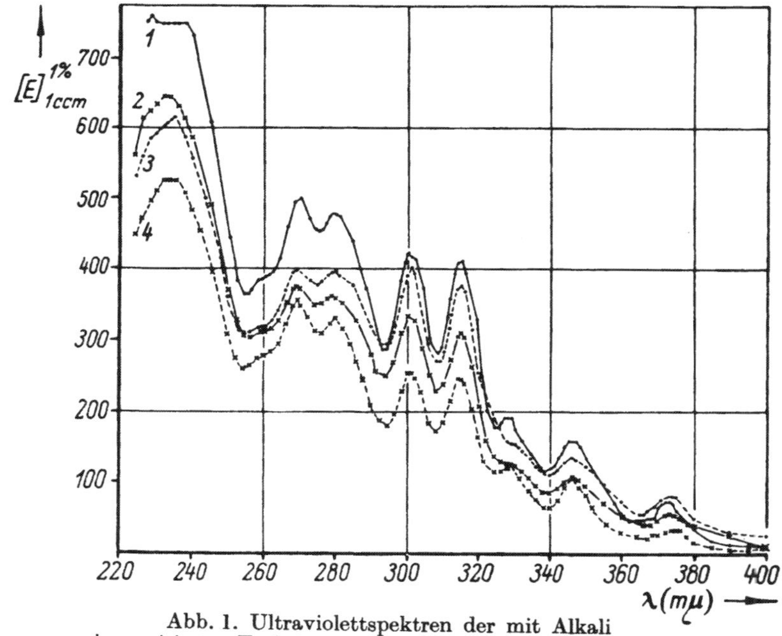

Abb. 1. Ultraviolettspektren der mit Alkali isomerisierten Fraktionen der hochungesättigten Fettsäuren. Etwa 1 mg Fettsäuren, 0,5 ccm 23-proz. KOH-Glykol, 8 Min. bei 180° erhitzt, mit Methanol auf 100 ccm verdünnt.

Die Radioaktivität der Fettsäuren

Die Radioaktivität der Fettsäuren wurde nur im Versuch 3 festgestellt. Durch weitere Zerlegung der bei —70° ausgefrorenen Fraktionen (gesättigte + schwachungesättigte Fettsäuren) durch Tiefkühlkristallisation bei —20° erhielt man noch die Fraktion der gesättigten Fettsäuren und aus dem Filtrat die der schwach ungesättigten Fettsäuren (134 bzw. 99 mg; Jodz. 22,5 bzw. 96). Messung der Aktivität mit Hilfe von runden Kupferplättchen, auf welche jeweils 0,3 mg Fettsäure in Form eines dünnen Films aufgetragen waren. Den Film erzeugte man durch Auftropfen der in Chloroform gelösten Substanz und Zusatz von 1—2 Tropfen Äthanol auf das Plättchen und Abdunsten des Lösungsmittels an der Luft. Zur Messung diente ein fensterloses Zählrohr (windowless-flowcounter) der Firma Tracerlab, Boston.

Es wurden folgende Werte gefunden:

Fraktion der gesättigten Fettsäuren	19100 (21600)	Imp./Min./mg
Fraktion der schwach ungesättigten Fettsäuren . .	9700 (9000)	,,
Fraktion der hochungesättigten Fettsäuren. . . .	5060 (5940)	,,

Die Ozonidspaltung der hochungesättigten Fettsäuren

Zur Anwendung kam das Verfahren von Klenk und Bongard[4], wobei man 50—100 mg freie Säuren in 3—5 ccm Eisessig und 1—1,5 ccm Methylacetat so lange

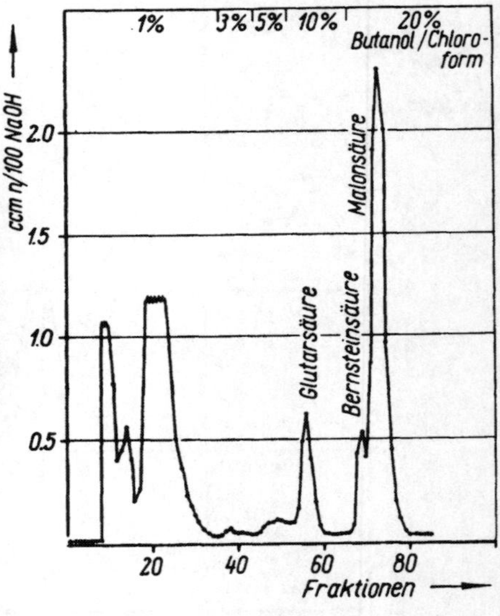

Abb. 2. Chromatogramm der Abbausäuren (a) von Vers. 1 (entspr. 10,0 mg Polyensäuren): 1% (1—32 Vorlauf; 10% (54—60): 1,60 ccm n/100-NaOH, gef. 0,25 Mol Glutarsäure; 20% (67—70): 1,19 ccm n/100-NaOH, gef. 0,18 Mol Bernsteinsäure; (71—78): 7,97 ccm n/100-NaOH, gef. 1,21 Mol Malonsäure.

bei —5° ozonisierte bis die Lösung kein Brom mehr entfärbte (Durchleiten von überschüssigem Ozon ist zu vermeiden). Nach der oxydativen Spaltung des Ozonids mit Wasserstoffperoxyd wurde die Lösung kurz aufgekocht und im Vak. zur Trockne gebracht. Bei Versuch 1a, 2 und 3 wurde der Rückstand in 1% Butanol enthaltendem Chloroform gelöst, auf 10 ccm aufgefüllt und 1 bzw. 2 ccm davon mit Säule D chromatographiert (Abb. 2, 4 u. 5).

Bei Versuch 1b und 4 wurde dagegen der Rückstand zur Entfernung der Monocarbonsäuren nochmals gut mit Petroläther ausgeschüttelt und der Petroläther wieder zur Entfernung kleiner Mengen Dicarbonsäuren mit wenig Wasser ausgewaschen. Die aus der wäßrigen Lösung durch Gefriertrocknung zurückgewonnenen Dicarbonsäuren wurden mit dem petrolätherunlöslichen Anteil (Hauptmenge der Dicarbonsäuren) vereinigt, in 1% Butanol enthaltendem Chloroform gelöst und auf 10 ccm aufgefüllt. 1 bzw. 2 ccm davon chromatographierte man mit Säure D (Abb. 3 u. 6).

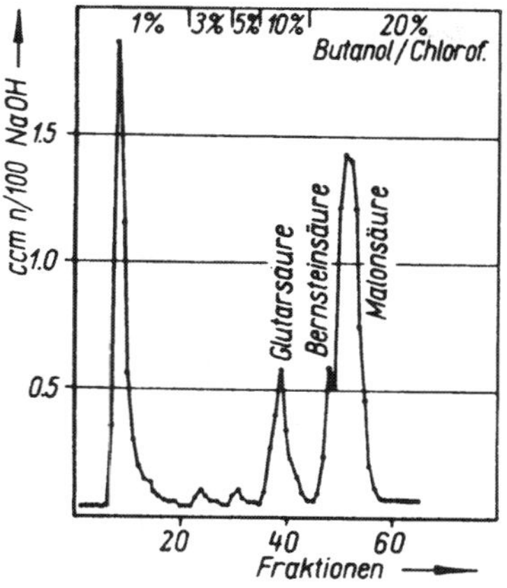

Abb. 3. Chromatogramm der Abbaudiacarbonsäuren (b) von Vers. 1 (entspr. 10,0 mg Polyensäuren): 1% (1—22): 4,23 ccm $n/100$-NaOH, gef. 0,65 Mol höhere Di-Säuren; 10% (36—43): 1,53 ccm $n/100$-NaOH, gef. 0,23 Mol Glutarsäure; 20% (46—49): 1,09 ccm $n/100$-NaOH, gef. 0,15 Mol Bernsteinsäure; (50—57): 5,84 ccm $n/100$-NaOH, gef. 0,89 Mol Malonsäure.

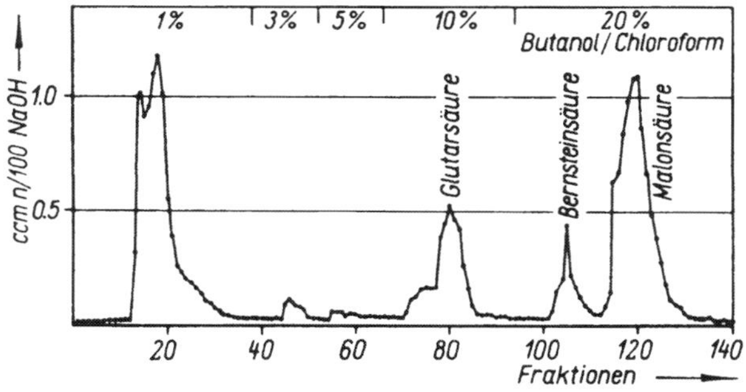

Abb. 4. Chromatogramm der Abbausäuren von Vers. 2 (entspr. 17,26 mg Polyensäuren): 1% (1—32): Vorlauf; 10% (71—85): 3,19 ccm $n/100$-NaOH, gef. 0,28 Mol Glutarsäure; 20% (102—112): 1,37 ccm $n/100$-NaOH, gef. 0,12 Mol Bernsteinsäure; (113—130): 8,26 ccm $n/100$-NaOH, gef. 0,73 Mol Malonsäure.

Die Radioaktivität der Abbaudicarbonsäuren von den hochungesättigten Fettsäuren

Im Anschluß an die chromatographische Trennung wurde die Radioaktivität der einzelnen Dicarbonsäuren in der Weise gemessen, daß man nach der Titration diejenigen Fraktionen, in welchen die betreffende Säure enthalten war, vereinigte, das Lösungsmittel im Vak. abdampfte und den scharf getrockneten Rückstand in soviel ccm 50-proz. wäßr. Äthanol löste, daß 0,1 ccm dieser Lösung 0,3 mg der betreffenden Säure enthielten. 0,1 ccm wurden mit Hilfe einer Kapillarpipette auf das Kupferplättchen gebracht. Nach dem Auftrocknen führte man die Messung aus. Die gefundenen Werte zeigt Tab. 3.

Jede der abgetrennten Dicarbonsäuren wurde außerdem noch papierchromatographisch identifiziert und auf Reinheit geprüft. Zu diesem Zweck brachte man den für die Aktivitätsbestimmung nicht benützten Teil der Lösung wieder zur Trockne, löste den Rückstand in wenig Wasser, setzte die Säure durch Zugabe eines geringen Überschusses von $n/10$ H_2SO_4 in Freiheit, brachte im Fall der

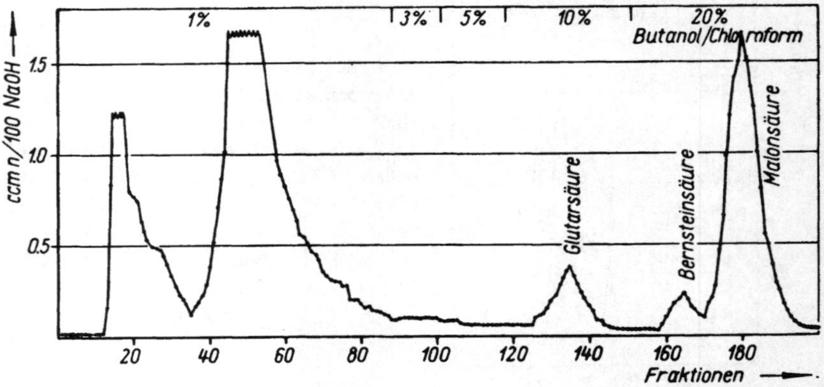

Abb. 5. Chromatogramm der Abbausäuren von Vers. 3 (entspr. 21,6 mg Polyensäuren): 1% (1—85): Vorlauf; 10% (126—143): 2,94 ccm *n*/100-NaOH, gef. 0,21 Mol Glutarsäure; 20% (159—170): 1,37 ccm *n*/100-NaOH, gef. 0,07 Mol Bernsteinsäure; (171—194): 15,10 ccm *n*/100-NaOH, gef. 1,07 Mol Malonsäure.

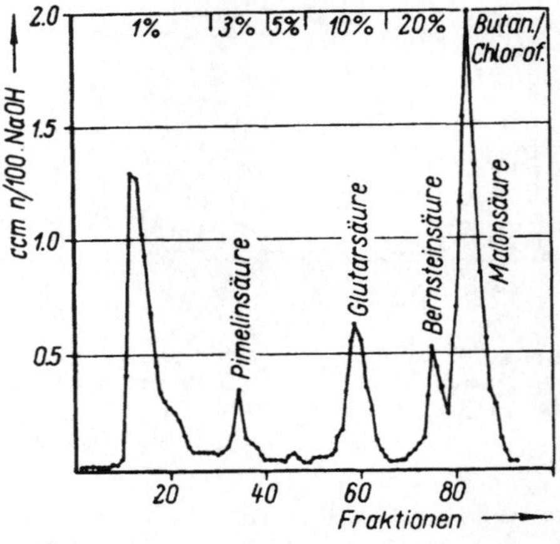

Abb. 6. Chromatogramm der Abbaudicarbonsäuren von Vers. 4 (entspr. 19,2 mg Polyensäuren): 1% (11—24): 6,45 ccm *n*/100-NaOH, gef. 0,51 Mol höhere Di-Säuren; 3% (32—39): 0,64 ccm *n*/100-NaOH, gef. 0,05 Mol Pimelinsäure; 10% (53—64): 2,96 ccm *n*/100-NaOH, gef. 0,24 Mol Glutarsäure; 20% (70—78): 1,88 ccm *n*/100-NaOH, gef. 0,15 Mol Bernsteinsäure; (79—90): 8,85 ccm *n*/100-NaOH, gef. 0,71 Mol Malonsäure.

Malon-, Bernstein- und Glutarsäure diese direkt auf das Papier und zwar soviel, daß der Fleck 50—100 γ Dicarbonsäure enthielt. Entwicklung des Chromatogramms und Anfärbung nach Lugg und Overell[10]. Im Fall der höheren Dicarbonsäuren gewann man die wie oben in Freiheit gesetzten Säuren durch Ausschütteln

[10] J. W. H. Lugg u. B. T. Overell, Nature [London] **160**, 87 [1947].

mit Äther und brachte die wäßrige Lösung der Ammoniumsalze auf das Papier. Entwicklung des Chromatogramms und Anfärbung nach Klenk und Faillard[11]. In jedem einzelnen Fall ließ man im Chromatogramm zum Vergleich die entsprechenden Testsubstanzen mitlaufen.

Tab. 3. Radioaktivität und Reinheit der Abbaudicarbonsäuren.

	Höhere Dicarbonsäuren		Pimelinsäure		Glutarsäure		Bernsteinsäure		Malonsäure	
	Imp./Min./mg	Papierchrom. Prüfung†	Imp./Min./mg	Papierchrom. Prüfung†	Imp./Min./mg	Papierchrom. Prüfung†	Imp./Min./mg	Papierchrom. Prüfung†	Imp./Min./mg	Papierchrom. Prüfung†
1a*					609	C_5	350	$C_4 (C_3)$	14	C_3
b*	554	C_{11}, C_9, C_7			464	C_5	186	C_4	1	$C_3 (C_4)$
2.					1290	C_5	618	C_4	50††	C_3
3.					2975	C_5	2390	C_4	60††	C_3
4.	3680	C_{11}, C_9, C_7	4680	C_7	971	C_5	633	$C_4 (C_3)$	103†††	$C_3 (C_4)$

* Für diese Messungen wurde ein weniger empfindliches Geigersches Zählrohr benützt. — † In dieser Rubrik sind sämtliche Dicarbonsäuren aufgeführt, deren Anwesenheit papierchromatographisch festzustellen war. Die in Klammern gesetzten Zeichen bedeuten, daß die betreffende Dicarbonsäure nur spurenweise vorhanden war. — †† Hier wurden die ersten Fraktionen des aufsteigenden Astes der Kurve weggelassen, da diese nicht selten noch Spuren Bernsteinsäure beigemengt enthielten. In der Tat ergab die Messung dieser Fraktionen auch eine etwas höhere Radioaktivität, und zwar in Versuch 2 89 Imp/Min/mg und in Versuch 3 99 Imp./Min./mg. — ††† Mittelwert von 5 Ansätzen.

Da in Versuch 4 der abgetrennten Malonsäure auf Grund der papierchromatographischen Prüfung noch kleine Mengen Bernsteinsäure beigemengt waren, wurde hier aus der Gesamtmenge der Abbaudicarbonsäuren die Malonsäure (21,78 mg) säulenchromatographisch herausfraktioniert. Die aus dem Alkalisalz durch Kationenaustauscher (Lewatit CNO) in Freiheit gesetzte und durch Gefriertrocknung der wäßrigen Lösung gewonnene Säure wurde anschließend noch einmal mit der Säule D chromatographiert. Unter Weglassung der ersten Fraktionen des aufsteigenden Astes der Kurve, welchen noch etwas Bernsteinsäure beigemengt waren, wurde eine papierchromatographisch einheitliche Malonsäure erhalten. Radioaktivität der in 2 Parallelversuchen erhaltenen Präparate: 45 bzw. 53 Imp./Min./mg.

Frl. E. Schumann danke ich für die geschickte Hilfe. Ebenso danke ich Herrn Kollegen Maurer, Isotopenlaboratorium der Medizinischen Klinik der Universität Köln, für die freundliche Beratung bei der Ausführung der ersten Messungen mit dem Geigerzählrohr.

Die Untersuchung wurde durch Mittel der Deutschen Forschungsgemeinschaft und der Freunde und Förderer der Universität Köln unterstützt.

Zusammenfassung

In Versuchen mit Ratten und Rattenleberschnitten wurde der Einbau von ^{14}C nach Verabreichung von markiertem Acetat ($CH_3 \cdot ^{14}CO_2Na$) in die C_{20}- und C_{22}-Polyensäuren der Leberlipoide untersucht.

[11] E. Klenk u. H. Faillard, diese Z. **292**, 268 [1953].

Unter den Abbaudicarbonsäuren des Polyensäuregemischs fand sich der ^{14}C des Acetats vorwiegend in Bernsteinsäure und Glutarsäure sowie in einem Teil der höheren Dicarbonsäuren. Die Malonsäure enthielt im Gegensatz dazu nur sehr kleine Mengen ^{14}C.

Die Versuchsergebnisse stehen in Übereinstimmung mit der Auffassung, daß in der Rattenleber die C_{20}- und C_{22}-Polyensäuren im wesentlichen aus Linol- und Linolensäure durch Anlagerung von Acetat auf der Seite der Carboxylgruppe unter Verlängerung der Kohlenstoffkette um 2 bzw. 4 C-Atome und Einführung neuer Doppelbindungen im Divinylmethanrhythmus entstehen.

Summary

The uptake of ^{14}C in the C_{20}- and C_{22}-polyene acids of the liver lipids after administration of labelled acetate ($CH_3 \cdot {}^{14}CO_2Na$) has been investigated in experiments with rats and rat liver slices.

The ^{14}C of the acetate was mainly found in succinic and glutaric acid among the dicarboxylic acids formed by degradation of the polyene acid mixture. ^{14}C was also found in a part of the higher dicarboxylic acids while the malonic acid contained only very small amounts.

The experimental results are in accordance with the view that the C_{20}- and C_{22}-polyene acids in rat liver are formed essentially from linoleic and linolenic acid. Acetate is added at the carboxyl end and the carbon chain extended by 2 and 4 carbon atoms respectively, with introduction of new double bonds in the divinylmethane pattern.

Über das Vorkommen der $\Delta^{5.8.11.14.17}$-n-Eikosapentaensäure im Dorschlebertran und deren Isolierung

Von

E. Klenk und **D. Eberhagen**

Aus dem Physiologisch-Chemischen Institut der Universität Köln

(Der Schriftleitung zugegangen am 29. Oktober 1956)

Wie schon vor einiger Zeit Klenk und Bongard[1] feststellten, finden sich in den Fischleberölen, ebenso wie in den Phosphatiden von Säugetierorganen nur Polyensäuren mit Divinylmethangruppierungen, $-CH:CH \cdot CH_2 \cdot CH:CH-$. Es ergaben sich keine Anhaltspunkte für das Vorhandensein von Polyensäuren mit Divinyläthangruppierungen, $-CH:CH \cdot CH_2 \cdot CH_2 \cdot CH:CH-$. Bei den ersten orientierenden Versuchen[2] zur Charakterisierung dieser Polyensäuren konnte unter ihnen auch bereits das Vorkommen der $\Delta^{5.8.11.14.17}$-n-Eikosapentaensäure nachgewiesen werden.

Als wir nun in Fortführung dieser Untersuchungen die aus dem Polyensäuregemisch des Dorschlebertrans durch Vakuumdestillation der Ester herausfraktionierten C_{20}-Polyensäuren durch Gegenstromverteilung in die Komponenten zerlegten, erhielten wir als Hauptbestandteil (76% der eingesetzten C_{20}-Polyensäuren) eine Pentaensäure. In kleineren Mengen wurden auch Dien-, Trien- und Tetraensäuren nachgewiesen. Jedoch haben wir nur die in reichlichen Mengen anfallende Pentaensäure eingehender untersucht.

Der oxydative Ozonidabbau und die chromatographische Analyse des Gemischs der Abbaudicarbonsäuren nach Klenk und Bongard[3] führte zu dem in der Tab. 1 zusammengestellten Ergebnis.

Tab. 1. Abbaudicarbonsäuren der Eikosapentaensäure und ihres Methylesters. Menge der Abbaudicarbonsäuren in Mol pro Mol Polyensäure.

	Malonsäure (C_3)		Bernsteinsäure (C_4)		Glutarsäure (C_5)		Vorlauf
	Menge	papierchrom. Prüfung*	Menge	papierchrom. Prüfung*	Menge	papierchrom. Prüfung*	Menge
Methylester	1,75	C_3	0,03	C_4	0,08	C_5	0,73**
Freie Säure	2,84	C_3	0,07	C_4	0,82	C_5	0,11**

* hier sind sämtliche Dicarbonsäuren aufgeführt, deren Anwesenheit papierchromatographisch festzustellen war. ** nicht identifiziert.

[1] E. Klenk u. W. Bongard, diese Z. **292**, 51 [1953].

[2] E. Klenk u. W. Bongard, International Conference on Biochem. Problems of Lipids, Koninklijke Vlaamse Academie voor Wettenschappen, Letteren en Schone Kunsten van Belgie, Brüssel, S. 33 [1953].

[3] E. Klenk u. W. Bongard, diese Z. **290**, 181 [1952].

Aus diesen Befunden ergibt sich, daß die beim Abbau der freien Pentaensäure auftretende Glutarsäure vom Carboxylende stammt. Die beim Abbau des Methylesters nachgewiesene kleine Menge Glutarsäure (10% der aus der freien Polyensäure erhaltenen Menge) ist ohne Zweifel bei der Ozonidspaltung durch geringfügige Verseifung des hier als Spaltstück zu erwartenden Glutarsäuremonomethylesters entstanden. Die unter den Abbaudicarbonsäuren der freien Pentaensäure im Vorlauf auftretenden höheren Dicarbonsäuren (0,11 Mol) konnten nicht identifiziert werden. Ihr Vorhandensein weist auf gewisse Verunreinigungen mit weniger stark ungesättigten Polyensäuren hin, die dem Pentaensäurepräparat in Mengen von etwa 10% noch beigemengt sein dürften.

Als die vorliegende Untersuchung bereits abgeschlossen war, berichteten Whitcutt und Sutton[4] ebenfalls über die Isolierung einer Eikosapentaensäure aus südafrikanischem Sardinenöl, welcher dieselbe Konstitution zugesprochen wird wie unserer Verbindung. Ein Vergleich der UV-Spektren nach der Alkaliisomerisierung ergibt jedoch keine Übereinstimmung. Die für eine Pentaensäure charakteristische spezifische Extinktion bei 346 mμ ist bei unserer Verbindung 5—6mal größer als bei der von Whitcutt und Sutton. Unter Berücksichtigung des Einflusses von Erhitzungsdauer und Alkalikonzentration stimmt das UV-Spektrum unserer Verbindung jedoch überein mit dem der Eikosapentaensäure von Herb, Witnauer und Riemenschneider[5], deren Konstitution allerdings nicht ermittelt wurde, welche aber mit der von Klenk und Montag[6] aus Rinderleberphosphatiden isolierten Eikosapentaensäure von derselben Konstitution wie im vorliegenden Fall identisch sein dürfte.

Beschreibung der Versuche

Die Gewinnung des C_{20}-Polyensäuregemischs

Der als Ausgangsmaterial verwendete officinale Dorschlebertran hatte die Jodzahl 152—158[7]. Das durch Verseifen mit n/1-alkohol. NaOH gewonnene Fettsäuregemisch (1229 g) wurde durch Tiefkühlkristallisation bei —20° und —70° in die Fraktionen der gesättigten (207 g. Jodz. 17), der schwach ungesättigten (555 g, Jodz. 103) und der hochungesättigten Fettsäuren (420 g, Jodz. 257) aufgeteilt. Anschließend führte man die Fraktion der hochungesättigten Fettsäuren in die Methylester über und gewann dann die C_{20}-Polyensäure-methylester durch fraktionierte Vakuumdestillation[8] mit einer 750 mm hohen Kolonne (∅ 29 mm), die mit Drahtnetzsätteln gefüllt und mit einem versilberten Vakuummantel isoliert war. Bei einem Einsatz von 101 g Methylester gingen bei Steigerung der Badtemperatur bis auf 238° insgesamt 54 g Methylester (Sdp.$_{10^{-4}}$ 78—114° am

[4] J. M. Whitcutt u. D. A. Sutton, Biochem. J. **63**, 469 [1956].

[5] S. F. Herb, L. P. Witnauer u. R. W. Riemenschneider, J. Amer. Oil Chemists' Soc. **28**, 505 [1951].

[6] E. Klenk u. W. Montag, Liebigs Ann. Chem. (im Druck).

[7] Nach K. W. Rosenmund u. W. Kuhnhenn, Z. Unters. Nahrungs- u. Genußmittel **46**, **154** [1923].

[8] E. Klenk, in Hoppe-Seyler-Thierfelder, Handb. physiol. u. pathol. chemischen Analyse, 10. Aufl. Bd. III$_1$, S. **445**; Springer-Verlag (1955).

Kopf der Kolonne gemessen) über. Der Rückstand betrug 47 g und enthielt vorwiegend noch die C_{22}-Polyensäuren.

Die bei Sdp.$_{10^{-4}}$ 112—114° zuletzt übergehende Fraktion (6,4 g, Jodz. 336) erwies sich als einheitliches Eikosapolyensäureester-Gemisch. Durch Hydrierung und Verseifung wurde daraus reine Eikosansäure erhalten. Schmp. 72,6—73,0° (Rohprodukt) bzw. 73,4—74,0° (umkrist.). Äquiv.-Gew. $C_{20}H_{40}O_2$ ber. 312,4, gef. 311 bzw. 312.

Wie schon aus dem UV-Spektrum nach der Alkaliisomerisierung[9] hervorgeht (Abb. 1), enthält das Estergemisch reichliche Mengen einer Pentaensäure. Vor der Isomerisierung fehlen Fettsäuren mit konjugierten Doppelbindungen praktisch vollständig.

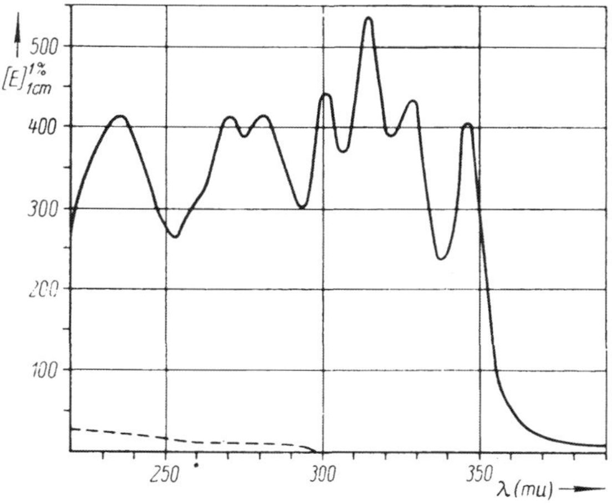

Abb. 1. UV-Spektren der Eikosapolyensäure-methylester vor (-----) und nach (———) der Alkaliisomerisierung (isomerisiert in 23-proz. KOH-Glykol bei 180°, 8. Min.).

Die Zerlegung des Eikosapolyensäuregemischs in die Komponenten durch Gegenstromverteilung

4,5 g der aus dem Estergemisch in Freiheit gesetzten Eikosapolyensäuren wurden im Gegenstromverfahren nach Ahrens und Craig[10] mit Hilfe einer 200-stufigen vollautomatischen Apparatur, von welcher jedes Element je 25 ccm obere und untere Phase enthält, verteilt. Im einzelnen verfuhr man wie früher beschrieben[11]. Wie die Verteilungskurve (Abb. 2) zeigt, befindet sich die Hauptmenge der verteilten Substanz in den Frakt. 275—425. Zur Orientierung über die Natur der in den verschiedenen Fraktionen enthaltenen Polyensäuren wurden von einzelnen Proben (in der Abb. durch Pfeile gezeichnet) die UV-Spektren der durch Alkali isomerisierten Säuren aufgenommen.

Die Abb. 3 zeigt die UV-Spektren der Frakt. 284—289 und der Frakt. 440—445. Bei Frakt. 413—415 und Frakt. 428—430 stimmen die Spektren weitgehend mit dem der Frakt. 284—289 überein.

---

[9] R. T. Holman u. G. L. Burr, Arch. Biochemistry **19**, 474 [1948].
[10] E. H. Ahrens u. L. C. Craig, J. biol. Chemistry **195**, 299 [1952].
[11] E. Klenk u. F. Lindlar, diese Z. **299**, 74; **301**, 156 [1955].

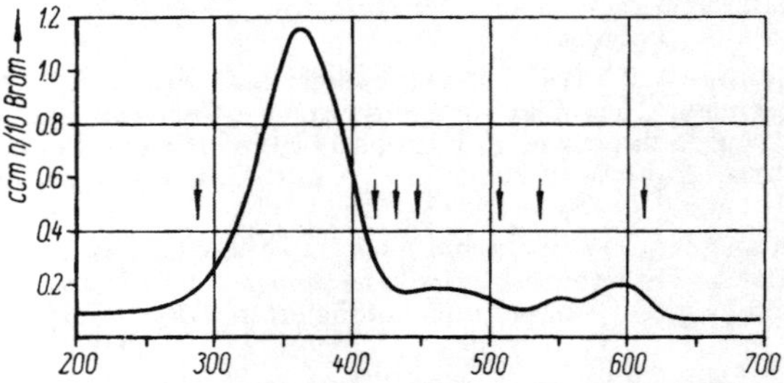

Abb. 2. Verteilungskurve des Eikosapolyensäuregemischs.

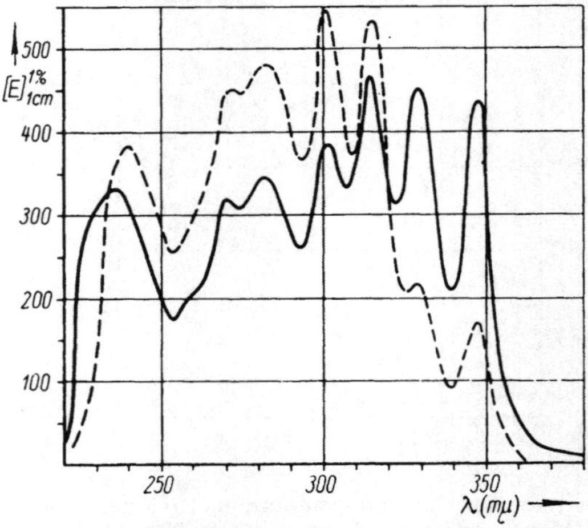

Abb. 3. UV-Spektren der isomerisierten Frakt. 284—289 ——— und Frakt. 440—445 - - - - - -.

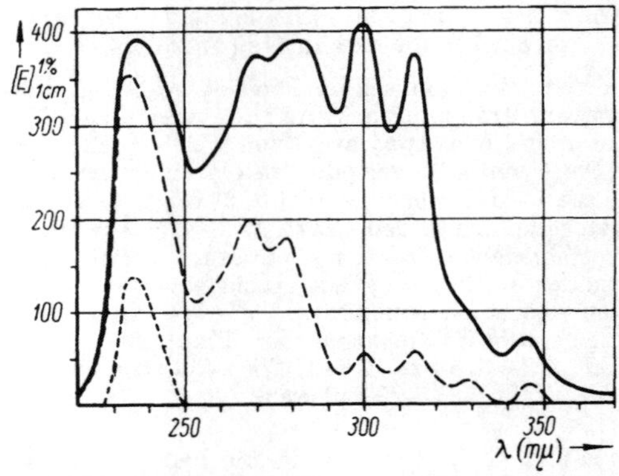

Abb. 4. UV-Spektren der isomerisierten Frakt. 500—505 ———, Frakt. 530—535 - - - - - - und Frakt. 608—613 · · · · ·.

Die Abb. 4 zeigt die entsprechenden UV-Spektren der Frakt. 500—505, 530—535 und Frakt. 608—613. Daraus ergibt sich die in Tab. 2 enthaltene Zusammensetzung der verschiedenen Fraktionen.

Tab. 2. Zusammensetzung der bei der Verteilung erhaltenen Säurefraktionen.

Frakt. 275—425	Pentaensäure	Frakt. 530—535	vorwiegend Trien- u. Diensäure
Frakt. 440—445	Pentaen- u. Tetraensäure		
Frakt. 500—505	vorwiegend Tetraensäure	Frakt. 608—613	Monoen- u. etwas Diensäure

Die Eikosapentaensäure

Aus den vereinigten Frakt. 290—412 wurden insgesamt 3,44 g Pentaensäure, d. h. 76% des eingesetzten Eikosapentaensäuregemisches durch Abdampfen des Lösungsmittels in einem Eindampfgerät[12] gewonnen. Farbloses, leicht flüssiges Öl. $n_D^{20°}$: 1,49865. UV-Spektrum nach Alkaliisomerisierung siehe Abb. 5. Eine andere Probe gab eine etwas niedrigere spezif. Extinktion ($[E]_{1\,ccm}^{1\%}$: 650 bei 346 mμ).

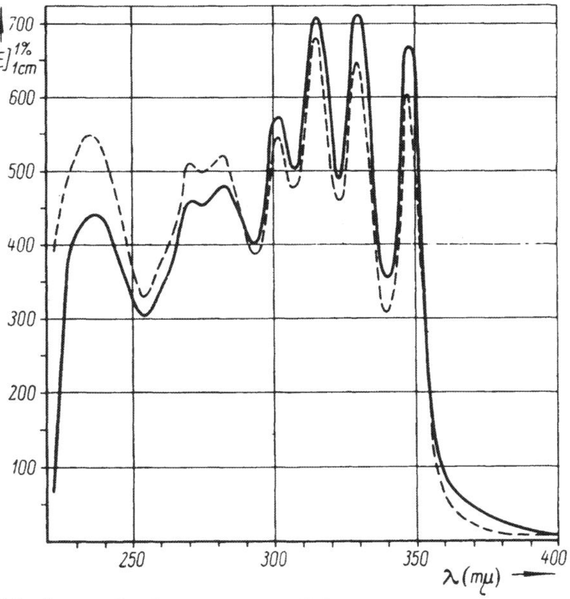

Abb. 5. UV-Spektren der isomerisierten Eikosapentaensäure ——— und des Methylesters -----.

Das Hydrierungsprodukt erwies sich als reine Eikosansäure. Schmp. 74,0—74,5° bzw. 74,8—75,2°, mit authent. Eikosansäure keine Schmelzpunktsdepression. Äquiv.-Gew. gef. 312 bzw. 311.

[12] E. Hecker u. P. Karlson, Chemie-Ing.-Techn. **1953**, 397.

Der aus der Pentaensäure gewonnene und i. Vak. bei 10^{-4} Torr destillierte Methylester (leicht flüssiges, ganz schwach gelb gefärbtes Öl) hatte die Jodz. 361 ($C_{21}H_{32}O_2$ ber. 400). $n_D^{20°}$: 1,48995. UV-Spektrum nach Alkaliisomerisierung siehe Abb. 5.

Ozonidspaltung. a) Methylester: 96,1 mg Ester wurden nach Klenk und Bongard[3] ozonisiert und oxydativ gespalten. Man dampfte das Lösungsmittel i. Vak. ab, trocknete den Rückstand über H_2SO_4 und KOH i. Vak. und löste ihn in 1-proz. Butanol-Chloroform. Nach Auffüllung auf 10 ccm wurde 1 ccm davon (entspr. 9,61 mg Ester) mit Säule D chromatographiert (Abb. 6).

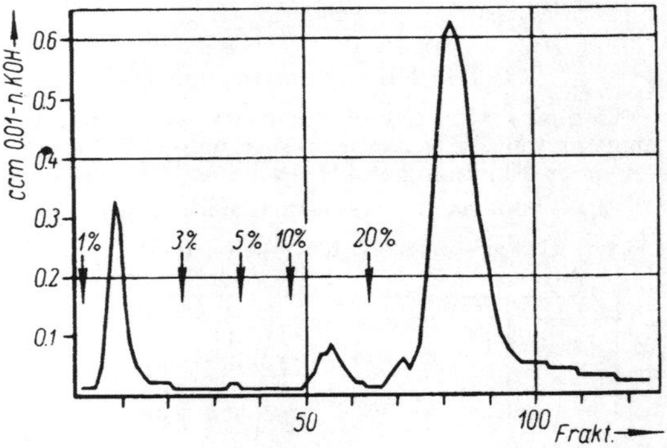

Abb. 6. Chromatographische Trennung der Abbausäuren des Eikosapentaensäuremethylesters (entspr. 9,61 mg) durch Säule D.

1% (Frakt. 6—12): 2,32 ccm n/100-KOH, gef. 0,73 Mol Vorlauf (Glutarsäuremonomethylester). — 10% (Frakt. 50—63): 0,50 ccm n/100-KOH, gef. 0,08 Mol Glutarsäure. — 20% (Frakt. 68—72): 0,20 ccm n/100-KOH, gef. 0,03 Mol Bernsteinsäure. — (Frakt. 73—116): 10,64 ccm n/100-KOH, gef. 1,75 Mol Malonsäure.

Die isolierten Dicarbonsäuren wurden noch nach Lugg und Overell[13] papierchromatographisch identifiziert und auf Reinheit geprüft. Zu diesem Zweck brachte man die gesammelten Fraktionen zur Trockne, löste den Rückstand in Wasser, goß die Lösung durch eine kleine Kationenaustauschersäule (Lewatit CNO) und gewann aus dem Durchfluß die freien Dicarbonsäuren durch Gefriertrocknung.

Lösungsmittel: Eisessig-Butanol-Wasser 1:5:10, mit Butanolschicht als mobile Phase; Papier: Schleicher & Schüll 2043b; Färbung mit 0,4-proz. äthanolischer Bromphenolblaulösung; aufsteigend.

Ergebnis: Frakt. 50—63 war reine Glutarsäure, Frakt. 68—71 Bernsteinsäure, Frakt. 73—116 Malonsäure.

b) Freie Säure: 94,2 mg Pentaensäure wurden wie unter a) ozonisiert und gespalten. Man behandelte aber jetzt die nach Abdampfen des Lösungsmittels verbleibenden Abbausäuren zur Entfernung der Monocarbonsäuren mit Petroläther, entfernte daraus kleinere Mengen in Lösung gegangener Dicarbonsäuren durch Ausschütteln mit Wasser. Die durch Gefriertrocknung gewonnenen Dicarbonsäuren wurden mit der Hauptmenge vereinigt, in 1-proz. Butanol-Chloroform gelöst, auf 10 ccm aufgefüllt und 1 ccm davon (entspr. 9,42 mg Pentaensäure) mit Säule D chromatographiert (Abb. 7).

[13] J. W. H. Lugg u. B. T. Overell, Nature [London] 160, 87 [1947].

Frakt. 7—13 und Frakt. 27—40 konnten papierchromatographisch nicht identifiziert werden. Frakt. 50—95 war reine Glutarsäure (in der Regel wird bei Verwendung der Säule D die Glutarsäure erst mit 10% Butanol-Chloroform eluiert). Frakt. 105—126 Bernsteinsäure und Frakt. 127—176 reine Malonsäure.

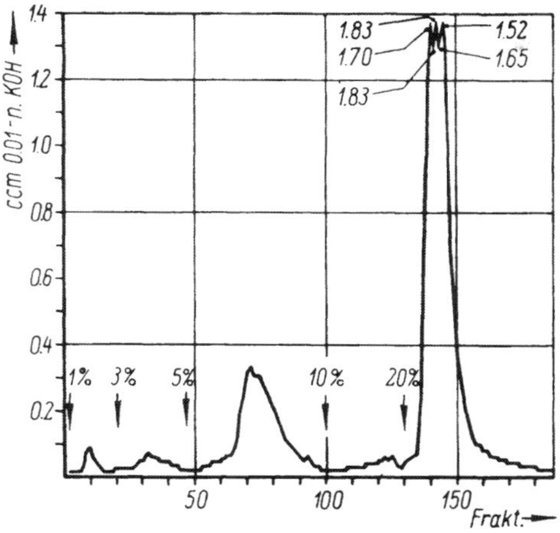

Abb. 7. Chromatographische Trennung der isolierten Abbaudicarbonsäuren der freien Eikosapentaensäure (entspr. 9,42 mg) durch Säule D.
1% (Frakt. 7—13): 0,26 ccm *n*/100-KOH, gef. 0,04 Mol höhere Dicarbonsäuren. — 3% (Frakt. 27—40): 0,42 ccm *n*/100-KOH, gef. 0,07 Mol höhere Dicarbonsäuren. 5% (Frakt. 50—95): 5,14 ccm *n*/100-KOH, gef. 0,82 Mol Glutarsäure. — 10% (Frakt. 105—126): 0,46 ccm *n*/100-KOH, gef. 0,07 Mol Bernsteinsäure. — 20% (Frakt. 127—176): 17,71 ccm *n*/100-KOH, gef. 2,82 Mol Malonsäure.

Die Untersuchung wurde durch Mittel der Deutschen Forschungsgemeinschaft und des Verbandes der chemischen Industrie, Fonds der Chemie, unterstützt.

Zusammenfassung

Aus Dorschlebertran wurde eine Eikosapentaensäure isoliert. Sie bildet den Hauptbestandteil des Eikosapolyensäuregemischs

Nach dem Ergebnis des Ozonidabbaus des Methylesters und der freien Säure handelt es sich um die $\Delta^{5,8,11,14,17}$-n-Eikosapentaensäure. Die Säure ist identisch mit der aus Rinderleberphosphatiden gewonnenen Eikosapentaensäure.

Summary

An eicosapentaenoic acid has been isolated from cod liver oil and forms the bulk of the eicosa-polyene acid mixture. Ozonolysis of the methyl ester and the free acid indicate that the acid is $\Delta^{5,8,11,14,17}$-n-eicosapentaenoic acid. The acid is identical with the eicosapentaenoic acid obtained from beef liver phosphatides.

Über das Vorkommen der $\Delta^{6.9.12.15}$-n-Octadecatetraensäure im Heringsöl und deren Isolierung

Von

E. Klenk und **H. Brockerhoff**

Aus dem Physiologisch-Chemischen Institut der Universität Köln

(Der Schriftleitung zugegangen am 4. Januar 1957)

Das Vorkommen einer Octadecatetraensäure in den Fischölen ist, soweit ersichtlich, zuerst von Schmidt-Nielsen[1] festgestellt worden. Dieser Befund wurde wiederholt bestätigt[2,3]. Nach Toyama und Tsuchija[3] ist die entsprechende aus Sardinenöl gewonnene Polyensäure die $\Delta^{4.8.12.15}$-Octadecatetraensäure. Demnach würden hier neben einer Divinylmethangruppierung noch zwei Divinyläthangruppierungen vorhanden sein. Im Gegensatz dazu haben nach unseren bisherigen Befunden[4] die Polyensäuren der Fischöle, ebenso wie die der Phosphatide der Säugetierorgane, ausschließlich Divinylmethanstruktur.

Zur Klärung der noch offenen Frage über die Konstitution dieser hochungesättigten Fettsäure, welche offensichtlich nur in den Fischölen, nicht dagegen in den Phosphatiden der Säugetierorgane vorkommt, haben wir die Verbindung aus Heringsöl durch Vakuumdestillation des Gemischs der Polyensäuremethylester und anschließende Gegenstromverteilung der C_{18}-Polyensäurefraktion isoliert. Die so gewonnene Tetraensäure, welche im Gemisch der C_{18}-Polyensäuren als höchst ungesättigte Fettsäure in einer Menge von 40—50% vorhanden ist, war papierchromatographisch einheitlich und ging beim Hydrieren in Stearinsäure (Schmp. 68°) über. Auf Grund des UV-Spektrums nach der Alkaliisomerisierung war die Säure frei von höher ungesättigten Fettsäuren.

Der Ozonidabbau der freien Tetraensäure und ihres Methylesters nach Klenk und Bongard[5] führte zu dem in Tab. 1 zusammengestellten Ergebnis.

---

[1] S. Schmidt-Nielsen, Chem. Umschau Gebiete Fette, Öle, Wachse, Harze **29**, 54 [1922].

[2] J. B. Brown u. G. D. Beal, J. Amer. chem. Soc. **45**, 1289 [1923].

[3] Y. Toyama u. J. Tsuchija, Bull. chem. Soc. Japan **10**, 192 [1935], zit. nach T. P. Hilditch, The chemical constitution of natural fats, 2nd ed. London 1949, S. 434.

[4] E. Klenk u. W. Bongard, diese Z. **292**, 51 [1953]; Intern. Conference on Biochem. Problems of Lipids, Kononkl. vlaamse Akad. voor Wetenschappen u. schone Kunsten von Belgie, Brüssel S. 33 (1953).

[5] E. Klenk u. W. Bongard, diese Z. **290**, 181 [1952].

Tab. 1. Abbaudicarbonsäuren der Octadecatetraensäure und ihres Methylesters. Menge in Mol pro Mol Polyensäure.

	höhere Dicarbonsäuren		Adipinsäure		Malonsäure
	freie Säure	Halbester	freie Säure	Halbester	freie Säure
C_{18}-Tetraensäure . .	etwa 0,07	—	0,90	—	1,48
C_{18}-Tetraensäure-methylester . . .			0,06	0,88*	1,45

* enthält noch kleinere Mengen höhere Dicarbonsäuren bzw. ihre Halbester.

Das Vorhandensein der Adipinsäure als Hauptspaltstück neben der Malonsäure wurde sowohl papierchromatographisch wie auch durch Isolierung der Substanz auf präparativem Wege bewiesen. Da bei der Ozonidspaltung des Tetraensäure-methylesters nur Malonsäure als praktisch einzige freie Dicarbonsäure angetroffen wurde, muß die Anordnung der Doppelbindungen in der Divinylmethangruppierung als gesichert gelten. Nach den Versuchsergebnissen kann auch kein Zweifel bestehen, daß die Adipinsäure vom Carboxylende der Tetraensäure stammt. Die kleinen Mengen freie Adipinsäure (0,06 Mol), die bei der Spaltung des Tetraensäuremethylesters erhalten wurden, dürften durch teilweise Verseifung des Halbesters der Dicarbonsäure während der Ozonidspaltung und der Aufarbeitung der Abbausäuren entstanden sein. Die Anwesenheit der geringen Mengen höherer Homologen der Adipinsäure weist auf das Vorhandensein von gewissen Verunreinigungen im Tetraensäurepräparat hin. Jedoch dürfte die Säure in einem Reinheitsgrad von mindestens 90% vorgelegen haben.

Das Abbauergebnis zeigt, daß es sich um die $\Delta^{6,9,12,15}$-n-Octadecatetraensäure handelt. Im Zusammenhang mit den früheren[6] Untersuchungsergebnissen über die Biogenese dieser hochungesättigten Fettsäuren im Tierkörper wird man annehmen dürfen, daß sie aus Linolensäure durch Einführung einer weiteren Doppelbindung (Dehydrierung) in Stellung 6 entsteht.

Beschreibung der Versuche

Die Isolierung der Octadecatetraensäure

Die Methylester von 176 g hochungesättigten Fettsäuren (JZ 279), die nach der bereits beschriebenen[7] Methode aus 1 kg Heringsöl gewonnen waren, wurden in einer 75 cm hohen, mit einem versilberten Vakuummantel isolierten und mit kleinen Drahtnetzsätteln gefüllten Kolonne bei 10^{-4} Torr fraktioniert destilliert (Tab. 2).

Die papierchromatographische Prüfung der hydrierten Säuren nach Wagner, Abisch und Bernhard[8] ergab bei Fr. 4, 5 u. 6 Identität mit Stearinsäure; jedoch enthielt Fr. 4 noch etwas Palmitinsäure, Fr. 5 u. 6 noch etwas Eikosansäure beigemengt, während das Hydrierungsprodukt von Fr. 7, wie erwartet, sich als ein Gemisch von Stearin- und Eikosansäure herausstellte.

[6] E. Klenk, diese Z. **302**, 268 [1955].
[7] E. Klenk u. D. Eberhagen, diese Z. **307**, 42 [1957].
[8] A. Wagner, L. Abisch u. K. Bernhard, Helv. chim. Acta **38**, 1536 [1955].

Tab. 2. Fraktionierte Vakuumdestillation der hochungesättigten Fettsäuremethylester.

	Heizbad-temp.	$Sdp._{0,0001}$	Menge g	Jodz.	hydrierte Säure			
					Rohprodukt		umkrist.	
					Schmp.	Äquiv.-Gew.	Schmp.	Äquiv.-Gew.**
1—3	198—205°	70— 99°	33					
4	210°	100—107°	11,3	208	63°	282	66°*	282
5	214°	108—110°	11,1	214	66°	285	68—69°*	285
6	217°	110—112°	11,4	213	65°	288	66°*	287
7					61—62°	294	63°	293

* Die Säuren geben mit Stearinsäure (Schmp. 69°) keine Schmelzpunktsdepression.
** $C_{18}H_{36}O_2$ Äquiv.-Gew. ber. 284,4.

Wie die UV-Spektren der Fr. 4, 5 u. 6 nach der Alkaliisomerisierung zeigen (Abb. 1), ist in allen drei Fraktionen eine Tetraensäure (Maxima bei 301 u. 315 mμ) als Hauptbestandteil enthalten. In den Fr. 5 u. 6 finden sich noch kleinere Mengen einer Pentaensäure (Maximum bei 346 mμ). Es dürfte sich hier um eine C_{20}-Säure handeln.

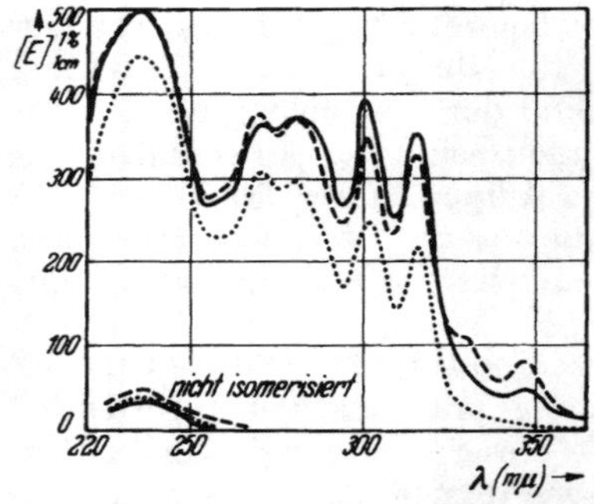

Abb. 1. UV-Spektren der C_{18}-Polyensäure- bzw. Polyensäuremethylester-Fraktionen 4 (Säure) (············), 5 (Säure) (———) u. 6 (Ester) (- - - -) vor und nach der Alkaliisomerisierung (isomerisiert in 21-proz. KOH-Glykol bei 180°, 8 Min.).

Zur Abtrennung der Tetraensäure wurden die Fraktionen 4 und 5 durch Gegenstromverteilung wie üblich[9] in die Komponenten zerlegt. Die Verteilungskurven (Abb. 2 und 3) gleichen sich weitgehend.

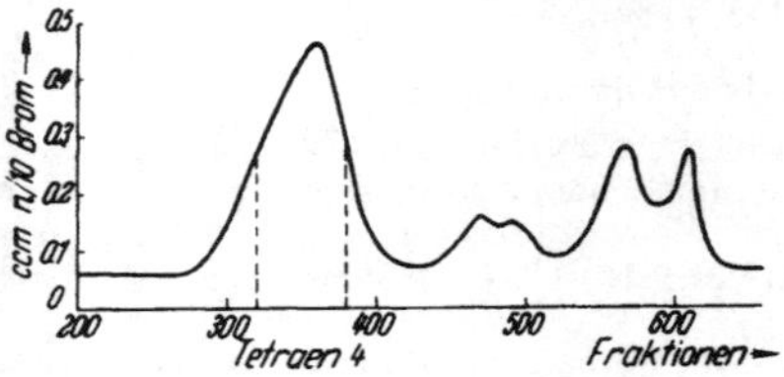

Abb. 2.

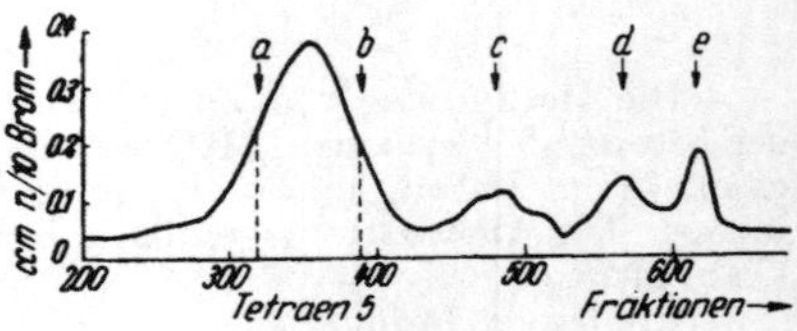

Abb. 3.

Abb. 2. Verteilungskurve der C_{18}-Polyensäurefraktion 4.

Abb. 3. Verteilungskurve der C_{18}-Polyensäurefraktion 5.

Bei der Verteilung von Fr. 5 wurden die an den mit Pfeilen bezeichneten Stellen der Verteilungskurve (Abb. 3) entnommenen Proben (*a*—*e*) mit Alkali iso-

[9] E. Klenk u. F. Lindlar, diese Z. **301**, 156 [1955].

merisiert und die UV-Spektren aufgenommen. Demnach enthielten *a* und *b* die Tetraensäure (mit kleinen Beimengungen einer Pentaensäure), *c* Triensäure, *d* Diensäure und *e* Monoensäure. Zur Gewinnung der Tetraensäure vereinigte man die bei der Verteilung von Fr. 4 bzw. 5 erhaltenen Proben 320—380 bzw. 319—388 und trennte nach Abdestillieren des Lösungsmittels zur Entfernung von etwa vorhandenem Hahnfett das Unverseifbare ab. Aus 4,8 g der Fr. 4 bzw. 4,0 g der Fr. 5 wurden 1,27 bzw. 1,20 g Tetraensäure (Präp. I bzw. II) erhalten. Schwach gelb gefärbte, leicht bewegliche Öle. Jodz.[10] $C_{18}H_{28}O_2$ ber. 366, gef. 351 (I) bzw. 353* (II). Die UV-Spektren der isomerisierten und nicht isomerisierten Säuren siehe Abb. 4a und b.

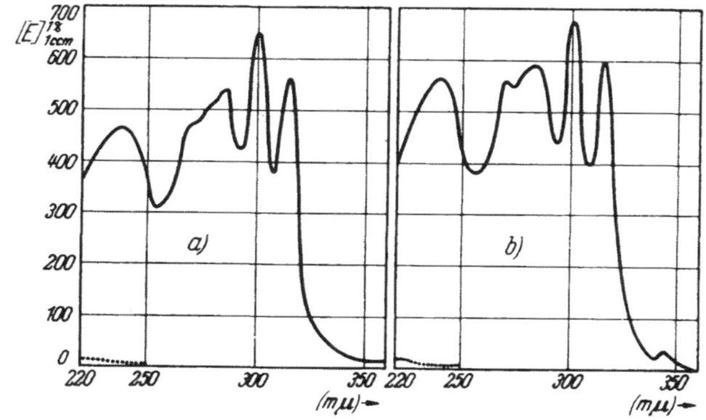

Abb. 4a und b. UV-Spektrum der Octadecatetraensäure aus Fr. 4 (*a*) und Fr. 5 (*b*) vor (-----) und nach der (——) Isomerisierung.

Demnach ist I pentaensäure-frei, während II noch kleine Mengen Pentaensäure enthält. Durch Hydrierung erhält man sowohl aus I wie auch aus II Stearinsäure vom Schmp. 68°, die sich auf Grund der papierchromatographischen Prüfung als einheitlich erweist. Nimmt man an, daß die Tetraensäure auf die Proben 260—420 (Fr. 4) bzw. 260—430 (Fr. 5) verteilt ist, so errechnet sich aus dem Bromverbrauch der Tetraensäuregehalt von Fr. 4 bzw. Fr. 5 zu 43% bzw. 50%.

Die Ozonidspaltung

Freie Säure: 109,6 mg Octadecatetraensäure (pentaensäure-freies Präparat I) wurden nach Klenk und Bongard[5] ozonisiert und oxydativ gespalten. Im übrigen wurde wie üblich[7] verfahren. Zum Lösen der Abbaudicarbonsäuren mußte 5-proz. Butanol-Chloroform verwendet werden. Nach Auffüllen auf 10 ccm wurde 1 ccm davon (entspr. 10,96 mg Tetraensäure) mit Säule D chromatographiert (Abb. 5).

Abb. 5. Chromatogramm der Abbaudicarbonsäuren der Octadecatetraensäure (Präp. I). 1% (4—21): 1,10 ccm *n*/100-NaOH, gef. 0,14 Mol Adipinsäure und höhere Dicarbonsäuren. - - 5% (31—66): 6,59 ccm *n*/100-NaOH, gef. 0,83 Mol Adipinsäure. —20% (91—124): 11,69 ccm *n*/100-NaOH, gef. 1,48 Mol Malonsäure.

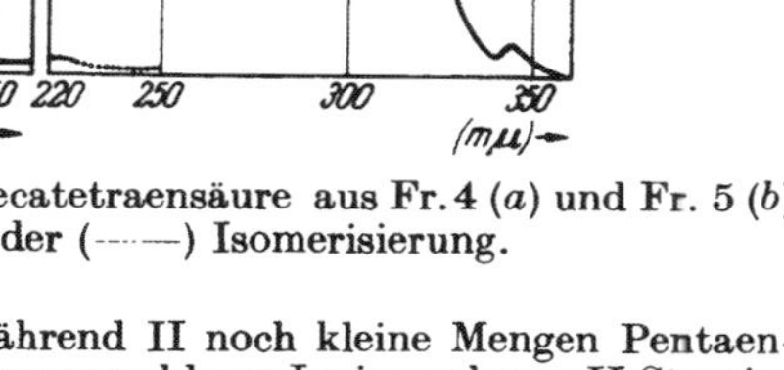

* Nach Rosenmund und Kuhnhenn erhält man etwas niedrigere Werte als mit anderen Methoden.

[10] Nach K. W. Rosenmund u. W. Kuhnhenn, Z. Unters. Nahrungs- u. Genußmittel **46**, 154 [1923].

Die papierchromatographische Prüfung nach Lugg u. Overell[11] ergab, daß Fr. 4—21 aus Adipinsäure (Hauptmenge) und zwei höheren Dicarbonsäuren, die nicht genau identifizierbar waren, bestand. Ein besseres Chromatogramm erhielt man nach dem Verfahren von Seher[12]. Hier stimmen die R_F-Werte der beiden höheren Dicarbonsäuren etwa mit denen von Korksäure und Azelainsäure überein. Von den 0,14 Mol der mit 1% Butanol-Chloroform eluierten Dicarbonsäuren dürften etwa 0,07 Mol Adipinsäure, 0,07 Mol höhere Dicarbonsäuren sein. Fr. 31—66 war reine Adipinsäure, Fr. 91—124 reine Malonsäure.

Um das Vorliegen von Adipinsäure noch weiter zu sichern, wurden die Abbaudicarbonsäuren von 250 mg Tetraensäure in 5 Portionen wie oben chromatographisch mit Säule D getrennt und die nicht titrierten, vereinigten Eluate mit 5-proz. Butanol-Chloroform i. Vak. zur Trockne gebracht. Der krist. Rückstand schmolz nach Auswaschen mit Benzol bei 144° und die aus Wasser umkristallisierte

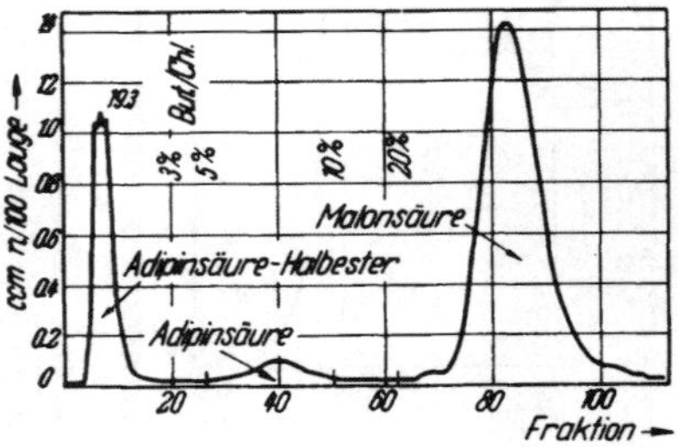

Abb. 6. Chromatogramm der Abbausäuren des Octadecatetraensäure-methylesters (Präp. I). 1% (4—17): 5,17 ccm n/100-NaOH, gef. 0,88 Mol Adipinsäuremonomethylester. — 5% (28—50): 0,73 ccm n/100-NaOH, gef. 0,06 Mol Adipinsäure. — 20% (67—107): 17,17 ccm n/100-NaOH, gef. 1,45 Mol Malonsäure.

Substanz bei 149—150°. Mit reiner Adipinsäure (Schmp. 151°) ergab sich keine Schmelzpunktsdepression. Zur Analyse wurde die Substanz nochmals aus Wasser umkristallisiert und i. Vak. über P_2O_5 getrocknet.

4,810 mg Sbst.: 8,680 mg CO_2, 3,030 mg H_2O.

$C_6H_{10}O_4$ Ber. C 49,29 H 6,90 Gef. C 49,23 H 7,05

Methylester: Die im vorliegenden Fall nicht mit Petroläther behandelten Abbausäuren von 172,0 mg Octadecatetraensäure-methylester (Präp. I) wurden wieder in 10 ccm 5-proz. Butanol-Chloroform gelöst und 1 ccm davon (entspr. 17,2 mg Tetraensäuremethylester) mit Säule D chromatographiert (Abb. 6).

Die papierchromatographische Prüfung nach Lugg und Overell ergab, daß Fr. 4—17 nach der Verseifung des Halbesters aus Adipinsäure bestand. Das Vorhandensein der oben nachgewiesenen höheren Homologen der Adipinsäure konnte hier nicht festgestellt werden. Es handelt sich um zu kleine Mengen. Fr. 28—50 war reine Adipinsäure.

Der Ozonidabbau des nicht ganz pentaensäure-freien Tetraensäurepräparats II führte zu demselben Ergebnis wie oben, nur daß hier unter den Abbaudicarbonsäuren noch 0,06 Mol Glutarsäure nachgewiesen wurden. Dies spricht dafür, daß dieses C_{18}-Tetraensäurepräparat als Verunreinigung kleine Mengen der vor kurzem[7] aus Dorschlebertran isolierten $\Delta^{5,8,11,14,17}$-n-Eikosapentaensäure enthielt und daß eine C_{18}-Pentaensäure im Heringsöl vollständig fehlt.

Die Untersuchung wurde durch Mittel der Deutschen Forschungsgemeinschaft unterstützt. Der Firma A/S. Johann, C. Martens & Co., Bergen, danken wir für die freundliche Überlassung des Ausgangsmaterials.

---

11 J. W. H. Lugg u. B. T. Overell, Nature [London] **160**, 87 [1947].
12 A. Seher, Fette u. Seifen **58**, 401 [1956].

Zusammenfassung

Aus Heringsöl wurde eine Octadecatetraensäure isoliert. Sie bildet den Hauptbestandteil des C_{18}-Polyensäuregemischs.

Nach dem Ergebnis des Ozonidabbaus der freien Säure und des Methylesters handelt es sich um die $\Delta^{6.9.12.15}$-n-Octadecatetraensäure.

Summary

An octadecatetraenoic acid has been isolated from herring oil and forms the bulk of the mixed C_{18}-polyene acids. The results of ozonolysis of the free acid and its methyl ester indicate that the acid is $\Delta^{6.9.12.15}$-n-octadecatetraenoic acid.

Über die Dokosapolyensäuren der Glycerinphosphatide aus Rinderleber

Von

E. Klenk und **H. J. Tomuschat**

Aus dem Physiologisch-Chemischen Institut der Universität Köln

(Der Schriftleitung zugegangen am 11. März 1957)

Über die Konstitution der in den Glycerinphosphatiden der Rinderleber vorkommenden ungesättigten C_{22}-Säuren berichteten Klenk und Dreike[1]. Aus den Säuren der durch Extraktion gewonnenen Glycerinphosphatide isolierten sie die höchst ungesättigten Anteile durch fraktionierte Tiefkühlkristallisation und trennten die so gewonnenen hochungesättigten Säuren der Kettenlänge nach durch Hochvakuumdestillation ihrer Methylester.

Auf Grund der UV-Absorptionskurve nach Alkaliisomerisation der C_{22}-Polyensäurefraktion und des oxydativen Ozonidabbaues kamen die Verfasser zu dem Ergebnis, daß in der C_{22}-Polyensäurefraktion folgende Komponenten enthalten sind:

$\Delta^{7.10.13.16.19}$-Dokosapentaensäure und $\Delta^{4.7.10.13.16.19}$-Dokosahexaensäure.

Ferner hielten die Autoren das Vorhandensein weniger ungesättigter Säuren für sehr wahrscheinlich.

In Fortsetzung dieser Arbeit wurde das in gleicher Weise erhaltene C_{22}-Polyensäuregemisch, das in sämtlichen Daten weitgehend dem oben beschriebenen glich, durch Gegenstromverteilung in seine Komponenten zerlegt. Auf diese Weise konnte eine C_{22}-Tetraen-, Pentaen- und Hexaen-Säure isoliert und das Vorhandensein einer C_{22}-Triensäure wahrscheinlich gemacht werden. Es ergaben sich auch Anzeichen für das Vorhandensein einer C_{22}-Diensäure.

Die Konstitutionsbestimmung erfolgte durch oxydativen Ozonidabbau der freien Säuren sowie deren Methylester, säulenchromatographische Trennung und papierchromatographische Identifizierung der so entstandenen Dicarbonsäuren. Der Abbau der Ester bewies auch die Divinylmethan-Struktur der C_{22}-Polyensäuren. — Bei der Triensäure-Fraktion wurde auf den Ozonidabbau des Esters verzichtet, da diese Säure nur in geringen Mengen vorlag.

---

[1] E. Klenk u. A. Dreike, diese Z. **300**, 113 [1955].

Tab. 1. Oxydativer Ozonidabbau der isolierten C_{22}-Polyensäuren. Menge der Abbau-Dicarbonsäuren in Mol pro Mol Polyensäure.

C_{22}–		Pimelinsäure		Glutarsre.	Bernsteinsäure		Malonsre.
		Halb-Ester	freie Säure	freie Säure	Halb-Ester	freie Säure	freie Säure
Triensäure-Fraktion		—	0,72 a)	0,04	—	0,05	0,37
Tetraen-	Säure	—	0,88	0,03 b)	—	0,08	1,45
	Ester	0,79	0,11	0,01	—	0,05	1,40
Pentaen-	Säure	—	0,95	—	—	0,04	2,11
	Ester	0,88	0,15	—	—	0,03	2,16
Hexaen-	Säure	—	0,12	0,05	—	0,80	3,13
	Ester	—	0,19 c)	0,02	0,66 d)	0,12	2,80

a) enthält noch etwas Sebacin- und Adipinsäure — b) enthält noch etwas Pimelinsäure — c) enthält wahrscheinlich noch Halbester der Bernsteinsäure — d) enthält noch etwas Pimelin- und Glutarsäure-monomethylester.

Auf Grund des in Tab. 1 zusammengestellten Untersuchungsergebnisses enthält das C_{22}-Polyensäuregemisch folgende Komponenten, deren Anteile am Gemisch mit Hilfe der Gegenstromverteilungskurven ermittelt wurden:

$\Delta^{7.10.13.16}$ -Dokosatetraensäure 20%

$\Delta^{7.10.13.16.19}$ -Dokosapentaensäure 69%

$\Delta^{4.7.10.13.16.19}$-Dokosahexaensäure 9%.

Das Vorhandensein geringer Mengen $\Delta^{7.10.13}$-Dokosatriensäure und $\Delta^{10.13}$-Dokosadiensäure (etwa 2%) ist wahrscheinlich.

Die UV-Absorptionsspektren nach Alkaliisomerisation zeigen, daß die untersuchten Säuren mit Ausnahme der nur in geringen Mengen vorkommenden Triensäure-Fraktion frei von höher ungesättigten Säuren sind. Da die Abbau-Dicarbonsäuren der Hexaensäure auch Pimelinsäure (0,12 Mol/Mol Polyensäure) enthalten, muß hier eine etwa 12-proz. Verunreinigung mit Pentaensäure angenommen werden, auch wenn diese papierchromatographisch nicht nachgewiesen werden konnte. Der in Tab. 1 bei der Esterspaltung für die freie Pimelinsäure gefundene Wert von 0,19 Mol/Mol Polyensäure erscheint zu hoch, und es ist anzunehmen, daß der papierchromatographisch identifizierten Pimelinsäure noch andere Säuren, wahrscheinlich Halbester der Bernsteinsäure, beigemengt sind, die jedoch auf dem Papierchromatogramm nicht sichtbar wurden.

Die bei den Abbau-Dicarbonsäuren in geringen Mengen gefundene Glutarsäure wird von Verunreinigungen des C_{22}-Polyensäuregemisches an C_{20}-Polyensäuren herrühren, die zu 70—80% aus $\Delta^{5\cdots}$-Säuren bestehen[2] und demnach bei dem oxydativen Ozonidabbau Glutarsäure liefern. Eine weitgehende Abtrennung dieser Verunreinigungen durch

[2] E. Klenk u. W. Montag, Liebigs Ann. Chem. 604, 4 [1957].

nochmalige Destillation schien nicht ratsam, da bei diesen hochsiedenden C_{22}-Säuren Veränderungen durch Polymerisation und Isomerisierung unvermeidlich sind.

Daß im Laufe der Destillation besonders bei den C_{22}-Polyensäuren Verschiebungen von Doppelbindungen in Konjugation stattfinden, wurde bereits früher[1] beobachtet. Im vorliegenden Fall konnten diese sekundären Veränderungen durch möglichst vorsichtige Aufarbeitung auf ein erträgliches Ausmaß herabgesetzt werden. Man muß annehmen, daß die beim Ozonidabbau der Trien-, Tetraen- und Pentaen-Säure in kleinen Mengen gefundene Bernsteinsäure aus derartigen isomerisierten Polyensäuren entstanden ist. Ebenso ist natürlich auch ein geringer Teil der beim Hexaensäureabbau entstandenen Bernsteinsäure auf diese Ursache zurückzuführen.

Für das Vorhandensein von Oxalsäure, die Klenk und Bongard[3] bei ähnlichen Arbeiten in kleinen Mengen nachwiesen, konnte hier nicht der geringste Anhaltspunkt gefunden werden.

Beim oxydativen Ozonidabbau der Polyensäuremethylester müssen die aus den mittelständigen Divinylmethangruppen gebildete Malonsäure in freier Form, die vom Carboxylende des Moleküls stammenden höheren Dicarbonsäuren als Halbester vorliegen. Es zeigt sich aber, daß sich ein geringer Teil dieser höheren Dicarbonsäuren als freie Säuren vorfindet. Man wird annehmen dürfen, daß diese bei der Ozonidspaltung durch Verseifung der Halbester entstanden sind, und es besteht kein Grund, daran zu zweifeln, daß die Doppelbindungen in der Divinylmethangruppierung angeordnet sind.

Da die C_{22}-Triensäure-Fraktion nur in sehr geringer Menge anfiel, mußte auf eine weitere Reinigung verzichtet werden. — Aus dem Verlauf der UV-Absorptionskurve (Abb. 4) ergibt sich, daß ein ziemlich komplexes Säuregemisch vorlag, das etwa zur Hälfte aus Monoensäuren und im übrigen vorwiegend aus Dien- und Trien-Säuren bestand. Die papierchromatographische Prüfung des Hydrierungsproduktes zeigte, daß es sich der Hauptsache nach um C_{22}-Säuren handelte. Kleinere Mengen C_{20}- und C_{18}-Säuren waren jedoch ebenfalls nachzuweisen. Das Ergebnis des Ozonidabbaues läßt nur mit einiger Wahrscheinlichkeit auf das Vorhandensein von $\Delta^{7.10.13}$-Dokosatrien- und $\Delta^{10.13}$-Dokosadiensäure schließen.

Die hier isolierte Hexaen- und Pentaensäure, die die Hauptmenge des C_{22}-Polyensäuregemisches ausmachen, gehören, wie ersichtlich, dem Linolensäuretyp, die Tetraensäure dagegen dem Linolsäuretyp an. Nur die in geringen Mengen vorhandene und in ihrer Konstitution noch nicht endgültig sichergestellte Trien- und Diensäure entsprechen dem Ölsäuretyp.

$\Delta^{7.10.13.16}$-Dokosatetraen- und $\Delta^{4.7.10.13.16.19}$-Dokosahexaensäure sind von Klenk und Lindlar[4] auch aus Gehirnphosphatiden dargestellt wor-

---

[3] E. Klenk u. W. Bongard, diese Z. **291**, 104 [1952].
[4] E. Klenk u. F. Lindlar, diese Z. **299**, 74 [1955].

den. Für das Vorhandensein der in den Gehirnphosphatiden nachgewiesenen $\Delta^{4.7.10.13.16}$-Dokosapentaensäure[4] sind hier keine Anhaltspunkte gegeben. Während in dem C_{22}-Polyensäuregemisch aus Gehirnphosphatiden die Tetraen- und Hexaensäure überwiegen und der Pentaensäureanteil nur gering ist, liegen die Verhältnisse bei den C_{22}-Polyensäuren der Leberphosphatide umgekehrt. Hier bildet die Pentaensäure den weitaus größten Anteil am Gemisch.

Mit Hilfe säulenchromatographischer Verfahren isolierten bereits Riemenschneider und Mitarbb.[5] aus Nebennieren eine Dokosapentaensäure und Hammond und Lundberg[6] aus Gehirnphosphatiden eine Dokosahexaensäure. Konstitutionsbestimmungen sind jedoch in keinem Fall ausgeführt worden.

Beschreibung der Versuche

I. Gewinnung der C_{22}-Polyenfettsäuren

In der schon früher beschriebenen Weise[2] wurden aus 1,7 kg Phosphatid (P 3,35%), die aus 47,6 kg Rinderleber gewonnen worden waren, 1000 g Fettsäuremethylester und daraus 313,7 g hochungesättigte Fettsäuren (JZ[7] 243) erhalten. Nach Überführung in die Methylester (UV-Spektrum vor und nach der Alkaliisomerisierung s. Abb. 1.) destillierte man unter Benutzung einer langen Kolonne bei einem Druck von 10^{-4} Torr in 3, etwa gleich großen Ansätzen, die kurzkettigen Fettsäuren ab (206,5 g Methylester, Sdp. 10^{-4} 71—111°, Badtemp. 215—240°) und fraktionierte anschließend unter gleichen Bedingungen aus den vereinigten Destillationsrückständen über eine kürzere Kolonne, die C_{22}-Säuren heraus (Tab. 2). Die mit einem versilberten Vakuummantel geschützten und mit V2A-Drahtnetzsätteln gefüllten Kolonnen (∅ 29 mm) waren 75 bzw. 30 cm hoch.

Die Methylester gingen als farblose, leicht bewegliche Öle über (nur Frakt. 1 u. 2 waren hellgelb bzw. andeutungsweise gelb gefärbt). Die hydrierten Säuren von Frakt. 5—9 gaben mit Behensäure (Schmp. 79,5°, Äquiv.-Gew. ber. 340,6) keine Schmelzpunktsdepression. Durch Molekulardestillation der Rückstände

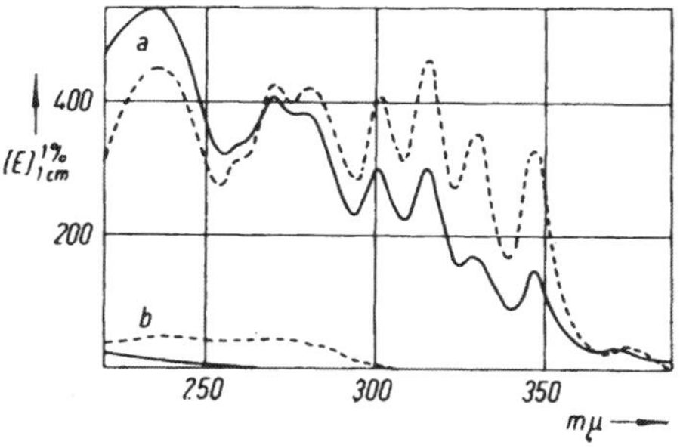

Abb. 1. UV-Spektren der Methylester der hochungesättigten Fettsäuren (——) und der Frakt. der C_{22}-Polyensäuren (-----); a) isomerisiert[8] b) nicht isomerisiert.

[5] S. F. Herb, L. P. W. Witnauer u. R. W. Riemenschneider, J. Amer. Oil Chemists' Soc. **28**, 505 [1951].
[6] G. Hammond u. W. O. Lundberg, J. Amer. Oil Chemists' Soc. **30**, 438 [1953].
[7] K. W. Rosenmund u. W. Kuhnhenn, Z. Unters. Nahr. Genußm. **46**, 154 [1923].
[8] R. T. Holman u. G. O. Burr, Arch. Biochemistry **19**, 474 [1948].

Tab. 2. Fraktionierte Destillation der die C_{22}-Polyensäuremethylester enthaltenden vereinigten Destillationsrückstände.

Methylester						Hydrierte Säuren			
						Schmp.		Äquiv.-Gew.	
Fr.	Bad-temp. °C	Sdp.$^{10^{-4}}$ °C	Menge in g	JZ	$[E]^{1\%}_{1cm}$* (λ 233mμ)	roh °C	umkrist. °C	roh °C	umkrist. °C
1	240	118—122	11,5	274		68,0	68,9	320	320
2	240	122	11,2	281		69,1	69,7	321	321
3	240	122—123	11,2	286		72,5	71,9	330	329
4	242	123—125	6,5	288		75,8	76,5	343	333
5	242	125—127	6,5	295	38,6	77,5	78,4	337	337
6	242	127	6,6	297	38,8	76,8	79,2	348	339
7	245	127—129	7,2	300	39,4	77,3	79,7	349	337
8	247	129	7,3	296	46,1	77,2	79,9	348	341
9	249	Abfall	3,5	301	48,2	78,5	79,7	347	339

* Nicht isomerisiert.

ließen sich noch weitere 9,2 g Methylester gewinnen. Jedoch war in dieser Fraktion der Gehalt an isomerisierten Produkten schon sehr hoch ($[E]^{1\%}_{1cm}$ bei 233 bzw. 269 mμ = 130 bzw. 199).

II. Trennung des C_{22}-Polyenfettsäuregemisches

Die aus den vereinigten Frakt. 5—9 gewonnenen freien Säuren (s. Abb. 1) wurden in 3 Ansätzen durch Gegenstromverteilung[9] in einer 200-stufigen, vollautomatischen Apparatur getrennt (Volumen der oberen und unteren Phase je 25 ccm). Als Lösungsmittel dienten n-Heptan für die obere und Methanol-Acetonitril-Eisessig (1 : 1 : 1) für die untere Phase. Beide Phasen wurden durch 2 stdg. Schütteln äquilibriert.

Bei jedem Ansatz wurden etwa 10 g Säuren gleichmäßig verteilt in das 4. und 5. Verteilungselement gegeben. Nun ließ man so lange obere Phase über

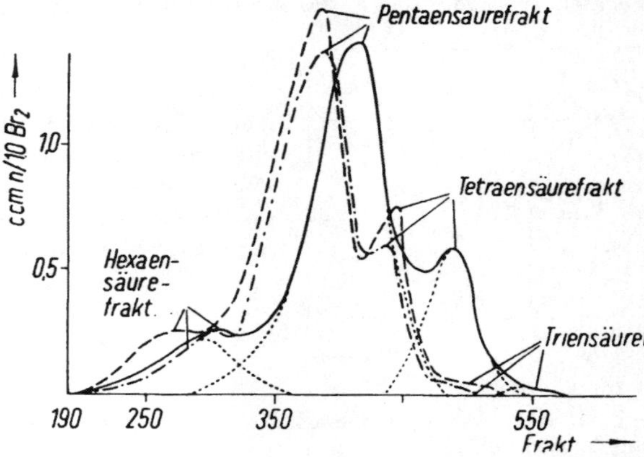

Abb. 2. Verteilungskurven der hochungesättigten C_{22}-Fettsäuren; ——— 1. Ansatz; - - - - - 2. Ansatz; —·—·— 3. Ansatz; · · · · · Begrenzung der einzelnen Fraktionen im 1. Ansatz.

[9] E. H. Ahrens jr. u. L. C. Craig, J. biol. Chemistry **195**, 299 [1952].

die stationäre untere laufen, bis die die Apparatur verlassenden Fraktionen keine Substanz mehr enthielten. Als Maß für die in einer Fraktion enthaltene Substanzmenge diente das Volumen an *n*/10-Bromlösung[7], das 2 ccm der betreffenden Fraktion verbrauchen, abzüglich des vorher bestimmten Blindwertes. Abb. 2 zeigt die so erhaltenen Verteilungskurven.

Um die Säurefrakt. gegeneinander abzugrenzen, wurden von einzelnen abgedampften Proben des Ansatzes 1 nach der Alkaliisomerisierung die UV-Spektren aufgenommen (Tab. 3). Dementsprechend vereinigte man, wie aus Tab. 4 ersichtlich, analoge Säurefrakt. und reinigte sie mit Ausnahme der Triensäurefrakt. durch nochmalige Gegenstromverteilung. Im Fall der Pentaensäurefrakt. wurden für diesen Zweck nur die Spitzenfraktionen verwendet.

Tab. 3. Extinktionsmaxima der ausgewählten Fraktionen des 1. Ansatzes nach Alkaliisomerisierung[8].

Fraktion	$[E]^{1\%}_{1cm}$				
	233 mμ	269 mμ	301 mμ	347 mμ	374 mμ
550—630	168,5	142	100,5	68	—
510	413,5	380	310	22	—
494	520	506,5	399,5	35,5	—
478	520	509	385	48	—
450	548,5	516	439,5	319	—
430	548,5	504,5	485,5	464	—
410	575	540,5	506,5	500	—
390	480	454,5	460,5	479,5	—
370	503	451,5	446,5	460,5	38,5
350	518	439,5	415	413,5	73,5
330	650,5	523	427	373	203,5
304	548,5	464	382,5	351,5	239
286	600,5	520	457	400,5	299
270	600,5	523	450	385	245,5

Tab. 4. Die vereinigten Säurefraktionen der Gegenstromverteilungen (Abb. 2).

Gegenstrom-verteilung	Triensäure-frakt.	Tetraen-säure-frakt.	Pentaensäurefrakt.			Hexaen-säure-frakt.
			des abfallenden Kurventeils	Spitzen-fraktionen	des aufsteigenden Kurventeils	
1	630—542	541—460	459—424	423—400	399—350	349—196
2	550—470	469—418	417—390	389—370	369—320	319—196
3	550—470	469—414	413—394	393—370	369—322	321—196
Erhaltene Mengen	1,23 g*	5,50 g	4,10 g	5,47 g	5,73 g	2,43 g

* In der hier aufgeführten Menge ist auch die Triensäurefrakt. einer zweiten, etwa gleich großen Aufarbeitung enthalten.

Abb. 3 zeigt die Verteilungskurven der 3 Säurefraktionen. Es wurden nun wieder die Spitzenfraktionen wie folgt vereinigt: a) Frakt. 348—362; b) Frakt. 266 bis 292; c) Frakt. 266—300 und daraus nach Abtrennung von unverseifbaren Anteilen (Hahnfett) schließlich die gereinigten Säuren erhalten. Ausbeuten: a) Tetraensäure 1,3 g; b) Pentaensäure 2,0 g; c) Hexaensäure 1,0 g. Hellgelbe, auch bei 0° leicht bewegliche Flüssigkeiten.

Von der nicht weiter gereinigten Triensäurefrakt. (Tab. 4) verblieben nach Entfernung des Unverseifbaren noch 0,6 g eines etwas dunkler gefärbten und bei 0° etwas zähflüssigeren Öls.

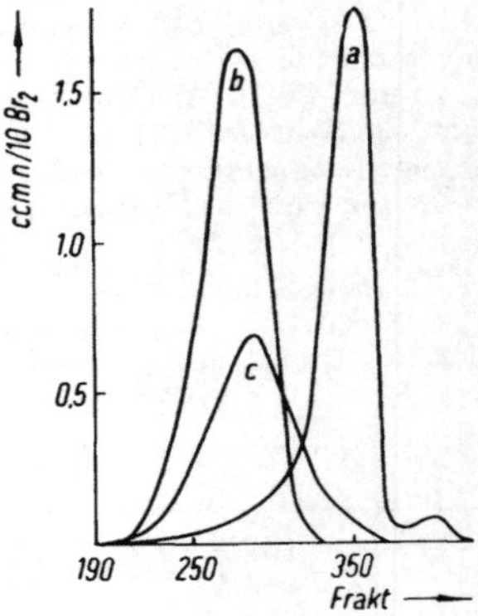

Abb. 3. Verteilungskurven; a) Tetraensäurefrakt.; b) Spitzenfraktionen der Pentaensäurefrakt.; c) Hexaensäurefrakt.

III. Die quantitative Zusammensetzung des C_{22}-Polyensäuregemisches

Die Berechnung erfolgt auf Grund des Bromverbrauches der bei der Gegenstromverteilung des C_{22}-Polyensäuregemisches erhaltenen Fraktionen. Zu diesem Zweck werden die Verteilungskurven (Abb. 2) in 4 Einzelkurven, die jeweils den einzelnen Komponenten entsprechen, aufgeteilt, wie dies bei der Verteilungskurve des 1. Ansatzes aus den eingezeichneten punktierten Linien ersichtlich ist. Im übrigen ergeben sich die Einzelheiten der Berechnung aus Tab. 5.

Tab. 5. Zusammensetzung des C_{22}-Polyensäuregemisches.

	Ansatz	Triensäurefrakt.	Tetraensäurefrakt.	Pentaensäurefrakt.	Hexaensäurefrakt.	Summe
Bromverbrauch Gesamtmenge*	1	0,83	12,55	53,85	7,71	
	2	0,92	12,51	50,53	8,56	
	3	0,73	8,87	41,55	7,13	
Bromverbrauch pro Doppelbindung	1	0,28	3,14	10,77	1,29	15,48
	2	0,31	3,13	10,11	1,43	14,98
	3	0,24	2,22	8,31	1,19	11,96
Zusammensetzung in % des Säuregemisches	1	1,8	20,4	69,5	8,3	
	2	2,1	20,9	67,6	9,4	
	3	2,0	18,6	69,5	9,9	
Mittlerer %-Gehalt		2,0	20,0	68,8	9,2	

* ccm n/10-Bromlösung von je 1 ccm oberer Phase der Fraktionen.

Die Berechnung der quantitativen Zusammensetzung des C_{22}-Polyensäuregemisches auf Grund der UV-Spektren des isomerisierten Gemisches und seiner Komponenten ist nicht möglich, da die einzelnen Proben nicht unter gleichen Bedingungen isomerisiert waren. Während für die Komponenten zur Isomerisierung durch Titration mit n-Schwefelsäure eingestelltes 21-proz. KOH-Glykol verwendet wurde, betrug der KOH-Gehalt des für das Spektrum des Gemischs benutzten KOH-Glykols, wie sich nachträglich herausstellte, etwa 20%.

IV. Die Dokosatriensäurefraktion

Jodz. 160. UV-Spektrum der isomerisierten und nicht isomerisierten Säure s. Abb. 4. Hydrierte Säure, Schmp. 68,6° (roh) bzw. 75,6° (umkrist.), mit Behensäure keine Schmelzpunktsdepression; Äquiv.-Gew. 359 (roh) bzw. 348 (umkrist.). Die umkristallisierte Substanz verhält sich papierchromatographisch[10] wie Behensäure. In der Mutterlauge sind papierchromatographisch Arachinsäure und Stearinsäure nachzuweisen.

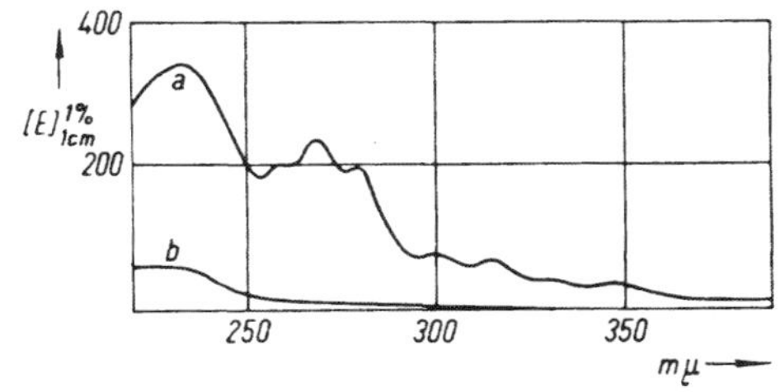

Abb. 4. UV-Spektrum der Dokosatriensäurefraktion mit 21-proz. KOH-Glykol isomerisiert[11] (a) und nicht isomerisiert (b).

Ozonidspaltung: 51,5 mg wurden nach Klenk und Bongard[3] ozonisiert und oxydativ gespalten. Weitere Aufarbeitung wie früher[2] beschrieben. Von den in 10 ccm 3% Butanol-Chloroform gelösten Abbau-dicarbonsäuren wurden 2 ccm (entspr. 10,3 mg Triensäurefrakt.) mit Säule D chromatographiert (Abb. 5).

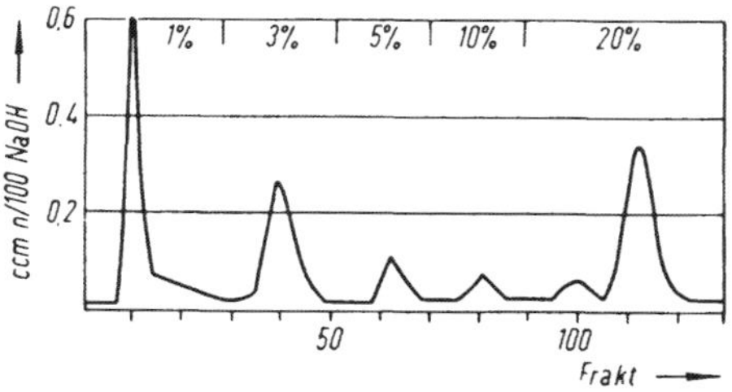

Abb. 5. Chromatographische Trennung der Abbau-Dicarbonsäuren der Dokosatriensäurefrakt. (entspr. 10,3 mg Säure) durch Säule D in Mol/Mol Triensäure. — 1% (8—27): 2,460 ccm *n*/100-NaOH, gef. 0,405 Mol Pimelinsäure (mit wenig Sebacinsäure); 3% (32—48): 1,510 ccm *n*/100-NaOH, gef. 0,245 Mol Pimelinsäure; 5% (59—67): 0,436 ccm *n*/100-NaOH, gef. 0,071 Mol Pimelinsäure + Adipinsäure; 10% (77—84): 0,213 ccm *n*/100-NaOH, gef. 0,035 Mol Glutarsäure; 20% (96—105): 0,277 ccm *n*/100-NaOH, gef. 0,045 Mol Bernsteinsäure; (106—122): 2,270 ccm *n*/100-NaOH, gef. 0,368 Mol Malonsäure.

Die papierchromatographische Prüfung der isolierten Spaltstücke nach Seher[12] ergab, daß es sich bei Frakt. 8—27 um Pimelinsäure und etwas Sebacinsäure, in Frakt. 32—48 um reine Pimelinsäure und in Frakt. 59—67 um Pimelinsäure und Adipinsäure handelte. Nach Lugg und Overell[13] geprüft, erwies sich

[10] H. Wagner, L. Abisch u. K. Bernhard, Helv. chim. Acta **38**, 1536 [1955].

[11] S. F. Herb u. R. W. Riemenschneider, J. Amer. Oil Chemists' Soc. **29**, 456 [1952].

[12] A. Seher, Fette u. Seifen **58**, 401 [1956].

[13] J. W. H. Lugg u. B. T. Overell, Nature [London] **160**, 87 [1947].

Frakt. 77—84 als Glutarsäure, Frakt. 96—105 als Bernsteinsäure und Frakt. 106—122 als Malonsäure. Den früheren Erfahrungen entsprechend sind mit der Säule D nur Malonsäure, Bernsteinsäure und Glutarsäure scharf abzutrennen. Die höheren Dicarbonsäuren sind mit dieser Säule nur unvollkommen trennbar. Die Pimelinsäure verteilt sich in der Regel wie im vorliegenden Fall auf die mit 1%, 3% und 5% Butanol-Chloroform eluierten Fraktionen.

V. Die Dokosatetraensäure

Jodz. 256* ($C_{22}H_{36}O_2$ ber. 305,2). UV-Spektrum der isomerisierten und nicht isomerisierten Säure s. Abb. 6. Hydrierte Säure, Schmp. 78,2° (roh) bzw. 79,2° (umkrist.), mit Behensäure keine Schmelzpunktsdepression; Äquiv-.Gew. 341 (roh) bzw. 341 (umkrist.). Papierchromatographisch[10] verhält sich die Substanz wie reine Behensäure.

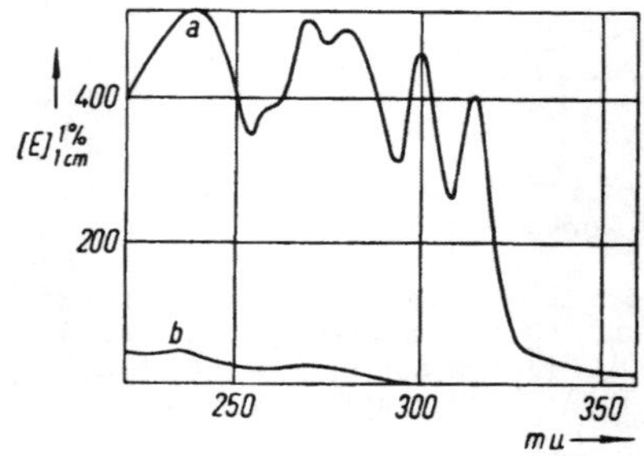

Abb. 6.

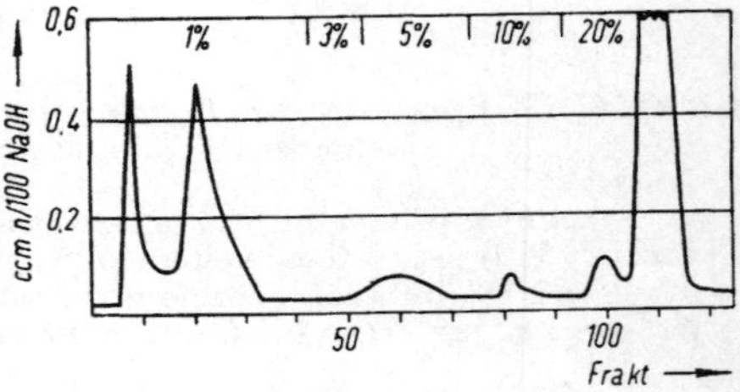

Abb. 7.

Abb. 6. UV-Spektrum der Dokosatetraensäure, mit 21-proz. KOH-Glykol isomerisiert[11] (a) und nicht isomerisiert (b).

Abb. 7. Chromatographische Trennung der Abbau-Dicarbonsäuren der Dokosatetraensäure (entspr. 9,7 mg Säure) durch Säule D in Mol/Mol Tetraensäure: — 1% (7—32): 4,570 ccm *n*/100-NaOH, gef. 0,785 Mol Pimelinsäure; 5% (54—68): 0,538 ccm *n*/100-NaOH, gef. 0,092 Mol Pimelinsäure; 10% (79—87): 0,205 ccm *n*/100-NaOH, gef. 0,030 Mol Pimelinsäure + Glutarsäure; 20% (97—103): 0,481 ccm *n*/100-NaOH, gef. 0,083 Mol Bernsteinsäure, nicht identifizierbar; (104—121): 8,450 ccm *n*/100-NaOH, gef. 1,450 Mol Malonsäure.

Ozonidspaltung

1. Freie Säure. Die Abbau-Dicarbonsäuren von 97,0 mg Tetraensäure wurden in 10 ccm 5% Butanol-Chloroform gelöst. 1 ccm (entspr. 9,7 mg) davon mit Säule D chromatographiert (Abb. 7).

Die papierchromatographische Untersuchung[13] ergab für die Frakt. 7—16, 17—32 u. 54—68 Pimelinsäure, 79—87 Pimelin- u. Glutarsäure, 104—121 Malonsäure. Frakt. 97—103 war nicht identifizierbar. Zur weiteren Identifizierung der Pimelinsäure wurden die Abbau-Dicarbonsäuren aus 400 mg Fettsäure zur Zerstörung der Malonsäure 2 Stdn. auf 150° erhitzt und nach beendeter Gasentwicklung bei derselben Temperatur die verbliebenen Säuren im Vakuum an einen Kühlfinger sublimiert. Durch Umkristallisation aus Benzol und Wasser erhielt man reine, papierchromatographisch einheitliche Pimelinsäure. Schmp. 100,4°. Mit einer Test-Pimelinsäure (Schmp. 96,0°) keine Schmelzpunktsdepression.

* Nach der Methode von Rosenmund u. Kuhnhenn erhält man bei diesen Polyensäuren niedrigere Werte als nach anderen Methoden.

2. Methylester: Die Abbausäuren von 108,0 mg Ester wurden nach Entfernung des Lösungsmittels im Vakuum über Schwefelsäure getrocknet und sofort ohne vorherige Petrolätherbehandlung in 10 ccm 5% Butanol-Chloroform gelöst. Man chromatographierte 1 ccm (entspr. 10,8 mg Ester) mit Säule D (Abb. 8).

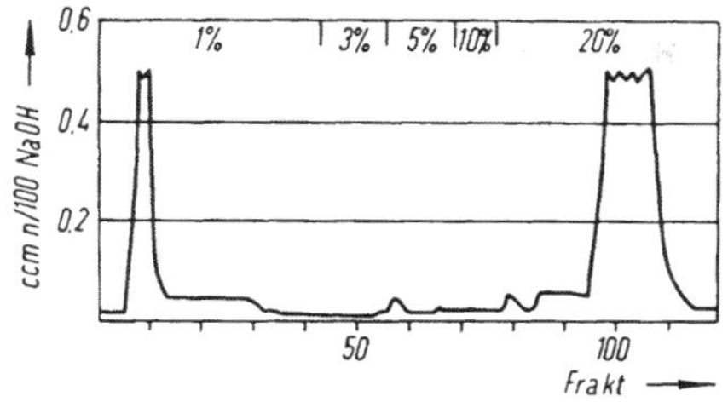

Abb. 8. Chromatographische Trennung der Abbausäuren des Dokosatetraensäuremethylesters (entspr. 10,8 mg Ester) durch Säule D in Mol/Mol Tetraensäureester. — 1% (6—13): 3,540 ccm $n/100$-NaOH + 2,470 ccm $n/100$-NaOH durch Verseifen, gef. 0,794 Mol Pimelinsäurehalbester + 0,344 Mol Monocarbonsäure; (14—33): 0,626 ccm $n/100$-NaOH, gef. 0,100 Mol Pimelinsäure; 5% (57—59): 0,062 ccm $n/100$-NaOH, gef. 0,010 Mol Pimelinsäure, nicht identifizierbar; 20% (79—82): 0,031 ccm $n/100$-NaOH, gef. 0,005 Mol Glutarsäure nicht identifizierbar; (85—94): 0,334 ccm $n/100$-NaOH, gef. 0,052 Mol Bernsteinsäure; (95—114): 8,730 ccm $n/100$-NaOH, gef. 1,403 Mol Malonsäure.

Nach Verseifung des Halbesters konnte die aus Frakt. 6—13 isolierte Dicarbonsäure papierchromatographisch[13] wieder als Pimelinsäure identifiziert werden, Frakt. 14—33 war Pimelinsäure, Frakt. 85—94 Bernsteinsäure, Frakt. 57—59 u. Frakt. 79—82 konnten nicht identifiziert werden.

VI. Die Dokosapentaensäure

Jodz. 344 ($C_{22}H_{34}O_2$ ber. 383,8). UV-Spektrum der isomerisierten und nicht isomerisierten Säure s. Abb. 9. Hydrierte Säure, Schmp. 78,5° (roh) bzw. 79,2° (umkrist.), mit Behensäure keine Schmelzpunktsdepression, Äquiv.-Gew. 341 (roh) bzw. 342 (umkrist.). Papierchromatographisch[10] verhält sich die Substanz wie reine Behensäure.

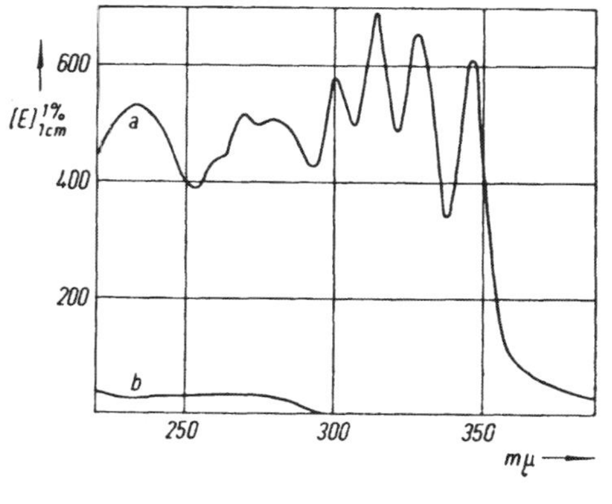

Abb. 9. UV-Spektrum der Dokosapentaensäure, mit 21-proz. KOH-Glykol isomerisiert[11] (a), und nicht isomerisiert (b).

Ozonidspaltung

1. Freie Säure: Die Abbau-Dicarbonsäuren von 120,5 mg Pentaensäure wurden in 10 ccm 10% Butanol-Chloroform gelöst und 1 ccm davon (entspr. 12,0 mg Säure) mit Säule D chromatographiert (Abb. 10).

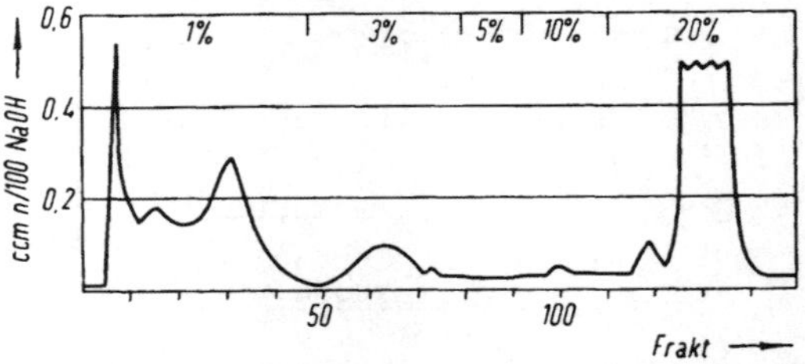

Abb. 10. Chromatographische Trennung der Abbau-Dicarbonsäuren der Dokosapentaensäure (entspr. 12,0 mg Säure) durch Säule D in Mol/Mol Pentaensäure. — 1% (6—44): 6,160 ccm *n*/100-NaOH, gef. 0,844 Mol Pimelinsäure; 3% (53—79): 0,805 ccm *n*/100-NaOH, gef. 0,100 Mol Pimelinsäure; 10% (98—101): 0,049 ccm *n*/100-NaOH, gef. 0,006 Mol Glutarsäure, nicht identifizierbar; 20% (116—121): 0,282 ccm *n*/100-NaOH, gef. 0,038 Mol Bernsteinsäure; (122—141): 15,400 ccm *n*/100-NaOH, gef. 2,110 Mol Malonsäure.

Die papierchromatographische Untersuchung der isolierten Spaltstücke ergab für die Frakt. 6—44 und Frakt. 53—79 Pimelinsäure[13,14], für die Frakt. 99—121 Bernsteinsäure und für Frakt. 122—141 Malonsäure[13]. Zur weiteren Identifizierung der Pimelinsäure wurde die Substanz auch auf präparativem Wege wie unter V/1 isoliert. Schmp. 95,0°. Mit Test-Pimelinsäure (Schmp. 96,0°) keine Schmelzpunktsdepression. Papierchromatographisch[13] war die Substanz einheitlich und mit Pimelinsäure identisch.

2. Methylester: Die wie bei V/2 erhaltenen Abbausäuren von 140,6 mg Ester wurden in 10 ccm 5% Butanol-Chloroform gelöst und 1 ccm davon (entspr. 14,1 mg Ester) mit Säule D chromatographiert (Abb. 11).

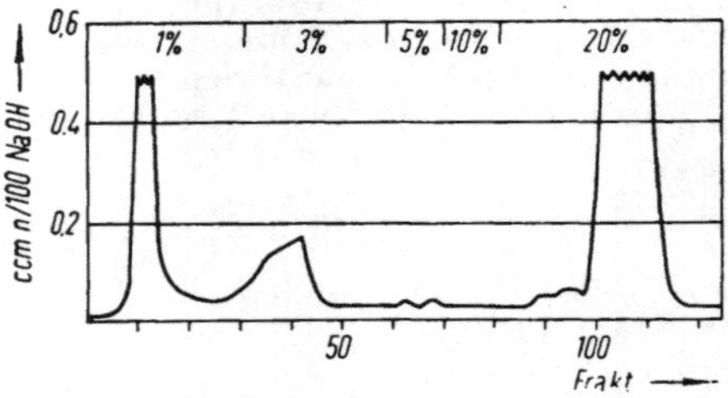

Abb. 11. Chromatographische Trennung der Abbausäuren des Dokosapentaensäuremethylesters (entspr. 14,1 mg Ester) durch Säule D in Mol/Mol Pentaensäureester. — 1% (6—31): 3,890 ccm *n*/100-NaOH + 3,600 ccm *n*/100-NaOH durch Verseifen, gef. 0,882 Mol Pimelinsäurehalbester + 0,049 Mol Monocarbonsäure; 3% (32—46): 1,195 ccm *n*/100-NaOH, gef. 0,146 Mol Pimelinsäure, nicht identifizierbar; 20% (88—97): 0,231 ccm *n*/100-NaOH, gef. 0,028 Mol Bernsteinsäure; (98—115): 17,600 ccm *n*/100-NaOH, gef. 2,155 Mol Malonsäure.

Nach Verseifung des Halbesters konnte die aus Frakt. 6—31 isolierte Dicarbonsäure papierchromatographisch[13] als Pimelinsäure identifiziert werden.

---

[14] E. Klenk u. H. Faillard, diese Z. **292**, 268 [1953].

Die Identifizierung der Frakt. 32—46 ist nicht gelungen, jedoch dürfte es sich wie bei VI/1 um Pimelinsäure gehandelt haben. Frakt. 88—97 erwies sich als Bernsteinsäure, Frakt. 98—115 als Malonsäure.

VII. Die Dokosahexaensäure

Jodz. 400 ($C_{22}H_{32}O_2$ ber. 463,5). UV-Spektrum der isomerisierten und nicht isomerisierten Säure s. Abb. 12. Hydrierte Säure Schmp. 77,9° (roh) bzw. 78,9° (umkrist.), mit Behensäure keine Schmelzpunktsdepression, Äquiv.-Gew. 357 (roh) bzw. 341 (umkrist.). Papierchromatographisch[10] verhält sich die Substanz wie reine Behensäure.

Ozonidspaltung

1. Freie Säure: Die Abbau-Dicarbonsäuren von 94,9 mg Hexaensäure wurden in 10 ccm 5% Butanol-Chloroform gelöst und 1 ccm davon (entspr. 9,5 mg Säure) mit Säule D chromatographiert (Abb. 13).

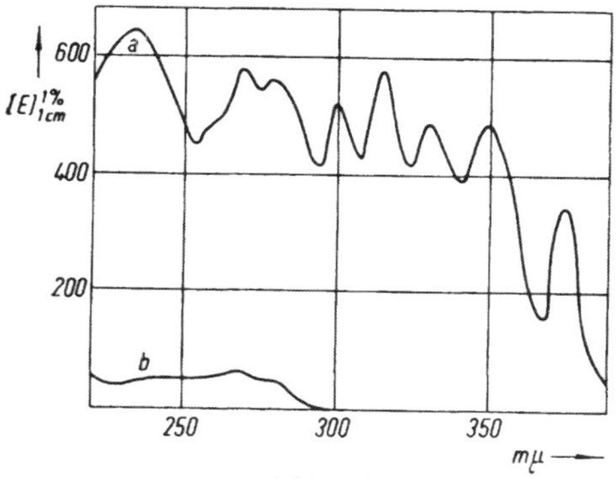

Abb. 12.

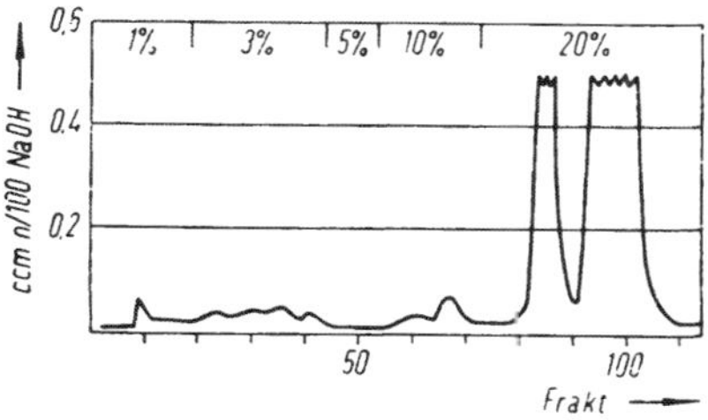

Abb. 13.

Abb. 12. UV-Spektrum der Dokosahexaensäure, mit 21-proz. KOH-Glykol isomerisiert[11] (a) und nicht isomerisiert (b).

Abb. 13. Chromatographische Trennung der Abbau-Dicarbonsäuren der Dokosahexaensäure (entspr. 9,5 mg Säure) durch Säule D in Mol/Mol Hexaensäure. — 1% (9—17): 0,167 ccm *n*/100-NaOH, gef. 0,038 Mol Pimelinsäure; 3% (21—43): 0,361 ccm *n*/100-NaOH, gef. 0,083 Mol Pimelinsäure; 10% (57—70): 0,259 ccm *n*/100-NaOH, gef. 0,054 Mol Glutarsäure; 20% (80—90): 3,655 ccm *n*/100-NaOH, gef. 0,804 Mol Bernsteinsäure; (91—108): 14,375 ccm *n*/100-NaOH, gef. 3,125 Mol Malonsäure.

Die papierchromatographische Untersuchung[13] der isolierten Spaltstücke ergab für die Frakt. 9—17 und Frakt. 21—43 Pimelinsäure, Frakt. 57—70 Glutarsäure, Frakt. 80—90 Bernsteinsäure und Frakt. 91—108 Malonsäure.

2. Methylester: Die wie bei V/2 erhaltenen Abbausäuren von 99,5 mg Ester wurden in 10 ccm 5% Butanol-Chloroform gelöst und 1 ccm davon (entspr. 10,0 mg Ester) mit Säule D chromatographiert (Abb. 14).

Nach Verseifung des Halbesters konnte die aus Frakt. 8—33 isolierte Dicarbonsäure papierchromatographisch[13] als Bernsteinsäure, mit etwas Pimelinsäure und Glutarsäure, identifiziert werden. Die papierchromatographische Untersuchung ergab bei der nicht verseiften Frakt. 99—108 Bernsteinsäure, Frakt. 109—135 Malonsäure. In Frakt. 36—60 ließ sich etwas freie Pimelinsäure nachweisen. Die Hauptmenge dieser Fraktion dürfte als Bernsteinsäure-monomethylester vorgelegen haben, der im Papierchromatogramm in der Front läuft und deshalb nicht sichtbar wird. Frakt. 74—82 konnte nicht identifiziert werden.

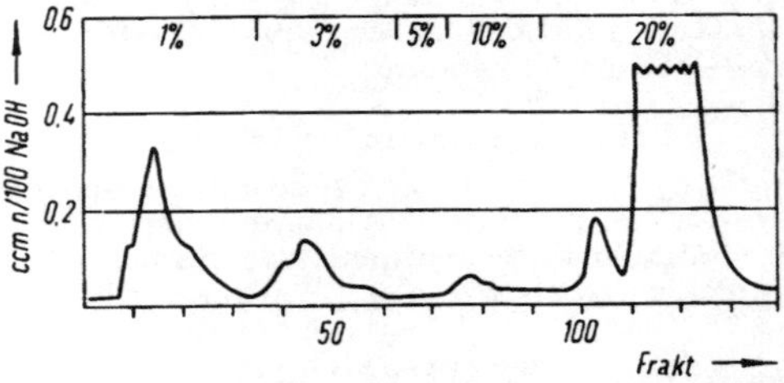

Abb. 14. Chromatographische Trennung der Abbausäuren des Dokosahexaensäuremethylesters (entspr. 10,0 mg Ester) durch Säule D in Mol/Mol Hexaensäureester. — 1% (8—33): 2,645 ccm *n*/100-NaOH + 1,910 ccm *n*/100-NaOH durch Verseifen, gef. 0,659 Mol Bernsteinsäurehalbester (mit etwas Pimelin- und Glutarsäurehalbester) + 0,254 Mol Monocarbonsäure; 3% (36—60): 1,090 ccm *n*/100-NaOH, gef. 0,193 Mol Pimelinsäure + Bernsteinsäurehalbester; 10% (74—82): 0,135 ccm *n*/100-NaOH, gef. 0,023 Mol Glutarsäure nicht identifizierbar; 20% (99—108): 0,678 ccm *n*/100-NaOH, gef. 0,117 Mol Bernsteinsäure; (109—135): 16,220 ccm *n*/100-NaOH, gef. 2,800 Mol Malonsäure.

VIII. Papierchromatographische Untersuchung der Dokosapolyensäuren

Eine Methode zur papierchromatographischen Untersuchung der Polyensäuren wurde bereits von Mangold, Lamp und Schlenk[15] beschrieben. Gute Ergebnisse konnten vor kurzem[2] ebenso mit der von Bernhard[10] modifizierten Kaufmannschen Methode[16] erzielt werden. Die letztere Methode hat sich auch im vorliegenden Fall, wie aus der Abb. 15 ersichtlich, gut bewährt. Demnach ist die

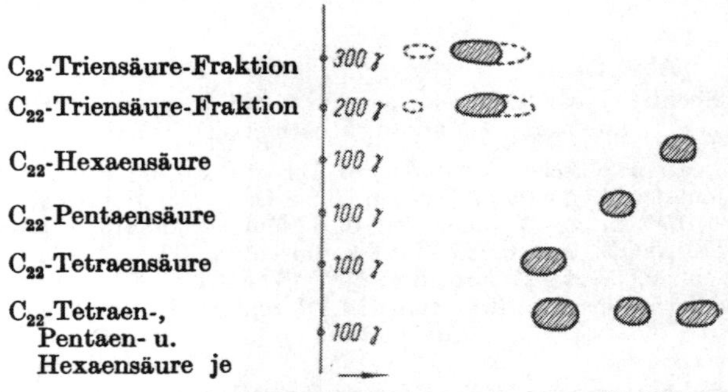

Abb. 15. Papierchromatogramm der C_{22}-Polyensäuren nach Wagner, Abisch und Bernhard[10].

isolierte Tetraensäure ebenso wie die Pentaensäure und Hexaensäure papierchromatographisch einheitlich. Ein Gemisch der 3 Säuren ist auf diese Weise scharf voneinander zu trennen. Demgegenüber ist im Papierchromatogramm deutlich zu erkennen, daß die Triensäurefraktion nicht einheitlich ist.

Die Untersuchung wurde durch Mittel der Deutschen Forschungsgemeinschaft und des Verbandes der Chemischen Industrie (Fonds der chemischen Industrie) unterstützt.

[15] H. K. Mangold, B. H. Lamp u. H. Schlenk, J. Amer. chem. Soc. 77, 6070 [1955].
[16] H. P. Kaufmann u. W. H. Nitsch, Fette u. Seifen 56, 154 [1954].

Zusammenfassung

Durch Gegenstromverteilung konnte aus dem C_{22}-Polyensäuregemisch der Glycerinphosphatide der Rinderleber $\Delta^{7.10.13.16}$-Dokosatetraensäure, $\Delta^{7.10.13.16.19}$-Dokosapentaensäure und $\Delta^{4.7.10.13.16.19}$-Dokosahexaensäure isoliert werden. Es ergaben sich auch gewisse Anhaltspunkte für das Vorkommen einer $\Delta^{7.10.14}$-Dokosatriensäure und einer $\Delta^{10.13}$-Dokosadiensäure in allerdings sehr kleinen Mengen. Das Säuregemisch hat etwa folgende Zusammensetzung: 2% Dien- und Triensäure, 20% Tetraensäure, 69% Pentaensäure und 9% Hexaensäure.

Summary

$\Delta^{7.10.13.16}$-Docosatetraenoic acid, $\Delta^{7.10.13.16.19}$-docosapentaenoic acid and $\Delta^{4.7.10.13.16.19}$-docosahexaenoic acid have been isolated by countercurrent distribution from the C_{22}-polyene acid mixture of the glycerophosphatides of bovine liver. There was also some evidence for the presence of very small amounts of a $\Delta^{7.10.14}$-docosatrienoic acid and a $\Delta^{10.13}$-docosadienoic acid. The acid mixture contains approximately 2 per cent of dienoic and trienoic acid, 20 per cent of tetraenoic acid, 69 per cent of pentaenoic acid and 9 per cent of hexaenoic acid.

Über die C_{18}- und C_{22}-Polyensäuren des Heringsöls*

Von

E. Klenk und **H. Brockerhoff**

Aus dem Physiologisch-Chemischen Institut der Universität Köln

(Der Schriftleitung zugegangen am 1. Oktober 1957)

In Fortsetzung der Untersuchungen über die Polyensäuren der Fischöle, die bisher zur Isolierung der $\Delta^{5.8.11.14.17}$-Eikosapentaensäure[1] aus Dorschlebertran und der $\Delta^{6.9.12.15}$-Oktadekatetraensäure[2] aus Heringsöl führte, haben wir nun auch die neben der Tetraensäure im Heringsöl noch vorkommenden anderen C_{18}-Polyensäuren näher charakterisiert. Bei der Gegenstromverteilung des C_{18}-Polyensäuregemischs fielen außer der bereits untersuchten Tetraensäure noch eine Dien- und eine Triensäurefraktion an, die zur Bestimmung der Lage der Doppelbindungen dem Ozonidabbau unterworfen wurden (Tab. 1).

Tab. 1. Abbaudicarbonsäuren der C_{18}-Polyensäuren. Menge in Mol pro Mol Polyensäure.

	Azelainsäure		Adipinsäure		Malonsäure
	freie Säure	Halbester	freie Säure	Halbester	freie Säure
C_{18}-Diensäure	0,95	—	0,05	—	0,48
Methylester . . .	—	0,96	—	—	0,49
C_{18}-Triensäure	0,85	—	0,14	—	1,01
Methylester . . .	—	1,01*	—	—	1,04

* Adipinsäure nicht mehr nachweisbar.

Diesem Abbauergebnis entsprechend, handelt es sich um $\Delta^{9.12}$-Oktadekadiensäure und um $\Delta^{9.12.15}$-Oktadekatriensäure, also um Linol- und Linolensäure. Die vorliegenden Fettsäurepräparate, vor allem die Triensäure, sind noch etwas verunreinigt mit der C_{18}-Tetraensäure, wie sich aus den UV-Spektren der mit Alkali isomerisierten Substanzen ergibt. Dies erklärt auch das Vorhandensein kleinerer Mengen Adipinsäure unter den Abbaudicarbonsäuren. Außerdem ist das Diensäurepräparat noch mit etwas Triensäure und wahrscheinlich mit Ölsäure verunreinigt.

---

* Über die Ergebnisse der vorliegenden Untersuchung wurde bereits auf der Internationalen Konferenz über die Biochemie der Lipoide in Oxford vom 16. bis 19. Juli 1957 berichtet.

[1] E. Klenk u. D. Eberhagen, diese Z. **307**, 42 [1957].

[2] E. Klenk u. H. Brockerhoff, diese Z. **307**, 272 [1957].

Die Reindarstellung der Substanzen war infolge der anfallenden kleinen Substanzmengen nicht mehr möglich.

Während wir uns bisher zur Konstitutionsermittlung der Polyensäuren im wesentlichen auf die Untersuchung der beim oxydativen Ozonidabbau auftretenden Dicarbonsäuren beschränkten, wobei die Stellung der ersten, der Carboxylgruppe am nächsten stehenden Doppelbindung erfaßt wird, wurde nun zur Sicherstellung der Befunde auch noch ein Verfahren ausgearbeitet, das ebenfalls in verhältnismäßig einfacher Weise erlaubt, die Stellung der endständigen Doppelbindung, d. h. der Doppelbindung, welche der endständigen Methylgruppe in der Kohlenstoffkette der Polyensäure am nächsten steht, festzustellen.

Zu diesem Zweck werden die Ozonide der Polyensäuren reduktiv gespalten und die entstehenden niederen einfachen Aldehyde in eine Lösung von 2.4-Dinitro-phenylhydrazin hineindestilliert. Das Hydrazongemisch trennt man nach der Methode von Roberts und Green[3] säulenchromatographisch und bestimmt anschließend jede der in scharfen Zonen abgetrennten Fraktionen photometrisch. Die Identifizierung der einzelnen Hydrazone und ihre Prüfung auf Reinheit erfolgte papierchromatographisch nach Tunmann[4] und außerdem durch Isolierung derselben. Dieser Abbau wurde nicht nur bei den beiden vorliegenden C_{18}-Polyensäuren, sondern auch bei der schon früher[2] gewonnenen C_{18}-Tetraensäure mit dem in Tab. 2 dargestellten Ergebnis durchgeführt.

Tab. 2. Abbaualdehyde der C_{18}-Polyensäuren des Heringsöls.
Menge der 2.4-Dinitrophenylhydrazone in Mol pro Mol Polyensäure.

Zone	2.4-Dinitro-phenylhydrazon von	Tetraensäure	Triensäure	Diensäure
1	Acetaldehyd	0,70	0,63	0,60
2	Propionaldehyd	0,82	0,71	0,16
3	Capronaldehyd	—*	0,07	0,64

* Gefunden wurde in der 3. Zone 0,04 Mol eines Hydrazons, das bei der papierchromatographischen Prüfung etwa den R_F-Wert des Butyraldehyd-hydrazons hatte.

Der immer in etwa gleich großen Mengen aufgefundene Acetaldehyd muß als Zersetzungsprodukt des bei dem reduzierenden Abbau zu erwartenden Malondialdehyds aufgefaßt werden. Im übrigen wird durch das Abbauergebnis die auf anderem Wege bestimmte Konstitution dieser drei Polyensäuren bestätigt. Es zeigt auch, daß das untersuchte Linolsäurepräparat mit etwas Linolensäure und das Linolensäurepräparat mit etwas Linolsäure verunreinigt ist. Nimmt man die beim oxydativen Ozonidabbau erzielten Ergebnisse hinzu, so muß das Vorhandensein von Linol- und Linolensäure im Heringsöl als gesichert gelten. Die Frage nach dem Vorkommen dieser beiden Polyensäuren in den Fischölen war

[3] J. D. Roberts u. Ch. Green, Ind. Engng. Chem., analyt. Edit. **18**, 335 [1946].

[4] P. Tunmann, Arch. Pharmaz., Ber. dtsch. pharmaz. Ges. **289**, 329 [1956].

bisher noch umstritten[5]. Wenn es sich auch nur um kleinere Mengen handelt, so dürfte dem gelungenen Nachweis doch eine gewisse Bedeutung für die Lösung des Problems über die Herkunft der anderen Polyensäuren dieser Fischöle zukommen.

Was die C_{22}-Polyensäuren betrifft, so sind diese erstmals von Bull[6] in den Fischölen aufgefunden worden. Hierher gehört die von Tsujimoto[7] aus Herings- und anderen Fischölen dargestellte und als Pentaensäure angesprochene Clupanodonsäure ($C_{22}H_{34}O_2$), welche eingehender von Farmer und van den Heuvel[8] untersucht wurde. Letztere kamen zu dem Schluß, daß die Clupanodonsäure Tsujimotos ein Kunstprodukt ist und daß sie aus einer in den Fischölen vorkommenden Hexaensäure bei der Destillation entstanden sein dürfte. Die Isolierung einer Dokosahexaen- und einer Pentaensäure aus Fischölen, welche als solche charakterisiert werden konnten, ist, soweit wir sehen, erstmals Holman und Mitarb.[9] mit Hilfe einer chromatographischen Methode gelungen. Eine Konstitutionsbestimmung wurde nicht ausgeführt. Farmer und van den Heuvel sprachen ihre Säure als $\Delta^{4.8.11.14.17.20}$-Dokosahexaensäure an, wobei jedoch die gegenseitige Lage der Divinylmethan- und Divinyläthangruppierungen dahingestellt blieb.

Im Laufe der vorliegenden Untersuchung wurden gleichzeitig mit den C_{18}-Polyensäuren auch die C_{22}-Polyensäuren durch Vakuumdestillation der Methylester herausfraktioniert. Das anfallende Gemisch trennte man dann wieder durch Gegenstromverteilung in die Komponenten. Es bestand, wie sich herausstellte, im wesentlichen aus einer Pentaen- und einer Hexaensäure, und zwar bildete die Hexaensäure den Hauptanteil (etwa 80%) des Gemischs. Die Pentaensäure war in wesentlich kleineren Mengen (etwa 10% des Gemischs) vorhanden. Beide Säuren konnten so weit gereinigt werden, daß die isolierten Substanzen nur noch kleinere Mengen der anderen beigemengt enthielten.

Zur Konstitutionsaufklärung wurde wieder in der üblichen Weise der oxydative Ozonidabbau durchgeführt. Das Ergebnis der chromatographischen Analyse der Abbaudicarbonsäuren zeigt Tab. 3.

Nach diesem Abbauergebnis handelt es sich um $\Delta^{7.10.13.16.19}$-Dokosapentaensäure und $\Delta^{4.7.10.13.16.19}$-Dokosahexaensäure. Das Vorkommen der letzten dieser beiden Säuren im Dorschlebertran wurde bereits im

---

[5] T. G. Green u. T. P. Hilditch, J. Soc. chem. Ind. London **55**, 4 T [1936]; F. B. Shorland u. J. G. McIntosh, Biochem. J. **30**, 1775 [1936]; F. B. Shorland, Biochem. J. **33**, 1935 [1939]; Y. Toyama u. T. Tsuchiya, Bull. chem. Soc. Japan **4**, 83 [1929]; **11**, 741 [1936]; R. Sen Gupta, A. Grollmann u. S. C. Nigogy, Proc. nat. Int. Sci. India **19**, 527 [1953] (ref. Chem. Zbl. **1954**, 5786).

[6] H. Bull, Ber. dtsch. chem. Ges. **39**, 3570 [1906].

[7] M. Tsujimoto, Bull. chem. Soc. Japan **3**, 299 [1928].

[8] E. H. Farmer u. F. A. van den Heuvel, J. chem. Soc. [London] **1938**, 427.

[9] A. M. Abu-Nasr u. R. T. Holman, J. Amer. Oil Chemists' Soc. **31**, 41 [1954].

Tab. 3. Abbaudicarbonsäuren der Dokosapolyensäuren des Heringsöls und ihrer Methylester. Menge in Mol pro Mol Polyensäure.

	Vorlauf		Pimelinsäure		Bernsteinsäure		Malonsäure
	freie Säure	Halbester	freie Säure	Halbester	freie Säure	Halbester	freie Säure
C_{22}-Pentaensäure	—	—	0,83	—	0,09	—	2,11
Methylester	—	—	—	0,93	—	—	2,01
C_{22}-Hexaensäure	0,23*	—	—	—	0,82	—	2,98
Methylester	—	—	—	—	0,09	0,91**	2,72

* Enthält beträchtliche Mengen Pimelinsäure.
** Mit kleineren Beimengungen von höheren Dicarbonsäuren.

Jahre 1953[10] festgestellt. Sie ist jedoch daraus erst jetzt im Anschluß an diese Arbeit (siehe Anhang) als solche isoliert worden. Die Säure ist identisch mit der in den Phosphatiden vieler Säugetierorgane vorkommenden Hexaensäure[11,12]. Soeben berichtet Whitcutt[13] über die Isolierung der $\Delta^{4.7.10.13.16.19}$-Dokosahexaensäure aus südafrikanischem Sardinenöl. Wie ein Vergleich der UV-Absorptionsspektren nach der Alkaliisomerisierung zeigt, scheint dieses Säurepräparat jedoch mit unserer Hexaensäure nicht identisch zu sein. Die für eine Hexaensäure charakteristische spezifische Extinktion bei 374 mμ ist bei unserer Substanz etwa sechsmal größer. Selbst wenn man berücksichtigt, daß die Reproduzierbarkeit der Alkaliisomerisation etwas zu wünschen übrig läßt und bei der Methode gewisse unkontrollierbare Schwankungen auftreten, würde nach unseren Erfahrungen das UV-Spektrum der Substanz von Whitcutt für das Vorliegen eines komplexen Polyensäuregemischs mit einem Hexaensäuregehalt von nicht mehr als 20% sprechen, während Whitcutt einen Reinheitsgrad von 84—90% angibt. Diese widersprechenden Befunde bedürfen noch der Klärung.

Die obige Pentaensäure wurde schon früher von Klenk und Dreike[14] in den Phosphatiden der Rinderleber nachgewiesen und daraus vor kurzem[12] auch in größerer Reinheit als im vorliegenden Fall isoliert.

In Übereinstimmung mit den aufgestellten Strukturformeln wurde beim reduktiven Ozonidabbau der beiden Polyensäuren außer Acetaldehyd nur Propionaldehyd und kein höherer Aldehyd, insbesondere kein Capronaldehyd, angetroffen (Tab. 4).

Um einen besseren Überblick zu bekommen, wurde auch eine annähernde Schätzung der Zusammensetzung des ursprünglichen Polyensäuregemischs versucht. Das Ergebnis zeigt Tab. 5, soweit die vorläufig noch unvollständigen Daten reichen.

[10] E. Klenk u. W. Bongard, Internat. Conference on Biochem. Problems of Lipids, Koninklijke Vlaamse Academie voor Wetenschappen, Letteren en Schone Kunsten van Belgie, Brüssel, S. 33 [1953].
[11] E. Klenk u. F. Lindlar, diese Z. **299**, 74 [1955].
[12] E. Klenk u. H. J. Tomuschat, diese Z. **308**, 165 [1957].
[13] J. M. Whitcutt, Biochem. J. **67**, 60 [1957].
[14] E. Klenk u. A. Dreike, diese Z. **300**, 113 [1955].

Tab. 4. Abbaualdehyde der C_{22}-Polyensäuren des Heringsöls. Menge in Mol pro Mol Polyensäure.

Zone	2.4-Dinitrophenylhydrazon von	Hexaensäuren	Pentaensäure
1	Acetaldehyd . .	0,80	0,70
2	Propionaldehyd	0,77	0,64
—	höhere Aldehyde	—	—

Tab. 5. Zusammensetzung des aus Heringsöl erhaltenen Polyensäuregemischs in %.

	C_{14}	C_{16}	C_{18}	C_{20}	C_{22}
Insgesamt	3,4	9,5	25,0	33,7	28,4
Monoensäure			7,0		
Diensäure			4,7		2,2
Triensäure			2,4		
Tetraensäure			10,9		
Pentaensäure					2,6
Hexaensäure					23,6

Die Befunde lassen darauf schließen, daß in den Fischölen von jeder Polyensäuregruppe mit gleicher Kettenlänge jeweils die am stärksten ungesättigte Säure den Hauptteil des Gemischs bildet. Ähnliche Verhältnisse haben Klenk und Eberhagen[1] auch bei der Untersuchung der C_{20}-Polyensäuren des Dorschlebertrans angetroffen, wo die $\Delta^{5.8.11.14.17}$-Eikosapentaensäure mengenmäßig stark vorherrschte. Alle diese Polyensäuren gehören dem Linolensäuretyp an. Dasselbe gilt zum mindesten teilweise auch für die in wesentlich geringeren Mengen vorkommenden weniger stark ungesättigten Polyensäuren ($\Delta^{7.10.13.16.19}$-Dokosapentaensäure). Außer der Linolsäure selbst fand sich bis jetzt im Heringsöl noch keine Polyensäure vom Linolsäuretyp.

In diesem Punkt unterscheiden sich offensichtlich die Polyensäuren der Fischöle von den ihnen so ähnlichen Polyensäuren der Phosphatide der Säugetierorgane. Die letzteren enthalten in der Regel außer den Polyensäuren vom Linolensäuretyp noch solche vom Linolsäuretyp (z. B. $\Delta^{5.8.11.14}$-Eikosatetraensäure [Arachidonsäure], $\Delta^{7.10.13.16}$-Dokosatetraensäure) in beträchtlichen Mengen. Da nach Thomasson[15] die Polyensäuren vom Linolsäuretyp als essentielle Fettsäuren stärker wirksam sind als die vom Linolensäuretyp, wird damit auch verständlich, daß die Wachstumswirkung der Fischöle auf fettfrei ernährte Tiere trotz ihres Polyensäuregehalts vielfach wesentlich geringer ist als die der linolsäurehaltigen pflanzlichen Öle.

[15] H. J. Thomasson, Internat. Conference on Biochem. Problems of Lipids, Koninklijke Vlaamse Academie voor Wetenschappen, Letteren en Schone Kunsten van Belgie, Brüssel, S. 212 [1953]; H. J. Thomasson u. H. de Jongh, Fette u. Seifen 57, 390 [1955].

Beschreibung der Versuche

A. Die Methode der reduktiven Ozonidspaltung

Nach verschiedenen Vorversuchen hat sich folgendes Verfahren am besten bewährt:

Eine Probe der Säure (etwa 20 mg) wird in einer Lösung von etwa 2 ccm Eisessig und 2 ccm Methylacetat bei -10^0 bis -20^0 ozonisiert. Man spült dann mit Eisessig in einen Hydrierkolben, fügt 2—4 mg Platindioxyd zu und hydriert unter Schütteln, bis etwas mehr als die berechnete Menge Wasserstoff aufgenommen ist. Dann wird die gesamte Flüssigkeit in eine Vorlage mit etwa 30 ccm einer frisch bereiteten schwefelsauren Dinitrophenylhydrazin-Lösung* (2,5 g 2.4-Dinitrophenylhydrazin in 50 ccm konz. Schwefelsäure, mit Wasser auf 1 *l* aufgefüllt) destilliert. Dabei läßt man den Vorstoß des Kühlers zur Vermeidung von Aldehydverlusten in die vorgelegte Lösung eintauchen. Während der Destillation leitet man durch die Apparatur einen schwachen Kohlensäurestrom. Nach beendeter Destillation werden die teilweise aus der Lösung ausgefallenen Hydrazone der überdestillierten Aldehyde mehrmals mit Benzol ausgeschüttelt. Die mit Natriumsulfat getrocknete und stark eingeengte Benzollösung führt man in ein 25-ccm-Meßkölbchen über, das man mit Benzol/Ligroin (Sdp. d. Ligroins $60-90^0$) so auffüllt, daß das Verhältnis etwa 2 : 1 beträgt.

Von dieser Lösung wird 1 ccm nach Roberts und Green[3] chromatographiert, wobei man eine 17—20 cm hohe Säule verwendet, die 6 g Kieselgel Merck und 3 g Hyflo-Super-Cel enthält. Man entwickelt das Chromatogramm mit 4% Äther enthaltendem Ligroin. Der Durchlauf der einzelnen Zonen wird gesammelt und das Lösungsmittel abgedampft. Das zurückbleibende Hydrazon nimmt man in je 100 ccm Benzol auf und photometriert die Lösung bei 366 mμ in 1 cm Quarzküvetten (Eppendorf-Photometer).

Berechnung: mg Hydrazon $= 25 \cdot E \cdot f$ (E = Extinktion; f = empirischer Faktor, der durch Photometrieren des Testhydrazons in entsprechender Weise ermittelt wird. Folgende f-Werte wurden gefunden: Hydrazon von Acetaldehyd 1,27; von Propionaldehyd 1,31; von Capronaldehyd 1,48).

$$x = \frac{\text{mg Hydrazon} \cdot \text{Mol.-Gewicht Polyensäure}}{\text{Mol.-Gewicht Hydrazon} \cdot \text{mg Einwage}}$$

(x = Mole Aldehyd pro Mol Polyensäure).

Zur papierchromatographischen Identifizierung nach Tunmann[4] benützte man die leicht abgeänderte Phasenmischung D (Eisessig : Wasser : Methanol : Benzin [Sdp. $60-80^0$] = 1 : 0,5 : 4 : 3), welche bessere Trennwirkung für die Hydrazone der höheren Aldehyde (C_4-C_9) ergab als die von Tunmann angegebene Mischung D (1 : 1 : 6 : 3).

Zur Isolierung der einzelnen Hydrazone wurden die restlichen 24 ccm Lösung des Hydrazongemischs mit Hilfe einer größeren Säule (50 g Kieselgel Merck, 25 g Hyflo-Super-Cel) in 2 Portionen chromatographiert. Aus dem Eluat der 2. Zone erhielt man das Hydrazon des Propionaldehyds, aus dem der 3. Zone das des Capronaldehyds. Jede der Substanzen wurde aus Ligroin sowie Wasser/Alkohol umkristallisiert.

Der auf diese Weise durchgeführte Abbau der Oktadekatetraensäure (Präp. I) hatte das in Tab. 6 zusammengestellte Ergebnis. Die papierchromatographische Prüfung ergab für die Substanz von Zone 2 reines Hydrazon des Propionaldehyds. Die isolierte und umkristallisierte Substanz schmolz bei 153⁰. Der Misch-Schmelzpunkt mit authent. Propionaldehyd-hydrazon war ohne Depression.

$C_9H_{10}N_4O_4$ (238,8) N ber. 23,53; gef. 23,62 (Mikro-Dumas).

---

* An Stelle der schwefelsauren Lösung verwendet man noch besser 5 ccm einer phosphorsauren Lösung; Methoden d. organ. Chemie (Houben-Weyl), 4. Aufl., Bd. 2, S. 449 (Springer Verlag Heidelberg 1953).

Auch das nur in kleineren Mengen vorhandene Hydrazon der Zone 3 war papierchromatographisch einheitlich und hatte etwa dieselbe Wanderungsgeschwindigkeit wie Butyraldehyd.

Tab. 6. Abbaualdehyde der Oktadekatetraensäure (22,58 mg) aus Heringsöl.

Zone	2.4-Dinitro-phenylhydrazon von	Extinktion	Menge Hydrazon	
			mg	Mol pro Mol Polyensäure
1	Acetaldehyd	0,402	12,76	0,70
2	Propionaldehyd	0,438	15,82	0,82
3	höherer Aldehyd	$0{,}215 \cdot 10^{-1}$*	0,93	0,04

* Gelöst in 10 ccm und nicht in 100 ccm Benzol.

B. Die C_{18}-Polyensäuren

a) Diensäure

Aus den Verteilungen der C_{18}-Polyensäurefraktionen 4 bzw. 5 wurden die früher gewonnenen Fraktionen 537—582 bzw. 541—582 (siehe Tab. 2 und Abb. 2 u. 3 der Arbeit von Klenk und Brockerhoff[2]) vereinigt. Man erhielt daraus 0,88 (I) bzw. 0,51 (II) g Diensäure als schwach gelbes, leicht bewegliches Öl. JZ 148 bzw. 164[16]. Die UV-Spektren vor und nach Alkaliisomerisation (21% KOH-

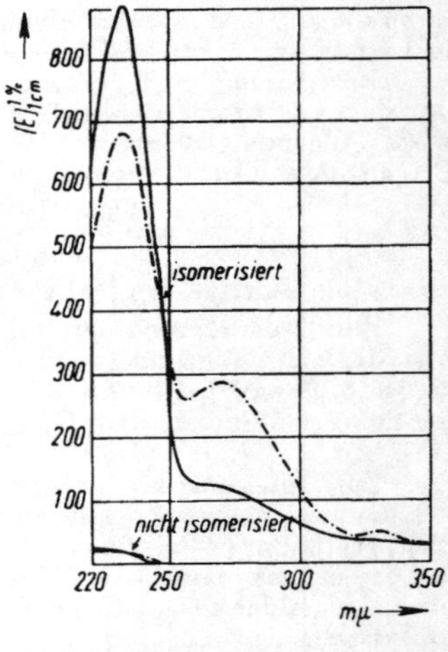

Abb. 1. UV-Absorptionsspektren der C_{18}-Diensäuren I u. II vor und nach der Alkaliisomerisierung; —·— Diensäure I, —— Diensäure II.

Glykol, 180°, 8 Min.) zeigt Abb. 1, aus welcher sich ergibt, daß nur die Substanz II eine einigermaßen einheitliche Diensäure war. Auch sie war noch mit etwas Triensäure verunreinigt. Die Beimengung war jedoch zu klein, um papierchromatographisch nachweisbar zu sein. Bei der papierchromatographischen Prüfung verhielt sich die Substanz wie reine Linolsäure. Das Hydrierungsprodukt schmolz bei 67° und gab mit Test-Stearinsäure (Schmp. 69°) keine Schmelzpunktdepression. Auch auf Grund der papierchromatographischen Prüfung war die Substanz mit Stearinsäure identisch.

[16] Nach K. W. Rosenmund u. W. Kuhnhenn, Z. Unters. Nahrungs- u. Genußmittel 46, 154 [1923].

Die oxydative Ozonidspaltung: Die Zusammensetzung der a) aus 12,07 mg Diensäure II bzw. b) aus dem Methylester von 10,32 mg Säure wie üblich[17, 18] erhaltenen Dicarbonsäuren bzw. Abbausäuren zeigen die Abb. 2 und 3. Bei a) entfernte man vor der chromatographischen Analyse aus den Abbausäuren die Monocarbonsäuren durch Behandlung mit Petroläther, während bei b) wegen des Vorhandenseins der Dicarbonsäurehalbester die Petrolätherbehandlung unterblieb und die Abbausäuren als solche für die säulenchromatographische Analyse eingesetzt wurden. Die papierchromatographische Prüfung ergab bei a) für Fr. 6—30 reine Azelainsäure[19], für Fr. 53—66 Adipinsäure und für Fr. 85—125 Malonsäure[20] bei b) war das Ergebnis entsprechend, nur daß hier die Adipinsäure nicht mehr

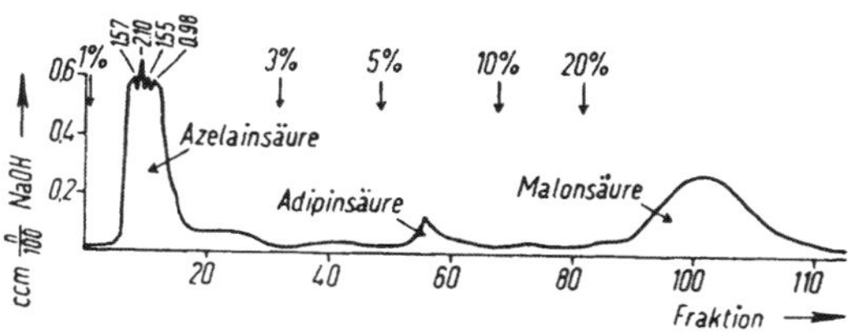

Abb. 2. Chromatogramm der Abbaudicarbonsäuren der Oktadekadiensäure II. 1% (6—30): 8,16 ccm n/100-NaOH, gef. 0,95 Mol Azelainsäure. — 5% (53—66): 0,42 ccm n/100-NaOH, gef. 0,05 Mol Adipinsäure. — 20% (85—125): 4,09 ccm n/100-NaOH, gef. 0,48 Mol Malonsäure.

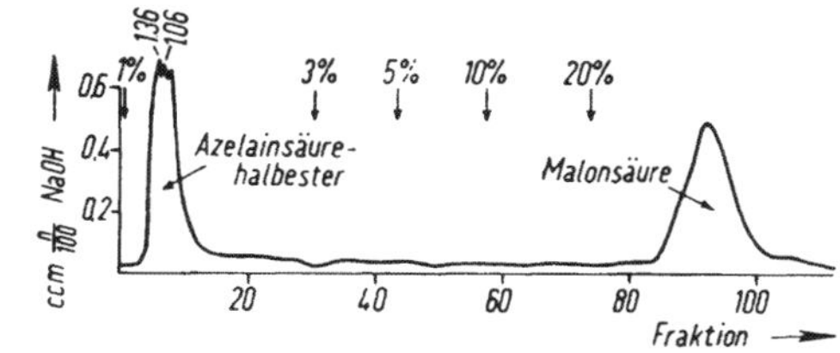

Abb. 3. Chromatogramm der Abbausäuren des Oktadekadiensäure-methylesters II. 1% (4—28): 4,91 ccm n/100-NaOH, gef. 1,33 Mol; zur Verseifung verbr. 3,54 ccm n/100-NaOH, gef. 0,96 Mol Azelainsäure-monomethylester. — 20% (85—112): 3,61 ccm n/100-NaOH, gef. 0,49 Mol Malonsäure.

aufgefunden werden konnte. Das Auftreten dieser Dicarbonsäure dürfte auf eine geringfügige Verunreinigung mit C_{18}-Tetraensäure zurückzuführen sein, die jedoch im UV-Spektrum kaum andeutungsweise zu erkennen ist.

Die reduktive Ozonidspaltung: Der Abbau von 20,24 mg Diensäure II führte zu dem in Tab. 7 zusammengestellten Ergebnis. Jedes der säulenchromatographisch abgetrennten Hydrazone war bei papierchromatographischer Prüfung mit den Testsubstanzen identisch und einheitlich. Isoliert wurde nur das Hydrazon des Capronaldehyds (Zone 3). Schmp. 102°. Schmp. d. Testsubstanz 104°. Misch-Schmp. keine Depression.

$C_{12}H_{16}N_4O_4$ (280,2) N ber. 20,00; gef. 20,30/20,15 (Mikro-Dumas).

---

[17] E. Klenk u. W. Bongard, diese Z. **290**, 181 [1952].
[18] E. Klenk u. W. Montag, Liebigs Ann. Chem. **604**, 4 [1957].
[19] Nach E. Klenk u. H. Faillard, diese Z. **292**, 268 [1953].
[20] Nach J. W. H. Lugg u. B. T. Overell, Nature [London] **160**, 87 [1947].

Tab. 7. Abbaualdehyde von 20,24 mg Oktadekadiensäure II.

Zone	2.4-Dinitro-phenylhydrazon von	Extinktion	Menge Hydrazon	
			mg	Mol pro Mol Polyensäure
1	Acetaldehyd	0,305	9,68	0,60
2	Propionaldehyd	0,085	2,78	0,16
3	Capronaldehyd	0,350	12,95	0,64

b) Triensäure

Wie unter a) wurden aus den Verteilungen der C_{18}-Polyensäurefraktionen 4 bzw. 5 die Frakt. 440—518 bzw. Fr. 447—514 vereinigt. Man erhielt daraus 0,56 bzw. 0,41 g Triensäure III bzw. IV in Form eines schwach gelben, leicht beweglichen Öls. JZ 225 bzw. 219[16]. Abb. 4 zeigt die UV-Spektren vor und nach der

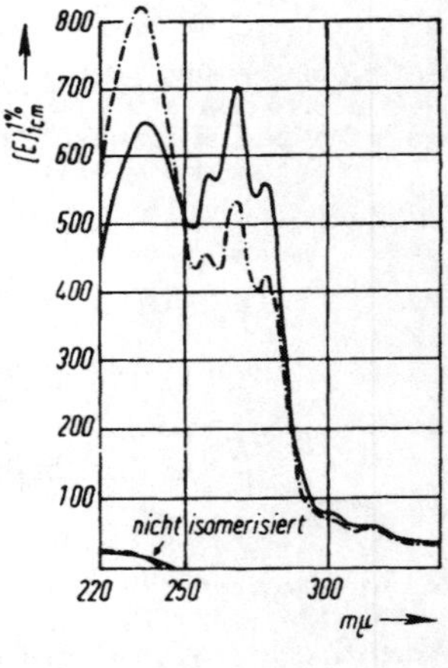

Abb. 4. UV-Absorptionsspektren der Triensäure III (—·—) und IV (——) vor und nach der Alkaliisomerisation.

Alkaliisomerisation. Daraus ist ersichtlich, daß Substanz III noch stark mit Diensäure verunreinigt ist, nicht so sehr dagegen Substanz IV, und daß beide Substanzen etwas Tetraensäure, allerdings nur sehr kleine Mengen, enthalten. Für die weiteren Versuche wurde deshalb das Präparat IV verwendet, das papierchromatographisch einheitlich war und sich wie Linolensäure verhielt. Das Hydrierungsprodukt schmolz bei 67° und gab mit Test-Stearinsäure keine Schmelzpunktsdepression. Auch auf Grund der papierchromatographischen Prüfung war die Substanz mit Stearinsäure identisch.

Die oxydative Ozonidspaltung: Die Zusammensetzung der a) aus 10,59 mg Oktadekatriensäure (IV) bzw. b) aus dem Methylester von 8,72 mg dieser Säure wie üblich erhaltenen Abbaudicarbonsäuren zeigen die Abb. 5 und 6. Die papierchromatographische Prüfung ergab bei a) für Fr. 6—31 reine Azelainsäure[19], für Fr. 73—91 Adipinsäure und für Fr. 109—138 Malonsäure[20]. Bei b) war das Ergebnis entsprechend, wobei aber wieder wie beim Diensäure-methylester Adipinsäure nicht aufgefunden werden konnte. Das Auftreten der Adipinsäure zeigt die schon spektroskopisch nachgewiesene Beimengung von C_{18}-Tetraensäure in dem untersuchten Präparat an.

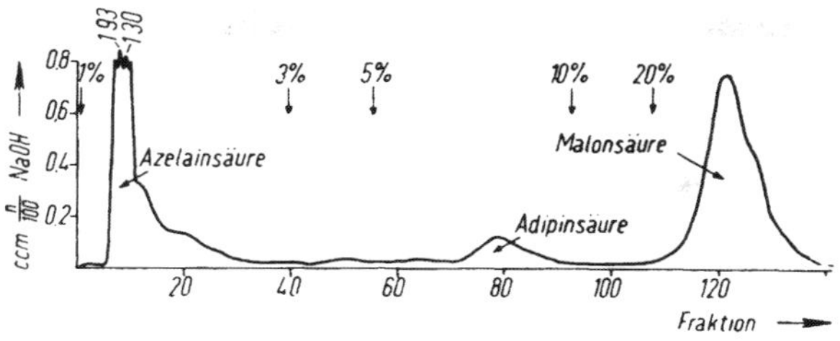

Abb. 5. Chromatogramm der Abbaudicarbonsäuren der Oktadekatriensäure IV. 1% (6—31): 6,43 ccm *n*/100-NaOH, gef. 0,85 Mol Azelainsäure. — 5% (73—91): 1,04 ccm *n*/100-NaOH, gef. 0,14 Mol Adipinsäure. — 20% (109—138): 7,68 ccm *n*/100-NaOH, gef. 1,01 Mol Malonsäure.

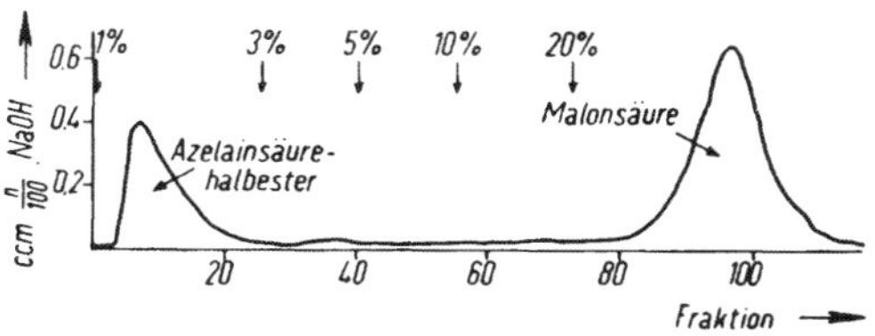

Abb. 6. Chromatogramm der Abbausäuren des Oktadekatriensäure-methylesters IV. 1% (4—24): 3,17 ccm *n*/100-NaOH, gef. 1,01 Mol Azelainsäure-monomethylester. — 20% (83—112): 6,52 ccm *n*/100-NaOH, gef. 1,04 Mol Malonsäure.

Die reduktive Ozonidspaltung: Der Abbau von 16,27 mg Substanz führte zu dem Ergebnis der Tab. 8. Wieder waren die chromatographisch getrennten Hydrazone papierchromatographisch einheitlich und mit den Testsubsubstanzen identisch. Isoliert wurde hier das Hydrazon des Propionaldehyds (Zone 2). Schmp. 153°. N gef. 23,22 (Mikro-Dumas).

Tab. 8. Abbaualdehyde von 16,27 mg Oktadekatriensäure IV.

Zone	2.4-Dinitro-phenylhydrazon von	Extinktion	Menge Hydrazon	
			mg	Mol pro Mol Polyensäure
1	Acetaldehyd	0,260	8,26	0,63
2	Propionaldehyd	0,302	9,89	0,71
3	Capronaldehyd	$0{,}328 \cdot 10^{-1}$*	1,21	0,07

* gelöst in 10 ccm und nicht in 100 ccm Benzol.

C. Die C_{22}-Polyensäuren

Zur Gewinnung der C_{22}-Polyensäuren wurde die schon früher[2] beschriebene Vakuumdestillation der Methylester von 176 g hochungesättigten Fettsäuren so lange fortgesetzt, bis bei Steigerung der Badtemperatur auf 230° insgesamt 122 g Methylester übergegangen und im Destillat die Hauptmenge der C_{20}-Polyensäuren enthalten war. Die letzten der überdestillierten Anteile siedeten bei 128° (10^{-4} Torr).

Zum Destillationsrückstand (60 g) gab man noch 40 g eines aus Essobayol 16 herausfraktionierten Kohlenwasserstoffgemischs (Sdp. 160—170° 10^{-4} Torr) und destillierte in derselben Weise wie oben weiter, wobei jedoch jetzt eine nur 30 cm hohe Kolonne benützt wurde. Aus jeder der Fraktionen wurden die Säuren durch Verseifung der Ester und Abtrennung des Unverseifbaren zurückgewonnen (Tab. 9).

Tab. 9. Fraktionierte Destillation des Rückstands der Polyensäure-methylester nach Zusatz eines Schleppers.

	Heiz-bad-temp.	Sdp. 10^{-4} Torr	Menge Säure g	JZ	Hydrierte Säuren			
					Rohprodukt		umkristallisiert	
					Schmp.	Äquiv.-Gew.	Schmp.	Äquiv.-Gew.**
12	230°	135°	2,7	—	—	—		
13	235°	136°	7,6	356	73—74°	337		
14	240°	136°	7,6	353	78—79°	348	78—80°*	342
15	245°	136—139°	6,7	340	74—76°	352	78—80°*	342
16	255°	140—144°	5,7	340	74—76°	352	78—80°*	342
17	260°	145—149°	3,8	325	74—76°	353		

* Die Fr. geben mit Dokosansäure (Schmp. 80°) keine Schmelzpunktsdepression.
** Äquiv.-Gew. $C_{22}H_{44}O_2$ ber. 340,6.

Abb. 7 zeigt die UV-Spektren von Fr. 14, 15 u. 16 vor und nach der Alkaliisomerisation. Die drei Fraktionen enthielten praktisch ausschließlich C_{22}-Polyensäuren. Papierchromatographisch waren die hydrierten Säuren dieser Fraktionen einheitlich und mit n-Dokosansäure identisch.

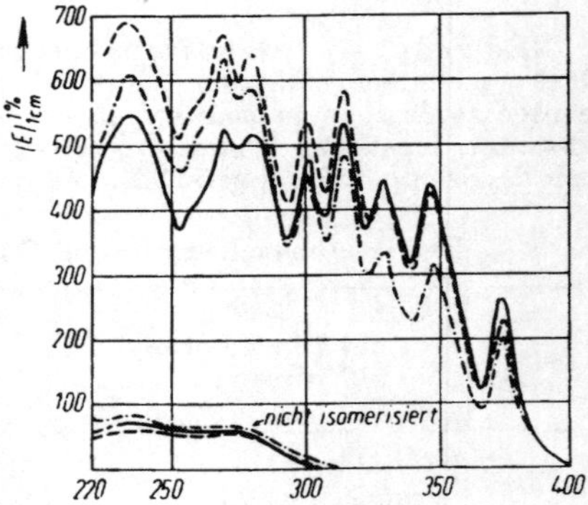

Abb. 7. UV-Absorptionsspektren des C_{22}-Polyensäuregemischs der Fr. 14, 15 u. 16 vor u. nach der Alkaliisomerisation. - - - - Fraktion 14, —— Fraktion 15, —·— Fraktion 16.

3,5 g freie Säuren der Fr. 14 wurden anschließend durch Gegenstromverteilung wie üblich in die Komponenten zerlegt. Abb. 8 zeigt die Verteilungskurve. An den in der Kurve mit Pfeilen bezeichneten Stellen (a—d) wurden Proben entnommen und nach Abdampfen des Lösungsmittels die Substanz mit Alkali isomerisiert. Die UV-Spektren zeigten, daß bei a) und b) Hexaensäure vorlag. Bei c) war die Extinktion im Hexaenbereich (374 mμ) schon etwas geringer, und Probe d) absorbierte dort fast gar nicht mehr, stark dagegen im Pentaenbereich (327 und 346 mμ), so daß hier im wesentlichen eine Pentaensäure vorliegen mußte.

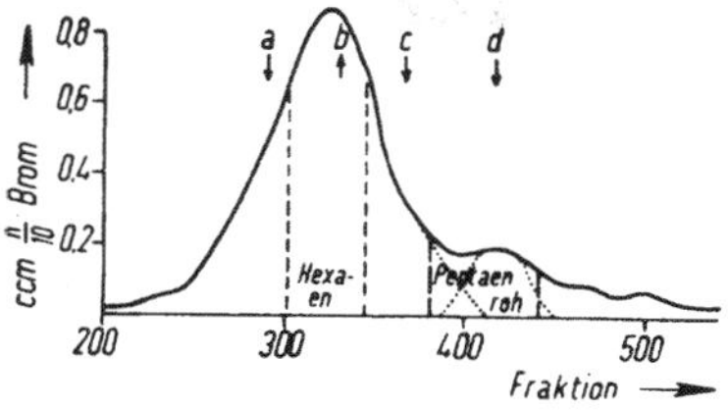

Abb. 8. Verteilungskurve der C_{22}-Polyensäurefraktion 14.

a) Pentaensäure

Durch Vereinigung der Verteilungsfr. 380—440 (Abb. 8) erhielt man 0,54 g rohe Pentaensäure, ebenso aus zwei weiteren Verteilungen von 8 bzw. 5,4 g Polyensäuregemisch der Fr. 14, 15 u. 16 0,83 bzw. 1,07 g Rohprodukt. 2,3 g davon wurden einer nochmaligen Gegenstromverteilung unterworfen (Abb. 9).

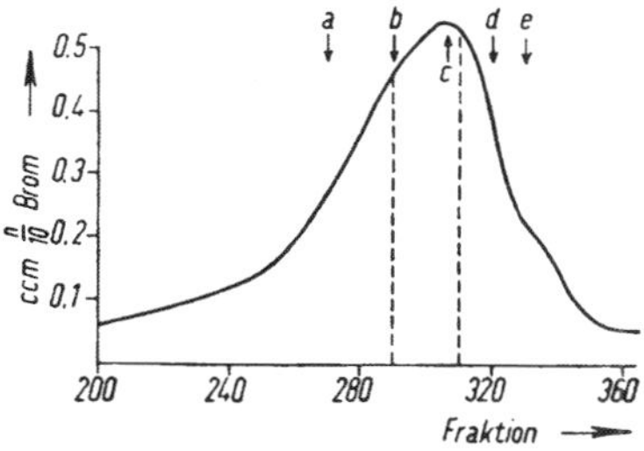

Abb. 9. Verteilungskurve des Rohprodukts der C_{22}-Pentaensäure aus Fr. 14—16.

Die UV-Spektren von an den in der Verteilungskurve (Abb. 9) mit Pfeilen bezeichneten Stellen (a—e) entnommenen, alkaliisomerisierten Proben zeigten, daß a) noch ziemlich viel Hexaensäure und b) ebenso wie c) praktisch nur Pentaensäure enthielt. Bei d) und e) wurde die Extinktion im Pentaenbereich geringer. Man vereinigte deshalb die Verteilungsfr. 290—310 (Abb. 9) und erhielt daraus 0,56 g Dokosapentaensäure. Schwach gelbes, leicht bewegliches Öl. JZ 359 (n. Wijs, 1 Stde.); $C_{22}H_{34}O_2$ ber. 383,5. Abb. 10 zeigt die UV-Spektren vor und nach Alkaliisomerisation. Demzufolge enthielt das Präparat noch etwa 10% Hexaensäure. Die Säure war papierchromatographisch einheitlich. Das Hydrierungsprodukt schmolz bei 76—77° und gab mit n-Dokosansäure (Schmp. 80°) keine Schmelzpunktsdepression. Papierchromatographisch war die Substanz mit n-Dokosansäure identisch.

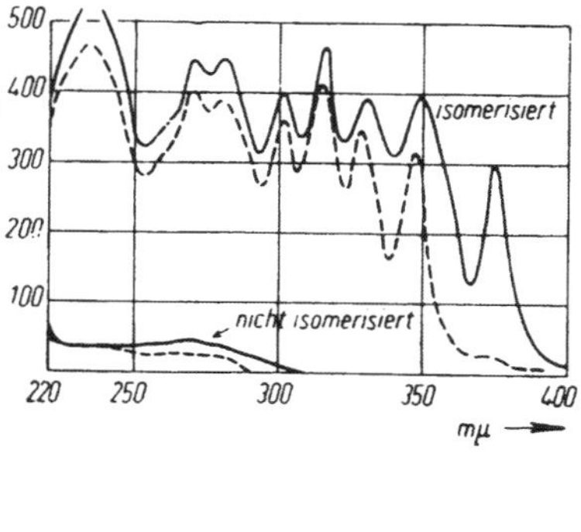

Abb. 10. UV-Absorptionsspektren der C_{22}-Pentaen- und C_{22}-Hexaensäure vor und nach der Alkaliisomerisation. —— Hexaensäure, - - - - Pentaensäure.

Die oxydative Ozonidspaltung: Die Zusammensetzung der a) aus 9,88 mg Dokosapentaensäure und b) aus dem Methylester von 10,21 mg Säure wie üblich erhaltenen Abbaudicarbonsäuren zeigen die Abb. 11 u. 12. Die papierchromatographische Prüfung ergab bei a) für Fr. 4–42 reine Pimelinsäure, für Fr. 93 bis 99 Bernsteinsäure und Malonsäure, etwa gleiche Teile, und für Fr. 100–130 Malonsäure[20]. Bei b) war das Ergebnis entsprechend, jedoch konnte hier freie Bernsteinsäure nicht nachgewiesen werden, was dafür spricht, daß diese Dicarbonsäure von der dem Pentaensäurepräparat in Mengen von 5–10% beigemengten Hexaensäure stammt.

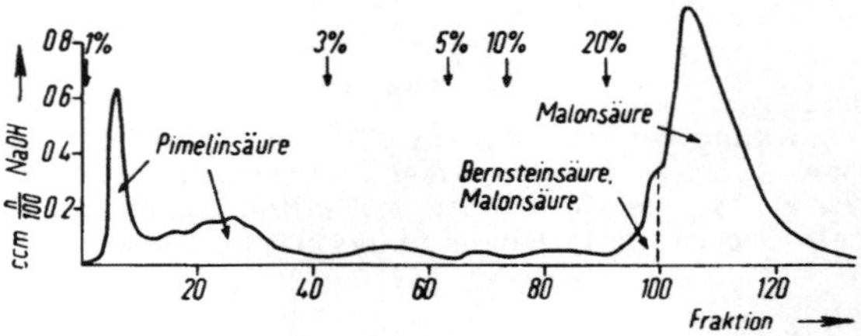

Abb. 11. Chromatogramm der Abbaudicarbonsäuren der Dokosapentaensäure. 1% (4–42): 4,97 ccm *n*/100-NaOH, gef. 0,83 Mol Pimelinsäure. – 3% (43–63): 0,42 ccm *n*/100-NaOH, gef. 0,07 Mol Dicarbonsäure, nicht identifiziert. – 10% (76–90): 0,41 ccm *n*/100-NaOH, gef. 0,07 Mol Dicarbonsäure, nicht identifiziert. – 20% (93–99): 1,09 ccm *n*/100-NaOH, gef. 0,18 Mol Bernstein- und Malonsäure, etwa gleiche Teile; (100–130): 12,06 ccm *n*/100-NaOH, gef. 2,02 Mol Malonsäure.

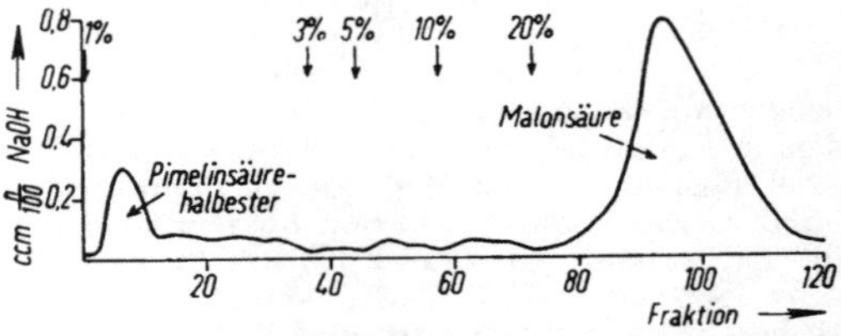

Abb. 12. Chromatogramm der Abbausäuren des Dokosapentaensäure-methylesters. 1% (3–35): 2,86 ccm *n*/100-NaOH, 0,93 Mol Pimelinsäure-monomethylester. – 5% (46–56): 0,38 ccm *n*/100-NaOH, gef. 0,06 Mol Dicarbonsäure, nicht identifiziert. – 10% (60–70): 0,49 ccm *n*/100-NaOH, gef. 0,08 Mol Dicarbonsäure, nicht identifiziert. – 20% (77–120): 12,4 ccm *n*/100-NaOH, gef. 2,01 Mol Malonsäure.

Die reduktive Ozonidspaltung: Der Abbau von 14,70 mg Substanz führte zu dem Ergebnis der Tab. 10. Nur Acet- und Propionaldehyd und keine höheren Aldehyde ließen sich nachweisen. Die beiden säulenchromatographisch

Tab. 10. Abbaualdehyde von 14,70 mg Dokosapentaensäure.

Zone	2.4-Dinitro-phenylhydrazon von	Extinktion	Menge Hydrazon	
			mg	Mol pro Mol Polyensäure
1	Acetaldehyd	0,220	6,98	0,70
2	Propionaldehyd	0,208	6,81	0,64

getrennten Hydrazone waren papierchromatographisch einheitlich und mit den Testsubstanzen identisch. Isoliert wurde das Hydrazon des Propionaldehyds (Zone 2). Schmp. 153°. N gef. 23,28.

b) Hexaensäure

Durch Vereinigung der Verteilungsfr. 302–345 (Abb. 8) wurden 1,28 g C_{22}-Hexaensäure erhalten. Schwach gelbes, leicht flüssiges Öl. JZ 450 (n. Wijs, 1 Stde.); $C_{22}H_{32}O_2$ ber. 463. Die Säure war papierchromatographisch einheitlich. Abb. 10 zeigt die UV-Spektren vor und nach der Alkaliisomerisierung. Das Hydrierungsprodukt schmolz bei 77–78° und gab mit n-Dokosansäure keine Schmelzpunktsdepression. Papierchromatographisch war die Substanz mit n-Dokosansäure identisch.

Die oxydative Ozonidspaltung: Die Zusammensetzung der a) aus 10,14 mg Dokosahexaensäure bzw. b) aus dem Methylester von 10,06 mg Säure erhaltenen Abbaudicarbonsäuren zeigen die Abb. 13 u. 14. Die papierchromato-

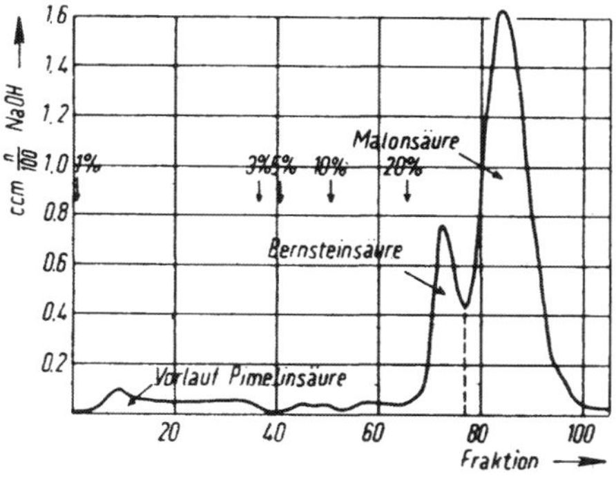

Abb. 13. Chromatogramm der Abbaudicarbonsäuren der Dokosahexaensäure. 1% (6–36): 1,42 ccm $n/100$-NaOH, gef. 0,23 Mol Dicarbonsäuren (hauptsächlich Pimelinsäure, Vorlauf). – 20% (66–77): 5,08 ccm $n/100$-NaOH, gef. 0,82 Mol Bernsteinsäure; (78–105): 18,40 ccm $n/100$-NaOH, gef. 2,98 Mol Malonsäure.

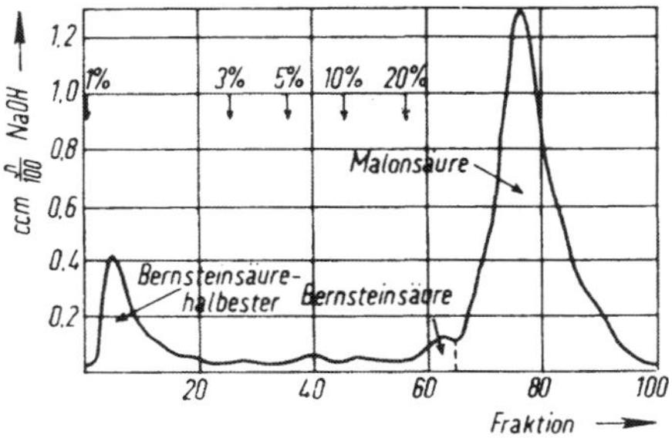

Abb. 14. Chromatogramm der Abbausäuren des Dokosahexaensäure-methylesters. 1% (3–21): 2,77 ccm $n/100$-NaOH, gef. 0,91 Mol Bernsteinsäure-monomethylester (mit Beimengungen höherer Dicarbonsäuren, darunter Pimelinsäure bzw. Halbester). – 20% (58–64): 0,54 ccm $n/100$-NaOH, gef. 0,09 Mol Bernsteinsäure; (65–100): 16,65 ccm $n/100$-NaOH, gef. 2,72 Mol Malonsäure.

graphische Prüfung ergab bei a) für Fr. 6—36 höhere Dicarbonsäuren, in der Hauptsache Pimelinsäure, bei Fr. 66—77 reine Bernsteinsäure und für Fr. 78—105 Malonsäure[20]. Bei b) war das Ergebnis entsprechend.

Die reduktive Ozonidspaltung: Der Abbau von 25,62 mg Substanz führte zu dem Ergebnis der Tab. 11. Die beiden säulenchromatographisch getrennten Hydrazone waren papierchromatographisch einheitlich und mit den Testsubstanzen identisch. Isoliert wurde das Hydrazon des Propionaldehyds (Zone 2) Schmp. 153°. N gef. 23,63.

Tab. 11. Abbaualdehyde von 25,62 mg Dokosahexaensäure.

Zone	2.4-Dinitro-phenyl-hydrazon von	Extinktion	Menge Hydrazon	
			mg	Mol pro Mol Polyensäure
1	Acetaldehyd	0,440	13,97	0,80
2	Propionaldehyd	0,435	14,25	0,77

D. Die quantitative Zusammensetzung des Polyensäuregemischs

Die Zusammensetzung des Hydrierungsprodukts des als Ausgangsmaterial verwendeten Gemischs der hochungesättigten Fettsäuren des Heringsöls von der Jodzahl 279 wurde nach dem von Kapitel[21] modifizierten Verfahren der reversed phase chromatography von Howard und Martin[22] mit dem in Abb. 15 gezeigten Ergebnis bestimmt. Die papierchromatographische Prüfung ergab für Fr. 15—25 Palmitinsäure, Fr. 26—36 Stearinsäure, Fr. 37—46 n-Eikosansäure und Fr. 47—58 n-Dokosansäure. Fr. 8—14 wurde nicht identifiziert. Der Hauptsache nach dürfte es sich um Myristinsäure gehandelt haben.

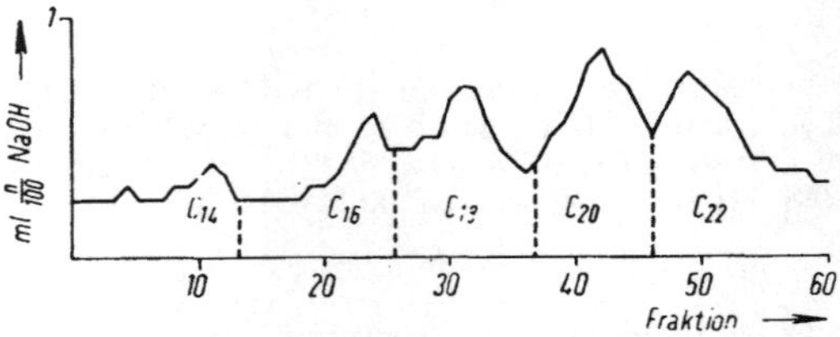

Abb. 15. Chromatogramm des Hydrierungsprodukts des Gemischs der hochungesättigten Fettsäuren des Heringsöls. Fr. 8—14: 0,05 ccm n/100-NaOH, gef. 0,114 mg Myristinsäure (?) oder 3,4%. — Fr. 15—25: 0,125 ccm n/100-NaOH, gef. 0,320 mg Palmitinsäure oder 9,5%. — Fr. 26—36: 0,295 ccm n/100-NaOH, gef. 0,840 mg Stearinsäure oder 25,0%. — Fr. 37—46: 0,363 ccm n/100-NaOH, gef. 1,132 mg n-Eikosansäure oder 33,7%. — Fr. 47—58: 0,28 ccm n/100-NaOH, gef. 0,953 mg n-Dokosansäure oder 28,4% des Gemischs.

Die Berechnung der Zusammensetzung des C_{18}- bzw. C_{22}-Polyensäuregemischs erfolgte auf Grund des Bromverbrauchs der bei der Gegenstromverteilung erhaltenen Fraktionen, wie aus den Verteilungskurven der Abb. 2 u. 3 in der früheren[2] bzw. der Abb. 8 in der vorliegenden Arbeit ersichtlich. Einzelheiten der Berechnung siehe l. c.[12].

[21] W. Kapitel, Fette u. Seifen 58, 91 [1956].
[22] G. A. Howard u. A. J. P. Martin, Biochem. J. 46, 532 [1950].

Tab. 12. Zusammensetzung der C_{18}- u. C_{22}-Polyensäurefraktionen.

	ccm n/10-Br		ccm n/10-Br pro Doppelbindg.		Menge Polyensäuren in % des Gemischs		
	Fr. 4	Fr. 5	Fr. 4	Fr. 5	Fr. 4	Fr. 5	Mittelwert
C_{18}							
Monoensäure	2,95	1,65	2,59	1,65	29,0	26,6	27,8
Diensäure	4,20	1,69	2,10	0,85	23,6	13,7	18,7
Triensäure	2,72	1,75	0,91	0,58	10,2	9,4	9,8
Tetraensäure	13,23	12,50	3,31	3,12	37,2	50,3	43,7
	Fr. 14		Fr. 14		Fr. 14		
C_{22}							
Vorlauf*	1,89		0,54		7,9		
Pentaensäure	3,09		0,62		9,1		
Hexaensäure	33,48		5,68		83,0		

* Für 3,5 Doppelbindungen berechnet.

Anhang

Isolierung der $\Delta^{4,7,10,13,16,19}$-Dokosahexaensäure aus Dorschlebertran: Zur Isolierung wurde in derselben Weise vorgegangen wie oben. Aus 500 g Lebertran erhielt man 128 g hochungesättigte Fettsäuren (JZ 268) und durch Vakuumdestillation der Ester 15,0 g C_{22}-Polyensäuregemisch. Die Gegenstromverteilung wurde mit 8 g des Gemischs durchgeführt. Verteilungskurve s. Abb. 16.

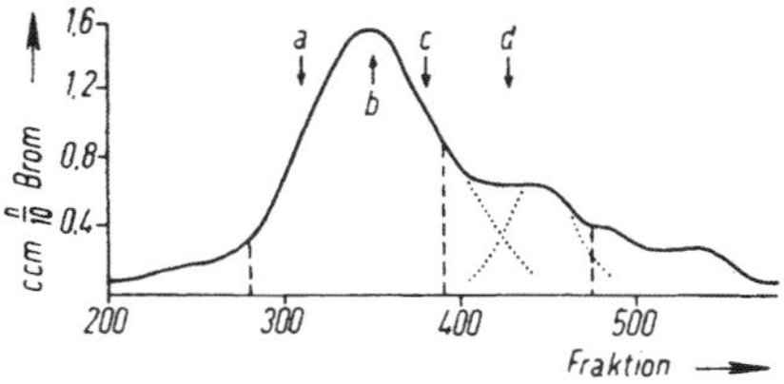

Abb. 16. Verteilungskurve der C_{22}-Polyensäurefraktion aus Dorschlebertran.

Zur Messung der UV-Spektren nach Alkaliisomerisierung wurden von den in der Verteilungskurve mit Pfeilen bezeichneten Stellen (a—d) Proben entnommen. Es zeigte sich, daß bei a), b) und c) Hexaensäure, bei d) Pentaensäure mit einer Beimischung von Hexaensäure vorlag. Auf Grund des Ergebnisses der Gegenstromverteilung berechnet sich folgende Zusammensetzung des C_{22}-Polyensäuregemischs: Vorlauf (weniger stark ungesättigte Polyensäuren) 16%, Pentaensäure 18% und Hexaensäure 66%.

Aus den vereinigten Verteilungsfr. 280—390 wurden 4,23 g Hexaensäure erhalten. Gelbes, leicht flüssiges Öl. JZ 439 (n. Wijs, 1 Stde.). Abb. 17 zeigt die UV-Spektren vor und nach der Alkaliisomerisation. Die verhältnismäßig niedrige spezif. Extinktion bei 374 mμ ($E = 250$ gegenüber $E = 300$ für die Hexaensäure aus Heringsöl) läßt auf geringere Reinheit des Präparats schließen. Papierchromatographisch war die Substanz einheitlich. Das Hydrierungsprodukt schmolz bei 76—78° und gab mit n-Dokosansäure keine Schmelzpunktsdepression.

Die Zusammensetzung der durch oxydative Ozonidspaltung von 10,87 mg Hexaensäure erhaltenen Abbaudicarbonsäuren zeigt die Abb. 18. Die papierchromatographische Prüfung ergab für Fr. 75—85 Bernsteinsäure und für Fr. 86 bis 107 Malonsäure[20]. Fr. 3—68 wurde nicht identifiziert.

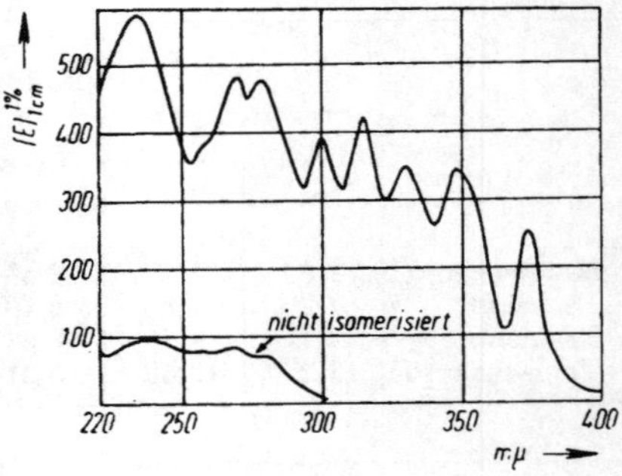

Abb. 17. UV-Absorptionsspektren der Dokosahexaensäure aus Dorschlebertran vor und nach der Alkaliisomerisation.

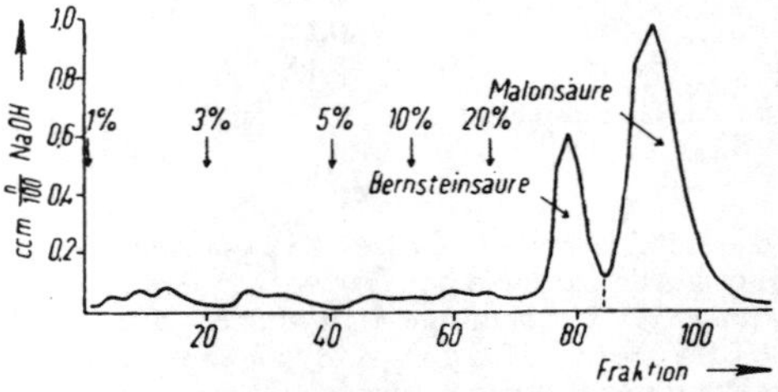

Abb. 18. Chromatogramm der Abbaudicarbonsäuren der Dokosahexaensäure aus Lebertran. 1—10% (3—68): 1,52 ccm *n*/100-NaOH, gef. 0,23 Mol Dicarbonsäure (mit Vorlauf), nicht identifiziert. — 20% (75—85): 4,03 ccm *n*/100-NaOH, gef. 0,61 Mol Bernsteinsäure; (86—107): 11,78 ccm *n*/100-NaOH, gef. 1,78 Mol Malonsäure.

Die Untersuchung wurde durch Mittel der Deutschen Forschungsgemeinschaft und des Verbands der Chemischen Industrie, Fonds der Chemie, unterstützt.

Zusammenfassung

Aus dem Polyensäuregemisch des Heringsöls wurden durch fraktionierte Vakuumdestillation der Ester und durch Gegenstromverteilung außer der bereits früher gewonnenen $\Delta^{6.9.12.15}$-Oktadekatetraensäure noch folgende C_{18}- und C_{22}-Polyensäuren isoliert und ihre Konstitution aufgeklärt:

C_{18}-Polyensäuren	C_{22}-Polyensäuren
$\Delta^{9.12}$-Diensäure (Linolsäure)	$\Delta^{7.10.13.16.19}$-Pentaensäure
$\Delta^{9.12.15}$-Triensäure (Linolensäure)	$\Delta^{4.7.10.13.16.19}$-Hexaensäure

Die Dokosahexaensäure wurde auch aus Dorschlebertran gewonnen Der ungefähre Gehalt des Polyensäuregemischs aus Heringsöl an diesen Säuren wurde festgestellt. Die bisherigen Befunde lassen darauf schließen, daß in den Fischölen vorwiegend Polyensäuren vom Linolensäuretyp vorhanden sind, während in den Phosphatiden der Säugetierorgane auch Polyensäuren vom Linolsäuretyp in reichlicheren Mengen vorkommen.

Summary

From a mixture of polyenoic acids of herring oil the following C_{18} and C_{22} polyenoic acids have been isolated and structurally determined in addition to $\Delta^{6.9.12.15}$-octadecatetraenoic acid obtained earlier. Fractional vacuum destillation of the esters and counter current distribution were employed for the isolation.

C_{18} polyenoic acids:
- $\Delta^{9.12}$-dienoic acid (linolic ac.)
- $\Delta^{9.12.\ 5}$-trienoic ac. (linolenic ac.)

C_{22} polyenoic acids:
- $\Delta^{7.10.13.16.19}$-pentaenoic acid
- $\Delta^{4.7.10.13.16.19}$-hexaenoic acid

Docosahexaenoic acid was also isolated from cod liver oil.

The approximate content of these acids in the polyenoic acid mixture from herring oil was ascertained. From present results it may be concluded that polyenoic acids occur in fish oils mainly as acids of the linolenic acid type whereas in phosphatides of mammalian organs polyenoic acids of the linolic acid type are found in relatively large amounts.

Über die C_{16}-Polyensäuren des Heringsöls

Von

E. Klenk und **H. Steinbach**

Aus dem Physiologisch-Chemischen Institut der Universität Köln

(Der Schriftleitung zugegangen am 17. April 1959)

Herrn Professor Dr. Dr. h. c. St. Goldschmidt zu seinem 70. Geburtstag gewidmet

Das Vorkommen von C_{16}-Polyensäuren in Fischölen ist schon lange bekannt. Nach Toyama und Mitarbeitern[1] sowie Tutiya[2] findet sich darunter eine Tetraensäure. 1954 erhielten Hahn und Silk[3] aus afrikanischem Sardinenöl $\Delta^{6.9.12.15}$-Hexadecatetraensäure. Nachdem schon ein Jahr früher[4] gezeigt worden war, daß die Polyensäuren der Fischöle im Gegensatz zu den bis dahin vorliegenden Befunden Divinylmethanstruktur besitzen, haben Silk und Hahn damit erstmals eine wohl charakterisierte Säure dieser Art in den Fischölen aufgefunden.

Im Anschluß an unsere Untersuchung der C_{18}- und C_{22}-Polyensäuren des Heringsöls, über welche bereits berichtet wurde[5,6], haben wir nun auch eine entsprechende Untersuchung der C_{16}-Polyensäuren durchgeführt. Soeben erschien eine Arbeit von Stoffel und Ahrens[7] über die C_{16}-Polyensäuren des Menhadenöls, die im wesentlichen zu demselben Ergebnis geführt hat wie die vorliegende Untersuchung. Offensichtlich sind die hier angetroffenen C_{16}-Polyensäuren für die meisten Fischöle typisch, und es scheinen bei Ölen verschiedener Herkunft nur gewisse Unterschiede in quantitativer Hinsicht zu bestehen.

Zur Isolierung der C_{16}-Polyensäuren sind wir in der üblichen Weise vorgegangen und haben aus der durch Tiefkühlkristallisation erhaltenen Fraktion der hochungesättigten Fettsäuren die C_{16}-Säuren durch scharfe fraktionierte Vakuumdestillation der Ester abgetrennt. Durch anschließende Gegenstromverteilung der freien Säuren wurden vier Säurefraktionen erhalten, deren Hydrierungsprodukte sich als reine Palmitinsäure erwiesen und bei welchen es sich nach den UV-Spektren der alkaliisomerisierten Proben um Monoen-, Dien-, Trien- und Tetraensäuren handelte.

---

[1] Y. Toyama u. T. Tsuchiya, Bull. chem. Soc. Japan **10**, 192 [1935].
[2] T. Tutiya, J. chem. Soc. Japan **61**, 1188 [1940]; **62**, 10 [1941].
[3] M. H. Silk u. H. H. Hahn, Biochem. J. **57**, 582 [1954].
[4] E. Klenk u. W. Bongard, diese Z. **292**, 51 [1953]; E. Klenk, Internat. Conference on Biochem. Problems of Lipids, Koninklijke Vlaamse Academie voor Wetenschappen, Letteren en Schone Kunsten van Belgie, S. 33, Brüssel 1953.
[5] E. Klenk u. H. Brockerhoff, diese Z. **307**, 272 [1957].
[6] E. Klenk u. H. Brockerhoff, diese Z. **310**, 153 [1958].
[7] W. Stoffel u. E. H. Ahrens jr., J. Amer. chem. Soc. **80**, 6604 [1958].

Es zeigte sich, daß auf diesem Wege eine glatte und praktisch quantitative Trennung in die Säuren von verschiedenem Ungesättigtheitsgrade erzielt werden konnte.

Zur Konstitutionsaufklärung wurde bei allen vier Säurefraktionen der Ozonidabbau durchgeführt und zwar bestimmte man die beim oxydativen Abbau[8] auftretenden Dicarbonsäuren wie auch die beim reduktiven Abbau[6] entstehenden einfachen Aldehyde in Form der 2.4-Dinitrophenylhydrazone durch chromatographische Analyse. Das Ergebnis ist in Tab. 1 und 2 zusammengestellt.

Tab. 1. Oxydativer Ozonidabbau der C_{16}-Polyensäuren. Menge der Abbaudicarbonsäuren in Mol pro Mol Polyensäuren.*

	Tetraensäure		Triensäure		Diensäure		Monoensäure
	freie Säure	Ester	freie Säure	Ester	freie Säure	Ester	freie Säure
Malonsäure (C_3) . . .	1,51	1,37	0,83	0,75	0,23	0,40	
Bernsteinsäure (C_4) .	0,18		0,06				
Adipinsäure (C_6) . .	0,69		0,70		0,14		0,10
Pimelinsäure (C_7) . .			0,11		0,07		0,06
Azelainsäure (C_9) . .			0,06		0,52		0,69

* Werte unter 0,05 Mol sind in dieser Tabelle nicht aufgenommen.

Tab. 2. Reduktiver Ozonidabbau der C_{16}-Polyensäuren. Menge der Aldehyde in Mol pro Mol Polyensäuren.

	Tetraensäure	Triensäure	Diensäure	Monoensäure
Formaldehyd (C_1)	0,62	0,08		
Acetaldehyd (C_2)*	1,09	0,30	0,16	
Propionaldehyd (C_3)	0,08	0,06		
Butyraldehyd (C_4)		0,54	0,42	
Capronaldehyd (C_6)		0,03	0,06	
Önanthaldehyd (C_7)			0,16	0,45
Pelargonaldehyd (C_9)			0,04	0,06
Caprinaldehyd (C_{10})				0,05
Laurinaldehyd (C_{12})				0,07

* Entsteht wahrscheinlich aus Malondialdehyd als sek. Zersetzungsprodukt.

Wie Tab. 1 zeigt, ist aus allen drei Polyensäurefraktionen beim oxydativen Ozonidabbau der Ester als einzige freie Dicarbonsäure Malonsäure erhalten worden. Die Ausbeute stimmt befriedigend überein mit der Menge der aus den freien Polyensäuren gewonnenen Malonsäure. Im Fall der Diensäure ist aus dem Ester sogar noch wesentlich mehr Malonsäure

[8] E. Klenk u. W. Bongard, diese Z. **290**, 181 [1952].

erhalten worden als aus der freien Säure. Damit ist der Beweis für die Divinylmethanstruktur der hier vorliegenden C_{16}-Polyensäuren erbracht.

Da mit Ausnahme der Malonsäure alle übrigen Dicarbonsäuren von dem Carboxylende der ungesättigten Säuren stammen, ergibt sich für jede der C_{16}-Säurefraktionen die in Tab. 3 enthaltene Zusammensetzung. Bei dieser Zusammenstellung sind Abbaudicarbonsäuren, die sich in weniger als 0,05 Mol pro Mol Fettsäure vorfanden, nicht weiter berücksichtigt worden. Die Möglichkeit ist nicht auszuschließen, daß jede dieser Fettsäurefraktionen als Verunreinigung noch kleinere Mengen nicht näher charakterisierter Säuren von anderem Ungesättigtheitsgrad und anderer Kettenlänge enthält, so daß eine Zuordnung dieser nur in kleinen Mengen nachgewiesenen Dicarbonsäuren zu einer bestimmten ungesättigten Fettsäure nicht genügend begründet werden könnte.

Tab. 3. Zusammensetzung der isolierten C_{16}-Fettsäurefraktionen*.

	Hauptbestandteil		Begleitfettsäuren 1		Begleitfettsäuren 2		Begleitfettsäuren 3	
	Lage der Doppelb.	Menge %	Lage der Doppelb.	Menge %	Lage der Doppelb.	Menge %	Lage der Doppelb.	Menge %
Tetraensäure	$\Delta^{6.9.12.15}$	70	$\Delta^{4.7.10.13}$	20				
Triensäure	$\Delta^{6.9.12}$	70	$\Delta^{4.7.10}$	6	$\Delta^{7.10.13}$	11	$\Delta^{9.12.15}$	6
Diensäure	$\Delta^{9.12}$	52	$\Delta^{6.9}$	14	$\Delta^{7.10}$	7		
Monoensäure	Δ^{9}	70	Δ^{6}	10	Δ^{7}	6		

* Die hier angegebenen Zahlen sind Mindestwerte.

Abb. 1 zeigt die UV-Spektren des Polyensäuregemisches und der daraus erhaltenen Fraktionen verschiedenen Ungesättigtheitsgrades vor und nach der Alkaliisomerisierung. Die IR-Spektren dieser Fraktionen sind in Abb. 2 dargestellt. Die stark ausgeprägte Bande bei 10μ im Falle der Tetraensäurefraktion (Abb. 2a) ist durch die endständige Vinylgruppe der Hauptkomponente verursacht. Bei der Triensäurefraktion (b) ist diese Bande nur mehr sehr schwach, in den beiden übrigen Fraktionen gar nicht mehr vorhanden.

Unsere Untersuchungen[9,10] über die C_{20}- und C_{22}-Polyensäuren der Organphosphatide der Warmblüter haben ergeben, daß sie alle dem Öl-, Linol- und Linolensäuretyp angehören, d. h. daß sich bei ihnen die erste

[9] E. Klenk u. W. Bongard, diese Z. **291**, 104 [1952]; E. Klenk u. F. Lindlar, diese Z. **299**, 74 [1955]; E. Klenk u. A. Dreike, diese Z. **300**, 113 [1955]; E. Klenk u. W. Montag, Liebigs Ann. Chem. **604**, 4 [1957]; J. Neurochemistry **2**, 226 [1958]; **2**, 233 [1958]; E. Klenk u. H. J. Tomuschat, diese Z. **308**, 165 [1957].

[10] E. Klenk u. F. Lindlar, diese Z. **301**, 156 [1955].

Doppelbindung, von der endständigen Methylgruppe aus gerechnet, an derselben Stelle wie in einer dieser drei C_{18}-Fettsäuren befindet. Dasselbe gilt, soweit bis jetzt bekannt, auch für die C_{18}-, C_{20}- und C_{22}-Polyensäuren der Fischöle[4–6,11]. Es besteht nur insofern ein Unterschied, als hier die Polyensäuren vom Linolensäuretyp sehr stark überwiegen[6], während bei den Organphosphatiden der Warmblüter neben den letzteren auch die vom Linolsäuretyp (z. B. Arachidonsäure) in reichlichen Mengen vorkommen.

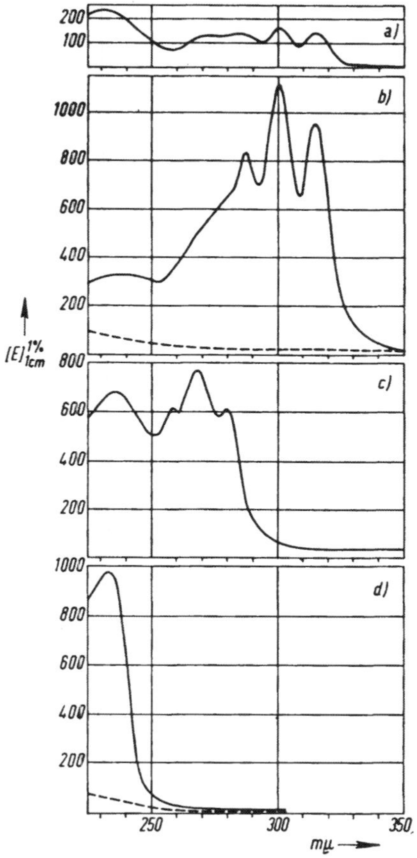

Abb. 1. UV-Spektren des C_{16}-Polyensäuregemisches (a) und der daraus erhaltenen Tetraen- (b), Trien- (c) bzw. Diensäurefraktion (d) vor (- - -) und nach (—) der Alkaliisomerisierung (8 Min. isomerisiert in 21proz. KOH-Gykol bei 180°).

Wie nun die vorliegenden Befunde zeigen, finden sich unter den C_{16}-Polyensäuren des Heringsöls ebenfalls Säuren dieser drei Typen ($\Delta^{4.7.10.13}$-Tetraensäure, $\Delta^{4.7.10}$- und $\Delta^{7.10.13}$-Triensäure sowie $\Delta^{7.10}$-Diensäure). Sie kommen allerdings nur in verhältnismäßig kleinen, aber noch nachweisbaren Mengen vor. Die Hauptmenge der C_{16}-Polyensäuren wird jedoch von einem, bei den C_{18}-, C_{20}- und C_{22}-Polyensäuren fehlenden, neuen Typ ($\Delta^{6.9.12.15}$-Tetraensäure, $\Delta^{6.9.12}$- und $\Delta^{9.12.15}$-Triensäure, sowie $\Delta^{6.9}$- und $\Delta^{9.12}$-Diensäure) gebildet, welchen man sich von den entsprechenden C_{18}-Polyensäuren des Öl-, Linol- und Linolensäuretyps durch Verkürzung der Kohlenstoffkette auf der Seite des Methylendes entstanden denken kann. So könnten z. B. die beiden im Heringsöl vorkommenden $\Delta^{4.7.10.13}$- und $\Delta^{6.9.12.15}$-Hexadecatetraensäuren als Abbauprodukte der ebenfalls im Heringsöl vorkommenden $\Delta^{6.9.12.15}$-Octadecatetraensäure[5] aufgefaßt werden, wobei im einen Fall die Verkürzung der Kohlenstoffkette nach der Regel der β-Oxydation am Carboxylende, im anderen Fall dagegen

[11] E. Klenk u. D. Eberhagen, diese Z. **307**, 42 [1957].

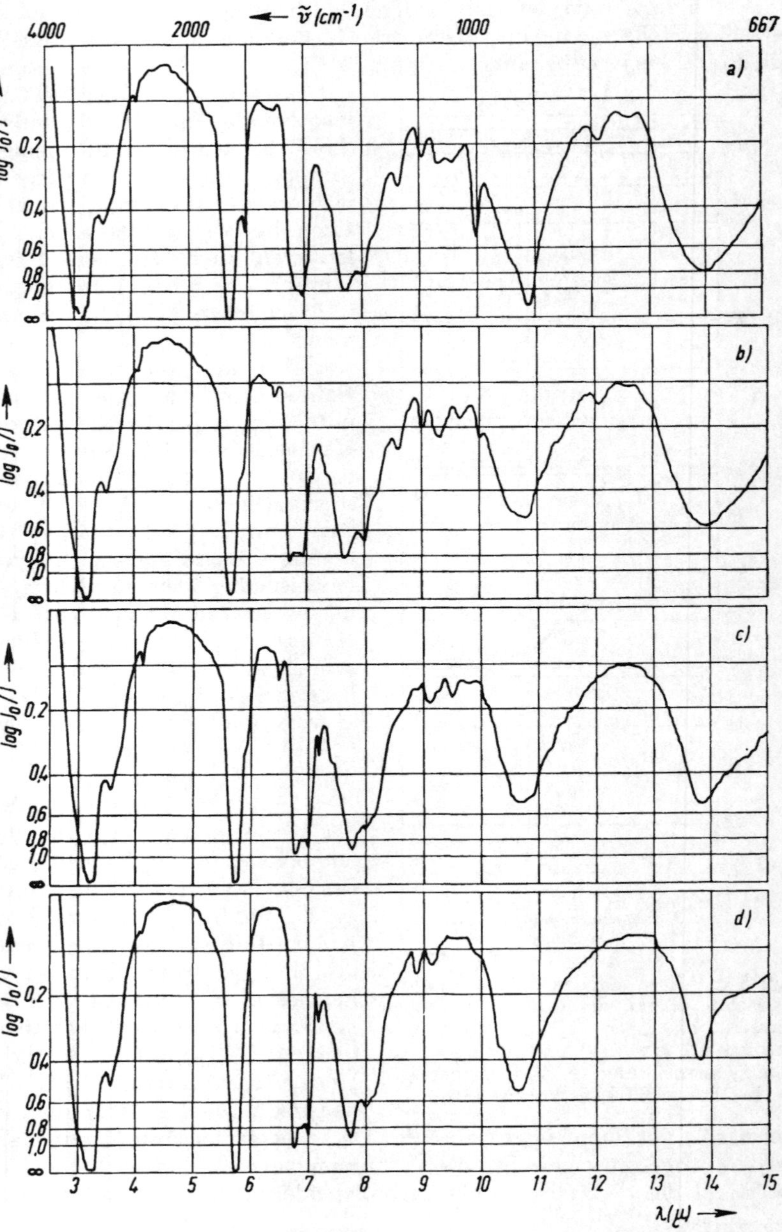

Abb. 2. IR-Spektren der C_{16}-Polyensäurefraktionen: a) Tetraen-, b) Trien-, c) Dien und d) Monoensäurefraktion. Die Spektren wurden als Filme von 25 μ Dick aufgenommen.

am Methylende erfolgen würde. Etwas weniger wahrscheinlich erscheint die andere Möglichkeit, daß bei den Fischen die C_{16}- und C_{18}-Polyensäuren aus den entsprechenden gesättigten Fettsäuren entstehen und daß hier Fermentsysteme vorhanden sind, durch welche mehr als eine Doppelbindung eingeführt und die erste dieser Doppelbindungen in Δ^6- bzw. Δ^9-Stellung dirigiert wird. Auch die Zufuhr der einen oder anderen dieser C_{16}-Polyensäuren mit der Nahrung muß in Betracht gezogen werden.

Unter den Monoensäuren wurde als Hauptbestandteil die altbekannte, in allen Fischölen vorkommende Palmitoleinsäure (Δ^9-Hexadecensäure) angetroffen. Auch bei den nur in kleineren Mengen vorkommenden isomeren C_{16}-Monoensäuren entspricht die Stellung der Doppelbindungen derjenigen der C_{16}-Polyensäuren.

Die auf verschiedene Weise ermittelte Zusammensetzung des untersuchten C_{16}-Polyensäuregemisches ergab gut übereinstimmende Werte (C_{16}-Monoensäuren 64%, C_{16}-Diensäuren 14%, C_{16}-Triensäuren 7%, C_{16}-Tetraensäuren 15%). Klenk und Brockerhoff[6] fanden in der Fraktion der hochungesättigten Fettsäuren des Heringsöls 9,5% C_{16}-Säuren, auf welche sich die einzelnen Fraktionen demnach in folgender Weise verteilen:

Monoensäuren 6,1%, Diensäuren 1,3%, Triensäuren 0,7% und Tetraensäuren 1,4%.

Beschreibung der Versuche

I. Gewinnung der C_{16}-Polyensäurefraktionen

Als Ausgangsmaterial diente ein von der Firma A/S Johan C. Martens u. Co., Bergen, freundlicherweise zur Verfügung gestelltes norwegisches Heringsöl (Jodzahl 128[12]). Die Methylester von 245 g (Jodzahl 283) hochungesättigter Fettsäuren,

Tab. 4. Fraktionierte Vakuumdestillation der hochungesättigten Fettsäuremethylester.

	Heizbad-temper. °C	$Sdp._{10^{-4}}$ °C	Menge g	Jodz.	hydrierte Säuren Rohprod. Schmp.	hydrierte Säuren umkrist. Schmp.	hydrierte Säuren umkrist. Äquiv.-Gew.*
1	195	42—46	4,7				
2	196	46—65	5,0				
3	196	65	2,4	157	61,0	62,3**	256
4	198	65	3,8	156	61,3	62,4**	257
5	198	65	2,7	158	61,3	62,2**	257
6	198	65	1,9	157	61,2	62,1**	257
7	198	65—70	4,4	155	61,2	62,1**	256
8	202	70	4,8				
9	208	70—80	4,7				

* $C_{16}H_{32}O_2$ Äquiv.-Gew. ber. 256,4.
** Die Säuren gaben mit Palmitinsäure (Schmp. 62,5°) keine Schmelzpunktsdepression.

[12] Bestimmt nach K. W. Rosenmund u. W. Kuhnhenn, Z. Unters. Nahrungs- u. Genußmittel 46, 154 [1923].

die nach der früher beschriebenen Methode[11] aus 1420 g Heringsöl gewonnen worden waren, wurden mit Hilfe einer 75 cm hohen Kolonne, die mit kleinen Drahtnetzsätteln gefüllt und mit einem versilberten Vakuummantel isoliert war, bei 10^{-4} Torr fraktioniert destilliert (Tab. 4).

Die Destillationsgeschwindigkeit wurde so eingestellt, daß man pro Stunde 2—3 g Destillat gewann, während die Rückflußgeschwindigkeit etwa 5—10mal so groß war.

Wie der Tab. 4 zu entnehmen ist, handelt es sich bei den Fraktionen 3—7 um C_{16}-Säuren. Um Verunreinigungen mit Säuren anderer Kettenlänge möglichst auszuschließen, kamen nur die vereinigten Frakt. 4 und 5 zur weiteren Verarbeitung. Abb. 1a zeigt die UV-Spektren dieses Polyensäuregemisches nach der Alkaliisomerisierung.

Anschließend wurden 5,81 g der aus Frakt. 4 und 5 gewonnenen freien Säuren durch Gegenstromverteilung in der üblichen Weise[10] in die C_{16}-Säurefraktionen verschiedener Ungesättigtheit zerlegt. Abb. 3 zeigt die Verteilungskurve und Tab. 5 die aus den Fraktionen durch Abdampfen des Lösungsmittels gewonnenen Substanzmengen.

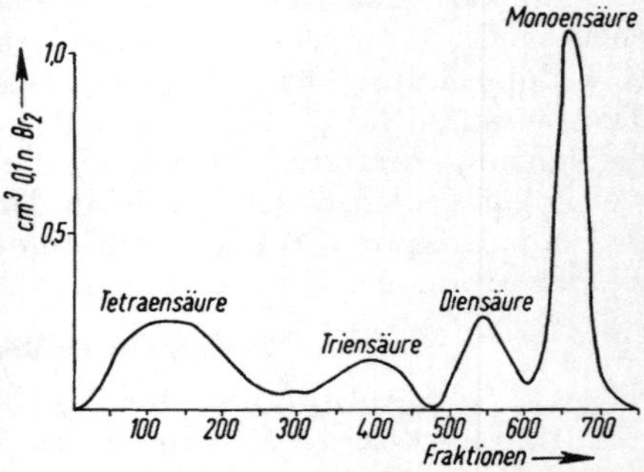

Abb. 3. Verteilungskurve des C_{16}-Polyensäuregemisches. Lösungsmittel: n-Heptan als Oberphase, Acetonitril/Eisessig/Methanol 1:1:1 als Unterphase. Ordinate: Bromverbrauch von 5 cm³ jeder 10. Fraktion.

Tab. 5. Menge der durch Gegenstromverteilung erhaltenen C_{16}-Säurefraktionen in g.

	1 bis 39	40 bis 199	200 bis 309	310 bis 379	380 bis 459	460 bis 474	475 bis 499	500 bis 589	590 bis 604	605 bis 649	650 bis 699	700 bis 800	Summe
Tetraensäure	0,010	0,681	0,185										0,876
Triensäure				0,154	0,254	0,008							0,416
Diensäure							0,045	0,654	0,057				0,756
Monoensäure										0,652	2,412	0,354	3,418

II. Die Hexadecatetraensäurefraktion

Zur Untersuchung kamen die vereinigten Frakt. 40—199. 0,681 g; leicht bewegliches, schwach gelbes Öl. Jodzahl 356 (365)* ($C_{16}H_{24}O_2$ ber. Jodz. 408,7). Das Hydrierungsprodukt schmolz bei 61,4° (nicht umkrist.) und verhielt sich papierchromatographisch wie reine Palmitinsäure.

Oxydative Ozonidspaltung: Die Zusammensetzung der (a) aus 11,39 mg Tetraensäure und (b) aus 11,16 mg Methylester wie üblich[8] erhaltenen Abbaudicarbonsäuren zeigen die Abb. 4 und 5.

* Die Methode gibt bekanntlich für Polyensäuren zu niedrige Werte.

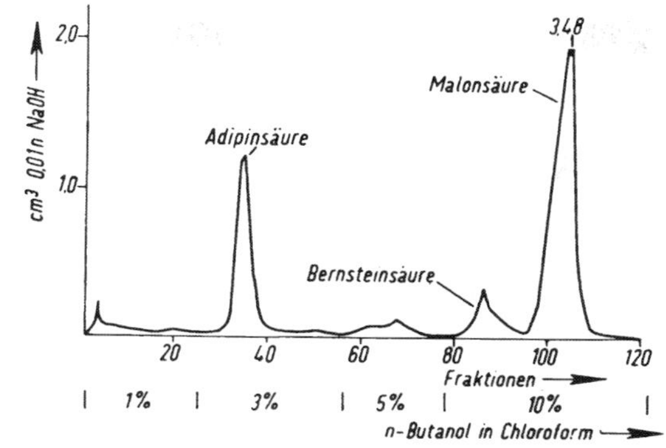

Abb. 4. Chromatogramm der Abbaudicarbonsäuren der C_{16}-Tetraensäurefraktion (11,39 mg) mit Säule D[8]. Folgende Angaben in Mol/Mol Tetraensäure. 1% (Frakt. 1—24): 0,62 cm³ 0,01 *n* NaOH, gef. 0,07 Mol Adipinsäure und Spur Bernsteinsäure. — 3% (Frakt. 25—56): 5,36 cm³ 0,01 *n* NaOH, gef. 0,58 Mol Adipinsäure. — 5% (Frakt. 57—76): 0,84 cm³ 0,01 *n* NaOH, gef. 0,09 Mol Adipin- und Glutarsäure (Papierchromatographisch wurden etwa gleich große Mengen gefunden). — 10% (Frakt. 77—95): 1,57 cm³ 0,01*n* NaOH, gef. 0,17 Mol Bernsteinsäure; (Frakt. 96—115): 13,7 cm³ 0,01 *n* NaOH, gef. 1,51 Mol Malonsäure.*

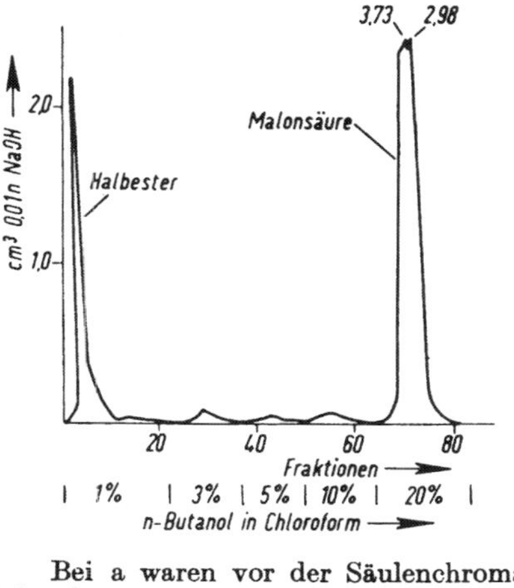

Abb. 5. Chromatogramm der Abbausäuren der C_{16}-Tetraensäuremethylester (11,16 mg) mit Säule D. Folgende Angaben in Mol/Mol Methylester. 1% (Frakt. 1—21): 4,05 cm³ 0,01*n* NaOH, gef. 0,96 Mol Halbester von Adipin- und Bernsteinsäure. — 3—10% (Frakt. 22—63): 0,37 cm³ 0,01 *n* NaOH, gef. 0,04 Mol, nicht identifizierbar. — 20% (Frakt. 64 bis 81): 11,55 cm³ 0,01 *n* NaOH, gef. 1,37 Mol Malonsäure.

Bei a waren vor der Säulenchromatographie die Monocarbonsäuren durch Behandlung mit Petroläther entfernt, nicht dagegen bei b. Die papierchromatographische Prüfung[13] ergab bei a für Frakt. 1—24 Adipinsäure und eine Spur

* In Abweichung von der Regel wurden die Dicarbonsäuren schon bei geringerem Butanolgehalt von der Säule eluiert.

[13] E. Klenk u. J. Tomuschat, noch nicht veröffentlicht. Die Methode gestattet die Identifizierung der C_3-C_9-Dicarbonsäuren. Papier Schleicher u. Schüll 2043b. Lösungsmittel: 5% Butanol enthaltendes Chloroform als mobile Phase und 10% Essigsäure als stationäre Phase. Laufzeit 5—8 Stdn.; Färbung: KJ, KJO_3, Stärkelösung.

Bernsteinsäure, für Frakt. 25—56 Adipinsäure, für Frakt. 57—76 Adipinsäure und Glutarsäure (etwa gleich große Mengen), für Frakt. 77—95 Bernsteinsäure und für Frakt. 96—115 Malonsäure, bei b für Frakt. 1—21 (nach Verseifung des Halbesters) Adipin- und Bernsteinsäure, für Frakt. 22—63 nicht identifizierbar, für Frakt. 64—81 Malonsäure.

Reduktive Ozonidspaltung: Der Abbau von 20,15 mg Tetraensäure nach l. c.[6] ergab 1,64 mg (0,08 Mol/Mol Tetraensäure) 2,4-Dinitro-phenylhydrazon (DNPH) des Propionaldehyds, 19,80 mg (1,09 Mol/Mol) DNPH des Acetaldehyds und 10,5 mg (0,62 Mol/Mol) DNPH des Formaldehyds. Die DNPH von Acet- und Formaldehyd sind säulenchromatographisch nicht zu trennen. Das Mengenverhältnis der beiden Aldehyde wurde deshalb in der Weise bestimmt, daß man eine Probe papierchromatographisch trennte, die beiden Flecke herausschnitt, die Substanz mit Äthanol eluierte und in Benzol kolorimetrierte.

III. Die Hexadecatriensäurefraktion

Zur Untersuchung kamen die vereinigten Frakt. 380—459 (vgl. Abb. 3, Tab. 5). Die Substanz (0,254 g) war infolge einer Verunreinigung mit etwas Hahnfett bei 0° zähflüssig. Nach Abtrennung des Unverseifbaren wurde die Säure jedoch wie bei den anderen Fraktionen als ein schwach gelbes, leicht bewegliches Öl erhalten. Jodzahl 254 (251) (für $C_{16}H_{26}O_2$ ber. Jodz. 304,1). Durch Hydrierung wurde Palmitinsäure (Schmp. 61,2°, nicht umkrist.) erhalten, die sich papierchromatographisch als einheitlich erwies.

Oxydative Ozonidspaltung: Die Zusammensetzung der (a) aus 9,05 mg Triensäure und (b) aus 8,61 mg Methylester erhaltenen Abbaudicarbonsäuren zeigen die Abb. 6 und 7.

Die papierchromatographische Prüfung ergab bei a für Frakt. 1—12 Azelainsäure, Adipinsäure und eine Spur Malonsäure, für Frakt. 13—31 Pimelinsäure, für Frakt. 32—61 Adipinsäure, für Frakt. 62—85 Adipinsäure, für Frakt. 86—100

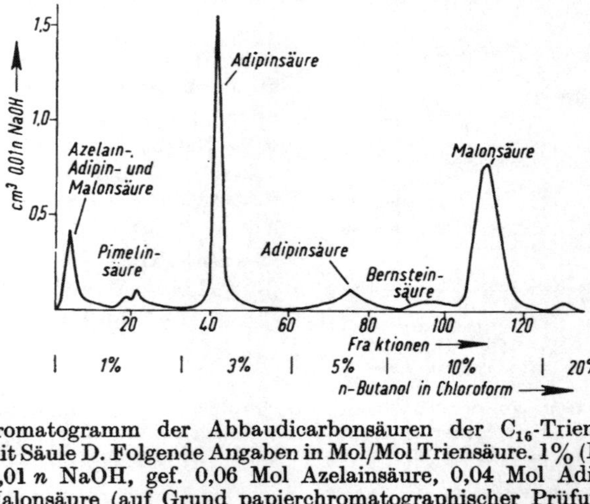

Abb. 6. Chromatogramm der Abbaudicarbonsäuren der C_{16}-Triensäurefraktion (9,05 mg) mit Säule D. Folgende Angaben in Mol/Mol Triensäure. 1% (Frakt. 1—12): 0,91 cm³ 0,01 *n* NaOH, gef. 0,06 Mol Azelainsäure, 0,04 Mol Adipinsäure und 0,03 Mol Malonsäure (auf Grund papierchromatographischer Prüfung geschätzte Werte); (Frakt. 13—31): 0,75 cm³ 0,01 *n* NaOH, gef. 0,11 Mol Pimelinsäure. — 3% (Frakt. 32—61): 3,72 cm³ 0,01 *n* NaOH, gef. 0,52 Mol Adipinsäure. — 5% (Frakt. 62—85): 0,95 cm³ 0,01*n* NaOH, gef. 0,14 Mol Adipinsäure. — 10% (Frakt. 86—100): 0,42 cm³ 0,01 *n* NaOH, gef. 0,06 Mol Bernsteinsäure; (Frakt. 101—120): 5,49 cm³ 0,01 *n* NaOH, gef. 0,77 Mol Malonsäure. — 20% (Frakt. 121—135): 0,21 cm³ 0,01 *n* NaOH, gef. 0,03 Mol Malonsäure (vgl. Anm. zu Abb. 4).

Bernsteinsäure, für Frakt. 101—120 Malonsäure und für Frakt. 121—135 Malonsäure, bei b für Frakt. 1—26 (nach Verseifung der Halbester) hauptsächlich Adipinsäure, etwas Pimelinsäure, Spuren von Azelainsäure und Bernsteinsäure, für Frakt. 27—64 nicht identifizierbar und für Frakt. 65—85 Malonsäure.

Reduktive Ozonidspaltung: Der Abbau von 16,33 mg Triensäure führte zu 0,55 mg (0,03 Mol/Mol Triensäure) DNPH des Capronaldehyds, 3,94 mg (0,54 Mol/Mol) DNPH des Butyraldehyds, 1,01 mg (0,06 Mol/Mol) DNPH des Propionaldehyds, 4,33 mg (0,30 Mol/Mol) DNPH des Acetaldehyds und 1,16 mg (0,08 Mol/Mol) DNPH des Formaldehyds.

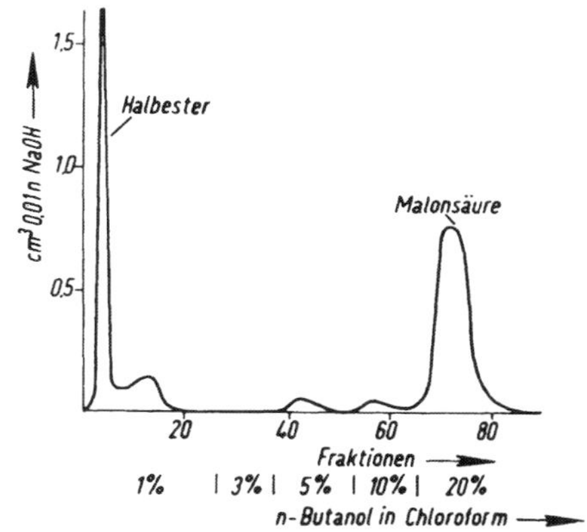

Abb. 7. Chromatogramm der Abbausäuren der C_{16}-Triensäuremethylester (3,61 mg) mit Säule D. Folgende Angaben in Mol/Mol Methylester. 1% (Frakt. 1—26): 3,17 cm³ 0,01 *n* NaOH, gef. 0,98 Mol Halbester von Azelainsäure, Pimelinsäure, Adipinsäure und Bernsteinsäure. — 3—10% (Frakt. 27—64): 0,36 cm³ 0,01 *n* NaOH, gef. 0,06 Mol, nicht identifizierbar. — 20% (Frakt. 65—85): 4,84 cm³ 0,01 *n* NaOH, gef. 0,75 Mol Malonsäure.

IV. Die Hexadecadiensäurefraktion

Zur Untersuchung kamen die vereinigten Frakt. 500—589 (vgl. Abb. 3, Tab. 5). 0,654 g; leicht bewegliches, schwach gelb gefärbtes Öl. Jodzahl 187 (182) ($C_{16}H_{28}O_2$ ber. 201,1). Durch Hydrierung wurde Palmitinsäure (Schmp. 61,3°, nicht umkrist.) erhalten, die sich papierchromatographisch als einheitlich erwies.

Oxydative Ozonidspaltung: Die Zusammensetzung der (a) aus 10,97 mg Diensäure und (b) aus 9,41 mg Methylester erhaltenen Abbaudicarbonsäuren zeigen die Abb. 8 und 9. Die papierchromatographische Prüfung ergab bei a für Frakt. 1—22 Azelainsäure, für Frakt. 23—37 Pimelinsäure, für Frakt. 38—59 Adipinsäure, für Frakt. 60—73 Glutarsäure, für Frakt. 74—79 Bernsteinsäure und für Frakt. 80—95 Malonsäure, bei b für Frakt. 1—13 (nach Verseifung der Halbester) hauptsächlich Azelainsäure, außerdem etwas Pimelinsäure, Adipinsäure, eine Spur Glutarsäure und Bernsteinsäure, für Frakt. 14—64 nicht identifizierbar und für Frakt. 65—80 Malonsäure.

Reduktive Ozonidspaltung: Die höheren und niedrigeren Aldehyde wurden in zwei verschiedenen Ansätzen bestimmt, wobei man im ersten Ansatz die Aldehyde direkt ohne zu destillieren in die DNPH überführte, während man im zweiten Ansatz genau nach Vorschrift verfuhr.

1. 22,47 mg Diensäure ergaben 1,15 mg (0,04 Mol/Mol Diensäure) DNPH des Pelargonaldehyds, 4,06 mg (0,16 Mol/Mol) DNPH des Önanthaldehyds und 1,46 mg (0,06 Mol/Mol) DNPH des Capronaldehyds.

2. 23,18 mg Diensäure ergaben 9,74 mg (0,42 Mol/Mol) DNPH des Butyraldehyds, kein DNPH des Propionaldehyds und 3,18 mg (0,16 Mol/Mol) DNPH des Acetaldehyds.

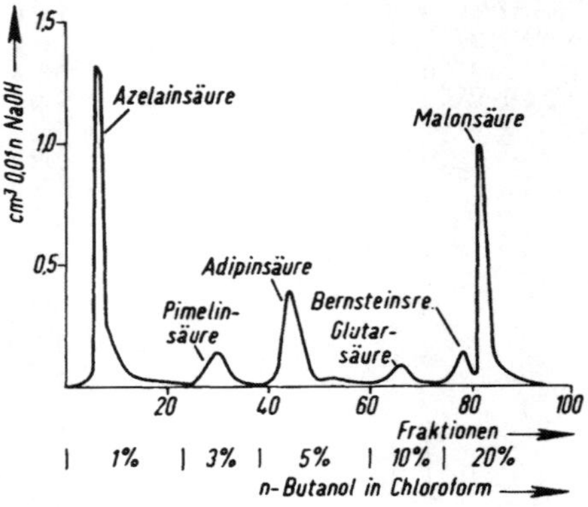

Abb. 8.

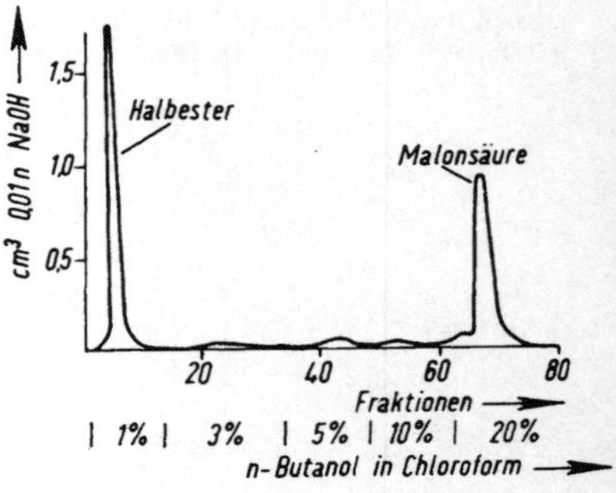

Abb. 9.

Abb. 8. Chromatogramm der Abbaudicarbonsäuren der C_{16}-Diensäurefraktion (10,97 mg) mit Säule D. Folgende Angaben in Mol/Mol Diensäure. — 1% (Frakt. 1—22): 4,5 cm³ 0,01 *n* NaOH, gef. 0,52 Mol Azelainsäure. — 3% (Frakt. 23—37): 0,60 cm³ 0,01 *n* NaOH, gef. 0,07 Mol Pimelinsäure. — 5% (Frakt. 38—59): 1,20 cm³ 0,01 *n* NaOH, gef. 0,14 Mol Adipinsäure. — 10% (Frakt. 60—73): 0,30 cm³ 0,01 *n* NaOH, gef. 0,03 Mol Glutarsäure. — 20% (Frakt. 74—79): 0,34 cm³ 0,01 *n* NaOH, gef. 0,04 Mol Bernsteinsäure; (Frakt. 80—95): 2,0 cm³ 0,01 *n* NaOH, gef. 0,23 Mol Malonsäure.

Abb. 9. Chromatogramm der Abbausäuren der C_{16}-Diensäuremethylester (9,41 mg) mit Säule D. Folgende Angaben in Mol/Mol Methylester. — 1% (Frakt. 1—13): 3,35 cm³ 0,01 *n* NaOH, gef. 0,95 Mol Halbester von Azelainsäure, Pimelinsäure, Adipinsäure, Glutarsäure (Spuren) und Bernsteinsäure. — 3—10% (Frakt. 14—64): 0,30 cm³ 0,01 *n* NaOH, gef. 0,04 Mol, nicht identifizierbar. — 20% (Frakt. 65—80): 2,88 cm³ 0,01 *n* NaOH, gef. 0,40 Mol Malonsäure.

V. Die Hexadecensäurefraktion

Zur Untersuchung kamen die vereinigten Frakt. 650—699 (vgl. Abb. 3, Tab. 5). 2,412 g; leicht bewegliches, schwach gelb gefärbtes Öl. Jodzahl 99,6 ($C_{16}H_{30}O_2$ ber. 99,8). Durch Hydrierung wurde Palmitinsäure (Schmp. 61,6°, nicht umkrist.) erhalten, die sich papierchromatographisch als einheitlich erwies.

Oxydative Ozonidspaltung: Die Zusammensetzung der aus 10,48 mg C_{16}-Monoensäure erhaltenen Abbaudicarbonsäuren zeigt die Abb. 10. Die papierchromatographische Prüfung ergab für Frakt. 1—27 Azelainsäure, für Frakt. 28—45 Azelain- und Pimelinsäure in etwa gleichen Mengen, für Frakt. 46—64 Adipinsäure, für Frakt. 65—76 Glutarsäure und für Frakt. 77—90 Bernsteinsäure.

Reduktive Ozonidspaltung: Da nur höhere Aldehyde verhanden waren, wurden hier die Aldehyde direkt ohne zu destillieren in die DNPH übergeführt. 28,28 mg Monoensäure ergaben 2,78 mg (0,07 Mol/Mol) DNPH des Laurinaldehyds, 1,78 mg (0,05 Mol/Mol) DNPH des Caprinaldehyds, 2,10 mg (0,06 Mol/Mol) DNPH des Pelargonaldehyds, 14,80 mg (0,45 Mol/Mol) DNPH des Önanthaldehyds.

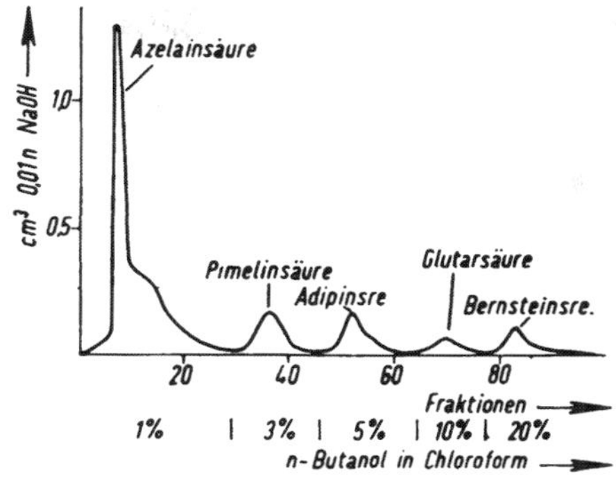

Abb 10. Chromatogramm der Abbaudicarbonsäuren der C_{16}-Monoensäurefraktion (10,48 mg) mit Säule D. Folgende Angaben in Mol/Mol Monoensäure. — 1% (Frakt. 1—27): 5,76 cm³ 0,01*n* NaOH, gef. 0,69 Mol Azelainsäure. — 3% (Frakt. 28—45): 0,95 cm³ 0,01*n* NaOH, gef. 0,11 Mol Azelainsäure und Pimelinsäure in etwa gleichen Mengen. — 5% (Frakt. 46—64): 0,80 cm³ 0,01*n* NaOH, gef. 0,10 Mol Adipinsäure. — 10% (Frakt. 65—76): 0,20 cm³ 0,01*n* NaOH, gef. 0,02 Mol Glutarsäure. — 20% (Frakt. 77—90): 0,344 cm³ 0,01 *n* NaOH, gef. 0,04 Mol Bernsteinsäure.

VI. Die quantitative Zusammensetzung des C_{16}-Polyensäuregemisches

Die quantitative Zusammensetzung des Gemisches läßt sich auf drei verschiedenen Wegen ermitteln: 1. durch direkte Wägung der Fraktionen (Tab. 5), 2. durch Errechnung aus dem Bromverbrauch der Fraktionen (Tab. 6) und 3. durch Errechnung aus den spezifischen Extinktionen der isolierten isomerisierten Säurefraktionen und des isomerisierten C_{16}-Polyensäuregemisches (Tab. 7 und 8). Tab. 9 zeigt die Gegenüberstellung der so ermittelten Werte.

Tab. 6. Zusammensetzung des C_{16}-Polyensäuregemisches, berechnet aus dem Bromverbrauch der durch Gegenstromverteilung erhaltenen Fraktionen.

	Frakt. Nr.	Jodz. d. Frakt.	cm³ 0,1*n* Br_2-Verbrauch	Menge d. Fettsäuren	
				g	%
Tetraensäure	1—309	360,5	216,65	0,77	15,5
Triensäure	310—474	252,5	77,80	0,39	7,9
Diensäure	475—604	184,5	88,55	0,61	12,2
Monoensäure	605—800	99,6	248,15	3,18	64,4

Tab. 7. Spezifische Extinktionen der isolierten C_{16}-Säurefraktionen.

	Extinktionen bei λ_{max}		
	233 mμ	268 mμ	301 mμ
Tetraensäure . .	315	500	1125
Triensäure . . .	685	760	
Diensäure . . .	980		

Tab. 8. Spezifische Extinktionen des C_{16}-Polyensäuregemisches und die Anteile der verschiedenen Säurefraktionen.

	Extinktionen bei λ_{max}			Zusammensetzung
	233 mμ	268 mμ	301 mμ	
C_{16}-Polyensäuregemisch abzgl. Anteil Tetraensäure	240 —43	120 —69	155	155/1125 = 13,7% Tetraensäure
Anteil Trien- + Diensäure abzgl. Anteil Triensäure	197 —46	51		51/760 = 6,7% Triensäure
Anteil Diensäure	151			151/980 = 15,4% Diensäure
				Rest = 64,2% Monoensäure

Tab. 9. Prozentuale Zusammensetzung des Polyensäuregemisches.

	unmittelbare Wägung	aus Bromverbrauch berechnet	aus spez. Extinktion berechnet	Mittelwert
Tetraensäure	16,0	15,5	13,7	15
Triensäure	7,6	7,9	6,7	7
Diensäure	13,8	12,2	15,4	14
Monoensäure	62,6	64,4	64,2	64

Die Untersuchung wurde durch Mittel der Deutschen Forschungsgemeinschaft und des Verbandes der Chemischen Industrie, Fonds der Chemie, unterstützt.

Zusammenfassung

Aus dem Polyensäuregemisch von Heringsöl wurde durch Vakuumdestillation der Ester das C_{16}-Polyensäuregemisch herausfraktioniert, welches man durch Gegenstromverteilung in eine Tetraen-, Trien-, Dien- und Monoensäurefraktion zerlegte. Der oxydative und reduktive Ozonidabbau ergab, daß folgende Isomerengemische vorlagen:

$\Delta^{6.9.12.15}$- und $\Delta^{4.7.10.13}$-Hexadecatetraensäure; $\Delta^{6.9.12}$-, $\Delta^{4.7.10}$-, $\Delta^{7.10.13}$- und $\Delta^{9.12.15}$-Hexadecatriensäure; $\Delta^{9.12}$-, $\Delta^{6.9}$- und $\Delta^{7.10}$-Hexadecadiensäure; Δ^{9}-, Δ^{6}- und Δ^{7}-Hexadecensäure. Jedes der vier Isomerengemische enthielt die an erster Stelle genannte Säure als Hauptbestandteil, die anderen fanden sich nur in kleineren Mengen (5—20%).

Summary

By vacuum distillation of the esters, the mixture of polyenoic acids was separated from herring oil. These were further fractionated by counter-current distribution into tetraene-, triene-, diene-, and monoene acid fractions. By oxidative and reductive degradation of the ozonides, the following isomer mixtures were shown to be present: $\Delta^{6.9.12.15}$- and $\Delta^{4.7.10.13}$-hexadecatetraene acid; $\Delta^{6.9.12}$-, $\Delta^{4.7.10}$-, $\Delta^{7.10.13}$- and $\Delta^{9.12.15}$-hexadecatriene acid; $\Delta^{9.12}$-, $\Delta^{6.9}$- and $\Delta^{7.10}$-hexadecadiene acid; Δ^{9}-, Δ^{6}- and Δ^{7}-hexadecene acid. In each of the four isomer mixtures, the first-named acid of the group was preponderant and the others were present in smaller amounts (5—20%).

Prof. Dr. E. Klenk, Physiologisch-Chemisches Institut der Universität Köln, Zülpicher Str. 47.

Über das Vorkommen einer $\Delta^{4.7.10.13}$-Hexadecatetraensäure in den Fettstoffen der Algenart *Scenedesmus obliquus* und deren Isolierung

Von

E. Klenk und **W. Knipprath**

Aus dem Physiologisch-Chemischen Institut der Universität Köln

(Der Schriftleitung zugegangen am 14. September 1959)

Vor kurzem[1] wurde aus Heringsöl eine C_{16}-Tetraensäurefraktion gewonnen, die der Hauptsache nach aus der von Silk und Hahn[2] aufgefundenen $\Delta^{6.9.12.15}$-Hexadecatetraensäure bestand, die aber in einer Menge von 20% noch das $\Delta^{4.7.10.13}$-Isomere enthielt. Auch in einer aus Menhadenöl gewonnenen C_{16}-Tetraensäurefraktion konnten Stoffel und Ahrens[3] neben der Säure von Silk und Hahn noch kleinere Mengen des obigen Isomeren nachweisen. Nach Paschke und Wheeler[4] kommt eine C_{16}-Tetraensäure auch in Algen (*Chlorella*) vor. Das von ihnen herausfraktionierte Gemisch der C_{16}-Säuren enthielt auf Grund spektrophotometrischer Bestimmungen 13% einer Tetraensäure. Es wurde die Vermutung ausgesprochen, daß hier die $\Delta^{4.7.10.13}$-Säure vorliegt.

Um zu prüfen, ob bei den Fischen die im Depotfett in kleineren Mengen gespeicherten C_{16}-Tetraensäuren möglicherweise aus der Nahrung stammen, haben wir die, auch in der Algenart *Scenedesmus obliquus* vorkommende, Tetraensäure isoliert und die Konstitutionsaufklärung durchgeführt. Wir fanden, daß die von Paschke und Wheeler ausgesprochene Vermutung zutrifft und es sich um die $\Delta^{4.7.10.13}$-Hexadecatetraensäure, also um eine Säure vom Linolensäuretyp handelt, da man beim oxydativen Abbau der freien Säure als einzige Dicarbonsäuren Malonsäure und Bernsteinsäure erhält, während bei dem entsprechenden Abbau des Fettsäuremethylesters die Bernsteinsäure vorwiegend als Halbester und die Malonsäure ausschließlich in freier Form vorliegt.

Die Untersuchung wurde durch Mittel der Deutschen Forschungsgemeinschaft und des Verbandes der chemischen Industrie (Fonds der chemischen Industrie) unterstützt.

---

[1] E. Klenk u. H. Steinbach, diese Z. **316**, 31 [1959].
[2] M. H. Silk u. H. H. Hahn, Biochem. J. **57**, 582 [1954].
[3] W. Stoffel u. E. H. Ahrens, jr., J. Amer. chem. Soc. **80**, 6604 [1958].
[4] R. F. Paschke u. D. H. Wheeler, J. Amer. Oil Chemists' Soc. **31**, 81 [1954].

Beschreibung der Versuche

Das Trockenpulver* (5 kg) der in einer Großkulturanlage gezüchteten Algenart *Scenedesmus obliquus* wurde mit Chloroform-Methanol in der Siedehitze extrahiert. Das Material mußte wiederholt ausgekocht werden, um die Lipoidstoffe vollständig daraus zu entfernen. Die nach Abdampfen des Lösungsmittels verbleibenden, stark mit Chlorophyll verunreinigten Lipoide wurden mit 5proz. methanol. Salzsäure durch 3stdg. Kochen unter Rückfluß gespalten und die Methylester bei steigender Wasserzugabe wiederholt mit Petroläther ausgeschüttelt. Zur Entfernung der Farbstoffe wurde nach Abziehen des Lösungsmittels im Hochvakuum (10^{-4} Torr) destilliert. Menge des Destillats: 235 g. Die gewonnenen Gesamtfettsäuren, von welchen nach der Verseifung das Unverseifbare (15 g) durch Ausschütteln mit Petroläther abgetrennt war, löste man in dem 12fachen Vol. Aceton und fror die gesättigten und schwach ungesättigten Fettsäuren (54,6 g bzw. 15,7 g) durch Tiefkühlkristallisation bei —20 und —40° aus. Aus dem Filtrat erhielt man 150 g stärker ungesättigte Fettsäuren. Nach Überführung in die Methylester (147 g) wurden diese im Hochvakuum (10^{-4} Torr) fraktioniert destilliert, wobei man eine 750 mm hohe, mit Drahtnetzsätteln gefüllte und mit versilbertem Vakuummantel isolierte Kolonne benutzte.

Fraktionierte Destillation der Methylester der höher ungesättigten Fettsäuren.

	Heizbad-temp. °C	$Sdp._{0,0001}$ °C	Menge g	Schmp. der hydrierten Säuren	
				Rohprodukt	umkristallisiert
1	176	67	2,38	30,5—37,5	52,5—54,5
2	176	68	3,11	54,5—57,5	59,5—60,5
3	176	72	2,41	—	—
4	180	75	3,44	58,0—59,0	61,5—62,0
5	180	76,5	4,38	60,5—62,0	61,5—62,0
6	182	76	4,83	—	—
7	182	76,5	3,84	—	—
8	182	75	4,21	—	—
9	180	74	4,62	—	—
10	184	77	4,49	58,0—60,5	59,0—60,5
11	186	82	4,78	50,5—58,0	57,5—58,5
12	187	88	4,64	—	—
13	189	90	3,89	57,0—64,5	66,5—67,0
14	190	92	4,72	62,5—67,0	67,0—68,0
15—34	193—250	96—100	86,16		

Die Fraktionen der C_{16}-Säuren (Frakt. 4 und 6) enthielten, wie aus den UV-Spektren der mit Alkali isomerisierten Säuren (Abb. 1a) hervorgeht, beträchtliche Mengen Tetraensäure. 6,2 g der aus den vereinigten Frakt. 4 und 5 (Jodzahl 278) gewonnenen freien Säuren wurden nun durch Gegenstromverteilung[5] in die Komponenten zerlegt. Menge der daraus erhaltenen Tetraensäure: 3,8 g.

Zur näheren Charakterisierung diente das aus der Spitzenfraktion gewonnene Produkt. Hellgelbe, auch bei 0° leicht bewegliche Flüssigkeit; Jodzahl: 358; für

* Das Material wurde uns in dankenswerter Weise von Frau Dr. M. E. Meffert, Kohlenstoffbiologische Forschungsstation e. V., Essen-Bredeney, durch die freundliche Vermittlung von Herrn Prof. Dr. H. Kraut, Dortmund, zur Verfügung gestellt.

[5] E. Klenk u. F. Lindlar, diese Z. **301**, 156 [1955].

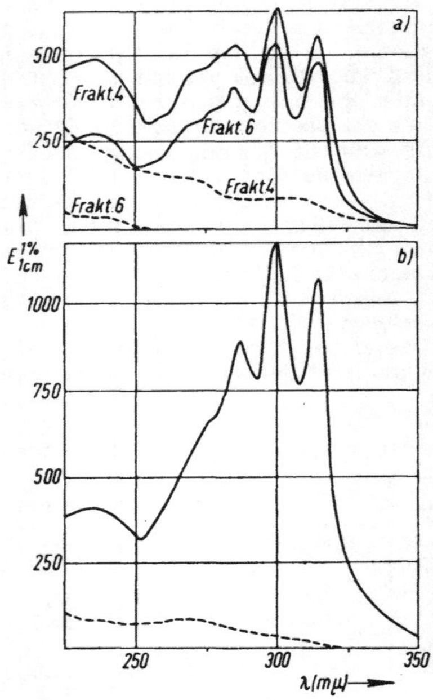

Abb. 1a u. b.

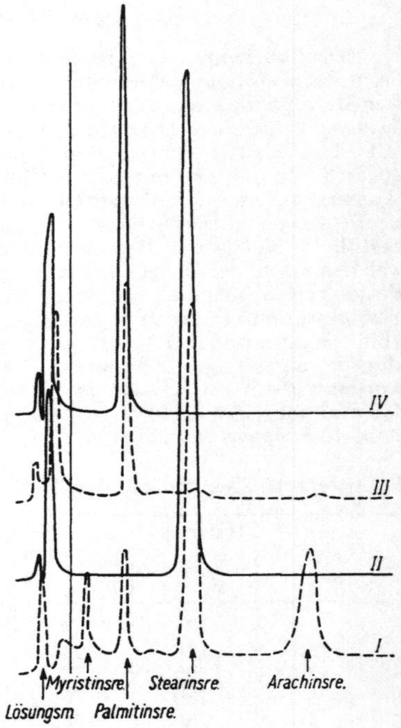

Abb. 2.

Abb. 1. UV-Absorptionsspektren des Gemisches der C_{16}-Säuren in Frakt. 4 und 6 (a) und der daraus durch Gegenstromverteilung erhaltenen Tetraensäure (b) vor (- - - -) und nach (——) der Alkaliisomerisierung (8 Min. isomerisiert in 21proz. KOH-Glykol bei 180⁰).

Abb. 2. Gaschromatogramm (Kolonnenlänge 140 cm, Füllung Reoplex 400, Temperatur 201⁰). I: Testsubstanzen (Gemisch der Methylester von Myristin-, Palmitin-, Stearin- und Arachinsäure. — II: Methylester der C_{16}-Tetraensäure. — III: Methylester aus Mutterlauge des Hydrierungsproduktes von II. — IV: Methylester des bei —20⁰ aus Aceton umkristallisierten Hydrierungsproduktes von II.

$C_{16}H_{24}O_2$ ber.: 408,7*. Die UV-Spektren vor und nach der Alkaliisomerisierung zeigt Abb. 1b.

Das Ergebnis der gaschromatographischen Analyse der Methylester der Tetraensäure und ihres Hydrierungsproduktes zeigt Abb. 2. Schmp. des Hydrierungsproduktes: 61—62⁰ (aus Aceton bei —20⁰ umkristallisiert). Es handelt sich demnach um eine Substanz von hohem Reinheitsgrad. Nur in der Mutterlauge des Hydrierungsproduktes lassen sich gaschromatographisch noch Spuren von Verunreinigungen erkennen.

---

* Die hier angewandte Methode nach Rosenmund und Kuhnhenn[6] ergibt für höher ungesättigte Verbindungen stets zu niedrige Werte.

[6] K. W. Rosenmund u. W. Kuhnhenn, Z. Unters. Nahrungs- u. Genußmittel **46**, 154 [1923].

Die oxydative Ozonidspaltung: Die Zusammensetzung der a) aus 10,78 mg Tetraensäure bzw. b) aus 11,36 mg Methylester wie üblich[7] erhaltenen Dicarbonsäuren bzw. Abbausäuren zeigt Abb. 3. Die Identifizierung erfolgte durch Papierchromatographie[8]. Die Methode gestattet die Identifizierung der C_3—C_9-Dicarbonsäuren. Papier Schleicher & Schüll 2043b; Lösungsmittel 1—5% Butanol enthaltendes Chloroform. Laufzeit 5—8 Stdn.: Färbung: KJ, KJO_3, Stärkelösung.

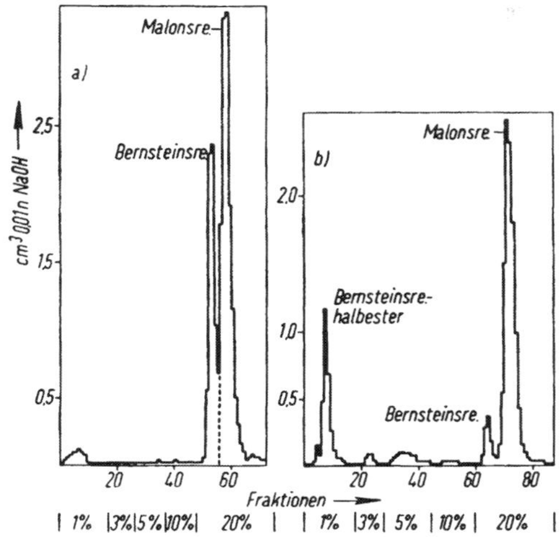

Abb. 3a. Chromatographische Trennung der Abbau-Dicarbonsäuren aus 10,78 mg Hexadecatetraensäure mit Säule D. Folgende Angaben in Mol/Mol Tetraensäure. — 1% (Frakt. 1—12): 0,84 cm³ 0,01*n* NaOH, gef. 0,1 Mol Bernsteinsäure mit etwas Malonsäure. — 20% (Frakt. 50—56): 7,02 cm³ 0,01*n* NaOH, gef. 0,81 Mol Bernsteinsäure. — (Frakt. 57—70): 12,55 cm³ 0,01*n* NaOH, gef. 1,46 Mol Malonsäure.

Abb. 3b. Chromatographische Trennung der Abbausäuren aus 11,36 mg Hexadecatetraensäure-methylester mit Säule D. Folgende Angaben in Mol/Mol Tetraensäureester. 1% (Frakt. 3—17): 3,29 cm³ 0,01*n* NaOH, gef. 0,74 Mol Bernsteinsäurehalbester. — 3% (Frakt. 21—27): 0,32 cm³ 0,01*n* NaOH, gef. 0,035 Mol nicht identifizierbar. — 5% (Frakt. 30—45): 0,98 cm³ 0,01*n* NaOH, gef. 0,1 Mol nicht identifizierbar. — 10% (Frakt. 48—56): 0,31 cm³ 0,01*n* NaOH, gef. 0,036 Mol Bernsteinsäure. — 20% (Frakt. 62—68): 1,03 cm³ 0,01*n* NaOH, gef. 0,122 Mol Bernsteinsäure. — (Frakt. 69—87): 10,95 cm³ 0,01*n* NaOH, gef. 1,20 Mol Malonsäure.

Zusammenfassung

Aus den Gesamtlipoiden der Algenart *Scenedesmus obliquus* wurde eine gaschromatographisch einheitliche C_{16}-Tetraensäure isoliert. Beim oxydativen Ozonidabbau der freien Säure wurden als einzige Dicarbonsäuren Bernsteinsäure (0,9 Mol pro Mol Polyensäure) und Malonsäure (1,5 Mol) erhalten. Beim entsprechenden Abbau des Methylesters trat die

[7] E. Klenk u. W. Bongard, diese Z. **290**, 181 [1952]; siehe auch E. Klenk u. W. Montag, Liebigs Ann. Chem. **604**, 4 [1957]; E. Klenk u. H. Brockerhoff, diese Z. **310**, 153 [1958].

[8] E. Klenk u. H. J. Tomuschat, noch unveröffentlicht.

Bernsteinsäure vorwiegend als Halbester und die Malonsäure ausschließlich in freier Form auf. Es liegt demnach die $\Delta^{4.7.10.13}$-Hexadecatetraensäure vor.

Summary

A gas chromatographically homogeneous C_{16}-tetraenic acid has been isolated from the total lipids of the algal species *Scenedesmus obliquus*. Oxidative ozonide degradation of the free acid yielded succinic acid (0.9 mol. per mol. polyenic acid) and malonic acid (1.5 mol.) as the only dicarboxylic acids. By degradation of the methylester the succinic acid was obtained preponderantly in form of the semiester and the malonic acid exclusively in the free form. This C_{16}-acid is, therefore $\Delta^{4.7.10.13}$-hexadecatetraenic acid.

Prof. Dr. E. Klenk, Physiologisch-Chemisches Institut der Universität Köln, Köln-Lindenthal, Josef-Stelzmann-Straße 52.

Über die Natur der in den Leberphosphatiden auftretenden C_{20}- und C_{22}-Polyensäuren bei Verabreichung von Linol- und Linolensäure an fettfrei ernährte Ratten

Von

E. Klenk und **K. Oette**

Aus dem Physiologisch-Chemischen Institut der Universität Köln

(Der Schriftleitung zugegangen am 4. November 1959)

Die bisherigen[1] Untersuchungen der in den Organphosphatiden vorkommenden C_{20}- und C_{22}-Polyensäuren haben ergeben, daß sie vorwiegend dem Linol- und Linolensäuretyp angehören, d. h. daß die erste Doppelbindung, von der endständigen Methylgruppe aus gerechnet, sich an derselben Stelle befindet wie in der Linol- bzw. Linolensäure, während im übrigen alle Doppelbindungen in der Divinylmethangruppierung angeordnet sind. Es kann heute kaum mehr zweifelhaft sein, daß Linol- und Linolensäure des Nahrungsfettes die Ausgangsprodukte für die Biogenese dieser C_{20}- und C_{22}-Polyensäuren im Tierkörper sind[2]. Zur Prüfung der Frage, ob Linolsäure nur zur Bildung der Polyensäuren vom Linolsäure-, Linolensäure dagegen nur zur Bildung derjenigen vom Linolensäuretyp führt, haben wir fettfrei ernährten Ratten einerseits Linolsäure und andererseits Linolensäure verabreicht und die Natur der in den Leberphosphatiden auftretenden C_{20}- und C_{22}-Polyensäuren ermittelt. Zum Vergleich wurde auch eine entsprechende Versuchsreihe durchgeführt, wo die Tiere nur die fettfreie Grunddiät erhielten.

Zur Untersuchung kam die nach Ausfrieren der gesättigten Fettsäuren und des Hauptteils der Monoensäuren bei —40° anfallende Polyensäurefraktion, die bei allen drei Versuchsgruppen in etwa gleich großen Mengen erhalten wurde. Jede dieser Polyensäurefraktionen teilte man durch „reversed phase" Chromatographie in eine Triensäurefraktion (Frakt. a) und eine Fraktion (Frakt. b) der hochungesättigten

---

[1] a) E. Klenk u. W. Bongard, diese Z. **291**, 104 [1952]; b) E. Klenk u. F. Lindlar, diese Z. **299**, 74 [1955]; c) **301**, 156 [1955]; d) E. Klenk u. A. Dreike, diese Z. **300**, 113 [1955]; e) E. Klenk u. W. Montag, Liebigs Ann. Chem. **604**, 4 [1957]; f) J. Neurochem. **2**, 226 [1958]; g) J. Neurochem. **2**, 233 [1958]; h) E. Klenk u. H. J. Tomuschat, diese Z. **308**, 165 [1957].

[2] a) L. C. A. Nunn u. I. Smedley-MacLean, Biochem. J. **32**, 2178 [1938]; b) C. Widmer u. R. T. Holman, Arch. Biochemistry **25**, 1 [1950]; c) J. F. Mead, G. Steinberg u. D. R. Howton, J. biol. Chemistry **205**, 683 [1953]; d) J. F. Mead u. D. R. Howton, ebenda **229**, 575 [1957]; e) E. Klenk, Naturwissenschaften **41**, 68 [1954]; f) diese Z. **302**, 268 [1955].

Fettsäuren (Tetraen-, Pentaen- und Hexaensäuren) und bestimmte von diesen die Zusammensetzung an C_{16}-, C_{18}-, C_{20}- und C_{22}-Säuren durch chromatographische Analyse der Hydrierungsprodukte. Die UV-Spektren der mit Alkali isomerisierten Proben ergaben Aufschluß über den Grad der Ungesättigtheit, wodurch bereits ein Überblick über die Hauptbestandteile des Gemisches ermöglicht wurde. Die noch in kleineren Mengen vorhandenen Polyensäuren konnten durch Gaschromatographie ermittelt werden. Das Ergebnis dieser Versuche zeigt Tab. 1. Demnach

Tab. 1. Gehalt der Polyensäurefraktionen der Rattenleberphosphatide an C_{20}- und C_{22}-Säuren in Mol pro 100 Mol Polyensäure*.

	I fettfreie Grunddiät	II Grunddiät und Linolsäure	III Grunddiät und Linolensäure
C_{20} . . .			
Diensäure	Spur	Spur	Spur
Triensäure	28	5	10
Tetraensäure	15	40	7
Pentaensäure	Spur	Spur	18
C_{22} . . .			
Triensäure	0,5	—	Spur
Tetraensäure	1,5	6	—
Pentaensäure	—	—	2
Hexaensäure	2,5	6	21

* Die Werte dieser Tabelle ergeben sich aus A und B der Tab. 2, wobei die der C_{20}-Triensäuren sich aus dem C_{20}-Säuregehalt der Frakt. a, die der C_{20}-Tetraensäuren bei Gruppe I und II und die der C_{20}-Tetraen- + -Pentaensäuren bei Gruppe III aus dem C_{20}-Säuregehalt der Frakt. b berechnet. Die Werte der C_{22}-Säuren (Trien- bis Hexaensäuren) ergeben sich aus dem C_{22}-Säuregehalt der Frakt. b. Zur Ermittlung der übrigen Werte wurden die gaschromatographischen Ergebnisse herangezogen. In der Frakt. b von Gruppe I befanden sich noch geringe Mengen der C_{20}-Triensäure, siehe Abb. 10). Dies wurde in der Tab. berücksichtigt.

sind bei fettfreier Diät ohne Zulage neben kleineren Mengen C_{22}-Polyensäuren vor allem C_{20}-Trien- und -Tetraensäuren vorhanden, wobei die Triensäuren überwiegen. Linolsäure führt zu einem erheblichen Rückgang des C_{20}-Triensäure- und einer starken Erhöhung des C_{20}-Tetraensäuregehalts. Auch eine merkbare Steigerung des Gehalts an C_{22}-Polyensäuren ist festzustellen. Bei Verabreichung von Linolensäure an Stelle von Linolsäure fällt der Gehalt an C_{20}-Tetraensäure auf ein Minimum ab. Besonders charakteristisch ist das Auftreten einer C_{20}-Pentaensäure in reichlichen Mengen und einer sehr erheblichen Steigerung des C_{22}-Hexaensäuregehalts. Auch bei den nur in kleineren Mengen auftretenden Begleitsäuren sind, wie die gaschromatographische Analyse zeigt, charakteristische Unterschiede erkennbar; so findet sich im Linolsäureversuch eine C_{22}-Tetraensäure und es fehlt eine C_{22}-Pentaensäure, im Linolensäureversuch dagegen fehlt umgekehrt die C_{22}-Tetraensäure, und es findet sich eine C_{22}-Pentaensäure.

Zur weiteren Charakterisierung der Polyensäuren wurde von jeder der Triensäurefraktionen (Frakt. a) und der Fraktionen der hochungesättigten Fettsäuren (Frakt. b) sowohl ein oxydativer wie auch ein reduktiver Ozonidabbau durchgeführt und die Zusammensetzung der Abbaudicarbonsäuren bzw. der Dinitrophenylhydrazone der einfachen Aldehyde durch chromatographische Analyse bestimmt. Das Ergebnis zeigt Tab. 2, in welche zum Vergleich auch die Zusammensetzung der entsprechenden Fettsäurengemische an C_{16}-, C_{18}-, C_{20}- und C_{22}-Säuren aufgenommen ist.

Tab. 2. Zusammensetzung der Polyensäurefraktionen a und b und der beim oxydativen bzw. reduktiven Ozonidabbau erhaltenen Abbaudicarbonsäuren bzw. Abbaualdehyde.

	Gruppe I		Gruppe II		Gruppe III	
	a	b	a	b	a	b
A. Menge in Mol/100 Mol Polyensäure	61	39	29	71	41	59
B. Zusammensetzung C_{16}	—	32	—	13	—	16
C_{18}	59	13	84	13	76	3
C_{20}	41	45	16	58	24	43
C_{22}	—	10	—	16	—	38
C. Oxydative Ozonidspaltung (Molare Verhältnisse der Abbaudicarbonsäuren)						
Azelains. + C_{11}-Dicarbonsäuren	0,52	—	0,52	—	0,63	—
Azelainsäure (C_9)	—	0,27	—	0,25	—	0,26 (Azelainsäure + Korksäure)
Korksäure (C_8)	—	0,04	0,03	0,05	0,04	
Pimelinsäure (C_7)	0,04	0,04	0,04	0,05	0,05	0,03
Adipinsäure (C_6)	0,07	0,10	0,12	0,05	0,03	0,06
Glutarsäure (C_5)	0,33	0,31	0,22	0,43	0,16	0,34
Bernsteinsäure (C_4)	0,04	0,24	0,07	0,17	0,09	0,31
Malonsäure (C_3)	0,37	0,99	0,20	0,99	0,23	1,20
D. Reduktive Ozonidspaltung (Molare Verhältnisse der Abbaualdehyde)						
C_9	0,78	0,15	0,61	0,05	0,73	Spur
C_7	0,19	0,52	0,33	0,14	0,25	0,13
C_6	—	0,23	0,02	0,65	Spur	0,12
C_4	0,03	0,02	Spur	0,03	Spur	0,03
C_3	—	0,08	0,04	0,13	0,02	0,72

Demnach sind folgende Polyensäuren vorherrschend: bei Gruppe I die $\Delta^{5.8.11}$-Eicosatriensäure (Frakt. a), bei Gruppe II die $\Delta^{5.8.11.14}$-Eicosatetraensäure, d. h. Arachidonsäure (Frakt. b) und bei Gruppe III die $\Delta^{5.8.11.14.17}$-Eicosapentaensäure (Frakt. b) sowie die $\Delta^{4.7.10.13.16.19}$-Docosahexaensäure (Frakt. b).

Was die übrigen in den Fettsäuregemischen noch auftretenden C_{20}- und C_{22}-Polyensäuren betrifft, so lassen sich in Anbetracht der sehr komplexen Natur auf Grund der vorliegenden Daten noch keine sicheren

Schlüsse in bezug auf ihre Konstitution ziehen. Es muß aber als sehr wahrscheinlich gelten, daß bei Gruppe I die C_{20}-Tetraensäurefraktion aus den $\Delta^{5.8.11.14}$- und $\Delta^{4.7.10.13}$-Isomeren besteht, aus welchen die unter den Abbaudicarbonsäuren in relativ großen Mengen vorhandenen Glutarsäure und Bernsteinsäure (Frakt. b) entstanden sein dürften. Nur ein kleiner Teil derselben kann aus den geringen Mengen der auf gaschromatographischem Wege nachgewiesenen C_{20}-Trien- und -Pentaensäuren bzw. den C_{22}-Trien-, -Tetraen- und -Hexaensäuren (siehe Abb. 10) stammen. Nach dem vorliegenden Abbauergebnis dürfte die $\Delta^{5.8.11}$-Eicosatriensäure auch in Gruppe II und vor allem in Gruppe III vorkommen. Ein besonderes Interesse kommt außerdem der C_{18}-Diensäure zu, welche auf Grund der gaschromatographischen Analyse bei Gruppe I in Frakt. b den Hauptteil der C_{18}-Säuren ausmacht (s. Abb. 10). Wahrscheinlich handelt es sich hier um die $\Delta^{6.9}$-Octadecadiensäure, von welcher die unter den Abbaudicarbonsäuren nachgewiesene Adipinsäure stammen dürfte.

Die Anreicherung einer C_{20}-Triensäure in dem Leberfett von fettfrei ernährten Ratten wurde erstmals von Smedley-MacLean[2a] beobachtet. Dieser Befund wurde später von Holman[2b] auch für andere Organe bestätigt. Mead[3] hat festgestellt, daß es sich um die $\Delta^{5.8.11}$-Eicosatriensäure handelt. Nachdem er zunächst die Säure für ein partielles Hydrierungsprodukt der Arachidonsäure hielt, glaubt er jetzt auf Grund neuerer Befunde[4] Ölsäure als Ausgangsprodukt für ihre Biogenese annehmen zu dürfen. Die obige C_{20}-Triensäure wurde auch in den Glycerinphosphatiden des Gehirns und der Rinderleber angetroffen[1a,c,e]. Über das Auftreten von $\Delta^{4.7.10.13}$-Eicosatetraensäure in Fetten irgendwelcher Herkunft und speziell in der Leber von fettfrei ernährten Ratten lagen bisher noch keinerlei Befunde vor. Falls die Beobachtung von Mead über die Bildung der $\Delta^{5.8.11}$-Eicosatriensäure aus Ölsäure sich bestätigen sollte, kann wohl auch eine entsprechende Bildung der $\Delta^{4.7.10.13}$-Eicosatetraensäure aus Palmitoleinsäure (Δ^{9}-Hexadecensäure) in Betracht gezogen werden. In diesem Zusammenhang ist noch von Interesse, daß Mead die Möglichkeit des Vorkommens von kleinen Mengen der analogen $\Delta^{7.10.13}$-Eicosatriensäure neben dem als Hauptprodukt auftretenden $\Delta^{5.8.11}$-Isomeren diskutiert.

Unter den gegebenen Versuchsbedingungen ändert sich auffallenderweise der Polyensäuregehalt der Leberphosphatide nicht wesentlich, wohl aber zeigt sich ein charakteristischer Unterschied in der Natur derselben. Bei fettfrei ernährten Tieren treten vorwiegend Polyensäuren vom Öl- und Palmitoleinsäuretyp ($\Delta^{5.8.11}$-Eicosatriensäure und $\Delta^{4.7.10.13}$-Eicosatetraensäure) auf. Eine Zulage von Linolsäure führt zu einer Verminderung der Säuren dieses Typs und zu einer starken Anreicherung von Polyensäuren des Linolsäuretyps und zwar vor allem von Arachidon-

---

[3] J. Mead u. W. R. Slaton, J. biol. Chemistry **219**, 705 [1956].
[4] A. J. Fulco u. J. F. Mead, J. biol. Chemistry **234**, 1411 [1959].

säure. Die Verabreichung von Linolensäure führt statt dessen zu einer starken Anreicherung von Polyensäuren des Linolensäuretyps und zwar von $\Delta^{5.8.11.14.17}$-Eicosapentaensäure und $\Delta^{4.7.10.13.16.19}$-Docosahexaensäure. Diese Befunde stehen in voller Übereinstimmung mit den älteren Beobachtungen von Holman[2b], nach welchen die Verabreichung von Linolsäure an fettfrei ernährten Ratten zu einer Erhöhung des Tetraensäuregehalts, die Verabreichung von Linolensäure zu einer Erhöhung des Pentaen- und Hexaensäuregehalts im Organfett führt.

Unsere Versuchsergebnisse lassen erkennen, daß bei normaler Ernährung, d. h. bei Vorhandensein von Linol- und Linolensäure oder anderer Polyensäuren dieses Typs die C_{20}- und C_{22}-Polyensäuren der Organphosphatide vorzugsweise aus diesen exogenen Fettsäuren gebildet werden und daß beim Fehlen derselben eine Totalsynthese von Polyenfettsäuren anderen Typs einsetzt.

Schon früher[5] wurde die Auffassung vertreten, daß es dem tierischen Organismus gewisse Schwierigkeiten macht, mehr als eine Doppelbindung in die Fettsäuren einzuführen, daß dagegen bei Vorhandensein von zwei oder mehr Doppelbindungen in Divinylmethangruppierung die Einführung von weiteren Doppelbindungen leicht möglich ist, und zwar in der Weise, daß die neu eingeführten Doppelbindungen unter Beibehaltung des Divinylmethanrhythmus und gleichzeitiger Verlängerung der C-Ketten stets in Richtung auf die Carboxylgruppe zu liegen. Derselbe Reaktionsmechanismus scheint auch beibehalten zu werden, wenn der Organismus beim Fehlen der Polyensäuren in der Nahrung gezwungen wird, diese Substanzen von anscheinend lebenswichtiger Funktion selbst zu bilden. In diesem Fall dienen offensichtlich Ölsäure und Palmitoleinsäure als Ausgangsprodukte. Als erstes Zwischenprodukt dürfte eine Diensäure mit Divinylmethangruppierung entstehen, wobei die neue Doppelbindung wiederum nur in Richtung auf die Carboxylgruppe zu eingeführt wird.

Das Vorkommen von kleinen Mengen Arachidonsäure und Docosahexaensäure bei fettfrei ernährten Tieren (Gruppe I) kann ungezwungen erklärt werden durch die Feststellung, daß das im Futter vorhandene Casein trotz der erschöpfenden Extraktion mit Äther-Alkohol nicht völlig fettfrei ist und daß sich darin auch kleinere Mengen von Polyensäuren befinden. Ebenso erklärt sich der noch etwas höhere Docosahexaensäuregehalt bei Gruppe II durch das Vorhandensein von zwar geringen, aber doch einwandfrei nachweisbaren Mengen Linolensäure in dem verfütterten Linolsäurepräparat.

Die Untersuchung wurde durch Mittel der Deutschen Forschungsgemeinschaft und des Verbands der Chemischen Industrie, Fonds der Chemie, unterstützt.

---

[5] E. Klenk, International Conference on Biochemical Problems of Lipids, 1953, S. 33, Koninklijke Vlaamse Academie voor Wetenschappen, Letteren en Schone Kunsten van Belgie, Brussel.

Beschreibung der Versuche

Die Experimente wurden mit 30 etwa drei Wochen alten weißen, vorwiegend männlichen Ratten durchgeführt, die man unmittelbar nach der Entwöhnung in 3 Gruppen einteilte. Gruppe I: Diese Tiere erhielten die Grunddiät ohne weitere Zulage. Gruppe II: Während der ganzen Versuchsdauer wurden neben der Grunddiät insgesamt 19 g Linolsäure-äthylester pro Gruppe, in Mengen von täglich etwa 30 mg per os an jedes Tier verabreicht. Gruppe III: Fütterung wie bei Gruppe II mit dem Unterschied, daß an Stelle des Linolsäureesters als Zulage insgesamt 17 g Linolensäure-äthylester gegeben wurden.

Als fettfreie Grunddiät diente nach Burr und Burr ein Gemisch von Rohrzucker und mit Äthylalkohol-Äther erschöpfend extrahiertes Casein (Merck) im Verhältnis 3:1 bei Tieren unter 100 g Gewicht, im Verhältnis 5:1 bei Tieren von 100—175 g und im Verhältnis 7:1 bei Tieren über 175 g. Dem Rohrzucker-Caseingemisch war die Salzmischung nach MacCollum beigemischt. Außerdem wurden

Abb. 1. UV-Spektren der mit Alkali isomerisierten, verfütterten Linolsäure (——) und der isomerisierten, aus Casein extrahierten Polyensäuren (- - - -).

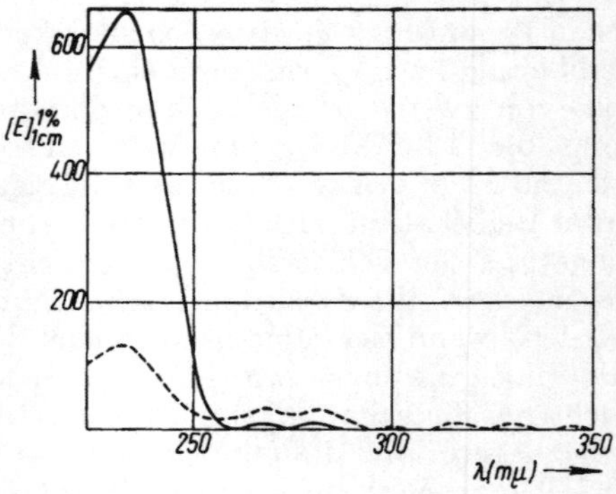

die Vitamine A und D in alkoholischer Lösung (Merck) und der Vitamin-B-Komplex (Hofmann-La Roche) im Trinkwasser, das Spuren Kaliumjodid enthielt, verabreicht. Nach 10—11 Wochen wurden die Tiere (Durchschnittsgewichte bei Gruppe I 182 g, Gruppe II 196 g, Gruppe III 194 g) getötet.

Das verfütterte Casein war trotz der erschöpfenden Extraktion mit Alkohol-Äther noch nicht völlig fettfrei. Aus 100 g Casein wurden durch 3stdg. Kochen mit 5proz. methanol. Schwefelsäure nach Abzentrifugieren des ungelöst gebliebenen Caseins und durch Ausschütteln der Lösung mit Petroläther die Fettsäure-methylester erhalten. Nach Verseifung und Ausfrieren der gesättigten Fettsäuren und eines Teils der Monoensäuren bei —40° aus einer 10proz. Acetonlösung verblieben von insgesamt 0,57 g Gesamtfettsäuren 0,28 g stärker ungesättigte Fettsäuren, die auf Grund des UV-Absorbtionsspektrums nach Alkaliisomerisierung (Abb. 1) etwa 10—15% Linol- und Linolensäure sowie Spuren von Tetraen- und Pentaensäuren enthielten. Abb. 1 enthält auch das UV-Spektrum der isomerisierten, als Zulage verwendeten Linolsäure, welches eine Verunreinigung mit Spuren Linolensäure anzeigt.

Von jeder Gruppe wurden die homogenisierten Lebern mit Aceton entwässert, anschließend mit Aceton in der Kälte und schließlich mit Methanol/Chloroform 3:1 in der Siedehitze extrahiert. Die zum Sirup eingeengten Extrakte löste man in Äther, engte sie nach Abtrennung des Ungelösten wieder bis zur Sirupkonsistenz ein und fällte die Phosphatide mit Aceton aus. Die aus den Acetonlösungen durch

Abdampfen des Lösungsmittels gewonnene Neutralfettfraktion wurde nicht weiter verarbeitet.

Aus den vereinigten Phosphatidfraktionen spaltete man durch 3 stdg. Kochen mit 3 proz. methanolischer Salzsäure die Fettsäure-methylester ab und schüttelte diese mit Petroläther aus. Nach Verseifung der Ester und Abtrennung des Unverseifbaren wurden die Fettsäuren in dem 10fachen Vol. Aceton gelöst und die gesättigten Fettsäuren sowie ein Teil der Monoensäuren bei —40° ausgefroren. Die in Lösung gebliebenen Anteile (Polyensäurefraktion) trennte man nun durch „reversed phase" Chromatographie[6] in eine Triensäurefraktion (Frakt. a) und eine Fraktion der hochungesättigten Fettsäuren (Frakt. b), welche die Tetraen-, Pentaen- und Hexaensäuren enthielt (siehe Tab. 3 und Abb. 2).

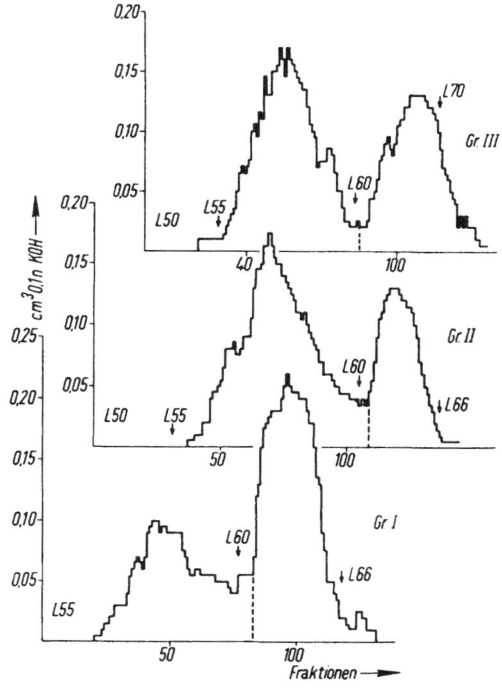

Abb. 2. „Reversed phase" Chromatogramme der Polyensäurefraktionen (Angaben in Mol/100 Mol). I. Einwaage 278 mg: Frakt. b (0—83) 3,50 cm³ 0,1n KOH, entspr. 99,0 mg Säuren oder 39 Mol; Frakt. a (84—132) 5,44 cm³ 0,1n KOH, entspr. 158,5 mg Säuren oder 61 Mol. — II. Einwaage 257 mg: Frakt. b (27—108) 5,80 cm³ 0,1n KOH, entspr. 173,8 mg Säuren oder 71 Mol; Frakt. a (109—138) 2,39 cm³ 0,1n KOH, entspr. 68,2 mg Säuren oder 29 Mol. — III. Einwaage 250 mg: Frakt. b (21—86) 4,88 cm³ 0,1n KOH, entspr. 147,5 mg Säuren oder 59 Mol; Frakt. a (87—133) 3,37 cm³ 0,1n KOH, entspr. 96,5 mg Säuren oder 41 Mol.

---

[6] W. Kapitel, Fette u. Seifen 58, 91 [1956].

Tab. 3. Ergebnis der Leberaufarbeitung (Mengen in g).

	Gruppe I	Gruppe II	Gruppe III
Lebergewicht (frisch)	73,1	79,2	76,4
Neutralfett	2,5	1,8	1,8
Phosphatide	4,1	2,3	2,7
Fettsäure-methylester	1,86	1,13	1,40
Freie Fettsäuren	1,54	0,93	1,16
Fettsäuren, bis —40° ausgefallener Anteil	0,52	0,33	0,46
Polyensäurefraktion	0,95	0,55	0,69
Unverseifbares	0,10	0,07	0,10

Die Triensäurefraktionen (Frakt. a)

Die UV-Spektren der mit Alkali isomerisierten Säuren zeigt Abb. 3. Außerdem wurde von Frakt. Ia noch eine gaschromatographische Analyse des Methylesters ausgeführt (Abb. 4). Schließlich wurden etwa 20 mg von jeder der drei Fraktionen in Eisessig mit Platinkatalysator hydriert. Von den Hydrierungsprodukten ermittelte man dann nach der Vorschrift von Kapitel die Zusammensetzung des Fettsäuregemisches (Abb. 5).

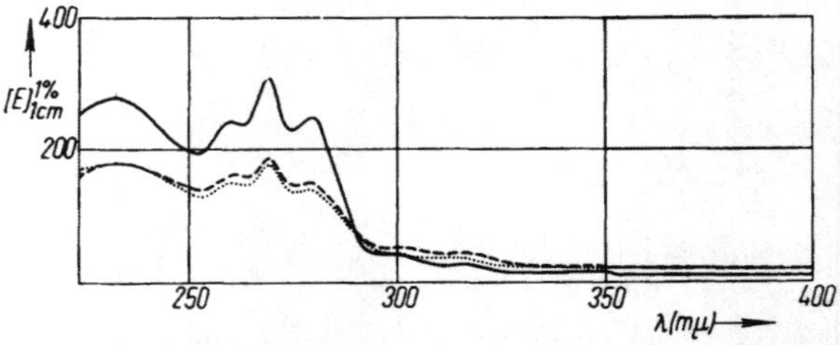

Abb. 3. UV-Spektren der mit Alkali isomerisierten Triensäurefraktionen (21% KOH-Glykol, 8 Min. bei 180°). Ia: ——, IIa: - - - - und IIIa: · · · · ·.

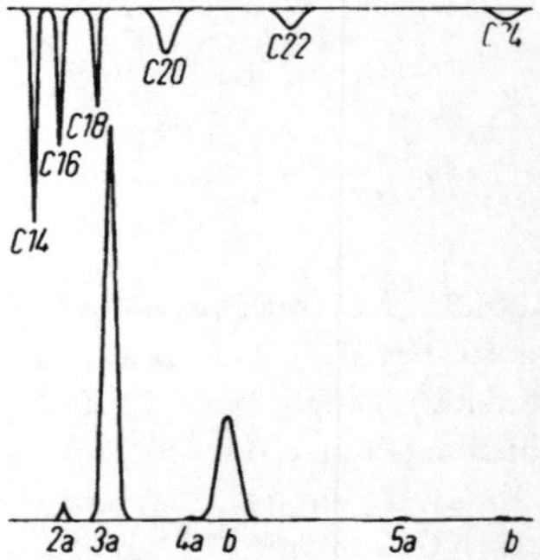

Abb. 4. Gaschromatogramm der Methylester von Frakt. Ia und zum Vergleich oben das des Methylestergemisches der paarigen gesättigten Fettsäuren von Myristinsäure (C_{14}) bis Tetracosansäure (C_{24}). — Kolonne: ∅ 4 mm, Länge 1350 mm. Füllung: Reoplex 400 auf Celite. Kolonnentemp.: 203°. Trägergas: Argon. — Auflösung des Chromatogramms: 2a = Palmitoleinsäure, 3a = Ölsäure, 4a = C_{20}-Diensäure, 4b = C_{20}-Triensäure, 5a = C_{22}-Triensäure, 5b = C_{22}-Tetraensäure.

Zur oxydativen Ozonidspaltung wurden die Fettsäuren nach Klenk und Bongard[7] in Eisessig/Methylacetat 2:1 gelöst und bei —10° ozonisiert.

[7] E. Klenk u. W. Bongard, diese Z. **290**, 181 [1952].

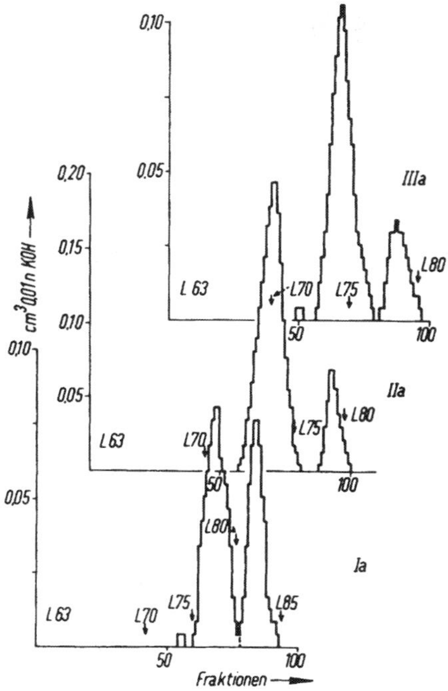

Abb. 5. Zusammensetzung der Hydrierungsprodukte der Triensäurefraktionen auf Grund der säulenchromatographischen Analyse nach Kapitel[6] (Angaben in Mol/100 Mol). Ia. Einwaage 5,0 mg: Frakt. 54—57 Spur Palmitinsäure; Frakt. 60—77 0,83 cm³ 0,01*n* KOH, entspr. 2,36 mg Stearinsäure oder 59 Mol C_{18}; Frakt. 78—93 0,59 cm³ 0,01*n* KOH, entspr. 1,82 mg Eicosansäure oder 41 Mol C_{20}. — IIa. Einwaage etwa 8,5 mg: Frakt. 57 bis 71 2,12 cm³ 0,01*n* KOH, entspr. 6,04 mg Stearinsäure oder 84 Mol C_{18}; Frakt. 78 bis 90 0,42 cm³ 0,01*n* KOH, entspr. 1,29 mg Eicosansäure oder 16 Mol C_{20}. — IIIa. Einwaage 6,0 mg: Frakt. 49—52 Spur Palmitinsäure; Frakt. 57—79 1,05 cm³ 0,01*n* KOH, entspr. 2,98 mg Stearinsäure oder 76 Mol C_{18}; Frakt. 81—97 0,33 cm³ 0,01*n* KOH, entspr. 1,01 mg Eicosansäure oder 24 Mol C_{20}.

Abb. 6. Chromatographische Trennung der Abbaudicarbonsäuren der Frakt. Ia durch Säule D. Angaben in Mol/Mol. Einwaage 19,2 mg (Mol.-Gew. 291,5). 1% (Frakt. 6—40): 6,25 cm³ 0,01*n* KOH, gef. 0,48 Mol Azelainsäure (C_9) + C_{11}-Dicarbonsäure; 3% (Frakt. 41—50): 0,54 cm³ 0,01*n* KOH, gef. 0,04 Mol Pimelinsäure (C_7); Frakt. 51—59: 0,33 cm³ 0,01*n* KOH, gef. 0,03 Mol Adipinsäure (C_6); 5% (Frakt. 60—70): 0,50 cm³ 0,01*n* KOH, gef. 0,04 Mol Adipinsäure, verunreinigt mit Glutarsäure (C_5); 10% (Frakt. 71—84): 4,01 cm³ 0,01*n* KOH, gef. 0,31 Mol Glutarsäure; 20% (Frakt. 85—93): 0,55 cm³ 0,01*n* KOH, gef. 0,04 Mol Bernsteinsäure (C_4); Frakt. 94—110: 4,53 cm³ 0,01*n* KOH, gef. 0,35 Mol Malonsäure (C_3).

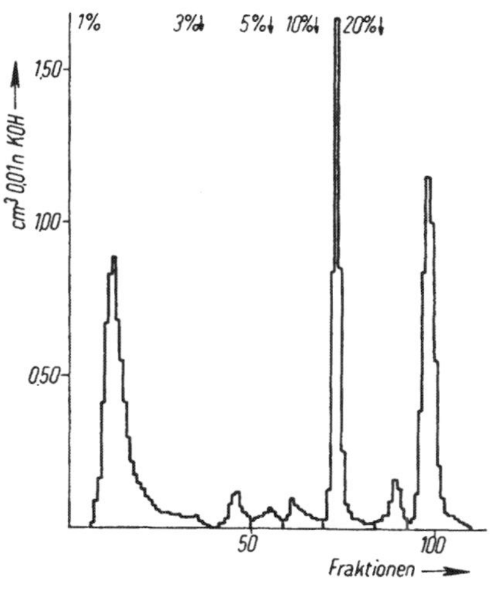

Anschließend wurde die mit Perhydrol versetzte Lösung 60 Stdn. bei 36° stehengelassen. Nach Zerstörung der Peressigsäure und Abtrennung der Monocarbonsäuren mit Petroläther erfolgte die säulenchromatographische Trennung der Abbaudicarbonsäuren durch Säule D (s. Abb. 6—8). Jede der isolierten Dicarbonsäuren

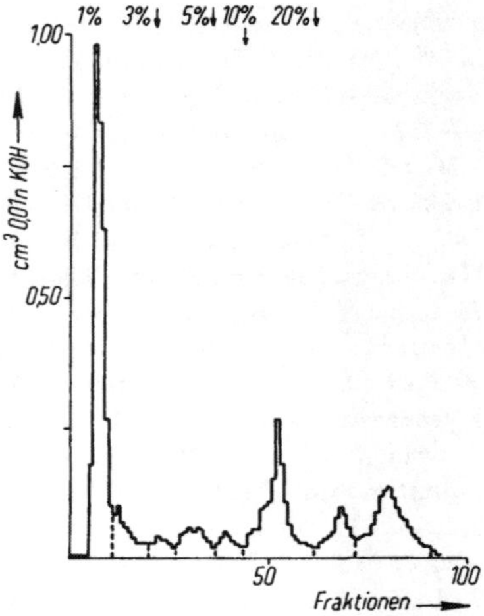

Abb. 7.

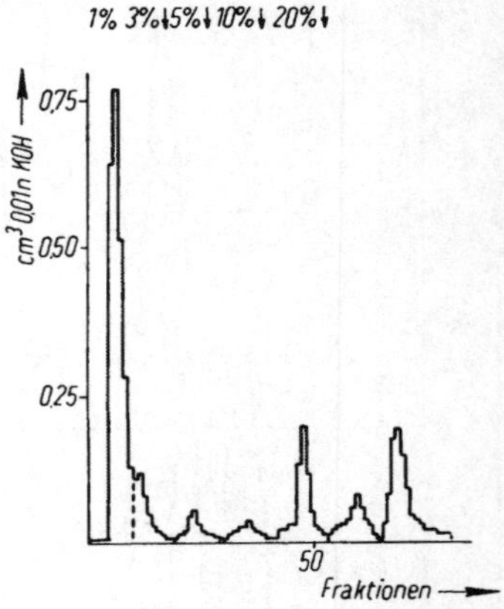

Abb. 8.

Abb. 7. Chromatographische Trennung der Abbaudicarbonsäuren der Frakt. IIa durch Säule D. Angaben in Mol/Mol. Einwaage 10,3 mg (Mol.-Gew. 288,5). 1% (Frakt. 5—11): 3,12 cm³ 0,01*n* KOH, gef. 0,44 Mol Azelainsäure + C_{11}-Dicarbonsäure; Frakt. 12—20: 0,38 cm³ 0,01*n* KOH, gef. 0,05 Mol Azelainsäure + Korksäure; 3% (Frakt. 21—27): 0,27 cm³ 0,01*n* KOH, gef. 0,04 Mol Pimelinsäure; Frakt. 28—37: 0,50 cm³ 0,01*n* KOH, gef. 0,07 Mol Adipinsäure; 5% (Frakt. 38—44): 0,25 cm³ 0,01*n* KOH, gef. 0,04 Mol Adipinsäure + Glutarsäure; 10% (Frakt. 45—62): 1,39 cm³ 0,01*n* KOH, gef. 0,20 Mol Glutarsäure; 20% (Frakt. 63—72): 0,45 cm³ 0,01*n* KOH, gef. 0,06 Mol Bernsteinsäure; Frakt. 73—91: 1,25 cm³ 0,01*n* KOH, gef. 0,17 Mol Malonsäure.

Abb. 8. Chromatographische Trennung der Abbaudicarbonsäuren der Frakt. IIIa durch Säule D. Angaben in Mol/Mol. Einwaage 7,1 mg (Mol.-Gew. 291). 1% (Frakt. 5—10): 2,42 cm³ 0,01*n* KOH, gef. 0,50 Mol Azelainsäure + C_{11}-Dicarbonsäure; Frakt. 11—19: 0,30 cm³ 0,01*n* KOH, gef. 0,06 Mol Azelainsäure + Korksäure; 3% (Frakt. 20—30): 0,23 cm³ 0,01*n* KOH, gef. 0,05 Mol Pimelinsäure; 5% (Frakt. 31—40): 0,14 cm³ 0,01*n* KOH, gef. 0,03 Mol Adipinsäure; 10% (Frakt. 41—53): 0,63 cm³ 0,01*n* KOH, gef. 0,13 Mol Glutarsäure; 20% (Frakt. 54—64): 0,35 cm³ 0,01*n* KOH, gef. 0,07 Mol Bernsteinsäure; Frakt. 65—80: 0,92 cm³ 0,01*n* KOH, gef. 0,19 Mol Malonsäure.

wurde noch papierchromatographisch identifiziert und auf Einheitlichkeit geprüft. Die auf Grund der gefundenen Werte berechneten molaren Verhältnisse der Abbaudicarbonsäuren zeigt Tab. 2, C.

Reduktive Ozonidspaltung: In der gleichen Weise wie bei der oxydativen Ozonidspaltung führte man die Ozonisation bei der reduktiven Spaltung durch. Die Hydrierung der Ozonide in Gegenwart von Platinoxyd bei —10° bis —20° und die weitere Darstellung der Dinitrophenylhydrazone der Abbaualdehyde erfolgte nach der Vorschrift von Klenk und Brockerhoff[8]. Die Dinitrophenylhydrazone wurden säulenchromatographisch nach Kramer und van Duin[9] über Silicagel mit Petroläther als mobiler und Nitromethan als stationärer Phase getrennt. Jede Fraktion wurde noch papierchromatographisch identifiziert und auf Einheitlichkeit geprüft. Die Dinitrophenylhydrazone der Abbaualdehyde der Fraktionen zeigten folgende Zusammensetzung: Ia (von 0,550 mg Sbst.) C_9 239 μg oder 0,39 Mol, C_7 54 μg oder 0,10 Mol, C_4 6 μg oder 0,01 Mol pro Mol Fettsäuregemisch. — IIa (von 0,700 mg Subst.) C_9 214 μg oder 0,27 Mol, C_7 105 μg oder 0,15 Mol, C_6 75 μg oder 0,01 Mol, C_4 Spur und C_3 11 μg oder 0,02 Mol pro Mol Fettsäuregemisch. — IIIa (von 1,55 mg Sbst.) C_9 660 μg oder 0,39 Mol, C_7 208 μg oder 0,13 Mol, C_6 Spur, C_4 Spur und C_3 13 μg oder 0,01 Mol pro Mol Fettsäuregemisch.

Die Fraktionen der hochungesättigten Fettsäuren (Frakt. b)

Die UV-Spektren der mit Alkali isomerisierten Säuren zeigt Abb. 9. Hier wurden auch von allen drei Fraktionen gaschromatographische Analysen der Methylester durchgeführt (Abb. 10). Außerdem wurde wieder wie bei den Fraktionen a die Zusammensetzung des hydrierten Fettsäuregemischs ermittelt (Abb. 11).

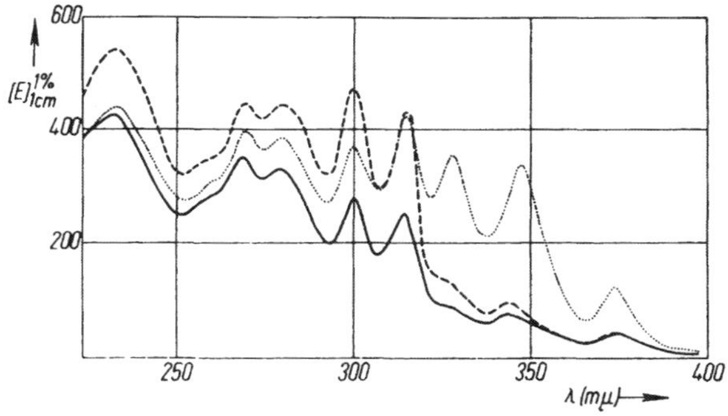

Abb. 9. UV-Spektren der mit Alkali isomerisierten Fraktionen der hochungesättigten Fettsäuren. Ib ———, IIb - - - - - - und IIIb · · · · · · .

Die oxydative Ozonidspaltung: Die Abbildungen 12—14 zeigen die Zusammensetzung der Abbaudicarbonsäuren von den Fraktionen der hochungesättigten Fettsäuren (Frakt. b). Aus diesen Werten wurden die molaren Verhältnisse in Tab. 2 berechnet. Infolge der schlechten Abtrennung der Korksäure von der Azelainsäure stellen die gefundenen Werte für diese beiden Dicarbonsäuren nur Annäherungswerte dar.

Reduktive Ozonidspaltung: Die Dinitrophenylhydrazone der Abbaualdehyde der Fraktionen b zeigten folgende Zusammensetzung: Ib (von 0,705 mg) C_9 69 μg oder 0,09 Mol, C_7 219 μg oder 0,30 Mol, C_6 90 μg oder 0,13 Mol, C_4 8 μg oder 0,01 Mol, C_3 26 μg oder 0,04 Mol/Mol Fettsäuregemisch. — IIb (von 0,680 mg) C_9 18 μg oder 0,03 Mol, C_7 45 μg oder 0,07 Mol, C_6 195 μg oder 0,31 Mol, C_4 8 μg oder 0,01 Mol, C_3 34 μg oder 0,06 Mol/Mol Fettsäuregemisch. — IIIb (von 0,880 mg) C_9 Spur, C_7 57 μg oder 0,07 Mol, C_6 49 μg oder 0,06 Mol, C_4 10 μg oder 0,01 Mol, C_3 250 μg oder 0,36 Mol/Mol Fettsäuregemisch. — Die auf Grund der gefundenen Werte berechneten molaren Verhältnisse der Abbaualdehyde zeigt Tab. 2, D.

[8] E. Klenk u. H. Brockerhoff, diese Z. **310**, 153 [1958].

[9] P. J. G. Kramer u. H. van Duin, Recueil Trav. chim. Pays-Bas **73**, 63 [1954].

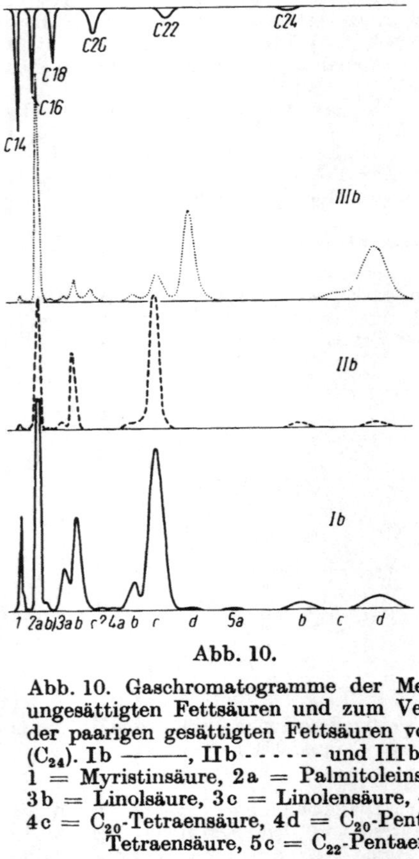

Abb. 10.

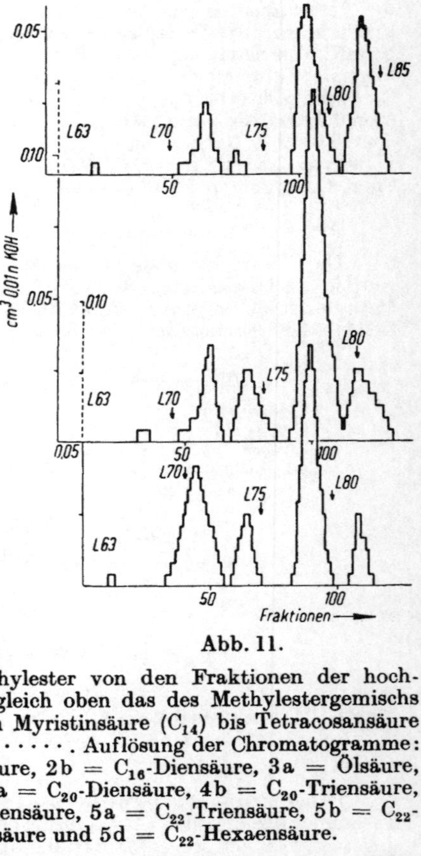

Abb. 11.

Abb. 10. Gaschromatogramme der Methylester von den Fraktionen der hochungesättigten Fettsäuren und zum Vergleich oben das des Methylestergemischs der paarigen gesättigten Fettsäuren von Myristinsäure (C_{14}) bis Tetracosansäure (C_{24}). Ib ———, IIb - - - - - - und IIIb · · · · · ·. Auflösung der Chromatogramme: 1 = Myristinsäure, 2a = Palmitoleinsäure, 2b = C_{16}-Diensäure, 3a = Ölsäure, 3b = Linolsäure, 3c = Linolensäure, 4a = C_{20}-Diensäure, 4b = C_{20}-Triensäure, 4c = C_{20}-Tetraensäure, 4d = C_{20}-Pentaensäure, 5a = C_{22}-Triensäure, 5b = C_{22}-Tetraensäure, 5c = C_{22}-Pentaensäure und 5d = C_{22}-Hexaensäure.

Abb. 11. Zusammensetzung der hydrierten Fraktionen der hochungesättigten Fettsäuren auf Grund der säulenchromatographischen Analyse nach Kapitel[6] (Angaben in Mol/100 Mol). — Ib. Einwaage 5,02 mg: Frakt. 10—12 Spur Myristinsäure; Frakt. 32—55 0,55 cm³ 0,01*n* KOH, entspr. 1,39 mg Palmitinsäure oder 32 Mol C_{16}; Frakt. 58—70 0,22 cm³ 0,01*n* KOH, entspr. 0,63 mg Stearinsäure oder 13 Mol C_{18}; Frakt. 82—98 0,77 cm³ 0,01*n* KOH, entspr. 2,40 mg Eicosansäure oder 45 Mol C_{20}; Frakt. 104—114 0,17 cm³ 0,01*n* KOH, entspr. 0,58 mg Docosansäure oder 10 Mol C_{22}. — IIb. Einwaage 7,5 mg: Frakt. 31—36 Spur Myristinsäure; Frakt. 47—65 0,27 cm³ 0,01*n* KOH, entspr. 0,69 mg Palmitinsäure oder 13 Mol C_{16}; Frakt. 68—86 0,28 cm³ 0,01*n* KOH, entspr. 0,80 mg Stearinsäure oder 13 Mol C_{18}; Frakt. 91—112 1,21 cm³ 0,01*n* KOH, entspr. 3,78 mg Eicosansäure oder 58 Mol C_{20}; Frakt. 113—132 0,34 cm³ 0,01*n* KOH, entspr. 1,14 mg Docosansäure oder 16 Mol C_{22}. — IIIb. Einwaage 5,82 mg: Frakt. 18—21 Spur Myristinsäure; Frakt. 52—69 0,22 cm³ 0,01*n* KOH, entspr. 0,56 mg Palmitinsäure oder 16 Mol C_{16}; Frakt. 73—79 0,05 cm³ 0,01*n* KOH, entspr. 0,14 mg Stearinsäure oder 3 Mol C_{18}; Frakt. 97—116 0,61 cm³ 0,01*n* KOH, entspr. 1,90 mg Eicosansäure oder 43 Mol C_{20}; Frakt. 117—135 0,54 cm³ 0,01*n* KOH, entspr. 1,84 mg Docosansäure oder 38 Mol C_{22}.

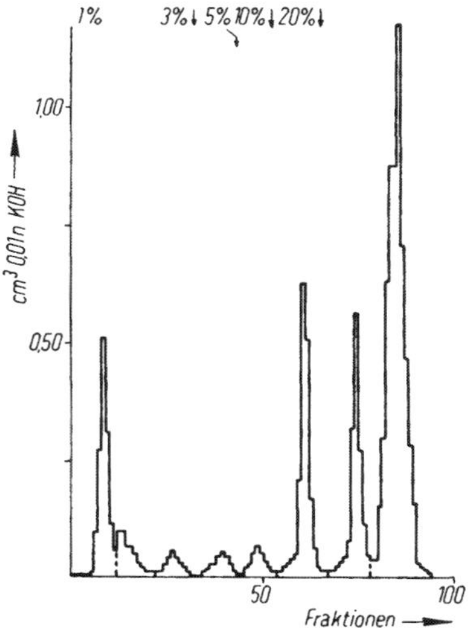

Abb. 12.

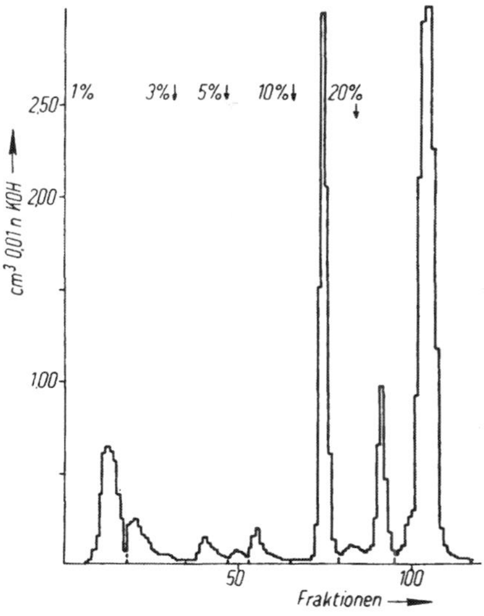

Abb. 13.

Abb. 12. Chromatogramm der Abbaudicarbonsäuren von Frakt. Ib durch Säule D in Mol/Mol. Einwaage 8,5 mg (Mol.-Gew. 283); 1% (Frakt. 6—12): 1,35 cm³ 0,01*n* KOH, gef. 0,23 Mol Azelainsäure (C_9); Frakt. 13—22: 0,47 cm³ 0,01 *n* KOH, gef. 0,08 Mol Azelainsäure + Korksäure (C_8) etwa im Verh. 1:1; Frakt. 23—32: 0,25 cm³ 0,01*n* KOH, gef. 0,04 Mol Pimilinsäure (C_7); 3% (Frakt. 33—44): 0,27 cm³ 0,01*n* KOH, gef. 0,04 Mol Adipinsäure (C_6); 5% (Frakt. 45—53): 0,31 cm³ 0,01*n* KOH, gef. 0,05 Mol Adipinsäure; 10% (Frakt. 54—67): 1,79 cm³ 0,01*n* KOH, gef. 0,30 Mol Glutarsäure (C_5); 20% (Frakt. 68—78): 1,42 cm³ 0,01*n* KOH, gef. 0,24 Mol Bernsteinsäure (C_4); Frakt. 79—94: 5,80 cm³ 0,01*n* KOH, gef. 0,96 Mol Malonsäure (C_3).

Abb. 13. Chromatographische Trennung der Abbaudicarbonsäuren der Frakt. IIb durch Säule D in Mol/Mol. Einwaage 31,0 mg (Mol.-Gew. 300); 1% (Frakt. 6—18): 3,70 cm³ 0,01*n* KOH, gef. 0,18 Mol Azelainsäure; Frakt. 19—35: 1,76 cm³ 0,01*n* KOH, gef. 0,09 Mol Azelainsäure + Korksäure; 3% (Frakt. 36—47): 0,89 cm³ 0,01*n* KOH, gef. 0,04 Mol Pimelinsäure; Frakt. 48—53: 0,28 cm³ 0,01*n* KOH, gef. 0,01 Mol Adipinsäure; 5% (Frakt. 54—65): 0,86 cm³ 0,01*n* KOH, gef. 0,04 Mol Adipinsäure, verunreinigt mit Glutarsäure; 10% (Frakt. 66—79): 7,74 cm³ 0,01*n* KOH, gef. 0,38 Mol Glutarsäure; 20% (Frakt. 80—95): 3,18 cm³ 0,01*n* KOH, gef. 0,15 Mol Bernsteinsäure und Frakt. 96—117: 14,00 cm³ 0,01*n* KOH, gef. 0,68 Mol Malonsäure.

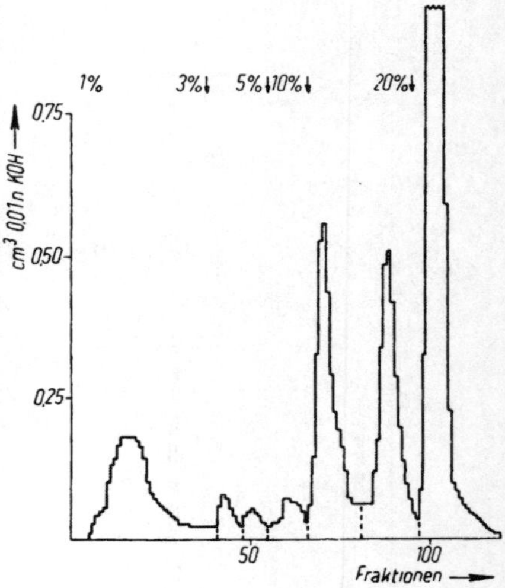

Abb. 14. Chromatographische Trennung der Abbaudicarbonsäuren der Frakt. III b durch Säule D in Mol/Mol. Einwaage 15,0 mg (Mol.-Gew. 302,8); 1% (Frakt. 5 bis 41): 2,57 cm³ 0,01*n* KOH, gef. 0,26 Mol Azelainsäure + geringere Mengen Korksäure; 3% (Frakt. 42—48): 0,33 cm³ 0,01*n* KOH, gef. 0,03 Mol Pimelinsäure; Frakt. 49—55: 0,25 cm³ 0,01*n* KOH, gef. 0,03 Mol Adipinsäure; 5% (Frakt. 56—66) 0,48 cm³ 0,01*n* KOH, gef. 0,05 Mol Adipinsäure, verunreinigt mit Glutarsäure; 10% (Frakt. 67—81): 3,23 cm³ 0,01*n* KOH, gef. 0,33 Mol Glutarsäure; Frakt. 82—97: 3,01 cm³ 0,01*n* KOH, gef. 0,30 Mol Bernsteinsäure; 20% (Frakt. 98—120): 11,00 cm³ 0,01*n* KOH, gef. 1,11 Mol Malonsäure.

Zusammenfassung

Die Leberphosphatide von fettfrei ernährten Ratten enthalten vorwiegend Polyensäuren vom Öl- und Palmitoleinsäuretyp ($\Delta^{5.8.11}$-Eicosatriensäure und $\Delta^{4.7.10.13}$-Eicosatetraensäure). Verabreichung von Linolsäure führt zum Auftreten von Polyensäuren des Linolsäuretyps, und zwar hauptsächlich von $\Delta^{5.8.11.14}$-Eicosatetraensäure (Arachidonsäure), während andererseits bei Verabreichung von Linolensäure in den Leberphosphatiden hauptsächlich Polyensäuren vom Linolensäuretyp, und zwar $\Delta^{5.8.11.14.17}$-Eicosapentaensäure und $\Delta^{4.7.10.13.16.19}$-Docosahexaensäure nachzuweisen sind.

Summary

The liver phosphatides of rats fed with a fat free diet contain preponderantly polyenoic acids of the oleic and palmitoleic acid type ($\Delta^{5.8.11}$-eicosatrienoic acid and $\Delta^{4.7.10.13}$-eicosatetraenoic acid). Administration of linolic acid results in the appearence of polyenoic acids of the linolic acid type, mainly of $\Delta^{5.8.11.14}$-eicosatetraenoic acid (arachidonic acid), whereas, after the administration of linolenic acid, polyenoic acids mainly of the linolenic acid type, $\Delta^{5.8.11.14.17}$-eicosapentaenoic acid and $\Delta^{4.7.10.13.16.19}$-docosahexaenoic acid, are found in the liverphosphatides.

Prof. Dr. E. Klenk, Physiologisch-Chemisches Institut der Universität, Köln-Lindenthal, Josef-Stelzmann-Straße 52.

Über die Biogenese der C_{20}- und C_{22}-Leberpolyenfettsäuren bei Wirbeltieren

Von

E. Klenk und **G. Kremer**

Aus dem Physiologisch-Chemischen Institut der Universität Köln

(Der Schriftleitung zugegangen am 4. April 1960)

Schon in früheren[1] Versuchen mit Ratten und Rattenleberschnitten wurde der Einbau von ^{14}C in die C_{20}- und C_{22}-Polyensäuren der Leberlipoide nach Verabreichung von Acetat-[1-^{14}C] bzw. nach Inkubation mit dieser Verbindung studiert. Unter den Abbaudicarbonsäuren des Polyensäuregemischs fand sich der radioaktive Kohlenstoff des Acetats vorwiegend in der Bernstein- und Glutarsäure und den höheren Dicarbonsäuren, d. h. in denjenigen Dicarbonsäuren, die aus dem Carboxylende der Polyensäuren stammen. Die aus den Mittelstücken der Kohlenstoffkette herausgespaltene Malonsäure enthält im Gegensatz dazu nur kleine Mengen ^{14}C. Diese Befunde wurden als Stütze dafür angesehen, daß die C_{20}- und C_{22}-Polyensäuren aus exogen zugeführter Linol- und Linolensäure durch Anlagerung von Acetat auf der Seite der Carboxylgruppe unter Verlängerung der Kohlenstoffkette durch 2 bzw. 4 C-Atome und Einführung neuer Doppelbindungen im Divinylmethanrhythmus in Richtung auf die Carboxylgruppe entstehen.

Da in der absteigenden Wirbeltierreihe diese C_{20}- und C_{22}-Polyensäuren in zunehmendem Maße auch in den Triglyceriden des Depotfetts und nicht nur in den Glycerinphosphatiden der Organlipoide auftreten, woraus man auf deren besondere Bedeutung im Fettstoffwechsel der Tiere schließen darf, haben wir nun diese Versuche auf Wirbeltiere verschiedenster Art ausgedehnt. Einbezogen wurden auch Seefische, deren Depotfett durch einen auffallend hohen Gehalt an Polyensäuren ausgezeichnet ist.

Die Untersuchungen, bei welchen man durchweg mit Leberschnitten arbeitete, führten zu den in der Tab. 1 zusammengestellten Ergebnissen.

Insgesamt zeigt der Vergleich der spezifischen Aktivitäten der Abbaudicarbonsäuren, daß im ganzen Wirbeltierstamm, sowohl bei Warm- wie auch bei Kaltblütern, von quantitativen Unterschieden abgesehen, dieselben Verhältnisse vorliegen und daß überall die höheren Polyenfettsäuren unter normalen Ernährungsbedingungen im wesentlichen aus exogenen Vorstufen von der Art der Linol- und Linolensäure in der oben

[1] E. Klenk, Naturwissenschaften **41**, 68 [1954]; diese Z. **302**, 268 [1955].

Tab. 1. Ergebnis des oxydativen Abbaus und spezifische Aktivitäten der Abbaudicarbonsäuren aus den Leberpolyensäuren von Wirbeltieren (Ausbeute in Mol/Mol Polyensäuren; Aktivität in Imp. · Min.$^{-1}$ · mg^{-1}).

		Azelainsäure		Korksäure		Pimelinsäure		Adipinsäure		Glutarsäure		Bernsteinsre.		Malonsäure	
		Ausb.	Akt.	Ausb.	Akt.	Ausb.	Akt.	Ausb.	Akt.	Ausb.	Akt.	Ausb.	Akt.	Ausb.	Akt.
1. Taube	a)	—	3380	—	5640	—	3320	—	—	0,12	4733	0,08	2800	0,58	103
	b)	—	9993	—	10893	—	8033	—	—	0,16	7680	0,08	3430	0,64	160
2. Schildkröte	a)	0,39	117500	0,06	112770	0,08	40090	0,07	25240	0,22	13010	—	—	0,56	403
Testudo graeca	b)	0,39	132500	0,06	104835	0,10	57420	0,08	39165	0,22	29480	—	—	0,53	580
3. Frosch	a)	0,35	1807	0,06	3045	0,08	10225	0,04	631	0,29	252	0,12	965	0,94	35
Rana esculenta	b)	0,33	3897	0,06	5160	0,07	18825	0,06	1115	0,23	757	0,11	1740	0,75	60
4. Forelle	a)	0,17	86020	0,04	63310	0,05	100400	0,08	27730	0,15	10640	0,27	8940	0,90	145
Trutta iridea	b)	0,20	75330	0,06	63210	0,06	91490	0,09	27700	0,22	9360	0,30	8460	1,22	98
5. Karpfen	a)	0,23	20620	0,06	20530	0,07	53890	0,07	15690	0,14	6516	0,23	19000	0,86	67
Cyprinus carpio	b)	0,23	45870	0,04	49460	0,07	95520	0,05	53210	0,16	13020	0,25	24120	1,01	220
6. Flunder	a)	0,21	1076	0,05	1012	0,07	2124	0,05	605	0,21	183	0,19	366	0,87	17
Pleuronectes flesus	b)	0,19	795	0,05	654	0,08	1250	0,04	426	0,23	88	0,19	227	0,86	12
7. Scharbe	a)	0,22	604	0,05	1115	0,12	674	0,09	355	0,17	195	0,15	188	0,89	17
Pleuronectes limanda	b)	0,23	676	0,05	820	0,13	470	0,09	175	0,17	111	0,12	86	0,84	12
8. Stint*	a)	0,09	5020	0,06	663	0,15	1655	0,13	685	0,19	103	0,28	74	1,10	12
Osmerus eperlanus	b)	—	—	0,07	532	0,09	1410	0,05	665	0,32	110	0,36	63	1,92	3

* Vers. 8a): Polyensäure aus Phosphatiden; Vers. 8b): über Polybromide gereinigte Polyensäuren aus Triglyceriden.

charakterisierten Weise gebildet werden. Dies gilt auch für die Seefische, bei welchen jedoch insofern gewisse Abweichungen zu verzeichnen sind als die spezifischen Aktivitäten der Abbaudicarbonsäuren sehr viel niedriger gefunden wurden als bei den meisten anderen Tieren. Dies mag damit zusammen hängen, daß die Lebern dieser Tiere im Gegensatz zu allen anderen Fällen sehr fettreich waren.

Während wir uns bisher auf die Untersuchung der Abbaudicarbonsäuren beschränkten, versuchten wir nun durch Erfassung der das Methylende der Polyensäuren enthaltenden Spaltstücke noch eine weitere Klärung des Problems herbeizuführen. Zu diesem Zweck wurde die spezifische Aktivität der durch reduktive Ozonidspaltung der Polyensäuren erhaltenen Abbaualdehyde in Form ihrer 2.4-Dinitro-phenylhydrazone bestimmt. Das Ergebnis ist in Tab. 2 zusammengestellt. Als Abbaualdehyde wurden neben dem als Zersetzungprodukt des Malondialdehyds auftretenden und hier nicht näher untersuchten Acetaldehyd, in allen Fällen Propion-(C_3), Capron-(C_6), Önanth-(C_7) und Pelargonaldehyd (C_9) isoliert und identifiziert. Während die beiden letzten Aldehyde so gut wie ausschließlich aus Palmitoleinsäure bzw. Ölsäure entstanden sein dürften, welche den Polyensäurefraktionen in nicht unbeträchtlichen Mengen noch beigemengt waren, sind Propion- und

Tab. 2. Ergebnis des reduktiven Abbaus und spezifische Aktivitäten der Dinitrophenylhydrazone der Abbaualdehyde aus den Leberpolyensäuren von Wirbeltieren (Ausbeute in Mol/Mol Polyensäuren, umgerechnet auf 100proz. Ausb.; Aktivität in Imp./Min.)

		Pelargonald.		Önanthald.		Capronald.		Propionald.	
		Ausb.	Akt.	Ausb.	Akt.	Ausb.	Akt.	Ausb.	Akt.
1. Taube	a)	—	—	—	—	—	30	—	5
	b)	0,12	3470	0,24	3650	0,50	84	0,14	15
2. Schildkröte	a)	0,06	44400	0,17	81750	0,41	325	0,36	184
	b)	0,06	36750	0,21	84630	0,38	473	0,35	212
3. Frosch	a)	0,09	164	0,15	274	0,29	4	0,47	3
	b)	0,07	285	0,13	496	0,32	16	0,48	8
4. Forelle	a)	0,08	18700	0,07	13800	0,24	164	0,61	79
	b)	0,05	17500	0,04	11800	0,26	129	0,65	33
5. Karpfen	a)	0,04	10600	0,08	11120	0,12	120	0,76	83
	b)	0,07	11400	0,10	10350	0,13	143	0,70	90
6. Flunder	a)	0,06	402	0,12	542	0,08	48	0,74	0
	b)	0,07	334	0,12	444	0,09	50	0,72	8
7. Scharbe	a)	0,09	168	0,26	238	0,05	23	0,60	6
	b)	0,09	194	0,22	256	0,05	19	0,63	5
8. Stint*	a)	0,04	7050	0,09	3744	0,09	34	0,78	5
	b)	—	—	—	—	—	—	0,98	0

* Vers. 8a): Polyensäuren aus Phosphatiden; Vers. 8b): über Polybromide gereinigte Polyensäuren aus Triglyceriden.

Capronaldehyd die Abbauprodukte der Polyensäuren, von welchen eingehende Untersuchungen[2] ergeben haben, daß sie vorwiegend dem Linolen- und Linolsäuretyp angehören.

Der Befund, daß die spezifische Aktivität des Pelargon- und Önanthaldehyds im großen und ganzen mit der spezifischen Aktivität der Azelainsäure übereinstimmt, darf als Beweis für die Totalsynthese der Öl- und Palmitoleinsäure aus Acetat unter den vorliegenden Versuchsbedingungen bewertet werden. Im Gegensatz dazu ist die spezifische Aktivität der Dinitrophenylhydrazone der aus den Polyensäuren entstandenen Abbaualdehyde (Capron- und Propionaldehyd) sehr gering. Sie könnte in Anbetracht der hohen Aktivität des Dinitrophenylhydrazons vom Önanthaldehyd schon durch eine geringe Beimengung des letzteren erklärt werden, was trotz der relativ scharfen säulenchromatographischen Trennung als einigermaßen wahrscheinlich angesehen werden muß*. Jedenfalls zeigt ein Vergleich der spezifischen Aktivität der vom Carboxylende der Polyensäuren stammenden Abbaudicarbonsäuren (Bernsteinsäure und höhere Homologe bis Korksäure) mit derjenigen der entsprechenden Abbaualdehyde in eindeutiger Weise, daß bei den Polyensäuren im Gegensatz zu den Monoensäuren der Einbau des Acetats fast ausschließlich am Carboxylende erfolgt und daß im Stoffwechsel dieser Fettsäuren das der exogenen Vorstufe entstammende Methylende mit den darin vorhandenen 2 bzw. 3 Doppelbindungen unverändert erhalten bleibt.

Herrn Professor Dr. H. Friedrich, Institut für Meeresforschung, Bremerhaven, danken wir für die großzügige Unterstützung der Seefischversuche. Die Untersuchung wurde durch Mittel der Deutschen Forschungsgemeinschaft unterstützt.

Beschreibung der Versuche

Frische Leberschnitte wurden mit dem 10fachen Vol. Ringerlösung[3] versetzt, $CH_3{}^{14}CO_2Na$ (Radiochemical Center Amersham, G. B.) in wäßr. Lösung zugegeben und 6 Stdn. bei konstanter Temperatur geschüttelt. Diese war der entsprechenden Körper- bzw. Umgebungstemperatur angepaßt.

Für die Versuche wurden folgende Tiere verwendet:

Vers. 1: einjährige, normal ernährte Tauben
Vers. 2: ausgewachsene Landschildkröten (*Testudo graeca*)
Vers. 3: frischgefangene Frösche (*Rana esculenta*)
Vers. 4: frischgefangene, 1½jährige Regenbogenforellen (*Trutta iridea*)
Vers. 5: frischgefangene, 3jährige rogentragende Schuppenkarpfen (*Cyprinus carpio*).

* In einem der Ansätze (Stint, b) kamen die über die Polybromide gereinigten Polyensäurenfraktionen, in welchen Monoensäuren fehlten, zur Untersuchung. Hier war der anfallende Abbaualdehyd (Propionaldehyd) in der Tat völlig inaktiv.

[2] Literatur siehe E. Klenk u. K. Oette, diese Z. **318**, 86 [1960]; sowie E. Klenk u. W. Bongard, ebenda **292**, 51 [1952]; E. Klenk u. D. Eberhagen, ebenda **307**, 42 [1957]; E. Klenk u. H. Brockerhoff, diese Z. **310**, 153 [1958]; E. Klenk u. H. Steinbach, **316**, 31 [1959].

[3] H. A. Krebs u. K. Henseleit, diese Z. **210**, 33 [1932].

Die in Vers. 6—8 verwendeten Seefischarten, Flunder (*Pleuronectes flesus*), Scharbe (*Pleuronectes limanda*) und Stint (*Osmerus eperlanus*) wurden im September 1958 in der Wesermündung gefangen und die Lebern sofort an Bord inkubiert.

Die Anzahl der Tiere sowie die eingesetzte Radioaktivität und die Inkubationstemperaturen sind in Tab. 3 mit aufgeführt. Nach Ablauf der Inkubationszeit wurde das durch Zentrifugieren abgetrennte Lebergewebe bis zur weiteren Verarbeitung in Aceton unter CO_2 aufbewahrt. Die Gewinnung der Fettsäuren erfolgte wie l. c.[1] beschrieben durch Extraktion der Lebern mit Aceton und Methanol-Chloroform, Spaltung der Gesamtlipoide mit 5proz. methanol. Salzsäure und nachfolgender Verseifung der Methylester der Fettsäuren mit 0,5*n* KOH. In Vers. 8 wurden die Gesamtlipoide in Äther gelöst, bis zur Sirupkonsistenz eingeengt und die Phosphatide durch Eintragen der Lösung in Aceton ausgefällt. Die Phosphatidfraktion und die nach Abdestillieren des Acetons gewonnene Triglyceridfraktion wurden getrennt weiterverarbeitet.

Tab. 3. Inkubation und Aufarbeitung der Lebern

		Zahl der Tiere	Inkubations-temp. [°C]	Einges. Radio-aktivität [µC]	Frischleber-menge [g]	Gesamt-lipoide [mg]	Methylester [mg]	Gesamt-fettsäuren [mg]
1. Taube	a)	2	37	50	10,2	500	295	245
	b)	3	37	100	17,5	1094	741	522
2. Schildkröte	a)	1	26	200	38	972	590	450
	b)	1	26	200	37,5	1165	765	570
3. Frosch	a)	25	19	100	11	398	320	216
	b)	25	19	200	14	538	450	276
4. Forelle	a)	6	20	100	7,5	360	198	165
	b)	7	20	100	10	516	268	216
5. Karpfen	a)	4	25	150	19	504	397	241
	b)	4	25	200	17	397	276	178
6. Flunder	a)	18	15	100	15	2100	1650	1340
	b)	33	15	100	30	4330	3600	3080
7. Scharbe	a)	25	15	100	15	2120	1780	1320
	b)	28	15	100	15	2480		1530*
8. Stint		76	15	200	30	3015		
a) Phosphatide						885	495	417
b) Triglyceride						2010		1613*

* Gesamtfettsäuren aus direkter Verseifung der Triglyceride.

Die Gesamtfettsäuren wurden durch Tiefkühlfraktionierung bei —20° und —70° in die drei Fraktionen der festen, schwachungesättigten und hochungesättigten Fettsäuren aufgetrennt. Die Ergebnisse sind in Tab. 4 zusammengestellt.

Zur Gewinnung eines reinen Produktes der hochungesättigten Triglyceridfettsäuren aus Vers. 8 wurden 350 mg Substanz in 9 cm^3 Äther gelöst und nach Klenk[4] bei —10° bromiert. Der Niederschlag wurde abzentrifugiert und nachein-

[4] E. Klenk, Hoppe-Seyler-Thierfelder, Hdb. d. physiol.- u. pathol.-chem. Analyse, Bd. III/1, 449, 10. Aufl. Springer-Verlag, Heidelberg 1955.

Tab. 4. Ergebnis der Tiefkühlfraktionierung (—20° bzw. —70°) der Gesamtfettsäuren und spezifische Aktivität der Fettsäurefraktionen

		feste Fettsäuren			schwach-ungesätt. Fettsäuren			hochungesätt. Fettsäuren		
		mg	JZ[5]	Akt.	mg	JZ	Akt.	mg	JZ	Akt.
1. Taube	a)	81	12	13850	82	93	5445	81	190	4320
	b)	159	5	17590	182	90	11180	175	205	5990
2. Schildkröte	a)	117	26	185980	236	97	137940	97	203	78330
	b)	131	18	141620	317	95	110470	122	190	89870
3. Frosch	a)	66	41	2020	49	96	1300	92	214	1730
	b)	90	35	3760	54	91	1220	116	225	3320
4. Forelle	a)	36	12	274000	41	97	124000	76	232	31500
	b)	50	15	145500	62	101	90600	93	241	23300
5. Karpfen	a)	71	18	47270	55	101	18000	112	250	14320
	b)	44	15	54120	42	98	22190	89	274	19840
6. Flunder	a)	567	67	4200	348	100	1400	423	225	850
	b)	1543	56	3300	853	102	1260	657	230	770
7. Scharbe	a)	420	48	5070	494	95	1514	312	230	610
	b)	590	50	7930	544	110	1350	393	220	655
8. Stint Triglyceride		399	35	20320	836	102	4095	371	248	1280 (183)*
Phosphatide		63	6	38580	157	100	9670	195	315	1330

* Nach Reinigung über die Polybromide.

ander 2mal mit Petroläther, 1mal mit Äther, 2mal mit warmem Benzol und noch 2mal mit Äther gewaschen, zentrifugiert und getrocknet. Ausb. 249 mg Polybromide (28% d. Th.). Die Substanz hatte keinen Schmelzpunkt. Die gereinigten Polyensäuren wurden durch Debromieren mit Zinkstaub in absol. Methanol zurückgewonnen. Ausb. 59 mg Polyensäuren (88% d. Th., bezogen auf Decabromid).

Die Radioaktivität der Fettsäurefraktionen konnte sehr vorteilhaft mit einem Flüssigkeits-Scintillationszähler (Packard Tri-Carb Liquid Scintillation Spectrometer 314) bestimmt werden. Es wurde etwa 1 mg Substanz in ein Spezial-Meßgläschen eingewogen und in 5 cm³ Toluol, das im Liter 4 g 2.5-Diphenyl-oxazol und 0,1 g 1.4-Bis-[5-phenyl-oxazolyl-(2)]-benzol als Scintillationsphosphore enthielt, gelöst und gemessen. Bei einer Stellung des unteren Diskriminators auf 10 V und des oberen auf 60 V wurde mit einem Benzoesäure-[^{14}C]-Standardpräparat eine absolute Zählausbeute von 53% ermittelt. Diese entspricht der eines fensterlosen Methandurchflußzählrohres bei Messung in unendlich dünner Schicht.

Da die eingesetzte Radioaktivität nach der Frischlebermenge bemessen wurde, bestimmte — neben den unterschiedlichen Aktivitätsmengen pro g Frischleber — je nach dem Lipoidgehalt des Lebergewebes (Tab. 3) ein mehr oder minder starker Verdünnungseffekt die spezifischen Aktivitäten der isolierten Fettsäuren. Vor allem bei den untersuchten Seefischen, deren Lebern auch als Fettdepot dienen, bewirkte der hohe Gehalt an Neutralfett bei großen Fettsäureausbeuten sehr niedrige spezifische Aktivitäten, während in den übrigen Versuchen (mit Ausnahme der Froschversuche) auf Grund des vergleichsweise niedrigen Lipoidgehaltes wesentlich höhere Aktivitätswerte erhalten wurden.

[5] K. W. Rosenmund u. W. Kuhnhenn, Z. Unters. Nahrungs- u. Genussmittel 46, 154 [1923].

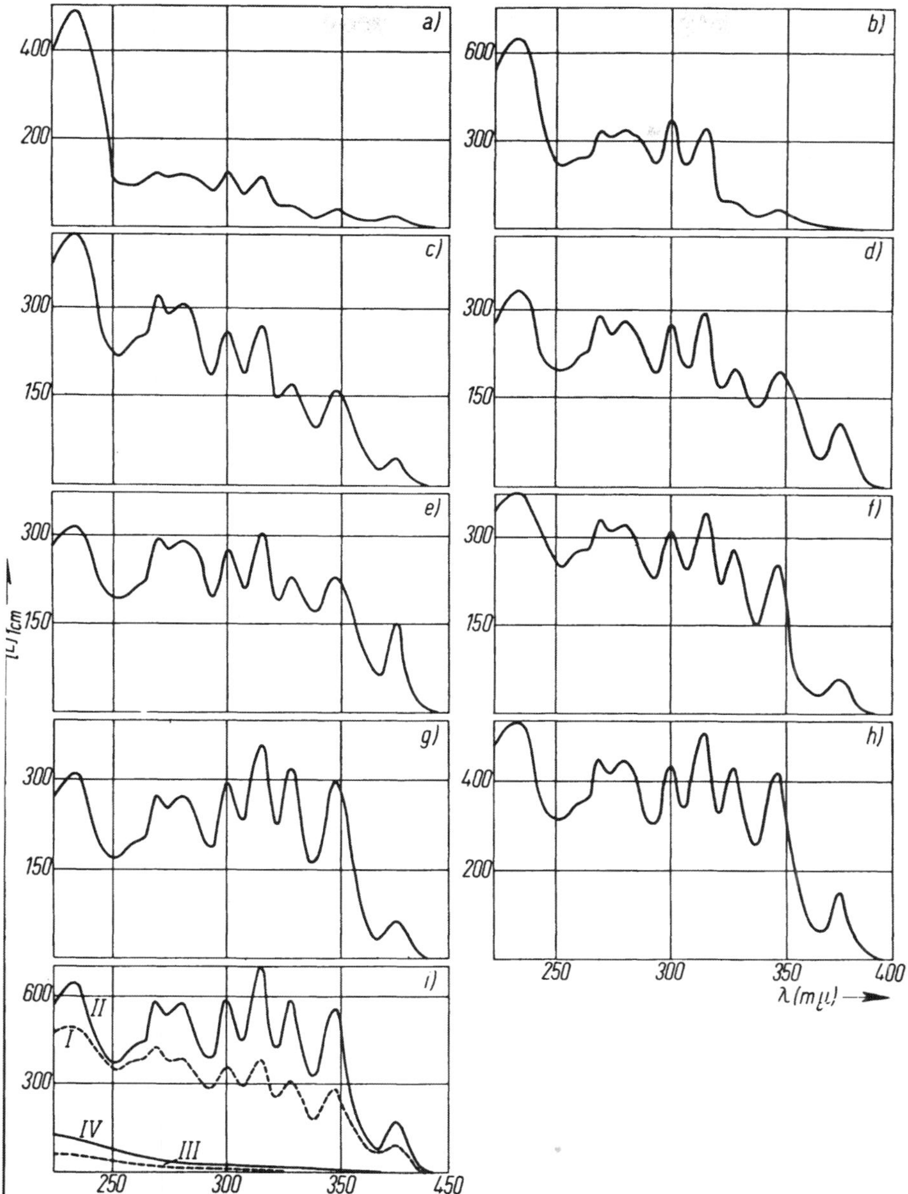

Abb. 1. UV-Spektren der mit Alkali isomerisierten hochungesättigten Leberfettsäuren. a) Taube; b) Schildkröte; c) Frosch; d) Forelle; e) Karpfen; f) Flunder; g) Scharbe; h) Stint, Phosphatid-Fraktion; i) Stint, Triglycerid-Fraktion (I: nicht gereinigt, II: über Polybromide gereinigt, III und IV nicht isomerisierte Proben von I bzw. II)

Zur qualitativen Bestimmung der Zusammensetzung der Polyensäuregemische wurden die UV-Absorptionsspektren der mit Alkali isomerisierten hochungesättigten Fettsäuren herangezogen (21% KOH-Glycol, 8 Min., bei 180⁰).

Das UV-Spektrum des Produkts aus Schildkrötenleber (Abb. 1b) zeigt eine überraschende Besonderheit durch das völlige Fehlen einer Absorption bei 374 mμ. Es sollte demnach keine Hexaensäure vorhanden sein. Eine Bestätigung für die Abwesenheit der Docosahexaensäure lieferte der oxydative Abbau, denn Bernsteinsäure wurde nur als Spur aufgefunden (s. Abb. 4).

Die hochungesättigten Fettsäuren aus Karpfenleber (Abb. 1e) zeigen einen bemerkenswert hohen Hexaengehalt. Dieser Befund dürfte von besonderem Interesse sein, da bisher im Körperfett des Karpfens keine Hexaensäure aufgefunden wurde.

Während in den Triglyceriden die schwachungesättigten Fettsäuren überwiegen, bilden in den Phosphatiden die Polyensäuren die Hauptkomponenten (s. Tab. 4, Vers. 8). Der quantitativen Zunahme entspricht auch eine Anreicherung der höchstungesättigten Säuren, wie der Vergleich der UV-Spektren (Abb. 1i, I und 1 h) zeigt. Der Effekt der Reinigung über die Polybromide ist aus Abb. 1i, II ersichtlich, die eine Anreicherung der höchstungesättigten Polyensäuren auf nahezu das Doppelte erkennen läßt.

Die oxydative Ozonidspaltung der hochungesättigten Fettsäuren

Die oxydative Ozonidspaltung und die Gewinnung der Abbaudicarbonsäuren erfolgten in der üblichen Weise nach Klenk und Bongard[6]. Zur chromatographischen Trennung des Dicarbonsäurengemisches wurde folgende Modifikation des alten Verfahrens entwickelt, die eine einwandfreie Trennung der homologen Dicarbonsäuren von C_3 bis C_{10} ermöglicht; während das alte Verfahren nur eine Trennung von C_3—C_7 gestattet.

6 g Kieselgel (Silicic Acid, Mallinckrodt Nr. 2847) werden mit 4,2 cm³ dest. Wasser nach und nach in einer Porzellanschale verrieben und mit 1proz. Butanol-Trichloräthylen zu einem dünnen Brei verrührt, der in einem Chromatographierohr von etwa 1 cm lichter Weite mit einem Glasstab zu einer Säule von etwa 15 cm Länge zusammengedrückt wird. Das Dicarbonsäurengemisch wird in 1 cm³ Methanol-Chloroform gelöst, ein aliquoter Teil (10—15 mg) auf ein etwa 1 mm dickes Filterpapierscheibchen aufgebracht und das Lösungsmittel mit Warmluft abgedampft. Das Plättchen ist an einer Nadel befestigt und kann leicht in die Säulenöffnung eingebracht und mit leichtem Druck auf das Gel gepreßt werden. Eluiert wird mit Butanol-Trichloräthylen-Lösungen steigender Konzentrationen, die mit Wasser äquilibriert sind. Das Abhebern der Fraktionen sowie die Titrationen mit 0,01*n* methanol. NaOH erfolgen wie üblich. Die Trennwirksamkeit der im folgenden als BTW-Säule bezeichneten Säule und die Konzentrationen des Eluens sind aus Abb. 2 zu entnehmen.

Nach diesem Verfahren wurden alle Abbaudicarbonsäuren-Gemische analysiert. Lediglich in Vers. 1 wurde noch die Säule D[6] zur Trennung benutzt. Zusätzlich wurden alle Fraktionen papierchromatographisch identifiziert und auf ihre Reinheit geprüft. Es wurde nach Klenk und Tomuschat[7] verfahren (etwa 50 γ der freien Säuren auf Papier Schleicher & Schüll Nr. 2043b, auftragen, entwickeln mit 5proz. Butanol-Chloroform, äquilibriert mit 10proz. Essigsäure, anfärben mit Jodid-Jodat-Stärkelösung).

Die Zusammensetzung der Dicarbonsäurengemische zeigen Tab. 5 und Abb. 3—11. Die Angabe der Mengenverhältnisse erfolgt in Mol/Mol Polyensäuren, wobei für das Polyensäurengemisch ein mittleres Mol.-Gew. von 300 zugrunde gelegt wird. Die Ergebnisse der Parallelversuche werden ohne Abbildung der Chromatogramme mitgeteilt.

---

[6] E. Klenk u. W. Bongard, diese Z. **290**, 181 [1952].

[7] E. Klenk u. H. J. Tomuschat, nicht veröffentlicht.

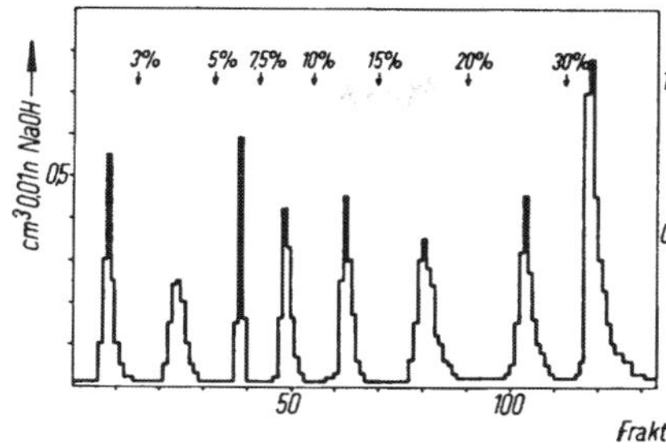

Abb. 2

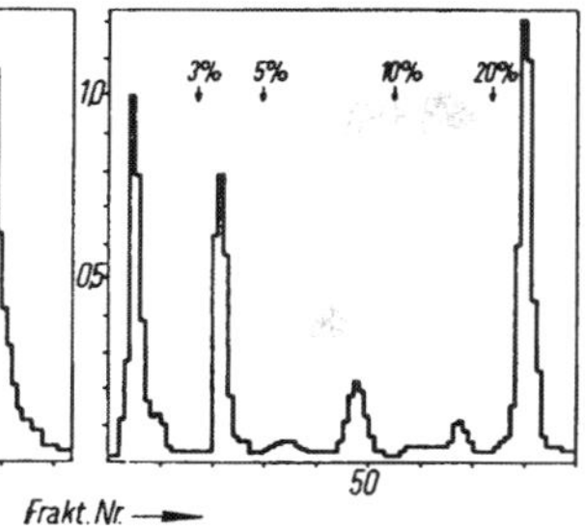

Abb. 3

Abb. 2. Trennwirksamkeit der BTW-Säule. Testgemisch: 0,53 mg C_{12}-Dicarbonsäure, 0,82 mg Sebacinsäure, 0,94 mg Azelainsäure, 0,74 mg Korksäure, 0,81 mg Pimelinsäure, 0,89 mg Adipinsäure, 0,91 mg Glutarsäure, 0,81 mg Bernsteinsäure, 1,5 mg Malonsäure.
Gefunden: (Frakt. 7—14) $C_{12}+C_{10}$ 98,5%; (Frakt. 22—29) C_9 94,5%; (Frakt. 38 bis 40) C_8 97,5%; (Frakt. 47—53) C_7 104,5% (Frakt. 58—66) C_6 97%; (Frakt. 78—87) C_5 97%; (Frakt. 99—110) C_4 102%; (Frakt. 116—131) C_3 94,5%.

Abb. 3. Chromatographie der Abbaudicarbonsäuren der hochungesättigten Fettsäuren aus Taubenleber an Säule D (vgl. Tab. 5, Vers. 1a).

Tab. 5. Chromatogramme der Abbaudicarbonsäuren aus den hochungesättigten Fettsäuren (vgl. Abb. 3—11)

Frakt. Nr.	cm³ 0,01n NaOH	gef. Mol/Mol	Säure	Frakt. Nr.	cm³ 0,01n NaOH	gef. Mol/Mol	Säure
Taube, Vers. 1a (entspr. 8,5 mg; Abb. 3)				Taube, Vers. 1b (entspr. 8,8 mg)			
3— 8	2,27	0,40	C_9	4— 7	1,69	0,33	C_9
9—12	0,14	0,05	C_9+C_8	8—16	0,86	0,15	C_9+C_8
20—26	1,75	0,32	C_9+C_7	19—35	1,16	0,20	C_9+C_7, Spur C_8
30—37	0,11	0,02	C_6	39—43	0,18	0,03	C_6
45—53	0,70	0,12	C_5	51—59	0,96	0,16	C_5
57—70	0,46	0,08	C_4	65—75	0,44	0,08	C_4
74—86	3,18	0,58	C_3	77—87	3,78	0,64	C_3
Schildkröte, Vers. 2a (entspr. 12,2 mg; Abb. 4)				Schildkröte, Vers. 2b (entspr. 13,8 mg)			
4— 11	0,53	Vorlauf, nicht identif.		5— 11	0,68	Vorlauf, nicht identif.	
17— 27	3,22	0,39	C_9	16— 26	3,60	0,39	C_9
30— 40	0,51	0,06	C_8, Spur C_9	30— 40	0,60	0,06	C_8
44— 54	0,66	0,08	C_7	45— 54	0,88	0,10	C_7
56— 71	0,60	0,07	C_6	59— 74	0,71	0,08	C_6
73— 87	1,80	0,22	C_5	79— 91	2,02	0,22	C_5
93—103	0,18	0,02	C_4+C_5	95—105	0,20	0,02	C_4, Spur C_5
110—134	4,54	0,56	C_3	110—137	5,03	0,53	C_3

Tab. 5. Fortsetzung

Frosch, Vers. 3a (entspr. 11,3 mg; Abb. 5)

Frakt. Nr.	cm³ 0,01*n* NaOH	gef. Mol/Mol	Säure
6—11	0,25	Vorlauf, nicht identif.	
17—25	2,64	0,35	C_9
32—37	0,51	0,06	C_8
44—49	0,60	0,08	C_7
55—65	0,31	0,04	C_6
68—86	2,21	0,29	C_5
95—104	0,88	0,12	C_4
109—135	7,10	0,94	C_3

Frosch, Vers. 3b (entspr. 12,2 mg)

Frakt. Nr.	cm³ 0,01*n* NaOH	gef. Mol/Mol	Säure
6—11	0,56	Vorlauf, nicht identif.	
18—26	2,70	0,33	C_9
33—37	0,47	0,06	C_8
44—48	0,54	0,07	C_7
53—64	0,45	0,06	C_6 + Spur C_4
68—80	1,82	0,23	C_5
86—95	0,88	0,11	C_4
101—135	6,12	0,75	C_3

Forelle, Vers. 4a (entspr. 12,8 mg; Abb. 6)

Frakt. Nr.	cm³ 0,01*n* NaOH	gef. Mol/Mol	Säure
4—10	0,23	Vorlauf, nicht identif.	
15—24	1,41	0,17	C_9
30—37	0,36	0,04	C_8
42—50	0,46	0,05	C[illegible]
54—66	0,62	0,08	C[illegible] Spur C_7
70—87	1,26	0,15	C[illegible]
91—110	2,36	0,27	C[illegible]
113—137	7,60	0,90	C[illegible]

Forelle, Vers. 4b (entspr. 13,2 mg)

Frakt. Nr.	cm³ 0,01*n* NaOH	gef. Mol/Mol	Säure
4—13	0,41	Vorlauf, nicht identif.	
17—26	1,78	0,20	C_9
30—37	0,53	0,06	C_8
43—48	0,54	0,06	C_7
51—65	0,81	0,09	C_6
72—85	1,96	0,22	C_5
88—98	2,62	0,30	C_4
106—121	10,66	1,22	C_3

Karpfen, Vers. 5a (entspr. 11,7 mg; Abb. 7)

Frakt. Nr.	cm³ 0,01*n* NaOH	gef. Mol/Mol	Säure
4—8	0,13	Vorlauf, nicht identif.	
14—24	1,80	0,23	C[illegible]
28—37	0,45	0,06	C[illegible]
42—48	0,51	0,07	C[illegible], Spur C_9
53—72	0,59	0,07	C[illegible], C_5
75—90	1,10	0,14	C[illegible]
100—111	1,76	0,23	C[illegible]
116—137	6,71	0,86	C[illegible]

Karpfen, Vers. 5b (entspr. 12,0 mg)

Frakt. Nr.	cm³ 0,01*n* NaOH	gef. Mol/Mol	Säure
6—10	0,17	Vorlauf, nicht identif.	
16—24	1,81	0,23	C_9
32—40	0,33	0,04	C_8
44—50	0,53	0,07	C_7
53—67	0,44	0,05	C_6
75—87	1,30	0,16	C_5
95—106	2,06	0,25	C_4, Spur C_5
114—135	8,10	1,01	C_3

Flunder, Vers. 6a (entspr. 11,0 mg; Abb. 8)

Frakt. Nr.	cm³ 0,01*n* NaOH	gef. Mol/Mol	Säure
1—10	0,42	Vorlauf, nicht identif.	
15—24	1,54	0,21	C[illegible]
29—34	0,34	0,05	C[illegible], Spur C_9 + C_7
39—43	0,54	0,07	C[illegible]
48—56	0,39	0,05	C[illegible]
64—74	1,53	0,21	C[illegible]
79—88	1,41	0,19	C[illegible], Spur C_5
96—126	6,33	0,87	C[illegible]

Flunder, Vers. 6b (entspr. 9,2 mg)

Frakt. Nr.	cm³ 0,01*n* NaOH	gef. Mol/Mol	Säure
5—12	0,34	Vorlauf, nicht identif.	
17—26	1,19	0,19	C_9
30—36	0,29	0,05	C_8
42—49	0,49	0,08	C_7
55—63	0,25	0,04	C_6, Spur C_7
67—79	1,44	0,23	C_5
86—96	1,17	0,19	C_4
102—127	5,01	0,86	C_3

Tab. 5. Fortsetzung

Frakt. Nr.	cm³ 0,01*n* NaOH	gef. Mol/Mol	Säure	Frakt. Nr.	cm³ 0,01*n* NaOH	gef. Mol/Mol	Säure
Scharbe, Vers. 7a (entspr. 9,9 mg; Abb. 9)				Scharbe, Vers. 7b (entspr. 10,9 mg)			
4— 12	0,41	Vorlauf, nicht identif.		4— 12	0,39	Vorlauf, nicht identif.	
17— 27	1,49	0,22	C_9	17— 27	1,67	0,23	C_9
32— 40	0,34	0,05	C_8	32— 40	0,39	0,05	C_8
45— 57	0,82	0,12	C_7	45— 57	0,92	0,13	C_7
64— 78	0,70	0,09	C_6	64— 77	0,18	0,09	C_6
85— 96	1,11	0,17	C_5	85— 96	1,19	0,17	C_5
101—107	0,95	0,15	C_4	99—107	0,85	0,12	C_4
114—132	5,89	0,89	C_3	114—132	6,02	0,84	C_3
Stint, Phosphatide, Vers. 8a (entspr. 11,3 mg; Abb. 10)				Stint, Triglyceride, Vers. 8b (entspr. 10,0 mg; Abb. 11)			
4— 9		Vorlauf, nicht identif.		5— 10	0,09	Vorlauf, nicht identif.	
13— 22	0,66	0,09	C_9, Spur C_3				
27— 33	0,46	0,06	C_8	18— 25	0,44	0,07	C_8, Spur C_5
37— 50	1,14	0,15	C_7	29— 35	0,57	0,09	C_7
56— 71	1,04	0,13	C_6	46— 53	0,30	0,05	C_6, Spur C_4
81— 90	1,39	0,19	C_5	58— 68	2,06	0,32	C_5
97—106	2,15	0,28	C_4	77— 85	2,30	0,36	C_4
112—135	8,40	1,10	C_3	92—112	12,30	1,92	C_3, Spur C_4

Zur Aktivitätsmessung der chromatographisch getrennten und durch die Titration quantitativ erfaßten Dicarbonsäuren wurden die Natriumsalze zur Trockne eingedampft, in einer bestimmten Menge Äthanol-Wasser (1 : 1) gelöst, ein aliquoter Teil mit einer Kapillarpipette auf Kupferplättchen aufgebracht und auf einer Heizplatte zu einer gleichmäßig dünnen Schicht getrocknet. Die Messungen erfolgten mit dem fensterlosen Durchflußzählrohr FH 407 und dem Strahlungsmeßgerät FH 49 (Friesecke & Höpfner). Eine Bestimmung der absoluten Zählausbeute mit einem Standardpräparat (Benzoic-^{14}C-Acid, Packard Intrument Comp. Standard Source Compound, 5230 Zerf. Min.$^{-1}$ · mg^{-1}) ergab für die angewandte Meßanordnung einen Wert von 52,8% (gemessen 2760 Imp. Min.$^{-1}$ · mg^{-1}). Die Ergebnisse der Aktivitätsmessung zeigt Tab. 1. Zur Aktivitätsmessung der Malonsäure wurde stets nur der absteigende Ast der Eluationskurve verwandt, um eine Verunreinigung durch die vorausgehende Bernsteinsäure weitgehend auszuschließen.

Die reduktive Ozonidspaltung der Polyensäuren und die Trennung der Dinitrophenylhydrazone der Abbaualdehyde

20—30 mg Polyensäuren wurden in Eisessig-Methylacetat (2 : 1) gelöst und bei —10° ozonisiert. Anschließend wurde nach Zugabe von etwas Platinoxyd bei —10° bis zur Sättigung hydriert und 2 cm³ 2.4-Dinitro-phenylhydrazin-Lösung[8] unmittelbar zum Reaktionsgemisch gegeben. Die Lösung wurde mit 2*n* H_2SO_4

[8] Houben-Weyl, Methoden der org. Chemie, 4. Aufl. II, 449, Georg-Thieme-Verlag, Stuttgart 1953.

etwa 5fach verdünnt und die Dinitrophenylhydrazone (DNPH) mit Benzol ausgeschüttelt. Den größten Teil der Aldehydsäuren entfernte man durch Ausschütteln mit Hydrogencarbonat-Lösung, engte die benzolische Phase bis auf wenige cm^3 ein und füllte im 25-cm^3-Meßkölbchen mit Petroläther auf.

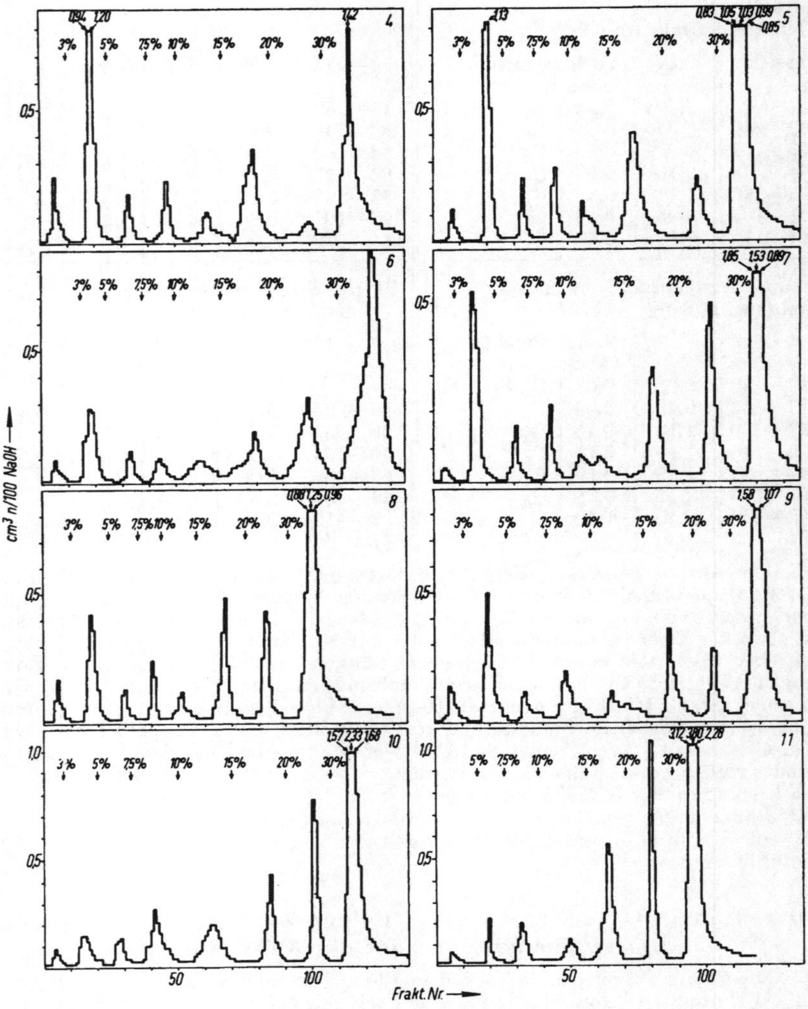

Abb. 4—11: Chromatographie der Abbaudicarbonsäuren an der BTW-Säule (vgl. Tab. 5); Abb. 4. Vers. 2a, Schildkröte; Abb. 5. Vers. 3a, Frosch; Abb. 6. Vers. 4a, Forelle; Abb. 7. Vers. 5a, Karpfen; Abb. 8. Vers. 6a, Flunder; Abb. 9. Vers. 7a, Scharbe; Abb. 10. Vers. 8a, Stint, Phosphatide; Abb. 11. Vers. 8b, Stint, Triglyceride.

Zur Trennung der Hydrazone hat sich die Verteilungschromatographie zwischen Nitromethan auf Kieselgel als stationärer und Petroläther als mobiler Phase, die zuerst von Kramer und van Duin[9] beschrieben worden ist, als besonders vorteilhaft erwiesen. Die hier beschriebene Arbeitsweise folgt im wesentlichen der von Kepner[10] zur Trennung der DNPH von *p*-Phenyl-phenacylestern organischer Säuren angewandten.

25 g Kieselgel (Silicic Acid Mallinckrodt Nr. 2847, aktiviert durch 12stdg. Trocknen bei 110°) werden mit 20 cm³ Nitromethan portionsweise gut vermischt. Die Zugabe darf wegen der großen Mischungswärme nicht zu schnell erfolgen. Das Gemisch wird mit mobiler Phase (Petroläther, Sdp. 60—80°, äquilibriert mit Nitromethan) angerührt und in das Chromatographierohr (30 cm lang, 2 cm lichte Weite mit Absperrhahn und Schliffansatz zum Aufsetzen eines Tropftrichters versehen) gegeben. Durch Anwendung von Stickstoffdruck von etwa 0,5 at erhält man eine kompakte Säule von etwa 15 cm Länge, deren Kapazität für 5 mg gut ausreicht. Auf die gleichmäßig ebene Säulenoberfläche werden 1—3 cm³ der Hydrazonlösung vorsichtig aufgetragen. Nach 2maligem Nachwaschen mit je 1 cm³ mobiler Phase wird der Tropftrichter aufgesetzt und eluiert. Durch Anwendung von wenigen Torr Stickstoffdruck wird eine ausreichende Laufgeschwindigkeit erzielt. Die Ergebnisse einer Testsäule sind aus Tab. 6, Spalte 1 und 2 zu ersehen.

Tab. 6. Zur Trennung, Identifizierung und quantitativen Bestimmung der Dinitrophenylhydrazone

Aldehyd (Kettenl.)	1 auf-getragen mg	2 gefunden mg	2 gefunden %	3 R_H-Werte*	4 R_P-Werte**	5 Faktor
C_2	0,32	0,30	94	0,21	0,23	1,28
C_3	0,35	0,37	106	0,38	0,38	1,31
C_4	0,47	0,46	98	0,51	0,53	1,30
C_5	0,38	0,38	100	0,74	0,74	1,30
C_6	0,46	0,47	102	1,00	1,00	1,50
C_7	0,51	0,50	98	1,37	1,40	1,55
C_8	0,30	0,29	97	1,8	1,8	1,60
C_9	0,36	0,35	97	2,3	2,4	1,65
C_{10}	0,31	0,33	107	2,8	3,3	1,78

* Bezogen auf Hexanal-Dinitrophenylhydrazon = 1,0; Mittelwerte aus mehreren Säulen.
** Nach Kepner[10]; bezogen auf C pronsäure-*p*-Phenyl-phenacylester-dinitrophenylhydrazon = 1,0.

Eine papierchromatographische Identifizierung der Fraktionen erübrigt sich, da die Bestimmung der relativen Laufstrecke ı (*R*-Werte) der einzelnen Zonen eine zuverlässige Erkennungsmöglichkeit bietet. Es werden mehrfach zum gleichen Zeitpunkt die Abstände der Bänder von der Stelle größter Farbintensität bis zur Säulenoberfläche gemessen. Das Mittel der Verhältnisse der Laufstrecke eines Bandes zur Laufstrecke einer Bezugssubstanz wird als *R*-Wert bezeichnet. Diese sind praktisch nur von der Kettenlänge abhängig, für die einzelnen Komponenten spezifisch und gut reproduzierbar. In Tab. 6 sind in Spalte 3 die R_H-Werte einiger Aldehyde, bezogen auf Hexanal-DNPH, angegeben (zum Vergleich sind in Spalte 4 die analogen R_P-Werte für die DNPH entsprechender *p*-Phenyl-phenacylester aufgeführt).

---

[9] P. J. G. Kramer u. H. van Duin, Recueil Trav. chim. Pays-Bas **73**, 63 [1954].

[10] N. G. Hawkins, A. Dinsmoor Webb u. R. Kepner, Analytic. Chem. **28**, 1975 [1956].

Zur quantitativen Bestimmung wurde nach Klenk und Brockerhoff[11] verfahren. Eine Zusammenstellung der empirischen Faktoren zur Berechnung der DNPH-Menge aus den photometrischen Messungen gibt Tab. 6, Spalte 5. Die Berechnung der Zusammensetzung des Gemischs der Abbaualdehyde erfolgte in Mol/Mol Polyensäuren unter Annahme eines mittleren Mol.-Gew. von 300. Das Ergebnis zeigt Tab. 7.

Tab. 7. Ergebnis des reduktiven Ozonidabbaus der hochungesättigten Fettsäuren. Angaben in μg Dinitrophenylhydrazon der Abbaualdehyde bzw. in Klammern Mol/Mol Polyensäure.

Vers. Nr.	mg Subst.	C_9	C_7	C_6	C_3
1a	—	—	—	—	—
1b	3,3	231 (0,065)	452 (0,14)	880 (0,29)	208 (0,08)
2a	2,1	64 (0,03)	190 (0,09)	427 (0,22)	332 (0,20)
2b	2,3	84 (0,03)	288 (0,13)	520 (0,23)	400 (0,21)
3a	5,7	264 (0,04)	396 (0,07)	665 (0,13)	960 (0,21)
3b	2,2	66 (0,03)	121 (0,06)	278 (0,14)	366 (0,12)
4a	2,1	91 (0,04)	71 (0,03)	250 (0,13)	510 (0,31)
4b	2,4	45 (0,02)	48 (0,02)	296 (0,13)	610 (0,32)
5a	4,2	98 (0,02)	192 (0,05)	270 (0,07)	1500 (0,45)
5b	5,1	220 (0,04)	284 (0,06)	344 (0,07)	1650 (0,41)
6a	3,0	131 (0,04)	206 (0,07)	140 (0,05)	1030 (0,43)
6b	2,5	108 (0,04)	172 (0,07)	117 (0,05)	815 (0,41)
7a	4,0	218 (0,05)	560 (0,15)	98 (0,03)	1080 (0,34)
7b	4,1	314 (0,07)	665 (0,17)	150 (0,04)	1560 (0,48)
8a*	3,8	76 (0,02)	170 (0,05)	200 (0,06)	1320 (0,46)
8b*	3,2	—	—	Spur	1730 (0,67)

* Polyensäuren aus Phosphatiden.
** Über Polybromide gereinigte Polyensäuren aus Triglyceriden.

Zur Aktivitätsmessung wurden die DNPH der Abbaualdehyde in Benzol gelöst, entsprechend den Dicarbonsäuren auf Kupferplättchen aufgetragen und im fensterlosen Methan-Durchflußzählrohr gemessen. Die Ergebnisse zeigt Tab. 2.

Zusammenfassung

Leberschnitte verschiedener Wirbeltierarten (Taube, Schildkröte, Frosch, Karpfen, Forellen und der Seefische Flunder, Scharbe, Stint) wurden mit Acetat-[1-^{14}C] inkubiert. Die Untersuchung der beim oxydativen und reduktiven Ozonidabbau auftretenden Spaltstücke der Polyenfettsäuren ergab, daß die Aktivität in allen Ansätzen vorwiegend in den Dicarbonsäuren vom Carboxylende der Polyensäuren vorhanden war. Nur wenig Aktivität fand sich in der aus der Mitte der Kohlenstoffkette herausgespaltenen Malonsäure. Der Propion- und Capronaldehyd vom Methylende der Polyensäuren waren praktisch inaktiv.

Aus den Befunden wird geschlossen, daß bei allen untersuchten Tieren die C_{20}- und C_{22}-Polyensäuren, ebenso wie bei der Ratte, im wesentlichen aus exogenen Vorstufen von der Art der Linol- und Linolensäure gebildet werden.

[11] E. Klenk u. H. Brockerhoff, diese Z. **310**, 158 [1958].

Summary

Liver slices of various vertebrates (pigeon, turtle, frog, carp, trout and the salt water fishes flounder, dab, smelt) were incubated with acetate-[1-^{14}C]. Analysis of the products of oxidative and reductive breakdown of the ozonides of the polyenoic acids showed, that the label always predominated in the dicarboxylic acids from the carboxyl end of the polyenoic acids. There was only low activity in the malonic acid derived from the middle of the carbon chain. The propionic and caproic aldehyde from the methyl ends of the polyenoic acids were practically inactive.

It is conclued from these findings, that in all the animals investigated, the synthesis of C_{20} and C_{22} polyenoic acids takes place, as in the rat, essentially from exogenus precursors of the linoleic and linolenic type.

Prof. Dr. E. Klenk, Physiologisch-Chemisches Institut der Universität, Köln-Lindenthal, Joseph-Stelzmann-Straße 52.

Untersuchungen über den Stoffwechsel der Polyenfettsäuren bei der Ratte

Von

E. Klenk und **H. Mohrhauer**

Aus dem Physiologisch-Chemischen Institut der Universität Köln

(Der Schriftleitung zugegangen am 16. April 1960)

Verabreicht man fettfrei ernährten Ratten 5—6 Wochen lang Linolensäure in Form des Methylesters in Mengen von etwa 30 mg täglich, so finden sich in den Leberphosphatiden unter den C_{20}- und C_{22}-Polyensäuren vorwiegend $\Delta^{5.8.11.14.17}$-Eicosapentaensäure und ebenso $\Delta^{4.7.10.13.16.19}$-Docosahexaensäure[1]. Die Säuren treten nicht oder nur in geringen Mengen auf, wenn die Ratten die fettfreie Grunddiät oder die Grunddiät mit einer Zulage von Linolsäure anstelle von Linolensäure erhalten. Die Bildung dieser beiden im Tierreich weit verbreiteten Polyensäuren vom Linolensäuretyp ist offensichtlich abhängig von der Zufuhr von Linolensäure oder anderer Polyensäuren dieses Typs mit der Nahrung.

Im Linolensäureversuch ließ sich außer den beiden Hauptsäuren in kleineren Mengen auch eine C_{22}-Pentaensäure nachweisen, die im Linolsäureversuch und bei den fettfrei ernährten Tieren fehlt. Es dürfte sich hier um die $\Delta^{7.10.13.16.19}$-Docosapentaensäure handeln, die in den Phosphatiden der Rinderleber den Hauptteil der C_{22}-Polyensäuren ausmacht[2] und die als eines der zahlreichen theoretisch möglichen Zwischenprodukte beim Übergang von Linolensäure in die C_{22}-Hexaensäure aufzufassen ist (s. Schema S. 219).

Um weiteren Einblick in den Stoffwechsel dieser Polyensäuren zu erhalten, haben wir Versuche mit einigen der nach dem obigen Schema in Frage kommenden, mit ^{14}C markierten Zwischenprodukten durchgeführt. Zum Einsatz kamen folgende Säuren:

$\Delta^{6.9.12.15}$-Octadecatetraensäure-[2-^{14}C]
$\Delta^{11.14.17}$-Eicosatriensäure-[2-^{14}C]
$\Delta^{8.11.14.17}$-Eicosatetraensäure-[2-^{14}C]
$\Delta^{7.10.13.16.19}$-Docosapentaensäure-[2-^{14}C]

Diese Säuren wurden Ratten verabreicht, welche wie oben 5—6 Wochen lang mit der fettfreien Grunddiät und einer Linolensäurezulage ernährt worden waren. Nach einigen Stunden tötete man die Tiere,

[1] E. Klenk u. K. Oette, diese Z. **318**, 86 [1960].
[2] E. Klenk u. H. J. Tomuschat, diese Z. **308**, 165 [1957].

gewann aus den Leberlipoiden die Polyensäurefraktion und bestimmte die spezifische Aktivität der bei der oxydativen und reduktiven Ozonidspaltung auftretenden Abbaudicarbonsäuren bzw. Abbaualdehyde. Die letzteren wurden in Form der Dinitrophenylhydrazone isoliert. Die Ergebnisse sind in Tab. 1 und 2 zusammengestellt. Demnach findet sich praktisch die gesamte Aktivität in den Dicarbonsäuren und zwar hauptsächlich in denjenigen Dicarbonsäuren, die vom Carboxylende der hochungesättigten Fettsäuren stammen.

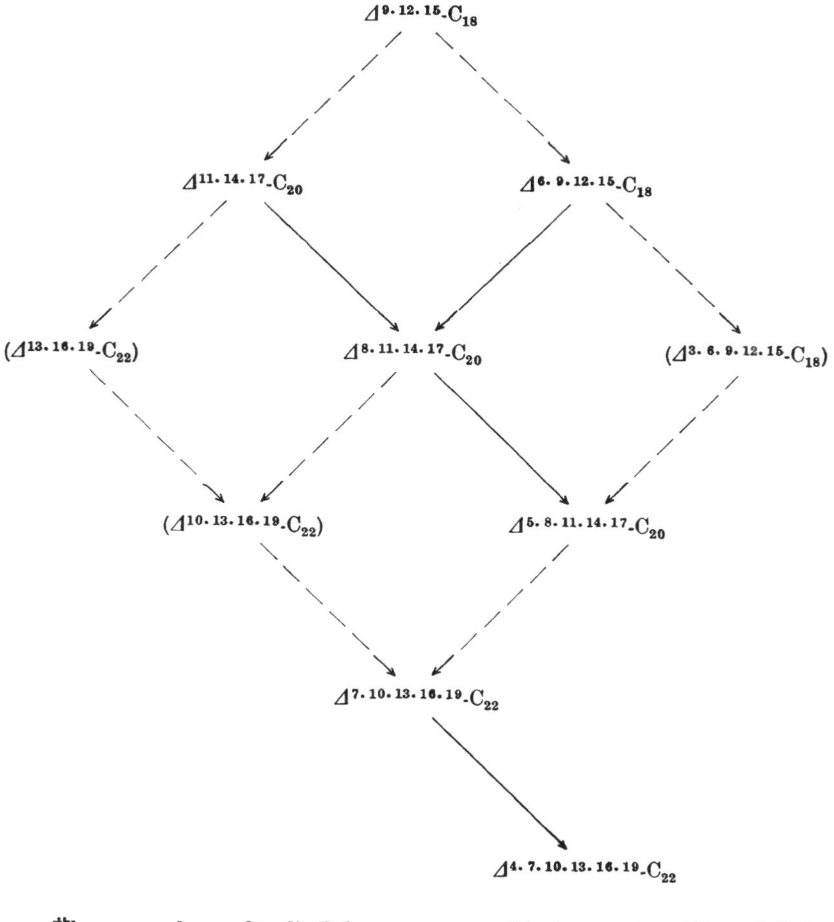

Übergangsschema für die Polyensäuren vom Linolensäuretyp. Die nach links gerichteten Pfeile zeigen Kettenverlängerung, die nach rechts gerichteten Dehydrierungen an. Für die in dieser Arbeit nachgewiesenen Übergänge sind die Pfeile ausgezogen. Bisher nicht aufgefundene Säuren stehen in Klammern.

Tab. 1. Oxydativer Ozonidabbau der Polyensäurefraktionen. Abbaudicarbonsäuren: A) Menge in Mol/Mol; B) Spezifische Aktivität in Imp. · $Min.^{-1} \cdot mg^{-1}$; C) Anteil der Aktivität der Fraktion an der Gesamt-Aktivität der hochungesättigten Fettsäuren in %, a und b sind jeweils Parallelversuche.

Vers. Nr.	Verfütterte Säure		Azelainsäure		Korksäure		Pimelinsäure		Adipinsäure		Glutarsäure		Bernsteinsäure		Malonsäure	
			a	b	a	b	a	b	a	b	a	b	a	b	a	b
1	$\Delta^{6.9.12.15}$-C_{18}	A)	0,14	0,14			0,05	0,05	0,05	0,03	0,23	0,21	0,29	0,27	1,56	1,60
		B)	16400	16800			54000	64000	104000	66000	93000	97500	12000	9060	1740	1740
		C)	9,2				9,8		10,3		57,0		7,5		6,1	
2	$\Delta^{11.14.17}$-C_{20}	A)	0,18	0,20		0,04	0,07	0,08	0,03	0,05	0,22	0,31	0,21	0,25	1,37	1,17
		B)	17200	20100		9400	20500	12200	20000	8300	27300	23900	5380	4680	144	160
		C)	32,5		3,3		9,7		3,6		43,5		6,6		2,8	
3	$\Delta^{8.11.14.17}$-C_{20}	A)	0,20	0,16			0,05	0,05	0,04	0,02	0,19	0,20	0,24	0,24	1,09	1,49
		B)	33000	37500			47900	39500	44100	43000	94000	92600	12100	9570	545	645
		C)	26,1				8,2		4,3		52,5		6,7		1,9	
4	$\Delta^{7.10.13.16.19}$-C_{22}	A)	0,20	0,24			0,03	0,03	0,18	0,14	0,21	0,21	0,21	0,22	1,25	1,25
		B)	11900	13300			65200	97600	5230	9660	4170	3100	39300	34800	650	620
		C)	22,7				18,2		7,6		4,4		42,5		4,6	
5	$\Delta^{11.14}$-C_{20}	A)	0,11	0,10	0,04	0,04	0,09		0,08		0,32	0,30	0,16	0,17	0,69	0,85
		B)	16200	13700	13300	15100	7200		10800		13200	11200	5750	5100	550	560
		C)	23,1		7,8		8,2		9,6		37,2		8,1		5,8	

Tab. 2. Ergebnisse des reduktiven Ozonidabbaus der hochungesättigten Fettsäuren aus Rattenleber und Radioaktivität der Dinitrophenylhydrazone der Abbau-Aldehyde (in Imp. · Min.$^{-1}$ · mg^{-1}).

Verfütterte Säure	Abbaualdehyd							
	Nonanal		Heptanal		Hexanal		Propional	
	Mol*	Akt.	Mol	Akt.	Mol	Akt.	Mol	Akt.
1. C_{18}-Tetraensäure	0,17	43	0,09	87	0,10	40	0,64	10
2. C_{20}-Triensäure	0,15	50	0,20	136	0,09	18	0,55	5
3. C_{20}-Tetraensäure	0,17	38	0,17	65	0,10	41	0,55	11
4. C_{22}-Pentaensäure	0,14	56	0,19	62	0,07	18	0,59	4
5. C_{20}-Diensäure	0,20	121	0,27	347	0,47	26	0,05	—

* Mol/Mol Polyensäure (die Mengen der Abbau-Aldehyde sind umgerechnet auf 100 proz. Ausbeute).

Ein Vergleich der Aktivitäten der verschiedenen Dicarbonsäuren (siehe Tab. 1) zeigt, daß in keinem der Ansätze noch größere Mengen der verabreichten markierten Polyensäuren vorkommen und daß etwa 50% der vorhandenen Gesamtaktivität sich in einem der beiden Hauptbestandteile des Polyensäuregemischs, d. h. in der $\Delta^{5.8.11.14.17}$-Eicosapentaensäure (Ansätze 1—3) oder der $\Delta^{4.7.10.13.16.19}$-Docosahexaensäure (Ansatz 4) vorfindet. Es kann demnach der direkte Übergang von $\Delta^{11.14.17}$-Eicosatriensäure und von $\Delta^{8.11.14.17}$-Eicosatetraensäure in $\Delta^{5.8.11.14.17}$-Eicosapentaensäure, sowie der Übergang von $\Delta^{7.10.13.16.19}$-Docosapentaensäure in $\Delta^{4.7.10.13.16.19}$-Docosahexaensäure durch einfache Dehydrierung als bewiesen gelten. Ebenso kann kein Zweifel bestehen, daß die $\Delta^{6.9.12.15}$-Octadecatetraensäure durch Kettenverlängerung und Dehydrierung in die $\Delta^{5.8.11.14.17}$-Eicosapentaensäure übergeht, wobei als Zwischenprodukt die schon oben erwähnte $\Delta^{8.11.14.17}$-Eicosatetraensäure auftreten dürfte. In allen diesen Fällen handelt es sich offensichtlich um schnell und leicht ablaufende Reaktionen.

Andererseits scheinen die vorliegenden Befunde dafür zu sprechen, daß beim Übergang der C_{20} in die C_{22}-Polyensäuren die Reaktionsgeschwindigkeit merkbar geringer ist. Dies ergibt sich daraus, daß in den Ansätzen 2 und 3 die C_{22}-Hexaensäure im Gegensatz zu der C_{22}-Pentaensäure nur einen geringen Teil der Gesamtaktivität der Polyensäurefraktion enthält. Um bindende Schlüsse ziehen zu können, wäre es aber notwendig noch einen Versuch mit markierter C_{20}-Pentaensäure auszuführen.

Neben diesen Reaktionen, die in Zusammenhang mit der Biogenese der C_{20}- und C_{22}-Polyensäuren stehen, müssen aber auch in entgegengesetzter Richtung laufende Prozesse sich abspielen. Diese Möglichkeit wurde schon früher[3] auf Grund der Tatsache diskutiert, daß beim Studium des Einbaus von Acetat-[^{14}C] in die C_{20}- und C_{22}-Polyensäuren

[3] E. Klenk, diese Z. **302**, 268 [1955].

der Leberphosphatide die Malonsäure mit großer Regelmäßigkeit eine zwar kleine, aber deutlich feststellbare Aktivität zeigt. Von Lynen[4] wurde auf die Möglichkeit eines unmittelbaren Zusammenhangs zwischen nebeneinander herlaufenden Auf- und Abbaureaktionen und der Einführung neuer Doppelbindungen im Polyensäurestoffwechsel hingewiesen.

Wenn außer den Kettenverlängerungen nicht auch Kettenverkürzungen vorkommen würden, so dürfte nur bei Ansatz 1 die Malonsäure Aktivität zeigen, denn nach dem aufgestellten Reaktionsschema geht die $\Delta^{6.9.12.15}$-Octadecatetraensäure-[2-^{14}C] durch zweimalige Kettenverlängerung und Dehydrierung in die $\Delta^{4.7.10.13.16.19}$-Docosahexaensäure-[6-^{14}C] über, so daß beim Ozonidabbau eines der fünf Malonsäuremoleküle das ^{14}C enthält, während die Bernsteinsäure inaktiv sein muß. In der Tat zeigt in diesem Ansatz die Malonsäure eine relativ hohe Aktivität. Eine gewisse Aktivität besitzt die Malonsäure aber auch in allen anderen Fällen. Dies dürfte darauf zurückzuführen sein, daß sich aus der verfütterten markierten Polyensäure durch Kettenverkürzung Acetat-[^{14}C] abspaltet und daß dieses zum Wiederaufbau der Polyensäuren aus den verkürzten Fragmenten verwendet wird. Auch die Aktivität der Bernsteinsäure im Ansatz 1, sowie die Aktivität der Glutarsäure im Ansatz 4 dürfte sich auf diese Weise erklären.

Weniger verständlich ist die hohe Aktivität der Azelainsäure in den verschiedenen Ansätzen. Jedoch besteht keine Gewähr dafür, daß eine Substanz von genügendem Reinheitsgrad vorgelegen hat. Beimengungen von höheren oder auch niedrigeren Homologen sind hier nicht auszuschließen.

Ein entsprechender Versuch wurde zum Vergleich auch mit einer Säure vom Linolsäuretyp und zwar mit $\Delta^{11.14}$-Eicosadiensäure-[3-^{14}C] ausgeführt (Vers. 5). Die Tiere hatten jetzt anstelle der Linolensäure eine Zulage von Linolsäure erhalten. Unter diesen Bedingungen besteht das Polyensäuregemisch der Leberphosphatide vorwiegend aus $\Delta^{5.8.11.14}$-Eicosatetraensäure (Arachidonsäure)[1]. Die Säure, welche aus dem markierten Ausgangsprodukt offensichtlich durch Einführung von zwei weiteren Doppelbindungen in Stellung 8 und 5 entstanden ist, enthält 37% der Gesamtaktivität des Polyensäurengemischs, während die C_{20}-Pentaensäure im Ansatz mit der C_{20}-Triensäure (Ansatz 2) 43,5% und in dem mit der C_{20}-Tetraensäure (Ansatz 3) 52,5% der Gesamtaktivität des Polyensäurengemisches enthält. Man gewinnt so den Eindruck, daß bei den hochungesättigten Polyensäuren die Dehydrierungen leichter und vollständiger verlaufen, als bei den schwächer ungesättigten.

Weitere Versuche über den Stoffwechsel der Polyensäuren vom Linolsäuretyp wurden hier nicht ausgeführt, da auf diesem Gebiet

[4] F. Lynen in D. Richter, Metabolism of the Nervous System, S. 381, Pergamon Press, London 1957.

bereits sehr gründliche Untersuchungen von Mead und Mitarbeitern[5] vorliegen.

Die Untersuchung wurde durch Mittel der Deutschen Forschungsgemeinschaft und des Verbands der Chemischen Industrie, Fonds der Chemie, unterstützt.

Beschreibung der Versuche

A. Darstellung der ^{14}C-markierten Polyenfettsäuren

Die Ausgangspolyenfettsäuren wurden mit Methanol verestert und der Methylester mit $LiAlH_4$ zum Alkohol reduziert. Der Fettalkohol wurde mit *p*-Toluol-sulfochlorid in den *p*-Tosyl-Ester übergeführt und dieser mit NaJ zum Alkyljodid umgesetzt. Das Alkyljodid wurde in butanolischer Lösung mit Na-Malonester-[2-^{14}C] umgesetzt, der substituierte Malonester verseift und decarboxyliert. Die um 2 C-Atome verlängerte 2-^{14}C-markierte Säure wurde mit Methanol verestert und der Methylester destilliert.

1. $\Delta^{6.9.12.15}$-Octadecatetraensäure-[2-^{14}C]

1,54 g $\Delta^{4.7.10.13}$-Hexadecatetraensäure (von Klenk und Knipprath[6] aus der Alge *Scenedesmus obliquus* gewonnen) wurden in 25 cm³ 5proz. methanol. Salzsäure 1 Stde. unter Rückfluß erhitzt und der gebildete Methylester mit Petroläther ausgeschüttelt. Ausb. 1,60 g (99% d. Th.).

Reduktion zum Alkohol: In einem 250-cm³-Dreihalskolben, versehen mit Rührer, Tropftrichter und Rückflußkühler, wurde 1 g $LiAlH_4$ (Merck) in 50 cm³ absol. Äther suspendiert. Der Fettsäureester wurde, gelöst in 50 cm³ Äther, unter starkem Rühren während ½ Stde. zugetropft. Das überschüss. $LiAlH_4$ wurde durch Zutropfen von 20 cm³ Essigester umgesetzt, mit 20 cm³ Wasser zersetzt und mit 20 cm³ Salzsäure das ausgefallene Salz in Lösung gebracht. Die äther. Phase wurde abgetrennt, gewaschen und mit Natriumsulfat getrocknet. Ausb. 1,33 g (5,7 mMol = 93% d. Th.).

Umsetzung mit *p*-Toluol-sulfochlorid: In einem 250-cm³-Dreihalskolben, ausgerüstet wie bei der Reduktion der Fettsäure, wurden 2,5 g (13 mMol) frisch dest. *p*-Toluol-sulfochlorid in 20 cm³ getrocknetem Pyridin gelöst und mit Eis-Kochsalz auf —15° gekühlt. Der Fettalkohol wurde, gelöst in 10 cm³ Pyridin, innerhalb ½ Stde. unter Rühren zugesetzt, das überschüss. Tosylchlorid mit Eiswasser umgesetzt und das Pyridin in gekühlter, verd. Schwefelsäure gelöst. Der Tosylester wurde mit Äther ausgeschüttelt, säurefrei gewaschen und mit Na_2SO_4 getrocknet. Die Ausbeute an Tosylester konnte nicht bestimmt werden, da nicht umgesetzter Fettalkohol mit ausgeschüttelt wurde.

Umsetzung mit NaJ: Der Tosyl-Fettalkoholester (vermischt mit nicht umgesetztem Alkohol) wurde in 25 cm³ trockenem Aceton gelöst und mit 1,2 g wasserfreiem NaJ (8 mMol) 3 Stdn. unter Rückfluß gekocht. Der Niederschlag von *p*-toluol-sulfonsaurem Natrium wurde abfiltriert, mit Aceton gewaschen und getrocknet. Ausb. 0,776 g. Das Filtrat wurde eingeengt, in Äther aufgenommen und zur Entfernung von freiem Jod mit wäßr. Thiosulfatlösung, darauf mit Wasser gewaschen und über Natriumsulfat getrocknet. Ausb. an Alkyljodid, berechnet aus dem isolierten Na-Tosylat, 1,36 g (69% d. Th., bez. auf einges. Alkohol).

Umsetzung mit Malonester: In einem 50-cm³-Schliffkölbchen, versehen mit Rückflußkühler und Trockenrohr, wurden 150 mg metallisches Natrium (6,5 mMol) in 10 cm³ n-Butanol (über Natrium dest.) gelöst. (Das Butanol bewirkt

[5] J. F. Mead, G. Steinberg u. D. R. Howton, J. biol. Chemistry **205**, 683 [1953]; G. Steinberg, W. H. Slaton jr., D. B. Howton u. J. F. Mead, ebenda **220**, 257 [1956]; J. F. Mead u. D. R. Howton, ebenda **229**, 575 [1957].

[6] E. Klenk u. W. Knipprath, diese Z. **317**, 243 [1959].

nach Bleiberg[7] bei der Malonestersynthese langkettiger Alkohole weit bessere Ausbeuten als Äthanol.) 26,4 mg Malonsäure-diäthylester-[2-^{14}C] (1 mC, Radiochemical Centre Amersham, G. B.) wurde, vermischt mit frisch dest. inaktivem Malonester (insgesamt 820 mg = 5,1 mMol), zu der butanolischen Na-Alkoholat-Lösung gegeben und aufgekocht. Das Alkyljodid wurde, gelöst in 5 cm³ Butanol, dem Reaktionsgemisch zugesetzt und 3 Stdn. unter Rückfluß gekocht. Das Butanol wurde im Vak. abdestilliert, der Rückstand zur Verseifung mit 25 cm³ 5proz. äthanol. Kalilauge 2 Stdn. gekocht. Das Unverseifbare wurde mit Äther ausgeschüttelt und nochmals verseift. Das nach der 2. Verseifung abgetrennte unverseifbare Material bestand aus nicht umgesetztem Fettalkohol. Die alkohol.-wäßr. Phasen der beiden Verseifungen wurden vereinigt und mit verdünnter Salzsäure bis zur stark sauren Reaktion versetzt. Mit Äther/Petroläther wurde die substituierte Malonsäure ausgeschüttelt, mit Thiosulfatlösung und Wasser gewaschen und über Natriumsulfat getrocknet. Ausb. 1,03 g (82% d. Th., bez. auf einges. Alkyljodid).

Decarboxylierung: Die substituierte Malonsäure wurde in 20 cm³ dest. Chinolin gelöst und mit einer Spatelspitze Cu-Pulver versetzt. Innerhalb von 3 Stdn. wurde bis auf 120° erhitzt. Die entstehende Kohlensäure wurde durch einen N_2-Strom aus der Apparatur getrieben und das Ende der Reaktion durch Einleiten des N_2-Stromes in Barytwasser festgestellt. Das Chinolin wurde unter Eiskühlung in verdünnter Schwefelsäure gelöst, die $\Delta^{6.9.12.15}$-Octadecatetraensäure mit Äther ausgeschüttelt, mit Wasser gewaschen und über Natriumsulfat getrocknet. Ausb. 881 mg (99% d. Th.).

Das Produkt wurde wie eingangs beschrieben in den Methylester übergeführt. Ausb. 886 mg. In einer für kleine Mengen eigens konstruierten Molekulardestillationsapparatur[8] wurde der Fettsäure-methylester bei 10^{-4} Torr und Heizbadtemperaturen nicht über 120° während 2 Stdn. destilliert. Ausb. an dest. Methylester der $\Delta^{6.9.12.15}$-Octadecatetraensäure: 580 mg (33% d. Th., bezogen auf die eingesetzte C_{18}-Tetraensäure).

Bei allen Manipulationen wurde stets dafür gesorgt, daß die ungesättigten Fettsäuren und deren Derivate nicht mit dem Luftsauerstoff in Berührung kamen. Erhitzt und destilliert wurde unter Kohlensäure, in alkalischem Medium unter Stickstoff. Die Endprodukte wurden sofort unter Kohlensäure eingeschmolzen.

2. $\Delta^{11.14.17}$-Eicosatriensäure-[2-^{14}C]

5 g Linolensäure (Roth, Karlsruhe) wurden in 45 ml trockenem Aceton gelöst und auf —70° gekühlt. Ein Niederschlag (evtl. Ölsäure, Unverseifbares) wurde durch Absaugen des Lösungsmittels durch ein Filterstäbchen abgetrennt. Einzelheiten über die Synthese sind der Tab. 3 zu entnehmen.

3. $\Delta^{8.11.14.17}$-Eicosatetraensäure-[2-^{14}C]

Aus einer durch Destillation der hochungesättigten Fettsäuremethylester des Heringsöls gewonnenen C_{18}-Polyensäurenfraktion[9] (8,3 g) wurde die $\Delta^{6.9.12.15}$-Octadecatetraensäure (3,0 g) durch Gegenstromverteilung zwischen Eisessig/Methanol/Acetonitril als unterer und n-Heptan als oberer Phase isoliert. Gaschromatographisch wurde eine geringe Verunreinigung mit C_{20}-Säure festgestellt. Einzelheiten s. Tab. 3.

4. $\Delta^{7.10.13.16.19}$-Docosapentaensäure-[2-^{14}C]

Als Ausgangsmaterial stand eine von Klenk und Brucker-Voigt[10] aus Heringsöl isolierte $\Delta^{5.8.11.14.17}$-Eicosapentaensäure von hohem Reinheitsgrad zur Verfügung. Einzelheiten s. Tab. 3.

---

[7] W. Bleiberg u. H. Ulrich, Ber. dtsch. chem. Ges. **64**, 2504 [1931].
[8] H. Mohrhauer, Dissertat. Köln 1960.
[9] E. Klenk u. H. Brockerhoff, diese Z. **307**, 272 [1957].
[10] E. Klenk u. L. Brucker-Voigt, noch unveröffentlicht.

Tab. 3. Übersicht über die Darstellung von $\Delta^{11.14.17}$-Eicosatriensäure-[2-^{14}C], $\Delta^{8.11.14.17}$-Eicosatetraensäure-[2-^{14}C] und $\Delta^{7.10.13.16.19}$-Docosapentaensäure-[2-^{14}C] durch Kettenverlängerung.

	$\Delta^{11.14.17}$-C_{20}		$\Delta^{8.11.14.17}$-C_{20}		$\Delta^{7.10.13.16.19}$-C_{22}	
	g	% d. Th.	g	% d. Th.	g	% d. Th.
Einges. Fettsäure	2,68	—	1,81	—	1,69	—
Methylester	2,71	96	1,83	96	1,72	97
Fettalkohol	2,28	93	1,57	95	1,50	96
Ausgef. Na-Tosylat	1,21	72	0,68	61	0,59	60
Daraus ber. Alkyljodid	2,31	72	1,31	61	1,23	60
Einges. Na	0,173	—	0,160	—	0,160	—
Einges. Malonester	1,00	—	0,610	—	1,1	—
Davon radioakt. (1 mC)	0,073	—	0,027	—	0,026	—
Substit. Malonsäure	1,58	73	0,791	65	1,12	96
Decarboxylierte Säure	1,36	98	0,688	99	0,862	87
Methylester	1,36	—	0,707	—	0,879	—
Dest. Methylester	0,858	28*	0,403	20*	0,655	35*

* Bez. auf die Ausgangssäure.

5. $\Delta^{11.14}$-Eicosadiensäure-[3-^{14}C]

Es wurde Linolsäure-[1-^{14}C] (CFA 104 B6, Radiochemical Centre, Amersham, 13 mg, 1 mCurie) mit inaktiver Linolsäure (Hofmann-LaRoche) vermischt. Die Linolsäure enthielt Spuren von Öl- und Linolensäure.

Aus 1,51 g C_{18}-Diensäure wurden 1,39 g (97% d. Th.) C_{18}-Dienol erhalten. Bei der Malonestersynthese wurden 310 mg Na und 3,9 g Malonester (inaktiv) eingesetzt. Decarboxylierte destillierte C_{20}-Diensäure: 527 mg (31,6% d. Th.).

B. Charakterisierung der synthetisierten Säuren

Die Radioaktivität der synthetisierten Polyenfettsäuren-methylester wurde im Flüssigkeits-Scintillationszähler (Packard Tri-Carb-Scintillation spectrometer 314) ermittelt. Etwa 300 γ der Fettsäure-methylester wurden in der Scintillationslösung (Toluol + Scintillationsphosphor) gelöst und bei der Stellung der Diskriminatoren auf 10—60 V die Aktivität gemessen. Ermittlung der Zählausbeute mit einem ^{14}C-Standard-Präparat ermöglichte die Berechnung der absol. spezif. Aktivität in Imp. · Min.$^{-1}$ · mg^{-1}; Zählausbeute 53%.

Zur Prüfung auf Reinheit wurden etwa 10 mg der Polyensäure-methylester hydriert, verseift und nach l. c.[11] papierchromatographisch analysiert. Die absol. spezif. Aktivität und die Ergebnisse der papierchromatographischen Untersuchung sind in Tab. 4 zusammengefaßt.

Tab. 4. Aktivität und papierchromatographische Reinheit der synthetisierten Polyenfettsäuren.

Vers. Nr.	Polyensäuren	Absol. spezif. Akt. Imp. · Min.$^{-1}$ · mg^{-1}	Papierchrom. nach Hydrierung
1	C_{18}-Tetraen-	1 460 000	Stearinsäure
2	C_{20}-Trien-	940 000	Arachinsäure
3	C_{20}-Tetraen-	1 375 000	Arachinsäure
4	C_{22}-Pentaen-	822 000	Behensäure
5	C_{20}-Dien-	1 320 000	Arachinsäure

[11] A. Wagner, L. Abisch u. K. Bernhard, Helv. chim. Acta 38, 1536 [1955].

Zur weiteren Charakterisierung wurden die UV-Absorptionsspektren der Polyensäuren vor und nach der Alkaliisomerisierung (21% KOH-Glykol, 8 Min. bei 180°) aufgenommen (Abb. 1).

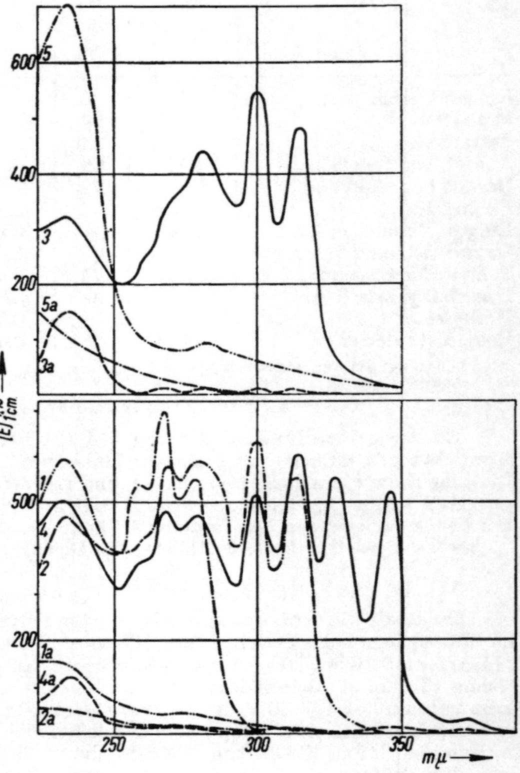

Abb. 1. UV-Absorptionsspektren der synthetisierten Polyensäuren (Methylester) vor (a) und nach der Alkaliisomerisierung.

1. C_{18}-Tetraensäure
2. C_{20}-Triensäure
3. C_{20}-Tetraensäure
4. C_{22}-Pentaensäure
5. C_{20}-Diensäure

Die Absorptionsspektren der nicht isomerisierten Säuren zeigen, daß im Verlauf der Synthese durch thermische Isomerisierung ein geringer Anteil konjugierter Doppelbindungen entstanden ist.

Die gaschromatographische Analyse (Gas-liquid-chromatograph mit Ionisationsdetektor, Barber-Colman Company, Rockford, USA) ermöglichte eindeutige Identifizierung der synthetisierten Säuren und Abschätzung der Verunreinigungen (Abb. 2). Als Testsäuren diente ein Gemisch der Methylester von Stearin-, Arachin-, Behen- und Lignocerinsäure.

C. Fütterungsversuche mit ^{14}C-markierten Polyensäuren

Es wurden junge, weiße, vorwiegend männliche Ratten verwandt, die kurz nach der Entwöhnung mit fettfreier Diät[1] ernährt wurden. Die Tiere der Vers. 1—4 erhielten etwa 6 Wochen lang täglich mittels Schlundsonde zusätzlich 30 mg Linolensäure-äthylester (Roth, Karlsruhe), die des Vers. 5 Linolsäure-äthylester (Hofmann-LaRoche).

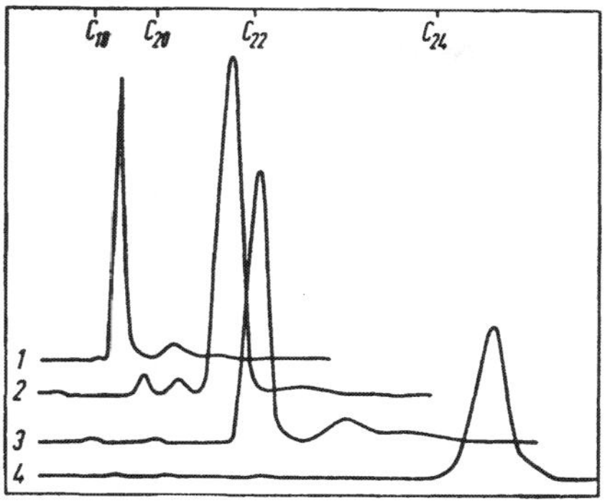

Abb. 2. Gaschromatogramme der Methylester der synthetisierten Polyenfettsäuren.

1. C_{18}-Tetraensäure
2. C_{20}-Triensäure
3. C_{20}-Tetraensäure
4. C_{22}-Pentaensäure

Die Marken oben geben die Maxima der als Testsubstanzen verwendeten gesättigten Fettsäure-methylester an.

Die ^{14}C-markierten Polyensäuren wurden in Form der Methylester, in den Vers. 1—4 vermischt mit Linolensäure-methylester, im Vers. 5 vermischt mit Linolsäure-methylester, oral mittels Schlundsonde in zwei Portionen im Abstand von 3—4 Stdn. an 4—6 Versuchstiere verabreicht, insgesamt etwa 60 mg radioaktive Polyensäure pro Tier. 4 Stdn. nach der 2. Fütterung wurden die Tiere getötet, die Lebern entnommen und die Lipoide mit Aceton und Methanol/Chloroform extrahiert. Die Rohlipoide wurden mit methanol. Salzsäure umgeestert, die Methylester mit methanol. Kalilauge verseift. Das Fettsäurengemisch wurde durch Tiefkühlkristallisation in die drei Fraktionen der festen, schwach ungesättigten und hochungesättigten Fettsäuren zerlegt. Die Ergebnisse der Aufarbeitung sind in Tab. 5 und 6 zusammengestellt. Die Radioaktivität der Fettsäurefraktionen wurde im Scintillationszähler bestimmt und in Imp. · $Min.^{-1}$ · mg^{-1} in Tab. 6 aufgeführt.

Tab. 5. Ergebnisse der Aufarbeitung der Rattenlebern.

Verfütterte Säuren	Einges. Radioaktivität (μC)	Zahl d. Tiere	Frischlebermenge (g)	Gesamtlipoide (g)	Methylester (g)	Gesamtfettsäuren (g)
1. C_{18}-Tetraen-	155	6	26,2	2,302	1,492	1,283
2. C_{20}-Trien-	107	5	34,5	2,197	1,430	1,154
3. C_{20}-Tetraen-	100	4	26,3	1,886	1,297	1,069
4. C_{22}-Pentaen-	127	5	39,4	2,736	1,988	1,625
5. C_{20}-Dien-	108	6	32,3	1,896	1,245	0,970

Tab. 6. Ergebnis der Tiefkühlfraktionierung der Gesamt-Fettsäuren und spezif. Aktivität der Fettsäurefraktionen (in Imp. · $Min.^{-1}$ · mg^{-1}).

Verfütterte Säure	feste Fettsäuren			schwachungesätt. Fettsäuren			hochungesätt. Fettsäuren		
	mg	JZ	Akt.	mg	JZ	Akt.	mg	JZ	Akt.
1. C_{18}-Tetraen-	448	19,0	1000	467	112	4180	309	272	23600
2. C_{20}-Trien-	426	18,5	1900	433	109	2800	282	230	8250
3. C_{20}-Tetraen-	404	20,9	1840	392	109	3040	258	257	22950
4. C_{22}-Pentaen-	585	11,2	1170	647	81,5	740	364	242	11500
5. C_{20}-Dien-	316	8,2	1020	381	104	3180	257	226	7000

Zur qualitativen Charakterisierung der Zusammensetzung des Polyensäurengemischs wurden die UV-Absorptionsspektren der alkaliisomerisierten Polyensäuren aufgenommen. Da die UV-Spektren der Vers. 1—4 weitgehende Übereinstimmung zeigten, ist in Abb. 3 nur das UV-Spektrum aus Versuch 1 mit dem aus Vers. 5, von dem es sich in charakteristischer Weise durch einen Anstieg der Absorption für Hexaen- und Pentaensäuren unterscheidet, dargestellt.

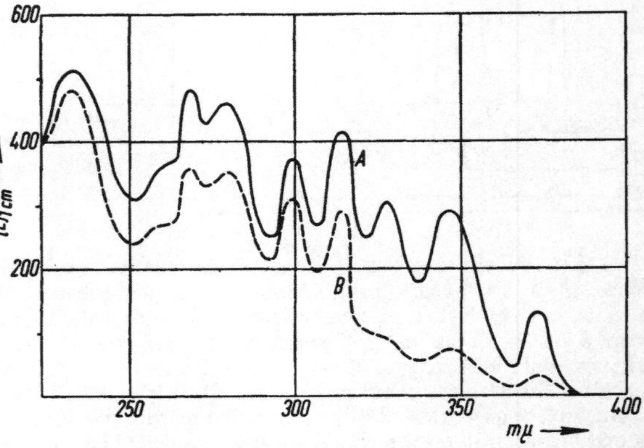

Abb. 3. UV-Absorptionsspektren der alkaliisomerisierten hochungesättigten Fettsäuren aus Rattenleber.

A: Vers. 1 (Linolensäure verfüttert)

B: Vers. 5 (Linolsäure verfüttert)

Die gaschromatographische Analyse ergab ebenfalls eine fast völlige Übereinstimmung in der Zusammensetzung der hochungesättigten Fettsäuren aus Vers. 1—4. Das Gaschromatogramm der entsprechenden Fraktion aus Vers. 5 (mit Linolsäure gefütterte Tiere) unterscheidet sich jedoch in typischer Weise von den Chromatogrammen der mit Linolensäure gefütterten Tiere (Abb. 4).

Die von Klenk und Oette[1] beschriebene Zusammensetzung des Polyensäurengemischs konnte bestätigt werden: Verfütterung von Linolensäure bedingt das Auftreten größerer Mengen C_{20}-Pentaen- und C_{22}-Hexaensäure, eine C_{22}-Pentaensäure ist in geringen Mengen vorhanden, während die C_{22}-Tetraensäure fehlt. Im Linolsäureversuch kommt vor allem die C_{20}-Tetraensäure (Arachidonsäure) in größerer Menge vor, die C_{20}- und C_{22}-Pentaensäuren fehlen, es tritt eine gewisse Menge einer C_{22}-Tetraensäure auf.

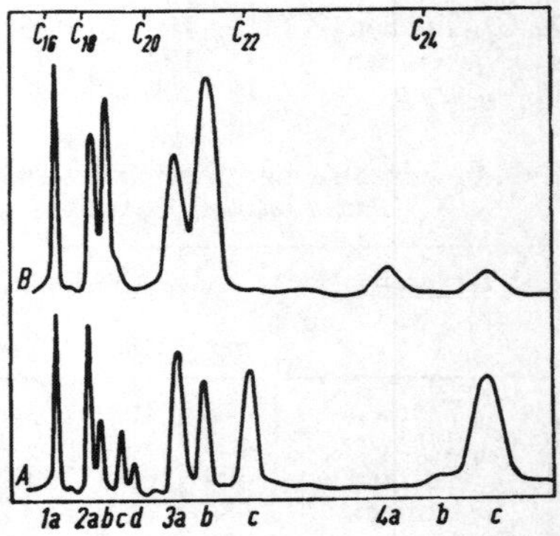

Abb. 4. Gaschromatogramme der Methylester der hochungesättigten Fettsäuren aus Rattenleber.

A: Vers. 1 (Linolensäure verfüttert)

B: Vers. 5 (Linolsäure verfüttert)

Auflösung des Chromatogramms:

1a = Palmitoleinsäure, 2a = Ölsäure, 2b = C_{18}-Diensäure, 2c = C_{18}-Triensäure, 2d = C_{18}-Tetraensäure?, 3a = C_{20}-Triensäure, 3b = C_{20}-Tetraensäure, 3c = C_{20}-Pentaensäure, 4a = C_{22}-Tetraensäure, 4b = C_{22}-Pentaensäure, 4c = C_{22}-Hexaensäure.

Die Marken oben geben die Maxima der als Testsubstanzen verwendeten gesättigten Fettsäure-methylester an.

1. Oxydativer Ozonidabbau der hochungesättigten Fettsäuren

Die oxydative Ozonidspaltung und die Gewinnung der Abbau-Dicarbonsäuren wurden in der üblichen Weise nach Klenk und Bongard[12] durchgeführt. Lediglich die Endpunktsbestimmung der Ozonisierung wurde abgeändert. Es wurden dem Reaktionsgemisch einige Tropfen einer Lösung von Sudanrot in Eisessig zugesetzt und bis zum Verschwinden des Indikators ozonisiert. Im Blindversuch wurde festgestellt, daß die gleiche Menge Indikator fast augenblicklich vom durchperlenden Ozon entfärbt wird.

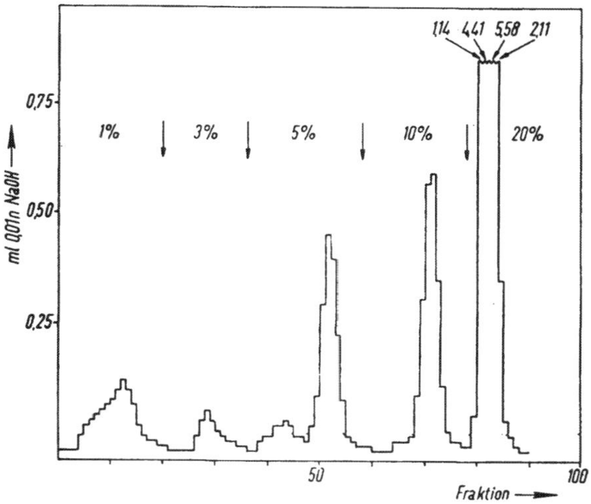

Abb. 5. Chromatographie der Abbaudicarbonsäuren aus den hochungesättigten Fettsäuren des Vers. 1a (vgl. Tab. 7).

Zur chromatographischen Trennung der Abbaudicarbonsäuren wurde in den Vers. 1—4 die Säule D^{12} in Vers. 2b und 5 die BTW-Säule nach Klenk und Kremer[13] angewandt. Wegen der entscheidenden Wichtigkeit der Ergebnisse des Ozonidabbaus wurden die Abbaudicarbonsäuren jeweils in 2 Parallelversuchen getrennt und identifiziert.

Alle Dicarbonsäure-Fraktionen wurden nach Klenk und Tomuschat[14] papierchromatographisch identifiziert und auf Reinheit geprüft. (Etwa 50 γ der freien Dicarbonsäuren werden auf Papier Schleicher & Schüll 2043b aufgetragen, mit 5proz. Butanol/Chloroform, äquilibriert mit 10proz. Essigsäure, entwickelt und mit Jodid-Jodat-Stärkelösung angefärbt.)

Die Zusammensetzung der Dicarbonsäuren-Gemische ist aus Tab. 7 und Abb. 5, welche als Beispiel nur das Säulenchromatogramm des Vers. 1a enthält, zu ersehen. Die Menge der einzelnen Dicarbonsäuren ist angegeben in Mol/Mol Polyensäuren, wobei mit einem mittleren Mol.-Gew. von 300 für das Polyensäurengemisch gerechnet wird. Die Ergebnisse der papierchromatographischen Prüfung sind in der letzten Spalte unter „Säure" angegeben.

Radioaktivitätsmessung der Abbaudicarbonsäuren: Die Na-Salze der chromatographisch getrennten und durch Laugentitration quantitativ bestimmten Abbaudicarbonsäuren wurden in Methanol/Wasser gelöst und etwa 300 γ auf Kupferplättchen aufgetragen. Nach Abdunsten des Lösungsmittels wurde die

[12] E. Klenk u. W. Bongard, diese Z. **290**, 181 [1952].
[13] E. Klenk u. G. Kremer, diese Z. **320**, 111 [1960].
[14] E. Klenk u. H. J. Tomuschat, noch unveröffentlicht.

Tab. 7. Chromatogramme der Abbaudicarbonsäuren aus den hochungesättigten Fettsäuren (vgl. Abb. 5).

Frakt. Nr.	cm^3 0,01*n* NaOH	gef. Mol/Mol	Säure	Frakt. Nr.	cm^3 0,01*n* NaOH	gef. Mol/Mol	Säure
Vers. 1a (Säule D; entspr. 13,3 mg; vgl. Abb. 5)				Vers. 1b (Säule D; entspr. 13,3 mg)			
5—21	1,24	0,14	C_9+C_8	3—20	1,26	0,14	C_9+C_8
27—36	0,42	0,05	C_7	26—39	0,47	0,05	C_7
39—48	0,42	0,05	C_6	42—48	0,28	0,03	C_6
49—60	2,00	0,23	C_5	49—58	1,84	0,21	C_5
63—79	2,54	0,29	C_4	65—71	2,37	0,27	C_4
80—88	13,80	1,56	C_3	75—83	14,30	1,60	C_3
Vers. 2a (Säule D; entspr. 9,8 mg)				Vers. 2b (Säule BTW; entspr. 8,7 mg)			
3—23	1,21	0,18	C_9+C_8	19—27	1,16	0,20	C_9
				34—40	0,25	0,04	C_8
30—44	0,45	0,07	C_7	48—58	0,48	0,08	C_7
45—52	0,16	0,03	C_6	62—69	0,28	0,05	C_6
55—65	1,45	0,22	C_5	73—83	1,78	0,31	C_5
77—85	1,34	0,21	C_4	92—105	1,47	0,25	C_4
89—98	8,95	1,37	C_3	108—125	6,80	1,17	C_3
Vers. 3a (Säule D; entspr. 18,7 mg)				Vers. 3b (Säule D; entspr. 15,2 mg)			
4—25	2,54	0,20	C_9+C_8	4—30	1,65	0,16	C_9+C_8
29—49	0,68	0,05	C_7	33—42	0,52	0,05	C_7
51—61	0,49	0,04	C_6	44—55	0,24	0,02	C_6
67—81	2,33	0,19	C_5	57—72	2,04	0,20	C_5
89—103	3,01	0,24	C_4	80—91	2,42	0,24	C_4
105—115	13,55	1,09	C_3	94—110	15,12	1,49	C_3
Vers. 4a (Säule D; entspr. 12,7 mg)				Vers. 4b (Säule D; entspr. 25,4 mg)			
4—18	1,75	0,20	C_9+C_8	4—28	3,83	0,24	C_9+C_8
23—33	0,26	0,03	C_7	29—39	0,54	0,03	C_7
36—48	1,52	0,18	C_6	47—65	2,28	0,14	C_6
49—60	1,77	0,21	C_5	66—83	3,48	0,21	C_5
67—79	1,78	0,21	C_4	94—111	3,67	0,22	C_4
85—96	10,55	1,25	C_3	120—134	21,16	1,25	C_3
Vers. 5a (BTW-Säule; entspr. 14,0 mg)				Vers. 5b (BTW-Säule; entspr. 11,5 mg)			
18—28	1,06	0,11	C_9	15—24	0,77	0,10	C_9
34—44	0,40	0,04	C_8	28—39	0,29	0,04	C_8
48—60	0,84	0,09	C_7	40—61	1,29	0,17	C_7+C_6
61—74	0,72	0,08	C_6				
75—91	2,94	0,32	C_5	64—85	2,24	0,30	C_5
96—109	1,51	0,16	C_4	86—105	1,32	0,17	C_4
112—134	6,47	0,69	C_3	106—131	6,45	0,85	C_3

Aktivität der in ultradünner Schicht vorliegenden Dicarbonsäuren im fensterlosen Methan-Durchflußzähler FH 407 und dem Strahlungsmeßgerät FH 49 (Friesecke & Höpfner) gemessen. Die absolute Zählausbeute dieser Meßanordnung von 52,8% (ermittelt mit Hilfe eines Standardpräparates) entspricht der des Scintillationszählers (vgl. unter A); die in beiden Zählgeräten gemessenen Aktivitäten sind also direkt vergleichbar. Die Ergebnisse der Aktivitätsmessung sind in Tab. 1 zusammengestellt.

2. Reduktiver Ozonidabbau der hochungesättigten Fettsäuren

Nach dem von Klenk und Kremer[13] beschriebenen Verfahren wurden etwa 50 mg der hochungesättigten Fettsäuren in Eisessig/Methylacetat ozonisiert und hydrierend gespalten. Die Abbaualdehyde wurden in die 2.4-Dinitro-phenylhydrazone (DNPH) übergeführt und mit Hilfe der Nitromethansäule chromatographisch getrennt (Nitromethan auf Kieselgel als stationäre und Petroläther als mobile Phase). Identifiziert wurden die DNPH durch Bestimmung der relativen Laufstrecken der einzelnen DNPH-Bänder, bezogen auf das DNPH des Hexanals (R_H-Werte). Zur quantitativen Bestimmung wurde die Extinktion der DNPH in Benzol bei 366 mμ gemessen. Die Berechnung der Zusammensetzung des Aldehyd-Gemischs erfolgte in Mol/Mol Polyensäuren (Mittleres Mol.-Gewicht = 300). Das Ergebnis ist in Tab. 2 und 8 dargestellt.

Tab. 8. Ergebnis des reduktiven Ozonidabbaus der hochungesättigten Fettsäuren. Angaben in μg Dinitrophenylhydrazon der Abbaualdehyde bzw. in Klammern Mol/Mol Polyensäure.

Vers. Nr.	mg Subst.	C_9	C_7	C_6	C_3
1	4,7	504 (0,10)	260 (0,06)	270 (0,06)	1450 (0,39)
2	4,2	518 (0,12)	626 (0,15)	276 (0,07)	1378 (0,42)
3	3,2	184 (0,05)	170 (0,06)	96 (0,03)	444 (0,18)
4	5,1	354 (0,06)	456 (0,09)	184 (0,03)	1121 (0,28)
5	5,3	650 (0,11)	781 (0,15)	1293 (0,26)	122 (0,03)

Zur Radioaktivitätsmessung wurden die DNPH der Abbaualdehyde in Benzol gelöst, auf Kupferplättchen aufgetragen und im fensterlosen Methan-Durchflußzähler gemessen.

Zusammenfassung

Bei Versuchen über den Polyensäurestoffwechsel der Rattenleber wurden folgende Übergänge festgestellt:

1. $\Delta^{6.9.12.15}$-Octadecatetraensäure-[2-^{14}C] → $\Delta^{5.8.11.14.17}$-Eicosapentaensäure
2. $\Delta^{11.14.17}$-Eicosatriensäure-[2-^{14}C] → $\Delta^{5.8.11.14.17}$-Eicosapentaensäure
3. $\Delta^{8.11.14.17}$-Eicosatetraensäure-[2-^{14}C] → $\Delta^{5.8.11.14.17}$-Eicosapentaensäure
4. $\Delta^{7.10.13.16.19}$-Docosapentaensäure-[2-^{14}C] → $\Delta^{4.7.10.13.16.19}$-Docosahexaensäure
5. $\Delta^{11.14}$-Eicosadiensäure-[3-^{14}C] → $\Delta^{5.8.11.14}$-Eicosatetraensäure.

Die Synthese der als Ausgangsprodukte benötigten ^{14}C-markierten Polyensäuren wird beschrieben.

Summary

In experiments on the polyenoic acid metabolism of rat liver, the following conversions have been demonstrated:

1. [2-^{14}C] $\Delta^{6.9.12.15}$-octadecatetraenoic acid → $\Delta^{5.8.11.16.17}$-eicosapentaenoic acid
2. [2-^{14}C] $\Delta^{11.14.17}$-eicosatrienoic acid → $\Delta^{5.8.11.14.17}$-eicosapentaenoic acid
3. [2-^{14}C] $\Delta^{8.11.14.17}$-eicosatetraenoic acid → $\Delta^{5.8.11.14.17}$-eicosapentaenoic acid
4. [2-^{14}C] $\Delta^{7.10.13.16.19}$-docosapentaenoic acid → $\Delta^{4.7.10.13.16.19}$-docosahexaenoic acid
5. [3-^{14}C] $\Delta^{11.14}$-eicosadienoic acid → $\Delta^{5.8.11.14}$-eicosatetraenoic acid.

The syntheses of the ^{14}C-labelled polyenoic acids, which were used as substrates, is described.

Prof. Dr. E. Klenk, Physiologisch-Chemisches Institut der Universität, Köln-Lindenthal, Joseph-Stelzmann-Straße 52.

Über die C_{20}- und C_{22}-Polyensäuren der Glycerinphosphatide von Rindernebennieren

Von

E. Klenk und **D. Eberhagen**

Aus dem Physiologisch-Chemischen Institut der Universität Köln

(Der Schriftleitung zugegangen am 3. Oktober 1960)

Unter den Fettsäuren der Gehirn- und Leberphosphatide fanden sich fast ausschließlich Polyensäuren vom Linol- und Linolensäuretyp. Bei fettfrei ernährten Ratten ist jedoch in den Leberlipoiden bzw. Leberphosphatiden eine Anreicherung von Polyensäuren anderen Typs ($\Delta^{5,8,11}$-Eicosatriensäure, $\Delta^{4,7,10,13}$-Eicosatetraensäure) zu beobachten[1]. In Anbetracht dieser Variabilität der Verhältnisse schien es von Wichtigkeit, auch bei anderen Organen die Natur der Polyensäuren genauer kennenzulernen, um so mehr als auch gewisse organspezifische Unterschiede in Betracht zu ziehen sind.

Als Untersuchungsmaterial wurden Nebennierenphosphatide ausgewählt, weil von ihnen bekannt ist, daß sie ebenso wie die Gehirn- und Leberphosphatide Polyensäuren in reichlichen Mengen enthalten. Schon Riemenschneider und Mitarbeiter[2] haben aus Nebennierenphosphatiden außer Arachidonsäure noch eine C_{20}- und eine C_{22}-Pentaensäure gewonnen, deren Konstitution allerdings nicht ermittelt wurde.

Zur Trennung des Polyensäuregemisches in die einzelnen Komponenten und zur Konstitutionsermittlung der isolierten Substanzen bedienten wir uns der altbewährten Methoden[1]. Für analytische Zwecke und zur Prüfung auf Reinheit hat uns die gaschromatographische Methode, die nach James und Webb[3] auch auf dem Gebiet der Polyensäuren angewendet werden kann, gute Dienste geleistet.

Wie die durch gaschromatographische Analyse ermittelte Zusammensetzung des Fettsäuregemisches der Nebennierenphosphatide (Tab. 1) zeigt, sind außer der in großen Mengen vorkommenden C_{20}-Tetraensäure nur noch kleinere Mengen von anderen C_{20}- und C_{22}-Polyensäuren vorhanden.

---

[1] Literaturzusammenstellung s. E. Klenk u. K. Oette, diese Z. **318**, 86 [1960].

[2] R. W. Riemenschneider, S. F. Herb u. P. I. Nichols jr., J. Amer. Oil Chemists Soc. **26**, 371 [1949]; S. F. Herb, R. W. Riemenschneider u. J. Donaldson, ebenda **28**, 55 [1951]; S. F. Herb, L. P. Wittnauer u. R. W. Riemenschneider, ebenda **28**, 505 [1951].

[3] A. T. James u. I. P. W. Webb in H. M. Sinclair, Essential Fatty Acids, S. 3, Butterworths Scientific Publ., London 1958.

Tab. 1. Zusammensetzung der Phosphatidfettsäuren von Rindernebennieren in % der Gesamtfettsäuren.

	C_{12}	C_{14}	C_{15}	C_{16}	C_{17}	C_{18}	C_{19}	C_{20}	C_{22}	C_{23}	C_{24}
gesättigt	Spur	Spur	Spur	15,5	1,5	19,5	Spur	Spur	Spur	Spur	Spur
Monoens.				1,0		22,5		Spur			Spur
Diens.						9,0		1,0			
Triens.						Spur		1,5			
Tetraens.						Spur		19,0	1,0		
Pentaens.								2,0	1,5		

Mit Ausnahme der C_{20}-Diensäure konnten alle diese Polyensäuren isoliert und identifiziert werden, wobei sich Isomerengemische allerdings nicht mehr in die Komponenten zerlegen ließen.

Es wurde das Vorkommen folgender Polyensäuren festgestellt:

$\Delta^{5.8.11}$- und $\Delta^{8.11.14}$-Eicosatriensäure
$\Delta^{5.8.11.14}$-Eicosatetraensäure (Arachidonsäure)
$\Delta^{5.8.11.14\ 17}$-Eicosapentaensäure
$\Delta^{7.10.13.16}$-Docosatetraensäure
$\Delta^{7.10.13.16.19}$-Docosapentaensäure.

Von der Eicosatetraensäure konnte ein Präparat hohen Reinheitsgrades gewonnen werden. Unter den Abbaudicarbonsäuren fanden sich außer Malon- und Glutarsäure nur noch kleine Mengen Bernsteinsäure (0,08 Mol pro Mol Polyensäure). Die Menge ist zu klein, um daraus noch mit Sicherheit auf die Anwesenheit der oben erwähnten Isomeren vom Palmitoleinsäuretyp ($\Delta^{4.7.10.13}$-Eicosatetraensäure) schließen zu können. Jedoch muß die Anwesenheit von $\Delta^{5.8.11}$-Eicosatriensäure (Ölsäuretyp), deren Vorkommen auch in den Phosphatiden des Gehirns[4] und der Rinderleber[5] nachgewiesen wurde, als gesichert gelten. Es handelt sich aber um sehr kleine Mengen. Vorherrschend sind auch hier die Polyensäuren vom Linol- und Linolensäuretyp.

Die Untersuchung wurde durch Mittel der Deutschen Forschungsgemeinschaft und des Verbandes der Chemischen Industrie, Fonds der Chemischen Industrie, unterstützt.

Beschreibung der Versuche

Bestimmung der Zusammensetzung der Phosphatidfettsäuren

Die Fettsäuren der aus schlachtfrischen Nebennieren vom Rinde gewonnenen Phosphatide (3,8% P) wurden durch Tiefkühlkristallisation aus Acetonlösung (10—15proz.) bei 0°, —20°, —40° und —70° in 5 Fraktionen zerlegt, wobei die letzte Fraktion die bei —70° in Lösung gebliebenen Anteile enthielt. Von jeder dieser Fraktionen wurde eine gaschromatographische Analyse ausgeführt und daraus die Zusammensetzung der Gesamtfettsäuren errechnet (Tab. 1). Die Berechnung erfolgte unter der Annahme, daß der Flächeninhalt der einzelnen Maxima

[4] E. Klenk u. F. Lindlar, diese Z. **301**, 156 [1955].
[5] E. Klenk u. W. Montag, Liebigs Ann. Chem. **604**, 4 [1957].

des Chromatogramms proportional zur Menge der betreffenden Komponenten des Fettsäuregemisches ist. Abb. 1 zeigt das Chromatogramm der bei —70° in Lösung gebliebenen Fraktion (46% der Gesamtfettsäuren), welche praktisch die Gesamtmenge der Polyensäuren enthielt.

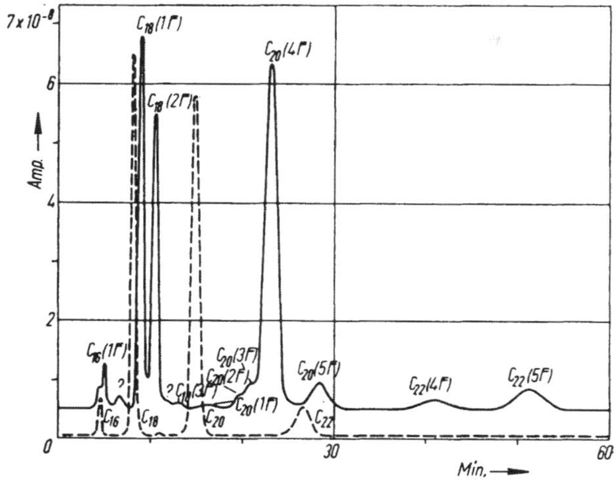

Abb. 1. Gaschromatographische Trennung der nativen (———) und der hydrierten (- - - - - -) hochungesättigten Fettsäuren. Stationäre Phase: 20% Reoplex 400 auf Celite. Säulentemperatur: 200°.

Trennung der Polyensäurefraktion in die Komponenten

Für die präparative Darstellung der Polyensäuren stand ein Rohlipoidextrakt aus Rindernebennieren zur Verfügung, der uns von der Firma Paninkret, Hamburg, freundlicherweise zur Verfügung gestellt wurde. 5 kg dieses Rohproduktes ergaben etwa 1,8 kg Phosphatide (3,75% P), aus welchen man 242 g der Fraktion der hochungesättigten Fettsäuren (Jodz. 242, UV-Spektrum vor und nach der Alkaliisomerisierung siehe Abb. 2) erhielt. Die Methylester dieser Fettsäurefraktion wurden nun in zwei Portionen mit Hilfe einer 75 cm hohen, mit Drahtnetzsätteln gefüllten Kolonne, die mit einem versilberten Vakuummantel isoliert war, im Hochvakuum bei 10^{-4} Torr fraktioniert destilliert. Abb. 3 zeigt den Verlauf der Destillation.

Der Abfall der am Kopf der Kolonne gemessenen Siedetemperatur nach der Erreichung des Maximums bei 128,5° erklärt sich dadurch, daß die Heizbadtemperatur nicht mehr gesteigert wurde, so daß die Destillationsgeschwindigkeit absank und für die Messung der Siedetemperatur nicht mehr ausreichte. Alle 15 Fraktionen gingen als leichtbewegliche Öle über und waren mit Ausnahme der beiden ersten völlig farblos. Die C_{20}-Polyensäuren fanden sich in den Fraktionen 9—13 (Jodzahl 283, UV-Spektrum s. Abb. 2). Verunreinigungen mit Polyensäuren anderer Kettenlänge waren darin nicht mehr nachweisbar. Die Hydrierung einer Probe führte zu papierchromatographisch einheitlicher n-Eicosansäure vom Schmp. 74,5—75,5°.

Zur Gewinnung der C_{22}-Polyensäuren wurden die beiden vereinigten Destillationsrückstände in Petroläther aufgenommen und die Lösung durch eine dünne Kieselgelschicht filtriert, wobei der braune Farbstoff entfernt wurde. Nach Entfernung des Lösungsmittels destillierte man den Rückstand unter Verwendung einer

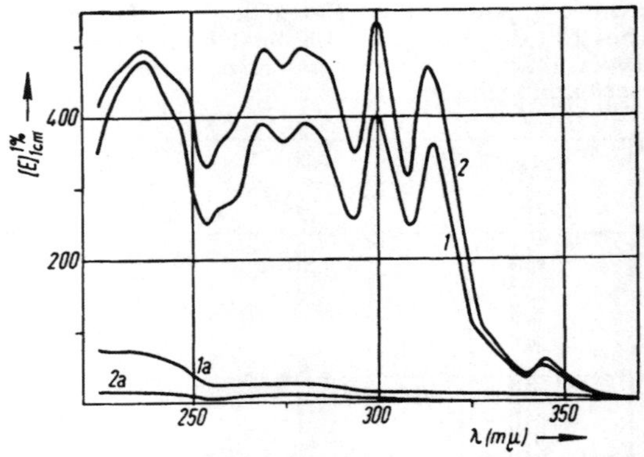

Abb. 2. UV-Spektren der hochungesättigten Fettsäuren (Kurve 1) und des C_{20}-Polyensäuregemisches (Destillationsfraktion 11, Kurve 2) vor (a) und nach der Alkaliisomerisierung.

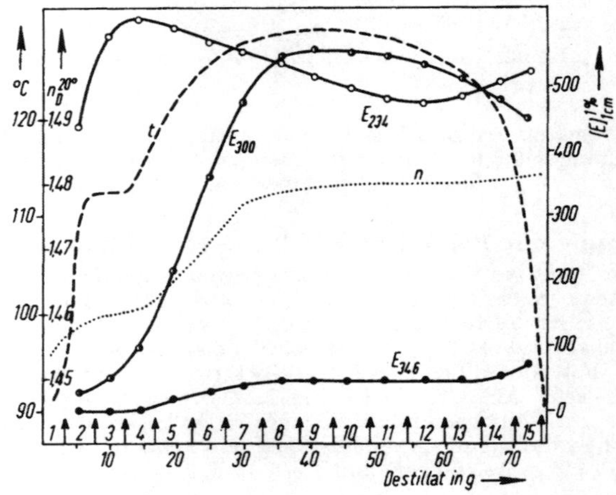

Abb. 3. Verlauf der Hochvakuumdestillation. t = Temperatur am Kolonnenkopf; n = Brechungsindex; E = Extinktion bei 234, 300 bzw. 346 mμ.

Ringspaltkolonne nach Jantzen[6] im Hochvakuum bei 10^{-4} Torr. Es wurden noch vier weitere Fraktionen (16—19) von insgesamt 17 g Ester als leicht bewegliche, jedoch schwach gelb gefärbte Öle erhalten. Die Fraktionen 18 und 19 (10 g) enthielten praktisch nur C_{22}-Polyensäuren (Frakt. 18: Jodzahl 267, UV-Spektren s. Abb. 4). Die Hydrierung einer Probe führte zu papierchromatographisch einheitlicher n-Docosansäure vom Schmp. 78,8—79,6°.

Auf Grund der gaschromatographischen Untersuchung (Abb. 5) bestand die Substanz im wesentlichen aus zwei Komponenten, jedoch zeigte sich in den absteigenden Ästen der beiden Maxima eine typische Schulter, die auf die Gegenwart

[6] E. Jantzen u. O. Wieckhorst, Chemie-Ing.-Techn. 1954, 392.

von trans-Isomeren hinweisen dürfte. Die letzteren sind wahrscheinlich Kunstprodukte, die bei der Destillation durch cis-trans-Umlagerung entstanden.

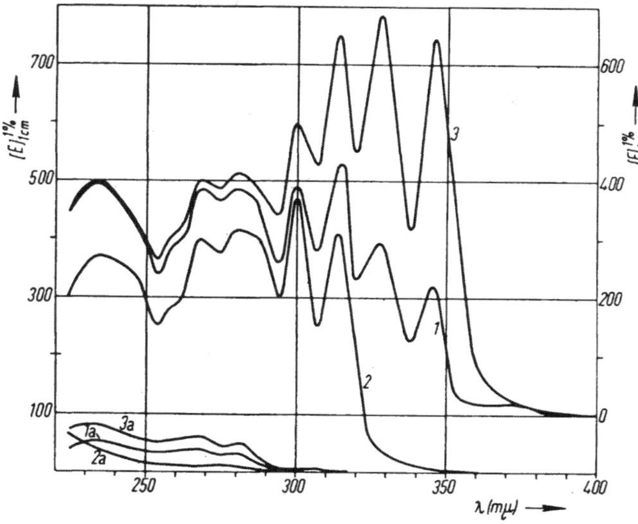

Abb. 4. UV-Spektren des C_{22}-Polyensäuregemisches (1), der C_{22}-Tetraensäure (2) und der C_{22}-Pentaensäure (3) vor (a) und nach der Alkaliisomerisierung. Die Kurven 1 und 3 sind um 100 spezif. Einheiten angehoben.

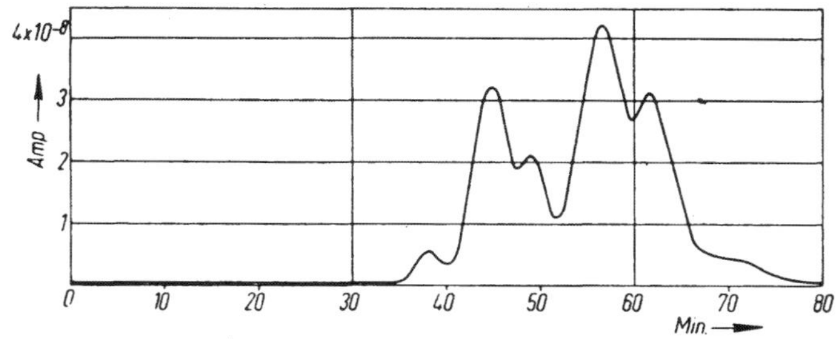

Abb. 5. Gaschromatographische Trennung des C_{22}-Polyensäuregemisches. Stationäre Phase: 20% Reoplex 400 auf Celite. Säulentemperatur: 200°.

Die beiden herausfraktionierten Polyensäuregemische wurden anschließend durch Gegenstromverteilung nach dem Verfahren von Ahrens und Craig[7] mit Hilfe einer 500stufigen Apparatur in die einzelnen Komponenten zerlegt. Eingesetzt wurden 4,1 g Eicosapolyensäuren von Frakt. 11 und 3,1 g Docosapolyensäuren von Frakt. 18. Das Ergebnis der Trennung ist aus Abb. 6 ersichtlich. Die entnommene C_{20}-Triensäurefraktion (1420—1530 von Abb. 6a) enthielt auf Grund des UV-Spektrums der alkaliisomerisierten Substanz (Abb. 7) noch kleinere Mengen Tetraensäure, die auf säulenchromatographischem Wege[8] vollständig abgetrennt werden

[7] E. H. Ahrens, jr., u. L. C. Craig, J. biol. Chemistry **195**, 229 [1952].
[8] W. Kapitel, Fette u. Seifen **58**, 91 [1956].

konnte. Im übrigen zeigen die UV-Spektren der alkaliisomerisierten Substanzen (Abb. 7 und Abb. 4), daß eine vollständige Trennung der Polyensäuren verschiedener Ungesättigtheit erreicht wurde. Weitere Daten zur Charakterisierung der Polyensäuren sind in Tab. 2 zusammengestellt.

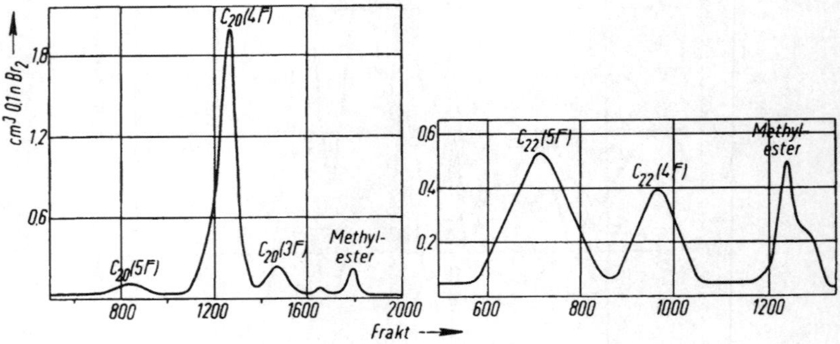

Abb. 6a Abb. 6b

Abb. 6. Verteilungskurve der C_{20}-Polyenfettsäuren (a) und der C_{22}-Polyenfettsäuren (b).

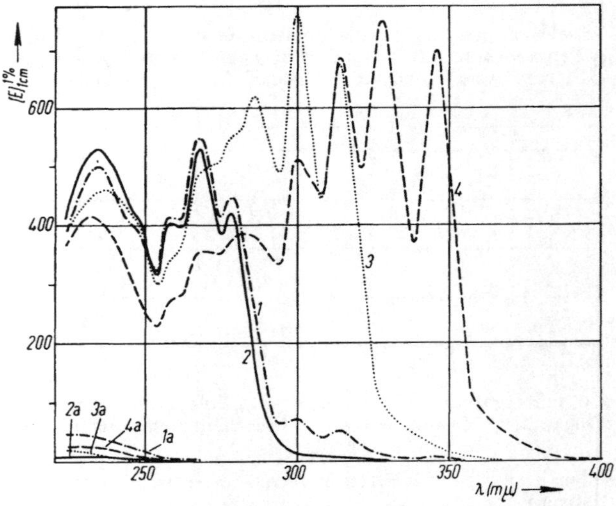

Abb. 7. UV-Spektren der C_{20}-Triensäure vor (1) und nach (2) der säulenchromatographischen Reinigung, der C_{20}-Tetraensäure (3) und der C_{20}-Pentaensäure (4). a: Vor der Alkaliisomerisierung.

Bei der gaschromatographischen Prüfung (Abb. 8) der isolierten Polyensäuren ergab sich, wenn man von kleineren Verunreinigungen der C_{20}-Triensäure absieht, insofern ein anomales Verhalten, als teils im aufsteigenden (C_{20}-Triensäure), teils in den absteigenden Kurvenästen eine mehr oder minder stark ausgeprägte Schulter zu bemerken ist.

Tab. 2. Charakterisierung der Polyensäuren.

	Frakt. Nr.	Jodz.	hydrierte Säuren† Schmp. [°C]	Gaschromatogr. Analyse
C_{20}-Polyensäuren*				
Triensäure	1420—1530	224	74,7—75,5	C_{20} (C_{20} + Spur C_{18})
Tetraensäure	1160—1270	308	75,0—75,8	C_{20} (C_{20})
Pentaensäure	760— 870	—	74,7—75,5	C_{20} (C_{20} + Spur C_{16} u. C_{18})
C_{22}-Polyensäuren**				
Tetraensäure	925—1020	256	80,1—80,9	C_{22} (C_{22} + Spur C_{18} u. C_{20})
Pentaensäure	620— 730	336	80,2—80,6	C_{22} (C_{22} + Spur C_{18} u. C_{20})

* Vgl. Abb. 6a. ** Vgl. Abb. 6b.
† aus Aceton bei —20° umkrist. Die eingeklammerten Angaben beziehen sich auf die Mutterlauge des umkristallisierten Anteils. Die Menge der in der Mutterlauge verbliebenen Substanz betrug $^1/_{10}$ bis $^1/_{30}$ des auskristallisierten Anteils.

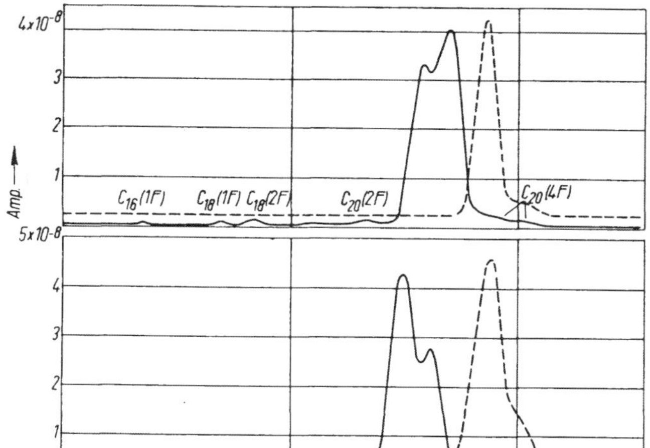

Abb. 8. Gaschromatographische Reinheitsprüfung. Oben: C_{20}-Triensäure (———) und C_{20}-Tetraensäure (- - - - - -). Unten: C_{22}-Tetraensäure (———) und C_{22}-Pentaensäure(- - - -). Stationäre Phase: 20% Reoplex 400 auf Celite. Säulentemperatur: 200°.

Ein Vergleich mit den Infrarotspektren der C_{20}-Tetraensäure und der beiden C_{22}-Polyensäuren (Abb. 9) läßt darauf schließen, daß dieses anomale Verhalten auf die Gegenwart von trans-Isomeren zurückzuführen ist. Das für Transverbindungen charakteristische Absorptionsmaximum bei 10,3 μ ist bei der C_{22}-Tetraensäure, wo sich die Schulter am deutlichsten zeigt, auch am stärksten ausgeprägt, während bei der C_{20}-Tetraensäure die Schulter im Gaschromatogramm und das Maximum bei 10,3 μ im Infrarotspektrum nur noch andeutungsweise zu erkennen ist.

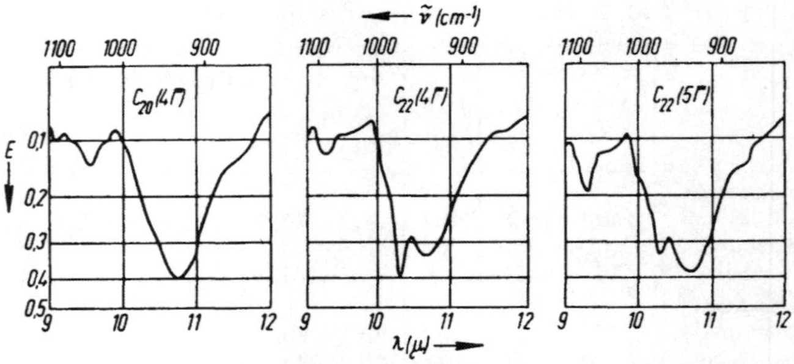

Abb. 9. IR-Spektren der C_{20}-Tetraensäure, C_{22}-Tetraensäure und der C_{22}-Pentaensäure als flüssiger Film.

Die oxydative Ozonidspaltung

Zur Konstitutionsaufklärung wurden die isolierten Säuren und ihre Methylester in der üblichen Weise durch oxydative Ozonidspaltung abgebaut und die Abbaudicarbonsäuren chromatographisch bestimmt. Das Ergebnis ist in Tab. 3 zusammengestellt.

Tab. 3. Abbaudicarbonsäuren der Polyensäuren. Ausbeute in Mol pro Mol Polyensäuren.

Säure	Korksäure (C_8)	Pimelinsäure (C_7)	Adipinsäure (C_6)	Glutarsäure (C_5)	Bernsteinsäure (C_4)	Malonsäure (C_3)
C_{20}-Triens.	0,36		0,06	0,61	0,06[a]	1,01
C_{20}-Tetraens.				0,78[b]	0,08	1,80
C_{20}-Pentaens.				0,75	0,11	2,13
C_{22}-Tetraens.		0,83[c]	0,14[d]		0,07	1,61
C_{22}-Pentaens.	0,04	0,52	0,25[e]		0,11	2,05

a) enthält noch Malonsäure — b) enthält noch ~ 0,02 Mol Malonsäure — c) enthält noch ~ 0,1 Mol Korksäure — d) enthält noch etwas Pimelinsäure — e) enthält noch ~ 0,1 Mol Pimelinsäure.

Jede der erhaltenen Abbausäuren war papierchromatographisch rein, soweit nichts anderes vermerkt.

Beim Abbau der Methylester wurden folgende Ausbeuten an Malonsäure erhalten: C_{20}-Triensäure 0,98 Mol, C_{20}-Tetraensäure 1,59 Mol, C_{20}-Pentaensäure 1,89 Mol, C_{22}-Tetraensäure 1,48 Mol und C_{22}-Pentaensäure 1,78 Mol pro Mol Polyensäure. Das Vorhandensein von Korksäure unter den Abbaudicarbonsäuren der C_{20}-Triensäure wurde auch durch gaschromatographische Analyse festgestellt. Höhere Dicarbonsäuren fehlten.

Zusammenfassung

Die Zusammensetzung der Gesamtfettsäuren der Glycerinphosphatide von Rindernebennieren wurde durch gaschromatographische Analyse bestimmt. Das Polyensäuregemisch wurde in die Komponenten zerlegt und von den isolierten Substanzen durch oxydativen Ozonidabbau die Konstitution ermittelt. Es konnte das Vorkommen folgender Polyensäuren festgestellt werden: $\Delta^{5.8.11}$- und $\Delta^{8.11.14}$-Eicosatriensäure, $\Delta^{5.8.11.14}$-Eicosatetraensäure (Arachidonsäure), $\Delta^{5.8.11.14.17}$-Eicosapentaensäure, $\Delta^{7.10.13.16}$-Docosatetraensäure und $\Delta^{7.10.13.16.19}$-Docosapentaensäure.

Summary

The total fatty acids of the glycerophosphatides of bovine adrenals have been determined by gas chromatography. The polyenoic acid mixture was separated into its components, and the constitution of each component determined by ozonolysis. The following polyenoic acids were found: $\Delta^{5,8,11}$- and $\Delta^{8,11,14}$-eicosatrienoic acid, $\Delta^{5,8,11,14}$-eicosatetraenoic acid (arachidonic acid), $\Delta^{5,8,11,14,17}$-eicosapentaenoic acid, $\Delta^{7,10,13,16}$-docosatetraenoic acid, and $\Delta^{7,10,13,16,19}$-docosapentaenoic acid.

Professor Dr. Ernst Klenk, Physiologisch-Chemisches Institut der Universität Köln, Köln-Lindenthal, Joseph-Stelzmann-Straße 52.

Zur Kenntnis des Stoffwechsels der Polyenfettsäuren

Von

E. Klenk, K. Oette, Jutta Köhler u. H. Schöll

Aus dem Physiologisch-Chemischen Institut der Universität Köln

(Der Schriftleitung zugegangen am 9. Januar 1961)

Die Natur der in die Leberphosphatide der Ratte eingebauten C_{20}- und C_{22}-Polyensäuren ist, wie gezeigt werden konnte[1], stark abhängig von dem Linol- und Linolensäuregehalten der Nahrung. Wir haben nun unsere Versuche in dieser Richtung fortgesetzt und anstelle von Linol- und Linolensäure andere Polyensäuren an fettfrei ernährte Ratten verfüttert. Zur Verabreichung kam 1. ein Gemisch von C_{16}-Di- und -Triensäuren (hauptsächlich $\Delta^{9.12}$-Hexadecadiensäure und $\Delta^{6.9.12}$-Hexadecatriensäure), 2. eine C_{16}-Tetraensäurefraktion (70—80% $\Delta^{6.9.12.15}$- und 20—30% $\Delta^{4.7.10.13}$-Hexadecatetraensäure), 3. $\Delta^{6.9.12.15}$-Octadecatetraensäure und 4. $\Delta^{5.8.11.14.17}$-Eicosapentaensäure. Von jeder der 4 Versuchsgruppen wurde die Zusammensetzung der Polyensäurefraktion der Leberphosphatide durch gaschromatographische Analyse bestimmt. Das Ergebnis ist in Tab. 1 zusammengestellt, in welche zum Vergleich auch die entsprechenden Werte von fettfrei ernährten Tieren aufgenommen sind. Rechnet man die für die C_{20}- und C_{22}-Polyensäuren erhaltenen Werte auf die Gesamtfettsäuren um, so ergeben sich die in Klammern gesetzten Zahlen. Der Gehalt der Gesamtfettsäuren an C_{20}- und C_{22}-Polyensäuren liegt demnach, unabhängig von den bei den einzelnen Komponenten unter den verschiedenen Versuchsbedingungen sehr stark schwankenden Werten, zwischen 23 und 30%.

Wie aus der Tabelle hervorgeht, hat die Verfütterung der C_{16}-Polyensäuren offensichtlich keinen oder einen nur sehr geringen Einfluß auf die Zusammensetzung der Polyensäurefraktion. Wenn man von dem Auftreten kleiner Mengen C_{18}-Tetraensäure in Versuch II absieht, so stimmen die erhaltenen Werte mit den entsprechenden der fettfrei ernährten Tiere überein. Die verabreichten C_{16}-Polyensäuren werden demnach weder als solche in die Leberphosphatide eingebaut, noch nennenswerte Mengen derselben in die C_{20}- und C_{22}-Polyensäuren übergeführt. Im Gegensatz dazu bewirkt jedoch die Verabreichung der C_{18}-Tetraensäure ebenso wie die der Linolensäure eine starke Anreicherung von C_{20}-Pentaensäure und von C_{22}-Hexaensäure. Die beiden letzten Säuren finden sich in reichlichen Mengen auch nach Verabreichung der C_{20}-Pentaensäure. Aus den Versuchsergebnissen ist zu schließen, daß die

[1] E. Klenk u. K. Oette, diese Z. **318**, 86 [1960].

Tab. 1. Zusammensetzung der Polyenfettsäurefraktion der Leberphosphatide von fettfrei ernährten Ratten mit und ohne Zulage von Polyenfettsäuren in %*.

	I Grunddiät u. C_{16}-Di- u. -Triensäure	II Grunddiät u. C_{16}-Tetraensäure	III Grunddiät u. C_{18}-Tetraensäure	IV Grunddiät u. C_{20}-Pentaensäure	V** fettfreie Grunddiät
C_{16} 0 F	1,5	3,9		1,1	
1 F	9,5	9,5	6,3	5,5	
2 F	0,4	—			
3 F	Spur				
C_{18} 0 F					
1 F	44,5	42,7	27	10,9	
2 F	3,7	2,6	6,6	2,9	
3 F	2,4			Spur	
4 F		1,1			
C_{20} 3 F	23,9 (14,5)	24,8 (14,4)	14,4 (6,7)	10,1 (3,8)	28 (18,1)
4 F	9,5 (5,8)	9,4 (5,5)	13,7 (6,4)	9,2 (3,5)	15 (9,7)
5 F	1,1 (0,7)	1,1 (0,6)	10,7 (5,0)	22,4 (8,5)	Spur
C_{22} 3 F					0,5 (0,3)
4 F					1,5 (1,0)
5 F			1,9 (0,9)	4,0 (1,5)	
6 F	3,4 (2,1)	4,9 (2,8)	19,4 (9,0)	34,0 (12,9)	2,5 (1,6)

* der Gehalt in % der Gesamtfettsäuren ist in Klammern gesetzt.
** siehe l. c.[1].

$\Delta^{6.9.12.15}$-Octadecatetraensäure und die $\Delta^{5.8.11.14.17}$-Eicosapentaensäure entsprechend dem früher aufgestellten Reaktionsschema[2] Zwischenprodukte beim Übergang von Linolensäure in die $\Delta^{4.7.10.13.16.19}$-Docosahexaensäure sind.

In den Versuchsgruppen III und IV wurde die eintretende Kettenverlängerung zusätzlich noch dadurch festgestellt, daß man kurz vor Abschluß des langfristigen Fütterungsversuchs ^{14}C-Acetat verabreichte und die Aktivität der Abbaudicarbonsäuren der Polyensäurefraktion feststellte. Das Ergebnis dieser Versuche ist in Tab. 2 zusammengestellt. Daraus ergibt sich, daß ebenso wie bei allen unseren vorausgegangenen Versuchen dieser Art[3] die aus der Mitte der Kohlenstoffkette der Polyensäuren herausgespaltene Malonsäure nur geringe Aktivität besitzt. Die Aktivität der höheren Dicarbonsäuren wie Glutarsäure und Bernsteinsäure, von welchen die eine aus dem Carboxylende der C_{20}-Polyensäuren, die andere im wesentlichen aus dem der C_{22}-Hexaensäure stammt, übertrifft die Aktivität der Malonsäure dagegen um das 10—20fache. Die Aktivität der Glutarsäure im Ansatz IV erklärt sich dadurch, daß nahezu die Hälfte dieser Dicarbonsäure aus den C_{20}-Tri- und -Tetraensäuren stammt, die sich nicht von der verfütterten C_{20}-Pentaensäure herleiten.

---

[2] E. Klenk u. H. Mohrhauer, diese Z. **320**, 218 [1960].
[3] E. Klenk, Naturwissenschaften **41**, 68 [1954]; diese Z. **302**, 268 [1955]; E. Klenk u. G. Kremer, ebenda **320**, 111 [1960].

Tab. 2. Zusammensetzung des Abbaudicarbonsäuregemischs der Polyensäurefraktionen und die Aktivität der isolierten Abbausäuren (Menge in Mol pro Mol Polyensäure; Aktivität in Imp. · mg^{-1} · $Min.^{-1}$).

	III		IV	
	Menge	spezif. Aktivität	Menge	spezif. Aktivität
Azelainsäure	0,30	3910	0,21	7240
Korksäure			0,07	7630
Pimelinsäure	0,06	7700	0,04	9660
Adipinsäure	0,02		0,09	7300
Glutarsäure	0,35	8480	0,25	2570
Bernsteinsäure	0,26	4075	0,32	2205
Malonsäure.	1,35	345	1,77	238

Wie bereits erwähnt, unterscheiden sich nach den vorliegenden Befunden die C_{16}-Polyensäuren in ihrem Verhalten sehr wesentlich von dem der C_{18}-Polyensäuren. Die Beantwortung der Frage, ob dies darauf zurückzuführen ist, daß sie in der Hauptsache nicht dem Linol- oder Linolensäuretyp angehören oder ob hier die Kettenlänge eine ausschlaggebende Rolle spielt, muß weiteren Untersuchungen vorbehalten bleiben.

Die Untersuchungen wurden durch Mittel der Deutschen Forschungsgemeinschaft und des Verbands der chemischen Industrie, Fonds der Chemie, unterstützt.

Beschreibung der Versuche

Charakterisierung der verfütterten Polyenfettsäuren

Die verabreichten Polyensäuren wurden aus Heringsöl gewonnen. Die C_{16}-Säuren entsprachen in ihrer Zusammensetzung den früher[4] isolierten Substanzen, und zwar bestand die Diensäurefraktion hauptsächlich aus $\Delta^{9.12}$-Hexadecadiensäure, die Triensäurefraktion aus $\Delta^{6.9.12}$-Hexadecatriensäure und die Tetraensäurefraktion aus 70—80% $\Delta^{6.9.12.15}$- und 20—30% $\Delta^{4.7.10.13}$-Hexadecatetraensäure. Da die Di- und Triensäuren nicht in ausreichenden Mengen zur Verfügung standen, um ihr Verhalten in 2 getrennten Ansätzen prüfen zu können, wurden die Substanzen vereinigt (Mischungsverhältnis 3 : 2).

Der Reinheitsgrad der verwendeten C_{18}-Tetraensäure (A) und der C_{20}-Pentaensäure (B) ergibt sich aus den Gaschromatogrammen der Äthylester (Abb. 1).

Die C_{18}-Tetraensäure ist demnach noch mit etwas (3,8%) C_{20}-Pentaensäure, die C_{20}-Pentaensäure mit einer Spur (<1%) C_{20}-Monoensäure verunreinigt. Wie bereits festgestellt, handelt es sich bei A um $\Delta^{6.9.12.15}$-Octadecatetraensäure[5], bei B um $\Delta^{5.8.11.14.17}$-Eicosapentaensäure[6]. Während bei dem früher dargestellten C_{20}-Pentaensäurepräparat infolge des Vorhandenseins von *trans*-Isomeren im Gaschromatogramm sich eine deutlich ausgeprägte Schulter im absteigenden Ast der Kurve zeigte, fehlt diese Schulter im vorliegenden Fall. Die bei der Isolierung der Substanz zu beobachtende *cis-trans*-Umlagerung konnte jetzt dadurch verhindert werden, daß die fraktionierte Hochvakuumdestillation der Methylester mit Hilfe

[4] E. Klenk u. H. Steinbach, diese Z. **316**, 31 [1959].
[5] E. Klenk u. H. Brockerhoff, diese Z. **307**, 272 [1957].
[6] E. Klenk u. L. Brucker-Voigt, diese Z. **324**, 1 [1961].

einer Ringspaltkolonne und nicht mit einer Füllkörperkolonne durchgeführt wurde. Abb. 2 zeigt das UV-Spektrum der mit Alkali isomerisierten Polyensäuren A und B. Im Spektrum von A zeigt sich die geringe Verunreinigung mit C_{20}-Polyensäure durch das gerade noch andeutungsweise erkennbare Maximum bei 347 mμ.

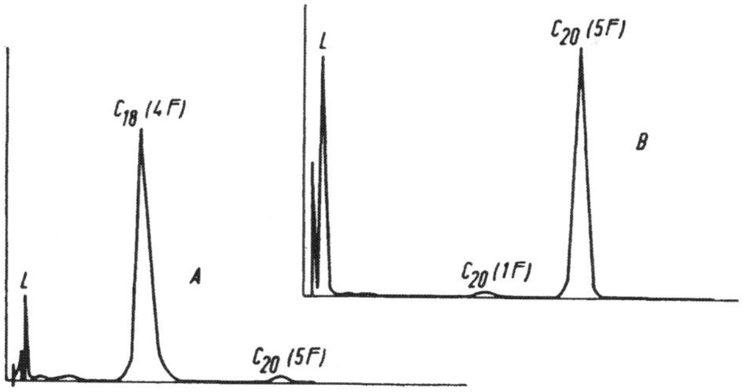

Abb. 1. Gaschromatogramm der verfütterten C_{18}-Tetraensäure- (A) und C_{20}-Pentaensäure-äthylester (B). (L = Lösungsmittel) Kolonne: ∅ 4 mm, Länge 1350 mm, Füllung Reoplex 400 auf Celite. Kolonnentemp. 197°. Trägergas: Argon.

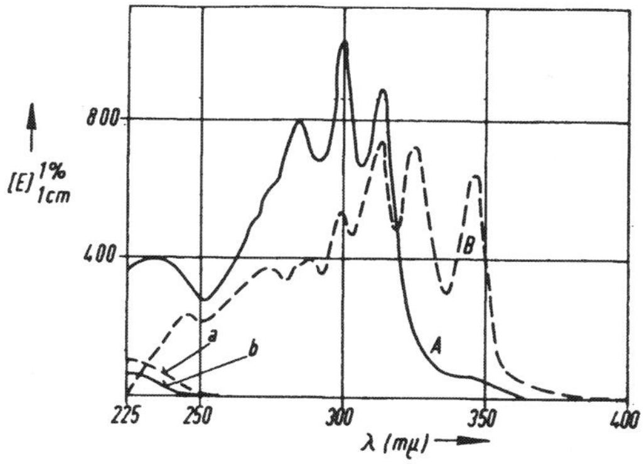

Abb. 2. UV-Spektrum der verfütterten C_{18}-Tetraensäure (A) und der C_{20}-Pentaensäure (B) nach Alkaliisomerisierung (21% KOH-Glykol, 8 Min. bei 180°) bzw. vor der Isomerisierung (a, b).

Fütterungsversuche

Die Fütterungsversuche wurden in der bereits beschriebenen Weise[1] durchgeführt. Einzelheiten sind der Tab. 3 zu entnehmen. Die für die Versuche verwendeten Ratten waren unmittelbar nach der Entwöhnung (im Alter von 3—4 Wochen) fettfrei ernährt worden.

Bei allen 4 Gruppen zeigten sich bei den Tieren die charakteristischen Fettmangelsymptome. Die Mangelerscheinungen machten sich stärker bemerkbar als bei den fettfrei ernährten Kontrolltieren. Dies war am stärksten ausgeprägt bei Gruppe IV, wo während der Dauer des Versuchs von 5 Tieren 2 eingingen und wo vor dem Abbruch desselben ein starker Abfall des Körpergewichts beobachtet wurde.

Tab. 3. Zusammenstellung der Versuchsdaten.

	I	II	III	IV
Zahl der Ratten	2	2	6	3
Alter bei Versuchsbeginn (Wochen) .	6	6	5—6	7—8
Versuchsdauer (Tage)	21	21	27	37
Menge verfütterte Polyensäure (g) . .	5,4	4,9	9	2,8
Körpergewicht (g) b. Versuchsbeginn .	~100	~100	95—104	115—135
Körpergewicht (g) b. Versuchsende . .	~150	~150	135—185	105—145

Bei Gruppe III und IV erhielt jede Ratte gegen Versuchsende 0,2 mC Acetat-[1-^{14}C] in 2 Portionen im Abstand von 4 Stdn. durch Schlundsonde verabreicht. 4 Stdn. nach Verabreichung der letzten Portion wurden die Tiere getötet und die Lebern wie früher aufgearbeitet (Tab. 4).

Tab. 4. Ergebnis der Leberaufarbeitung (Mengen in g).

	I (2 Lebern)	II (2 Lebern)	III (4 Lebern)	IV (3 Lebern)
Lebergewicht	15,0	16,7	28,2	18,2
Gesamtlipoide	1,25	1,10	1,5	1,6
Neutralfett	0,35	0,34	0,41	
Phosphatide	0,80	0,75	1,03	0,65
Fettsäureester . . .	0,36	0,34	0,53	0,36
freie Fettsäuren . . .	0,34	0,32	0,47	0,32
auskrist. Fettsäuren .	0,13	0,13	0,23	0,18
Polyensäurefraktion .	0,20	0,18	0,20	0,11

Zur Gewinnung der Polyensäurefraktionen der Leberphosphatide wurde nur bei den Gruppen I und II die Tiefkristallisation bei —40°, bei den Gruppen III und IV dagegen wegen des geringeren C_{20}-Triensäuregehaltes und des höheren Gehalts an hochungesättigten Fettsäuren bei —70° ausgeführt.

Polyensäurefraktionen

Für die gaschromatographische Analyse der Methylester der Polyensäurefraktionen wurde der Gas-Liquid-Chromatograph mit Ionisationsdetektor der Firma Barber-Colman Comp., Rockford/USA, verwendet. Die Auswertung der Chromatogramme (Abb. 3 und 4) erfolgte in der Weise, daß der Flächeninhalt der Gipfel mit Hilfe der Dreiecksmethode errechnet und die Molzahl der einzelnen Komponenten pro 100 Mol des Fettsäuregemischs proportional zum Flächeninhalt gesetzt wurde. Zur Umrechnung auf die Gesamtfettsäuren werden die so erhaltenen Zahlen bei I mit 20/33, bei II mit 18/31, bei III mit 20/43, bei IV mit 11/29 und bei V mit 95/147 multipliziert (Tab. 1). Die UV-Spektren der mit Alkali isomerisierten Polyensäurefraktionen zeigt Abb. 5.

Von den Polyensäurefraktionen der Gruppen I und II wurde noch eine reduktive Ozonidspaltung ausgeführt, um so das Vorhandensein der verfütterten Säuren oder von anderen Polyensäuren desselben Typs festzustellen. 2,5 bzw. 3,3 mg Substanz ergaben 0,795 bzw. 1,25 mg Dinitrophenylhydrazon (DNPH) von Nonanal, 0,045 bzw. 0 mg DNPH von Octanal, 0,257 bzw. 0,330 mg DNPH von Heptanal, 0,185 bzw. 0,273 mg DPNH von Hexanal und 0,082 bzw. 0 mg DNPH von Butanal. Die Menge Propanal war zu gering, um das Vorhandensein dieses Aldehyds einwandfrei nachzuweisen (Tab. 5).

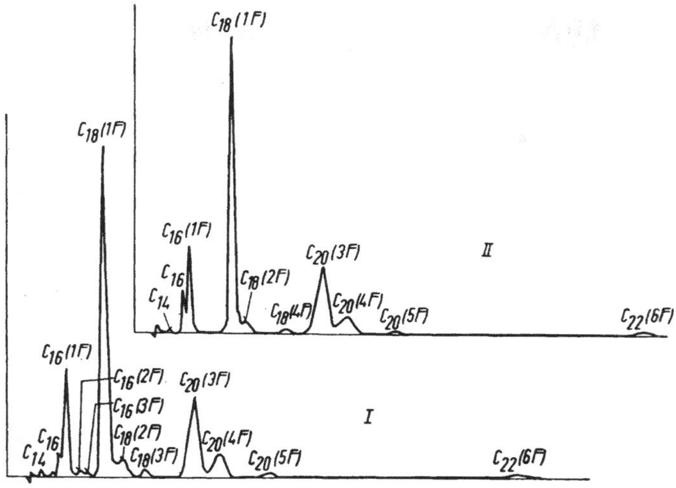

Abb. 3. Gaschromatogramme der Polyensäuremethylester I und II.

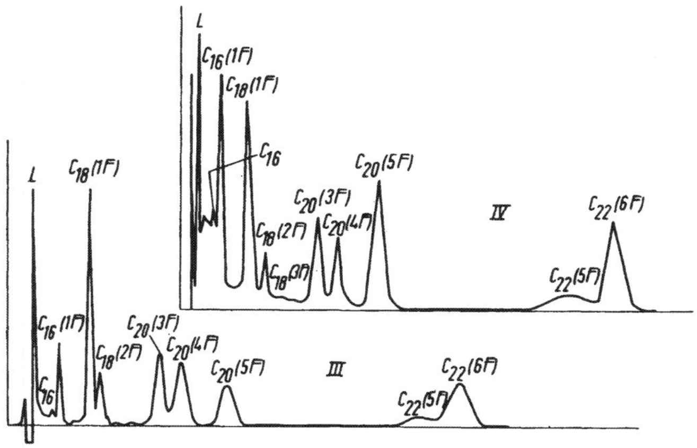

Abb. 4. Gaschromatogramme der Polyensäuremethylester III und IV. (L = Lösungsmittel.)

Tab. 5. Ergebnis der reduktiven Ozonidspaltung der Polyensäurefraktionen I u. II. Mengenangaben in Mol pro Mol Polyensäure*.

	Nonanal	Octanal	Heptanal	Hexanal	Butanal
I	0,29 (0,58)	0,017 (0,03)	0,1 (0,2)	0,07 (0,14)	0,03 (0,06)
II	0,34 (0,63)	0 (0)	0,1 (0,2)	0,086 (0,17)	0 (0)

* Durch Umrechnung der gefundenen Werte auf 100proz. Ausbeute ergeben sich die in Klammern gesetzten Zahlen.

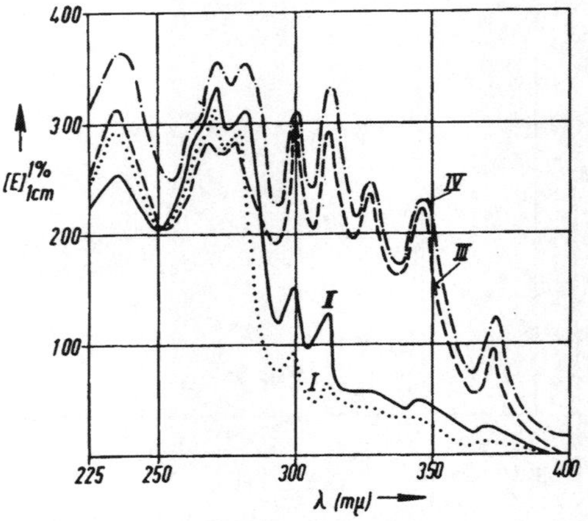

Abb. 5. UV-Spektren der mit Alkali isomerisierten Polyensäurefraktionen I—IV.

Unter den Abbaualdehyden der Polyensäuren von Gruppe I ließen sich demnach nur kleine Mengen Butanal nachweisen. Es sind deshalb Polyensäuren des verfütterten Typs auch nur in unbedeutenden Mengen vorhanden. Die Versuchsergebnisse zeigen, daß bei den Gruppen I und II die Polyensäuren der Leberphosphatide denselben Typen angehören wie bei den fettfrei ernährten Tieren (im wesentlichen Polyensäuren vom Ölsäuretyp, sowie vom Linol- und Palmitoleinsäuretyp in geringen Mengen).

Der oxydative Ozonidabbau, die anschließende säulenchromatographische Trennung und quantitative Bestimmung der Abbaudicarbonsäuren der Polyensäuren von Gruppe III und IV führte zu dem in Tab. 6 dargestellten Ergebnis.

Die papierchromatographische Prüfung der isolierten Abbaudicarbonsäuren zeigte die in Tab. 6 angegebenen Verunreinigungen; alle übrigen Dicarbonsäuren waren papierchromatographisch einheitlich.

Tab. 6. Oxyd ativer Ozonidabbau der Polyensäuren von Gruppe III und IV.

Gruppe III (6,13 mg Subst.)			Gruppe IV (6,64 mg Subst.)		
Frakt. Nr.	cm^3 0,01*n* KOH	Säure	Frakt. Nr.	cm^3 0,01*n* KOH	Säure
4—15	1,22	C_9, Spur C_8	1—12	1,24	C_9
—	—	—	13—22	0,42	C_8, Spur C_9
20—24	0,25	C_7, Spur C_8	25—34	0,25	C_7
37—39	0,10	C_6	35—60	0,53	C_6, Spur C_5, C_4
44—52	1,32	C_5	61—72	1,44	C_5, Spur C_4
55—65	1,07	C_4, Spur C_5	73—81	1,89	C_4
66—78	5,52	C_3	82—96	10,44	C_3

Zusammenfassung

An fettfrei ernährte Ratten wurden einige der im Heringsöl vorkommenden Polyensäuren verabreicht und der Einfluß auf die Natur der Polyensäuren der Leberphosphatide studiert.

Nach Verabreichung der C_{16}-Di- und -Triensäuren, sowie der C_{16}-Tetraensäuren stimmt die Zusammensetzung des Polyensäuregemischs praktisch mit der von fettfrei ernährten Tieren überein. C_{20}- und C_{22}-Polyensäuren werden demnach aus diesen C_{16}-Polyensäuren in nennenswerten Mengen nicht gebildet.

Nach Verabreichung von C_{18}-Tetraensäure zeigt sich eine starke Anreicherung von C_{20}-Pentaen- und C_{22}-Hexaensäure. Dieselbe Wirkung hat auch die Verabreichung von C_{20}-Pentaensäure.

Summary

The polyenoic acids normally present in herring oil have been fed to rats on a fat-free diet and the influence on the polyenoic acids in the liver phosphatides studied.

After feeding C_{16}-di- and -trienoic acids as well as tetraenoic acids, the polyenoic acid composition of the liver phosphatides was practically identical with that of the fat-free fed animals. Thus negligible amounts of C_{16}-polyenoic acids are converted to C_{20}- and C_{22}-polyenoic acids. After feeding C_{18}-tetraenoic or C_{20}-pentaenoic acid, there was a marked increase in C_{20}-pentaenoic and C_{22}-hexaenoic acids.

Professor Dr. E. Klenk, Physiologisch-Chemisches Institut der Universität, Köln-Lindenthal, Josef-Stelzmann-Str. 52.

Über die Eicosapolyensäuren des Heringsöls

Von

E. Klenk und L. Brucker-Voigt

Aus dem Physiologisch-Chemischen Institut der Universität Köln

(Der Schriftleitung zugegangen am 1. Dezember 1960)

Im Rahmen unserer Untersuchungen über die Polyensäuren der Fischöle haben wir noch eine genauere Charakterisierung der C_{20}-Polyensäuren des Heringsöls durchgeführt. Über die C_{16}-, C_{18}- und C_{22}-Polyensäuren dieses Fischöls haben wir[1] bereits berichtet.

In der durch fraktionierte Hochvakuumdestillation der Methylester gewonnenen Eicosapolyensäurefraktion fand sich als Hauptbestandteil die $\Delta^{5.8.11.14.17}$-Eicosapentaensäure, deren Vorkommen von uns[2] bereits im Jahre 1953 im Dorschlebertran nachgewiesen wurde. Sie konnte daraus auch kurze Zeit später als solche isoliert werden[3]. Isoliert wurde inzwischen eine Säure dieser Konstitution auch aus afrikanischem Sardinenöl von Whitcutt und Sutton[4], sowie aus Menhadenöl von Stoffel und Ahrens[5].

Unser Hauptinteresse richtete sich im vorliegenden Fall auf die genauere Identifizierung der schwächer ungesättigten Eicosapolyensäuren, da diesen eine gewisse Bedeutung als Zwischenprodukte des Polyensäurestoffwechsels zukommen dürfte. Die Abtrennung der Säuren verschiedener Ungesättigtheit machte in Anbetracht ihres nur spurenweisen Vorkommens erhebliche Schwierigkeiten. Es konnte aber der Nachweis des Vorhandenseins von Dien-, Trien- und Tetraensäuren erbracht werden. Jede dieser Fettsäurefraktionen ließ sich auch in soweit gereinigter Form gewinnen, daß sie im wesentlichen aus einer einzigen Komponente oder aus einem Isomerengemisch von 2 Komponenten bestand und daß so eine Konstitutionsaufklärung durch oxydativen und reduktiven Ozonidabbau möglich war. Demnach handelte es sich bei der Diensäurefraktion um $\Delta^{11.14}$-Eicosadiensäure, bei der Triensäurefraktion um ein Gemisch von etwa 40% $\Delta^{8.11.14}$- und etwa 60% $\Delta^{11.14.17}$-Eicosatriensäure und bei der Tetraensäurefraktion um ein Gemisch von etwa 40% $\Delta^{5.8.11.14}$- und etwa 60% $\Delta^{8.11.14.17}$-Eicosatetraensäure. Dieselben Säuren erhielten im wesentlichen auch Stoffel und Ahrens[5] aus Menhadenöl.

---

[1] a) E. Klenk u. H. Brockerhoff, diese Z. **307**, 272 [1957], **310**, 153 [1958]; b) E. Klenk u. H. Steinbach, diese Z. **316**, 31 [1959].

[2] E. Klenk u. W. Bongard, Intern. Conf. on Biochem. Problems of Lipids, Koninklijke Vlaamse Academie voor Wetenschappen, Letteren en Schone Kunsten van Belgie, Brüssel 1953, S. 33.

[3] E. Klenk u. D. Eberhagen, diese Z. **307**, 42 [1957].

[4] J. M. Whitcutt u. D. A. Sutton, Biochem. J. **63**, 469 [1956].

[5] W. Stoffel u. E. Ahrens jr., J. Lipid Res. **1**, 139 [1960].

Zum Abschluß dieser Untersuchungen haben wir die Zusammensetzung des Fettsäuregemischs vom Heringsöl auf gaschromatographischem Wege ermittelt. Das Ergebnis zeigt Tab. 1. Außerdem gibt die Tab. 2 noch einen Überblick über die in der vorliegenden und den vorausgegangenen[1] Arbeiten im Heringsöl nachgewiesenen Polyenfettsäuren. Diese Tabelle enthält nur Polyensäuren, die als solche oder als Isomerengemisch isoliert wurden. Polyensäuren, die in den isolierten Substanzen in Mengen von weniger als 10—15% vorhanden sind, lassen sich allerdings mit den angewandten Abbaumethoden nicht mehr einwandfrei erfassen.

Tab. 1. Zusammensetzung des Fettsäuregemischs von Heringsöl in % der Gesamtfettsäuren.

Zahl der Doppelbindungen	C_{14}	C_{16}	C_{18}	C_{20}	C_{22}
0	5,5	12,1	0,7	—	—
1	(0,1*)	4,5	17,8	14,8	26,2
2	(+*)	0,7	1,5	$\ll$0,1	—
3	(+*)	0,3	0,9	$<$0,1	(0,1*)
4	(+*)	0,3	3,7	0,2	(0,1*)
5	—	—	—	6,0	0,2
6	—	—	—	—	4,2

* Nicht näher identifiziert.

Tab. 2. Konstitution der im Heringsöl nachgewiesenen Polyenfettsäuren.

	Linolsäuretyp	Linolensäuretyp	andersartiger Typ
C_{16}		$\Delta^{7.10.13}$ $\Delta^{4.7.10.13}$	$\Delta^{6.9}$ $\Delta^{9.12}$ $\Delta^{6.9.12}$ $\Delta^{6.9.12.15}$
C_{18}	$\Delta^{9.12}$	$\Delta^{9.12.15}$ $\Delta^{6.9.12.15}$	
C_{20}	$\Delta^{11.14}$ $\Delta^{8.11.14}$ $\Delta^{5.8.11.14}$	$\Delta^{11.14.17}$ $\Delta^{8.11.14.17}$ $\Delta^{5.8.11.14.17}$	
C_{22}		$\Delta^{7.10.13.16.19}$ $\Delta^{4.7.10.13.16.19}$	

Ein Vergleich der Tab. 1 u. 2 zeigt, daß bei einem Polyensäuregehalt von 18,2% der Gesamtfettsäuren 15,2% Polyensäuren vom Linolensäuretyp und nur 1,6 vom Linolsäuretyp (darunter 1,5% Linolsäure) vorhanden sind. Besonders auffallend ist der geringe Gehalt an C_{20}- und C_{22}-Polyensäuren vom Linolsäuretyp. Unter ihnen findet sich die für die Organphosphatide der Säugetiere so charakteristische Arachidonsäure ($\Delta^{5.8.11.14}$-Eicosatetraensäure) in Mengen von nur 0,1%. Die Mengen der anderen Polyensäuren dieses Typs ist noch geringer. Außerdem konnten die in den Organphosphatiden der Säugetiere in kleineren Mengen vorkommenden Polyensäuren vom Ölsäuretyp (z. B. $\Delta^{5.8.11}$-Eicosatriensäure[6]) hier nicht aufgefunden werden.

Bei der gaschromatographischen Untersuchung der isolierten Polyensäuren verhielt sich nur die Diensäurefraktion wie eine im wesentlichen einheitliche Substanz. Das Chromatogramm der Trien- und Tetraensäurefraktion enthielt zwei nahe beieinander liegende stark ausgeprägte Maxima. Da auf Grund des Infrarotspektrums das Vorhandensein von *trans*-Verbindungen in nennenswerten Mengen auszuschließen ist, scheint hier eine Trennung des Isomerengemischs in beide Komponenten erfolgt zu sein. Das Chromatogramm der Pentaensäure zeigt im absteigenden Ast eine deutlich ausgeprägte Schulter, die wohl auf das Vorhandensein von *trans*-Isomeren zurückzuführen sein dürfte. Für die Anwesenheit von *trans*-Isomeren spricht auch die Absorptionsbande bei 10,3 μ im Infrarotspektrum. Da im Gaschromatogramm der als Ausgangsmaterial verwendeten Polyensäurefraktion bei dem Pentaensäuremaximum die Schulter fehlt, dürften die *trans*-Isomeren erst im Laufe der Aufarbeitung entstanden sein. Dieser Befund bedarf noch einer eingehenderen Untersuchung.

Die Untersuchung wurde durch Mittel der Deutschen Forschungsgemeinschaft und des Verbandes der Chemischen Industrie, Fonds der Chemischen Industrie, unterstützt.

Beschreibung der Versuche

Die quantitative Zusammensetzung der Gesamtfettsäuren

Das aus 1420 g Heringsöl* durch Verseifung mit 1*n* alkoholischer NaOH und Abtrennung des Unverseifbaren gewonnene Fettsäuregemisch wurde durch Kristallisation aus Aceton (etwa 10proz. Lösung) bei 0°, —20°, —40° und —70° fraktio-

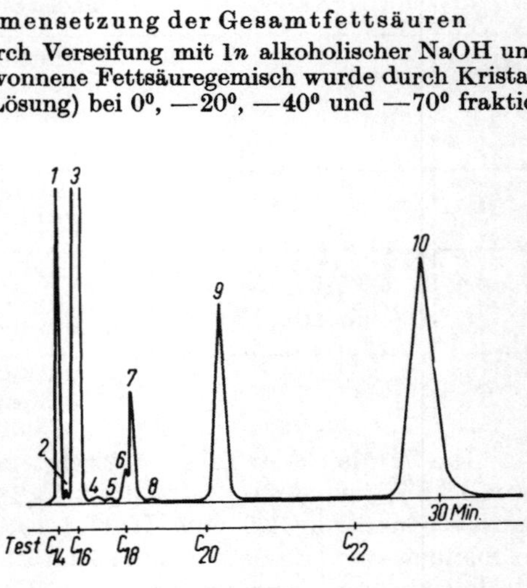

Abb. 1. Gaschromatogr. der Säurefrakt. a (Kolonne: ∅ 4 mm, Länge 1200 mm. Füllung: Reoplex 400 auf Celite. Kolonnentemp. 200°, Argon). Auswertung: 1 = C^0_{14} (4,5%); 2 = $C^?_{14}$ (+); 3 = C^0_{16} (24,5%); 4 = C^1_{16} (+); 5 = C^2_{16} (+); 6 = C^0_{18} (1,7%); 7 = C^1_{18} (4,5%); 8 = C^2_{18} (+); 9 = C^1_{20} (16,8%); 10 = C^1_{22} (48%). Der Index über C gibt die Zahl der in der Kohlenstoffkette vorhandenen Doppelbindungen an. Allgem. Bemerkung zu den hier gebrachten Gaschromatogrammen: Die Marken auf den Abszissen zeigen die Maxima der gesättigten Test-Säuren bzw. -Ester an.

[6] E. Klenk u. F. Lindlar, diese Z. **301**, 157 [1955]; E. Klenk u. W. Montag, Liebigs Ann. Chem. **604**, 4 [1957].

* Der Firma A/S Johan C. Martens & Co., Bergen (Norwegen), danken wir für die freundliche Überlassung des Ausgangsmaterials.

niert. Nach Vereinigung der bei 0° und —20° auskristallisierten Fraktion wurden erhalten: a (bei 0° u. —20° auskrist. Anteil) 578 g, b (bei —40° auskrist. Anteil) 280 g, c (bei —70° auskrist, Anteil) 238 g, d (bei —70° in Lösung gebliebener Anteil 246 g. Die Zusammensetzung dieser vier Säurefraktionen ergibt sich aus den Abb. 1—4. Die Auswertung der erhaltenen Gaschromatogramme erfolgte unter der Voraussetzung, daß der Flächeninhalt eines jeden Maximums proportional zur molaren Konzentration der betreffenden Komponenten im Gemisch ist. Aus dem molaren Verhältnis errechnete man die Gewichtsprozente.

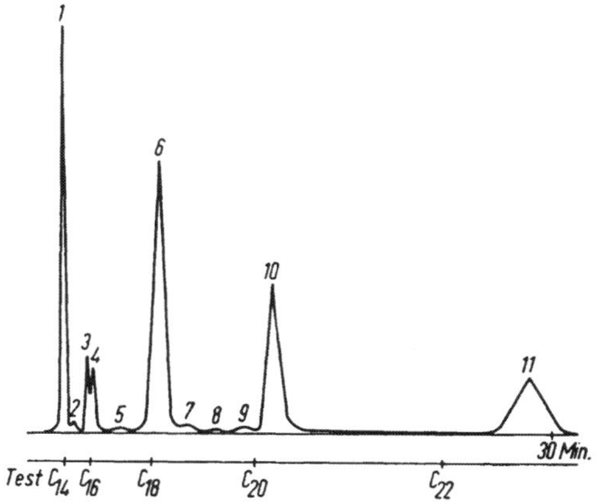

Abb. 2. Gaschromatogramm der Säurefrakt. b. Auswertung: 1 = C^0_{14} (12,8%); 2 = $C^?_{14}$ (+); 3 = C^0_{16} (4,2%); 4 = C^1_{16} (4,1%); 5 = C^3_{16} (+); 6 = C^1_{18} (29,9%); 7 = C^2_{18}(1,2%); 8 = C^3_{18}(0,1%); 9 = C^4_{18}(0,8%); 10 = C^1_{20}(26,0%); 11 = C^1_{22}(21,0%).

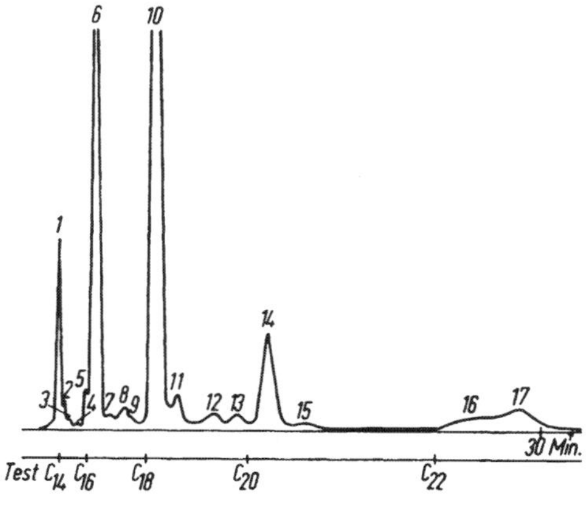

Abb. 3. Gaschromatogramm der Säurefrakt. c. Auswertung: 1 = C^0_{14} (3,4%); 2 = $C^?_{14}$ (0,6%); 3 = $C^?_{14}$ (+); 4 = $C^?_{14}$ (+); 5 = C^0_{16} (0,5%); 6 = C^1_{16} (16,2%); 7 = C^2_{16} (0,8%); 8 = C^3_{16} (0,9%); 9 = C^4_{16} (0,7%); 10 = C^1_{18} (51,2%); 11 = C^2_{18} (2,3%); 12 = C^3_{18} (1,9%); 13 = C^4_{18} (1,5%); 14 = C^1_{20} (11,1%); 15 = C^2_{20} (+); 16 = C^5_{20} (2,5%); 17 = C^1_{22} (5,7%).

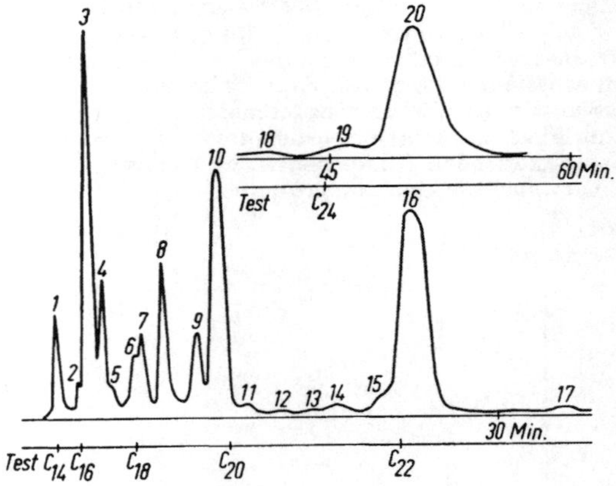

Abb. 4. Gaschromatogramm der Säurefrakt. d. Auswertung: 1 = C^0_{14} (1,2%); 2 = C^0_{16} (0,5%); 3 = C^1_{16} (9,8%); 4 = C^2_{16} (2,8%); 5 = C^3_{16} (0,5%); 6 = C^4_{16} (1,3%); 7 = C^1_{18} (3,2%); 8 = C^2_{18} (4,7%); 9 = C^3_{18} (3,1%); 10 = C^4_{18} (16,8%); 11 = C^1_{20} (0,4%); 12 = C^2_{20} (0,2%); 13 + 14 = C^3_{20} (0,7%); 15 = C^4_{20} (1,0%); 16 = C^5_{20} (29,6%); 17 = C^3_{22} (0,6%); 18 = C^4_{22} (0,6%); 19 = C^5_{22} (1,1%); 20 = C^6_{22} (22,1%).

Die Isolierung der Eicosapolyensäuren

Zur Untersuchung kam die Esterfraktion der C_{20}-Polyensäuren, die bei der zur Gewinnung der C_{16}-Polyensäuren bereits früher[1b] durchgeführten Hochvakuumdestillation der Polyensäuremethylester (Frakt. d) anfiel. Tab. 3 gibt einen Überblick über die in dem hier interessierenden Bereich erhaltenen Fraktionen. Die papierchromatographische Prüfung[7] der freien Säuren von Frakt. 21, 22, 26 und 27 ergab Identität mit n-Eicosansäure. Beimengungen von niedrigeren und höheren Homologen ließen sich nicht feststellen.

Tab. 3. Fraktionierte Vakuumdestillation der Polyensäuremethylester (Bereich der C_{20}-Polyensäuren).

Frakt.	Heizbad-temp. °C	Sdp. °C	Menge g	Jod-zahl[8]	hydrierte Säure: Schmp. roh °C	hydrierte Säure: Schmp. umkrist. °C	hydrierte Säure: Misch Schmp. °C	hydrierte Säure: Äquiv.-Gew. roh	hydrierte Säure: Äquiv.-Gew. umkrist.
21	228	90—94	5,2	288	72,0	74,1	74,0	308	310
22	229	94—96	9,2	288	72,1	74,0	74,0	310	311
23	230	96	2,8	288	72,1	74,0	74,0	310	311
24	231	96	1,5	289	72,2	74,0	74,0	312	312
25	232	96	1,3	289	72,2	74,1	74,1	311	312
26	233	97—98	3,6	289	72,4	74,2	74,1	309	312
27	234	98—101	1,7	289	72,3	74,2	74,2	311	312

[7] H. P. Kaufmann u. W. H. Nitsch, Fette u. Seifen **56**, 154 [1954].

[8] K. W. Rosenmund u. W. Kuhnhenn, Z. Nahrungs- u. Genußmittel **46**, 154 [1923].

Die Zerlegung des Polyensäuregemischs nach dem Grad der Ungesättigtheit erfolgte wieder wie früher nach dem Gegenstromverfahren von Ahrens und Craig[9] unter Anwendung einer 200stufigen Apparatur[10]. Auf diese Weise wurden die aus den Esterfraktionen 21—26 (Tab. 3) gewonnenen freien Säuren in einzelnen Portionen von etwa 4 g aufgearbeitet. Eine der bei den verschiedenen Ansätzen erhaltenen Verteilungskurven zeigt Abb. 5. Den Trennungseffekt kontrollierte man mit Hilfe des Isomerisierungsverfahrens. Bei einem einzigen Durchgang ließ sich nur die in reichlichen Mengen vorhandene C_{20}-Pentaensäure isolieren. Jeder Ansatz ergab etwa 1,7 g der reinen Substanz.

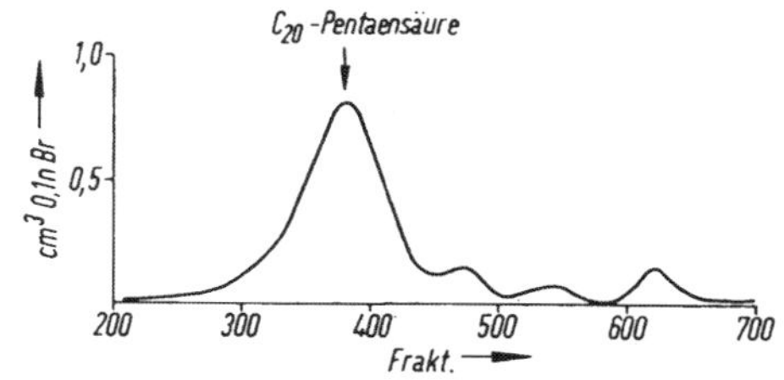

Abb. 5. Verteilungskurve der C_{20}-Polysensäurefraktion (200stufige Apparatur). Ausb.: Frakt. 201—300: 0,18 g Pentaensäure; Frakt. 301—370: 1,69 g Pentaensäure; Frakt. 371—390: 0,40 g Pentaensäure; Frakt. 391—450: 0,69 g Pentaen-, Tetraen- und Triensäure; Frakt. 451—505: 0,45 g Tetraen-, Trien- und Diensäure; Frakt. 506—580: 0,18 g Trien-, Dien- und Monoensäure; Frakt. 581—700: 0,51 g Vorlauf.

Zur Isolierung der Tetraensäure wurden die Frakt. 391—450 (Abb. 5), sowie die entsprechenden Fraktionen von 3 weiteren Verteilungen vereinigt und diese in derselben Weise noch einmal mit Hilfe des Gegenstromverfahrens fraktioniert. Man erhielt jetzt 1,35 g einer Tetraensäurefraktion, die auf Grund der spektrophotometrischen Untersuchung nach Alkaliisomerisierung (Abb. 9) praktisch frei von Pentaensäure war. Das für die Pentaensäure charakteristische Absorptionsmaximum bei 346 mμ ist nur andeutungsweise zu erkennen.

Die Versuche, bei diesem Ansatz auch die in noch wesentlich geringeren Mengen vorhandenen Dien- und Triensäuren herauszufraktionieren, blieben ohne Erfolg. Die Aufarbeitung, die viele Wochen in Anspruch nahm, führte schließlich zu Substanzen, die offensichtlich trotz aller Vorsichtsmaßnahmen durch Autoxydation stark zersetzt und so für die weitere Untersuchung ungeeignet waren. Die Isolierung dieser Säuren gelang erst, als die Gegenstromverteilung einer frisch hergestellten C_{20}-Polyensäurefraktion mit einer sehr exakt gearbeiteten 500stufigen Apparatur* durchgeführt wurde. Mit dieser Apparatur wurde eine nahezu vollständige Auftrennung des Gemischs in einem Arbeitsgang erzielt (Abb. 6). Näher untersucht wurden nur die die schwächer ungesättigten Polyensäuren enthaltenden Fraktionen (Frakt. 1525—2200). Aus 8,75 g des in 2 Portionen aufgearbeiteten C_{20}-Polyensäuregemischs erhielt man 142 mg Dien- und 125 mg Triensäure. Beide Säurefraktionen waren noch mit kleineren Mengen von höher ungesättigten Säuren, vor allem Pentaensäure, verunreinigt. Die letzteren wurden im Fall der Triensäurefraktion durch Säulenchromatographie nach dem von Kapitel[11] modifizierten Verfahren von Howard und Martin entfernt, wobei man aus 50 mg Triensäure 20 mg der gereinigten Substanz erhielt.

* Fa. H. O. Post, Scientific Instrument Co., Inc. 6957, 63rd Avenue, Middle Village 79, N.Y./USA.

[9] E. H. Ahrens u. L. C. Craig, J. biol. Chemistry **195**, 299 [1952].

[10] F. A. v. Metzsch, Chemie-Ing.-Techn. **25**, 66 [1953].

[11] W. Kapitel, Fette u. Seifen **58**, 91 [1956].

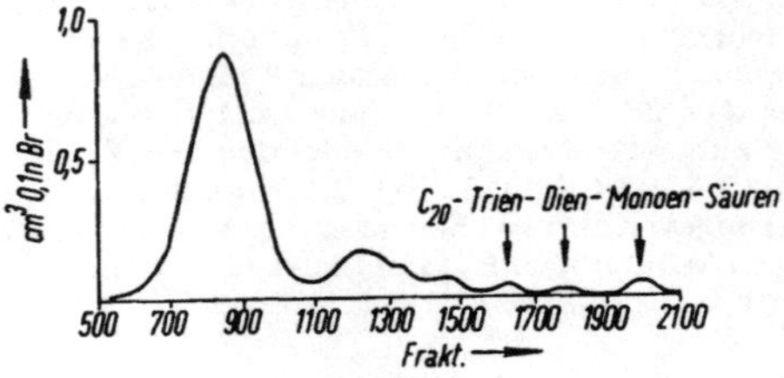

Abb. 6. Verteilungskurve der C_{20}-Polyensäurefraktion (500stufige Apparatur). Eingesetzte Menge 4,49 g. Ausbeute: Frakt. 1525—1586: 41 mg Zwischenfraktion; Frakt. 1587—1660: 55 mg Triensäure; Frakt. 1661—1700: 22 mg Zwischenfraktion; Frakt. 1701—1820: 67 mg Diensäure; Frakt. 1821—1940: 57 mg Zwischenfraktion; Frakt. 1941—2040: 160 mg Monoensäure; Frakt. 2041—2200: 36 mg Zwischenfraktion.

Charakterisierung der isolierten C_{20}-Polyensäuren

Jodzahl: C_{20}-Diensäure 168; C_{20}-Triensäure 224; C_{20}-Tetraensäure 317; C_{20}-Pentaensäure 385.

Die Hydrierung der Tetraensäure und Pentaensäure führte zu einer Säure (roh) vom Schmp. 73,5 bzw. 73,4°. Schmp. der umkristallisierten Substanz 74 bzw. 74°. Sie gibt mit reiner n-Eicosansäure (Schmp. 74°) keine Schmelzpunktdepression. Äquiv.-Gew. gef. 312,0 bzw. 311,8 ($C_{20}H_{40}O_2$ ber. 312,3). Die papierchromatographische Prüfung ergab Identität mit n-Eicosansäure. Beimengungen von niedrigeren oder höheren Homologen waren nicht festzustellen, Die Identifizierung der Hydrierungsprodukte von den nur in kleineren Mengen anfallenden Dien- und Triensäuren erfolgte durch gaschromatographische Untersuchung der Methylester (Abb. 7).

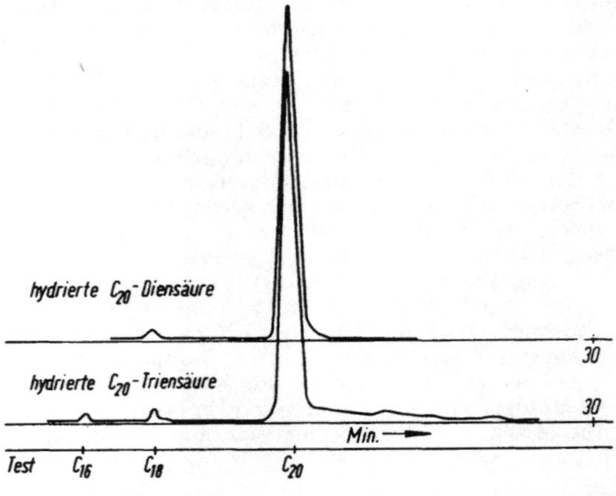

Abb. 7. Gaschromatogramm der hydrierten C_{20}-Diensäure und C_{20}-Triensäure. Zusammensetzung der hydrierten Diensäure: 4% Stearinsäure und 96% n-Eicosansäure. — Zusammensetzung der hydrierten Triensäure: 1% Palmitinsäure, 2% Stearinsäure, 97% n-Eicosansäure und Spuren höherer Homologer.

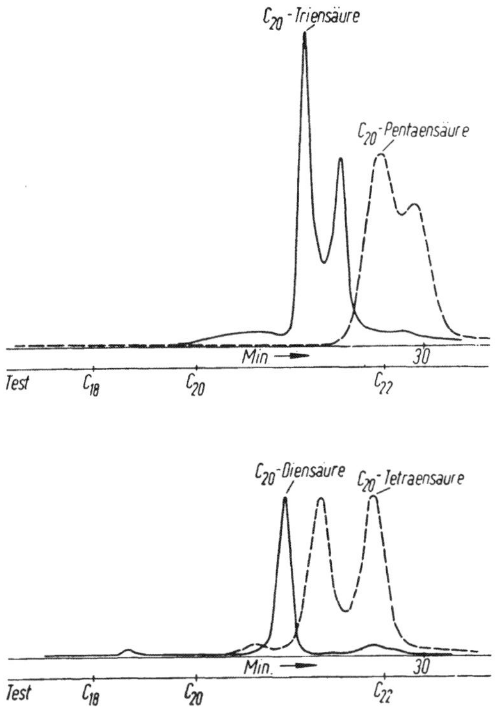

Abb. 8. Gaschromatogramme der isolierten Eicosapolyensäuren (Kolonne: ∅ 4 mm, Länge 1350 mm. Füllung: Reoplex 400 auf Celite. Kolonnentemp. 203°. Trägergas: Argon).

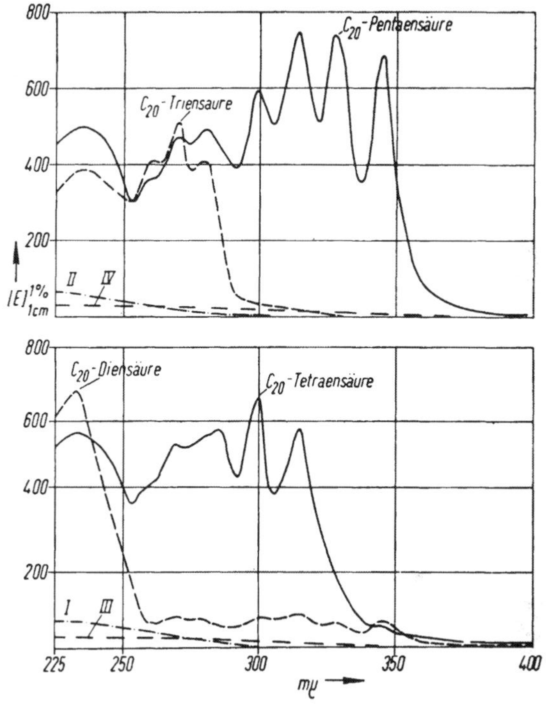

Abb. 9. UV-Spektren der mit Alkali isomerisierten Eicosapolyensäuren (21% KOH-Glykol, 8 Min. bei 180°). I, II, III und IV UV-Spektren der nicht isomerisierten Dien-, Trien-Tetraen- bzw. Pentaensäure.

Die bei der gaschromatographischen Untersuchung der isolierten ungesättigten Säuren erhaltenen Ergebnisse sind in der Abb. 8 wiedergegeben, während die Abb. 9 die UV-Absorptionsspektren vor und nach der Alkaliisomerisierung zeigt. Um die Frage nach dem Vorhandensein von *trans*-Isomeren zu entscheiden, wurden von der C_{20}-Tetraensäure und der C_{20}-Pentaensäure auch die IR-Spektren aufgenommen (Abb. 10).

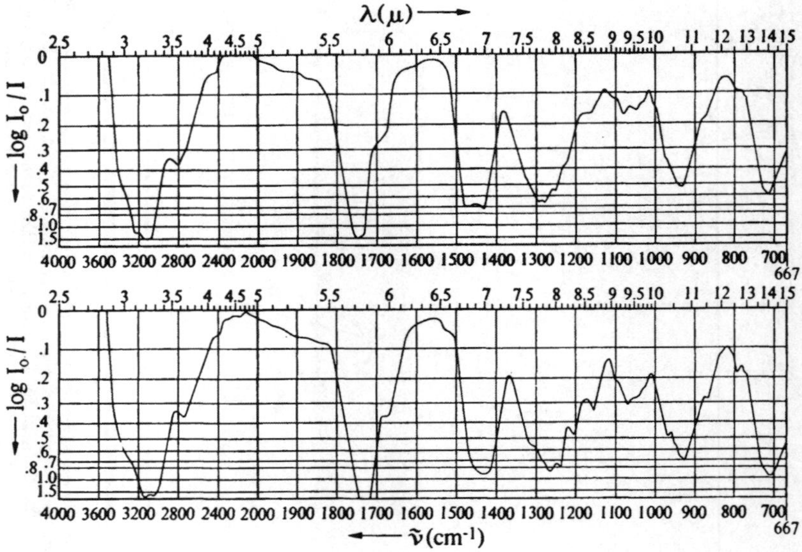

Abb. 10. IR-Spektren der C_{20}-Tetraensäure ($\Delta^{5,8,11,14}$- und $\Delta^{8,11,14,17}$-Eicosatetraensäure, oben) und der C_{20}-Pentaensäure ($\Delta^{5,8,11,14,17}$-Eicosapentaensäure, unten).

Der Ozonidabbau

Der oxydative Abbau der freien Säuren sowie ihrer Methylester, die chromatographische Trennung und quantitative Bestimmung der Abbaudicarbonsäuren wurde in der üblichen Weise[12] durchgeführt. Jede einzelne säulenchromatographisch abgetrennte Dicarbonsäure wurde, soweit nichts anderes vermerkt, auch noch papierchromatographisch (C_3—C_9-Dicarbonsäuren nach Klenk und Tomuschat[13], C_8—C_{11}-Dicarbonsäuren nach Klenk und Faillard[14]) identifiziert (s. Tab. 4 und 5).

Bei diesen Abbauversuchen wurde, infolge der angefallenen geringen Mengen, ein Triensäurepräparat verwendet, das noch mit etwas Pentaensäure verunreinigt war. Zur Sicherung des Ergebnisses führte man auch noch mit dem Methylester der gereinigten Substanz einen entsprechenden Abbauversuch durch und stellte aus der säulenchromatographisch wie oben abgetrennten Fraktion der Dicarbonsäuren-monomethylester die Dimethylester dar, welche anschließend gaschromatographisch identifiziert wurden (Abb. 11).

---

[12] E. Klenk u. W. Bongard, diese Z. **290**, 181 [1952]; siehe auch L. Brucker-Voigt, Dissertat. Köln, 1960.

[13] Noch unveröffentlicht. Papier: Schleicher & Schüll 2043b. Lösungsmittel: 5% Butanol enthaltendes Chloroform als mobile Phase und 10proz. Essigsäure als stationäre Phase. Laufzeit: 5—8 Stdn. Färbung: KJ, KJO_3, Stärkelösung.

[14] E. Klenk u. H. Faillard, diese Z. **292**, 268 [1953].

Tab. 4. Abbaudicarbonsäuren der isolierten C_{20}-Polyensäuren (Menge in Mol pro Mol Polyensäure).

	Diensäure	Triensäure	Tetraensäure	Pentaensäure
C_{11}-Dicarbonsäure . . .	0,72	0,36	—	—
Korksäure (C_8)	—	0,27	0,45	—
Pimelinsäure (C_7) . . .	—	0,09	0,03	—
Adipinsäure (C_6) . . .	0,04	0,06	0,11	—
Glutarsäure (C_5) . . .	0,12	0,08	0,34	0,73
Bernsteinsäure (C_4) . .	0,09	0,07	0,06	0,06
Malonsäure (C_3)	0,60	0,84	1,37	1,99

Tab. 5. Abbaudicarbonsäuren der isolierten C_{20}-Polyensäuremethylester (Menge in Mol pro Mol Fettsäuremethylester).

	Methylester der			
	Diensäure	Triensäure	Tetraensäure	Pentaensäure
Dicarbonsäuren-monomethylester . .	0,82	0,88	0,88	0,78
Pimelinsäure (C_7) . . .	(0,02)*	0,10	—	—
Adipinsäure (C_6) . . .	(0,01)*	—	—	(0,01)*
Glutarsäure (C_5) . . .	0,02	0,04	0,05	0,08
Bernsteinsäure (C_4) . .	0,03	0,02	0,04	0,04
Malonsäure (C_3)	0,60	0,86	1,44	2,10

* nicht papierchromatographisch identifiziert.

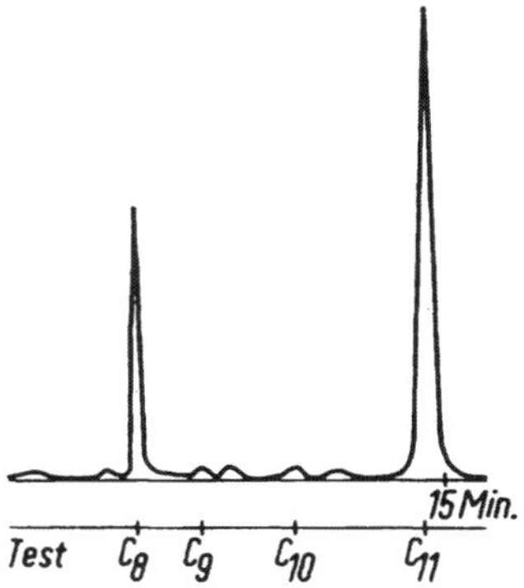

Abb. 11. Gaschromatogramm der Methylester der höheren Dicarbonsäuren aus der Triensäure. Zusammensetzung: 30% Korksäure, 70% C_{11}-Dicarbonsäure u. Spuren anderer Homologer.

Tab. 6 zeigt das Ergebnis des reduktiven Ozonidabbaus[15], wobei die vom Methylende der Polyensäuren abgespaltenen Aldehyde in Form ihrer Dinitrophenylhydrazone durch chromatographische Analyse quantitativ bestimmt und identifiziert wurden.

[15] E. Klenk u. G. Kremer, diese Z. **320**, 111 [1960]; siehe auch l. c.[1a].

Tab. 6. Abbaualdehyde der isolierten C_{20}-Polyensäuren (Menge in Mol pro Mol Polyensäure).

	Diensäure	Triensäure	Tetraensäure	Pentaensäure
Propanal	0,12	0,41	0,31	0,63
Hexanal	0,67	0,31	0,22	—

Das Auftreten des Propanals beim Abbau der Diensäure muß zum mindesten der Hauptsache nach auf die in dem Präparat als Verunreinigung vorhandene C_{20}-Pentaensäure zurückgeführt werden.

Zusammenfassung

Durch gaschromatographische Analyse wurde die Zusammensetzung der Gesamtfettsäuren des Heringsöls ermittelt.

In der Fraktion der C_{20}-Polyensäuren konnte durch Isolierung der einzelnen Komponenten bzw. der aus zwei Komponenten bestehenden Isomerengemische und durch oxydativen und reduktiven Ozonidabbau der isolierten Substanzen das Vorkommen folgender Polyensäuren nachgewiesen werden:

$\Delta^{11.14}$-Eicosadiensäure ($\ll$ 0,1% der Gesamtfettsäuren)
$\Delta^{8.11.14}$- und $^{11.14.17}$-Eicosatriensäure ($<$ 0,1%)
$\Delta^{5.8.11.14}$- und $\Delta^{8.11.14.17}$-Eicosatetraensäure (0,2%)
$\Delta^{5.8.11.14.17}$-Eicosapentaensäure (5,8%).

Es wurden demnach nur Polyensäuren vom Linol- und Linolensäuretyp, die ersteren in sehr geringen Mengen, angetroffen.

Summary

The total fatty acids of herring oil have been separated by gas chromatography.

Components of the C_{20}-polyenoic acid fraction were isolated singly or as two-isomer mixtures, and identified by oxidative and reductive ozonide degradation. The following polyenoic acids were found: $\Delta^{11,14}$-eicosadienoic acid ($\ll$ 0.1% of the total fatty acids), $\Delta^{8,11,14}$- and $\Delta^{11,14,17}$-eicosatrienoic acid ($<$ 0.1%), $\Delta^{5,8,11,14}$- and $\Delta^{8,11,14,17}$-eicosatetraenoic acid (0.2%), $\Delta^{5,8,11,14,17}$-eicosapentaenoic acid (5.8%).

Thus only the linoleic and linolenic type of polyenoic acids were found, the former in very small amounts.

Prof. Dr. E. Klenk, Physiologisch-Chemisches Institut der Universität, Köln-Lindenthal, Joseph-Stelzmann-Straße 52.

Über das Vorkommen der *trans*-Δ^3-Hexadecensäure in den Lipoiden einer Süßwasseralge *(Scenedesmus obliquus)* und deren Isolierung*

Von

E. Klenk und **W. Knipprath**

Aus dem Physiologisch-Chemischen Institut der Universität Köln

(Der Schriftleitung zugegangen am 11. Januar 1962)

Bei der schon vor einiger Zeit durchgeführten Untersuchung der Fettsäuren aus den Fettstoffen von *Scenedesmus obliquus* begegneten wir neben der von uns[1] bereits beschriebenen $\Delta^{4,7,10,13}$-Hexadecatetraensäure, unter anderen auch einer bisher noch unbekannten C_{16}-Monoensäure, der möglicherweise eine gewisse Bedeutung als Zwischenprodukt bei der Biogenese der Fettsäuren zukommt, und über deren Isolierung wir im folgenden kurz berichten möchten. Die neue Fettsäure, welche als *trans*-Δ^3-Hexadecensäure charakterisiert wurde, ist nur in kleinen Mengen vorhanden (1,6% der Gesamtfettsäuren). Jedoch scheint sie im Pflanzenreich weit verbreitet. So ist sie inzwischen von Debuch[2] auch in höheren Pflanzen aufgefunden worden.

Isolierung der Fettsäure: Die Hauptmenge dieser Fettsäure fand sich in der bei —40° auskristallisierten Säurefraktion (15,7 g), die durch fraktionierte Tiefkühlkristallisation der aus 5 kg Trockenalgen angefallenen[1] Gesamtfettsäuren gewonnen worden war. Auf Grund der gaschromatographischen Analyse bestand diese Fettsäurefraktion aus 12,2 g Palmitin- und 3,2 g C_{16}-Monoensäure neben kleineren Mengen Myristin- und Stearinsäure. Nach Abtrennung des Hauptteils der Palmitinsäure durch Tiefkühlkristallisation aus dem 15fachen Vol. Aceton, wobei die C_{16}-Monoensäure in Lösung blieb, wurde die Säure durch Gegenstromverteilung[3] weiter gereinigt und schließlich aus der 10fachen Menge Aceton bei —20° umkristallisiert. Die so in einer Menge von etwa 2 g erhaltene Substanz war gaschromatographisch einheitlich (Abb. 1). Schmp. 53,5—55,0°. Mit Palmitinsäure (Schmp. 61,1—61,5°) gemischt, gibt sie eine deutliche Depression (Misch-Schmp. 49,5—51,5°).

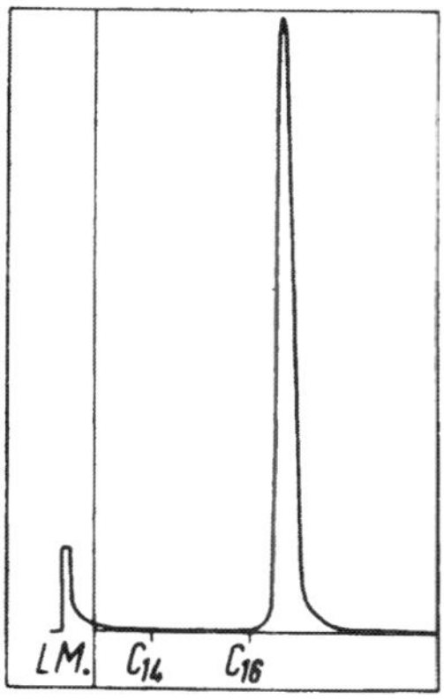

Abb. 1. Gaschromatogramm des *trans*-Δ^3-Hexadecensäure-methylesters. Auf der Abszisse sind die Retentionszeiten der Methylester von Myristinsäure (C_{14}) und Palmitinsäure (C_{16}) markiert. LM = Lösungsmittel. Kolonne: ∅ 4 mm, Länge 1350 mm, Füllung: Reoplex 400 auf Celite.

* Auszug aus der Dissertat. von W. Knipprath, Köln 1961.

1 E. Klenk u. W. Knipprath, diese Z. **317**, 243 [1959].

2 H. Debuch, Z. Naturforsch. **16 b**, 561 [1961].

3 E. H. Ahrens u. L. C. Craig, J. biol. Chemistry **195**, 299 [1952].

Bei der katalytischen Hydrierung nimmt die Säure Wasserstoff wesentlich träger auf als die ungesättigten *cis*-Fettsäuren. Dasselbe gilt für die Addition von Halogen. Bei Jodzahlbestimmungen nach Rosenmund und Kuhnhenn[4] ergeben sich Werte von 85—87 ($C_{16}H_{50}O_2$ ber. 99,7). Das IR-Spektrum (Abb. 2) zeigt deutlich die für die *trans*-Konfiguration charakteristische Absorptionsbande bei 10,3 bis 10,4 μ.

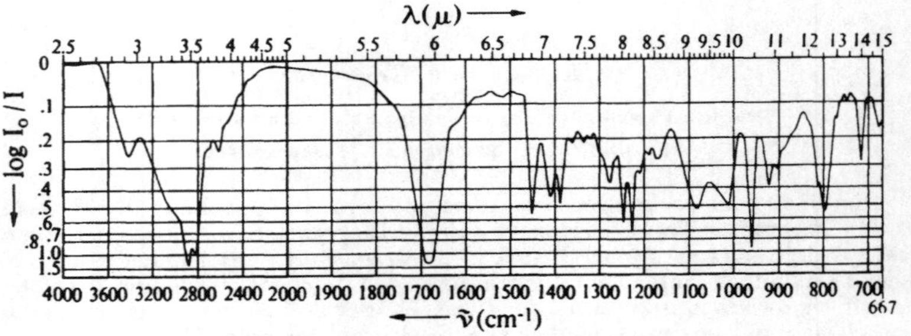

Abb. 2. IR-Spektrum der *trans*-Δ^3-Hexadecensäure.

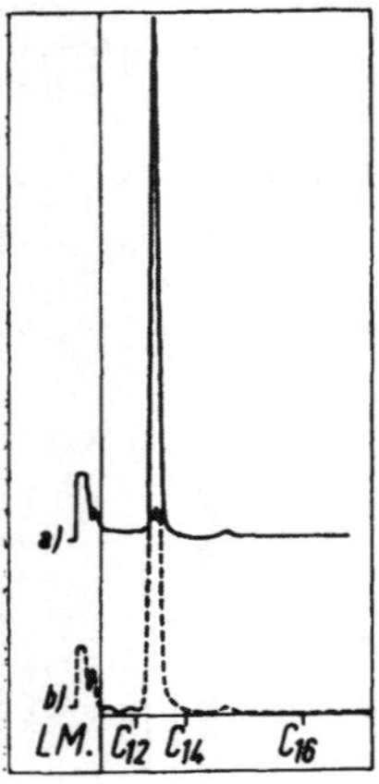

Strukturaufklärung: Beim oxydativen[5] Ozonidabbau trat als einzige Dicarbonsäure Malonsäure in einer Menge von 0,41 Mol pro Mol Fettsäure auf. Außerdem wurde als petrolätherlöslicher Anteil der Abbausäuren Tridecansäure in einer Menge von 0,9 Mol pro Mol Monoensäure erhalten. Schmp. 39,0—41,0° (nicht umkrist.). Die Substanz gab mit authent. Tridecansäure (Schmp. 39,5—41,0°) keine Schmelzpunktsdepression. Das Ergebnis der gaschromatographischen Untersuchung zeigt Abb. 3.

Die reduktive Ozonidspaltung[6] ergab nur eine einzige Aldehydfraktion, die in einer Menge von 0,52 Mol

Abb. 3. Gaschromatogramm des Methylesters der Abbaumonocarbonsäure von *trans*-Δ^3-Hexadecensäure. a) Ester der Abbausäure ohne Beimischung, b) Ester der Abbausäure mit Beimischung von authentischem Tridecansäuremethylester.

pro Mol Monoensäure erhalten wurde. Das isolierte Dinitrophenylhydrazon (DNP) des Abbaualdehyds war papierchromatographisch[7] einheitlich und mit dem DNP des Tridecanals identisch (Abb. 4).

---

[4] K. W. Rosenmund u. W. Kuhnhenn, Z. Unters. Nahrungs- u. Genußmittel **46**, 154 [1923].
[5] E. Klenk u. W. Bongard, diese Z. **290**, 181 [1952].
[6] E. Klenk u. G. Kremer, diese Z. **320**, 111 [1960].
[7] R. Ellis, A. M. Gaddis u. G. T. Currie, Analytic. Chem. **30**, 475 [1958].

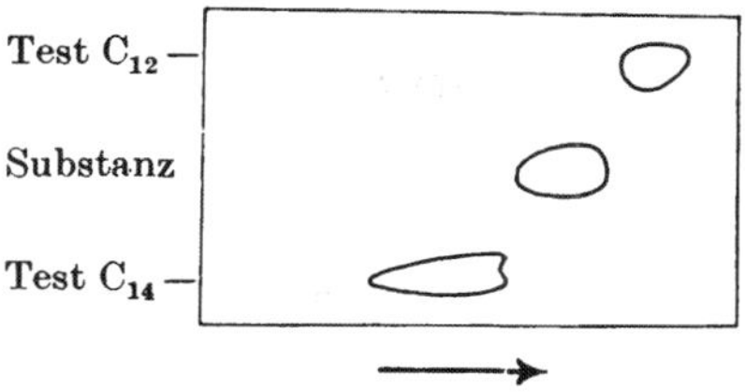

Abb. 4. Papierchromatogramm des DNP vom Abbaualdehyd der *trans-Δ^3*-Hexadecensäure. Substanz = DNP des Abbaualdehyds, Test C_{12} = DNP von auth. Dodecanal, Test C_{14} = DNP von authent. Tetradecanal.

Zusammenfassung

Unter den Gesamtfettsäuren der Lipoide einer Süßwasseralge (*Scenedesmus obliquus*) findet sich *trans-Δ^3*-Hexadecensäure, die als solche isoliert und auch charakterisiert wurde. Die Säure ist hier, soweit ersichtlich, erstmals in der Natur aufgefunden worden.

Summary

Trans-Δ^3-hexadecenoic acid was isolated and characterised from the total fatty acids of a fresh water alga (*Scenedesmus obliquus*). To the author's knowledge, it is the first report of the isolation of this acid from natural sources.

Professor Dr. E. Klenk, Physiologisch-Chemisches Institut der Universität Köln, Köln-Lindenthal, Joseph-Stelzmann-Str. 52.

Über die Zusammensetzung des Fettsäurengemisches verschiedener Fischöle

Von

E. Klenk und **D. Eberhagen**

Aus dem Physiologisch-Chemischen Institut der Universität Köln

(Der Schriftleitung zugegangen am 2. Januar 1962)

Die Hauptmenge der im Dorschlebertran und Heringsöl vorkommenden und von uns[1] isolierten Polyensäuren sind solche vom Linolensäuretyp. Zu ähnlichen Ergebnissen kamen auch verschiedene andere Autoren[2], während eine Gruppe japanischer Forscher[3] im Gegensatz hierzu über die Isolierung von Säuren, vor allem des Linolsäuretyps, berichteten, die an sich unter den Polyensäuren der Säugetierorganphosphatide vorherrschen. Zur Klärung der Frage, ob das bevorzugte Auftreten der Polyensäuren vom Linolensäuretyp ein allgemeines Kennzeichen der Fischöle ist, wurden die Leber- oder Körperfette von zwölf Fischen unterschiedlicher Herkunft und Familienzugehörigkeit auf ihre Fettsäurenzusammensetzung hin untersucht und durch reduktive Ozonidspaltung der ungesättigten Fettsäuren die vom Methylende stammenden Abbaualdehyde quantitativ bestimmt. Das Verhältnis der Propanal- und Hexanalwerte ist dann ein Maß für den relativen Gehalt der Fischöle an Polyensäuren vom Linolen- und Linolsäuretyp.

Zur Ermittlung der Zusammensetzung war eine vorausgehende, möglichst weitgehende Trennung der gesättigten und ungesättigten Komponenten insofern von Wichtigkeit, als verschiedene Fettsäuren — wie beispielsweise Stearinsäure und Hexadecatetraensäure oder Behensäure und Eicosapentaensäure — bei der gaschromatographischen Untersuchung auf der verwendeten polaren stationären Phase Reoplex 400 identische Retentionszeiten besitzen und dementsprechend deren Differenzierung größere Schwierigkeiten machen kann. Gleichzeitig sollte der zur Trennung erforderliche Arbeitsaufwand in Grenzen gehalten werden. Es wurde deshalb die übliche Tiefkühlkristallisation der Fettsäuren derart abgewandelt, daß in der Fraktion der gesättigten Säuren außer den höheren Homologen der Ölsäurereihe keine ungesät-

[1] E. Klenk u. D. Eberhagen, diese Z. **307**, 42 [1957]; E. Klenk u. H. Brockerhoff, ebenda **307**, 272 [1957]; **310**, 153 [1958]; E. Klenk u. H. Steinbach, ebenda **316**, 31 [1959]; E. Klenk u. L. Brucker-Voigt, ebenda **324**, 1 [1960]; Zusammenfassung siehe E. Klenk, Experientia [Basel] **17**, 199 [1961].

[2] J. M. Whitcutt u. D. A. Sutton, Biochem. J. **63**, 469 [1956]; J. M. Whitcutt, ebenda **67**, 60 [1957]; M. Matic, ebenda **68**, 692 [1958]; W. Stoffel u. E. H. Ahrens jr., J. Lipid Res. **1**, 139 [1960].

[3] Y. Toyama, Y. Iwata u. K. Fujimura, Fette, Seifen, Anstrichmittel **61**, 846 [1959].

tigten, und in der ungesättigten Fraktion außer den niedrigen Homologen der Palmitinsäure keine weiteren gesättigten Komponenten mehr nachzuweisen waren.

Bei der gaschromatographischen Analyse der Substanzen und bei der quantitativen Auswertung der Chromatogramme mit Hilfe des Dreiecksverfahrens stellte es sich bei der Untersuchung eingewogener Testmischungen heraus, daß die gefundenen Werte nicht den eingewogenen Mengen entsprachen. In Tab. 4 sind die aus einer großen Zahl von Testanalysen ermittelten Faktoren für gesättigte und ungesättigte Fettsäuremethylester zusammengestellt, die unter den gleichen Bedingungen wie die Fettsäurengemische aus den Fischölen chromatographiert wurden. Während die Faktoren der gesättigten Fettsäuren in ihrer Größe in einer bestimmten Beziehung zueinander zu stehen scheinen und vor allem bei der Untersuchung im Gaschromatographen der Firma Pye (Cambridge, England) um 1,0 (für Stearinsäure angenommen) herum liegen, streuen die Faktoren für die ungesättigten Fettsäuren in scheinbar willkürlicher Weise um größere Beträge. Es sei aber betont, daß die Streuung der Einzelmessungen ein und derselben Substanz nur geringfügig war. Vielleicht ist diese Erscheinung auf eine unterschiedliche Zersetzung der ungesättigten Verbindungen in der relativ hoch temperierten Säule zurückzuführen, vielleicht auch zum Teil auf die Besonderheit des Nachweisverfahrens. Wegen dieser Unregelmäßigkeiten im gaschromatographischen Verhalten der ungesättigten Fettsäuren ermittelten wir zuerst an Hand der Chromatogramme der hydrierten Methylester die quantitative Zusammensetzung des Gemisches nach der Kettenlänge der Fettsäuren, um dann aus den Chromatogrammen des nicht hydrierten Gemisches die Verteilung der Säuren mit gleicher Kettenlänge aber verschiedener Ungesättigtheit zu entnehmen, wobei jetzt die Menge der einzelnen Komponenten dem Flächeninhalt im Chromatogramm direkt proportional gesetzt wurde.

In Tab. 1 findet sich die auf diese Weise berechnete Zusammensetzung des Fettsäuregemisches der verschiedenen Fischöle. Bei X_1 dürfte es sich um verzweigtkettige Monocarbonsäuren handeln, bei X_3 und X_4 um ungesättigte C_{20}-Säuren unbekannter Struktur, die nach der Hydrierung Arachinsäure gaben. X_3 konnte regelmäßig auch in den Fettsäuren der Planktonlipoide nachgewiesen werden[4]. Aus der Tabelle ergibt sich, daß unter den Polyensäuren aller untersuchter Fischölproben die C_{20}- und C_{22}-Säuren vorherrschen. Nimmt man an, daß — wie beim Heringsöl experimentell festgestellt — die C_{18}-Triensäure und -Tetraensäure, die C_{20}-Pentaensäure, sowie die C_{22}-Pentaensäure und -Hexaensäure dem Linolensäuretyp, die C_{18}-Diensäure, die C_{20}-Triensäure und -Tetraensäure, sowie die C_{22}-Triensäure und -Tetraensäure dagegen dem Linolsäuretyp angehören, so ist die Menge der ersteren durchweg 5—10mal so groß wie die der letzteren.

[4] E. Klenk u. D. Eberhagen, diese Z. **328**, 189 [1962], nachstehend.

Tab. 1. Zusammensetzung des Fettsäuregemisches der Fischöle in % der Gesamtfettsäuren.

	Zahl der Doppelbindungen	Dorsch	Schellfisch	Sardine	Hering	Weißfisch	Leng	Seeteufel	Scharbe	Steinbutt	Hai	Bonito	Wal
C_{14}	0	3	2	8	6	4	2	4	3	4	3	7	10
	1						+	+		+			1
C_{15}	0	+	+	+	+	+	+	1	1	+	+	+	+
C_{16}	0	12	16	19	13	16	15	15	14	16	13	17	14
	1	5	6	10	6	4	4	6	8	12	3	12	13
	? X_1	1	1	+	2	1	1	3	3	1	1		+
	2	+	+	1	+	+	+	+	+	+	+	1	+
	3	1	1	2	+	1	+	1	+	+	+	2	1
	? X_2			+			+		1				+
	4			4							+	2	
C_{17}	0	1	1	+	+	1	1	1	2	1	1	1	1
C_{18}	0	3	3	3	1	3	3	3	1	2	2	2	1
	1	24	30	14	22	25	37	21	22	35	9	21	38
	2	1	1	1	1	2	1	2	1	1	1	1	3
	3	1	+	+	+	1	1	1	1	1	1	+	1
	4	1	1	3	2	2	1	2	+	+	2	2	1
C_{19}	0	+	+	1	+	+		(+)	(+)		(+)		
C_{20}	0			+									
	1	9	4	2	15	7	6	7	2	5	22	1	2
	2	+	+	+	+	+	1	+	+	+	+		
	3			+	+					+		1	+
	4	1	1	1	+	1	1	1	3	1	+		+
	? X_3	+		+	+	+	+	+	+		+		1
	5	8	15	22	6	8	6	6	15	5	3	22	6
	? X_4	2				1	+	1			1		1
C_{21}	?	(+)		(+)	+			(+)	(1)		(+)	(+)	
C_{22}	1	5	1	+	16	6	3	5	+	2	31		
	3			1	1				2	2	+	2	
	5	1	1	2	1	1	1	1	6	3	1	2	2
	6	19	14	4	6	16	15	16	12	9	5	5	3
C_{24}	0				+								
	?				1								

Die beim reduktiven Abbau erhaltenen Verhältniszahlen für Propanal/Hexanal lagen durchschnittlich bei 5,3 : 1. Das Verhältnis ist in allen Fällen etwas niedriger als auf Grund des oben errechneten Verhältnisses der Polyensäuren vom Linolen- und Linolsäuretyp erwartet werden mußte; bemerkenswert ist der relativ hohe Heptanalgehalt des Aldehydgemisches, der dafür spricht, daß neben der Ölsäure nicht unbeträchtliche Mengen des Δ^{11}-Isomeren im Säuregemisch vorhanden sein dürften.

Wie aus Tab. 1 noch hervorgeht, kommt die C_{20}-Tetraensäure in allen diesen Fischölen nur in geringen Mengen vor. Mit Ausnahme eines

Falles (Scharbe) beträgt die Menge nur 1% der Gesamtfettsäuren oder weniger. Soweit bis jetzt untersucht (Klenk und Brucker-Voigt[1]), handelt es sich dabei um ein Gemisch der $\Delta^{5.8.11.14}$- und $\Delta^{8.11.14.17}$-Eicosatetraensäure. Danach dürfte es kaum zweifelhaft sein, daß die in den Organphosphatiden der Säugetiere stark angereicherte Arachidonsäure ($\Delta^{5.8.11.14}$-Eicosatetraensäure) in den Fischölen sich in der Regel kaum mehr als spurenweise vorfindet.

Zur Stützung der mit Hilfe der Gaschromatographie erhaltenen Werte wurden weiterhin die Polyensäuren durch UV-spektroskopische Untersuchungen in der nach Holman und Burr[5] alkaliisomerisierten Fraktion der ungesättigten Säuren bestimmt und an Hand der Extinktionswerte gleich behandelter, reiner Polyensäurepräparate quantitativ deren Anteil berechnet. Das Ergebnis ist in Tab. 2 zusammengestellt. Die Übereinstimmung mit den gaschromatographisch ermittelten Werten ist nicht voll befriedigend. Die bisweilen sehr erheblichen Differenzen dürften auf die weniger zuverlässige Isomerisierungsmethode zurückzuführen sein.

Tab. 2. Polyensäuregehalt der Fraktion der ungesättigten Fettsäuren der Fischöle (auf Grund der UV-Spektren der alkaliisomerisierten Fraktionen errechnet).

	Diensäure	Triensäure	Tetraensäure	Pentaensäure	Hexaensäure
Dorsch. .	7,1		2,0	14,5	18,9
Schellfisch	5,0		3,1	16,8	18,3
Sardine .	2,8	11,6	24,3	28,8	11,5
Hering. .	3,4	3,9	8,1	9,0	10,0
Weißfisch	7,0		3,3	13,2	22,1
Leng . .	5,4		1,5	12,6	20,3
Seeteufel.	7,9		3,6	11,6	18,3
Scharbe .	5,6		1,0	20,0	12,6
Steinbutt	6,2			8,5	13,2
Hai . . .	7,4		5,2	10,0	11,2
Bonito. .	3,8	6,3	17,2	26,7	8,6
Wal . . .	6,3	3,6	6,0	13,2	8,6

Die Untersuchung wurde durch Mittel der Deutschen Forschungsgemeinschaft und des Verbandes der Chemischen Industrie, Fonds der Chemie, unterstützt.

Herrn Dr. J. A. Lovern, Aberdeen, sei auch an dieser Stelle für die Überlassung einiger Fischölproben bestens gedankt.

Beschreibung der Versuche

1. Gewinnung der Fettsäuren

Zur Untersuchung kamen die Leberöle von Dorsch (*Gadus callarias*), Schellfisch (*Gadus aeglefinus*), Weißfisch (*Gadus merlangus*), Leng (*Molva molva*), Seeteufel (*Lophius piscatorius*), Scharbe (*Pleuronectes limanda*), Steinbutt (*Rhombus maximus*) und Heringshai (*Isurus cornubicus*) und das Körperfett peruanischer Sardinen (*Clupea pilchardus*), von Hering (*Clupea harengus*), Bonito (*Sarda chilensis*) und Wal.

[5] R. T. Holman u. G. O. Burr, Arch. Biochem. Biophysics **19**, 474 [1948].

Die Fischöle werden mit der 30fachen Menge 1*n* methanol. NaOH verseift, die nach dem Erkalten der Lösung ausfallenden, vorwiegend gesättigten Seifen abfiltriert und das Unverseifbare sowohl aus den in Lösung gebliebenen, wie den ausgefallenen fettsauren Salzen durch wiederholtes Ausschütteln mit Petroläther entfernt. In den Petroläther übergegangene Seifen konnten durch mehrmaliges Waschen mit wäßr. Methanol wieder zurückgewonnen werden. Die durch Ansäuern mit Salzsäure in Freiheit gesetzten Fettsäuren wurden aus der vorwiegend gesättigten Fraktion mit Äther, aus der vorwiegend ungesättigten mit Petroläther ausgeschüttelt.

Zur Zerlegung der Fettsäuregemische in die gesättigten und die ungesättigten Komponenten löste man beide Fraktionen in der 12- bis 15fachen Menge Aceton und stellte die vorwiegend gesättigten Säuren über Nacht im Eisschrank bei 0 bis —10°, die vorwiegend ungesättigten 2 Stdn. bei —70° zur Kristallisation auf. Das Filtrat der vorwiegend gesättigten und das Kristallisationsprodukt der vorwiegend ungesättigten Fraktion wurden vereinigt und noch einmal bei —40° aus der angegebenen Menge Aceton umkristallisiert. Das hieraus gewonnene Filtrat vereinigte man mit dem Filtrat der vorwiegend ungesättigten, die auskristallisierten Fettsäuren mit dem Filtrationsrückstand der vorwiegend gesättigten Fraktion. Nach der Kristallisation bei —10° und —40° wurde sorgfältig solange mit entsprechend vorgekühlten Aceton nachgewaschen, bis das Waschfiltrat eine nur noch hellgelbe Färbung zeigte, jedoch unterließ man jegliches Waschen nach der Kristallisation bei —70°. Die Kristallisation bei —40° bedurfte besonderer Sorgfalt: man stellte das Kristallisationsgemisch erst für jeweils $^1/_2$ Stde. nacheinander bei 0°, —10°, —20° und —30° auf und brachte es dann für weitere 2—3 Stdn. auf die Endtemperatur.

Tab. 3. Ergebnis der Aufarbeitung der Fischöle.

	Fischöl		Unverseifbares	Gesamtfettsäuren	Fr. d. gesätt. Fettsäuren		Fr. d. ungesätt. Fettsäuren	
	JZ [a]	eingesetzte Menge (g)	(g)	(g)	(g)	JZ [a]	(g)	JZ [a]
Dorsch [b] . .	159	4,684	0,164 [d]	4,021	1,227	46	2,713	194
Schellfisch [b] .	172	4,500	0,027	4,037	0,929	24	2,735	210
Sardine [c] . .	199	5,421	0,026	5,057	1,423	26	3,510	235
Hering [c] . . .	119	4,518	0,017	4,276	2,035	58	2,139	157
Weißfisch [b] .	176	4,709	0,020	4,480	1,707	47	2,738	210
Leng [b] . . .	152	5,226	0,026	5,041	2,204	57	2,711	200
Seeteufel [b] . .	163	5,806	0,046	5,257	1,705	44	3,548	209
Scharbe [b] . .	171	4,877	0,277	4,241	0,932	37	3,336	206
Steinbutt [b] .	140	3,280	0,150	2,800	0,942	43	1,799	184
Hai [b]	122	4,814	0,106	4,522	3,052	64	1,386	192
Bonito [c] . . .	187	4,983	0,036	4,680	1,152	21	3,417	225
Wal [c]	133	5,088	0,015	4,717	1,536	41	3,018	181

[a] nach Rosenmund und Kuhnhenn[6] für die Methylester bestimmt
[b] Leberöl [c] Körperfett [d] enthält wahrscheinlich noch größere Fettsäureanteile

2. Gaschromatographische Bestimmung der Zusammensetzung des Fettsäuregemisches

Beide Fettsäurefraktionen wurden nach dem Trocknen der petroläther. Lösung mit 5proz. methanol. Salzsäure in die Methylester übergeführt und jeweils eine kleine Probe in äthanol. Lösung unter Verwendung von Palladiumkohle als Katalysator hydriert. Die gaschromatographischen Analysen der nicht hydrierten und hydrierten Substanzen wurden mit dem Modell 10 der Firma Barber-Colman,

[6] K. W. Rosenmund u. W. Kuhnhenn, Z. Nahrungs- u. Genußmittel 46, 154 [1923].

Rockford, Ill. (USA), der mit einem Argondetektor ausgerüstet ist, unter folgenden Bedingungen vorgenommen: Säulenabmessungen 120 × 0,5 cm; Säulenfüllung: 20% Reoplex 400 (Firma Geigy, Cambridge, England) auf Kieselgel 80—100 mesh: Säulentemp.: 190°; Detektortemp.: 225°; Durchflußgeschwindigkeit des Trägergases: 125 cm³/Min. bei einem Druckabfall von 1,25 kg/cm² längs der Säule; Detektorspannung: 750 V. Die Substanzen wurden als 1—2proz. Lösung in Aceton auf die Säule gebracht. Dieses Verfahren hat nach unseren Erfahrungen bei höhersiedenden Verbindungen gegenüber der Substanzaufgabe ohne Lösungsmittel den Vorteil, daß durch die momentane Verdampfung des Lösungsmittels im Probeverdampfer eine maximale Oberflächenvergrößerung der zu trennenden Gemische und damit eine schnelle Überführung derselben in die Dampfphase erreicht wird. Vorbedingung hierfür ist allerdings eine genügend hohe Temperierung des Verdampfers (300°). Auf diese Weise erzielte man eine sichtliche Verschmälerung der Komponentenbanden und damit eine Erhöhung der Trennstufenzahl. Tab. 4 enthält die unter diesen Bedingungen ermittelten Faktoren für gesättigte und ungesättigte Fettsäuren. Die Auswertung der Chromatogramme führte zu dem in Tab. 5 zusammengestellten Ergebnis, woraus man die in Tab. 1 enthaltene Zusammensetzung der Gesamtfettsäuren errechnete.

Tab. 4. Zusammenstellung der Faktoren, die für die quantitative Auswertung der Gaschromatogramme ermittelt wurden.

	I	II
Gesättigte Fettsäuren*		
Laurinsäure	1,15	0,80
Myristinsäure	1,03	0,70
Palmitinsäure	0,99	0,77
Stearinsäure	1,00	1,00
Arachinsäure	1,03	1,00
Behensäure	1,05	1,13
Lignocerinsäure	1,11	1,54
Ungesättigte Fettsäuren*		
C_{16}-Monoensäure	1,36	1,12
-Tetraensäure	1,52	1,65
C_{18}-Monoensäure	1,40	1,45
-Diensäure	1,53	1,53
-Triensäure	1,29	1,42
-Tetraensäure	1,24	1,15
C_{20}-Monoensäure	1,40	1,46
-Tetraensäure	1,32	1,18
-Pentaensäure		1,45
C_{22}-Monoensäure	1,21	1,15
-Tetraensäure	(1,39)	
-Pentaensäure	(1,45)	(1,44)
-Hexaensäure	(1,94)	

I) Gaschromatograph der Firma W. G. Pye, Cambridge, England.

II) Gaschromatograph Modell 10 der Firma Barber-Colman, Rockford Ill. (USA). Säulenfüllung: 20% Reoplex 400 auf Chromosorb 80—100 mesh; Säulenlänge: 120 cm; Säulentemp.: 190°; Verdampfertemp.: 270°; Durchflußgeschwindigkeit des Trägergases: 50—60 (I), 100—125 (II) cm³/Min.; Druckabfall längs der Säule; 0,5 (I), 1,25 (II) kg/cm²; Detektorspannung des β-Strahlenionisationsdetektors: 750 V.

* Die Testsubstanzen waren gaschromatographisch einheitlich mit Ausnahme der C_{22}-Tetraensäure und -Pentaensäure, die neben der all-*cis*-Verbindung noch etwas *cis-trans*-Isomere enthielten (Gaschromatogramme siehe l. c.[7]).

[7] E. Klenk u. D. Eberhagen, diese Z. **322**, 258 [1960].

Tab. 5. Zusammensetzung der Fraktion der gesättigten (festen) verschiedener Herkunft

Zahl der Doppelbindung.		Dorsch		Schellfisch		Sardine		Hering		Weißfisch		Leng	
		fest	flüss.	fest	flüss.	fest	flüss.	fest	flüss.	fest	flüss.	fest	flüss.
C_{14}	0	6,5	2,0	3,0	1,0	18,5	3,0	8,5	3,0	7,5	2,0	3,0	0,5
	1												+
C_{15}	0	1,0	+	0,5	+	0,5		0,5	+	1,0	+	0,5	
C_{16}	0	38,0	1,0	64,5		62,0	1,0	25,5	1,5	39,5	0,5	31,5	0,5
	1		7,0		7,5		14,5		11,5		6,5		7,5
	? X_1	2,5	+	2,5	1,0	1,0		2,0	1,5	0,5	1,0	1,0	1,5
	2		+		+		2,0		+		+		+
	3		1,0		1,0		2,5		0,5		1,0		1,0
	? X_2	+		+		1,0						+	
	4						5,5						
C_{17}	0	1,0	1,0	1,0	1,0	+	0,5	+	0,5	0,5	1,5	0,5	1,0
C_{18}	0	9,0		13,5		10,0		2,5		8,5		7,0	
	1	11,5	29,0	8,0	37,5	3,0	17,5	5,0	38,5	15,0	31,5	41,0	34,0
	2		2,0		1,0		2,0		1,0		2,5		2,5
	3		1,5		0,5		+		0,5		2,0		1,5
	4		2,0		1,5		3,5		3,5		3,0		2,0
C_{19}	0	+	(0,5)	0,5	(0,5)	+	1,5	+	0,5		(0,5)		
C_{20}	0					0,5							
	1	14,0	7,0	3,0	4,5	1,5	2,5	22,0	9,0	12,0	4,5	7,5	4,0
	2		0,5		0,5		0,5		+		0,5		1,0
	3						+		+				
	4		1,0		1,5		1,0		+		1,0		1,5
	? X_3		0,5				0,5		+		0,5		0,5
	5		12,0		20,0		31,0		11,0		12,5		11,0
	? X_4		3,0								1,5		1,0
C_{21}	0		(0,5)				(1,0)	+					
C_{22}	0												
	1	17,0		2,5		1,5		32,5		15,0		7,5	
	3						2,0		2,0				
	5		2,0		1,5		3,5		1,5		1,5		2,5
	6		28,5		19,5		6,0		11,0		26,5		26,5
C_{24}	0							1,0					
	?								1,5				

3. Reduktive Spaltung der Fraktion der ungesättigten Fettsäuren

30—50 mg der Fraktionen der ungesättigten Fettsäuren wurden in 6 cm³ Eisessig-Methylacetat (1 : 1) bis zur Entfärbung des als Indikator dienenden geringen Sudanrotzusatzes[8] ozonisiert, anschließend nach Klenk und

[8] H. Boer u. E. C. Kooyman, Analytica chim. Acta [Amsterdam] 5, 550 [1951].

und der ungesättigten (flüssigen) Fettsäuren aus den Fischölen in Prozent des Gemischs.

Zahl der Doppel-bindung.	Seeteufel		Scharbe		Steinbutt		Hai		Bonito		Wal	
	fest	flüss.	fest	flüss.	fest	flüss.	fest	flüss.	fest	flüss.	fest	flüss.
C_{14} 0	8,0	1,5	9,5	1,5	7,0	3,0	2,5	3,0	19,5	2,5	26,5	2,0
1		0,5				0,5						2,0
C_{15} 0	1,0	+	2,0	+	0,5	+	0,5	0,5	1,0	0,5	0,5	
C_{16} 0	44,5	0,5	61,5	1,0	45,5	0,5	18,0	1,0	63,5	0,5	39,5	0,5
1		9,0		10,5		18,5		11,0		16,0		19,0
? X_1	2,0	3,0	5,0	2,5	1,0	1,0	0,5	1,0			0,5	
2		0,5		+		+		+		2,0		+
3		1,5		+		+		1,5		3,0		1,5
? X_2			1,0	1,0							0,5	
4								0,5		2,0		+
C_{17} 0	1,0	1,0	2,0	1,5	0,5	1,0	0,5	1,0	2,0	0,5	0,5	1,0
C_{18} 0	8,5		6,5		5,0		3,0		9,0		2,5	
1	7,0	28,5	7,5	25,5	30,5	37,5	2,5	24,0	4,5	26,0	29,0	42,5
2		3,5		1,0		1,5		3,5		1,5		5,0
3		2,0		1,5		1,0		2,5		0,5		1,0
4		3,0		0,5		0,5		6,5		2,5		1,5
C_{19} 0		(+)		(0,5)				(1,0)				
C_{20} 0												
1	11,5	5,0	3,0	2,0	5,5	4,0	27,5	10,5		1,5		3,0
2		0,5		0,5		0,5		0,5				
3						0,5				1,0		+
4		1,0		3,5		1,5		1,0				0,5
? X_3		0,5		0,5				1,0				0,5
5		9,5		19,0		7,5		9,0		30,0		10,0
? X_4		2,0						3,5				1,0
C_{21} 0		(0,5)		(0,5)				(1,0)		(1,0)		
C_{22} 0												
1	16,3		2,0		4,5		45,5					
3				2,5		2,5		1,0		2,0		
5		1,5		8,0		4,0		2,5		2,5		4,0
6		24,5		15,5		13,5		16,5		6,0		5,0
C_{24} 0												

Kremer[9] die Ozonide hydrierend gespalten und die Abbaualdehyde als 2.4-Dinitro-phenylhydrazone chromatographisch getrennt und photometrisch bestimmt. Die Gesamtausbeute lag bei Annahme eines mittleren Molekulargewichtes der Fettsäuren von 300 zwischen 35 und 60 Molprozent, im Mittel bei 48 Molprozent. Tab. 6 enthält die auf eine Ausbeute von 100 Mol% umgerechneten Werte.

[9] E. Klenk u. G. Kremer, diese Z. **320**, 111 [1960].

Tab. 6. Abbaualdehyde der Fraktionen der ungesättigten Fettsäuren (Menge in Mol pro 100 Mol Fettsäure).

	Vorlauf	Abbaualdehyde (als Dinitrophenylhydrazone bestimmt)							
		C_{11}	C_9	C_8	C_7	C_6	C_5	C_4	C_3
Dorsch . . .	6,7	5,4	28,0	4,3	17,8	5,5	1,3	1,0	30,1
Schellfisch . .	3,2	5,7	27,7	2,3	18,8	7,2	1,0	1,6	32,5
Sardine . . .	2,7	4,6	18,5	4,7	27,4	2,3		6,4	33,4
Hering . . .	9,5	6,9	34,1		14,9	4,4	0,9	2,3	27,1
Weißfisch . .	6,7	7,6	27,7	3,8	17,2	5,1	1,4	1,4	28,9
Leng	5,8	8,3	24,1	2,9	18,5	5,0	1,1	1,4	33,1
Seeteufel . .	5,3	11,3	22,2	4,5	22,8	6,2	2,0	2,7	23,0
Scharbe . . .		8,2	20,5	5,3	22,2	7,6	1,2	2,9	32,3
Steinbutt . .	9,0	3,2	26,4	2,7	26,4	4,6	1,1	1,0	25,8
Hai	8,9	6,7	21,1	2,8	21,6	6,7	1,7	1,6	29,1
Bonito . . .		3,5	22,4		22,7	5,1	0,5	9,3	36,7
Wal		6,7	23,9	8,9	33,0	6,1	3,0	2,0	16,5

Zusammenfassung

Von zwölf Fischölen verschiedener Herkunft wurde die Zusammensetzung des Fettsäuregemisches gaschromatographisch bestimmt. Bei allen untersuchten Proben waren unter den Polyenfettsäuren die C_{20}- und C_{22}-Säuren vorherrschend. Durch reduktiven Abbau konnte der Beweis erbracht werden, daß sie vorwiegend dem Linolensäuretyp angehören.

Summary

The composition of the fatty acid mixture of twelve different fish oils was determined by gas chromatography. In every case the predominant polyenoic acids were C_{20}- and C_{22}. Reductive degradation showed them to be mainly of the linolenic acid type.

Prof. Dr. E. Klenk, Physiologisch-Chemisches Institut der Universität Köln, 5 Köln-Lindenthal, Joseph-Stelzmann-Str. 52.

Über die ungesättigten C_{16}-Fettsäuren des Meeresplanktons und das Vorkommen der $\Delta^{6.9.12.15}$-Hexadecatetraensäure

Von

E. Klenk und **D. Eberhagen**

Aus dem Physiologisch-Chemischen Institut der Universität Köln

(Der Schriftleitung zugegangen am 2. Januar 1962)

Unter den im Tierreich vorkommenden Polyenfettsäuren sind bisher nur wenige Vertreter bekannt geworden, die nicht dem Öl-, Linol- oder Linolensäuretypus angehören[1]. Es handelt sich vor allem um die von Silk und Hahn[2] im Jahre 1954 aus dem südafrikanischen Sardinenöl isolierte $\Delta^{6.9.12.15}$-Hexadecatetraensäure, die im Laufe der folgenden Jahre auch aus dem Menhadenöl[3] und aus dem Heringsöl[4] gewonnen werden konnte, sowie um die im Heringsöl eindeutig nachgewiesene[4] $\Delta^{6.9.12}$-Hexadecatriensäure und $\Delta^{9.12}$-Hexadecadiensäure. Fettsäuren von der Art der oben erwähnten C_{16}-Tetraensäure mit einer im Infrarotspektrum leicht zu identifizierenden endständigen Doppelbindung sind bisher außer in Fischölen nicht gefunden worden und beanspruchen wegen ihrer strukturellen Besonderheit Interesse. Da sowohl die Sardine wie auch der Hering und sein amerikanischer Verwandter, der Menhaden, Planktonfresser sind, lag die Vermutung nahe, daß diese Verbindungen oder ihre Vorläufer aus dem Meeresplankton stammen und von den Fischen in der Nahrung aufgenommen werden.

Bei der gaschromatographischen Untersuchung der Fettsäuren verschiedener Planktonfänge (Tab. 1) fanden wir in den Proben, die überwiegend aus Phytoplankton bestanden, eine bemerkenswerte Anreicherung der ungesättigten C_{16}-Säuren, vor allem der Tetraensäure, die uns zu einer näheren Untersuchung veranlaßte. Durch fraktionierte Destillation der ungesättigten Fettsäuremethylester im Hochvakuum, säulenchromatographische Abtrennung der Hexadecapolyensäuren als Quecksilber(II)-Addukte und durch Gegenstromverteilung wurde eine $\Delta^{6.9.12.15}$-Hexadecatetraensäure, eine $\Delta^{6.9.12}$-Hexadecatriensäure, ein Isomerengemisch von 25% $\Delta^{6.9}$- und 75% $\Delta^{9.12}$-Hexadecadiensäure und eine Δ^{9}-Hexadecensäure mit geringen Anteilen des Δ^{7}-Isomeren isoliert. Die Konstitutionsaufklärung führten wir in üblicher Weise durch oxydativen[5] und — mit Ausnahme der Tetraensäure — durch reduktiven[6]

[1] E. Klenk, Experientia [Basel] **17**, 199 [1961].
[2] M. H. Silk u. H. H. Hahn, Biochem. J. **57**, 582 [1954].
[3] W. Stoffel u. E. H. Ahrens jr., J. Amer. chem. Soc. **80**, 6604 [1958].
[4] E. Klenk u. H. Steinbach, diese Z. **316**, 31 [1959].
[5] E. Klenk u. W. Bongard, diese Z. **290**, 181 [1952].
[6] E. Klenk u. G. Kremer, diese Z. **320**, 111 [1960].

Tab. 1. Die Fettsäurenzusammensetzung der Planktonlipoide in Prozent der Gesamtfettsäuren.

	Zahl d. Doppel-bind.	Planktonprobe			
		I	II	III	IV
C_{12}	0	+	0,4	0,1	0,2
C_{14}	0	11,4	5,0	6,7	10,6
	1	+	+	+	+
	? X_1	+		0,3	0,5
C_{15}	0	0,4	1,0	0,5	0,8
	? X_2		+	0,1	0,2
C_{16}	0	14,1	14,4	14,4	14,0
	1	27,6	4,4	5,9	9,7
	? X_3	+	1,0	0,6	0,5
	2	5,4	1,0	1,4	3,0
	3	4,0	1,0	1,4	2,7
	? X_4	+	2,8	0,9	1,1
	4	9,4	0,5	2,3	6,1
C_{17}	0	+	1,2	0,5	0,5
C_{18}	0	0,7	5,2	2,6	2,3
	1	2,5	10,5	8,3	5,4
	2	1,1	1,8	1,6	1,2
	3	+	0,9	1,4	0,5
	4	2,8	4,1	4,1	3,9
C_{19}	0		0,4	0,3	0,2
C_{20}	0	+	+	0,2	0,3
	1	+	1,1	1,0	1,5
	2		+	0,3	+
	3		+	0,2	+
	4	0,4	2,2	0,5	0,5
	? X_5		3,2	[a]	[a]
	5	15,1	15,1	21,9	24,2
C_{21}	0	+		[b]	
C_{22}	0	+	+	0,3	0,2
	1		+	0,3	
	2	+			
	3		0,7	0,5	+
	4		0,4	0,3	+
	5	1,1	0,4	0,8	+
	6	0,4	20,9	18,3	9,5
C_{23}	?	[c]			
C_{24}	?	[d]		1,1	0,2

[a] wurde nicht in die Berechnung mit einbezogen;
[b] wahrscheinlich hier eine ungesättigte C_{21}-Säure (0,7%);
[c] wahrscheinlich hier eine ungesättigte C_{23}-Säure (0,7%);
[d] eine C_{24}-Säure nicht festgestellter Ungesättigtheit (2,5%).

Anmerkungen:

X_1 besaß die gleiche Retentionszeit wie C_{14}-Monoensäure, war aber nicht hydrierbar;
X_2 war ebenfalls nicht hydrierbar;
X_3 und X_4 besaßen die gleiche Retentionszeit wie die C_{16}-Diensäure bzw. Triensäure, waren aber nicht hydrierbar und mußten auf Grund ihres Verhaltens auf unpolaren Phasen niedrigere Siedepunkte als Palmitinsäure und polare Gruppen im Molekül besitzen.
X_5 eine Verbindung mit diesem Verhalten fand sich auch in den meisten Fischölen und konnte zu Arachinsäure hydriert werden.

Ozonidabbau durch. Die Reduktion erfolgte mit Triphenylphosphin[7]. Als beweisend für die Struktur der Tetraensäure wurden neben dem oxydativen Abbau die für die Vinylgruppierung $-CH=CH_2$ charakteristischen, ausgeprägten Banden bei 10,1 und 11 μ und das der endständigen $=CH_2$-Gruppe zuzuschreibende Dublett zwischen 6,1 und 6,2 μ des IR-Spektrums[8] (Abb. 4) angesehen.

Nach diesen Ergebnissen erscheint uns die Herkunft dieser Säuren, die sich alle im Herings- und Menhadenöl finden, aus dem Plankton als gesichert. Auffallend war das Fehlen der im Heringsöl in kleinen Mengen nachgewiesenen[4] $\Delta^{9.12.15}$-Hexadecatriensäure, die ebenfalls diesem Strukturtyp angehört. Auf Grund der bisher vorliegenden Untersuchungen[9] treten in den Fischölen keine C_{18}-, C_{20}- und C_{22}-Polyensäuren dieses Typs auf. Eine Kettenverlängerung scheint also bei diesen atypischen C_{16}-Polyensäuren nicht vorzukommen. In Übereinstimmung damit konnte bei der Verfütterung der entsprechenden C_{16}-Polyensäuren an Ratten kein Übergang derselben in C_{20}- und C_{22}-Polyensäuren festgestellt werden[10].

Schon im Jahre 1934 haben Hilditch und Mitarbeiter[11] sowie später Lovern[12] weitgehende Übereinstimmung in der Fettsäurenzusammensetzung des Planktons und der Fischöle festgestellt. Wir konnten diese Befunde voll bestätigen. In den von uns untersuchten Planktonproben machen die C_{20}- und C_{22}-Polyensäuren (hauptsächlich C_{20}-Pentaensäure und C_{22}-Hexaensäure) 17—43% der Gesamtfettsäuren aus (Tab. 1).

Außerdem geht aus den Ergebnissen des reduktiven Abbaus (Tab. 4) hervor, daß der Hauptteil der Polyensäuren (mit Ausnahme der C_{16}-Säuren) dem Linolensäuretyp angehört, wie dies auch für die Polyensäuren der Fischöle zutrifft[13].

Die Untersuchung wurde durch Mittel der Deutschen Forschungsgemeinschaft und des Verbandes der Chemischen Industrie, Fonds der Chemie, unterstützt.

Beschreibung der Versuche

Folgende Planktonfänge wurden von der Biologischen Anstalt Helgoland vor der Küste von Helgoland gefischt und auf die biologische Zusammensetzung hin untersucht:

[7] L. Horner u. H. Hoffmann, Angew. Chem. **68**, 473 [1956].

[8] Landolt-Börnstein, Zahlenwerte u. Funktionen aus Physik, Chemie, Astronomie, Geophysik u. Technik, Bd. I/2, Springer-Verlag Heidelberg 1951.

[9] E. Klenk u. H. Brockerhoff, diese Z. **307**, 272 [1957]; **310**, 153 [1958]; E. Klenk u. D. Eberhagen, diese Z. **307**, 42 [1957]; E. Klenk u. L. Brucker-Voigt, diese Z. **324**, 1 [1960]; W. Stoffel u. E. H. Ahrens jr., J. Lipid Res. **1**, 139 [1960]; J. M. Whitcutt u. D. A. Sutton, Biochem. J. **63**, 469 [1956]; J. Whitcutt, Biochem. J. **67**, 60 [1957]; M. Matic, Biochem. J. **68**, 692 [1958].

[10] E. Klenk, K. Oette, J. Köhler u. H. Schöll, diese Z. **323**, 270 [1961].

[11] G. Collin, J. C. Drummond, E. R. Gunther u. T. P. Hilditch, J. exp. Biol. **11**, 198 [1934].

[12] J. A. Lovern, Biochem. J. **29**, 847 [1935]; **30**, 387 [1936].

[13] s. auch E. Klenk u. D. Eberhagen, diese Z. **328**, 180 [1962], voranstehend.

Probe I: Fast ausschließlich Diatomeen (*Biddulphia sinensis*). Fangzeit: September 1960.
Probe II: Vorwiegend Zooplankton. Fangzeit: November/Dezember 1960.
Probe III: Vorwiegend Zooplankton. Fangzeit: Juli/September 1961.
Probe IV: Vorwiegend Phytoplankton. Fangzeit: Juli/August 1961.

1. Gewinnung der Fettsäuren

Das zweimal mit frischem Aceton entwässerte Material wurde dreimal 2 Stdn. mit Chloroform-Methanol (1 : 3) gekocht, die vereinigten Aceton- und Chloroform-Methanol-Auszüge im Rotationsverdampfer schonend eingedampft und die äther. Lösung der Rohlipoide zur Entfernung der teilweise erheblichen Salzbeimengungen wiederholt mit dest. Wasser ausgewaschen. Die Fettstoffe wurden dann zur Spaltung 3 Stdn. mit der 20fachen Menge 5proz. methanol. Schwefelsäure gekocht, die Fettsäureester erschöpfend mit Petroläther ausgeschüttelt und in der fettfreien methanol. Phase der Phosphorgehalt nach Teorell[14] bestimmt. Die weitgehend eingeengten petrolätherischen Extrakte gab man zur Abtrennung der Farbstoffe auf eine mit Kieselgel (Merck; fein gepulvert) gefüllte Säule und eluierte anfangs mit reinem Petroläther, dann mit 20% Äther in Petroläther. Nach Abdampfen der Lösungsmittel verblieben als Rückstand gelbe bis rötlich gefärbte, leicht bewegliche Öle, die teilweise durch Kurzwegdestillation bei 0,1 Torr und einer maximalen Heizbadtemperatur von 140° weiter gereinigt wurden. Dabei dampften im Falle der Planktonprobe I von etwa 1,3 g der eingesetzten Substanzmenge 0,95 g aus der Vorlage ab (Sdp. etwa 50—52°). Die Gewinnung der freien Fettsäuren und ihre Zerlegung in die gesättigten (festen) und ungesättigten (flüssigen) Anteile durch Tiefkühlkristallisation, sowie die gaschromatographische Ermittlung der Fettsäurenzusammensetzung (Tab. 1) erfolgte in der gleichen Weise, wie an anderer Stelle[13] ausführlich beschrieben. Tab. 2 gibt eine Zusammenstellung der bei den einzelnen Aufarbeitungen erhaltenen Ausbeuten; Abb. 1 zeigt die Absorptionsspektren der nach Holman und Burr[15] alkaliisomerisierten ungesättigten Fettsäurefraktionen im ultravioletten Spektralbereich.

Tab. 2. Ausbeuten bei der Aufarbeitung der Planktonproben.

		Planktonprobe			
		I	II	III	IV
Rohlipoide	g	(1,43)[a]	5,42	32,5	3,5
Geweberückstand (trocken) . .	g	22,76	10,0	156,5	15,8
Fettgehalt der Trockensubstanz	%	6	35	17	18
Phosphorgehalt der Rohlipoide.	%		0,02	0,36	0,55
Unverseifbares.	g	0,05	0,54	3,66	0,20
Gesamtfettsäuren	g	0,29	3,10	17,36	1,40
Fettsäuregehalt der Trockensubst.	%	1	20	9	7
Gesättigte Fettsäuren.	g	0,07	0,64	5,14	0,38
Jodzahl[b].			24	60	52
Ungesättigte Fettsäuren . . .	g	0,22	1,57	11,73	0,92
Jodzahl[b].			240	269	240

[a] nach Spaltung der Rohlipoide mit methanol. Schwefelsäure;
[b] nach Rosenmund und Kuhnhenn[16] an den Methylestern bestimmt.

[14] T. Teorell, Biochem. Z. **230**, 1 [1931].
[15] R. T. Holman u. G. O. Burr, Arch. Biochemistry **19**, 474 [1948].
[16] K. W. Rosenmund u. W. Kuhnhenn, Z. Unters. Nahrungs- u. Genußmittel **46**, 154 [1923].

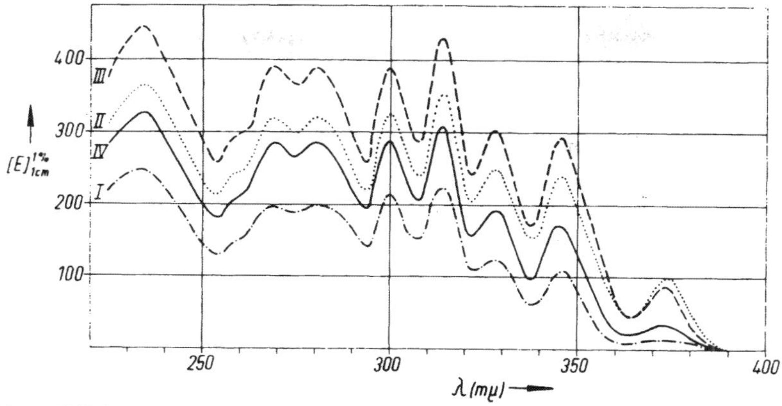

Abb. 1. UV-Spektren der ungesättigten, alkali-isomerisierten Fettsäurefraktionen der Planktonproben I—IV.

Im Falle der Planktonprobe I wurde versucht, durch oxydativen und reduktiven Ozonidabbau[5–7] einen Einblick in die strukturelle Zusammensetzung der ungesättigten Fettsäuren zu erhalten (Tab. 3 und 4).

Tab. 3. Abbaudicarbonsäuren aus der ungesättigten Fettsäurefraktion der Planktonprobe I (Menge in Mol pro Mol Fettsäure).

	freie Säure	Methylester
Azelainsäure	0,40 [a]	—
Pimelinsäure	0,13 [b]	—
Adipinsäure	0,15	0,03
Glutarsäure	0,22	0,06
Bernsteinsäure	0,10	0,01
Malonsäure	0,89	0,89
Dicarbonsäurenhalbester	—	0,98 [c]

[a] enthielt noch geringe Anteile Adipinsäure;
[b] war mit kleinen Mengen Adipin-, Glutar- und Bernsteinsäure verunreinigt;
[c] bestand papierchromatographisch nach Gewinnung der freien Säuren aus einem Gemisch von Azelain-, Adipin-, Glutar- und Bernsteinsäure.

Tab. 4. Abbaualdehyde aus der Fraktion der ungesättigten Fettsäuren der Planktonlipoide I (Menge in Mol pro Mol Fettsäure. Die in Klammern gesetzten Werte sind auf 100% umgerechnet).

Nonanal	Oktanal	Heptanal	Hexanal	Pentanal	Butanal	Propanal
0,0096 (0,030)	0,0310 (0,095)	0,0767 (0,236)	0,0127 (0,039)	0,0036 (0,010)	0,0401 (0,123)	0,1520 (0,467)

2. Isolierung und Charakterisierung der Hexadecapolyensäuren

Die ungesättigten Fettsäuremethylester der Planktonproben III und IV wurden durch fraktionierte Destillation bei 10^{-4} Torr am Kolonnenkopf in zwei Ansätzen weiter zerlegt. Es fand dabei eine Mikrodestillationsapparatur mit einem Betriebsinhalt von $< 0{,}5$ cm³ Verwendung, die aus einem 300 mm langen, mit einem versilberten Vakuummantel versehenen, leeren Rohr als Fraktionierkolonne, einer angeschmolzenen Blase mit etwa 7 cm³ Inhalt und einem unmittelbar an die Kolonne anschließenden Dephlegmator bestand, der mit Heißluft regelbarer Temperatur durchströmt wurde. Die Kolonne besaß eine lichte Weite von 3,5 mm. In dieser Weise konnten aus 10,6 g Methylester insgesamt 1,2 g eines Gemisches erhalten werden, in dem neben gesättigten Fettsäuren nur noch die ungesättigten C_{16}-Säuren vorhanden waren. Durch säulenchromatographische Trennung der aus den Methylestern nach Jantzen und Andreas[17] dargestellten Quecksilber(II)-Addukte ließen sich die gesättigten Anteile quantitativ entfernen, eine chromatographisch reine Hexadecensäure als Hauptbestandteil des Ausgangsgemisches und

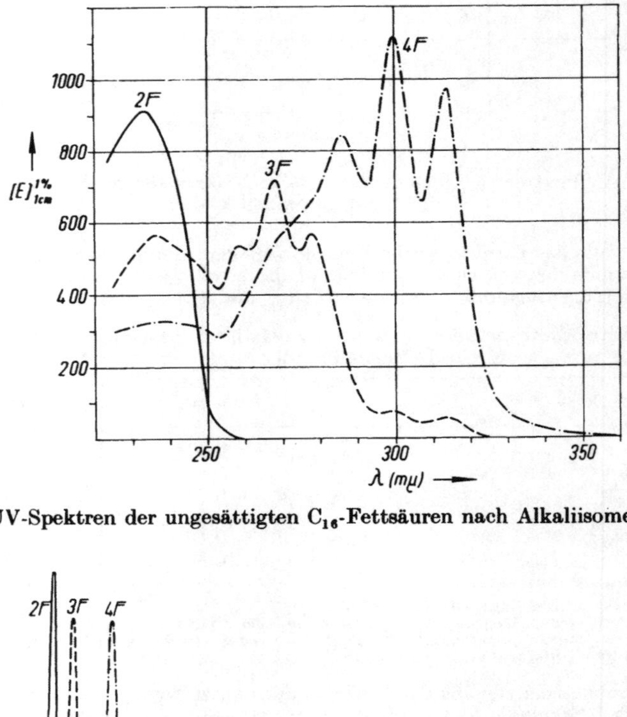

Abb. 2. UV-Spektren der ungesättigten C_{16}-Fettsäuren nach Alkaliisomerisierung.

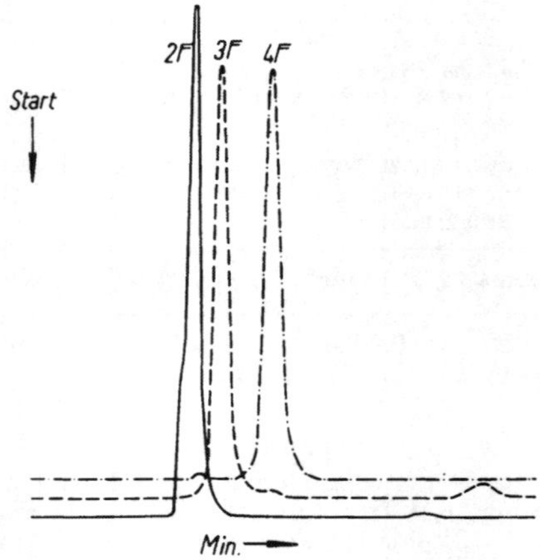

Abb. 3. Gaschromatographische Reinheitsprüfung der ungesättigten C_{16}-Fettsäuren mit 20% Reoplex 400 auf Kieselgel als Säulenfüllung.

[17] E. Jantzen u. H. Andreas, Chem. Ber. **94**, 628 [1961].

eine Fraktion der C_{16}-Polyensäuren gewinnen. Letztere (0,35 g) bestand, den gaschromatographischen Analysen entsprechend, zu etwa je 25% aus einer Dien- und einer Triensäure und zur anderen Hälfte aus einer Tetraensäure. Das Gemisch wurde durch Gegenstromverteilung über 250 Elemente nach Ahrens und Craig[18] in die Komponenten zerlegt. Dabei ließen sich 90 mg einer C_{16}-Tetraensäure, 50 mg einer C_{16}-Triensäure und 52 mg einer C_{16}-Diensäure gewinnen. Abb. 2 und 3 zeigen die UV-Spektren der alkaliisomerisierten Säuren bzw. die Gaschromatogramme der Methylester. In Tab. 5 sind für die die isolierten Polyensäuren charakteristischen Daten zusammengestellt.

Tab. 5. Charakterisierung der isolierten ungesättigten C_{16}-Säuren.

	Tetraensäure	Triensäure	Diensäure	Monoensäure
Gaschromatographische Reinheitsprüfung	nahezu rein	verunreinigt mit C_{18}-Tetraensäure	enthielt Spuren C_{18}-Triensäure	einheitlich
UV-spektroskopische Untersuchung nach Alkaliisomerisierung	reine Tetraensäure	Triensäure m. etwa 10% Tetraensäure	reine Diensäure	
Gaschromatographische Untersuchung der hydr. Methylester	reine Palmitinsäure	Palmitinsäure m. 8% Stearinsäure	Palmitinsäure m. 1% Stearinsäure	reine Palmitinsäure
Schmelzpunkt der hydr. aus Aceton umkrist. Säure	61,5—62,5°	59—60,5°	61—62°	61,5—62,5°

In Abb. 4 findet sich das IR-Spektrum der C_{16}-Tetraensäure (C), das IR-Spektrum der zur Isolierung der Hexadecapolyensäuren verwendeten Destillationsfraktionen (A) und das IR-Spektrum des Hexadecapolyensäuregemisches vor der Auftrennung durch die Gegenstromverteilung (B). Die Substanzen wurden als Film von 0,025 mm Dicke in Form der Methylester aufgenommen.

Der Ozonidabbau wurde in der üblichen Weise[5—7] durchgeführt. In Tab. 6 und 7 sind die Ergebnisse der oxydativen und der reduktiven Spaltung zusammengestellt.

Tab. 6. Abbaudicarbonsäuren der isolierten C_{16}-Polyensäuren (Menge in Mol pro Mol Polyensäure).

	Tetraensäure	Triensäure	Diensäure	Monoensäure
Azelainsäure	—	—	0,76 [a]	0,90 [c]
Pimelinsäure	—	—	+	0,07 [c]
Adipinsäure	0,87	0,93	0,19	0,03 [c]
Glutarsäure	0,02	0,04	(0,02) [b]	—
Bernsteinsäure	0,12	0,04	(0,02) [b]	—
Malonsäure	2,09	1,25	0,52	—

[a] enthielt noch geringe Anteile Adipinsäure; [b] nicht papierchromatographisch identifiziert; [c] Zusammensetzung gaschromatographisch ermittelt.

[18] E. H. Ahrens jr. u. L. C. Craig, J. biol. Chemistry **195**, 299 [1952].

Tab. 7. Abbaualdehyde der isolierten C_{16}-Polyensäuren (Menge in Mol pro Mol Polyensäure).

	Triensäure	Diensäure	Monoensäure
Nonanal	—	—	0,013
Heptanal. . . .	—	0,137	0,772
Hexanal	—	0,034	0,008
Butanal	0,604	0,371	—

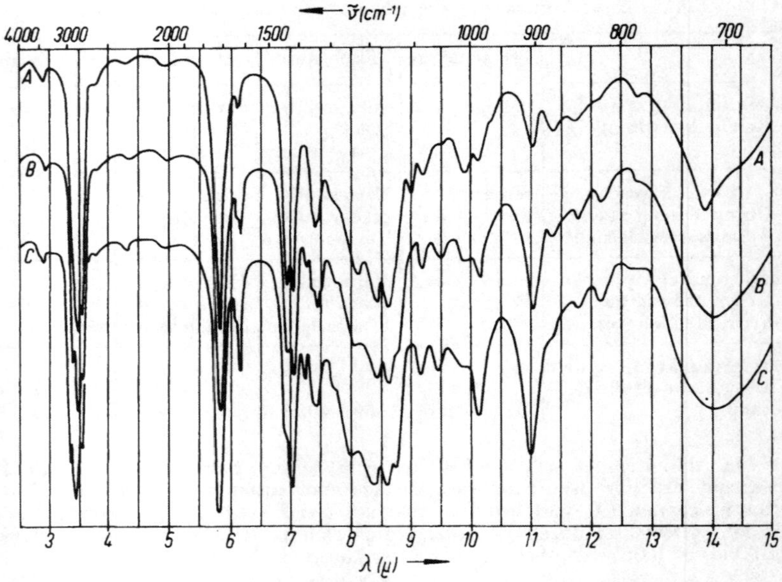

Abb. 4. IR-Spektren der zur Isolierung der C_{16}-Polyensäuren verwendeten Destillationsfraktionen (A), des C_{16}-Polyensäuregemisches vor der Gegenstromverteilung (B) und der reinen C_{16}-Tetraensäure (C). Alle Substanzen als Film von 0,025 mm Dicke in Form der Methylester aufgenommen.

Zusammenfassung

Aus den Fettstoffen des Meeresplanktons konnten folgende Polyensäuren isoliert und ihre Struktur durch oxydativen und reduktiven Ozonidabbau ermittelt werden: $\Delta^{6.9.12.15}$-Hexadecatetraensäure, $\Delta^{6.9.12}$-Hexadecatriensäure, $\Delta^{6.9}$- und $\Delta^{9.12}$-Hexadecadiensäure und Δ^{9}-Hexadecensäure.

Mit Hilfe der Gaschromatographie wurde die Fettsäurezusammensetzung verschiedener Planktonfänge bestimmt und durch oxydativen Ozonidabbau der ungesättigten Fettsäuremethylester der Nachweis für die Divinylmethanstruktur der Planktonpolyensäuren erbracht. Das beim reduktiven Ozonidabbau erhaltene Aldehydgemisch bestand zu nahezu 50 Mol% aus Propanal, so daß die C_{18}-, C_{20}- und C_{22}-Polyensäuren im wesentlichen dem Linolensäuretyp angehören dürften.

Summary

The following polyenoic acids were isolated from marine plankton and their structure determined by oxidative and reductive ozonide degradation: $\Delta^{6,9,12,15}$-hexadecatetraenoic acid, $\Delta^{6,9,12}$-hexadecatrienoic acid, $\Delta^{6,9}$- and $\Delta^{9,12}$-hexadecadienoic acid, and Δ^{9}-hexadecenoic acid.

The fatty acid composition of different plankton samples was determined by gas chromatography and the divinylmethane structure of plankton polyenoic acids demonstrated by oxidative ozonide degradation of the unsatureted fatty acid methyl esters. The aldehyde mixture obtained by reductive ozonide degradation contained practically 50 Mol.% of propanal. Thus the C_{18}-, C_{20}- and C_{22}-polyenoic acids are mainly of the linolenic acid type.

Prof. Dr. E. Klenk, Physiologisch-Chemisches Institut der Universität Köln, 5 Köln-Lindenthal, Joseph-Stelzmann-Str. 52.

Über die Bildung von C_{20}- und C_{22}-Polyensäuren aus $\Delta^{4.7.10.13}$-Hexadecatetraensäure bei der Ratte

Von

Ernst Klenk

Aus dem Physiologisch-Chemischen Institut der Universität Köln

(Der Schriftleitung zugegangen am 22. August 1962)

Professor Dr. A. Butenandt zum 60. Geburtstag gewidmet

Verabreicht man an fettfrei ernährte Ratten Linolsäure, so werden in die Leberlipoide reichliche Mengen C_{20}- und C_{22}-Polyensäuren vom Linolsäuretyp (vorwiegend Arachidonsäure = $\Delta^{5.8.11.14}$-Eicosatetraensäure) eingebaut. Die Verabreichung von Linolensäure führt dagegen zum Einbau von C_{20}- und C_{22}-Polyensäuren vom Linolensäuretyp (vorwiegend $\Delta^{5.8.11.14.17}$-Eicosapentaensäure und $\Delta^{4.7.10.13.16.19}$-Docosahexaensäure)[1]. Bei entsprechenden Versuchen[2] mit anderen Polyensäuren vom Linolensäuretyp ($\Delta^{6.9.12.15}$-Octadecatetraensäure und $\Delta^{5.8.11.14.17}$-Eicosapentaensäure) wurde dasselbe Ergebnis wie mit Linolensäure erhalten. Dagegen blieb bei der Verfütterung von $\Delta^{6.9.12.15}$-Hexadecatetraensäure und von der aus Fischölen gewonnenen C_{16}-Polyensäurefraktion (vorwiegend $\Delta^{9.12}$-Hexadecadiensäure und $\Delta^{6.9.12}$-Hexadecatriensäure) die Zusammensetzung des Fettsäuregemischs der Leberlipoide gegenüber dem Kontrollversuch unverändert.

Das verschiedene Verhalten der verfütterten C_{16}-Polyensäuren könnte darauf zurückzuführen sein, daß sie einem anderen als dem Linol- bzw. Linolensäuretyp angehören oder darauf, daß C_{16}-Polyensäuren allgemein nicht in C_{20}- und C_{22}-Polyensäuren übergeführt werden. Um diese Frage zu entscheiden wurde nun ein Fütterungsversuch mit der aus Grünalgen gewonnenen[3] $\Delta^{4.7.10.13}$-Hexadecatetraensäure, einer Polyensäure vom Linolensäuretyp, ausgeführt. Sie verhielt sich wie Linolensäure. Auch bei diesem Versuch wurden in die Leberlipoide reichliche Mengen C_{20}-Pentaensäure und C_{22}-Hexaensäure desselben Typs eingebaut. So blieb bei Kontroll- und Versuchstieren in den Gesamtfettsäuren der Gehalt an Arachidonsäure unverändert bei 3,5%, der Gehalt an C_{20}-Pentaensäure stieg dagegen von weniger als 0,1% auf 5,1% und der an C_{22}-Hexaensäure von 1,1% auf 12,3% an. Die verfütterte C_{16}-Tetraensäure ist im Polyensäuregemisch nicht nachzuweisen.

Es können demnach auch C_{16}-Polyensäuren in C_{20}- und C_{22}-Polyensäuren übergeführt werden. Der Vorgang dürfte sich aber im wesentlichen auf die Polyensäuren vom Linol- und Linolensäuretyp beschränken. Offensichtlich ist für den Ablauf des Mechanismus und den Einbau

---

[1] E. Klenk u. K. Oette, diese Z. **318**, 86 [1960].
[2] E. Klenk, K. Oette, J. Köhler u. H. Schöll, diese Z. **323**, 270 [1961].
[3] E. Klenk u. W. Knipprath, diese Z. **317**, 243 [1959].

der entstehenden Polyensäuren in die Organphosphatide die für beide Typen charakteristische Anordnung der Doppelbindungen in der Kohlenstoffkette erforderlich.

Die Untersuchungen wurden durch Mittel der Deutschen Forschungsgemeinschaft und des Verbandes der Chemischen Industrie, Fonds der Chemie, unterstützt. Herrn W. Mücke danke ich für die geschickte experimentelle Hilfe.

Beschreibung der Versuche

Die aus *Scenedesmus obliquus* dargestellte[3] und für die Fütterungsversuche verwendete $\Delta^{4.7.10.13}$-Hexadecatetraensäure war noch mit nahezu 20% anderer C_{16}-Säuren verunreinigt (s. Abb. 1). Der größere Teil der Verunreinigung bestand aus $\Delta^{7.10.13}$-Hexadecatriensäure mit einer Beimengung von etwa 1—2% der $\Delta^{4.7.10}$-Isomeren. Nach Alkaliisomerisierung zeigt das UV-Spektrum die typischen Tetraenbande bei 300 und 314 mμ (Abb. 2).

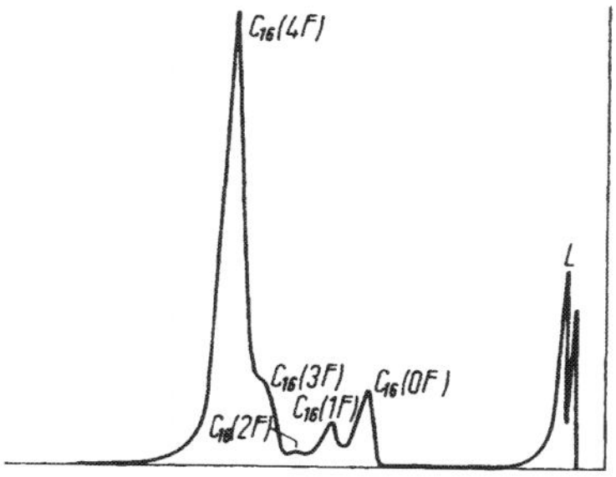

Abb. 1

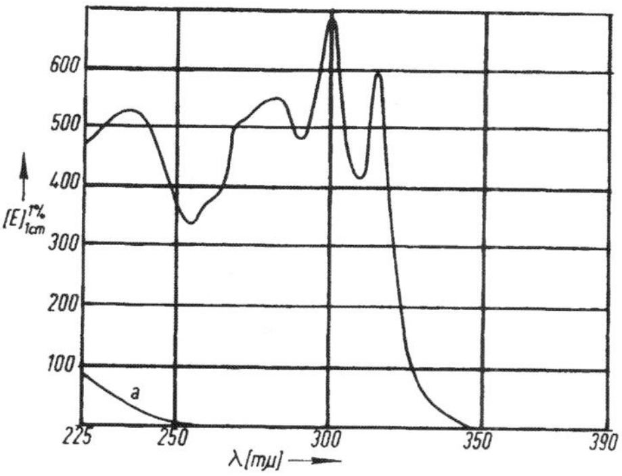

Abb. 2

Abb. 1. Gaschromatogramm des verfütterten C_{16}-Tetraensäure-äthylesters (Stationäre Phase: Reoplex; Säulentemperatur: 189°; Trägergas: Argon). Zusammensetzung: Palmitinsäure 5,4%, C_{16}-Monoensäure 4,2%, C_{16}-Diensäure Spur, C_{16}-Triensäure 9,1%, C_{16}-Tetraensäure 81,3%.

Abb. 2. UV-Spektrum der verfütterten $\Delta^{4.7.10.13}$-Hexadecatetraensäure vor (a) und nach der Alkaliisomerisierung.

Für die Fütterungsversuche wurden wie früher[1, 2] beschrieben junge, fettfrei ernährte Ratten verwendet, die man in zwei Gruppen von je 10 Tieren einteilte und wovon die eine Gruppe (I) innerhalb von 28 Tagen 12 g des C_{16}-Tetraensäure-äthylesters (tägl. etwa 45 mg pro Tier), die andere Gruppe (II) das fettfreie Futter ohne Zulage erhielt. Das Durchschnittsgewicht eines Tieres betrug bei Versuchsbeginn 150 g (Gruppe I) bzw. 147 g (Gruppe II). Während der Versuchsdauer nahm das Gewicht der Tiere bei I um 34,6%, bei II um 23,1% zu. Bei Gruppe I überlebten alle 10 Tiere, bei Gruppe II gingen 2 Tiere ein.

Nach Beendigung des Fütterungsversuchs wurden die Tiere getötet und die Lebern in der üblichen[1, 2] Weise aufgearbeitet, wobei man die Abtrennung der Polyensäurefraktion im vorliegenden Fall jedoch bei —70° vornahm. Das Ergebnis ist in Tab. 1 zusammengestellt.

Tab. 1. Ergebnis der Leberaufarbeitung (Menge in g).

	Phosphatide	Gesamt-fett-säuren	Fettsäuren ausgefallener Anteil	Polyen-säure-fraktion
Gruppe I	1,67	0,70	0,38	0,29
Gruppe II	1,40	0,66	0,47	0,18

Schon der Vergleich der UV-Spektren der Polyensäurefraktionen nach der Alkaliisomerisierung zeigt bei I den sehr viel höheren Gehalt an Pentaen- und Hexaensäuren an (Abb. 3).

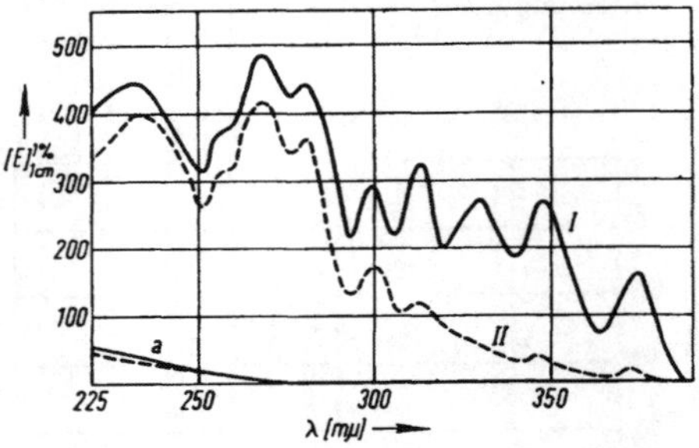

Abb. 3. UV-Spektren der Polyensäurefraktionen vor (a) und nach der Alkaliisomerisierung (Gruppe I ———, Kontrollgruppe II - - - - - -).

Die genaue Zusammensetzung der erhaltenen Fettsäurefraktionen wurde durch gaschromatographische Analyse ermittelt, und zwar legte man der Berechnung sowohl die Gaschromatogramme der einzelnen Fraktionen (Abb. 4 und 5) wie auch ihrer Hydrierungsprodukte (Abb. 6 und 7) zugrunde. Die letzteren dienten

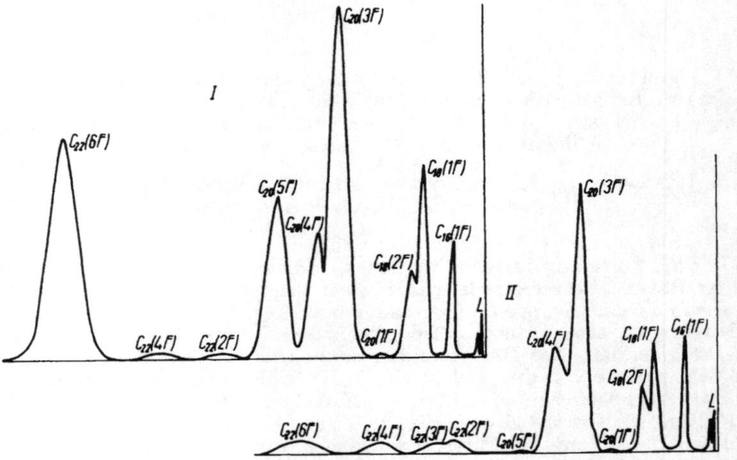

Abb. 4. Gaschromatogramme der Methylester von den Polyensäurefraktionen I und II (Reoplex, 192°, Argon).

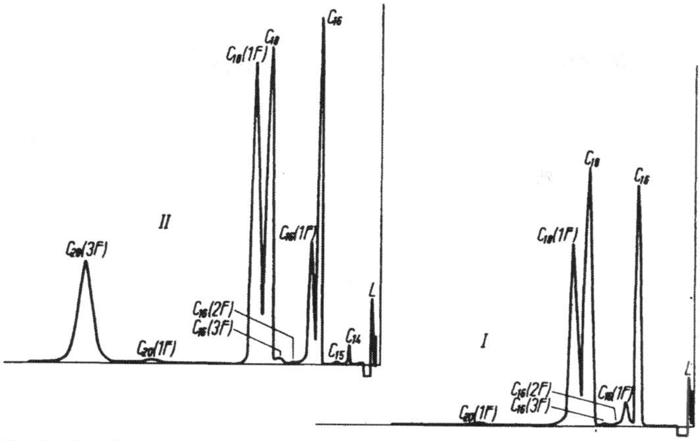

Abb. 5. Gaschromatogramme der Methylester von den auskristallisierten Fettsäurefraktionen I und II (Reoplex, 194°, Argon).

Abb. 6. Gaschromatogramme der Methylester von den hydrierten Fettsäurefraktionen I (a = Polyensäurefraktion; b = auskristallisierte Fettsäurefraktion; Ausführung wie bei Abb. 5).

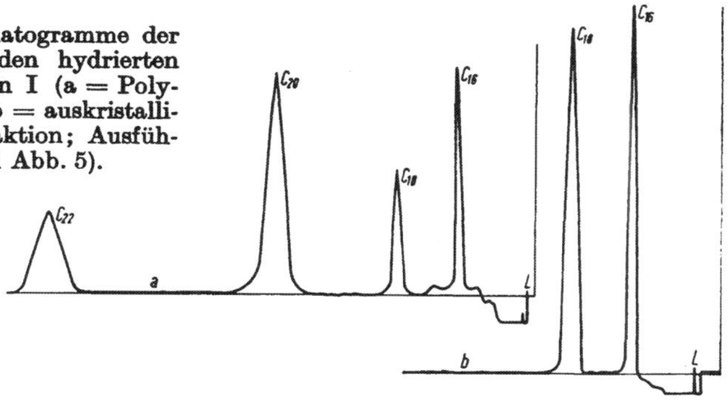

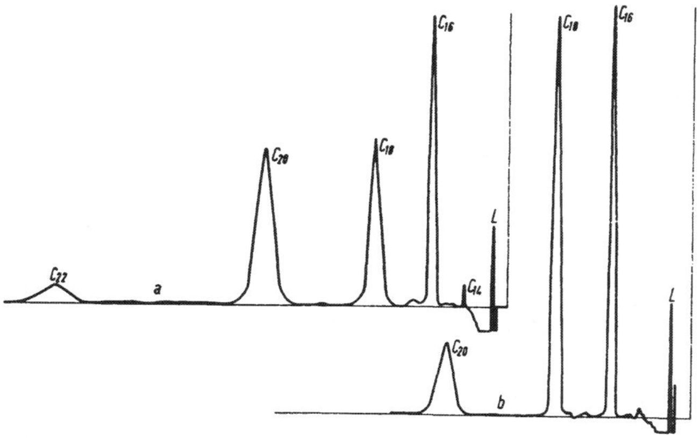

Abb. 7. Gaschromatogramme der Methylester von den hydrierten Fettsäurefraktionen II (a = Polyensäurefraktion; b = auskristallisierte Fettsäurefraktion; Ausführung wie bei Abb. 5.

zur Berechnung des Verhältnisses von C_{16}-, C_{18}-, C_{20}- und C_{22}-Säuren. Der Anteil der Komponenten innerhalb der einzelnen Säuregruppe ergab sich dann aus dem Flächeninhalt der entsprechenden Kurven in den Gaschromatogrammen in Abb. 4 und 5. Auf diese Weise sollten die bei den ungesättigten Fettsäuren auftretenden Komplikationen[4] auch ohne Anwendung von empirisch ermittelten Faktoren möglichst reduziert werden. Es ist aber auffallend, wie stark die Flächenverhältnisse in den Chromatogrammen der nicht hydrierten und der entsprechenden hydrierten Proben voneinander abweichen.

Die so ermittelte Zusammensetzung der einzelnen Fraktionen und die daraus sich ergebende Zusammensetzung der Gesamtfettsäuren ist in der Tab. 2 zusammengestellt.

Tab. 2. Zusammensetzung der Fettsäurefraktionen in Gewichtsprozent.

	Zahl der Doppel-bindungen	Gruppe I			Gruppe II (Kontrolle)		
		Polyen-säure-fraktion	auskrist. Fettsäure-fraktion	Gesamt-fett-säuren	Polyen-säure-fraktion	auskrist. Fettsäure-fraktion	Gesamt-fett-säuren
C_{14}	0	—	—	—	1,1	0,4	0,6
C_{15}	0	—	—	—	—	0,1	< 0,1
C_{16}	0	0,7	34,5	19,8	0,5	23,4	17,1
	1	11,9	4,1	7,5	23,1	7,1	11,5
	2	0,7	0,1	0,4	—	0,1	< 0,1
	3	0,7	0,2	0,5	—	0,4	0,3
C_{18}	0	—	35,2	19,9	—	25,3	18,3
	1	8,1	25,5	17,9	14,4	27,2	23,7
	2	4,6	—	2,0	8,7	—	2,4
C_{20}	1	0,2	0,4	0,3	0,2	0,7	0,6
	3	23,9	—	10,4	29,1	15,4	19,2
	4	8,0	—	3,5	12,7	—	3,5
	5	11,8	—	5,1	0,3	—	< 0,1
C_{22}	2	0,6	—	0,3	2,7	—	0,7
	3	—	—	—	1,2	—	0,3
	4	0,4	—	0,2	2,1	—	0,6
	5	—	—	—	—	—	—
	6	28,2	—	12,3	3,9	—	1,1

Zur weiteren Charakterisierung der im Gemisch vorliegenden ungesättigten Fettsäuren wurde ein oxydativer[5] und ein reduktiver[6] Ozonidabbau der beiden Polyensäurefraktionen durchgeführt. Die säulenchromatographische Bestimmung der beim oxydativen Abbau auftretenden Abbaudicarbonsäuren ergab in Mol pro Mol Polyensäurefraktion:

Gruppe I (Mol.-Gew. 301*) $C_9(C_8)$ 0,13; C_7 0,06; C_6 0,07; C_5 0,27; C_4 0,31; C_3 1,06.

Gruppe II (Mol.-Gew. 290*) $C_9(C_8)$ 0,32; C_7 0,05; C_6 0,06; C_5 0,29; C_4 0,16; C_3 0,65.

---

* Mittleres Mol.-Gew. aus Tab. 2 errechnet.

[4] E. Klenk u. D. Eberhagen, diese Z. **328**, 180 [1962].

[5] E. Klenk u. W. Bongard, diese Z. **290**, 181 [1952].

[6] E. Klenk u. G. Kremer, diese Z. **320**, 111 [1960].

Jede der Dicarbonsäurefraktionen war mit Ausnahme der C_9-Fraktionen papierchromatographisch einheitlich. In beiden C_9-Fraktionen fand sich außer Azelainsäure noch etwas Korksäure, was auch gaschromatographisch bestätigt werden konnte ($C_9 : C_8 = 4 : 1$).

Beim reduktiven Abbau ergab sich für die vom Methylende der ungesättigten Fettsäuren abgespaltenen einfachen Aldehyde (C_9-C_3) eine Gesamtausbeute von 0,6 Mol pro Mol Polyensäurefraktion. Das Aldehydgemisch zeigte folgende Zusammensetzung in Mol%: Gruppe I: Nonanal 30%, Heptanal 19%, Hexanal 9%, Propanal 42%. — Gruppe II: Nonanal 43%, Heptanal 37%, Hexanal 15%, Propanal 5%. Demnach beträgt bei den Versuchstieren in der Polyensäurefraktion der Gehalt an Polyensäuren vom Linolsäuretyp 9%, bei den Kontrolltieren 15%. Für die Polyensäuren vom Linolensäuretyp sind die entsprechenden Werte 42 bzw. 5%, was mit den aus Tab. 2 zu entnehmenden Werten für die Summe von C_{20}-Pentaensäure und C_{22}-Hexaensäure (40 bzw. 4,2%) befriedigend übereinstimmt.

Zusammenfassung

Bei Verabreichung von $\Delta^{4.7.10.13}$-Hexadecatetraensäure an fettfrei ernährte Ratten werden in die Leberphosphatide reichliche Mengen C_{20}-Pentaensäure und C_{22}-Hexaensäure vom Linolensäuretyp eingebaut.

Die isomere $\Delta^{6.9.12.15}$-Hexadecatetraensäure und andere ähnliche Polyensäuren führen unter entsprechenden Versuchsbedingungen nicht zu derartigen Veränderungen der Zusammensetzung des Fettsäuregemischs der Leberphosphatide.

Summary

$\Delta^{4,7,10,13}$-Hexadecatetraenoic acid, fed to rats on a fat-free diet, caused a large incorporation of C_{20}-pentaenoic acid and C_{22}-hexaenoic acid of the linolenic type into the liver phosphatides.

Such changes in the composition of the liver phosphatide fatty acids are not caused by the isomeric $\Delta^{6,9,12,15}$-hexadecatetraenoic acid and similar polyenoic acids under the same experimental conditions.

Prof. Dr. E. Klenk, Physiologisch-Chemisches Institut der Universität Köln, 5 Köln-Lindenthal, Joseph-Stelzmann-Str. 52.

Über die ungesättigten Fettsäuren der Fettstoffe von Süßwasser- und Meeresalgen

Von

Ernst Klenk, Werner Knipprath, Dietrich Eberhagen und Hans Peter Koof

Aus dem Physiologisch-Chemischen Institut der Universität Köln

(Der Schriftleitung zugegangen am 4. Februar 1963)

Herrn Professor Dr. Karl Thomas zum 80. Geburtstag gewidmet

In den Algenlipoiden kommen außer der im Pflanzenreich so weit verbreiteten Linol- und Linolensäure auch noch zahlreiche andere Polyenfettsäuren vor[1, 2]. Nach Lovern[2] finden sich vor allem bei Grünalgen erhebliche Mengen ungesättigter C_{16}-Säuren, darunter auch Polyensäuren, bei Braun- und Rotalgen dagegen größere Mengen hochungesättigter C_{20}- und C_{22}-Polyensäuren. Über die Natur dieser Fettsäuren ist bis jetzt nur wenig bekannt. Wir haben deshalb in den letzten Jahren das Problem etwas eingehender bearbeitet. Nachdem einige Teilergebnisse bereits veröffentlicht sind[3, 4], soll nun abschließend über diese Untersuchungen berichtet werden.

Um einen genaueren Überblick zu erhalten, haben wir von 10 verschiedenen Algenarten, darunter Grünalgen, Braunalgen und Rotalgen die Zusammensetzung des Fettsäuregemischs durch gaschromatographische Analyse bestimmt.

Wie aus Tab. 1 hervorgeht, kommt bei den Grünalgen unabhängig davon, ob es sich um Süßwasser- oder Meerespflanzen handelt, die Zusammensetzung des Fettsäuregemischs den typischen Pflanzenölen insofern am nächsten, als hier die ungesättigten C_{18}-Säuren sehr stark vertreten sind. Die höchst ungesättigte C_{18}-Säure ist eine Tetraensäure, die mit der erstmals aus Fischölen gewonnenen $\Delta^{6.9.12.15}$-Octadecatetraensäure[5] identisch ist. Im übrigen handelt es sich, wie festgestellt wurde, um Linol- und Linolensäure.

Für die Grünalgen besonders charakteristisch ist, in Übereinstimmung mit den Befunden anderer Autoren an *Chlorella*[6,7], das Vorkommen von nicht unbeträchtlichen Mengen C_{16}-Polyensäuren. Ab-

---

[1] M. Tsujimoto, Chem. Umschau **32**, 125 [1925].
[2] J. A. Lovern, Biochem. J. **30**, 387 [1936].
[3] E. Klenk u. W. Knipprath, diese Z. **317**, 243 [1959].
[4] E. Klenk u. W. Knipprath, diese Z. **327**, 283 [1962].
[5] E. Klenk u. H. Brockerhoff, diese Z. **307**, 272 [1957].
[6] R. F. Paschke u. D. H. Wheeler, J. Amer. Oil Chemists' Soc. **31**, 81 [1954].
[7] H. Schlenk, H. K. Mangold, J. L. Gellermann, W. E. Link, R. A. Morissette, R. T. Holman u. H. Hayes, J. Amer. Oil Chemists' Soc. **37**, 547 [1960].

Tab. 1. Zusammensetzung des Fettsäuregemischs aus den Lipoiden verschiedener Algenarten in Prozent der Gesamtfettsäuren.

	Zahl der Doppelbindungen	Grünalgen				Braunalgen			Rotalgen			
		I	II	III	IV	V	VI	VII	VIII	IX	Xa	Xb
C_{10}	0			0,3	—				—	—	—	—
C_{12}	0			0,3	—				—	—	0,1	0,3
C_{14}	0	0,9	+	0,8	0,6	9,7	11,6	11,2	3,9	5,6	10,4	7,0
	1	0,3		—	—	—	—	—	+	+	—	+
C_{15}	0			+	0,3	0,7	0,7	0,7	+	0,6	0,3	0,3
C_{16}	0	35,4	19,7	28,1	21,6	26,4	24,5	25,6	29,1	38,6	26,6	26,9
	1	1,6	3,1	1,6	{0,5 {1,7*	2,2	2,0	1,6	4,9	7,3	6,7	3,8
	2	+	2,5	0,9	1,1	0,1	0,2	0,2	0,2	0,5	0,1	0,3
	3	0,2	7,3	12,2	2,2	0,4	0,4	0,3	0,2	0,6	0,1	0,1
	4	15,0	—	—	14,9	0,1	0,3	0,4	+	0,6	0,2	0,1
C_{17}	0			0,1	0,4	0,4	0,3	0,4	0,5	0,8	0,2	0,4
C_{18}	0		—	0,9	—	0,8	0,8	0,8	0,3	1,3	0,9	1,1
	1	7,8	45,8	10,8	7,9	18,7	16,2	17,2	14,9	13,6	5,6	7,4
	2	6,4	9,5	5,5	4,7	9,0	7,6	7,1	1,4	1,2	3,0	1,3
	3	29,5	12	27,2	25,8	6,0	7,1	8,2	1,1	2,1	0,4	0,8
	4	1,9	—	1,5	8,6	6,0	7,0	6,0	0,8	1,0	0,9	0,6
C_{19}				—	—		—	—	2,9	0,4	0,2	0,3
C_{20}	0	} 0,65 (0–5)		0,5	—	0,5	+	0,3	—	—	0,2	0,1
	1			—	—				—	+	+	0,2
	2			—	—	0,6	1,5	1,0	—	—	—	—
	3			—	2,1	0,4	1,1	1,1	0,5	0,9	6,6	3,8
	4			3,0	3,6	10,0	10,9	10,1	14,0	4,8	11,5	12,2
	5			1,9	2,2	8,1	7,8	7,6	24,1	17,2	21,6	23,7
C_{21}				+	—	—	—	—	—	—	1,4	0,5
C_{22}	0	} 0,31 (0–6)		3,2	—	—	—	—	—	—	1,5	1,5
	1			—	1,7	—	—	—	—	—	—	—
	5			—	—	+	+	+	—	0,5	—	—
	6			—	—	—	—	—	0,9	1,4	0,6	1,4
C_{24}				—	—				—	—	1,2	1,2

* wahrscheinlich *trans*-Verbindung.

getrennt wurde eine Triensäurefraktion, die sich als ein Gemisch der $\Delta^{4.7.10}$- und $\Delta^{7.10.13}$-Isomeren herausstellte. Letztere wurde schon früher[8] in Rapsblättern aufgefunden. Weiter fand sich $\Delta^{4.7.10.13}$-Hexadecatetraensäure, über deren Isolierung aus *Scenedesmus obliquus* vor kurzem[3] schon berichtet wurde. Im übrigen sind noch einige unerwartete Nebenbefunde zu erwähnen. So wurde die *trans*-Δ^{3}-Hexadecensäure (aus *Scenedesmus obliquus* in reiner Form isoliert[4]) angetroffen und außerdem erwies sich die C_{18}-Monoensäurefraktion als ein Gemisch von Δ^{9}- und Δ^{11}-Octadecensäure (Ölsäure und *cis*-Vaccensäure), wobei letztere 70 bis 80% des Gemischs ausmachte.

Wesentlich andere Verhältnisse ergaben sich bei den Rotalgen. Hier fehlen die C_{16}-Polyensäuren nahezu vollständig. Auch die C_{18}-Polyensäuren finden sich nur in geringen Mengen. Vorherrschend sind hier vielmehr die C_{20}-Polyensäuren. Isoliert und identifiziert wurden die in Gehirn-[9] und Leberphosphatiden[10] nachgewiesene $\Delta^{8.11.14}$-Eicosatriensäure, die wohlbekannte und in den Organphosphatiden weit verbreitete Arachidonsäure ($\Delta^{5.8.11.14}$-Eicosatetraensäure) und die in den Organphosphatiden[10] und Fischölen[11] vorkommende $\Delta^{5.8.11.14.17}$-Eicosapentaensäure. C_{22}-Polyensäuren sind dagegen in den untersuchten Proben in so geringen Mengen vorhanden, daß auf ihre Isolierung verzichtet werden mußte. Die C_{16}-Monoensäure erwies sich — soweit eine Identifizierung vorgenommen wurde — als Δ^{9}-Hexadecensäure (Palmitoleinsäure) oder als ein Gemisch von Δ^{7}- und Δ^{9}-Hexadecensäure, die C_{18}-Monoensäure wiederum als ein Gemisch der Δ^{9}- und Δ^{11}-Isomeren.

Die Braunalgen nehmen in der Zusammensetzung des Fettsäuregemischs eine Mittelstellung zwischen den Grün- und den Rotalgen ein. Isoliert und näher charakterisiert wurden alle bereits oben erwähnten ungesättigten Fettsäuren (*cis*-Δ^{9}- und *trans*-Δ^{3}-Hexadecensäure, $\Delta^{4.7.10.13}$-Hexadecatetraensäure, Ölsäure, Linolsäure, Linolensäure, $\Delta^{6.9.12.15}$-Octadecatetraensäure, Arachidonsäure, $\Delta^{5.8.11.14.17}$-Eicosapentaensäure), außerdem die $\Delta^{7.10.13.16.19}$-Docosapentaensäure, welche schon früher sowohl in Organphosphatiden[12] wie in Fischölen[13] nachgewiesen werden konnte.

Die vorliegende Untersuchung zeigt, daß die in Algen verschiedener Herkunft vorkommenden C_{16}-, C_{18}-, C_{20}- und C_{22}-Polyensäuren, soweit sie isoliert und näher charakterisiert werden konnten, dem Linol- und Linolensäuretyp angehören. Die in den Seefischölen[14] und im Meeres-

---

[8] J. K. Heyes u. F. B. Shorland, Biochem. J. **49**, 503 [1951].

[9] E. Klenk u. F. Lindlar, diese Z. **301**, 156 [1955].

[10] E. Klenk u. W. Montag, Liebigs Ann. Chem. **604**, 4 [1957].

[11] E. Klenk u. D. Eberhagen, diese Z. **307**, 42 [1957]; E. Klenk u. L. Brucker-Voigt, ebenda **324**, 1 [1961].

[12] E. Klenk u. H. J. Tomuschat, diese Z. **308**, 165 [1957]; E. Klenk u. W. Montag, J. Neurochemistry **2**, 233 [1958].

[13] E. Klenk u. W. Brockerhoff, diese Z. **310**, 153 [1958].

[14] W. Stoffel u. E. H. Ahrens jr., J. Amer. chem. Soc. **80**, 6604 [1958]; E. Klenk u. H. Steinbach, diese Z. **316**, 31 [1959].

plankton[15] vorkommenden atypischen C_{16}-Polyensäuren (z. B. $\Delta^{6.9.12}$-Triensäure und $\Delta^{6.9.12.15}$-Tetraensäure) fehlen zum mindesten bei den Grün- und Braunalgen. Die in den Organphosphatiden der Warmblüter auftretende $\Delta^{5.8.11}$-Eicosatriensäure[9,10] (Ölsäuretyp) wurde ebenfalls nicht aufgefunden.

Die Untersuchung wurde durch Mittel der Deutschen Forschungsgemeinschaft und des Verbandes der Chemischen Industrie, Fonds der Chemie, unterstützt.

Beschreibung der Versuche

In Tab. 2 sind die Algenarten zusammengestellt, welche zur näheren Untersuchung kamen. Die Aufarbeitung des gepulverten bzw. möglichst weitgehend zerkleinerten Materials erfolgte bei allen Proben in der für I bereits beschriebenen Weise[3]. Das nach Abtrennung des Unverseifbaren erhaltene Fettsäuregemisch wurde durch Tiefkühlkristallisation bei —20° und —40° so zerlegt, daß in der Fraktion der gesättigten Fettsäuren möglichst wenig ungesättigte und in der Fraktion der ungesättigten Fettsäuren möglichst wenig gesättigte Fettsäuren nachzuweisen waren (Ergebnis s. Tab. 3). Nur bei II ist auf diese Trennung verzichtet worden.

Tab. 2. Zusammenstellung des verarbeiteten Algenmaterials.

Herkunft des Materials: I: s. l. c.[3]; II: Zucht von Priv.-Doz. Dr. Ach, Botanisches Institut der Universität Köln, gefriergetrocknetes Material. Die Algen waren unter solchen Bedingungen gezüchtet, daß sie viel Reservefett bildeten. Die Meeresalgen III—X verdanken wir der Biologischen Anstalt Helgoland. Das Material wurde vor der Küste Helgolands geerntet und an der Sonne getrocknet. I wurde von W. Knipprath, II, V, VI, VII von H. P. Koof, III, IV, VIII, IX, X von D. Eberhagen experimentell bearbeitet.

Grünalgen	Braunalgen	Rotalgen
Süßwasseralgen	Meeresalgen	Meeresalgen
I. *Scenedesmus obliquus*	V. *Fucus serratus*	VIII. *Rhodomelia subfusca*
II. *Chlorella pyrenoidosa* (fettreich)	VI. *Fucus platycarpus*	IX. *Ceramium rubrum*
	VII. *Fucus vesiculosis*	X. *Plocamium coccineum*
Meeresalgen		
III. *Codium fragile*		
IV. *Enteromorphia compressa*		

Von jeder dieser Fettsäurefraktionen stellte man dann durch gaschromatographische Analyse die genaue Zusammensetzung fest und errechnete daraus die entsprechenden Werte für die Gesamtfettsäuren (Tab. 1). Die UV-Spektren der ungesättigten mit Alkali isomerisierten Fettsäurefraktionen aus III, IV, VIII, IX und X zeigt Abb. 1.

Zur weiteren Auftrennung wurden die Methylester der Fraktion der ungesättigten Fettsäuren im Vak. (10^{-4} Torr) fraktioniert destilliert, wobei für größere Estermengen teils eine mit Drahtnetzsätteln gefüllte 75 cm hohe Kolonne, die mit einem versilberten Vakuummantel isoliert war, teils die Ringspaltkolonne von Jantzen[16], für kleinere Mengen die früher erwähnte Destillationsapparatur[15] zur Anwendung kam. Aus dem so erhaltenen Gemisch von Fettsäuren mit gleicher

[15] E. Klenk u. D. Eberhagen, diese Z. **328**, 189 [1962].
[16] E. Jantzen u. O. Wieckhorst, Chemie-Ing.-Techn. **26**, 392 [1954].

Kettenlänge konnten die Monoensäuren durch säulenchromatographische Trennung der aus den Methylestern dargestellten Quecksilber(II)-Additionsverbindungen[17] gewonnen werden, wobei sich auch die noch vorhandenen gesättigten Anteile quantitativ entfernen ließen. Bei Vorhandensein etwas größerer Mengen Polyenfettsäuren wurde das Gemisch durch Gegenstromverteilung in die Komponenten zerlegt[18].

Tab. 3. Aufarbeitung des Materials (I s. l. c.[3]).

	Algen-trocken-material	Unverseif-bares	Gesamt-Fettsäuren	Gesättigte Fettsäuren		Ungesättigte Fettsäuren	
	g	g	g	g	Jod-zahl	g	Jod-zahl
II	186	0,2	54	—	—	—	—
III	161	1,1	5,1	1,9	19	3,2	214
IV	653	4,1	22,2	5,1	43	14,0	256
V	1900	5	31	13,2	—	25,9	—
VI	2000	5	32	13,1	—	26,1	—
VII	1750	5	32,5	12,9	—	25,1	—
VIII	666	1,4	7,0	4,0	22	4,2	244
IX	780	2,4	9,9	4,0	12	4,7	200
Xa	≈ 150	1,3	1,9	0,6	18	1,3	174
Xb	661	8,8	8,2	3,1	17	5,1	209

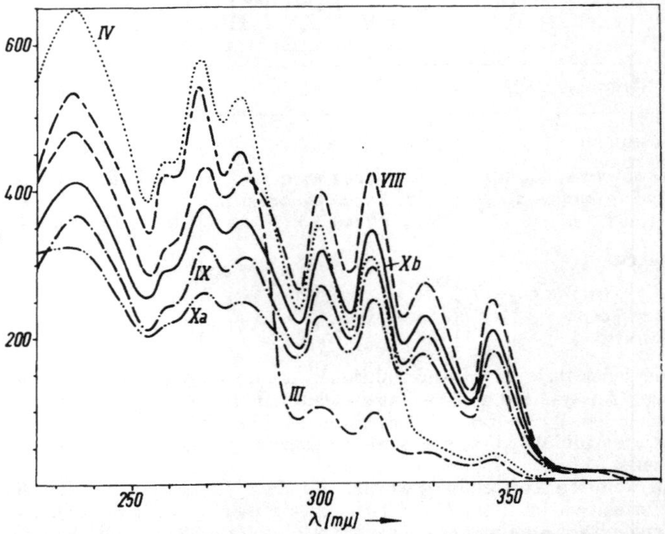

Abb. 1. UV-Spektren der mit Alkali isomerisierten (25% KOH in Glykol, 18 Min., 180°[19]), ungesättigten Fettsäurefraktionen aus grünen und roten Meeresalgen.

[17] E. Jantzen u. H. Andreas, Chem. Ber. **94**, 628 [1961].
[18] E. H. Ahrens jr. u. L. C. Craig, J. biol. Chemistry **195**, 299 [1952].
[19] R. T. Holman u. G. O. Burr, Arch. Biochemistry **19**, 474 [1948].

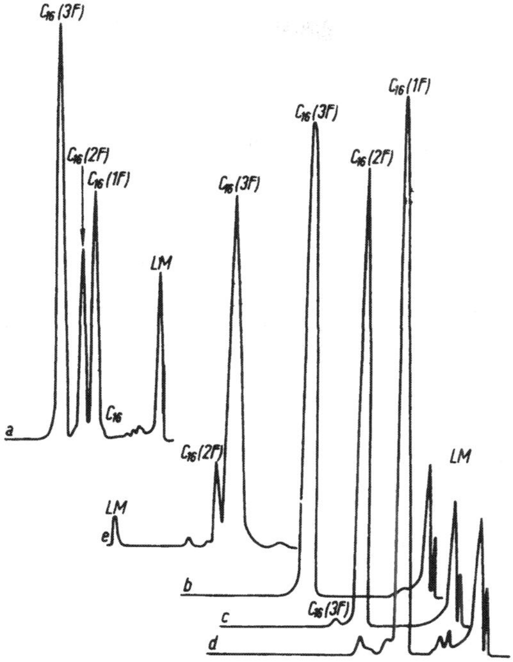

Abb. 2. Gaschromatogramme der ungesätt. C_{16}-Fettsäure-methylester aus I und II.
a) Gemisch aus II; b) $\Delta^{7.10.13}$-Hexadecatriensäure aus II; c) $\Delta^{7.10}$-Hexadecadiensäure aus II; d) Δ^{7}- und Δ^{9}-Hexadecensäure aus II; e) $\Delta^{7.10.13}$- und $\Delta^{4.7.10}$-Hexadecatriensäure aus I.

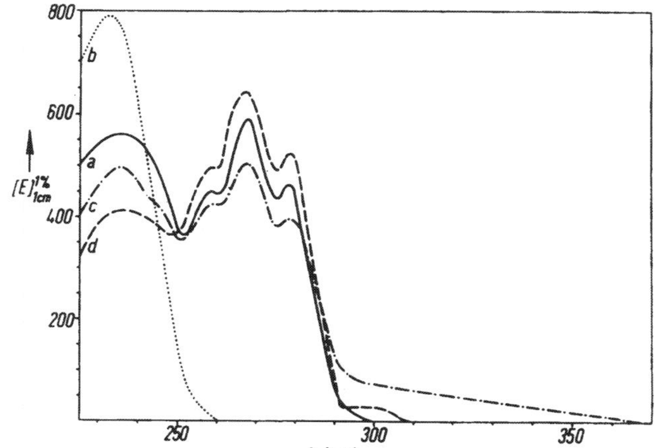

Abb. 3. UV-Spektren der mit Alkali isomerisierten C_{16}-Polyensäuren aus I und II.
a) Gemisch aus II; b) $\Delta^{7.10}$-Hexadecadiensäure aus II; c) $\Delta^{7.10.13}$-Hexadecatriensäure aus II; d) $\Delta^{7.10.13}$- und $\Delta^{4.7.10}$-Hexadecatriensäure aus I.

Die ungesättigten C_{16}-Säuren

I. In Anbetracht der großen Mengen des aufgearbeiteten Ausgangsmaterials konnte hier außer der Tetraensäure[3] auch die nur spurenweise vorhandene Triensäure herausfraktioniert werden. Die isolierte Substanz war allerdings noch mit etwa 5—10% anderen Säuren (vor allem C_{16}-Diensäure) verunreinigt — s. Abb. 2e. Nach Alkaliisomerisierung ergab sich das typische UV-Spektrum einer Triensäure (Abb. 3d). Schmp. der hydrierten Säure (umkrist.) 61—62°, mit Palmitinsäure vermischt (Schmp. 60,5—62°) keine Depression. Der Ozonidabbau ergab, daß es sich im wesentlichen um ein Gemisch von $\Delta^{7.10.13}$- und $\Delta^{4.7.10}$-Hexadecatriensäure handelt, wobei die erstere den Hauptanteil ausmachte.

II. Die Fraktion der ungesättigten C_{16}-Fettsäuren enthielt wie aus dem Gaschromatogramm (Abb. 2a—d) hervorgeht, nur Monoen-, Dien- und Triensäure. Es fehlt die in I vorgefundene Tetraensäure. Der Unterschied erklärt sich wohl dadurch, daß das Ausgangsmaterial von I sehr fettarm, das von II dagegen sehr fettreich war, so daß bei I die Fettsäuren der eigentlichen Zellipoide, bei II dagegen die des Reservefetts vorlagen. Über den Reinheitsgrad der aus dem Gemisch durch Gegenstromverteilung erhaltenen einzelnen Komponenten orientieren die Gaschromatogramme (Abb. 2a—d) und die UV-Absorptionsspektren (Abb. 3a—c) der mit Alkali isomerisierten Substanzen. Der Ozonidabbau ergab, daß die isolierte Monoensäure ein Gemisch von etwa gleichen Teilen Δ^{7}- und Δ^{9}-Hexadecensäure ist, während bei den Polyensäuren einheitliche Verbindungen und zwar $\Delta^{7.10}$-Hexadecadiensäure und $\Delta^{7.10.13}$-Hexadecatriensäure vorlagen (Tab. 4).

Tab. 4. Produkte des Ozonidabbaus der isolierten ungesättigten C_{16}-Säuren. Ausbeute in Mol pro Mol Fettsäure*.

Säure	dargestellt aus	Dicarbonsäuren des oxydativen Abbaus				Aldehyde des reduktiven Abbaus					Stellung der Doppelbindungen
		C_9	C_7	C_4	C_3	C_{13}	C_9	C_7	C_6	C_3	
Monoen	II	0,40	0,46				0,40	0,34			Δ^{7} u. Δ^{9}
Monoen	V—VII	0,66			0,13	0,15		0,55			Δ^{9} u. Δ^{3}
Monoen	IX	0,73						0,45			Δ^{9}
Dien	II		0,83		0,45				0,79		$\Delta^{7.10}$
Trien	I		0,69	0,25	0,91				0,19	0,57	$\Delta^{7.10.13}$ u. $\Delta^{4.7.10}$
Trien	II		0,85		1,02					0,79	$\Delta^{7.10.13}$

* Ausbeuten unter 0,1 Mol sind nicht in die Tabelle aufgenommen. Alle Abbauprodukte wurden papierchromatographisch identifiziert und waren, soweit nicht anders vermerkt, einheitlich. Dasselbe gilt auch für Tab. 5 und 6.

V.—VII. Die aus dem Gemisch der ungesättigten C_{16}-Säuren durch Gegenstromverteilung erhaltene Monoensäurefraktion enthielt entsprechend gaschromatographischer Analyse noch 11% Tetradecansäure und 5% C_{18}-Diensäure. Diese Verunreinigungen ließen sich, wie das Gaschromatogramm (Abb. 4a) zeigt, durch Reinigung über die Quecksilberadditionsverbindung leicht entfernen. Im absteigenden Ast des Gaschromatogramms war aber eine leichte Unregelmäßigkeit erkennbar, aus der geschlossen werden konnte, daß die Substanz nicht einheitlich ist. In der Tat ergab sich durch Wiederholung der gaschromatographischen Analyse bei einer um 30° niedrigeren Säulentemperatur, daß die Substanz aus 2 Komponenten bestand (Abb. 4b). Die eine der beiden Komponenten ist, wie der Ozonidabbau zeigte, die gewöhnliche *cis*-Δ^{9}-Hexadecensäure (Palmitoleinsäure), die andere ist offensichtlich identisch mit der aus I gewonnenen *trans*-Δ^{3}-Hexadecensäure.

In der Tat findet sich in dem Infrarotspektrum (Abb. 5a) die für die Transverbindungen charakteristische Absorption bei 10,4 μ. Abb. 5b zeigt zum Vergleich auch das Spektrum der Elaidinsäure.

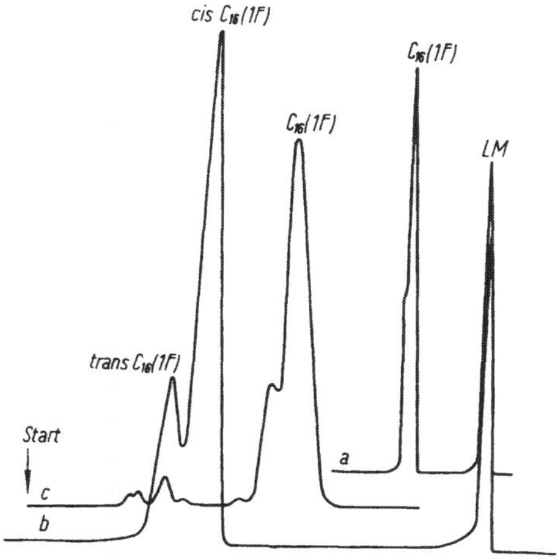

Abb. 4

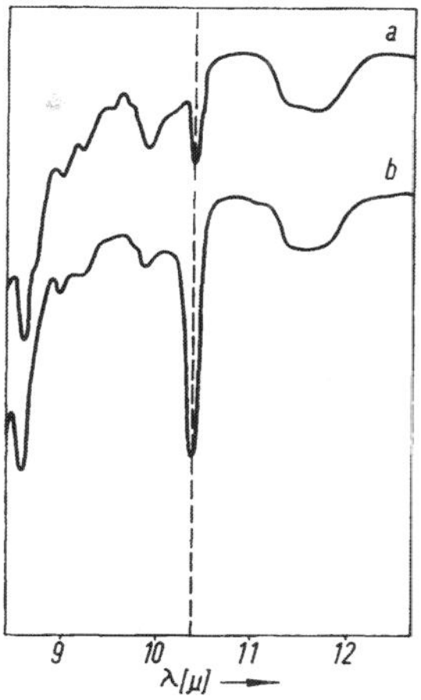

Abb. 5

Abb. 4. Gaschromatogramm der C_{16}-Monoensäuren aus V—VII (a, b) und IX (c). a) Gemisch von *trans*-Δ^3- und *cis*-Δ^9-Hexadecensäure bei Säulentemp. 180°; b) dasselbe bei Säulentemp. 150,5°; c) Δ^9-Hexadecensäure aus IX. Die Kurven a und b sind von rechts nach links geschrieben.

Abb. 5. IR-Spektren des Gemischs der *trans*-Δ^3- und *cis*-Δ^9-Hexadecensäure (a), sowie der Elaidinsäure (b). 200 mg Methylester in 1 cm³ Schwefelkohlenstoff gelöst. Schichtdicke: 0,050 mm.

IX. Das Gemisch der ungesättigten C_{16}-Säuren hatte folgende Zusammensetzung: 15% C_{14}; 68% $C_{16}(1/=)$; 4% $C_{16}(2/=)$; 5% $C_{16}(3/=)$; 8% $C_{16}(4/=)$. Die über die Quecksilberadditionsverbindungen herausfraktionierte C_{16}-Monoensäure war gaschromatographisch nicht einheitlich. Im Gegensatz zu der aus V—VII erhaltenen Substanz machte sich hier, wenn von den geringfügigen Verunreinigungen mit C_{14}-Säuren abgesehen wird, im aufsteigenden Ast der Kurve die Anwesenheit einer zweiten Komponente bemerkbar (Abb. 4c). Der Ozonidabbau brachte keinen Aufschluß über die Natur der Substanz, jedoch ging daraus hervor, daß als Hauptkomponente die übliche Δ^9-Hexadecensäure vorlag.

Die ungesättigten C_{18}-Säuren

I. Das Gemisch der ungesättigten C_{18}-Säuren bestand entsprechend gaschromatographischer Analyse aus einem Gemisch von Monoen-, Dien-, Trien- und Tetraensäuren, wobei die Triensäure vorherrschte und die Tetraensäure nur in kleineren Mengen vorhanden war (Abb. 6). Abb. 7a zeigt das UV-Spektrum der mit Alkali isomerisierten Substanz. Die hydrierte Säure (umkrist.) hatte einen Schmp. von 68—69°. Durch Gegenstromverteilung konnten praktisch analysenreine Ölsäure, Linolsäure und Linolensäure erhalten werden (Abb. 6b—d und 7b, c, Tab. 5). Die nur in kleinen Mengen anfallende Tetraensäure, in welcher gaschromatographisch sich noch geringe Verunreinigungen mit Linol- und Linolensäure nachweisen ließen (Abb. 6e) wurde als $\Delta^{6.9.12.15}$-Octadecatetraensäure identifiziert (Tab. 5 und Abb. 7d). Die hydrierte Tetraensäure (umkrist.) hatte einen Schmp. von 67—68°. Eine Mischprobe mit Stearinsäure (Schmp. 67—68°) ergab keine Schmelzpunktsdepression.

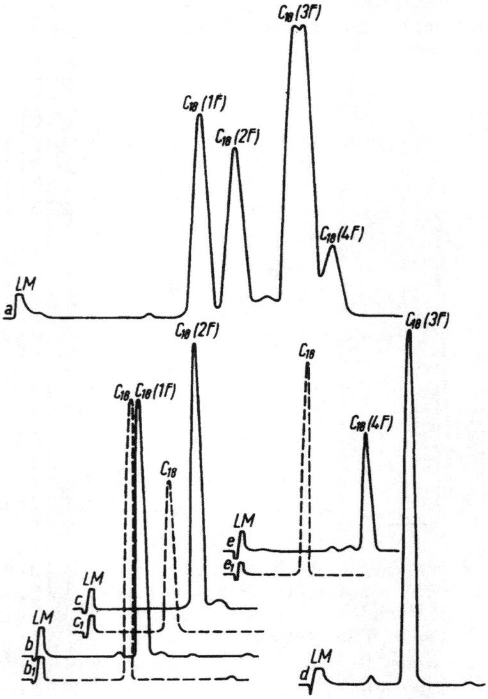

Abb. 6. Gaschromatogramme der ungesättigten C_{18}-Säuren aus I. a) Gemisch; b) und b_1) Ölsäure und Hydrierungsprodukt; c) und c_1) Linolsäure und Hydrierungsprodukt; d) Linolensäure; e) und e_1) $\Delta^{6.9.12.15}$-Octadecatraensäure und Hydrierungsprodukt.

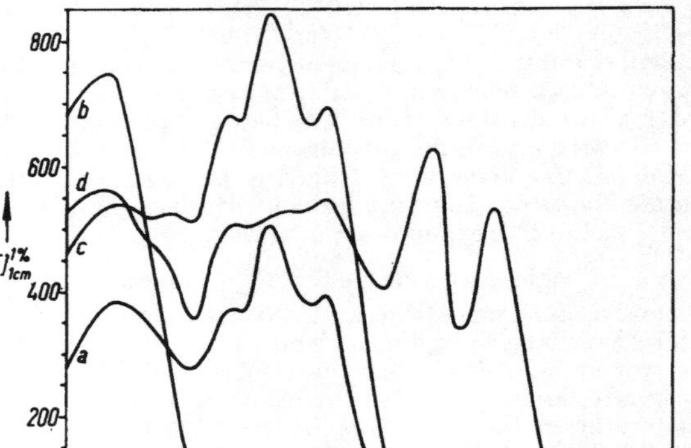

Abb. 7. UV-Spektren der mit Alkali isomerisierten C_{18}-Polyensäuren aus I. a) Gemisch; b) Linolsäure; c) Linolensäure; d) $\Delta^{6.9.12.15}$-Octadecatetraensäure.

Tab. 5. Produkte des Ozonidabbaus der isolierten ungesättigten C_{18}-Säuren. Ausbeute in Mol pro Mol Fettsäure.

Säure	dargestellt aus	Dicarbonsäuren des oxydativen Abbaus				Aldehyde des reduktiven Abbaus				Stellung der Doppelbindungen
		C_{11}	C_9	C_6	C_3	C_9	C_7	C_6	C_3	
Monoen	I		0,87			0,62				Δ^{9}
Monoen	IV	0,88*				0,11	0,32			Δ^{9} und Δ^{11}
Monoen	V—VII		0,95			0,64				Δ^{9}
Monoen	VIII	0,82*				0,32	0,25			Δ^{9} und Δ^{11}
Monoen	IX	0,85*				0,42	0,24			Δ^{9} und Δ^{11}
Dien	I		0,79		0,48			0,58		$\Delta^{9.12}$
Dien	V—VII		0,91		0,51			0,67		$\Delta^{9.12}$
Trien	I		0,94		0,90				0,52	$\Delta^{9.12.15}$
Trien	V—VII		0,83		1,0				0,57	$\Delta^{9.12.15}$
Tetraen	I			0,84	1,53				0,58	$\Delta^{6.9.12.15}$
Tetraen	V—VII			1,00**	1,58				0,65	$\Delta^{6.9.12.15}$

* Die C_{11}- und C_9-Dicarbonsäuren wurden gaschromatographisch identifiziert.

** Setzte sich aus 3 Fraktionen zusammen: 0,07 Mol C_6 u. C_8 + 0,80 Mol C_6 + 0,13 Mol C_8, wenig C_5.

IV. Für das Gemisch der ungesättigten C_{18}-Säuren wurde gaschromatographisch folgende Zusammensetzung ermittelt: 12% $C_{18}(1/=)$; 13% $C_{18}(2/=)$; 48% $C_{18}(3/=)$; 21% $C_{18}(4/=)$; 6% C_{20}- und C_{22}-Säuren. Zur weiteren Charakterisierung der im Gemisch vorhandenen Polyensäuren führte man, ohne die einzelnen Komponenten zu isolieren, den Ozonidabbau durch. Durch oxydativen Abbau wurden erhalten: 0,4 Mol C_9- (wenig C_{11}-), 0,18 Mol C_6- und 1,22 Mol C_3-Dicarbonsäuren, durch reduktiven Abbau 0,09 Mol C_7- (C_9-), 0,11 Mol C_6- und 0,29 Mol C_3-Aldehyde pro Mol Fettsäure. Folgende C_{18}-Säuren dürften demnach im Gemisch vorhanden sein: $\Delta^{9.12}$-Diensäure (Linolsäure), $\Delta^{9.12.15}$-Triensäure (Linolensäure) und $\Delta^{6.9.12.15}$-Tetraensäure.

Die aus dem Gemisch der ungesättigten C_{18}-Säuren über die Quecksilberadditionsverbindungen abgetrennte Monoensäurefraktion erwies sich, von kleineren Verunreinigungen abgesehen, als gaschromatographisch einheitlich (Abb. 8c). Jedoch ergab der Ozonidabbau, daß es sich um ein Gemisch der Δ^{9}- und Δ^{11}-Octadecensäure handelte, da gaschromatographisch neben der Azelainsäure (C_9) noch erhebliche Mengen C_{11}-Dicarbonsäure nachgewiesen wurden, was in

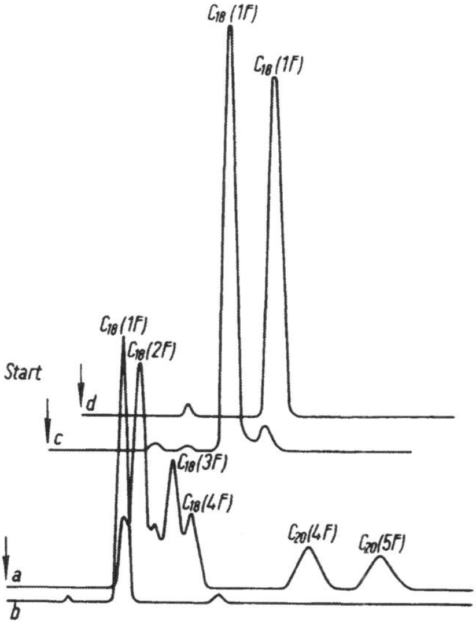

Abb. 8. Gaschromatogramme der ungesättigten C_{18}-Säuren aus IV (c), VIII (a, b) und IX (d).
a) Gemisch der C_{18}-Polyensäurefraktion aus VIII; b) Δ^{9}- u. Δ^{11}-Octadecensäure aus VIII; c) desgl. aus IV; d) desgl. aus IX.

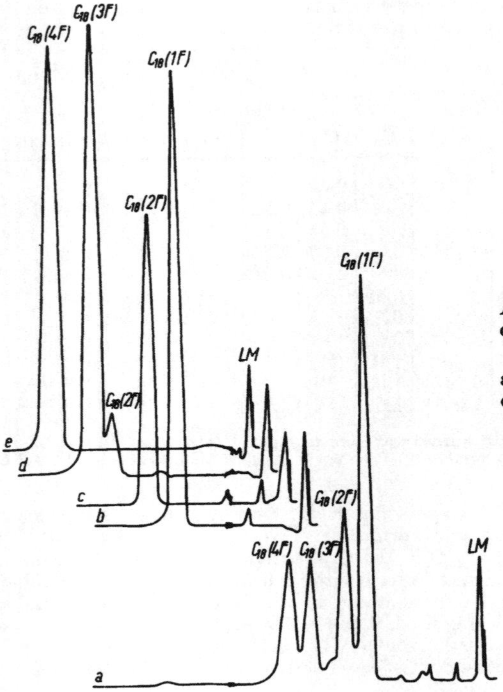

Abb. 9. Gaschromatogramme der ungesättigten C_{18}-Säuren aus V—VII.
a) Gemisch; b) Ölsäure; c) Linolsäure; d) Linolensäure; e) $\Delta^{6.9.12.15}$-Octadecatetraensäure.

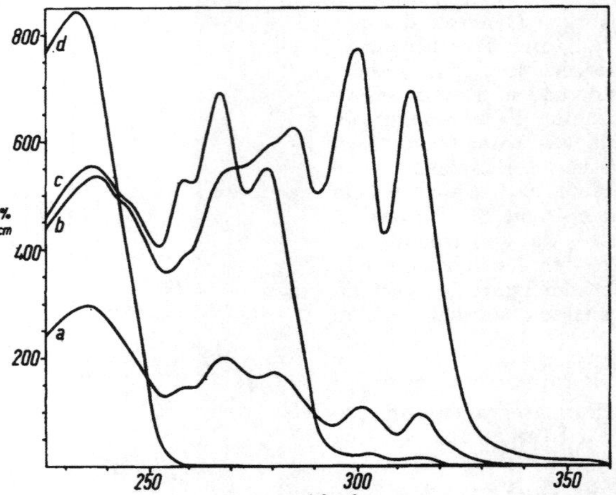

Abb. 10. UV-Spektren der C_{18}-Polyensäuren aus V—VII.
a) Gemisch; b) $\Delta^{6.9.12.15}$-Octadecatetraensäure; c) Linolensäure; d) Linolsäure.

Übereinstimmung mit dem Ergebnis des reduktiven Abbaus steht (Tab. 5). Dasselbe gilt auch für die Monoensäurefraktion aus VIII (Abb. 8b) und IX (Abb. 8d und Tab. 5).

V—VII. Das Gemisch der ungesättigten C_{18}-Säuren bestand aus Monoen-, Dien-, Trien- und Tetraensäuren (s. Abb. 9). Das UV-Spektrum der mit Alkali isomerisierten Substanz zeigt Abb. 10. Die verhältnismäßig niedrigen Extinktionswerte erklären sich durch das Vorhandensein größerer Mengen Monoensäure. Das Gemisch wurde durch Gegenstromverteilung in die Komponenten zerlegt. Die so isolierten ungesättigten Fettsäuren waren mit Ausnahme der Triensäure gaschromatographisch einheitlich und nur spurenweise mit anderen Fettsäuren verunreinigt. Die Triensäure enthielt allerdings noch eine geringe Beimengung von Diensäure (Abb. 9d). Die zur weiteren Charakterisierung der isolierten Polyensäuren aufgenommenen UV-Spektren der mit Alkali isomerisierten Säuren zeigt Abb. 10. Wie der Ozonidabbau ergab, handelt es sich auch hier ebenso wie bei I um Öl-, Linol- und Linolensäure, sowie $\Delta^{6.9.12.15}$-Octadecatetraensäure (Tab. 5).

VIII. Die Herausfraktionierung der ungesättigten C_{18}-Säuren aus den Rotalgen machte in Anbetracht der verhältnismäßig kleinen Mengen Ausgangsmaterial erhebliche Schwierigkeiten, da unsere Versuche zu präparativen Gaschromatrographie damals noch nicht den erhofften Erfolg hatten. Die erzielten Ergebnisse lassen aber doch den Schluß zu, daß die hier vorkommenden C_{18}-Polyensäuren ihrer Natur nach nicht von denen der anderen Algenarten abweichen. So ergab eine aus VIII gewonnene Polyensäurefraktion mit einer Zusammensetzung von: 6% $C_{18}(1/=)$, 33% $C_{18}(2/=)$, 21% $C_{18}(3/=)$, 13% $C_{18}(4/=)$, 13% $C_{20}(4/=)$ und 13% $C_{20}(5/=)$ (Abb. 8a) beim oxydativen bzw. reduktiven Ozonidabbau 0,60 Mol C_9- (wenig C_8-), 0,11 Mol C_6-, 0,24 Mol C_5- und 0,75 Mol C_3-Dicarbonsäuren bzw. 0,25 Mol C_6- und 0,29 Mol C_3-Aldehyde.

Da die Glutarsäure (C_5) aus den C_{20}-Polyensäuren (s. unten) stammt, muß die Adipinsäure als Abbaudicarbonsäure der C_{18}-Tetraensäure aufgefaßt werden, so daß diese mit der $\Delta^{6.9.12.15}$-Octadecatraensäure, die anderen C_{18}-Polyensäuren mit Linol- und Linolensäure identisch sein dürften.

Die C_{20}-Polyensäuren

I und II. Bei I ist trotz der großen Mengen des aufgearbeiteten Materials die Herausfraktionierung von C_{20}- und C_{22}-Säuren nicht gelungen. Es ergaben sich aber gewisse Anhaltspunkte für das Vorhandensein von Arachidonsäure ($\Delta^{5.8.11.14}$-Eicosatetraensäure). Bei II fehlten C_{20}- und C_{22}-Polyensäuren vollständig.

IV. Indessen konnte bei den Grünalgen aus IV ein Gemisch von ungesättigten C_{20}- und C_{22}-Säuren herausfraktioniert werden. Die Menge war aber so gering, daß nur eine grobe Orientierung über die Natur dieser Säuren möglich war. Gaschromatographisch wurde für das Säuregemisch folgende Zusammensetzung ermittelt: 11% C_{16}- und C_{18}-Säuren (vor allem $C_{18}(3/=)$ und $C_{18}(4/=)$, 1% $C_{20}(1/=)$, 1% $C_{20}(2/=)$, 13% $C_{20}(3/=)$, 16% $C_{20}(4/=)$; nicht identifiziert 17%; 20% $C_{20}(5/=)$, 7% $C_{22}(4/=)$ und 13% $C_{22}(5/=)$. Das Vorhandensein einer C_{22}-Hexaensäure konnte weder im Gaschromatogramm noch im UV-Spektrum der mit Alkali isomerisierten Substanz (Abb. 14a) nachgewiesen werden. Das Dicarbonsäuregemisch des oxydativen Ozonidabbaus hatte folgende Zusammensetzung: 0,18 Mol C_{10}, C_8, C_7 (C_5); 0,09 Mol C_7; 0,14 Mol C_6; 0,39 Mol C_5; 0,14 Mol C_4 und 2,15 Mol C_3 pro Mol Polyensäure (gaschromatographisch bestimmt: 10% C_{10}; 8% C_8; 11% C_7; 7% C_6; 47% C_5; 18% C_4). Im Gegensatz dazu zeigte das beim reduktiven Abbau anfallende Aldehydgemisch eine sehr einfache Zusammensetzung (0,36 Mol C_6 und 0,20 Mol C_3). Außer den beiden Hauptaldehyden Hexanal und Propanal wurden noch kleinere Mengen Butanal (0,06 Mol) nachgewiesen. Demnach gehören die C_{20}- und C_{22}-Polyensäuren zum mindesten vorwiegend dem Linol- und Linolentyp an.

V—VII. Aus dem Gemisch der C_{20}-Säuren, dessen Zusammensetzung sich aus dem Gaschromatogramm und dem UV-Spektrum der mit Alkali isomerisierten

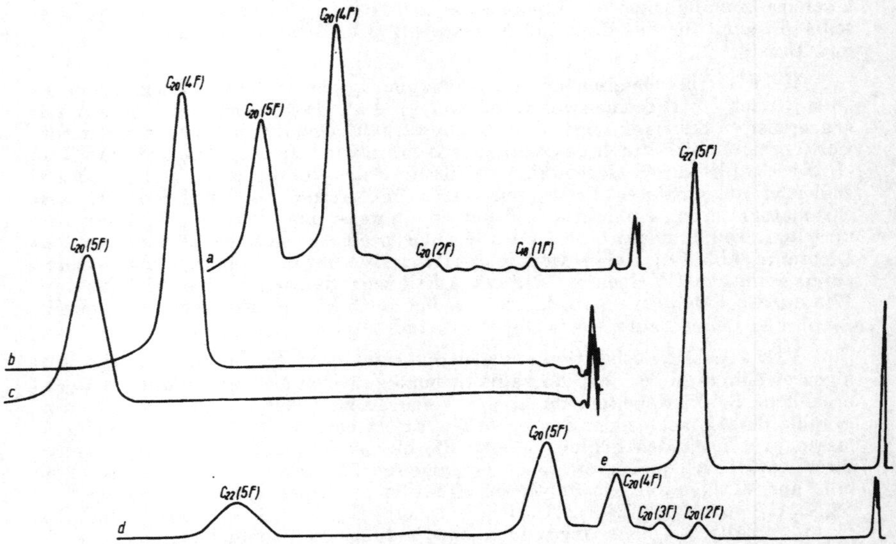

Abb. 11. Gaschromatogramme der C_{20}- und C_{22}-Polyensäuren aus V—VII.
a) Gemisch der C_{20}-Polyensäuren; b) $\Delta^{5.8.11.14}$-Eicosatetraensäure; c) $\Delta^{5.8.11.14.17}$-Eicosapentaensäure; d) höchst-siedende Esterfraktion; e) $\Delta^{7.10.13.16.19}$-Docosapentaensäure.

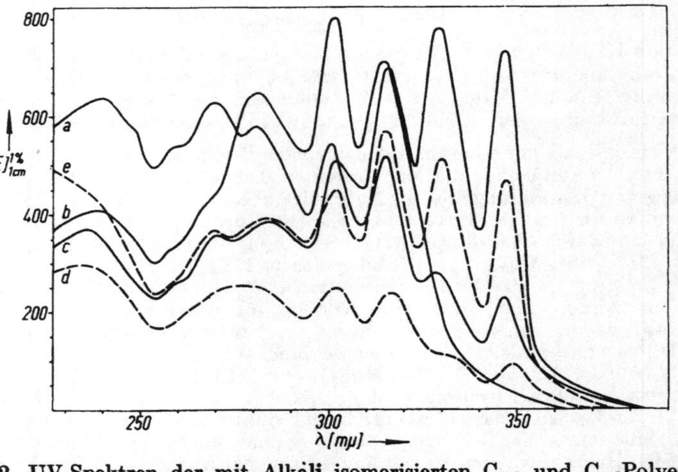

Abb. 12. UV-Spektren der mit Alkali isomerisierten C_{20}- und C_{22}-Polyensäuren aus V—VII.

a) Gemisch der C_{20}-Polyensäuren; b) $\Delta^{5.8.11.14}$-Eicosatetraensäure; c) $\Delta^{5.8.11.14.17}$-Eicosapentaensäure; d) höchst-siedende Esterfraktion; e) $\Delta^{7.10.13.16.19}$-Docosapentaensäure.

Tab. 6. Produkte des Ozonidabbaus der isolierten C_{20}- und C_{22}-Polyensäuren. Ausbeute in Mol pro Mol Polyensäure.

Säure	dargestellt aus	Dicarbonsäuren des oxydativen Abbaus				Aldehyde des reduktiven Abbaus		Stellung der Doppelbindungen
		C_8	C_7	C_5	C_3	C_6	C_3	
C_{20}-Trien	VIII—X	0,81			1,22	0,70		$\Delta^{8.11.14}$
C_{20}-Tetraen	V—VII			0,90	1,41	0,65		$\Delta^{5.8.11.14}$
C_{20}-Tetraen	VIII—X			0,82	2,05	0,56		$\Delta^{5.8.11.14}$
C_{20}-Pentaen	V—VII			0,81	1,89		0,69	$\Delta^{5.8.11.14.17}$
C_{20}-Pentaen	VIII—X			0,84	2,42		0,51	$\Delta^{5.8.11.14.17}$
C_{22}-Pentaen	V—VII		0,84		1,83		0,65	$\Delta^{7.10.13.16.19}$

Substanz (Abb. 11 u. 12) ergibt, ließen sich durch Gegenstromverteilung eine Tetraensäure (Abb. 11b) und eine Pentaensäure (Abb. 11c) gewinnen, die beide gaschromatographisch einheitlich waren. Die UV-Spektren der mit Alkali isomerisierten Säuren zeigt Abb. 12b und c. Nach dem Ergebnis des Ozonidabbaus handelt es sich um $\Delta^{5.8.11.14}$-Eicosatetraensäure (Arachidonsäure) und $\Delta^{5.8.11.14.17}$-Eicosapentaensäure (Tab. 6). Eine Isolierung der im Gemisch gaschromatographisch nachgewiesenen (Abb. 11a und d) C_{20}-Dien- und Triensäuren war infolge der sehr kleinen Mengen nicht möglich.

VIII—X. Zur Isolierung der ungesättigten C_{20}-Polyensäuren wurden die entsprechenden Esterfraktionen aus VIII (0,60 g: 3% $C_{20}(3/\!=)$, 31% $C_{20}(4/\!=)$, 65% $C_{20}(5/\!=)$; IX (0,23 g: 2% $C_{18}(1/\!=)$, 1% $C_{20}(1/\!=)$, 1% $C_{20}(2/\!=)$, 5% $C_{20}(3/\!=)$, 18% $C_{20}(4/\!=)$, 66% $C_{20}(5/\!=)$ und X (1,31 g: 1% $C_{18}(1/\!=)$, 1% $C_{20}(1/\!=)$, 1% $C_{20}(2/\!=)$, 13% $C_{20}(3/\!=)$, 29% $C_{20}(4/\!=)$, 52% $C_{20}(5/\!=)$; nicht identifiziert 4%) vereinigt und durch Gegenstromverteilung in die Komponenten zerlegt. Isoliert wurde hier die $\Delta^{8.11.14}$-Eicosatriensäure, die allerdings noch nicht völlig rein war (Abb. 13a und 14b) und wie oben die $\Delta^{5.8.11.14}$-Eicosatetraensäure (Abb. 13b und 14c), sowie $\Delta^{5.8.11.14.17}$-Eicosapentaensäure (Abb. 13c und 14d, Tab. 6). Im Gaschromatogramm der Pentaensäure ist am Ende des absteigenden Astes andeutungsweise eine Ausbuchtung zu erkennen, die vielleicht auf das Vorhandensein kleinerer Mengen von *cis-trans*-Isomeren hinweist; jedoch ist im Infrarotspektrum (Abb. 15a) die für solche Transverbindungen charakteristische Adsorptionsbande bei 10,4 μ kaum erkennbar.

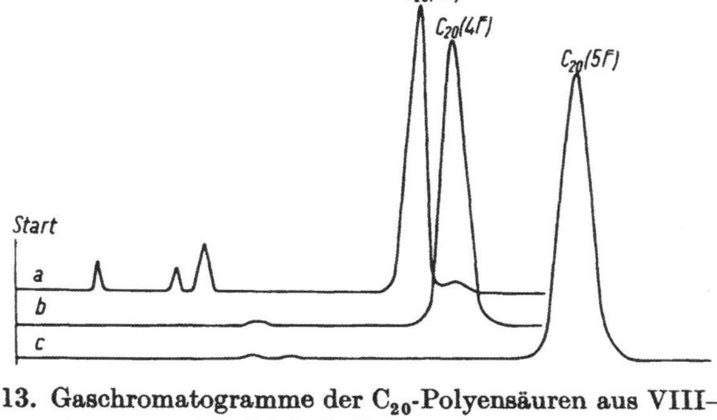

Abb. 13. Gaschromatogramme der C_{20}-Polyensäuren aus VIII—X.
a) $\Delta^{8.11.14}$-Eicosatriensäure; b) $\Delta^{5.8.11.14}$-Eicosatetraensäure; c) $\Delta^{5.8.11.14.17}$-Eicosapentaensäure.

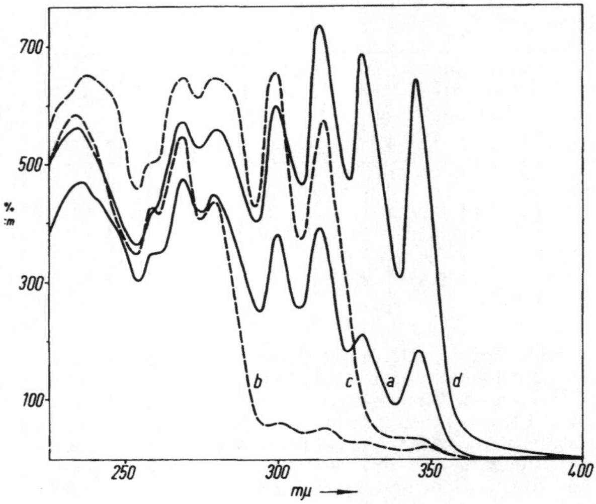

Abb. 14

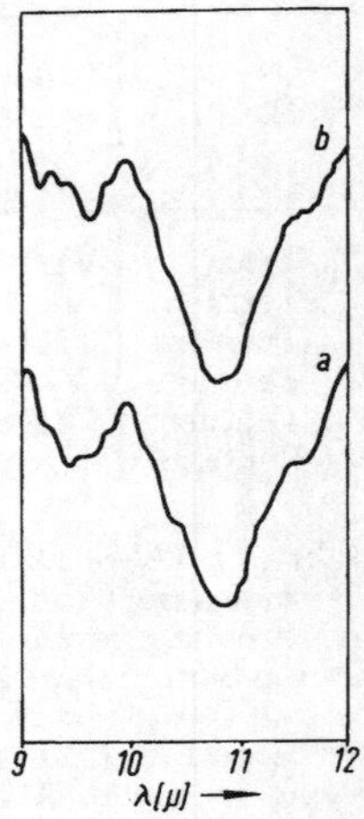

Abb. 15

Abb. 14. UV-Spektren der mit Alkali isomerisierten C_{20}-Polyensäuren aus IV und VIII—X.

a) Fraktion der ungesättigten C_{20}- und C_{22}-Säuren aus IV; b) $\Delta^{8.11.14}$-Eicosatriensäure aus VIII—X; c) $\Delta^{5.8.11.14}$-Eicosatetraensäure aus VIII—X; d) $\Delta^{5.8.11.14.17}$-Eicosapentaensäure aus VIII—X.

Abb. 15. IR-Spektren der $\Delta^{5.8.11.14}$-Eicosatetraensäure (b) und $\Delta^{5.8.11.14.17}$-Eicosapentaensäure (a).

Eicosatriensäure: Leicht gelb gefärbtes, dünnflüssiges Öl. Jodzahl[20] gef.: 219 (ber. 248). Hydrierte Säure: —% C_{16}; 11% C_{18}; 85% C_{20}; 1% C_{22} (gaschromatographisch bestimmt). Schmp. 69,5—72,5° (nach Umstrist.).

Eicosatetraensäure: Farbloses, dünnflüssiges Öl. Jodzahl gef.: 302 (ber. 333). Hydrierte Säure: 2% C_{18}; 97% C_{20}; 1% C_{22} (gaschromatographisch bestimmt). Schmp. 74,5—74,8° (nach Umkrist.).

Eicosapentaensäure: Farbloses, dünnflüssiges Öl. Jodzahl gef.: 372 (ber. 419). Hydrierte Säure: 0,5% C_{18}; 99,5% C_{20}; 2% C_{22} (gaschromatographisch bestimmt). Schmp. 74,5—74,9° (nach Umkrist.).

Die ungesättigten C_{22}-Säuren

Mit Ausnahme von II ergab sich das Vorhandensein von kleinen Mengen dieser Fettsäuren in allen untersuchten Proben. Sie waren bei der fraktionierten Destillation der Methylester in den höchst-siedenden Fraktionen angereichert. So fanden sich bei IV in dieser Fraktion neben den C_{20}-Polyensäuren 7% $C_{22}(4/=)$ und 13% $C_{22}(5/=)$, die im Gaschromatogramm der ursprünglichen Fraktion der ungesättigten Fettsäuren sich überhaupt nicht bemerkbar machten. Bei den Rotalgen wurde das Vorhandensein der C_{22}-Säuren in diesen Fraktionen dadurch nachgewiesen, daß man von dem hydrierten Estergemisch die Zusammensetzung gaschromatographisch bestimmte: VIII: 3% C_{16} und C_{18}; 2% C_{19}; 89% C_{20} und 6%

[20] K. W. Rosenmund u. W. Kuhnhenn, Z. Nahrungs- u. Genußmittel **46**, 154 [1923]. Die Methode gibt für Polyensäuren zu niedrige Werte.

C_{22}; IX: 3% C_{14}—C_{18}; 2% C_{19}; 53% C_{20}; 2% C_{21} und 32% C_{22}; X: 11% C_{14}—C_{18}; 2% C_{19}; 78% C_{20} und 17% C_{22}.

Die Isolierung einer C_{22}-Polyensäure und ihre nähere Charakterisierung gelang jedoch nur bei den vereinigten Proben V—VII. Die Zusammensetzung der hier erhaltenen höchst-siedenden Esterfraktion zeigt das Gaschromatogramm Abb. 11d und das UV-Spektrum der mit Alkali isomerisierten Substanz Abb. 12d. Die Abtrennung der C_{22}-Polyensäure aus diesem Säuregemisch erfolgte durch präparative Gaschromatographie (Säulenfüllung: Apiezon-Kieselgur, Säulentemp. 220°). Es wurde auf diese Weise eine Pentaensäure von hohem Reinheitsgrad erhalten (Abb. 11e und 12e). Nach dem Ergebnis des Ozonidabbaus lag hier die $\Delta^{7.10.13.16.19}$-Docosapentaensäure vor (Tab. 6).

Zusammenfassung

Durch gaschromatographische Analyse wurde die Zusammensetzung des Fettsäuregemischs der Lipoide verschiedener Arten von Grün-, Braun- und Rotalgen bestimmt.

Außer einer Reihe von ungesättigten C_{16}- und C_{18}-Fettsäuren wurden auch die, vor allem in den Braun- und Rotalgen vorkommenden, C_{20}- und C_{22}-Polyensäuren isoliert und näher charakterisiert. Es handelt sich um $\Delta^{8.11.14}$-Eicosatriensäure, $\Delta^{5.8.11.14}$-Eicosatetraensäure (Arachidonsäure), $\Delta^{5.8.11.14.17}$-Eicosapentaensäure und um $\Delta^{7.10.13.16.19}$-Docosapentaensäure. Sie sind demnach vom Linol- und Linolensäuretyp, was auch für alle hier isolierten C_{16}- und C_{18}-Polyensäuren zutrifft. Nachgewiesen wurde außerdem das Vorkommen von *trans*-Δ^{3}-, *cis*-Δ^{7}- und *cis*-Δ^{9}-Hexadecensäure, sowie von *cis*-Δ^{9}- und *cis*-Δ^{11}-Octadecensäure.

Summary

The composition of the fatty acid mixture from the lipids of different species of green, brown and red algae was determined by gas chromatography.

Besides several unsaturated C_{16}- and C_{18}-fatty acids, the C_{20}- and C_{22}-polyenoic acids (found especially in the brown and red algae) were isolated and characterised more closely. These were $\Delta^{8,11,14}$-eicosatrienoic, $\Delta^{5,8,11,14}$-eicosatetraenoic (arachidonic), $\Delta^{5,8,11,14,17}$-eicosapentaenoic and $\Delta^{7,10,13,16,19}$-docosapentaenoic acid. They are thus of the linoleic and linolenic acid type; this also applies to all the C_{16}- and C_{18}-polyenoic acids isolated here. The occurrence of *trans*-Δ^{3}-, *cis*-Δ^{7}- and *cis*-Δ^{9}-hexadecenoic acid, *cis*-Δ^{9}- and *cis* -Δ^{11}-octadecenoic acid was also shown.

Prof. Dr. E. Klenk, Physiologisch-Chemisches Institut der Universität, 5 Köln-Lindenthal, Joseph-Stelzmann-Straße 52.

Über die Natur der in den Leberlipoiden von fettfrei ernährten Ratten vorkommenden ungesättigten Fettsäuren

Von

Ernst Klenk und Gilbert Tschöpe

Aus dem Physiologisch-Chemischen Institut der Universität Köln

(Der Schriftleitung zugegangen am 27. März 1963)

Bei fettfrei ernährten Ratten treten in den Organphosphatiden an Stelle der normalerweise vorkommenden C_{20}- und C_{22}-Polyensäuren vom Linol- und Linolensäuretyp, C_{20}-Polyensäuren anderen Typs auf. So ist schon lange bekannt, daß sich in der Leber eine C_{20}-Triensäure anreichert[1], die mit $\Delta^{5.8.11}$-Eicosatriensäure[2] identisch ist. Es handelt sich hier um eine Polyensäure vom Ölsäuretyp, die unter den vorliegenden Bedingungen vom Organismus anscheinend aus Ölsäure gebildet wird[3]. Außerdem sprechen manche Beobachtungen dafür, daß in dem Fettsäuregemisch $\Delta^{7.10.13}$-Eicosatriensäure[3] und $\Delta^{4.7.10.13}$-Eicosatetraensäure[4] vorkommen. Es sind dies Polyensäuren vom Palmitoleinsäuretyp, als deren Muttersubstanz dementsprechend die Palmitoleinsäure (Δ^{9}-Hexadecensäure) in Betracht kommen würde. Diese Beobachtungen ließen darauf schließen, daß die hier im Gemisch auftretenden ungesättigten Fettsäuren von der Norm mehr oder weniger abweichen. Jedoch konnten in den vorausgegangenen Untersuchungen keine völlig eindeutigen Ergebnisse erzielt werden.

Wir haben deshalb jetzt die Hauptkomponenten des Gemisches isoliert und durch Ozonidabbau etwas eingehender charakterisiert. Dabei ergab sich, daß die isolierten Substanzen, die sich alle bei der Gaschromatographie wie eine einheitliche Verbindung verhielten, aus einem Gemisch von mindestens zwei verschiedenen Isomeren bestehen. Eine Ausnahme machte nur die C_{16}-Monoensäurefraktion, wo es sich um Palmitoleinsäure handelt. Das Ergebnis ist in Tab. 1 zusammengestellt.

Die vorliegende Untersuchung zeigt, daß unter den höher ungesättigten Fettsäuren der Leberphosphatide von fettfrei ernährten Ratten außer der in reichlichen Mengen auftretenden und schon länger bekannten $\Delta^{5.8.11}$-Eicosatriensäure vom Ölsäuretyp in der Tat auch Polyensäuren vom Palmitoleinsäuretyp vorkommen. Mit Einschluß der entsprechenden Monoensäuren handelt es sich um folgende Verbindungen:

---

1 L. C. A. Nunn u. J. Smedley-Maclean, Biochem. J. **32**, 2178 [1938].
2 J. Mead u. W. H. Slaton, J. biol. Chemistry **219**, 705 [1956].
3 A. J. Fulco u. J. F. Mead, J. biol. Chemistry **234**, 1411 [1959].
4 E. Klenk u. K. Oette, diese Z. **318**, 86 [1960].

Tab. 1. Zusammensetzung der Polyensäurefraktion der Leberphosphatide von fettfrei ernährten Ratten.

	Menge %	Struktur der einzelnen Komponenten
$C_{16:1}$	13	Δ^9
$C_{18:1}$	37	Δ^9 und Δ^{11} (7:3)
$C_{18:2}$	7	$\Delta^{8.11}$ und $\Delta^{9.12}$ (4:6)
$C_{20:1}$	Spur	Δ^{11} und Δ^{13} (7:3)
$C_{20:3}$	24	$\Delta^{5.8.11}$ und $\Delta^{7.10.13}$ (9:1)
$C_{20:4}$	13	$\Delta^{4.7.10.13}$ und $\Delta^{5.8.11.14}$ (2:8)
$C_{22:4}$	3	nicht untersucht
$C_{22:6}$	3	nicht untersucht

* Die in Klammern gesetzten Zahlen geben das Mengenverhältnis der beiden Isomeren an.

Δ^9-Hexadecensäure, Δ^{11}-Octadecensäure, $\Delta^{8.11}$-Octadecadiensäure, Δ^{13}-Eicosensäure, $\Delta^{7.10.13}$-Eicosatriensäure und $\Delta^{4.7.10.13}$-Eicosatetraensäure. Es spricht manches dafür, daß die Δ^9-Hexadecensäure das Ausgangsprodukt für die Bildung dieser ihrer Natur nach zusammengehörenden Reihe von ungesättigten Fettsäuren ist. Es würde sich so für den Organismus ein Weg eröffnen, welcher unabhängig von der Zufuhr von Linolsäure mit der Nahrung, zur Bildung einer der Arachidonsäure ($\Delta^{5.8.11.14}$-Eicosatetraensäure) überaus nahestehenden C_{20}-Tetraensäure führt.

Der C_{20}-Triensäure könnte die Aufgabe zukommen, unter den vorliegenden Bedingungen die noch einigermaßen hypothetische biologische Funktion der Arachidonsäure zu übernehmen. Dasselbe wird möglicherweise auch für die C_{20}-Tetraensäure vom Palmitoleinsäuretyp zutreffen. Es scheint aber, daß der Weg, der zur Bildung dieser Polyensäure führt, sich wesentlich weniger durchzusetzen vermag als die Bildung der Triensäure aus Ölsäure, da die erstere sich in dem untersuchten Fettsäuregemisch nur in verhältnismäßig kleinen Mengen vorfindet.

Die Untersuchung wurde durch Mittel der Deutschen Forschungsgemeinschaft und des Verbands der Chemischen Industrie, Fonds der Chemie, unterstützt.

Beschreibung der Versuche

Als Ausgangsmaterial dienten 7,3 g einer Polyensäurefraktion (bei —40° in Aceton löslicher Anteil der Gesamtfettsäuren) aus Leberphosphatiden fettfrei ernährter Ratten*. Auf Grund einer gaschromatographischen Analyse (Abb. 1), zeigte sie die in Tab. 1 aufgenommene Zusammensetzung. Die Methylester wurden mit Hilfe der früher beschriebenen Apparatur[5] für kleine Mengen der fraktionierten Vakuumdestillation unterworfen. Das Ergebnis ist in Tab. 2 zusammengestellt.

Frakt. 1 wurde durch präparative Gaschromatographie (Säulenfüllung: Apiezon auf Kieselgur; 200 × 1,2 cm; Trägergas: H_2; Säulentemp.: 220°) getrennt, wobei 0,14 g Hexadecensäure-methylester und 0,18 g Octadecensäure-methylester

* Das im Futter vorhandene Casein war nicht völlig fettfrei und enthielt noch kleine Mengen C_{18}-Polyensäuren, darunter auch Linolsäure[4].

[5] E. Klenk u. E. Eberhagen, diese Z. 322, 258 [1960].

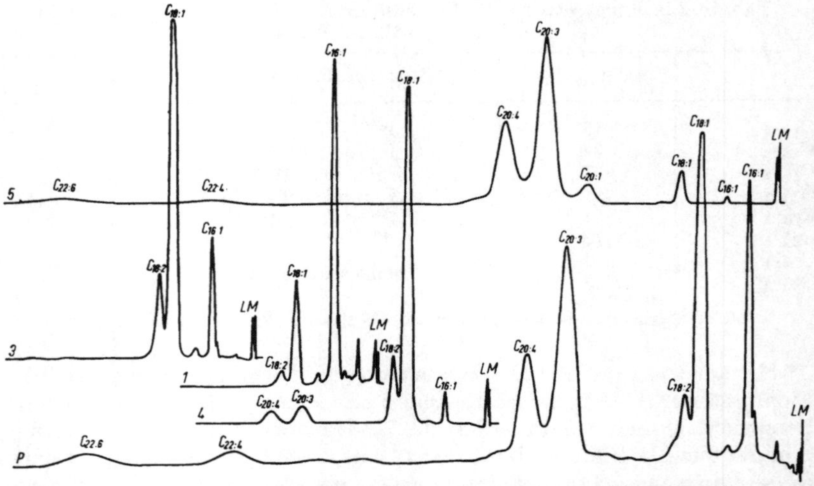

Abb. 1. Gaschromatogramm der Methylester der Polyensäurefraktion (P) und der Destillationsfraktionen 1, 3, 4 und 5.

Tab. 2. Fraktionierte Destillation der Methylester (7,0 g) der Polyensäurefraktion aus den Leberphosphatiden von fettfrei ernährten Ratten.

Frakt.	Menge in g	Zusammensetzung in % (durch Gaschromatographie ermittelt)						
		$C_{16:1}$	$C_{18:1}$	$C_{18:2}$	$C_{20:1}$	$C_{20:3}$	$C_{20:4}$	C_{22}-Polyensäuren
1	0,9	67	30	3	—	—	—	—
2	1,0	32	58	10	—	—	—	—
3	0,6	10	76	14	—	—	—	—
4	1,3	2	78	12	—	4	3	—
5	1,8	0,5	4	—	6	56	30	Spuren
6	0,7	Spur	3	—	7	30	16	43

anfielen, deren Reinheitsgrad sich aus dem Gaschromatogramm (Abb. 2) ergibt, wobei nur in der C_{18}-Monoensäure-Fraktion noch eine kleine Verunreinigung durch die entsprechende Diensäure festzustellen war.

Aus Frakt. 2, 3 und 4 wurde die C_{18}-Diensäure über die Quecksilberadditionsverbindungen[6] isoliert, wobei jedoch nicht n-Butanol/Acetessigester, sondern Propanol/Eisessig 100:1 als Elutionsmittel verwendet wurde. Die in einer Menge von 0,10 g erhaltene Substanz war gaschromatographisch einheitlich (Abb. 3) und gab auch nach der Alkaliisomerisierung das für Diensäuren charakteristische UV-Spektrum (Abb. 4). Die relativ hohe Extinktion der nicht isomerisierten Substanz dürfte auf Autoxydation während der Aufarbeitung zurückzuführen sein.

Frakt. 5 wurde nach der Verseifung der Gegenstromverteilung in einer 500-stufigen Apparatur nach dem Verfahren von Ahrens und Craig[7] unterworfen, wobei man 66 mg C_{20}-Monoensäure, 0,64 g C_{20}-Triensäure und 0,33 g C_{20}-Tetraensäure erhielt. Über den Reinheitsgrad der Polyensäuren orientieren die Gaschromatogramme (Abb. 3) und die UV-Spektren der mit Alkali isomerisierten Säuren

[6] E. Jantzen u. H. Andreas, Chem. Ber. **94**, 628 [1961].
[7] E. H. Ahrens jr. u. L. C. Craig, J. biol. Chemistry **195**, 229 [1952].

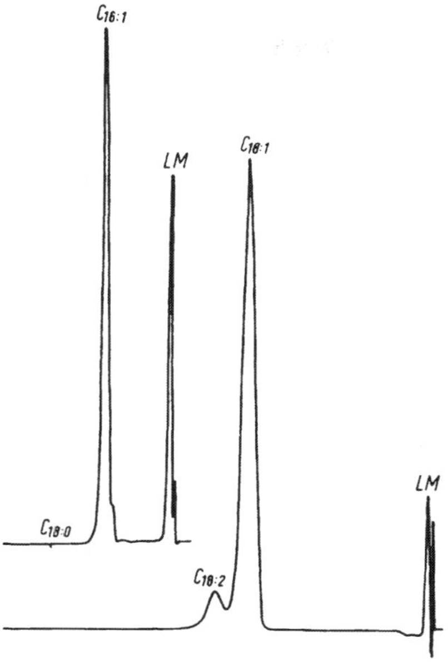

(Abb. 4). Die C_{20}-Tetraensäure (a) wurde durch präparative Gaschromatographie von noch vorhandenen kleinen Mengen einer C_{22}-Polyensäure befreit. Diese Säure (b) war jetzt gaschromatographisch einheitlich (Abb. 3).

Zur weiteren Charakterisierung der beiden isolierten C_{20}-Polyensäuren wurden die Substanzen hydriert und die Hydrierungsprodukte gaschromatographisch durch unmittelbaren Vergleich mit n-Eicosansäure-methylester identifiziert (Abb. 5).

Abb. 2. Gaschromatogramme der Methylester der C_{16}- und C_{18}-Monoensäuren aus Destillationsfrakt. 1.

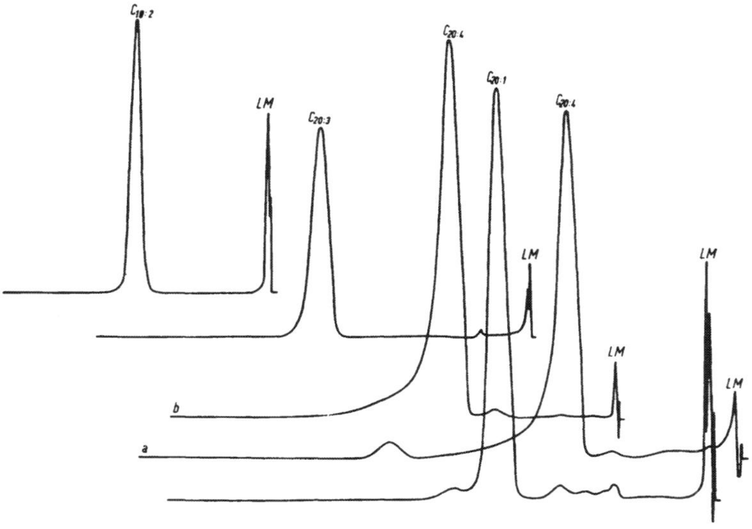

Abb. 3. Gaschromatogramme der Methylester von $C_{18:2}$-, $C_{20:1}$- und $C_{20:3}$-Polyensäuren, sowie der $C_{20:4}$-Polyensäure vor (a) und nach (b) der Reinigung durch präparative Gaschromatographie.

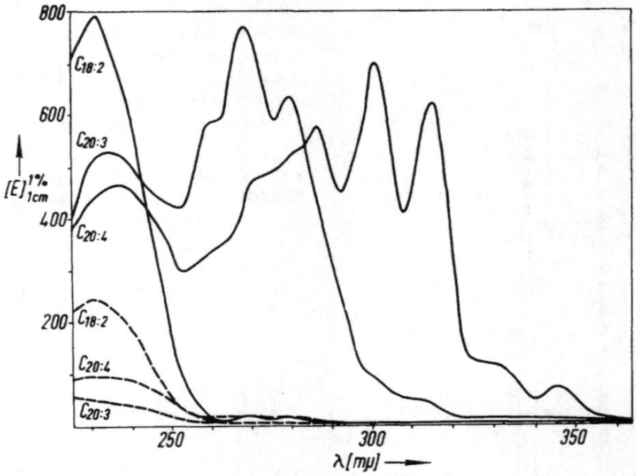

Abb. 4. UV-Spektren der mit Alkali isomerisierten $C_{18:2}$-, $C_{20:3}$- und $C_{20:4}$-Polyensäuren ($C_{20:4}$ vor der gaschromatograph. Reinigung). ---- nicht isomerisiert.

Abb. 5. Gaschromatogramme der Hydrierungsprodukte von $C_{20:3}$- und $C_{20:4}$-Methylester (c und d) und des Gemisches mit gleichen Mengen Eicosansäure-methylester (c_1 und d_1). Das Hydrierungsprodukt des C_{20}-Tetraensäure-methylesters (d) wurde aus dem ungereinigten Präparat (a) dargestellt.

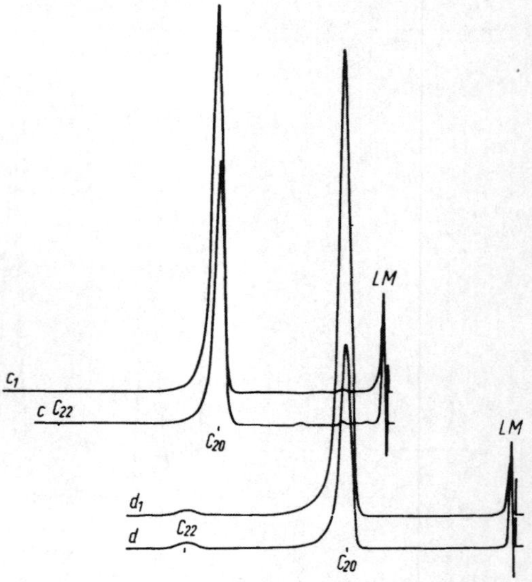

Der Ozonidabbau der isolierten ungesättigten Fettsäuren

Der oxydative Abbau wurde in der üblichen Weise[8, 9] durchgeführt, wobei jedoch als Indikator für den Endpunkt der Ozonisation eine Spur Sudanrot diente, das sich durch einen Überschuß von Ozon momentan entfärbt. Die überschüssigen

---

[8] E. Klenk u. W. Bongard, diese Z. **290**, 181 [1952].
[9] E. Klenk u. W. Montag, Liebigs Ann. Chem. **604**, 4 [1957].

Tab. 3. **Ergebnis des oxydativen und reduktiven Ozonidabbaus**

	Abbaudicarbonsäuren des oxydativen Abbaus							
	C_3	C_4	C_5	C_7	C_8	C_9	C_{11}	C_{13}
$C_{16:1}$						1,00[b]		
$C_{18:1}$						0,82[b]	0,18[b]	
$C_{18:2}$	0,16				0,34[b] 0,18	0,66[b] 0,33		
$C_{20:1}$							0,65[b]	0,35[b]
$C_{20:3}$	0,94		0,59	0,1				
$C_{20:4}$	1,39	0,15	0,55					

a Werte, die unter 0,1 Mol liegen, sind nicht aufgeführt.
b Die Werte wurden durch Gaschromatographie der Methylester berechnet (Abb. 6).

Peroxyde zerstörte man durch Schütteln mit einigen mg Platinoxyd. Nach der säulenchromatographischen Trennung der Abbaudicarbonsäuren mit Säule D (bei den Polyensäuren) wurden die Dicarbonsäuren papierchromatographisch identifiziert[10]. Die Abbaudicarbonsäuren der C_{18}-Diensäure wurden sowohl nach säulenchromatographischer Trennung[11] als auch direkt gaschromatographisch identifiziert (Abb. 6). Die Abbaudicarbonsäuren der Monoensäuren wurden nur gaschromatographisch bestimmt (Abb. 6).

Zum reduktiven Abbau wurden in Anlehnung an die früheren Verfahren[12] einige mg Polyensäuren in 5 cm³ Methylenchlorid gelöst und bei —15° ozonisiert. Nach beendeter Ozonisation wurde zur Vertreibung des überschüssigen Ozons kurze Zeit Stickstoff durchgeleitet, dann wurden etwa 100 mg Triphenylphosphin zugegeben und unter öfterem Umschütteln 1 Stde. stehen gelassen. Nach Abblasen

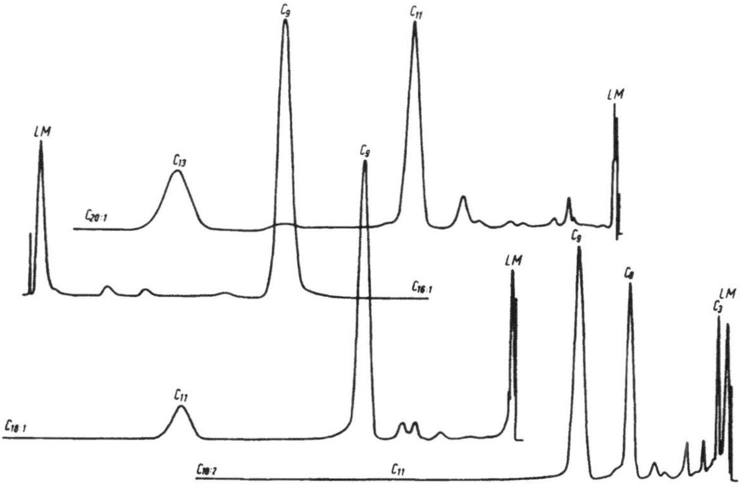

Abb. 6. Gaschromatogramme der Abbaudicarbonsäure-methylester von $C_{16:1}$, $C_{18:1}$, $C_{20:1}$ und $C_{18:2}$.

[10] s. Anmerkung[13] in E. Klenk u. H. Steinbach, diese Z. **316**, 31 [1959].
[11] E. Klenk u. G. Kremer, diese Z. **320**, 111 [1960].
[12] E. Klenk u. H. Brockerhoff, diese Z. **310**, 153 [1958].

der isolierten ungesättigten Fettsäuren in Mol pro Mol Fettsäure[a].

Aldehyde des reduktiven Abbaus				Stellung der Doppelbindungen
C_4	C_6	C_7	C_9	
		0,68		Δ^{9}
		0,21	0,47	Δ^{9} und Δ^{11}
0,11[c]	0,40	0,31		$\Delta^{8.11}$ und $\Delta^{9.12}$
nicht bestimmt				Δ^{11} und Δ^{13}
		+[d]	0,68	$\Delta^{5.8.11}$ und $\Delta^{7.10.13}$
	0,50	0,20		$\Delta^{4.7.10.13}$ und $\Delta^{5.8.11.14}$

c Herkunft dieses Aldehydes unbekannt.
d 0,06 Mol.

des Lösungsmittels mit N_2, versetzte man den Rückstand mit 25 cm³ 2.4-Dinitrophenylhydrazin-Lösung[13] und schüttelte nach 2 Stdn. die Hydrazone wiederholt mit je 20 cm³ aldehydfreiem Petroläther (Sdp. 60—80°) aus. Die mit einer 10proz. Natriumcarbonat-Lösung und Wasser ausgeschüttelte und mit Natriumsulfat getrocknete Lösung wurde eingedampft, der Rückstand mit 1 cm³ Benzol aufgenommen und in einem Meßkolben auf 10 cm³ mit Petroläther aufgefüllt. 2 cm³ dieser Lösung trennte man säulenchromatographisch[14] über Silicagel mit Petroläther als mobiler und Nitromethan als stationärer Phase. Das Eluat der einzelnen Zonen wurde gesammelt, eingedampft und zur quantitativen Bestimmung wie früher verfahren[12].

Zur papierchromatographischen Identifizierung benutzte man für die Dinitrophenylhydrazone der niederen Aldehyde (bis C_7) die Methode von Tunmann[15], für die der höheren Aldehyde die Methode von Ellis, Gaddis und Currie[16]. In beiden Systemen unterschieden sich die R_F-Werte der Dinitrophenylhydrazone der C_6- und C_7-Aldehyde nur sehr wenig. Jedoch ließen sie sich dünnschichtchromatographisch mit Methanol/Wasser 7:1 gut trennen und identifizieren. Die Ergebnisse sind in Tab. 3 zusammengestellt.

Zusammenfassung

Die Polyensäurefraktion der Leberphosphatide von fettfrei ernährten Ratten wurde in die Komponenten zerlegt und die isolierten Fettsäuren genauer charakterisiert. Aufgefunden wurden folgende ungesättigte Fettsäuren, die sich in 3 Typen einreihen lassen:

1. Palmitoleinsäuretyp: Δ^{9}-Hexadecensäure (Palmitoleinsäure), Δ^{11}-Octadecensäure, $\Delta^{8.11}$-Octadecadiensäure, Δ^{13}-Eicosensäure, $\Delta^{7.10.13}$-Eicosatriensäure und $\Delta^{4.7.10.13}$-Eicosatetraensäure.

2. Ölsäuretyp: Δ^{9}-Octadecensäure (Ölsäure), $\Delta^{5.8.11}$-Eicosatriensäure.

[13] Methoden der organ. Chemie (Houben-Weyl), 4. Auflage, Bd. II, S. 449, Georg-Thieme-Verlag, Stuttgart 1953.
[14] P. J. G. Kramer u. H. van Duin, Recueil Trav. chim. Pays-Bas **73**, 63 [1954].
[15] P. Tunmann, Arch. Pharmaz. Ber. dtsch. pharmaz. Ges. **289/61**, 329 [1956].
[16] R. Ellis, A. M. Gaddis u. G. T. Currie, Analyt. Chem. **30**, 475 [1958].

3. Linolsäuretyp: $\Delta^{9.12}$-Octadecadiensäure (Linolsäure), $\Delta^{5.8.11.14}$-Eicosatetraensäure (Arachidonsäure).

Die Polyensäuren dieser 3 verschiedenen Typen sind in folgendem Mengenverhältnis vorhanden: Ölsäuretyp : Linolsäuretyp : Palmitoleinsäuretyp = 11:7:4.

Summary

The polyenoic acid fraction of the liver phosphatides from rats on a fat-free diet was resolved and the isolated fatty acids characterised. The unsaturated fatty acids found can be classified as follows:

1. Palmitoleic acid type: Δ^{9}-hexadecenoic (palmitoleic), Δ^{11}-octadecenoic, $\Delta^{8,11}$-octadecenoic, Δ^{13}-eicosenoic, $\Delta^{7,10,13}$-eicosatrienoic and $\Delta^{4,7,10,13}$-eicosatetraenoic acid.

2. Oleic acid type: Δ^{9}-octadecenoic (oleic) and $\Delta^{5,8,11}$-eicosatrienoic acid.

3. Linoleic acid type: $\Delta^{9,12}$-octadecadienoic (linoleic) and $\Delta^{5,8,11,14}$-eicosatetraenoic acid (arachidonic acid).

The amounts of each type were present in the proportions oleic type: linoleic type: palmitoleic type = 11:7:4

Prof. Dr. E. Klenk, Physiologisch-Chemisches Institut der Universität, 5 Köln-Lindenthal, Joseph-Stelzmann-Straße 52.

Über die Biogenese der $\Delta^{5.8.11}$-Eicosatriensäure bei fettfrei ernährten Ratten

Von

Ernst Klenk und **Hans Pflüger**

Aus dem Physiologisch-Chemischen Institut der Universität Köln

(Der Schriftleitung zugegangen am 5. August 1963)

Prof. Dr. K. Bernhard zum 60. Geburtstag

Bei fettfrei ernährten Ratten finden sich in den Organphosphatiden reichliche Mengen $\Delta^{5.8.11}$-Eicosatriensäure, während die normalerweise vorkommenden C_{20}- und C_{22}-Polyensäuren vom Linol- und Linolensäuretyp mengenmäßig stark zurücktreten[1].

Im Gegensatz zu letzteren wird die C_{20}-Triensäure, wie aus Versuchen von Fulco und Mead[2] hervorgeht, durch Totalsynthese aus Acetat gebildet. Die Autoren fanden, daß bei Verabreichung von [1-^{14}C]-Acetat an fettfrei ernährte Ratten die Verteilung der Radioaktivität in den Kohlenstoffketten der C_{20}-Triensäure und der Ölsäure einander entspricht. Daraus wurde geschlossen, daß die Ölsäure als Ausgangsprodukt für die Synthese dieser C_{20}-Polyensäure dient.

Um den unmittelbaren Beweis für die Richtigkeit dieser Annahme zu erbringen, haben wir fettfrei ernährten Ratten den Äthylester der [8-^{14}C]Ölsäure verabreicht. Es wurden 2 Versuchsreihen durchgeführt. Im ersten Versuch erhielten die Tiere bei dreitägiger Versuchsdauer eine relativ große Menge des radioaktiven Esters. Im zweiten Versuch war bei nur 10stdg. Versuchsdauer die Menge der verabreichten radioaktiven Substanz wesentlich kleiner. Zur genaueren Untersuchung kamen die Fettsäuren der Leberlipoide. Tab. 1 enthält eine Zusammenstellung der durch gaschromatographische Analyse ermittelten Zusammensetzung der Gesamtfettsäuren und der spezif. Aktivität der einzelnen Komponenten nach deren Isolierung.

In Anbetracht der erheblichen methodischen Schwierigkeiten isolierten wir allerdings nur im ersten Versuch die in der Fraktion der Polyensäuren als Hauptkomponenten vorhandenen C_{20}-Trien- und -Tetraensäure. Die C_{20}-Triensäure besaß eine bemerkenswert hohe Aktivität. Sie übertraf noch die der Ölsäure. Während demgegenüber die Tetraensäure von allen Hauptkomponenten des Fettsäuregemischs die niedrigste Aktivität aufwies. Sie könnte schon durch eine kleine, gaschromato-

[1] Literaturzusammenstellung s. E. Klenk u. K. Oette, diese Z. **318**, 86 [1960].
[2] A. J. Fulco u. J. F. Mead, J. biol. Chemistry **234**, 1411 [1959].

Tab. 1. Zusammensetzung des Fettsäuremethylester-Gemischs der Leberlipoide von fettfrei ernährten Ratten nach Verabreichung von [8-^{14}C]Ölsäure-äthylester (1. und 2. Versuch) bzw. [8-^{14}C]Stearinsäure-äthylester (3. Versuch) und spezif. Aktivitäten der einzelnen Komponenten.

	Versuch 1[a]		Versuch 2[a]		Versuch 3[a]	
	Menge [%][b]	spezif. Aktiv. [Zpm/mg]	Menge [%][b]	spezif. Aktiv. [Zpm/mg]	Menge [%][b]	spezif. Aktiv. [Zpm/mg]
C_{14}	1	592	+	—	+	—
C_{16}	18	777	19	264	20	486
$C_{16:1}$	10	543	9	272	5	132
C_{18}	6	972	15	396	18	10110
$C_{18:1}$	38	7910	39	6750	31	1330
$C_{18:2}$	4	—	2	—	4	—
$C_{20:3}$	8	8730	8	787[c]	10	485[c]
$C_{20:4}$	9	115[d]	6	—	9	—
$C_{22:2-6}$	6	—	2	—	3	—

a) Verabreichte Aktivitäten: 1. 27,8 · 10^6; 2. 10 · 10^6; 3. 12,3 · 10^6 Zpm pro Tier. — b) % der Gesamtfettsäuremethylester. — c) ber. aus der spezif. Aktivität der Fraktion der Polyenfettsäuremethylester unter der Annahme, daß die übrigen Polyensäuren inaktiv sind. — d) ber. aus der spezif. Aktivität der freien Säure.

graphisch kaum mehr nachweisbare Beimengung der hochaktiven C_{20}-Triensäure erklärt werden. Jedenfalls zeigt der Befund, daß die in dieser C_{20}-Tetraensäurefraktion in einer Menge von 80% vorkommende[3] Arachidonsäure ($\Delta^{5.8.11.14}$-Eicosatetraensäure) keine oder keine nennenswerte Aktivität besitzt, so daß — in Übereinstimmung mit unseren bisherigen Kenntnissen über ihre Biogenese — Ölsäure als Muttersubstanz für sie ausscheidet.

$$CH_3{-}[CH_2]_7{-}CH{=}CH{-}{}^{14}CH_2{-}[CH_2]_6{-}CO_2H \qquad \text{I}$$

$$\downarrow$$

$$CH_3{-}[CH_2]_7{-}CH{=}CH{-}{}^{14}CH_2{-}CH{=}CH{-}CH_2{-}CH{=}CH{-}[CH_2]_3{-}CO_2H \qquad \text{II}$$

$$\downarrow$$

$$\left.\begin{array}{l} CH_3{-}[CH_2]_7{-}CO_2H \quad + \quad HO_2C{-}CH_2{-}CO_2H \\ \quad + \; HO_2C{-}{}^{14}CH_2{-}CO_2H \quad + \quad HO_2C{-}[CH_2]_3{-}CO_2H \end{array}\right. \qquad \text{III}$$

Nach dem obenstehenden Formelschema entsteht aus der verfütterten [8-^{14}C]Ölsäure (I) die [10-^{14}C]$\Delta^{5.8.11}$-Eicosatriensäure (II). Theoretisch muß demnach die Gesamtaktivität der Triensäure in der beim oxydativen Ozonidabbau (II→ III) auftretenden Malonsäure enthalten sein. Die experimentell festgestellte Verteilung der Aktivität ergibt sich aus Tab. 2.

Die Malonsäure enthält dementsprechend 94% der Gesamtaktivität. Nur ein geringer Anteil der Aktivität findet sich in den Abbausäuren die vom Methyl- bzw. dem Carboxylende der C_{20}-Triensäure stammen.

[3] E. Klenk u. G. Tschöpe, diese Z. **334**, 195 [1963].

Tab. 2. Verteilung der Aktivität in den Abbausäuren der isolierten C_{20}-Triensäure ($Zpm/\mu Mol = 2790$).

Pelargonsäure [Zpm/μMol]	Malonsäure [Zpm/2 μMol]	Glutarsäure [Zpm/μMol]	Gesamtaktivität der Abbausäuren [Zpm]
46	2440	101	2587

Nach alledem handelt es sich also um einen direkten Übergang der Ölsäure in die C_{20}-Triensäure. Der Umweg über den Acetatpool wird in nennenswertem Umfang nicht eingeschlagen, da in diesem Fall die Aktivität sich gleichmäßig über die ganze Kohlenstoffkette der Fettsäure verteilen müßte.

Auffallend ist noch in beiden Versuchsreihen die relativ hohe Aktivität der Stearinsäure und der kürzerkettigen Fettsäuren, die einen direkten Übergang der Ölsäure in diese Fettsäuren möglich erscheinen läßt. Andererseits ist aber hier der Umweg über den Acetatpool nicht auszuschließen.

Ein weiterer Versuch (3. Versuch), in welchem an Stelle des markierten Ölsäureäthylesters der Ester der entsprechend markierten Stearinsäure ([8-^{14}C]Octadecansäure) verabreicht wurde, ergab, daß auch Stearinsäure auf dem Wege über Ölsäure in die $\Delta^{5.8.11}$-Eicosatriensäure übergeht (s. Tab. 1).

Die Untersuchungen wurden durch Mittel der Deutschen Forschungsgemeinschaft und des Verbands der Chemischen Industrie, Fonds der Chemie, unterstützt.

Beschreibung der Versuche

Versuchsanordnung und Aufarbeitung der Organe

In 3 Versuchsreihen wurde der nach l. c.[4] dargestellte [8-^{14}C]Ölsäure-äthylester bzw. dessen Hydrierungsprodukt ([8-^{14}C]Stearinsäure-äthylester) an junge weiße Ratten verabreicht, die nach ihrer Entwöhnung noch 8 Tage normal und anschließend 4—8 Wochen wie üblich[1] fettfrei ernährt waren. Die markierten Ester brachte man mit einer Blutzuckerpipette, welche bei der hydrierten Substanz leicht erwärmt sein mußte, auf den hinteren Teil der Zunge. Keines der Tiere verweigerte die Aufnahme der Substanzen. Aus Tab. 3 sind die Versuchsbedingungen ersichtlich.

Tab. 3. Versuchsbedingungen.

Vers. Nr.	Zahl der Tiere	Gewicht je Tier in g	Versuchsdauer	Fettsäureäthylester verabreicht		
					Menge [mg]	Gesamtaktiv. [Zpm]
1	5	100	3 Tage	[8-^{14}C]Ölsäure	350*	$139 \cdot 10^6$
2	1	126	10 Stdn.	[8-^{14}C]Ölsäure	25,3	$10 \cdot 10^6$
3	1	150	10 Stdn.	[8-^{14}C]Stearinsäure	31,1	$12,3 \cdot 10^6$

* An drei Tagen etwa 23 mg Ester pro Tag und pro Tier.

[4] E. Klenk u. H. Pflüger, diese Z. im Druck.

Bei Versuch 2 und 3 wurde auch die in der abgeatmeten Kohlensäure vorhandene Aktivität gemessen. Zu diesem Zweck brachte man die Tiere nach der Verabreichung der markierten Substanzen in einen kleinen Exsiccator, der von einem mit KOH-Lösung gewaschenen Luftstrom (15 *l*/Stde.) durchströmt war. Das abgeatmete CO_2 wurde nach Passieren einer Kühlfalle (—10°) in 10 cm³ Hyaminlösung* absorbiert, wobei man nach 30 Min. die Hyaminlösung erneuerte. Zur Aktivitätsmessung** wurde jede einzelne der so erhaltenen Fraktionen mit Methanol, davon wieder 1 cm³ mit dem Toluolscintillator (4 g PPO* + 0,1 g POPOP* in 1 *l* Toluol, Packard Instruments Com. Inc.) auf 10 cm³ aufgefüllt (Vergleich mit aktiver Benzoesäure als Testsubstanz). Das Ergebnis ist in Abb. 1 graphisch dargestellt.

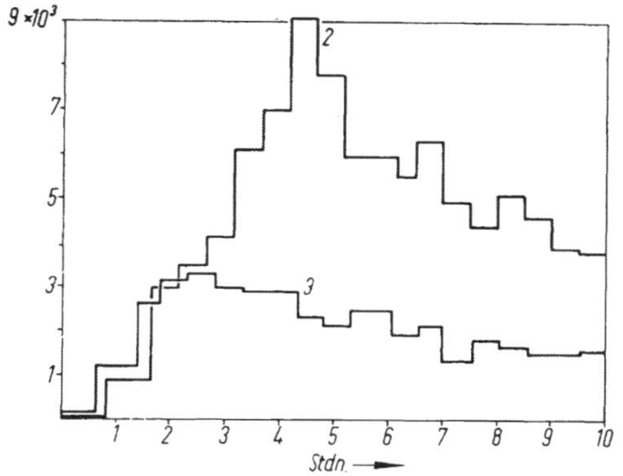

Abb. 1. Abatmungskurve von $^{14}CO_2$ in Versuch 2 und 3. Ordinate: Pro Minute abgeatmete Aktivität in Zpm.

Tab. 4. Menge und Aktivität der Fettsäuremethylester aus den verschiedenen Organen und Geweben.

		Roh-lipoide Menge [g]	Fettsäuremethylester roh Menge [g]	Fettsäuremethylester roh spezif. Aktiv. [Zpm/mg]	Methylester (gereinigt) Menge [g]	Methylester (gereinigt) spezif. Aktiv. [Zpm/mg]
Vers. 1 (5 Tiere)	Leber	1,46	0,75	—	0,63	3370
	Mesenterium	6,26	4,20	—	3,52	3350
	Gehirn	0,61	0,37	—	0,17	152
	restl. Körper	25	22	—	17,17	1820
Vers. 2 (1 Tier)	Leber	0,39	0,27	—	0,17	1940
	Mesenterium	2,1	1,47	1725	—	—
	restl. Körper	6,3	5,9	325	—	—
Vers. 3 (1 Tier)	Leber	0,34	0,25	—	0,15	1995
	Mesenterium	2,5	1,89	2905	—	—
	restl. Körper	8,1	7,5	355	—	—

* Hyamin X—10 = Dimethyl-{2-[2-(*p*-diisobutyl-methyl-phenoxy)-äthoxy]-äthyl}-benzyl-ammoniumhydroxyd; PPO = 2.5-Diphenyl-oxazol; POPOP = 1.4-Bis-[5-phenyl-oxazolyl-(2)]-benzol.

** Sämtliche Aktivitäten in dieser Arbeit wurden im Tri-Carb-Scintillationszähler (Packard Instrument Comp. Inc.) ausgemessen.

Am Ende der Versuche wurden die Tiere getötet und bei Versuch 1 Leber, Gehirn und Mesenterium, sowie der Rest des Körpers, bei den Versuchen 2 und 3 Leber, Mesenterium, sowie der Rest des Körpers getrennt aufgearbeitet. Die homogenisierten Organe bzw. die mit Hilfe eines Fleischwolfs zerkleinerten Körperteile wurden mit Aceton entwässert und anschließend mit Chloroform/Methanol 2:1 (V/V) heiß extrahiert. Die sowohl aus den Aceton- als auch aus den Chloroform/Methanol-Lösungen durch Entfernung des Lösungsmittels im Rotationsverdampfer gewonnenen Rohlipoide zersetzte man durch 3stdg. Kochen mit der 15—30fachen Menge 4proz. methanol. Salzsäure unter Stickstoff und schüttelte die Fettsäuremethylester nach Zugabe des gleichen Volumens Wasser mit Petroläther aus. Die Rohester der Lebern und bei Versuch 1 die der übrigen Organe und Körperteile wurden noch durch Verseifung, Entfernung des Unverseifbaren und Wiederverestern der in Freiheit gesetzten Fettsäuren weiter gereinigt. In Tab. 4 sind die Ergebnisse zusammengestellt.

Tab. 4 enthält außerdem die gemessenen spezif. Aktivitäten. Aus diesen Zahlen konnte auch berechnet werden, wie sich die verabreichten Aktivitäten auf die Fettsäuremethylester der verschiedenen Organe und Gewebe verteilen (Tab. 5).

Tab. 5. Gesamtaktivität der Fettsäuremethylester aus den verschiedenen Organen und Geweben, sowie des abgeatmeten CO_2. Angaben in % der verabreichten Aktivität.

	Versuch 1	Versuch 2	Versuch 3
Leber	1,5	3,3	2,4
Mesenterium . .	8,5	25,4	44,7
Gehirn	0,02	—	—
restl. Körper . .	22,4	19,2	21,6
Summe	32,4	47,9	68,7
abgeatm. CO_2 . .	—	26,7	9,9

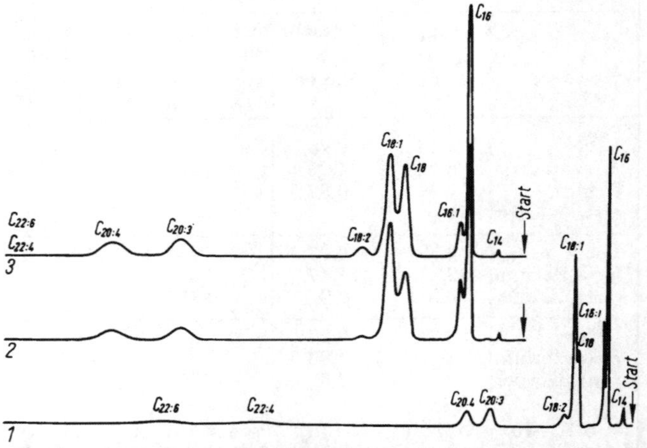

Abb. 2. Gaschromatogramme der Fettsäuremethylester aus den Lebern der Versuche 1—3. Pye-Gerät, Säulenfüllung: 20% Reoplex auf Kieselgur, Trägergas: Argon, Säulentemperatur: 180°. Für 1 wurde eine andere Säule als für 2 und 3 verwendet.

Schließlich wurde von den gereinigten Fettsäuremethylestern der Leber in allen 3 Versuchen die Zusammensetzung durch gaschromatographische Analyse ermittelt. Die Berechnung erfolgte nach dem Dreiecksverfahren, wobei der den Gaschromatogrammen (Abb. 2) entnommene Flächeninhalt mit den für die einzelnen Fettsäuren empirisch ermittelten Faktoren[5] multipliziert wurde. Die so erhaltenen Werte sind in Tab. 1 zusammengestellt.

Zerlegung der Leberfettsäuren in die Komponenten

Das Estergemisch der Leberfettsäuren trennte man zunächst mit Hilfe der Quecksilberacetat-Methode von Jantzen und Andreas[6] in die drei Fraktionen der gesättigten, der Monoen- und der Polyenfettsäuren, wobei man zum Eluieren der gesättigten Fettsäuremethylester nur soviel Benzol verwendete als zur quantitativen Erfassung dieser Fraktion erforderlich war. Dadurch, daß im 1. Versuch das Eluat der Polyenfettsäureester aus der Silicagelsäule in zwei aufeinander folgenden Fraktionen aufgefangen wurde, erhielt man von diesen einen Anteil A und einen Anteil B. Die Ergebnisse sind in Tab. 6 zusammengestellt. Sie enthält außerdem die durch gaschromatographische Analyse ermittelte Zusammensetzung des Estergemischs dieser 3 Fettsäurefraktionen.

Tab. 6. Menge, spezif. Aktivität und Zusammensetzung der mit Hilfe der Quecksilberacetat-Methode gewonnenen Fettsäuremethylester-Fraktionen aus Leber.

	Frakt. d. gesätt. Fettsäuren					Frakt. d. Monoenfettsäuren				
	Menge [g]	Spezif. Akt. [Zpm/mg]	Zusammensetzung			Menge [g]	Spezif. Akt. [Zpm/mg]	Zusammensetzung		
			C_{14}	C_{16}	C_{18}			$C_{16:1}$	$C_{17:1}$	$C_{18:1}$
Vers. 1	0,22	845	1	79	20	0,22	6360	19	1	80
Vers. 2	0,06	298	1	62	37	0,05	5230	20	1	79
Vers. 3	0,05	4395	1	57	42	0,03	1120	13	+	87

<table>
<tr><th></th><th colspan="12">Frakt. d. Polyenfettsäuren</th></tr>
<tr><th></th><th rowspan="2">Menge [g]</th><th rowspan="2">Spezif. Akt. [Zpm/mg]</th><th colspan="10">Zusammensetzung</th></tr>
<tr><th></th><th>$C_{16:1}$</th><th>$C_{18:1}$</th><th>$C_{18:2}$</th><th>C_x*</th><th>C_y*</th><th>$C_{20:3}$</th><th>$C_{20:4}$</th><th>$C_{22:2}$</th><th>$C_{22:4}$</th><th>$C_{22:6}$</th></tr>
<tr><td>Vers. 1 A</td><td>0,02</td><td>3920</td><td>1</td><td>+</td><td>39</td><td>1</td><td>—</td><td>39</td><td>16</td><td>2</td><td>2</td><td>—</td></tr>
<tr><td>Vers. 1 B</td><td>0,09</td><td>3140</td><td>+</td><td>+</td><td>8</td><td>+</td><td>—</td><td>37</td><td>39</td><td>1</td><td>6</td><td>8</td></tr>
<tr><td>Vers. 2</td><td>0,04</td><td>734</td><td>1</td><td>6</td><td>11</td><td colspan="2">1</td><td>40</td><td>29</td><td>1</td><td>3</td><td>8</td></tr>
<tr><td>Vers. 3</td><td>0,04</td><td>242</td><td>1</td><td>5</td><td>11</td><td colspan="2">1</td><td>36</td><td>34</td><td>1</td><td>5</td><td>6</td></tr>
</table>

* Nicht identifizierte Komponenten.

Aus den Esterfraktionen der gesättigten Fettsäuren und der Monoenfettsäuren ließen sich die einzelnen Komponenten durch präparative Gaschromatographie* mit Hilfe einer Apiezon-L-Säule in reiner Form gewinnen. Die Substanzen wurden in einem kleinen U-Rohr, in welchem sich an beiden Enden zum Abfangen von Aerosolen Wattebäusche befanden, aufgenommen und kondensiert, mit Methanol in einen kleinen Kolben übergespült und nach Entfernung des Lösungsmittels ge-

* Gerät von Rubarth & Co, Hannover. Wärmeleitfähigkeitszelle von Gowman & Co, Modell 2985 D. Stahlsäule: 130 × 1,2 cm. Säulenfüllung: 20% Apiezon auf Kieselgur (0,1—0,2 mm), Trägergas: H_2 (etwa 600 cm^3/Min.).

[5] E. Klenk u. D. Eberhagen, diese Z. **328**, 180 [1962].

[6] E. Jantzen u. H. Andreas, Chem. Ber. **92**, 1427 [1959]; **94**, 628 [1961].

wogen. Das Ergebnis ist in Tab. 7 zusammengestellt. Wie ersichtlich, schwanken die einzelnen Ausbeuten zwischen 55 und 75%. Jede der so erhaltenen Substanzen erwies sich gaschromatographisch als völlig einheitlich. Zur Aktivitätsmessung wurden jeweils 1—4 mg der Substanz eingewogen. Die gefundenen spezif. Aktivitäten sind in Tab. 1 aufgenommen.

Tab. 7. Zerlegung der aus Leber gewonnenen Fraktionen der gesättigten und der einfach ungesättigten Fettsäureester in die Komponenten durch präparative Gaschromatographie.

	Frakt. d. gesätt. Fettsäuren				Frakt. d. Monoenfettsäuren		
	eingesetzte Estermenge [mg]	Menge d. isolierten Fettsäuremethylester [mg]			eingesetzte Estermenge [mg]	Menge d. isolierten Fettsäuremethylester [mg]	
		C_{14}	C_{16}	C_{18}		$C_{16:1}$	$C_{18:1}$
Vers. 1	105	5	50	22	123	14	78
Vers. 2	53	—	17	12	48	7	24
Vers. 3	37	—	10	10	31	3	16

Die Fraktion der Polyenfettsäuren wurde nur bei Versuch 1 eingehender untersucht. Aus dem Anteil B (54 mg) dieser Fraktion konnten durch präparative Gaschromatographie mit Hilfe einer Reoplex-Säule (Stahlsäule: 190 × 1,2 cm, Füllung: 20% Reoplex 400 auf Kieselgur, Säulentemperatur: 220°) die C_{20}-Fraktionen (B_1, B_2 und B_3) erhalten werden. Da die aufgefangenen Fraktionen mit etwas flüssiger Phase verunreinigt waren, die bei der Arbeitstemperatur von der Säule abgegeben wurde, verseifte man die Ester, setzte die Fettsäuren in Freiheit und schüttelte sie mit Petroläther aus. Ausbeute: B_1 5 mg; B_2 4 mg; B_3 17 mg. Wie die Gaschromatogramme (Abb. 3) zeigen, ist B_1 reine C_{20}-Triensäure, während es sich bei B_3 um ein Gemisch von 40% C_{20}-Triensäure und 60% C_{20}-Tetraensäure handelt. Spezif. Aktivitäten von B_1 und B_3: 8750 und 3340 Zpm/mg. Aus diesen Zahlen ergibt sich bereits, daß die C_{20}-Tetraensäure praktisch inaktiv ist.

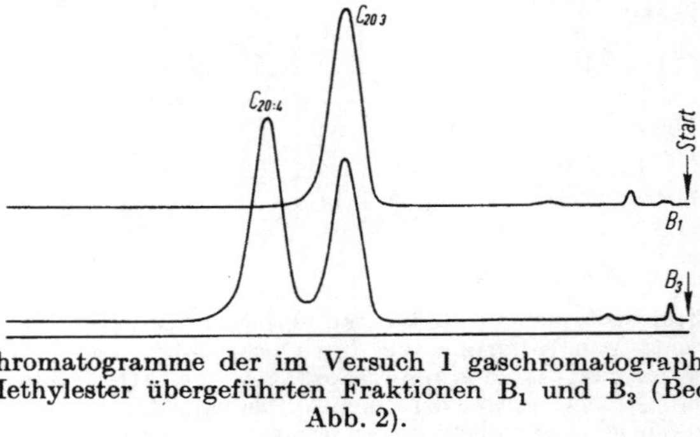

Abb. 3. Gaschromatogramme der im Versuch 1 gaschromatographisch isolierten und in die Methylester übergeführten Fraktionen B_1 und B_3 (Bedingungen wie Abb. 2).

Eine weitgehende Zerlegung des C_{20}-Triensäure- und -Tetraensäuregemischs gelang durch Anwendung der Chromatographie mit umgekehrten Phasen[7] (s. auch l. c.[1]). Die Trennung wurde mit 19 mg der vereinigten Fraktionen B_2 und B_3 durchgeführt. Abb. 4 orientiert über den Trennungsverlauf. Der Reinheitsgrad der isolierten Polyensäuren ergibt sich aus dem Gaschromatogramm (Abb. 5).

[7] G. A. Howard u. A. J. P. Martin, Biochem. J. 46, 532 [1950].

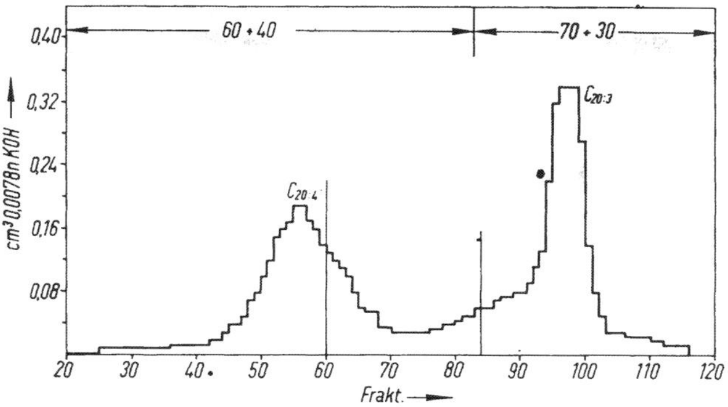

Abb. 4. Chromatographie mit umgekehrten Phasen des C_{20}-Triensäure- und -Tetraensäuregemischs mit Aceton/Wasser der angegebenen Zusammensetzung an paraffiniertem Kieselgur bei 20°. Ausbeute: Frakt. 40—60: 3,2 mg C_{20}-Tetraensäure (spezif. Akt. 120 Zpm/mg); Frakt. 84—113: 6,4 mg C_{20}-Triensäure (spezif. Akt. 6880 Zpm/mg). Fraktions-Vol.: 2,5 cm³

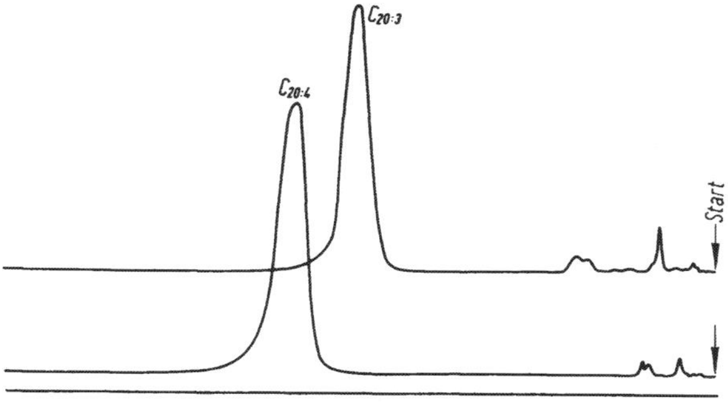

Abb. 5. Gaschromatogramme der Methylester der durch Chromatographie mit umgekehrten Phasen isolierten C_{20}-Triensäure und -Tetraensäure (Bedingungen wie Abb. 2).

Der oxydative Ozonidabbau

4,1 mg der beiden vereinigten C_{20}-Triensäure-Präparate wurden in 3 cm³ Eisessig und 1 cm³ Methylacetat gelöst und in der üblichen Weise[8] durch oxydative Ozonidspaltung abgebaut und die Abbaudicarbonsäuren mit Säule D chromatographisch bestimmt. Um eine Überozonisation zu vermeiden, versetzt man die Lösung der Polyensäuren mit einer Spur Sudanrot. Der Endpunkt der Ozonisation wird dann durch die eintretende Entfärbung angezeigt. Nach der Spaltung des Ozonids wird zur Beschleunigung der Zerstörung des überschüssigen H_2O_2 vor dem Aufkochen der Lösung noch etwas Platinkatalysator hinzugefügt.

Nach Austitrieren der aus der Säule eluierten Abbaudicarbonsäuren, brachte man die Lösung im Vak. zur Trockne, setzte aus den im Rückstand verbleibenden Kaliumsalzen die Säure durch Zugabe von 0,3 cm³ $2n$ HCl in Freiheit und entfernte HCl und Wasser im Vakuum. Zur Messung der Aktivität wurde der Rückstand, der sich in dem zur Aktivitätsmessung verwendeten Glasgefäß befand, in 1 cm³ Aceto-

[8] E. Klenk u. W. Bongard, diese Z. **290**, 181 [1952].

nitril aufgenommen und anschließend 10 cm³ Toluol-Scintillator hinzugefügt. Nach 3stdg. Stehenlassen konnte die Lösung im Scintillationszähler ausgemessen werden. Abb. 6 zeigt das Ergebnis der säulenchromatographischen Trennung der Abbaudicarbonsäuren. In Tab. 8 sind die gefundenen Aktivitäten der erhaltenen Dicarbonsäurefraktionen zusammengestellt.

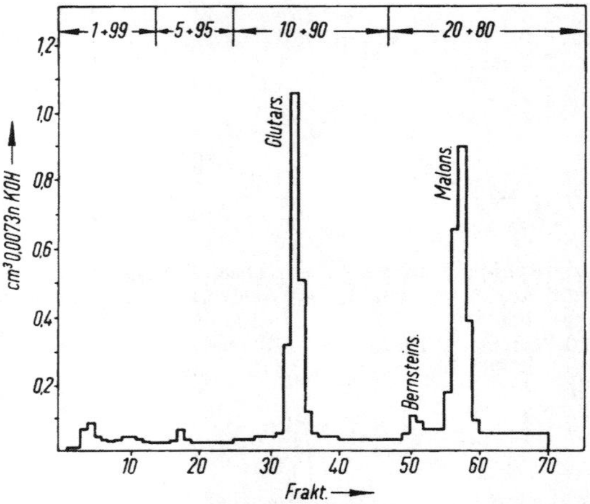

Abb. 6. Chromatographie der Abbaudicarbonsäuren aus der isolierten C_{20}-Triensäure mit *n*-Butanol/Chloroform im angegebenen Mischungsverhältnis an Säule D. Gef.: 0,59 Mol Glutarsäure; 0,05 Mol Bernsteinsäure und 0,54 Mol Malonsäure pro Mol Polyensäure.

Tab. 8. Spezif. Aktivitäten der Dicarbonsäuren aus dem oxydativen Abbau der Eicosatriensäure von Versuch 1.

		Verbrauch 0,01*n* KOH [cm³]	Menge [mg]	Aktivitäten [Zpm pro Frakt.]	[Zpm pro mg]	[Zpm pro μMol]
Fr. 33	Glutarsäure	0,744	0,492	378	768	101*
Fr. 34 + 35	Glutarsäure	0,402	0,252	216	851	112
Fr. 56	Malonsäure	0,438	0,228	2380	10430	1090
Fr. 57	Malonsäure	0,613	0,318	3730	11730	1220*
Fr. 58—59	Malonsäure	0,266	0,145	1750	12070	1257

* Werte, die in Tab. 2 übernommen wurden.

Die von den Abbaudicarbonsäuren mit Petroläther abgetrennte Fraktion der Monocarbonsäure wurde nach Nijkamp[9] säulenchromatographisch gereinigt. Als stationäre Phase verwendet man 400 mg des nach Vorschrift hergestellten Kieselgels, das nacheinander mit Wasser, Bromthymolblaulösung, verd. Ammoniak und Methanol behandelt war. Die Elution erfolgte mit Isooctan, das man mit 95proz. Methanol äquilibrierte. Die Säure erwies sich als einheitlich und bewegte sich als scharf umrissener gelber Ring durch die Säule. Das Schwellenvolumen stimmte mit dem der Pelargonsäure (Nonansäure) überein. Von den insgesamt 3 cm³ Eluat, in welchem die Gesamtmenge der Abbausäure enthalten war, wurde

[9] H. J. Nijkamp, Analytica chim. Acta [Amsterdam] 5, 325 [1951].

je 1 cm^3 zur Titration mit 0,01*n* alkohol. NaOH bzw. zum Messen der Aktivität verwandt. Verbrauch: 0,15 cm^3 0,01*n* Lauge entspr. 0,246 mg oder 1,56 μMol Pelargonsäure. Aktivität: 72 Zpm entspr. 293 Zpm/mg oder 46 Zpm/μMol.

Zusammenfassung

Nach Verabreichung von [8-^{14}C]Ölsäure-äthylester an fettfrei ernährte Ratten wurde aus den Leberlipoiden Eicosatriensäure von sehr hoher Aktivität (spezif. Akt. des Methylesters 8730 Zpm/mg) und Eicosatetraensäure von sehr niedriger Aktivität (spezif. Akt. 120 Zpm/mg) isoliert. Beim oxydativen Ozonidabbau der Eicosatriensäure fanden sich 94% der Aktivität in der Malonsäure und nur 6% in den von dem Methyl- und Carboxylende der Polyensäure stammenden Abbausäuren (Pelargonsäure und Glutarsäure). Die C_{20}-Triensäure ($\Delta^{5,8,11}$-Eicosatriensäure) entsteht demnach unmittelbar aus Ölsäure.

Einer der durchgeführten Versuche zeigt, daß auch Stearinsäure auf dem Wege über die Ölsäure in die Eicosatriensäure übergeht.

Summary

[8-^{14}C]oleic acid ethyl ester was given to rats on a fatfree diet. The liver lipids contained eicosatrienoic acid of very high activity (spec. act. of the methyl ester 8730 d. p. m./mg.) and eicosatetraenoic acid of very low activity (spec. act. 120 d. p. m./mg.). After oxidative ozonide degradation of the eicosatrienoic acid, 94% of the activity was found in the malonic acid and only 6% in those acids derived from the methyl and carboxyl ends of the polyenoic acid (pelargonic and glutaric acid). The C_{20}-trienoic acid ($\Delta^{5,8,11}$-eicosatrienoic acid) is thus derived directly from oleic acid.

One experiment showed that stearic acid is also converted to eicosatrienoic acid via oleic acid.

Prof. Dr. E. Klenk, Physiologisch-Chemisches Institut der Universität, 5 Köln-Lindenthal, Joseph-Stelzmann-Str. 52.

Über die Synthese der [8-^{14}C]*cis*-Δ^9-Octadecensäure*

Von

Ernst Klenk und Hans Pflüger

Aus dem Physiologisch-Chemischen Institut der Universität Köln

(Der Schriftleitung zugegangen am 5. August 1963)

Zur Weiterführung unserer Versuche über den Polyensäurestoffwechsel benötigen wir eine Reihe von ungesättigten Fettsäuren, die einerseits aus natürlichen Fetten nicht bzw. nur schwierig zu erhalten oder andererseits in einer bestimmten Stellung der Kohlenstoffkette mit ^{14}C markiert sind. Wir haben deshalb in den letzten Jahren mit der synthetischen, präparativen Darstellung dieser Substanzen begonnen. Im folgenden beschreiben wir die Darstellung der in Stellung 8 mit ^{14}C markierten Ölsäure ([8-^{14}C]*cis*-Δ^9-Octadecensäure).

Ausgehend von Hexamethylenglykol (I) wurde über das Chlorhydrin (II) durch Umsetzung mit [^{14}C]Natriumcyanid [1-^{14}C]7-Hydroxyheptansäurenitril (III) gewonnen und dieses über die Stufen IV, V und VI in [7-^{14}C]1-Chlor-7-brom-heptan (VII) übergeführt. In Anlehnung an die Methode von Ahmad und Strong[1] zur Synthese von Monoenfettsäuren kondensierte man VII mit Lithiumdecin in siedendem Ammoniak zum [7-^{14}C]1-Chlor-8-heptadecin (VIII). Wie aus Vorversuchen hervorging, entsteht dabei neben dem Hauptprodukt (VIII) noch etwa 1—2% [1-^{14}C]1-Brom-8-heptadecin, das jedoch durch Einwirkung von methanol. Silbernitratlösung entfernt werden kann. Durch Umsetzung von VIII mit Natriumcyanid in Dimethylsulfoxyd erhielt man [8-^{14}C]9-Octadecinsäurenitril (IX) in quantitativer Ausbeute. Die alkalische Verseifung des Nitrils und die Reduktion ihres Äthylesters (X) mit Lindlar-Katalysator führte schließlich zum Äthylester der [8-^{14}C]*cis*-Δ^9-Octadecensäure (XI).

$$\underset{\text{I}}{HO{-}[CH_2]_6{-}OH} \xrightarrow{HCl} \underset{\text{II}}{Cl{-}[CH_2]_6{-}OH} \xrightarrow{Na^{14}CN} \underset{\text{III}}{N^{14}C{-}[CH_2]_6{-}OH} \xrightarrow{SOCl_2}$$

$$\underset{\text{IV}}{N^{14}C{-}[CH_2]_6{-}Cl} \xrightarrow[HCl]{\text{methanol.}} \underset{\text{V}}{H_3CO{-}^{14}CO{-}[CH_2]_6{-}Cl} \xrightarrow{LiAlH_4}$$

$$\underset{\text{VI}}{HO^{14}CH_2{-}[CH_2]_6{-}Cl} \xrightarrow{PBr_3} \underset{\text{VII}}{Br{-}^{14}CH_2{-}[CH_2]_6{-}Cl} \xrightarrow{CH_3\text{-}[CH_2]_7\text{-}C\equiv CLi}$$

---

* Auszug aus der Dissertat. von H. Pflüger, Univ. Köln 1963.

1 K. Ahmad u. F. M. Strong, J. Amer. chem. Soc. **70**, 1699 [1948].

$$\underset{\text{VIII}}{CH_3{-}[CH_2]_7{-}C{\equiv}C{-}{}^{14}CH_2{-}[CH_2]_6{-}Cl} \xrightarrow{NaCN} \underset{\text{IX}}{CH_3\text{-}[CH_2]_7{-}C{\equiv}C{-}{}^{14}CH_2{-}}$$

$$\underset{}{-[CH_2]_6{-}CN} \xrightarrow[\text{2. äthanol. } H_2SO_4]{\text{1. NaOH}} \underset{\text{X}}{CH_3{-}[CH_2]_7{-}C{\equiv}C{-}{}^{14}CH_2{-}[CH_2]_6{-}CO_2C_2H_5} \longrightarrow$$

$$\xrightarrow[\text{Katalysator}]{H_2/\text{Lindlar-}} \underset{\text{XI}}{CH_3{-}[CH_2]_7{-}CH{=}CH{-}{}^{14}CH_2{-}[CH_2]_6{-}CO_2C_2H_5}$$

Der so gewonnene Ester war gaschromatographisch einheitlich. Spezif. Aktivität 396 · 10^3 Zpm/mg. Der Ester enthielt 24% der in Form von [^{14}C]Natriumcyanid eingeführten Aktivität. Der Aktivitätsverlust erklärt sich dadurch, daß nach Einführung von ^{14}C das Endprodukt erst über 9 weitere Reaktionsstufen erhalten werden konnte. Die Abwesenheit der *trans*-Doppelbindung ergibt sich aus dem Fehlen der Bande bei 10,4 μ im IR-Spektrum, die für diese charakteristisch ist (Abb. 2).

Wie oben erwähnt entsteht bei der Kondensation von VII mit Lithiumdecin außer dem Hauptprodukt in einer Nebenreaktion in kleineren Mengen noch das [1-^{14}C]1-Brom-8-heptadecin, das, falls es nicht vollständig entfernt wird, bei den anschließenden Umsetzungen in [2-^{14}C]Δ^9-Octadecensäure übergehen würde. Wir haben deshalb eine Probe des synthetischen, markierten Ölsäureesters in Stearinsäure übergeführt und nach Dauben[2] die Aktivität der Kohlenstoffatome 1 und 2 bestimmt. Dabei ergab sich, daß C-1, wie zu erwarten, inaktiv war und C-2 nur 0,5% der Gesamtaktivität enthielt.

Die Untersuchung wurde durch Mittel des Bundesministeriums für wissenschaftliche Forschung unterstützt.

Beschreibung der Versuche

[1-^{14}C]7-Hydroxy-heptansäurenitril (III)

2 mC (6 mg) [^{14}C]Natriumcyanid (alkalisch, Radiochemical Centre Amersham), das in 3 cm^3 Wasser und 15 cm^3 Äthanol gelöst war, und 1 g (20,4 mMol) inaktives Natriumcyanid setzte man unter stetigem Rühren mit 4,6 g (34 mMol) aus Hexamethylenglykol (I) durch Einwirkung von konz. Salzsäure hergestelltem[3] Hexamethylenchlorhydrin (II) um. Der Ansatz wurde insgesamt 32 Stdn. gekocht, wobei man nach 16 Stdn. noch weitere 1,5 g inaktives Natriumcyanid hinzufügte. Nach Aufnahme des Reaktionsproduktes in Äther wurde die äther. Lösung wiederholt mit einer Kochsalzlösung ausgeschüttelt. Nach Abdampfen des Lösungsmittels verblieben als Rückstand 4,05 g Hydroxyheptansäurenitril (III), die 73% der eingesetzten Radioaktivität enthielten.

[1-^{14}C]7-Chlor-heptansäure-methylester (V)

4,05 g (32 mMol) III wurden in benzol. Lösung in der Kälte mit 20 cm^3 Thionylchlorid, das durch Destillation über Leinöl gereinigt war, in das Chlornitril (IV) übergeführt. Zur Vervollständigung der Reaktion erwärmte man die Lösung 5 Stdn. auf 70°. Nach Abdestillieren des Lösungsmittels und des überschüssigen Thionylchlorids verblieben als Rückstand 4,35 g Chlornitril, die anschließend 3 Stdn. mit methanol. Salzsäure (30 cm^3 Methanol, 10 g HCl-Gas und 0,5 cm^3 Wasser) unter Rückfluß erhitzt wurden. Nach Zugabe von 40 cm^3 kochsalzhaltigem

---

[2] W. G. Dauben, E. Hoerger u. J. W. Petersen, J. Amer. chem. Soc. 75, 2347 [1953].

[3] Org. Syntheses 3, 446 [1955].

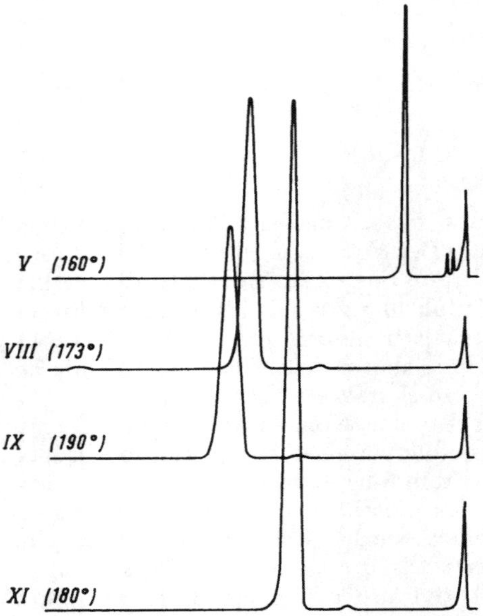

Abb. 1. Gaschromatogramm von [1-^{14}C]7-Chlor-heptansäure-methylester (V), [7-^{14}C]1-Chlor-8-heptadecin (VIII) nach der Reinigung, [8-^{14}C]Stearolsäure-nitril (IX) und [8-^{14}C]Ölsäure-äthylester (XI). Pye-Gerät, Säulenfüllung: Reoplex 400 auf Kieselgur (0,1—0,2 mm) Säule 125 × 0,5 cm; die Säulentemperaturen sind an den Kurven angegeben, Trägergas Argon.

Wasser schüttelte man den aus dem Nitril entstandenen Methylester mit Äther aus. Durch Abdampfen des Lösungmittels erhielt man als Rückstand 4,15 g (70% d. Th.) [1-^{14}C]7-Chlor-heptansäure-methylester (V). Die gaschromatographische Prüfung (Abb. 1) ergab, daß die Substanz nur noch geringfügige, niedriger siedende Verunreinigungen enthielt.

[7-^{14}C]1-Chlor-7-bromheptan (VII)

4,15 g (23,2 mMol) Methylester V wurden in äther. Lösung mit 20 mMol Lithium-aluminiumhydrid (60proz. Überschuß) bei —15° reduziert. Nach 2 Stdn. Rühren bei —5 bis 0° versetzte man die Lösung mit 10 cm³ 10*n* H_2SO_4, brachte die ausgefallene Substanz durch Zufügen von Wasser wieder in Lösung und schüttelte die äther. Lösung mit einer Hydrogencarbonatlösung und Wasser aus. Nach Abdampfen des Äthers destillierte man das Reaktionsprodukt ohne Vorlauf von einem höher siedenden Rückstand ab und erhielt 3,27 g [1-^{14}C]7-Chlor-heptanol-(1) (VI). Sdp.$_{10}$ 116—118°.

Das so gewonnene Chlorhydrin setzte man unter Rühren mit 2,1 cm³ (22 mMol) frisch destilliertem Phosphortribromid um, wobei zur Vervollständigung der Reaktion 2 Stdn. bei 0°, 14 Stdn. bei Raumtemperatur und 1 Stde. im siedenden Wasserbad weiter gerührt wurde. Nach Eingießen in 10 cm³ Eiswasser nahm man das ausgefallene Öl mit Petroläther auf und wusch die Lösung nacheinander mit verd. Natronlauge, verd. Salzsäure und Wasser aus. Nach Entfernung des Lösungmittels verblieb ein Rückstand von 4,07 g (83% d. Th.) [7-^{14}C]1-Chlor-7-bromheptan (VII).

[7-^{14}C]1-Chlor-8-heptadecin (VIII)

In einem 100-cm³-Dreihalskolben wurde trockenes Ammoniak eingeleitet, bis sich mit Hilfe eines mit Trockeneis beschickten Rückflußkühlers 60 cm³ Ammoniak kondensiert hatten. Nach Zugabe von 50 mg Eisen(III)nitrat (wasserhaltig) und 0,21 g (30 mMol) Lithium ließ man nach Verschwinden der blauen Farbe im Laufe von 20 Min. 5,4 cm³ (30 mMol) aus Octylbromid und Acetylen-natrium gewonnenes[4] Decin zutropfen. Es entstand eine voluminöse Fällung. Nach 20 Min. kräftigem Rühren ließ man innerhalb von 20 Min. 5,4 cm³ einer Lösung von 4,07 g (19,1 mMol)

[4] T. H. Vaughn, G. F. Hennion, R. R. Vogt u. J. A. Nieuwland, J. org Chemistry 2, 1 [1937].

VII, gelöst in einem Gemisch von 10 cm^3 Äther und 15 cm^3 Dioxan, tropfenweise zufließen (beide Lösungsmittel durch Destillation über metallischem Natrium und $LiAlH_4$ gereinigt). Nach 7stdg. kräftigem Rühren unter Rückfluß ließ man bei schwächerem Rühren ohne Rückflußkühlung das Ammoniak über Nacht abdampfen. Der Rückstand wurde mit Petroläther und Wasser versetzt, die abgetrennte wäßr. Phase wiederholt mit Petroläther und die vereinigten petroläther. Lösungen wiederholt mit 2*n* H_2SO_4, dann mit einer Hydrogencarbonatlösung und schließlich mit Wasser ausgeschüttelt. Nach Abdampfen des Lösungsmittels entfernte man das überschüssige Decin und das nicht umgesetzte Chlorbromheptan im siedenden Wasserbad zunächst im Wasserstrahl- und schließlich im Ölpumpenvakuum unter Benützung einer mit Trockeneis gefüllten Vorlage. Unter Steigerung der Temperatur auf 150° erhitzte man solange, bis das Reaktionsprodukt im Claisen-Aufsatz zu kondensieren begann. Ausbeute 3,3 g Rohprodukt.

Zur Entfernung der bromhaltigen Verunreinigungen wurde die methanol. Lösung des Rohprodukts mit 1 g Silbernitrat, das in Methanol gelöst war, 48 Stdn. stehengelassen. Nach Abtrennung des ausgefallenen Silberhalogenids über Watte wurde die Lösung mit Wasser verdünnt und das ausgeschiedene Öl wiederholt mit Petroläther ausgeschüttelt. Die mit Hydrogencarbonatlösung und Wasser gewaschene Lösung wurde im Vakuum eingeengt, der Rückstand wieder in 6 cm^3 Petroläther gelöst und diese Lösung auf eine Säule (1 × 12 cm) mit Aluminiumoxyd (Woelm, annähernd neutral) gegeben. Man eluierte mit 40 cm^3 Petroläther. Nach Abdampfen des Lösungsmittels verblieben 3,1 g (60% d. Th.) [7-^{14}C]1-Chlor-8-heptadecin (VIII). Die gaschromatographische Prüfung (Abb. 1) ergab, daß die Substanz völlig frei von nicht umgesetztem Chlor-bromheptan, daß sie aber noch mit einer Spur inaktivem 1-Chlor-7-hexadecin verunreinigt war, das sich aus Hexamethylendichlorid und Lithiumdecin gebildet haben dürfte.

[8-^{14}C]9-Octadecinsäurenitril (IX)

3,1 g (11,4 mMol) VIII wurden in 13 cm^3 Dimethylsulfoxyd[5] gelöst und mit 1 g Natriumcyanid (aus Äthanol-Wasser umkristallisiert) 3 Stdn. im siedenden Wasserbad gerührt. Nach Eingießen in 30 cm^3 Wasser nahm man das ausgefallene Nitril mit Äther/Petroläther 1:1 auf und erhielt nach Abdampfen des Lösungsmittels 2,9 g Säurenitril in Form eines hellgelben Öls. Die Substanz war gaschromatographisch (Abb. 1) einheitlich, wenn man von einer nur spurenweise vorhandenen Verunreinigung absieht. Sie ist insbesondere frei von nicht umgesetztem Ausgangsprodukt.

[8-^{14}C]*cis*-Δ^9-Octadecensäure-äthylester (XI)

2,9 g (11,1 mMol) IX wurden durch 23stdg. Kochen mit äthanol. Natronlauge (2,4 g NaOH in 10 cm^3 H_2O und 60 cm^3 Äthanol gelöst) unter Stickstoff verseift. Aus der eingeengten und mit Wasser verdünnten Lösung entfernte man das Unverseifbare durch Ausschütteln mit Äther/Petroläther 1:1 und gewann die mit Salzsäure in Freiheit gesetzte Fettsäure durch Ausschütteln mit Petroläther. Nach Veresterung mit äthanol. H_2SO_4 wurde die wieder in Petroläther aufgenommene Substanz wie oben über eine Säule von Aluminiumoxyd gereinigt. Ausbeute: 2,98 g [8-^{14}C]Octadecinsäure-äthylester (X). Wasserklares Öl.

Der in 20 cm^3 Benzin (Sdp. 95—105°) gelöste Ester wurde zur partiellen Hydrierung unter Zugabe von 0,7 g Lindlar-Katalysator und 4 cm^3 2proz. Chinolinlösung 3 Stdn. in einer Wasserstoffatmosphäre geschüttelt, wobei schon in der ersten Stunde die theoretische Menge (108%) Wasserstoff aufgenommen war, während in den letzten beiden Stunden der Wasserstoffstand unverändert blieb. Nach Absaugen des Katalysators entfernte man das Chinolin durch Ausschütteln der Benzinlösung mit Salzsäure. Die mit Hydrogencarbonat und anschließend mit Wasser ausgewaschene Lösung wurde noch wie oben durch eine Aluminiumsäule filtriert. Nach Abdampfen des Lösungsmittels verblieben 2,7 g (78% d. Th.) [8-^{14}C]*cis*-Δ^9-Octadecensäure-äthylester (XI) in Form eines wasserklaren Öls.

[5] R. A. Smiley u. Ch. Arnold, J. org. Chemistry **25**, 257 [1960].

Spezif. Aktivität $396 \cdot 10^3$ Zmp/mg. $C_{20}H_{40}O_2$ Jodzahl ber. 81,6, gef. 80. Bei der gaschromatographischen Prüfung auf Reinheit ist nur eine noch spurenweise vorhandene Verunreinigung mit Heptadecensäureester erkennbar (Abb. 1). Abb. 2 zeigt den für das Vorhandensein von *trans*-Doppelbindungen charakteristischen Ausschnitt des IR-Spektrums.

Um festzustellen, ob dem so dargestellten [8-^{14}C]Ölsäure-äthylester noch der in Stellung 2 mit ^{14}C markierte Ester beigemengt ist, wurden 40 mg des Esters hydriert und die daraus gewonnene radioaktive Stearinsäure nach Verdünnen mit 0,8 g reiner, inaktiver Stearinsäure zweimal nach Dauben[2] auf dem Wege über Stearophenon, Heptadecansäurenitril, Heptadecansäure, Hexadecyl-phenylketon zu Palmitinsäurenitril abgebaut. Die bei diesem Abbau neben den Fettsäurenitrilen auftretende Benzoesäure wurde zur Reinigung jeweils sublimiert, wobei man dem Rohprodukt noch etwas inaktive Stearinsäure hinzufügte. Das Ergebnis ist in der Tabelle zusammengestellt.

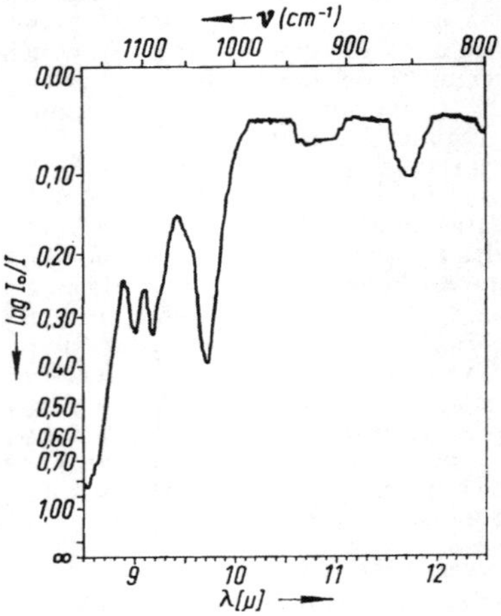

Abb. 2.
IR-Spektrum von [8-^{14}C]Ölsäure-äthylester (XI) als dünner Film (0,015 mm). Perkin-Elmer infracord.

Ergebnis des zweimaligen Abbaus der [8-^{14}C]Octadecansäure nach Dauben zur Bestimmung der Aktivität der Kohlenstoffatome 1 und 2.

	Ausbeute		
	Rohprodukt g	gereinigte Substanz g	gereinigte Substanz Aktivität Zpm/μMol
Stearinsäure (Ausgangsprodukt) . . .		0,85	2380
Stearophenon	0,89	0,70	2410
Benzoesäure (C-1)	0,19	0,03	0
Heptadecansäurenitril	0,50		
Heptadecansäure	0,49	0,31	
Hexadecyl-phenylketon	0,34	0,18	
Benzoesäure (C-2)	0,08	0,02	12,8

Zusammenfassung

Es wird die Synthese von [8-^{14}C]*cis*-Δ^9-Octadecensäure beschrieben.

Summary

The synthesis of [8-^{14}C]*cis*-Δ^9-octadecenoic acid is described.

Prof. Dr. E. Klenk, Physiologisch-Chemisches Institut der Universität, 5 Köln Lindenthal, Joseph-Stelzmann-Straße 52.

FSC
www.fsc.org
MIX
Papier | Fördert gute Waldnutzung
FSC® C083411

Kolibri 360 GmbH
Ferdinand-Jühlke-Straße 7
99095 Erfurt, Deutschland
produktsicherheit@kolibri360.de